普通高等学校土木工程专业新编系列教材
中国土木工程学会教育工作委员会　审订

建筑材料

（第 2 版）

主　编　张浩博
副主编　桑国臣　田建勃
　　　　李　刚　马玉薇

武汉理工大学出版社
·武　汉·

内 容 简 介

本书为高等学校土木工程专业系列规划教材之一，系统介绍了工程中常用的各种建筑材料的组成、生产过程、技术性质、质量检验及应用等基本理论和基本知识。其中，以材料的技术性质、质量检验及合理运用为重点。全书共分为14章，包括建筑材料的基本性质，建筑钢材与铝材，气硬性胶凝材料，水泥，水泥混凝土，建筑砂浆，沥青及沥青混合料，建筑石材，墙体与屋面材料，木材，合成高分子材料，防水材料，绝热、吸声及装饰材料，建筑材料试验等。本书内容全部按现行国家标准、行业标准和最新规范编写。

本书可作为高等学校土木工程、工程管理、给排水工程、城市地下空间工程、水利水电工程、农业水利工程等专业的教学用书或参考书，也可供相关大专及中等专业学校的教师和工程技术人员参考。

图书在版编目(CIP)数据

建筑材料 / 张浩博主编. -- 2版. -- 武汉 : 武汉理工大学出版社, 2025. 1. -- ISBN 978-7-5629-7348-5

Ⅰ. TU5

中国国家版本馆CIP数据核字第2025TQ9597号

项目负责人:高　英　汪浪涛　戴皓华

责 任 编 辑:戴皓华

责 任 校 对:李正五

排 版 设 计:正风图文

出 版 发 行:武汉理工大学出版社

社　　　址:武汉市洪山区珞狮路122号

邮　　　编:430070

网　　　址:http://www.wutp.com.cn

经　　　销:各地新华书店

印　　　刷:武汉市洪林印务有限公司

开　　　本:889×1194　1/16

印　　　张:22.5

字　　　数:642千字

版　　　次:2025年1月第2版

印　　　次:2025年1月第1次印刷

定　　　价:56.00元

凡购本书，如有缺页、倒页、脱页等印装质量问题，请向出版社发行部调换。

本社购书热线电话:027-87785758　87384729　87165708(传真)

前　　言

（第 2 版）

根据高等学校土木工程专业系列规划教材的要求，本书在编写过程中，力求贯彻“少而精”的原则，注意加强基本理论的阐述及基本技能的培养。本书尽量反映近年来建筑材料在科研、生产及工程应用等方面的最新成果，按现行国家标准、部级及行业标准和规范进行编写。随着科学技术的不断发展，原有规范将不断得到修订。因此，国家颁布新的规范时，应以新的技术标准及试验规程为准。本书系统介绍了工程中常用的各种建筑材料的组成、生产过程、技术性质、质量检验及应用等基本理论和基本知识。

本书可作为高等学校土木工程、给排水工程、城市地下空间工程、水利水电工程、农业水利工程、工程管理等专业的教学用书或参考书，也可供相关大专及中等专业学校的教师和工程技术人员参考。

本书由西安理工大学张浩博主编，西安理工大学桑国臣、田建勃，石河子大学李刚、马玉薇为副主编。各章编写人员为：绪论、第 1 章、第 5 章由张浩博（西安理工大学）编写，第 2 章、第 3 章、第 8 章由田建勃（西安理工大学）编写，第 4 章、第 6 章由桑国臣（西安理工大学）编写，第 7 章、第 12 章由陈渊召（华北水利水电大学）编写，第 9 章、第 13 章由杜宁军（西安理工大学）编写，第 10 章由李刚（石河子大学）编写，第 11 章由马玉薇（石河子大学）编写、第 14 章由寇佳亮（西安理工大学）编写。在此要特别感谢第 1 版的编者西安工业大学王万通老师、湖南农业大学刘保华老师及西安理工大学刘茂社老师。

建筑材料飞速发展，新材料、新品种不断涌现，由于编者水平所限，书中疏漏、不妥甚至错误之处在所难免，恳请读者批评指正。

编　者

2024 年 7 月

目　录

1 建筑材料的基本性质

本章提要

本章要求学生了解和掌握材料的基本性质及相关概念，为合理选用材料提供必要的基础知识。本章主要介绍材料的基本组成，物理、力学、与水有关的性质和相关参数及计算公式。

建筑物在使用过程中要承受各种各样的作用，因此要求用于建筑物的材料应该具备相应的性质。材料在外力作用下，就会产生变形引起内应力，因此在设计建筑物时，必须注意材料的强度和变形性质，即材料的力学性质。同时根据材料在建筑物中所处的各种不同部位，还应满足防水、保温、隔热、吸声等要求。另外，对某些建筑物，所用材料还必须具有抵抗周围介质侵蚀（如水流和泥沙的冲刷，温度、湿度的变化，由于经常受到风吹、日晒、雨淋、冰冻而引起的温度、湿度变化，冻融及化学侵蚀等）的能力。建筑材料所受的作用是复杂的，而且它们之间又是相互影响的。

1.1 材料的组分、结构及构造

影响材料性质的因素分为内部和外部因素，材料的组分、结构与构造是决定材料性质的内部因素。

1.1.1 材料的组成(分)

材料的组成是指材料的化学组成、矿物组成和相组成。它不仅影响着材料的化学性质，而且也决定着材料的物理力学性质。例如，钢中的含碳量提高，钢的强度提高、硬度增大、塑性变形减小及韧性降低等。

1.1.1.1 化学组成

化学组成是指构成材料的基本化合物或化学元素的种类和数量。通常金属材料以化学元素含量百分数表示，无机非金属材料以元素的氧化物含量表示，有机高分子材料常以构成高分子材料的一种或几种低分子化合物(单体)来表示。材料的化学组成，直接影响材料的化学性质，也是决定材料物理性质及力学性质的重要因素。因此，材料种类常按其化学组成来划分。当材料与外界环境接触时，它们必然按化学变化规律发生作用。如材料受到酸、碱、盐类的侵蚀，遇到火焰时的燃烧，以及金属材料的锈蚀等都属化学作用，材料的这些性质取决于它的化学组成。

1.1.1.2 矿物组成

矿物组成是指材料中天然或人造矿物的成分及比例关系。所谓矿物，是指具有一定化学成分和一定结构及物理力学性质的物质或单质的总称。矿物是构成岩石及各类无机非金属材料的基本单元。例如，花岗岩的矿物组成主要是石英和长石，石灰岩的矿物组成为方解石。水泥熟料的矿物成分种类及数量不同，则水泥表现出不同的性能。例如，当硅酸盐水泥熟料中硅酸三钙(C_3S)含量提高，会使水泥的硬化速度加快，强度提高。材料的矿物组成直接影响无机非金属材料的性质，当材料的化学组成相同，而矿物组成不同时，其性能会有巨大差异。

有机高分子材料分子组成的基本单元为链节。所谓链节，是由一种或几种低分子化合物按特定结构构成的基本单元。链节的多次重复即构成合成高分子材料。例如，聚氯乙烯的链节为氯乙烯，其重复次数称为聚合度。

1.1.1.3 配料(相)组成

混凝土、砂浆等人工复合材料由各种原材料(固态、液态和气态)配合而制得，水、水泥、砂(石)等原材料的品质及配合比，直接影响着这种材料的性质。

1.1.2 材料的结构与构造

材料的物理力学性质、与水有关的性质及热工性能等，如弹性、塑性、强度、硬度、吸收率、抗渗(冻)性、导热性等，都与材料的结构及构造有着密切关系。

材料的结构分为：宏观结构(构造)、亚微观结构、微观结构。

1.1.2.1 宏观构造

材料的宏观构造的尺寸在 1 mm(10^{-3} m)以上，可以通过肉眼观察其致密程度，即毫米(mm)级。

(1) 按孔隙分为

- 致密结构(钢铁、玻璃、陶瓷)
- 多孔结构(加气混凝土、泡沫混凝土、泡沫塑料)
- 微孔结构(石膏制品、黏土砖、黏土瓦等)

微孔是在生产这些材料时通过添加拌合水或可燃性掺合料，当水分蒸发或烧掉某些可燃物而形成的微观孔结构。

(2) 按构成形态可分为

- 聚集结构(混凝土、砂浆等)
- 纤维结构(木材、玻璃纤维等)
- 层状结构(胶合板、纸面石膏板)
- 散粒结构(混凝土骨料、填充料等)

1.1.2.2 亚微观结构

亚微观结构是指用光学显微镜可以观察到的材料组成及结构。一般可分辨的范围是 0.001～1 mm，即微米(μm)级。例如，水泥的水化产物、未水化颗粒及毛细孔(水)等影响着水泥的性质。水泥混凝土材料，可以分为水泥基体相、骨料分散相、界面相及孔隙等。它们的状态、数量及性质将决定水泥混凝土的物理力学性质。又如木材，可以分为木纤维、导管及髓线等，它们的分布、排列状况不同，使木材在宏观上形成年轮、弦向与径向、顺纹与横纹等差异。钢铁材料在显微镜下，可以观察到铁素体晶粒、不同状态的珠光体、渗碳体及石墨等，它们是决定钢铁性质的关键因素。

1.1.2.3 微观结构

微观结构是指能用电子扫描显微镜观察到的材料组成及结构，如原子、分子的排列方式、结合状况等。尺寸以“纳米”(1 nm=10^{-9} m)或“埃”(1 Å=10^{-10} m)来分辨，即纳米(nm)级。材料的微观结构可分为晶体、非晶体。

材料的许多基本物理性质，如强度、硬度、熔点、导热性、导电性等都是由微观结构所决定的。

材料的微观结构分为

$$\begin{cases}\text{晶体}\\\text{非晶体(玻璃体、无定形体)}\\\text{微粉、超微颗粒及胶体}\end{cases}$$

(1) 晶体

晶体是由质点(原子、离子或分子)在三维空间做有规律的周期性重复排列(远程有序)而形成的固体,具有特定的几何外形和固定的熔点。质点的这种规则排列构架称为晶格。构成晶格的最基本的几何单元称为晶胞。晶体就是由大量形状、大小和位向完全相同的晶胞堆砌而成,故晶体结构取决于晶胞的类型及尺寸。

晶体的物理力学性质,除与其质点的本性及其晶体结构形态有关外,还与质点间结合力有关,这种结合力称为结合键,可分为离子键、共价键、金属键和分子键四种。不同种类的晶体所构成的材料表现出不同的性质。

(2) 非晶体

非晶体又称无定形结构或玻璃体结构。它与晶体的区别在于质点排列没有一定规律性(或仅在局部存在规律性,也称近程有序)。非晶体没有特定的几何外形,是各向同性的,也没有固定的熔点,如石英玻璃等。

由于玻璃体凝固时没有结晶放热过程,在内部储积着大量内能,因此,它是一种不稳定的结构,可逐渐地发生结构转化。玻璃体具有较高的化学活性,在一定条件下容易与其他物质发生化学反应,这类材料包括粒化高炉矿渣、火山灰、粉煤灰等。

(3) 微粉、超微颗粒及胶体

① 微粉是指粒径在 0.1～100 μm 间的各种矿物或金属粉末,通常属散粒的显微层次。

将宏观物体破碎成微粉,其比表面积随粒径减小而增大,可加快颗粒溶解及表面化学反应速度;也可消除宏观物体裂纹、内部孔隙等构造缺陷,是进行材料密度测量时的重要手段。

② 超微颗粒是指粒径在 1.0～100 nm 间的各种微粒(金属或非金属、晶体或非晶体等)。它一般大于微观尺度的原子团,小于通常的微粉。其性质既不同于单个原子或分子,又不同于粗粒固体,称为纳米微粒,由它可构成各种纳米材料。纳米材料的热学、电学、光学及磁学等许多性能都不同于一般材料,具有优异的特殊性能。

③ 胶体是指微粉、超微颗料分散在介质中的结构体系,一般属于非晶体。

a. 溶胶:对胶体的物理力学性质起决定作用的是介质时,此种介质为溶胶。

b. 凝胶:胶体反映出胶粒的物理性质,称凝胶。凝胶体中颗粒之间由范德华力结合。胶体的各种性质,随微粒尺寸的减小而更为突出,粒径不十分小的微粉颗粒也会在一定程度上表现出胶体的各种性质。

溶胶由于脱水或质点的凝聚形成凝胶,凝胶具有固体的性质,但在长期应力作用下,凝胶体又具有了黏性流动。例如,混凝土产生徐变的原因之一就是水泥水化产物的凝胶。凝胶在剪切力(搅拌、振动)下会转变为溶胶,而溶胶静置一段时间又会变为凝胶。这一可逆变过程称为胶体材料的触变性。例如,沥青及新拌的水泥浆、石灰浆等都具有这一性质。

1.2 材料的密度、表观密度和孔隙率

材料的密度、表观密度和孔隙率等状态参数,都决定于材料的组成、结构和构造。

1.2.1 材料的密度和表观密度

1.2.1.1 密度

(1) 定义:材料在绝对密实和干燥状态下单位体积的质量。

(2) 计算公式:

$$\rho=\frac{m}{V} \tag{1.1}$$

式中 ρ——密度，g/cm^3；

m——材料在干燥状态(105℃)下的质量，g；

V——材料在绝对密实状态下的体积，cm^3。

除钢材、玻璃等少数材料，绝大多数材料都具有一些孔隙，所以测定它们的密度时，要先将材料研磨到足够细，经过干燥后由李氏瓶测定其体积。

1.2.1.2 表观密度

(1) 定义：材料在自然状态下单位体积的质量。

(2) 计算公式：

$$\gamma=\frac{m}{V_0} \tag{1.2}$$

式中 γ——表观密度，g/cm^3 或 kg/m^3；

m——材料的质量，g 或 kg；

V_0——自然表观体积($V_0=V+V_{孔隙}=V+V_{开孔}+V_{闭孔}$)，$cm^3$ 或 m^3。

每种材料的密度是固定不变的。当材料含有水分时，其自然状态下质量、体积的变化会导致表观密度的改变，故对所测定的材料而言，其表观密度必须注明含水状态。材料有不同的含水状态，例如，干燥、气(风)干、饱和、饱和面干和湿润状态等。通常，材料表观密度是指在气(风)干状态下的表观密度，材料在完全干燥状态下测得的表观密度，称为干表观密度，材料在潮湿状态下测得的表观密度，称为湿表观密度。

几种常见材料的密度、表观密度、堆积密度及孔隙率的约值见表 1.1。

表 1.1 常见材料的密度、表观密度、堆积密度及孔隙率

材 料	密 度 ρ，g/cm^3	表观密度 γ，kg/m^3	堆积密度 γ_0，kg/m^3	孔隙率 P，%
建筑钢	7.85	7850	—	0
铝合金	2.70～2.90	2700～2900	—	0
花岗岩	2.60～2.90	2500～2800	—	0.5～1.0
石灰岩	2.45～2.75	2200～2600	—	0.5～5.0
普通黏土砖	2.50～2.80	1500～1800	—	20～40
空心黏土砖	2.50	1000～1400	—	—
松木	1.55	380～700	—	55～75
普通玻璃	2.50～2.60	2500～2600	—	0
水泥	3.10	—	1200～1300	—
碎石(石灰岩)	2.60	—	1400～1700	—
砂子	2.60	—	1450～1650	—
黏土	2.60	—	1600～1800	—
普通混凝土	—	2300～2500	—	3～20

续表1.1

材　料	密　度 ρ,g/cm³	表观密度 γ,kg/m³	堆积密度 γ_0,kg/m³	孔隙率 P,%
石油沥青	0.95～1.10	—	—	—
沥青混凝土	—	2200～2400	—	2～6
天然橡胶	0.91～0.93	910～930	—	0
聚氯乙烯树脂	1.33～1.45	1330～1450	—	0
泡沫塑料	—	20～50	—	—

1.2.2　材料的密实度与孔隙率

1.2.2.1　密实度(D)

(1) 定义:材料表观体积内被固体物质充实的程度。

(2) 计算公式:

$$D=\frac{V}{V_0}\times100\%=\frac{\gamma}{\rho}\times100\% \tag{1.3}$$

1.2.2.2　孔隙率(P)

(1) 定义:材料表观体积内孔隙所占的比例。

(2) 计算公式:

$$\begin{aligned}P&=\frac{V_{孔}}{V_0}=\frac{V_0-V}{V_0}=1-\frac{V}{V_0}=1-D\\&=\left(1-\frac{\gamma}{\rho}\right)\times100\%\end{aligned} \tag{1.4}$$

即

$$P+D=1$$

或

$$密实度+孔隙率=1$$

密实度(孔隙率)的大小直接反映材料的致密程度。内部孔隙分为:连通(开口)孔隙、封闭孔隙($V_0=V+V_{孔隙}=V+V_{开孔}+V_{闭孔}$)。

1.2.3　散粒材料的视密度、堆积密度(松散容重)及空隙率

1.2.3.1　视密度

(1) 定义:是指散粒材料在包含封闭孔隙、干燥状态下单位体积的质量。

(2) 计算公式:

$$\rho_0=\frac{m}{V'} \tag{1.5}$$

式中　ρ_0——散粒颗粒视密度,g/cm³ 或 kg/m³;

m——颗粒在干燥状态(105℃)下的质量,g 或 kg;

V'——颗粒体积($V'=V+V_{闭孔}$),cm³。

(3) 视密度量值与颗粒干表观密度量值相近,常互相替代。

1.2.3.2 堆积密度

（1）定义：散粒材料在某堆积（一般指自然堆积）体积中单位体积的质量。

（2）计算公式：

$$\gamma_0=\frac{m}{V_0'} \tag{1.6}$$

式中 γ_0——堆积密度，g/cm^3 或 kg/m^3；

m——堆积颗粒的质量，g 或 kg；

V_0'——盛装散粒材料容器的容积（$V_0'=V'+V_{空隙}$），cm^3 或 m^3。

1.2.3.3 空隙率 P'

（1）定义：散粒材料在某堆积（一般指自然堆积）体积中，空隙体积占盛装散粒材料容器容积的比例。

（2）计算公式：

$$\begin{aligned}P'&=\frac{V_{空隙}}{V_0'}=\frac{V_0'-V'}{V_0'}=1-\frac{V'}{V_0'}\\&=\left(1-\frac{\gamma_0}{\rho_0}\right)\times100\%\end{aligned} \tag{1.7}$$

式中 V_0'——盛装散粒材料容器的容积（$V_0'=V'+V_{空隙}$），cm^3 或 m^3；

V'——颗粒体积（$V'=V+V_{闭孔}$），cm^3 或 m^3；

$V_{空隙}$——空隙体积（$V_{空隙}=V_{开孔}+V_{颗粒间空隙}$），cm^3 或 m^3。

1.3 材料的力学性质

建筑物中的材料，受到外荷载作用时，便要产生相应的变形和应力。材料抵抗变形和应力破坏的能力便是材料的力学性质。

1.3.1 材料的强度

在外力（荷载）作用下，材料抵抗破坏的能力称为强度。

1.3.1.1 材料的静力强度

材料在静荷载作用下，内部产生内应力，随着外力增加，内应力也增加，直到材料破坏为止。此时的极限应力值称为材料的极限强度值（简称材料强度）。按作用荷载的不同，分为抗拉强度、抗压强度、抗弯强度（或抗折强度）及抗剪强度等。

① 拉伸、压缩、剪切强度可用下式表示（图 1.1）：

$$f=\frac{F}{A} \tag{1.8}$$

式中 f——极限强度，Pa 或 MPa；

F——破坏时最大荷载，kN 或 N；

A——受力面积，cm^2 或 mm^2。

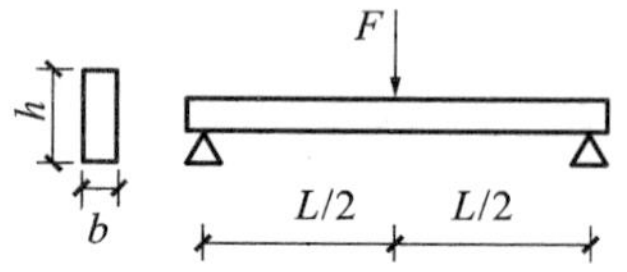

图 1.1 弯曲构件受力示意图

② 对弯曲构件：

$$f_{弯}=\frac{3FL}{2bh^2} \tag{1.9}$$

1.3.1.2 材料强度与孔隙率的关系

不同种类的材料抵抗外力时表现出不同的特点，相同种类的材料随着其孔隙率及构造的不同，抵抗能力也是不同，一般地，材料的孔隙率越大，强度越低。

不同种类材料的强度特点：

① 砖、石材、混凝土和铸铁等材料，其抗压强度较高，抗拉强度较低，故多用于建筑物受压部位和基础处。

② 钢材，其拉、压强度大致相同，故可以承受各种外力。

1.3.1.3 强度等级

大部分建筑材料根据其强度量值大小，可将其划分为若干不同的强度等级。这样对掌握材料性质，合理选材，正确进行设计和控制工程质量具有重要意义。

例如，地面、垫层要求混凝土强度等级为 C15～C20，梁、柱要求混凝土强度等级为 C25～C50。

1.3.1.4 比强度

比强度是评定材料轻质高强的指标，它等于材料的强度与其表观密度之比值，即单位质量下材料的强度。

选择优质的材料时，其必须具备较高的比强度，即强度高，质量轻。例如，常见材料的比强度，玻璃钢 225、钛合金 215、铝合金 185、高强度钢 165、普通钢 50、普通混凝土 16.6、普通黏土砖 5.9($MPa \cdot cm^3/g$)。

从上面结果可知，玻璃钢具有轻质高强的特点，而普通黏土砖最差。

1.3.1.5 材料试验的条件性

以水泥砂浆的立方体抗压强度为例加以说明。

(1) 试验过程

① 将试件放置于试验机下承压板中央位置。

② 关闭回油阀，打开送油阀，按照规定的加载速率加载，直到试块破坏，测得破坏荷载 P，受力面积 A，按照 $f=P/A$ 计算抗压强度。

(2) 立方体试件的破坏过程

当试件纵向受压时，试件横向会产生膨胀，由于试件上、下两端会受到承压板横向摩擦阻力作用，这一约束称为环箍效应，它减小了试件的侧向变形，使测得的试件强度提高。在试件的中间部分，由于受到的约束——环箍效应较两端减小，试件的侧向变形增大，导致试件破坏时呈对顶锥形状，如图 1.2 所示。

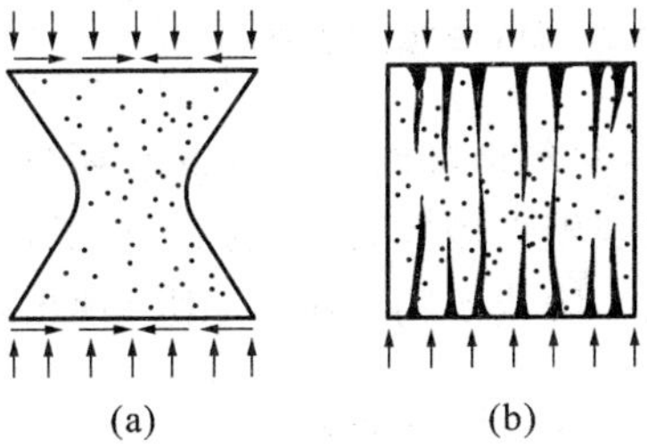

图 1.2 脆性材料立方体试件受压破坏特征

(a)有摩擦阻力影响；(b)无摩擦阻力影响

(3) 影响强度的因素

① 试件尺寸

对于截面形状相同且截面面积相等的试件，当试件高度增加时，由于试件中间部分受到的环箍效应(约束)减弱，所以测得试件的抗压强度相应降低。即当试件的 $h_1>h_2>h_3$ 时，对应的强度是 $f_1<f_2<f_3$。

② 试件形状

对于截面面积相同且试件高度相等时，截面形状不同对测得的抗压强度也有影响。例如，棱柱体试件受到压力时，由于正方形截面边与角变形的不均匀性，角部膨胀大，容易破坏；而对于圆柱体试件，其受到压力时圆形截面变形均匀，不易破坏，测得的抗压强度偏高。因此，用相同材料制成等截面面积、等高度的试件，圆柱体试件测得的抗压强度量值不小于棱柱体试件的强度。

③ 加荷速率

当试件的截面形状、截面面积及试件高度相同时，随着试验机加荷速率的加快，试件中材料变形的增长滞后于所施加荷载的增长，此时测得材料的抗压强度偏高，反之偏低。

④ 温度

沥青混凝土及合成高分子材料，一般随着试验温度的升高，测得的强度降低。

⑤ 湿度

一般材料随着含水量增大，其强度降低，如黏土、石膏制品等材料表现得很明显。

⑥ 其他因素

试件受压时的应力状态、试件表面的凹凸不平、试验机的质量等，都会导致材料的强度降低。例如，试验机承压板刚度大时，测得的材料强度相应较高。在正常养护下，随着混凝土龄期增长，测得的抗压强度也相应提高。

由此可得，影响材料强度的因素较多。实际上，材料的其他性能指标与抗压强度一样，也会受到诸多因素的影响，所以说：建筑材料试验只能提供一定可靠程度的条件性指标。因此，在测定材料性能指标时，各类规程规范都统一规定了试验环境的温度、湿度，试件的形状、尺寸，试验的加荷速率等试验条件。

1.3.2 材料的变形性质

1.3.2.1 弹性与塑性变形

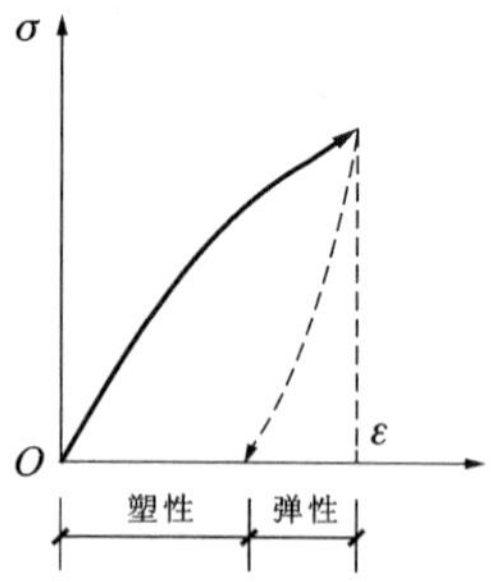

图 1.3 材料的变形曲线

① 弹性变形：材料在外力作用下产生变形，但当外力一旦取消，却恢复到原来的形状，这种性能称为弹性，该变形称为弹性变形(图 1.3)。

② 塑性变形：材料在外力作用下产生变形，当外力取消仍保持变形后的形状(不产生裂缝)的性质为塑性。这种不能恢复的变形称为塑性变形。

材料破坏时是呈现塑性行为，还是呈现脆性行为，除取决于自身成分、组织、构造等因素外，还与受荷条件(环境温、湿度等)、试件尺寸、加荷速率及荷载类型等因素有关。在规定的条件下，对标准尺寸的试件施加荷载，若材料破坏时表现为塑性破坏者，称为塑性材料，如低碳钢、铜、铝、沥青等；表现为脆性破坏者，称为脆性材料，如砖、石料、混凝土等。当受荷条件、试件尺寸及荷载类型改变时，材料破坏时所表现的破坏行为也会发生变化。如混凝土材料，在高温、高压及持久荷载条件下，也可能呈现塑性破坏；沥青材料，在低温及快速加荷时，则呈现脆性破坏；玻璃或石料等通常为脆性破坏，当制成玻璃纤维或矿物纤维时，则呈现出塑性破坏。

1.3.2.2 脆性和韧性

(1) 脆性

外力作用于材料，并达到一定值时，材料并不产生多大变形，而突然破坏，这种性质称为脆性，此材料称为脆性材料(图 1.4)。

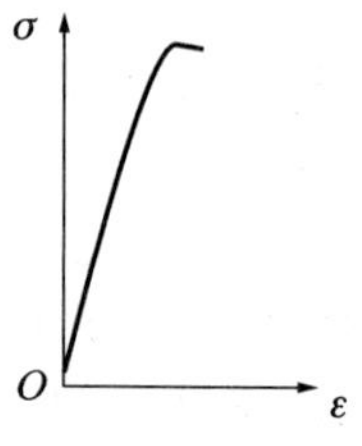

图 1.4 脆性材料的变形曲线

脆性材料特点：

① 达到破坏时，产生的应变(ε)很小，突然破坏；

② 脆性材料的抗压强度远远大于其抗拉强度；

③ 承受振动作用和抵抗冲击作用的能力较差；

④ 常见的砖、石、陶瓷、混凝土、铸铁和玻璃等属脆性材料。

(2) 韧性(冲击韧性)

在冲击、振动荷载作用下，材料能吸收较大的能量，并能承受较大的变形而不致破裂的性质称为韧性。

对同样的外力功(应变能),由于脆性材料产生的应变(ε)较小,故生成了较大的应力(σ),超过了材料的极限强度而导致材料破坏。

常见的材料中,软钢、木材属于韧性材料。用作路面、桥梁、吊车梁、机场跑道等有抗震要求的结构中的材料,都要考虑材料的韧性。

1.3.2.3 横向变形与体积变化

材料受拉伸(或压缩)时,除了产生纵(轴)向变形外,还产生了横向变形。受压时纵(轴)向缩短而横向膨胀;受拉时,则与之相反。横向变形的大小,用横向应变 ε_1 与纵(轴)向应变 ε 比值的绝对值来表示,称为泊松系数(或泊松比)μ。计算式为:

$$\mu=\left|\frac{\varepsilon_1}{\varepsilon}\right| \tag{1.10}$$

材料受拉伸(或压缩)时,会发生体积变化。体积应变 θ,可用式(1.11)计算,即

$$\theta=\frac{V_B-V_0}{V_0}=\varepsilon(1-2\mu) \tag{1.11}$$

式中 V_B——材料变形后的体积,m^3;

V_0——材料变形前的体积,m^3。

在弹性变形条件下,材料泊松比为常数。对于疏松多孔的材料,泊松比很小,如软木、泡沫塑料等。钢铁材料泊松比约为0.3。混凝土材料泊松比为0.15~0.25。当材料产生塑性变形或接近断裂时,泊松比接近于0.5,体积变形接近于0。

1.3.2.4 徐变与应力松弛

固体材料在持久荷载作用下,变形随时间的延长而逐渐增长的现象,称为徐变。产生徐变,对于非晶体材料,是由于在外力作用下发生了黏性流动;对于晶体材料,是由于晶格位错运动及晶体的滑移。

徐变的发展与材料所受应力大小有关。当应力未超过某一极限值时,徐变的发展随时间延长而减小,最后材料的变形停止增长,如图1.5的曲线1所示。当应力达到或超过某一极限值后,徐变的发展随时间延长而增加,最后导致材料破坏,如图1.5的曲线2所示。

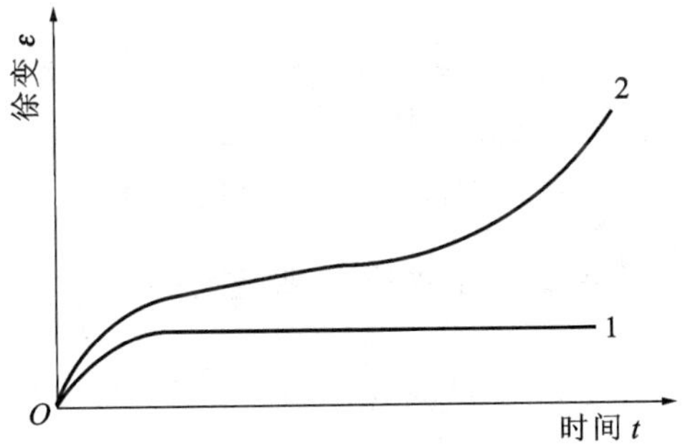

图1.5 材料的徐变曲线

材料的徐变还与环境温度和湿度有关。混凝土、岩石等材料,当环境温度越高、湿度越大时,其徐变量越大;木材的湿度越大,徐变量越大;钢铁材料在高温下,产生的徐变特别显著。

材料在持久荷载作用下,若所产生的变形因受约束而不能增长,则其应力将随时间延长而逐渐减小,这一现象称为应力松弛。应力松弛产生的原因,是随着荷载作用时间延长,材料内部塑性变形逐渐增大、弹性变形逐渐减小(总变形不变)。材料所受应力水平越高,应力松弛越大;温度、湿度越大,应力松弛也越大。

1.4 材料与水有关的性质

建筑材料在使用过程中,经常要遭遇到水的作用,不同的材料和水的互相作用情况是不一样的。如砖瓦、石膏遇水后很快将水吸入内部或将水在其表面铺开。另一些材料如沥青、石蜡遇水后将不会吸水或使水呈珠状存在于材料表面,如图1.6所示。

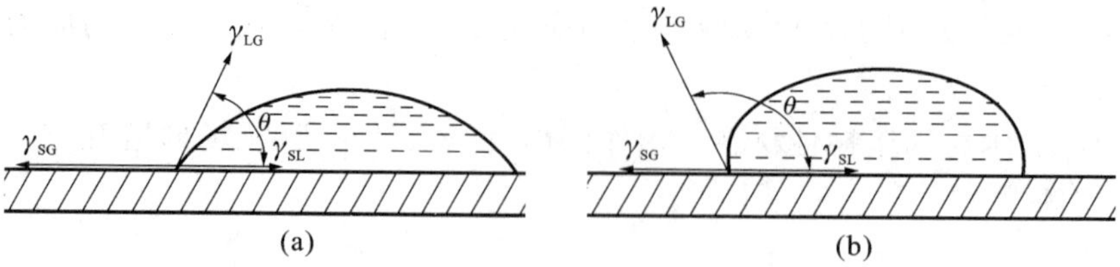

图 1.6 材料的润湿示意图

(a)亲水材料润湿角；(b)憎水材料润湿角

1.4.1 亲水性与憎水性

当固体材料在空气中与水(液)滴呈现图 1.6 平衡状态时，也就是气-固、气-液及液-固各界面的界面张力——γ_{SG}、γ_{LG}、γ_{SL}达到了平衡。

此时在材料、水和空气三相交点处，沿水滴表面切线与材料和水接触面所形成的夹角 θ 称为润湿角(接触角)。

从图 1.6 可以明显看出，液体能否润湿固体材料，与接触角大小有关，当三个界面张力达到平衡时，具有以下关系，水平方向投影：

$$\gamma_{SG}=\gamma_{SL}+\gamma_{LG}\cdot\cos\theta \tag{1.12}$$

或

$$\cos\theta=(\gamma_{SG}-\gamma_{SL})/\gamma_{LG} \tag{1.13}$$

显然接触角 θ 的大小与各界面张力的大小有关。

根据 θ 角的不同，得到下列结论：

①当 $\theta=0°$时，完全润湿。

②当 $0°<\theta\leqslant 90°$时，为亲水材料(水分子之间的内聚力小于水分子与材料分子之间的相互作用力)。例如，石料、砖、混凝土、木材等。

③当 $\theta>90°$时，为憎水材料(水分子之间的内聚力大于水分子与材料分子之间的吸引力)。例如，沥青、石蜡等。

亲水材料能通过毛细管作用将水吸入毛细管内部，而憎水材料一般能阻止水分渗入毛细管中，故能减弱材料的吸水作用，对抗渗、抗冻性有益。

同类，其他液体对固体材料的浸润情况，相应地称为亲液性材料或憎液性材料。

1.4.2 吸水性与吸湿性

1.4.2.1 吸水性

(1) 定义：材料吸入水分的能力称为吸水性，其大小以吸水率来表示。

(2) 吸水率：材料吸入水分达到饱和时，水的质(重)量或水的体积占材料干燥质(重)或材料表观体积的百分数。

①计算公式：

质量吸水率

$$W_{质}=\frac{G_1-G}{G}\times 100\% \tag{1.14}$$

体积吸水率

$$W_{体}=\frac{(G_1-G)/\rho_{水}}{V_0}\times 100\% \tag{1.15}$$

式中 G_1——材料吸水饱和下的质量，g；

G——材料干燥状态下的质量，g；

V_0——材料自然状态下的体积，cm^3。

② $W_质$ 与 $W_体$ 的关系：

$$\frac{W_质}{W_体}=\frac{V_0 \cdot \rho_水}{G}=\frac{\rho_水}{\gamma_0}\approx\frac{1}{\gamma_0}$$

$$W_体\approx W_质 \cdot \gamma_0 \tag{1.16}$$

式中　γ_0——材料的干表观密度，g/cm^3。

因此，只要测得材料的质量吸水率及材料的干表观密度，便可由式(1.16)计算得到材料的体积吸收率。一般提到材料的吸水率是指质量吸水率，但体积吸水率更能直观地反映材料的吸水程度，在量值上体积吸收率等于材料的开口孔隙率，可由它间接地反映材料的孔隙结构。

③ 影响吸水率的因素：

a. 主要取决于材料的亲水性与憎水性。

b. 孔隙率及孔隙特征的影响也较大。例如，分散而又封闭的孔隙，即使孔隙率很大，由于水分很难进入，所以材料的吸水率也很小，甚至不能吸入水分；粗大的孔隙，水分不能存在于孔隙腔内时，只能吸附于孔隙壁上，所以其吸水率也很低；因此，只有细微而又连通的开口孔隙数量较多时，材料的吸水率才较大。

1.4.2.2　吸湿性

(1) 定义：材料在潮湿空气中能吸收空气中水分的性质称为吸湿性。

材料能吸收潮湿空气中水分，那么相反，当空气干燥时，材料又能失去水分，与周围空气湿度达到平衡。

(2) 含水率：材料中含水质量与材料干燥质量之比。

$$W_含=\frac{G_湿-G_干}{G_干}\times 100\% \tag{1.17}$$

如果材料长期处于某一环境中，其含水率与周边空气的湿度达到平衡，即材料的吸湿与干燥达到平衡，这时的含水率称为平衡含水率，这个含水状态称为气(风)干状态。平衡含水率并不是固定不变的，它随着周边环境温度、湿度及风速的改变而改变。

(3) $W_含$与 $W_质$的关系：$W_含$ 达最大时等于 $W_质$。

(4) 材料吸水后造成的后果：材料吸水后性能要发生变化。例如，材料吸水后，强度降低、尺寸变化，导致木门窗受潮后不易开关；保温材料吸水后，隔热性降低；承重材料吸水后，产生较大变形；抗冻材料吸水后，抗冻性大幅度降低。

1.4.3　耐水性

材料长期受到水的作用后不损坏，其强度也不显著降低的性质称为耐水性。

材料吸水后，水分会吸附到材料内物质微粒的表面，减弱微粒间的结合力，从而致使其强度下降，这是吸水材料性质变化的重要特征之一。如果材料中含有某些易被水溶解或软化的物质(如黏土、石膏等)，则强度降低更为严重。材料的耐水性以软化系数 $K_软$ 表示：

$$K_软=\frac{材料在水饱和状态下的抗压强度}{材料在干燥状态下的抗压强度} \tag{1.18}$$

由式(1.18)可知，$K_软$ 表示的是材料浸水后强度降低的程度。$K_软$ 越小，表示材料吸水后强度下降越多，耐水性越差。

耐水性是选择材料的重要依据，经常位于水中或受潮严重的重要建筑物的材料，$K_软$ 应为 0.85～0.9。受潮较轻或次要建筑物中的材料，其软化系数 $K_软$ 宜为 0.7～0.85。通常材料的软化系数 $K_软>0.85$ 时，认为这种材料是耐水的。

1.4.4　抗渗性

当建筑物中的材料两侧存在有水压(水位差)时，水会从水位高的一侧向水位低的一侧渗透，材料抵抗压力水渗透的性质，称为材料的抗渗性。

材料的抗渗性与其孔隙率及孔隙特征有关。材料之所以透水，是因为材料内部存在有孔隙特别是连通的孔隙。绝对密实的材料、具有封闭孔隙或极细孔隙的材料，实际上很难透水。材料的亲水或憎水性影响其毛细管壁的吸水与疏水性，必然也影响到材料的抗渗性。

材料抗渗性常用渗透系数来表示。根据达西定律，在一定时间内，透过材料的水量与材料透水面积及水头差成正比，与材料的厚度成反比，即 $Q=K\frac{H}{d}At$，从而有：

$$K=\frac{Q}{At}\frac{d}{H} \tag{1.19}$$

式中 K——渗透系数，mL/(cm² · s)或 cm/s；

Q——渗透水量，mL；

H——水头差，cm；

A——透水面积，cm²；

t——透水时间，s；

d——试件透水厚度，cm。

渗透系数 K 的物理意义：单位时间、单位水头下，通过单位面积、单位厚度的渗透水量。

由于水工建筑物和某些遇水建筑物，常受到压力水的作用，因此，所用材料应具有一定的抗渗性。作为防水材料，一般对其不透水性也要求较高。工程上常采用降低孔隙率、提高密实度、提高闭口孔隙比例、减少裂缝或进行憎水处理等方法来提高材料的抗渗性。

1.4.5 抗冻性

抗冻性是材料与水有关的重要性质，经常与水接触的建筑物中的材料，当材料遇水后会吸入水分，特别是基础部位的混凝土或砖石等材料，受到水的浸泡后，水分充满毛细孔，水与其他材料相比，存在一反常现象，即“结冰时体积膨胀”，膨胀率约 9%，这时受约束的毛细水结冰，会给毛细管壁造成约 100MPa 巨大的压力，致使建筑物结构中的材料发生破坏。

材料的抗冻性是材料在吸水饱和状态下，能经受多次冻结和融化（冻融循环）作用而不破坏，同时强度也不显著降低的性质。

材料的抗冻性以抗冻等级，即试件能经受的冻融循环次数表示。

影响材料的抗冻性因素有：

① 材料吸水饱和的程度，用饱水系数 $K_{饱}$ 表示，含有的封闭气泡具有缓冲作用。例如，给新拌混凝土、砂浆中掺加引气剂，在搅拌过程中能引入封闭气泡，提高其抗冻性。

$$K_{饱}=\frac{W_{体}}{P} \tag{1.20}$$

当 $K_{饱}\leqslant 0.85$ 时材料比较抗冻。

② 材料抗结冰应力的能力（强度、变形及软化系数 $K_{软}<0.8$ 时抗冻性较差）。

③ 冻融速度及冻融频繁程度（温度越低、降温越快、冻融间隔时间越短，材料越易破坏）。

1.5 材料的耐久性

材料的耐久性是指材料在长期的使用过程中，能抵抗环境的破坏作用，并能保持原有性质、不破坏的一项综合性质。工程上通常用材料抵抗使用环境中主要影响因素的能力来评价耐久性，如抗渗性、抗冻性、抗侵蚀、抗磨损和抗碳化等性质。这些破坏作用归纳起来有：物理作用、机械作用、化学作用及生物作用等。

1.5.1 物理作用

物理作用主要使材料发生体积的膨胀与收缩，引起材料内部裂纹扩展，导致材料性能退化而破坏。例如，天阴下雨、风吹日晒等产生的干湿变化引起材料的风化；处于高温下建筑物中的材料，受到高温带来的性能变化；寒冷地区的冻融变化对材料造成显著的破坏。

1.5.2 机械作用

材料受到的作用与上一节提到的短期静荷载不同时，材料也会表现出不同的破坏情形。例如，若在持续载荷作用下，材料会发生徐变破坏；在往复交变载荷作用下，会发生疲劳破坏；在冲击载荷及使用中的磨损（耗）等因素下，材料会发生突然破坏或性能缓慢退化而渐渐破坏。

1.5.3 化学作用

化学作用主要是指材料受到酸、碱、盐等物质的水溶液或有害气体的侵蚀作用，导致材料的组成成分发生质的变化而引起材料的破坏，如钢材的锈蚀、混凝土的侵蚀等。海水、河水及地下水受到污染后，水溶液中含有有害的酸、碱、盐等成分，这些成分会对建筑物中的材料产生侵蚀破坏作用。

1.5.4 生物作用

生物作用主要是指材料受到虫蛀或菌类的腐朽作用而产生的破坏，如木材、竹子等有机质材料常会在昆虫、菌类等的作用下，因蛀蚀或腐朽而破坏。生物作用主要对木材及植物纤维材料表现较为明显。

1.5.5 常用材料的破坏情形

（1）矿物材料：砖、石、混凝土等多是由于物理、机械作用而破坏，同时也有受到化学作用而破坏的。

（2）金属材料：主要是化学作用引起的破坏，但在特殊环境下亦可能因物理作用或机械作用而破坏。

（3）木材、竹子等植物纤维材料多是因生物作用而破坏。

（4）沥青、塑料等高分子材料在阳光、空气和热的作用下，会由于“老化”而产生开裂。

1.5.6 材料耐久性的评判

材料是否具有耐久性，必须针对其所处的环境条件来评判。这是因为，一方面，到目前为止尚没有一种材料能够对上述各种破坏作用都具有很强的抵抗能力；另一方面，工程所处环境复杂，材料常常不是发生一种形式的破坏，一般都是两种或几种因素耦合作用下产生破坏，但几乎不可能同时发生上述的全部破坏作用。材料的耐久性主要包括：抗渗性、抗冻性、耐磨性、化学侵蚀性、大气稳定性、耐热性、耐光性等。

对无机材料通常以抗渗性及抗冻性来衡量。抗冻性良好的材料，抵抗干湿变化及温度变化等风化作用的性能也较强，所以抗冻性可作为矿物质材料抵抗环境物理作用的耐久性综合指标。因此，处于温暖地区的结构物，为了抵抗风化作用，对材料也应提出一定的抗冻性要求。

对有机及高分子材料以耐温性及大气稳定性进行评判。

引起耐久性下降的因素有：内部因素是材料的化学及矿物组成，材料本身的构造即材料本身存在着孔隙及微裂缝。外部因素是物理、化学、机械及生物等方面的作用。

提高材料耐久性的措施：①根据环境特点合理选择材料，例如，当环境中存在硫酸盐介质，混凝土宜选用抗硫酸盐水泥。②提高材料本身对外界的抵抗性，例如，当材料一定时，加强混凝土施工过程中的质量控制，提高其自身密实度。③设法减少大气或周围介质对材料的破坏作用，例如，对既有建筑物（地下车库、地铁的侧墙、桥墩、闸墩等），当周边环境发生变化时，可以涂刷油漆、涂料、水玻璃、沥青等耐腐材料或用玻璃、陶瓷等隔离措施。

1.6 材料的热工性能

建筑物中的材料，除需要满足强度等性能外，还需常年保持室内的温度及湿度状况，以适宜于人们的生活、学习和生产活动。为此，房屋的围护结构所采用的建筑材料，必须具有一定的保温绝热性能，在此仅讨论材料的热工性能，绝热材料可以参阅13.1节内容。

1.6.1 导热性

导热性是指建筑物中的材料两面存在温度差时，热量能从材料的一面通过材料本身传到另一面的性质，以导热系数 λ 表示。

$$\lambda=\frac{QD}{\Delta tFZ} \tag{1.21}$$

式中 λ——导热系数，W/(m·K)；

Q——通过材料的热量，J；

D——传导的距离或厚度，m；

Δt——材料两侧的温度差，K；

Z——导热时间，s；

F——材料的传热面积，m^2。

与材料遇水的渗透系数 K 相似，材料的导热系数 λ 越小，其保温性能越好。绝大多数建筑材料的导热系数介于0.023～3.49 W/(m·K)之间。常见材料的导热系数列于表1.2。

表1.2 几种材料的导热系数、比热容及线膨胀系数

材料		导热系数，W/(m·K)	比热容，$\times10^2$ J/(kg·K)	线膨胀系数，$\times10^{-6}$/K
钢		58	4.6	10～12
花岗岩		2.80～3.49	8.5	5.60～7.34
普通混凝土		1.50～1.86	8.8	5.8～15
普通黏土砖		0.42～0.63	8.4	5～7
泡沫混凝土		0.12～0.20	11.0	—
普通玻璃		1.10	8.4	8～10
松木	顺纹	0.35	25	—
	横纹	0.17		
泡沫塑料		0.03～0.04	13～17	—
石膏板		0.19～0.24	9～11	—
水		0.55	42	—
密闭空气		0.023	10	—

材料的导热系数越小，其热传导能力越差，保温绝热性能越好。工程上把 $\lambda<0.23$ W/(m·K)的材料称为绝热材料。影响材料导热性的因素很多，其中主要是材料的组成、结构与构造，如孔隙率、孔隙特征及含水率等。当材料中含有较多闭口孔隙时，其导热系数较小，材料的保温绝热性较好；当材料内部含有较多粗大、连通的孔隙时，则空气会产生对流作用，使其传热性大幅度提高。水的导热系数大于空气的导热系数，

因而当材料受潮吸水或吸湿后，其导热系数增大，导热性提高，保温绝热性降低。若材料吸水后水再结冰，其导热系数进一步增大，保温绝热性大幅度降低。因而保温或绝热材料在使用时应避免受潮吸水，若吸水应避免受冻结冰。对于纤维结构的材料，顺纤维方向的导热性比横纤维方向的高。晶体材料的导热性高于非晶体材料的。金属晶体导热性高于离子晶体及原子晶体的，分子晶体的导热性最低。

1.6.2 热容量

材料具有受热时吸收热量，冷却时释放热量的性质。当材料温度升高(或降低)1 K 时，所吸收(或释放)的热量，称为该材料的热容量(J/K)。1 kg 材料的热容量，称为该材料的比热容[J/(kg·K)]。

$$Q=cm(T_2-T_1) \quad 或 \quad c=\frac{Q}{m(T_2-T_1)} \tag{1.22}$$

式中 Q——材料吸(放)热的热量，J；

c——材料的比热容，J/(kg·K)；

m——材料的质量，kg；

T_2-T_1——材料受热(冷却)前后的温差，K。

由式(1.22)可知：材料吸收或释放的热量除受外在温度影响外，还受到材料本身的影响，如材料比热容和质量的影响。

材料的热容量，对维持室内的温度稳定有很大意义。热容量大的材料，能在热流变化、采暖、空调不均衡时，缓和室内温度的波动。所以，屋面材料宜选用热容量值大的材料。另外，冬季或夏季施工对材料进行加热或冷却处理时，均需考虑材料的热容量。表 1.2 列出了几种材料的比热容值。

因此，提高材料保温绝热性能的措施有：

① 保温绝热材料要干燥。这是因为材料吸水后，其导热系数大幅度增加，而保温绝热性迅速降低，因此，设置屋面层时，要让保温绝热材料处于两层防水材料中间。

② 材料要多孔(内部要多分散的封闭孔隙)。随着材料内部分散且封闭孔隙数量的增加，材料的导热系数在减小，保温绝热性在提高。

③ 选择导热系数小，热容量大的材料。一般地，材料的导热系数小、质量轻，其热容量也偏小，因而制成了复合结构，如钢丝网砂浆或混凝土夹心板(泡沫混凝土)、金属与泡沫塑料夹心板等，也可因地制宜设置种植屋面、水池、鱼池等。

1.6.3 热阻和传热系数

工程上衡量绝热材料性能通常用热阻。热阻是指材料层(墙体或其他围护结构)抵抗热流通过的能力。即材料厚度与导热系数之比：

$$R=\frac{a}{\lambda} \tag{1.23}$$

式中 R——热阻，m^2·K/W；

a——材料层厚度，m；

λ——导热系数，W/(m·K)。

材料的热阻 R 越大，则表明该物体(如墙体、楼板)或构件的保温绝热性越好。要提高围护结构的保温效能，改善建筑物的热工性能，应选热阻 R 较大的材料。理论上应选导热系数较小的材料(泡沫塑料、木材)或增加材料层的厚度，后者意味着增加材料用量，提高成本，同时带来其他负面效应。

传导系数($1/R$)是指材料两面温差为 1 K 时，在单位时间通过单位面积的热量，即热阻的倒数。

1.6.4 热变形性

材料的热变形性，是指材料在温度变化时其尺寸的变化，除个别情况如水结冰之外，一般材料具有热胀冷缩这一自然现象。材料的热变形性常用长度方向变化的线膨胀系数来表示：

$$\alpha=\frac{\Delta L}{(T_2-T_1)L} \tag{1.24}$$

式中 α——线膨胀系数，1/K；

ΔL——材料的线变形量，mm；

T_2-T_1——材料在升、降温前后的温度差，K；

L——材料原来的长度，mm。

不同材料的线膨胀系数列于表1.2。材料的线膨胀系数越小，则温度变形越小，由此产生的温度应力也越小；反之则带来的温度应力越大。土木工程总体上要求材料的热变形不要太大，如金属、塑料等热膨胀系数大的材料，都易因温度和日照而引起伸缩，是构件产生变形的原因之一，在构件接合和组合时必须特别注意。在复合材料中，不同组成材料的线膨胀系数相近时，在温度变化下的温度变形相协调，有利于材料的整体作用，如钢筋混凝土中的钢材和混凝土。

本章小结

本章是学习建筑材料必须具备的基础知识和基本理论。材料的组成、结构及构造不同，材料的性质也必有差异。通过本章学习，可以了解建筑材料所具有的各种基本性质的定义、内涵、参数的计算方法与试验测试原理；了解材料性质对其性能的影响，如材料的孔隙率对材料强度、吸水性、耐久性等的影响；了解材料性能对建筑结构质量的影响，为进一步学习各种具体的材料性质打下基础。

思考题与习题

1. 名词解释：

(1)密度；(2)表观密度；(3)孔隙率；(4)空隙率；(5)强度；(6)弹性；(7)韧性；(8)吸水率；(9)质量吸水率；(10)体积吸水率；(11)含水率；(12)平衡含水率；(13)耐水性；(14)耐久性；(15)抗渗性；(16)抗冻性；(17)塑性；(18)脆性。

2. 胶体结构的材料具有(　　)。

A. 各向同性，并有较强的导热导电性　　B. 各向同性，并有较强的黏结性

C. 各向异性，并有较强的导热导电性　　D. 各向同性，无黏结性

3. 当材料的孔隙率增大时，材料的密度如何变化(　　)。

A. 不变　　B. 变小　　C. 变大　　D. 无法确定

4. 散粒材料的颗粒密度为 ρ、视密度 ρ'、颗粒表观密度为 γ，则存在下列关系(　　)。

A. $\rho>\gamma>\rho'$　　B. $\rho'>\rho>\gamma$　　C. $\gamma>\rho'>\rho$　　D. $\rho>\rho'>\gamma$

5. 某一建筑材料的孔隙率增大时，其(　　)。

A. 密度、表观密度、强度减小，吸水率增大

B. 密度、表观密度、强度增大，吸水率减小

C. 密度不变，表观密度、强度减小，吸水率不定

D. 密度不变，表观密度增大，强度减小，吸水率不定

6. 下列哪些因素会使得混凝土的抗压强度测试结果增大(　　)。

A. 降低加荷速率　　B. 减小试样体积

C. 提高试样的高径比　　D. 吸湿

7.材料属憎水性或亲水性，以其(　　)。

A. 孔隙率为 0 或>0 划分　　B. 润湿角 $\theta>180°$或$\leqslant180°$划分

C. 填充率为 100%或<100%划分　　D. 润湿角 $\theta>90°$或$\leqslant90°$划分

8.含水 5%的湿砂 100 g，其中含水的质量是(　　)。

A. 5 g　　B. 4.76 g　　C. 5.26 g　　D. 4 g

9.以下哪项不是影响材料抗冻性的主要因素(　　)。

A. 强度　　B. 水饱和度　　C. 孔隙率和孔隙结构　　D. 冻融龄期

10. 材料的密度、表观密度、视密度及堆积密度有何区别？材料含水对它们有何影响？

11. 简述材料弹性变形与塑性变形。

12. 量取 10 L 气干状态的卵石，称得质量为 14.5 kg；又将该卵石烘干后，称取 500 g，放入装有 500 mL 水的量筒中，静置 24 h 后，量筒水面升高到 685 mL 处，求该卵石的视密度、堆积密度及空隙率。

13. 一块普通黏土砖，外形尺寸为 240 mm×115 mm×53 mm，吸水饱和后质量为 2900 g，烘干至恒量后质量为 2500 g；又将该砖磨细再烘干后称取 50 g，用李氏瓶测得其体积为 18.5 cm^3。试求该砖的质量吸水率、体积吸水率、密度、表观密度及封闭口孔隙率。

14. 已知某岩石的密度为 2.65 g/cm^3，干燥表观密度为 2560 kg/m^3，质量吸水率为 1%。试计算该岩石中开口孔隙与封闭口孔隙所占比例。

15. 某材料密度为 2.60 g/cm^3，干燥表观密度为 1600 kg/m^3，现将质量为 954 g 的该材料浸入水中，待吸水饱和后取出称得质量为 1086 g。试求该材料的孔隙率、质量吸水率、开口孔隙率及闭口孔隙率。

16. 有一种石灰岩试样，经烘干后测得其密度为 2.70 g/cm^3。表观密度为 2.61 g/cm^3，将它破碎成为碎石，并测得碎石的堆积密度为 1.58 kg/L。试计算石灰岩试样的孔隙率及石灰岩碎石的空隙率。

17. 有一批石灰岩试件，干燥条件下测得的抗压强度为 86.0 MPa，饱和水条件下测得的抗压强度为 74.5 MPa，试评价其耐水性如何。

18. 普通黏土砖进行抗压试验，干燥状态时的破坏荷载为 207 kN，饱和水时的破坏荷载为 172.5 kN，若试验时砖的受压面积均为 $A=11.5\ cm\times12\ cm$，问此砖是否可以用于建筑物中常与水接触的部位？

19. 有一干燥石材试样，在空气中称得其质量 $G=222.0$ g，将其表面用石蜡封涂后其质量 $G_1=223.72$ g，将其置于水中称重 $G_2=94.0$ g，石蜡的密度已知为 0.86 g/cm^3，求该石材的表观密度。

2 建筑钢材与铝材

本章提要

随着建筑业和钢铁工业的快速发展，在建筑中，尤其是在高层建筑和大跨度结构中，钢材已成为重要的结构材料之一。钢的冶炼方式、脱氧程度、化学成分等直接影响钢的性质，冷加工强化、时效处理或热处理工艺为钢材的改性途径，因此，需要了解这些因素对钢材性质的影响规律。钢材是韧性材料，抗拉强度高，所以钢材受力时的各项力学性能指标是通过经典的低碳钢拉伸试验来讨论的，需要以此理解钢材各项指标的含义。

2.1 钢的冶炼加工与分类

2.1.1 钢的冶炼加工

建筑钢材是主要的建筑材料之一，它包括钢结构用钢材（如钢板、型钢、钢管等）和钢筋混凝土用钢材（如钢筋、钢丝等）。钢材是在严格的技术控制条件下生产的材料，与非金属材料相比，具有品质均匀稳定、强度高、塑性与韧性好、可焊接和可铆接等优异性能。钢材主要的缺点是易锈蚀、维护费用大、耐火性差、生产能耗大。

钢由生铁冶炼而成。生铁的冶炼是铁矿石内氧化铁还原成生铁的过程，生铁的冶炼过程是：将铁矿石、熔剂（石灰石）、燃料（焦炭）置于高炉中，在约 1750 ℃高温下，石灰石与铁矿石中的硅、锰、硫、磷等经过化学反应，生成铁渣，浮于铁水表面，铁渣和铁水分别从出渣口和出铁口放出，铁渣排出时用水急冷得水淬矿渣（粒化矿渣具有弱的自硬性）；排出的生铁中含有碳、硫、磷、锰等杂质。生铁又分为炼钢生铁（白口铁）和铸造生铁（灰口铁）。生铁硬而脆，无塑性和韧性，不能焊接、锻造、轧制。

炼钢的过程就是将生铁进行精炼，使碳的含量降低到一定的限度，同时把其他杂质的含量也降低到允许范围内。所以，在理论上凡含碳量在 2%以下，含有害杂质较少的铁-碳合金均可称为钢。

根据炼钢设备的不同，常用的炼钢方法有氧气转炉法、平炉法、电炉法。

(1) 氧气转炉法

氧气转炉炼钢法是以熔融铁水为原料，用纯氧代替空气，由炉顶向转炉内吹入高压氧气，能有效地除去磷、硫等杂质，使钢的质量显著提高，而成本却较低。常用来炼制优质碳素钢和合金钢。该方法炼钢周期短，效率高。

(2) 平炉法

平炉炼钢法以固体或液体生铁、铁矿石或废钢为原料，用煤气或重油为燃料进行冶炼。平炉钢熔炼时间长，化学成分可以精确控制，杂质含量少，成品质量高。其缺点是能耗大、成本高、冶炼周期长。

(3) 电炉法

电炉炼钢法是以生铁或废钢为原料,利用电能迅速加热,进行高温冶炼。其熔炼温度高,而且温度可以自由调节,清除杂质容易。因此,电炉法炼钢的质量最好,但成本高,主要用于冶炼优质碳素钢及特殊合金钢。

在铸锭冷却过程中,由于钢内某些元素在铁的液相中的溶解度高于固相,这些元素向凝固较迟的钢锭中心集中,导致化学成分在钢锭截面上分布不均匀,这种现象称为化学偏析,其中尤以硫、磷最为严重。偏析现象对钢的质量有很大影响。

2.1.2 钢的分类

钢的品种繁多,分类方法很多,通常有按化学成分、脱氧程度、有害杂质质量、用途等分类的几种方法。目前,在建筑工程中常用的钢种是普通碳素结构钢和合金钢中的普通低合金钢。

2.1.2.1 按化学成分分类

(1) 碳素钢。碳素钢的化学成分主要是铁,其次是碳,故也称铁-碳合金。其含碳量为0.02%～2.06%,此外尚含有极少量的硅、锰和微量的硫、磷等元素。碳素钢按含碳量的不同又可分为:

① 低碳钢(含碳量小于0.25%);

② 中碳钢(含碳量为0.25%～0.60%);

③ 高碳钢(含碳量大于0.60%)。

(2) 合金钢。是指在炼钢过程中,有意识地加入一种或多种能改善钢材性能的合金元素而制得的钢种。常用合金元素有硅、锰、钛、钒、铌、铬等。按合金元素总含量的不同,合金钢可分为:

① 低合金钢(合金元素总含量小于5%);

② 中合金钢(合金元素总含量为5%～10%);

③ 高合金钢(合金元素总含量大于10%)。

2.1.2.2 按冶炼时脱氧程度分类

(1) 沸腾钢。炼钢时仅加入锰铁进行脱氧,则脱氧不完全。这种钢水浇入锭模时,会有大量的一氧化碳气体从钢水中外逸,引起钢水呈沸腾状,故称沸腾钢,代号为“F”。沸腾钢组织不够致密,成分不太均匀,硫、磷等杂质偏析较严重,故质量较差。但因其成本低、产量高,故被广泛用于一般建筑工程。

(2) 镇静钢。炼钢时采用锰铁、硅铁和铝锭等作脱氧剂,脱氧完全,且同时能起到去硫作用。这种钢水铸锭时能平静地充满锭模并冷却凝固,故称镇静钢,代号为“Z”。镇静钢虽成本较高,但其组织致密,成分均匀,性能稳定,故质量好,适用于预应力混凝土等重要的结构工程。

(3) 特殊镇静钢。比镇静钢脱氧还要充分彻底的钢,故其质量最好,适用于特别重要的结构工程,代号为“TZ”。

2.1.2.3 按有害杂质含量分类

按钢中有害杂质磷(P)和硫(S)含量的多少,钢材可分为以下四类:

(1) 普通钢。磷含量不大于0.045%;硫含量不大于0.050%。

(2) 优质钢。磷含量不大于0.035%;硫含量不大于0.035%。

(3) 高级优质钢。磷含量不大于0.025%;硫含量不大于0.025%。

(4) 特级优质钢。磷含量不大于0.025%;硫含量不大于0.015%。

2.2 建筑钢材的力学性能和工艺性能

2.2.1 力学性能

力学性能又称机械性能，是钢材最重要的使用性能。在建筑结构中，对承受静荷载作用的钢材，要求具有一定的力学强度，并要求所产生的变形不致影响到结构的正常工作和安全使用。对承受动荷载作用的钢材，还要求具有较高的韧性而不致发生断裂。

通过一次拉伸试验可得到抗拉强度、伸长率和屈服点三项基本性能；

通过冷弯试验可得到钢材的冷弯性能；

通过冲击韧性试验可得到冲击韧性。

2.2.1.1 强度

在外力作用下，材料抵抗变形和断裂的能力称为强度。测定钢材强度的方法是拉伸试验，钢材受拉时，在产生应力的同时，相应地产生应变。应力-应变的关系反映出钢材的主要力学特征。

强度试验：低碳钢的拉伸试验。

标准试件：按照一定的要求，对表面进行车削加工后的试件。

非标准试件：不经过加工，直接在线材上切取的试件。如图 2.1 所示。

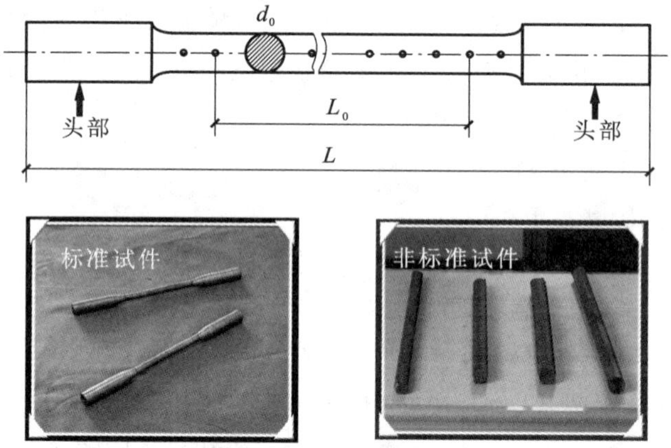

图 2.1 试件图

将低碳钢（软钢）制成一定规格的试件，放在材料试验机上进行拉伸试验，可以绘出如图 2.2 所示的应力-应变关系曲线。

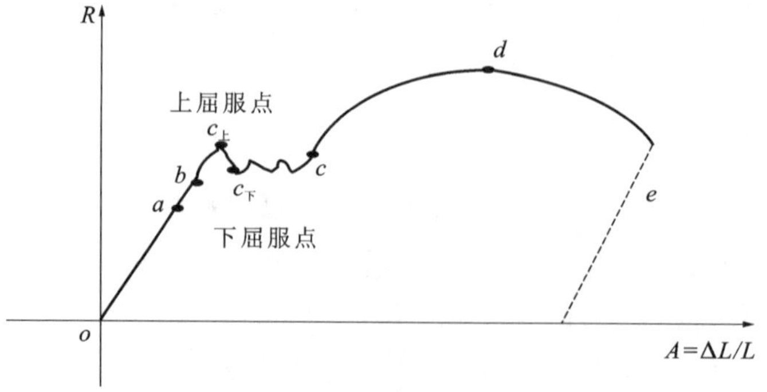

图 2.2 低碳钢拉伸过程的应力-应变图

根据低碳钢受拉时的应力-应变曲线可了解到抗拉性能的下列特征指标：

(1) 弹性阶段(ob)

弹性阶段可得到弹性模量 E 和比例极限。钢材受力初期，应力与应变成正比例增长，应力与应变之比是常数，称为弹性模量，即 $E=\frac{R}{A}$。这个阶段的最大应力(a 点的对应值)称为比例极限 R_a。

E 值越大，材料抵抗弹性变形的能力越大；在一定荷载作用下，E 值越大，材料发生的弹性变形量越小。一些对变形要求严格的构件，为了把弹性变形控制在一定限度内，应选用弹性模量大的钢材。

应力超过比例极限后，应力-应变曲线略有弯曲，应力与应变不再呈正比例关系，但卸去外力时，试件变形仍能立即消失，此阶段产生的变形是弹性变形。不产生残留塑性变形的最大应力(b 点对应值)称为弹性极限 R_b。事实上，R_a 和 R_b 相当接近。

(2) 屈服阶段(bc)

屈服阶段可得到屈服强度。屈服强度是钢材开始丧失对变形的抵抗能力，并开始产生大量塑性变形时所对应的应力。在屈服阶段，锯齿形的最高点所对应的应力称为屈服上限；锯齿形的最低点所对应的应力称为屈服下限。屈服上限与试验过程中的许多因素有关。屈服下限比较稳定，容易测试，所以规范规定以屈服下限的应力值作为钢材的屈服强度，用 R_{eL} 表示。

中碳钢和高碳钢没有明显的屈服现象，规范规定以 0.2% 残余变形所对应的应力值作为条件屈服强度，用 $R_{r0.2}$ 表示。

屈服强度对钢材使用意义重大，一方面，当构件的实际应力超过屈服强度时，将产生不可恢复的永久变形；另一方面，当应力超过屈服强度时，受力较大部位的应力不再提高，而自动将荷载重新分配给某些应力较小部位。因此，屈服强度是确定容许应力的主要依据。

(3) 强化阶段(cd)

强化阶段压力曲线又有上升趋势，在这一阶段可得到抗拉强度。当钢材屈服到一定程度后，由于内部晶粒重新排列，其抵抗变形的能力又重新提高，此时变形虽然发展很快，但只随着应力的增大而提高，直至应力达到最大值(抗拉强度 R_m)。此后钢材抵抗变形的能力明显降低，并在最薄弱处发生较大塑性变形，此处试件界面迅速缩小，出现颈缩现象，直到断裂破坏。

抗拉强度是钢材所能承受的最大拉应力，即当拉应力达到强度极限时，钢材完全丧失了对变形的抵抗能力而断裂。

抗拉强度虽然不能直接作为计算依据，但屈服强度与抗拉强度的比值，即“屈强比”(R_{eL}/R_m)对工程应用有较大意义。屈强比愈小，反映钢材在应力超过屈服强度工作时的可靠性愈高，即延缓结构损坏过程的潜力愈大，因而结构愈安全。但屈强比过小时，钢材强度的有效利用率低，造成浪费。常用碳素钢的屈强比为 0.58～0.63，合金钢的屈强比为 0.65～0.75。

(4) 颈缩阶段(de)

当试件达到此阶段，在承载力最弱的截面处，截面收缩，局部变细，并且荷载下降直至拉断，本阶段可得到收缩率和伸长率。

受交变荷载反复作用，钢材在应力低于其屈服强度的情况下，突然发生脆性断裂破坏的现象，称为疲劳破坏。

疲劳破坏首先是在局部缺陷处形成细小裂纹，裂纹由于尖端处的应力集中而使其逐渐扩展，直至最后钢材断裂。疲劳破坏是在低应力状态下突然发生的，所以危害极大，往往造成灾难性的事故。

在一定条件下，钢材疲劳破坏的应力值随应力循环次数的增加而降低。钢材在无数次交变荷载作用下而不致引起断裂的最大循环应力值，称为疲劳强度极限。钢材的疲劳强度与很多因素有关，如组织结构、表面状态、合金成分、夹杂物和应力情况等。

2.2.1.2 塑性

塑性表示钢材在外力作用下产生塑性变形而不破坏的能力。它是钢材的一个重要指标。钢材的塑性通常用拉伸试验时的伸长率或断面缩减率来表示。

(1) 伸长率

伸长率反映钢材拉伸断裂前所能承受的塑性变形的能力，是衡量钢材塑性的重要技术指标。伸长率是以试件拉断后标距长度的增量与原标距长度之比的百分率来表示。

伸长率按下式计算：

$$A=\frac{L_u-L_0}{L_0}\times 100\% \tag{2.1}$$

式中 L_u——试件拉断后标距部分的长度，mm；

L_0——试件的原标距长度，mm。

(2) 断面缩减率

断面缩减率按下式计算：

$$Z=\frac{F_0-F_1}{F_0} \tag{2.2}$$

式中 F_0——试件原始截面面积，mm^2；

F_1——试件拉断后颈缩处的截面面积，mm^2。

伸长率和断面缩减率表示钢材断裂前经受塑性变形的能力。伸长率越大或断面缩减率越高，说明钢材塑性越大。钢材塑性大，不仅便于进行各种加工，而且能保证钢材在建筑上的安全使用。因为钢材的塑性变形能调整局部峰值应力，使之趋于平缓，以免引起建筑结构的局部破坏及其所导致的整个结构的破坏；钢材在塑性破坏前，有很明显的变形和较长的变形持续时间，便于人们发现和补救。

2.2.1.3 冲击韧性

冲击韧性是钢材的一种动力性能指标。它是指钢材在冲击荷载作用下断裂时吸收机械能的一种能力，是衡量钢材抵抗因低温、应力集中、冲击荷载作用等而致脆性断裂的能力的一项机械性能。它用材料在断裂时所吸收的总能量(包括弹性和非弹性能)来量度，其值为应力-应变关系曲线与横坐标所包围的总面积，总面积愈大韧性愈高，故韧性是钢材强度和塑性的综合指标。

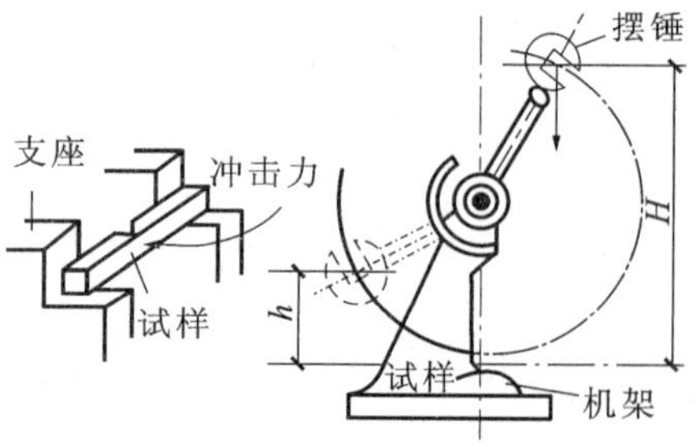

图 2.3 冲击试验图

钢材的冲击韧性用冲断试件时单位面积所吸收的能量来表示。冲击韧性指标是通过标准试件的弯曲冲击试验确定的，如图 2.3 所示。以摆锤打击试件，于刻槽处将其打断，试件单位截面积上所消耗的功，即为钢材的冲击韧性指标，用冲击韧性 K_V(J/cm^2)表示。K_V 值愈大，冲击韧性愈好。

钢材的化学成分、组织状态、内在缺陷及环境温度都会影响钢材的冲击韧性。例如，钢中磷、硫含量较高，存在偏析、非金属夹杂物和焊接中形成的微裂缝等都会使冲击韧性显著降低。冲击韧性随温度的降低而下降，其规律是开始下降时缓和，当达到一定温度范围时，突然大幅度下降而呈现出脆性，这种性能称为钢材的冷脆性。发生冷脆时的温度称为临界温度，其数值愈低，说明钢材的低温抗冲击性能愈好。所以在负温度下使用的结构，应当选用脆性临界温度较工作温度低的钢材。

钢材随时间的延长而表现出强度提高、塑性和冲击韧性下降的现象称为时效。完成时效变化的过程可达数十年,但是钢材如经受冷加工变形,或使用中经受振动和反复荷载的影响,时效可迅速发展。因时效而导致性能改变的性质称为时效敏感性,对于承受动荷载的结构应该选用时效敏感性低的钢材。

综上所述,许多因素都会降低钢材的冲击韧性,对于直接承受动荷载而且可能在负温下工作的重要结构,必须进行冲击韧性检验。

2.2.2 工艺性能

建筑钢材在使用之前,多数需要进行一定形式的加工处理。良好的工艺性能可以保证钢材能够顺利地通过各种处理而无损于制品的质量。建筑钢材的工艺性能包括热加工性能、冷加工性能、冷弯性能、焊接性能与热处理性能等。这里只讲述在建筑工程中最常遇到的冷弯、反向弯曲和焊接工艺性能。

2.2.2.1 冷弯性能

冷弯性能是指钢材在常温下承受弯曲变形的能力。钢材的冷弯性能指标是以试件弯曲的角度(α)和弯曲压头直径(d)对试件厚度(或直径 a)的比值(d/a)来表示。

钢材的冷弯试验是通过将直径(或厚度)为 a 的试件,采用标准规定的弯曲压头直径 d ($d=na$),弯曲到规定的弯曲角(180°或 90°)时,试件的弯曲处不发生裂缝、裂断或起层,即确认冷弯性能合格。钢材弯曲时的弯曲角度愈大,弯曲压头直径愈小,则表示其冷弯性能愈好。图 2.4 为不同弯曲压头直径的钢材冷弯试验。

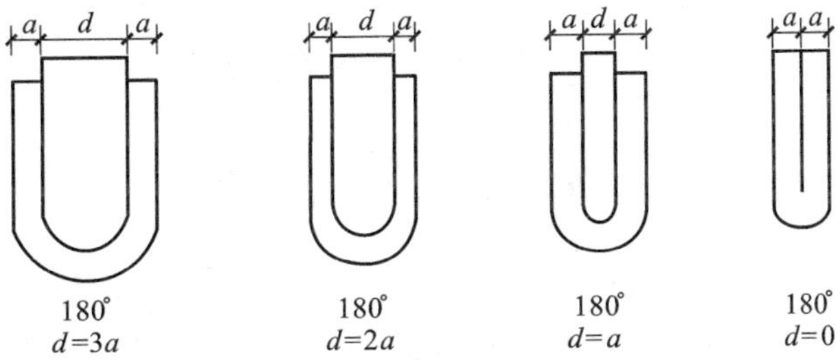

图 2.4 钢材的冷弯试验

冷弯试验更有助于暴露钢材的某些内在缺陷。相对于伸长率,冷弯是对钢材塑性更严格的检验,它能揭示钢材是否存在内部组织不均匀、内应力和夹杂物等缺陷,冷弯试验对焊接质量也是一种严格的检验,能判别焊件在受弯表面是否存在未熔合、微裂纹及夹杂物等缺陷。

2.2.2.2 反向弯曲性能

根据国家标准《钢筋混凝土用钢 第 2 部分:热轧带肋钢筋》(GB 1499.2—2024)规定,对于抗震钢筋(牌号带 E),要求将反向弯曲试验作为常规检测项目,其他牌号钢筋可以选做反向弯曲试验。

反向弯曲试验试样不允许进行车削加工。反向弯曲试验先正向弯曲 90°,把经正向弯曲后的试样在(100±10)℃温度下保温不少于 30 min,经自然冷却后再反方向弯曲 20°。两个弯曲角度均应在保持荷载时测量。当供方能保证钢筋经人工时效后的反向弯曲性能时,正向弯曲后的试样亦可在室温下直接进行反向弯曲,检验要求为无裂纹。反向弯曲试验的弯曲压头直径比弯曲试验相应增加一个钢筋公称直径。

2.2.2.3 焊接性能

在建筑工程中，各种型钢、钢板、钢筋及预埋件等需用焊接加工。钢结构有90%以上是焊接结构。焊接的质量取决于焊接工艺、焊接材料及钢材的焊接性能。

钢材的可焊性是指钢材是否适应通常的焊接方法与工艺的性能。可焊性好的钢材易于用一般焊接方法和工艺施焊，焊口处不易形成裂纹、气孔、夹渣等缺陷；焊接后钢材的力学性能，特别是强度不低于原有钢材，硬脆倾向小。钢材可焊性能的好坏，主要取决于钢材的化学成分。含碳量高将升高焊接接头的硬脆性，含碳量小于0.25%的碳素钢具有良好的可焊性。

钢筋焊接应注意的问题是：冷拉钢筋的焊接应在冷拉之前进行；钢筋焊接之前，焊接部位应清除铁锈、熔渣、油污等；应尽量避免不同国家的进口钢筋之间或进口钢筋与国产钢筋之间的焊接。

由于焊接件在使用过程中要求的主要力学性能是强度、塑性、韧性和耐疲劳性，因此，对性能影响最大的焊接缺陷是焊件中的裂纹、缺口和因硬化而引起的塑性和冲击韧性的降低。

采取焊前预热和焊后热处理的方法，可以使可焊性较差的钢材的焊接质量得以提高。此外，正确地选用焊接材料和焊接工艺，也是提高焊接质量的重要措施。

(1) 施工上的可焊性

施工上的可焊性是指焊缝金属产生裂纹的敏感性，以及由于焊接加热的影响，近缝区钢材硬化和产生裂纹的敏感性。可焊性好，是指在一定的焊接工艺条件下，焊缝金属和近缝区钢材均不产生裂纹。

(2) 使用性能上的可焊性

使用性能上的可焊性是指焊接接头和焊缝的缺口韧性(冲击韧性)和热影响区的延伸性(塑性)。要求焊接构件在施焊后的机械性能(力学性能)不低于母材的机械性能。

2.3 钢的组成及加工方法对钢材性能的影响

2.3.1 钢的化学成分对钢材性能的影响

(1) 碳(C)：它是钢中的重要元素。含碳量低于0.8%时，随着含碳量的增加，钢的抗拉强度和硬度提高，而塑性及韧性降低。同时，钢的冷弯、焊接及抗腐蚀等性能降低，且钢的冷脆性和时效敏感性提高。

(2) 硅(Si)：它是钢中的有益元素，是为了脱氧去硫而加入的。硅是钢的主要合金元素，含量常在1%左右，可以提高强度，对塑性和韧性没有明显影响，但含量超过1%时，冷脆性提高，可焊性变差。

(3) 锰(Mn)：能消除钢的热脆性，改善热加工性能。当锰的含量为0.8%～1%时，可显著提高钢的强度和硬度，几乎不降低塑性和韧性，所以它也是钢中的主要合金元素之一。当其含量大于1%时，在提高强度的同时，塑性及韧性有所下降，可焊性变差。

(4) 磷(P)：它是钢中的有害元素，由炼钢原料带入。可显著降低钢材的塑性和韧性，特别是在低温条件下，冲击韧性下降得更为明显。常把这种现象称为冷脆性。磷还能使钢的冷弯性能降低，可焊性变差。但磷可使钢材的强度、硬度、耐磨性、耐蚀性提高。

(5) 硫(S)：在钢的热加工时易引起钢的脆裂，称为热脆性。硫的存在还使钢的冲击韧性、疲劳强度、可焊性及耐蚀性降低，即使微量存在也对钢有害，因此，硫的含量要严格控制。

(6) 氧(O)：多以氧化铁的形式存在于钢中的非金属夹杂物中。氧降低钢的各种机械性能，尤其是使其韧性降低得十分显著。氧化铁所造成的低熔点也使钢的可焊性降低，而且氧有促进时效倾向的作用，故氧在钢中的含量应有所限制。

(7) 氮(N)：它是在炼钢过程中随空气进入钢水中而存留下来的元素。它可以提高钢的屈服点、抗拉强度和硬度，但使其塑性特别是韧性显著降低。氮还提高钢材的时效敏感性和冷脆性，降低可焊性，也使冷弯性能变差，故应限制其含量。若在钢中加入少量铝、钒、钛等元素，并使其变为氮化物，可减少氮的不利影响，得到强度较高的细粒结构钢。

（8）铝、钛、钒、铌：均是炼钢时的强脱氧剂，也是合金钢常用的元素。这些元素适量加入到钢内，可改善钢的组织，细化晶粒，显著提高强度和改善韧性。

2.3.2 钢的加工方法对钢材性能的影响

2.3.2.1 钢材的热处理

将钢加热到临界温度以上，并保持一定时间后，以不同的速度冷却，则会形成不同的晶体组织。这种对钢进行加热、保温和冷却的综合操作工艺称为热处理。其目的在于通过不同的工艺，改变钢的晶体组织，从而改变钢的性质。建筑钢材一般只在生产厂进行处理并以热处理状态供应。在施工现场有时须对焊件进行热处理。钢的热处理有退火、正火、淬火、回火等形式。

（1）退火

退火是将钢加热至 723 ℃以上某一温度，保温一定时间，然后极缓慢地冷却，以获得接近平衡状态组织的一种热处理工艺。退火可降低钢的硬度，提高塑形和韧性，并能消除冷、热加工或热处理所形成的缺陷和内应力。含碳量较高的高强度钢筋焊后和经过多次冷拔的钢丝再冷拔时，均需要进行退火处理，以保证焊接质量或冷拔工序的进行。

（2）正火

正火是将钢加热至 723 ℃以上某一温度，保温一定时间，然后在空气中冷却的一种热处理工艺。正火主要用于提高钢的塑性和韧性，获得强度、塑性和韧性三者之间的良好平衡。如常对厚度较大的热轧低合金钢钢板进行正火处理，就是要消除在热过程中造成的组织不均匀性和内应力，使塑性和韧性提高，而强度却降低很少，以取得良好的综合技术性质。

（3）淬火

淬火是将钢加热至 723 ℃以上某一温度，保温一定时间，然后把它放到适合的介质中进行急速冷却的一种热处理工艺。淬火能显著提高钢的硬度和耐磨性，但塑性和韧性却显著降低，且有很大的内应力，脆性很高。可在淬火后进行回火处理，以消除部分脆性。钢轨表面特别是两端轨头部分，通常都要进行淬火处理，以提高硬度和耐磨性。

（4）回火

回火是把钢加热到临界温度以下某一适当的温度，保持一定时间，然后在空气中冷却的一种热处理工艺。根据加热温度的高低，分低温、中温、高温三种回火制度。回火主要是为了消除淬火后钢材的内应力和脆性，可根据不同要求选择加热温度。一般来说，要求保持高强度和高硬度时，采用低温回火；要求保持高弹性极限和屈服强度时，采用中温回火；要求既有一定强度和硬度，又有适量塑性和韧性时，采用高温回火。淬火和高温回火的联合处理称为调质。调质主要是为了获得良好的综合技术性质，使钢材既有较高的强度，又有良好的塑性和韧性。如建筑上用的某些高强度低合金钢及某些热处理钢筋等都是经过调质处理得到强化的。

2.3.2.2 钢材的冷加工

建筑钢材除了通过热加工制成各种型材外，有时还通过冷加工制成各种型材或直接加工成零件。这种冷加工包括冷拉、冷拔、冷轧、冷扭、刻痕、冲压等。经过冷加工后的钢材，由于产生塑性变形，钢的晶体结构发生了改变，强度和硬度明显提高，塑性和韧性有所下降，我们把这个过程称为钢材的冷加工强化。

建筑工程中使用的钢筋，为改善其性能，可以采用冷加工和时效处理。将热轧钢筋用拉伸设备在常温下拉伸，应力超过屈服强度并产生一定的塑性变形，称为冷拉。冷拉后钢材的屈服强度提高，屈服阶段缩短，伸长率减小，材质变硬，但抗拉强度基本不变。冷拉后的新的屈服点和抗拉强度并非一直保持不变，而是随时间延续有所提高，塑性进一步降低，即产生时效。一般钢材经冷加工和时效处理后，才有稳定的屈服强度。

钢材经冷加工后，在常温下存放 15～20 d 或加热至 100～200 ℃，保持 2 h 左右，其屈服强度、抗拉强度及硬度进一步提高，而塑性及韧性继续降低，这种现象称为时效。前者称为自然时效，后者称为人工时效。

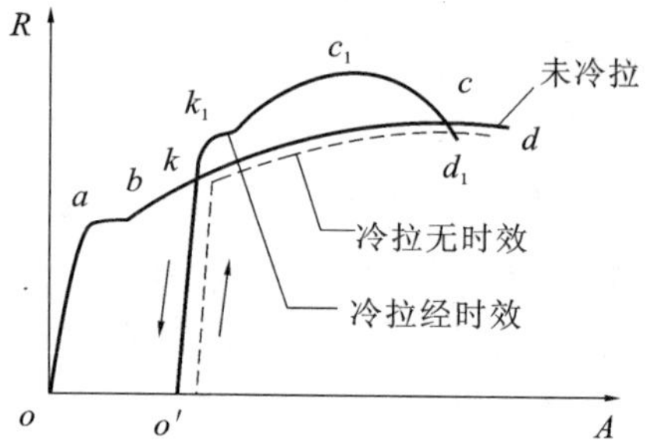

图 2.5　钢筋冷拉时效后应力-应变图的变化

钢材经冷加工及时效处理后，其性质变化的规律，可明显地在应力-应变图上得到反映，如图 2.5 所示。图中 $oabcd$ 为未经冷拉和时效试件的应力-应变曲线。当试件冷拉至超过屈服强度的任意一点 k 时，卸去荷载，此时由于试件已产生塑性变形，则曲线沿 ko' 下降，ko' 大致与 ao 平行。如立即再拉伸，则应力-应变曲线将成为 $o'kcd$（虚线），屈服强度由 b 点提高到 k 点。但如在 k 点卸荷后进行时效处理，然后再拉伸，则应力-应变曲线将成为 $o'k_1c_1d_1$，这表明冷拉时效以后，屈服强度和抗拉强度均得到提高，但塑性和韧性则相应降低。

2.4　建筑钢材的标准与选用

建筑工程用钢有钢结构用钢和钢筋混凝土结构用钢两类，前者主要采用型钢和钢板，后者主要采用钢筋和钢丝。

2.4.1　钢结构用钢材

钢结构用钢主要有碳素结构钢和低合金结构钢两种。

2.4.1.1　碳素结构钢

(1) 碳素结构钢的牌号及其表示方法

碳素结构钢的牌号由四个部分组成：屈服强度的字母(Q)、屈服强度数值(单位为 N/mm^2)、质量等级符号(A、B、C、D)、脱氧方法符号(F、Z、TZ)。碳素结构钢的质量等级是按钢中硫、磷含量由多至少划分的，随A、B、C、D 的顺序质量等级逐级提高。当为镇静钢或特殊镇静钢时，则牌号中的“Z”与“TZ”可予以省略。

按国家标准《碳素结构钢》(GB/T 700—2006)规定，我国碳素结构钢分四个牌号，即 Q195、Q215、Q235 和 Q275。例如 Q235AF，它表示：屈服强度为 235 MPa、质量等级为 A 级的沸腾钢。

(2) 碳素结构钢的技术要求

碳素结构钢的技术要求包括化学成分、力学性能、冶炼方法、交货状态、表面质量等方面。各牌号碳素结构钢的化学成分及力学性能应分别符合表 2.1、表 2.2 的要求。

表 2.1　碳素结构钢的化学成分

牌号	统一数字代号①	等级	化学成分(质量分数)，%，不大于					脱氧方法
			C	Mn	Si	S	P	
Q195	U11952	—	0.12	0.50	0.30	0.040	0.035	F、Z
Q215	U12152	A	0.15	1.20	0.35	0.050	0.045	F、Z
	U12155	B				0.045		

续表2.1

牌号	统一数字代号①	等级	化学成分(质量分数),%,不大于					脱氧方法
			C	Mn	Si	S	P	
Q235	U12352	A	0.22	1.40	0.35	0.050	0.045	F、Z
	U12355	B	0.20②			0.045		
	U12358	C	0.17			0.040	0.040	Z
	U12359	D				0.035	0.035	TZ
Q275	U12752	A	0.24	1.50	0.35	0.050	0.045	F、Z
	U12755	B	0.21			0.045	0.045	Z
			0.22					
	U12758	C	0.20			0.040	0.040	Z
	U12759	D				0.035	0.035	TZ

注:① 表中为镇静钢、特殊镇静钢牌号的统一数字,沸腾钢牌号的统一数字代号如下:Q195F—U11950;Q215AF—U12150,Q215BF—U12153;Q235AF—U12350,Q235BF—U12353;Q275AF—U12750。

② 经需方同意,Q235B 的碳含量可不大于 0.22%。

表 2.2 碳素结构钢的力学性能

牌号	等级	拉伸试验													冲击试验(V 形缺口)	
		屈服强度① R_{eL},N/mm²,不小于						抗拉强度② R_m,N/mm²	断后伸长率 A,%,不小于					温度,℃	冲击吸收功(纵向),J,不小于
		厚度(或直径),mm							厚度(或直径),mm						
		≤16	>16~40	>40~60	>60~100	>100~150	>150~200		≤40	>40~60	>60~100	>100~150	>150		
Q195	—	195	185	—	—	—	—	315~430	33	—	—	—	—	—	—
Q215	A	215	205	195	185	175	165	335~450	31	30	29	27	26	—	—
	B													+20	27
Q235	A	235	225	215	215	195	185	370~500	26	25	24	22	21	—	—
	B													+20	27③
	C													0	
	D													−20	
Q275	A	275	265	255	245	225	215	410~540	22	21	20	18	17	—	—
	B													+20	27
	C													0	
	D													−20	

注:① Q195 的屈服强度值仅供参考,不作交货条件。

② 厚度大于 100 mm 的钢材,抗拉强度下限允许降低 20 N/mm²,宽带钢(包括剪切钢板)抗拉强度上限不作交货条件。

③ 厚度小于 25 mm 的 Q235B 级钢材,如供方能保证冲击吸收功值合格,经需方同意,可不做检验。

(3) 碳素钢的选用

钢材的选用,一方面要根据钢材的质量、性能及相应的标准;另一方面要根据工程使用条件对钢材性能的要求。每个牌号分为不同的质量等级。一般而言,牌号数值越大,含碳量越高,其强度、硬度也越高,但塑性、韧性降低。平炉钢和氧气转炉钢质量均较好。特殊镇定钢、镇定钢质量优于半镇定钢,更优于沸腾钢。碳素结构钢的质量等级主要取决于钢材内硫、磷的含量,硫、磷的含量越低,钢的质量越好,其焊接性能和低温冲击性能都能得到提高。

① Q195 和 Q215:这两个牌号的钢材虽然强度不高,但具有较高的伸长率和韧性,冷弯性能较好,易于冷弯加工,常用作钢钉、螺栓及铁丝等。

② Q255:强度高,塑性、韧性较差,不易冷弯加工,焊接性能差,可扎成带肋钢筋用于混凝土配筋,制作钢结构构件、机械零件等。

③ Q275:强度更高,硬而脆,适于制作耐磨构件、机械零件和工具。也可以用于钢结构构件。

工程结构的荷载类型、焊接情况及环境温度等条件对钢材性能有不同的要求,选用钢材时必须满足。

2.4.1.2 低合金高强度结构钢

低合金高强度结构钢是在碳素钢结构钢的基础上,添加少量的一种或多种合金元素(总含量小于 5%)的一种结构钢。其目的是提高钢的屈服强度、抗拉强度、耐磨性、耐蚀性与耐低温性等。因而它是综合性较为理想的建筑钢材,在大跨度、承受动荷载和冲击荷载的结构中更适用。此外,与使用碳素钢相比,可以节约钢材 20%~30%,而成本并不高。

(1) 低合金结构钢的牌号及其表示方法

根据国家标准《低合金高强度结构钢》(GB/T 1591—2018)规定,我国低合金结构钢共有 8 个牌号(Q355、Q390、Q420、Q460、Q500、Q550、Q620、Q690),所加元素主要有锰、硅、钒、钛、铌、铬、镍及稀土元素。其牌号由代表屈服强度"屈"字的汉语拼音字母 Q、规定的最小上屈服强度数值、交货状态代号、质量等级符号(B、C、D、E、F)四个部分组成。

(2) 低合金结构钢的应用

低合金结构钢主要用于轧制各种型钢(角钢、槽钢、工字钢)、钢板、钢管及钢筋,广泛用于钢结构和钢筋混凝土结构中,特别适用于各种重型结构、大跨度结构、高层结构及桥梁工程等,尤其对用于大跨度和大柱网的结构,其技术经济效果更为显著。

2.4.2 钢筋混凝土结构用钢

2.4.2.1 热轧钢筋

钢筋混凝土用热轧钢筋,根据其表面状态特征、工艺与供应方式可分为热轧光圆钢筋、热轧带肋钢筋与热轧热处理钢筋等。

(1) 热轧光圆钢筋

根据国家标准《钢筋混凝土用钢 第 1 部分:热轧光圆钢筋》(GB 1499.1—2024)规定,热轧光圆钢筋屈服强度特征值为 300 级,牌号为 HPB300。热轧光圆钢筋的化学成分及力学性能应分别符合表 2.3、表 2.4 的要求。

表 2.3 热轧光圆钢筋化学成分

牌号	化学成分(质量分数),%,不大于				
	C	Si	Mn	P	S
HPB300	0.25	0.55	1.50	0.045	0.045

表 2.4 热轧光圆钢筋力学性能

牌号	下屈服强度 R_{eL},MPa	抗拉强度 R_m,MPa	断后伸长率 A,%	最大力总延伸率 A_{gt},%	冷弯试验 180° d——弯心直径 a——钢筋公称直径
	不小于				
HPB300	300	420	25.0	10.0	$d=a$

(2) 热轧带肋钢筋

热轧带肋钢筋通常为圆形横截面,且表面通常带有两条纵肋和沿长度方向均匀分布的横肋。按肋纹的形状不同分为等高肋和月牙肋,如图 2.6 所示。根据国家标准《钢筋混凝土用钢 第 2 部分:热轧带肋钢筋》(GB 1499.2—2024)规定,热轧带肋钢筋按其屈服强度特征值分为 400、500、600 级,其中普通热轧钢筋按牌号分为 HRB400、HRB500、HRB600、HRB400E、HRB500E;细晶粒热轧钢筋按牌号分为 HRBF400、HRBF500、HRBF400E、HRBF500E。热轧带肋钢筋的化学成分及力学性能应符合表 2.5、表 2.6 的要求。

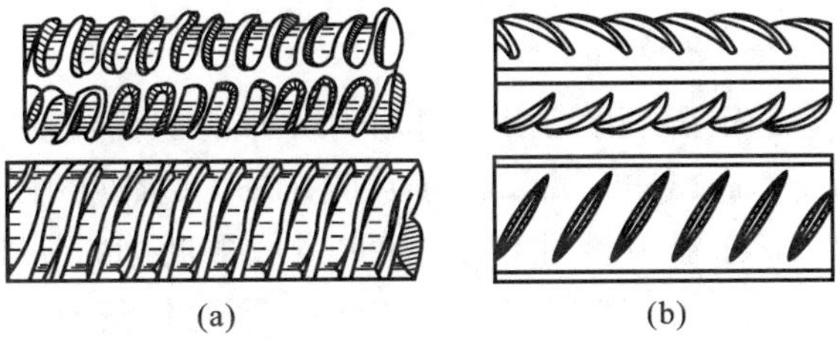

图 2.6 带肋钢筋外形

(a) 等高肋;(b) 月牙肋

表 2.5 热轧带肋钢筋的化学成分

牌号	化学成分(质量分数),%					碳当量 C_{eq},%
	C	Si	Mn	P	S	
	不大于					
HRB400 HRBF400 HRB400E HRBF400E	0.25	0.80	1.60	0.045	0.045	0.54
HRB500 HRBF500 HRB500E HRBF500E						0.55
HRB600	0.28					0.58

表 2.6 热轧带肋钢筋的力学性能

牌号	下屈服强度 R_{eL},MPa	抗拉强度 R_m,MPa	断后伸长率 A,%	最大力总 延伸率 A_{gt},%	R^o_m/R^o_{eL}	R^o_{eL}/R_{eL}
	不小于					不大于
HRB400 HRBF400	400	540	16	7.5	—	—
HRB400E HRBF400E			—	9.0	1.25	1.30
HRB500 HRBF500	500	630	15	7.5	—	—
HRB500E HRBF500E			—	9.0	1.25	1.30
HRB600	600	730	14	7.5	—	—

注:R^o_m 为钢筋实测抗拉强度;R^o_{eL} 为钢筋实测下屈服强度。

2.4.2.2 冷轧带肋钢筋

热轧圆盘条经冷轧后,在其表面带有沿长度方向均匀分布的三面或两面横肋,即成为冷轧带肋钢筋。冷轧带肋钢筋按《冷轧带肋钢筋》(GB 13788—2024)分为 CRB550、CRB600H、CRB650、CRB800、CRB680H、CRB800H 五个牌号。C、R、B、H 分别为冷轧(Cold rolled)、带肋(Ribbed)、钢筋(Bars)、高延性(High elongation)四个词的英文首位字母。CRB550、CRB600H 为普通钢筋混凝土用钢筋,CRB650、CRB800、CRB800H 为预应力混凝土用钢筋。与冷拔低碳钢丝相比,冷轧带肋钢筋具有强度高、塑性好,与混凝土黏结牢固,节约钢材,质量稳定等优点。

2.4.2.3 预应力混凝土用热处理钢筋

预应力混凝土用钢棒是低合金钢热轧盘条经冷加工(或不经冷加工)后淬火和回火所得,按表面形状分为光圆钢棒、螺旋槽钢棒、螺旋肋钢棒、带肋钢棒四种,代号为 PCB,其技术性能应符合《预应力混凝土用钢棒》(GB/T 5223.3—2017)的规定。

预应力混凝土用热处理钢筋是用热轧带肋钢筋经淬火和回火调质处理后的钢筋。热处理钢筋成盘供应,每盘长约 100～120 m,开盘后钢筋自然伸直,按要求的长度切断。

预应力混凝土用热处理钢筋的优点是:强度高,可代替高强钢丝使用;配筋根数少,节约钢材;锚固性好,不易打滑,预应力值稳定;施工简便,开盘后钢筋自然伸直,不需调直,不能焊接。主要用于预应力钢筋混凝土轨枕,也用于预应力梁、板结构及吊车梁等。

2.4.2.4 预应力混凝土用钢丝及钢绞线

(1) 预应力混凝土用钢丝

预应力混凝土用钢丝是高碳钢盘条经淬火、酸洗、冷拉加工而制成的高强度钢丝。

① 分类及代号

预应力混凝土用钢丝按下列分类:

按加工状态分为冷拉钢丝(代号 WCD)、低松弛钢丝(代号 WLR)两种。

按外形分为光圆钢丝(代号 P)、螺旋肋钢丝(代号 H)、刻痕钢丝(代号 I)三种。

② 技术性能

预应力钢丝具有强度高、柔性好、松弛率低、耐蚀等特点，适用于各种有特殊要求的预应力结构，主要作为大跨度屋架及薄腹梁、大跨度吊车梁、桥梁、电杆、轨枕等的预应力钢筋。其技术性能应该符合《预应力混凝土用钢丝》(GB/T 5223—2014)的要求。

(2) 预应力混凝土用钢绞线

预应力混凝土用钢绞线是用冷拉光圆钢丝或冷拉刻痕钢丝捻制而成的钢绞线。国家标准《预应力混凝土用钢绞线》(GB/T 5224—2023)规定，钢绞线按结构分为 9 类：两根钢丝捻制的钢绞线，代号 1×2；三根钢丝捻制的钢绞线，代号 1×3；三根刻痕钢丝捻制的钢绞线，代号 1×3I；七根钢丝捻制的标准型钢绞线，代号 1×7；六根刻痕钢丝和一根光圆中心钢丝捻制的钢绞线，代号 1×7I；六根螺旋肋钢丝和一根圆中心钢丝捻制成的螺旋肋钢绞线 1×7H；七根钢丝捻制又经模拔的钢绞线，代号(1×7)C；十九根钢丝捻制的 1+9+9 西鲁式钢绞线，代号 1×19S；十九根钢丝捻制的 1+6+6/6 瓦林吞式钢绞线，代号 1×19W。

钢绞线具有强度高、与混凝土黏结性好、断面面积大，使用根数少，在结构中布置方便，易于锚固等优点。主要作为大跨度、大负荷的后张法预应力屋架、桥梁和薄腹梁等结构的预应力筋。

2.4.3 钢材的选用原则

钢材的选用一般遵循下面原则：

(1) 荷载性质。对于经常承受动力或振动荷载的结构，容易产生应力集中，从而引起疲劳破坏，需要选用材质好的钢材。

(2) 使用温度。对于经常处于低温状态的结构，钢材容易发生冷脆断裂，特别是焊接结构更甚，因而要求钢材具有良好的塑性和低温冲击韧性。

(3) 连接方式。对于焊接结构，当温度变化和受力性质改变时，焊缝附近的母体金属容易出现冷、热裂纹，促使结构早期破坏。所以焊接结构对钢材化学成分和机械性能要求应较严。

(4) 钢材厚度。钢材力学性能一般随厚度增大而降低，钢材经多次轧制后钢的内部结晶组织更为紧密，强度更高，质量更好。故一般结构用的钢材厚度不宜超过 40 mm。

(5) 结构重要性。选择钢材要考虑结构使用的重要性，如大跨度结构、重要的建筑物结构，须相应选用质量更好的钢材。

2.5 钢材的腐蚀与保护

2.5.1 钢材的腐蚀

钢材的腐蚀是指钢的表面与周围介质发生化学作用或电化学作用而遭到破坏。腐蚀不仅使其截面面积减小，承载力降低，而且由于局部腐蚀而造成应力集中，易导致结构破坏。若受到冲击荷载或反复荷载的作用，将产生锈蚀疲劳，使疲劳强度大大降低，甚至出现脆性断裂。

(1) 化学腐蚀

化学腐蚀是钢与干燥气体及非电解质液体反应而产生的腐蚀。这种腐蚀通常为氧化作用，使钢被氧化形成疏松的氧化物。在干燥环境中腐蚀进行得很慢，但在温度较高和湿度较大时腐蚀速度较快。

(2) 电化学腐蚀

电化学锈蚀是建筑钢材在存放和使用中发生锈蚀的主要形式。它是指钢材与电解质溶液接触产生电流，形成微电池而引起的锈蚀。潮湿环境中的钢材表面会被一层电解质水膜所覆盖，而钢材含有铁、碳等多种成分，由于这些成分的电极电位不同，因此钢的表面层在电解质溶液中构成以铁素体为阳极，以渗碳体为阴极的微电池。在阳极，铁失去电子成为 Fe^{2+} 进入水膜；在阴极，溶于水膜中的氧被还原生成 OH^-，随后两者结合生成不溶于水的 $Fe(OH)_2$，并进一步氧化成为疏松易剥落的红棕色铁锈 $Fe(OH)_3$。由于铁素体基体的逐渐锈蚀，钢组织中的渗碳体等暴露出来得越来越多，于是形成的微电池数目也越来越多，钢材的锈蚀速度也就越快。

影响钢材锈蚀的主要因素是水、氧及介质中所含的酸、碱、盐等。同时钢材本身的组织成分对锈蚀影响也很大。由于普通混凝土的 pH 值为 12 左右，埋于混凝土中的钢筋处于碱性环境，其表面会形成一层碱性保护膜，它有较强的阻止锈蚀继续发展的能力，故混凝土中的钢筋一般不易锈蚀。

2.5.2 腐蚀的防止

钢材的防腐主要通过以下措施来实施：

(1) 涂敷保护层

涂刷防锈涂料(防锈漆)，采用电镀或其他方式在钢材的表面镀锌、铬等，涂敷搪瓷或塑料层等。以上措施是利用保护膜将钢材与周围介质隔离开，从而起到保护作用。

(2) 制成合金钢

钢材的组织及化学成分是引起锈蚀的内因。通过调整钢的基本组织或加入某些合金元素，可有效地提高钢材的抗腐蚀能力。例如，在钢中加入一定量的合金元素铬、镍、钛等，制成不锈钢，可以提高耐锈蚀能力。

(3) 设置阳极或阴极保护

对于不易涂敷保护层的钢结构，如地下管道、港口结构等，可采用阳极保护或阴极保护。阳极保护又称外加电流保护法，是在钢结构的附件上埋设一些废铁，外加直流电源，将阴极接在被保护的钢结构上，阳极接在废钢上。通电后废钢铁成为阳极而被腐蚀，钢结构成为阴极而被保护。

阴极保护是在被保护的钢结构上连接一块比铁更为活泼的金属，如锌、镁，使锌、镁成为阳极而被腐蚀，钢结构成为阴极而被保护。

2.6 铝和铝合金材料

2.6.1 铝的性质

铝是银白色的有色金属，在自然界铝以化合物状态存在。通常是用铝矾土作炼铝的原料，从中分解出金属铝。从化学元素来讲，铝在地壳中的含量为 8.13%，仅次于氧和硅，居第三位，所以铝在自然界的资源是丰富的。

纯铝塑性好，但强度低。当加入锰、镁、铜、硅、锌等合金元素后，制成各种铝合金，再经压力加工或热处理后其强度和硬度将有显著提高，可用于建筑结构。

铝的化学性质很活泼，极易与空气中的氧化合，形成一层氧化铝薄膜起保护作用，使铝具有一定的耐腐蚀性。但由于自然生存的氧化铝膜很薄，因而耐腐蚀性有限。另外，纯铝不耐碱和强酸，也不能与卤素元素接触，否则就会被迅速腐蚀。

铝的电极电位较低，如与电极电位高的金属接触并有电解质存在时，将形成微电池，发生电化学腐蚀。因此铝合金门窗等铝制品的连接件，应当采用不锈钢件。

铝的塑性很好，极易加工成各种型材、铝箔等制品。试验表明，铝材的冷加工强化现象虽比较明显，但在低温下的塑性和韧性不会明显下降。铝材的缺点是强度和硬度不高、刚度低，故工程中不用纯铝制品，而是在其中加入合金元素制成铝合金使用。

铝箔为银白色，具有很强的反射光的作用，质地柔软，可以加工成各种花纹(人字纹、方块纹、橘皮纹等)，由于它的反光功能对改性沥青防水卷材起保护作用，使改性沥青胶不直接接受阳光照射，增加使用寿命，同时对建筑物起装饰效果，因此，铝箔是一种很好的改性沥青卷材的表面保护材料。同时，用铝箔作改性沥青聚乙烯胎防水卷材的覆面材料，具有隔热保温作用。铝箔的折射，夏天能使室内温度降低，起降温作用，冬天能减少屋内热量损失，起保温作用。此外，铝箔具有很好的防潮性能和绝热性能，卷材铝箔可用作保温隔热窗帘，板材铝箔（如铝箔波形板、铝箔泡沫塑料板等）常用在室内，通过选择适当色调图案，可同时起到很好的装饰作用。

铝箔玻璃纤维布运用独特先进的复合工艺，以玻璃纤维为基布，选用特种阻燃型黏合剂复合后形成致密膜，具有表面光滑平整、光反射率高、纵横向抗拉强度大、不透气、不透水、密封性能好、耐候性强等特点。

由高强度的薄型涤纶纤维织物和具有反光性能的铝箔黏合而成的翻卷式节能窗帘，是铝在建筑节能上的应用之一，其节能的主要原理是在铝箔上涂有保护层，使室内外热能传播减少50%以上，也减少了窗玻璃、窗帘之间的冷暖空气的对流。银色的铝箔条能反射太阳辐射和夜间的地面长波辐射，高节能，强遮光，保温性能十分优良。

铝粉，俗称“银粉”，通常指最大尺寸小于0.15 mm的金属颗粒或粉状产品。按形状主要分为球形铝粉和片状铝粉。铝粉是一种重要的工业原料和产品，广泛应用于颜料、油漆、烟花、冶金及飞机、船舶制造业中。铝粉制备生产属于高危冶炼行业，其生产过程中会产生大量的粉尘，由于铝粉特有的遇湿易燃特性、点火能量低、爆炸下限范围小，决定了铝粉生产过程中存在着极高的火灾爆炸危险性。所以，铝粉应储存于阴凉、干燥、通风良好的专用库房内，库温不超过32 ℃，相对湿度不超过75%；远离火种、热源；密封包装；应与氧化剂、酸类、卤素等分开存放，切忌混储；采用防爆型照明、通风设施；禁止使用易产生火花的机械设备和工具。储区应备有合适的材料收容泄漏物。加气混凝土一般都以铝粉为加气剂，铝粉加气剂具有发气量大，发气持续时间长等优点，在生产技术上已臻成熟。用于加气混凝土中的铝粉加气剂一般制成水溶性，混于泥浆中。在升温及保温过程中，铝粉发生水合作用，产生氢气，从而在混凝土中形成了无数个封闭的小室，形成加气混凝土。

2.6.2 铝合金

在铝中加入适量的合金元素，如铜、镁、锰、硅、锌等即可制得铝合金。铝合金不仅强度和硬度比纯铝高很多，而且还能保持铝材的轻质、高延、耐磨、易加工等优点。

按加工方式的不同，铝合金可分为铸造铝合金与变形铝合金两大类。

（1）铸造铝合金

将液态铝合金直接浇注在模型内，能铸成各种形状复杂的铝合金制件。这类铝合金要求具有良好的铸造性，目前常用的有铝硅、铝铜、铝镁及铝锌四种，铸造铝合金常用于制作建筑五金配件，它具有美观、耐久等特点。

（2）变形铝合金

变形铝合金是指通过冲压、冷弯、辊轧等工艺能加工成板材、管材、棒材及各种型材的铝合金。对这类铝合金要求具有良好的塑性和可加工性。

按强化的方式不同，变形铝合金可分为热处理非强化型和热处理强化型两种。前者不能用淬火处理提高强度，后者可以通过热处理提高强度。热处理非强化型的铝合金一般是通过冷加工强化，它们具有适中的强度和优良的塑性与耐蚀性，且易于焊接，我国称之为防锈铝合金。

根据我国标准，变形铝合金可分为防锈铝合金（LF）、硬铝合金（LY）、超硬铝合金（LC）、锻铝合金（LD）和特殊铝合金（LT）等几种牌号。国家标准正逐步采用国际上相对通用的牌号或合金状态的表示方法。建筑工程上常用的变形铝合金型材，主要是由锻铝合金制成的，另外还有一部分特殊铝合金。

（3）铝及铝合金的表面处理

由于铝材表面的自然氧化膜很薄而耐腐蚀性有限，因此国际规范规定，铝合金建筑型材基材（未经表面处理的型材）不能直接用于建筑物，需要通过表面处理来提高其耐腐蚀性与耐磨性，还可通过表面着色增强其装饰性。

(4) 铝合金门窗

在现代建筑中使用铝合金门窗，尽管造价比普通门窗高3～4倍，但由于长期维修费低、性能好、美观、节约能源等优点，所以在世界范围内得到了广泛认可。铝合金门窗与普通门窗相比具有如下特点：

① 轻。铝合金门窗用材省，质量轻，平均每平方米耗用铝只有8～12 kg，较钢木门窗轻50%左右。

② 性能好。铝合金门窗密封性能好，气密性、水密性、隔音性、隔热性都较普通门窗有显著提高。

③ 色调美观。铝合金门窗框料型材表面经过氧化着色处理，既可保持银白色，也可以根据需要制成各种柔和的颜色或带色的花纹。

④ 耐腐蚀。铝合金门窗不需涂漆，不褪色、不脱落、表面不需维修，因而使用简单方便。

⑤ 便于工业化生产。

本章小结

钢材是建筑工程中常用的建筑材料之一。

建筑钢材的主要性能包括力学性能、工艺性能、耐久性三个方面。

建筑钢材所用的钢种包括碳素结构钢、低合金高强度结构钢。

建筑工程中常用的钢筋，其力学性能、工艺性能、化学成分等须符合相应标准的规定。

钢丝和钢绞线具有强度高、变形小的特点，主要作为普通预应力混凝土结构及大跨度预应力结构的预应力筋。

铝合金的强度和硬度比纯铝高，而且能保持铝材的轻质、高延、耐磨、易加工等优点。

思考题与习题

1. 何谓钢材的屈强比？其大小对使用性能有何影响？
2. 钢的伸长率与试件标距长度有何关系？为什么？
3. 钢的脱氧程度对钢的性能有何影响？
4. 钢材的冷加工对钢的力学性能有何影响？
5. 试述钢材锈蚀的原因，并分析钢筋在混凝土内不会锈蚀的原因。
6. 钢中的哪些元素是有害元素？它们的主要危害是什么？
7. 试述钢中含碳量对各项力学性能的影响。
8. 与碳素结构钢相比，低合金高强度钢的性能有何特点？
9. 何谓钢材的时效？加快钢材时效速度的因素有哪些？
10. 何谓冷脆性和热脆性？

3 气硬性胶凝材料

本章提要

本章主要介绍石灰、石膏和水玻璃等气硬性胶凝材料。要求学生了解石灰、石膏及水玻璃的制备方法；理解其水化(熟化)、凝结、硬化机理；掌握其技术性质、用途，以及它们在配制、储运和使用中应注意的问题。

在一定条件下，经过自身的一系列物理、化学作用后，能将散粒或块状材料黏结成为具有一定强度的整体的材料，统称为胶凝材料。

胶凝材料根据其化学组成，一般可分为有机胶凝材料和无机胶凝材料两大类。有机胶凝材料是天然或人工合成的以高分子化合物为主要成分的胶凝材料，如沥青、各种树脂等。无机胶凝材料按硬化条件的不同，可分为气硬性胶凝材料和水硬性胶凝材料两种。只能在空气中硬化、保持和发展其强度的胶凝材料称为气硬性胶凝材料，它只适用于地上或干燥环境，如石膏、石灰、水玻璃等；既能在空气中硬化，又能更好地在水中硬化、保持和发展其强度的胶凝材料称为水硬性胶凝材料，它既适用于地上，也可用于地下或水中环境，如各种水泥。

3.1 石 灰

石灰是一种较古老的胶凝材料，其原料来源广泛，生产工艺简单，使用方便，成本低，所以在建筑中一直被广泛应用。

3.1.1 生石灰的生产和分类

石灰石、白垩、白云石质石灰岩或其他以碳酸钙($CaCO_3$)为主的天然原料，经煅烧后得到的块状产品称为生石灰。其反应式如下：

$$CaCO_3 \xrightarrow{900\sim1000\ ^\circ\mathrm{C}} \underset{\text{生石灰}}{CaO} + CO_2\uparrow$$

按 MgO 含量的多少，建筑石灰又分为钙质石灰和镁质石灰两类。当生石灰中 MgO 含量小于或等于5%时称为钙质石灰；当 MgO 含量大于5%时称为镁质石灰。

在煅烧过程中，若温度过低，或煅烧时间不足，使得 $CaCO_3$ 不能完全分解，将生成“欠火石灰”。如果煅烧时间过长或温度过高，将生成颜色较深、块体致密的“过火石灰”。煅烧良好的石灰，质轻色匀，密度约3200 kg/m^3，堆积密度800～1000 kg/m^3。

将煅烧成的块状生石灰经过不同的加工，还可得到石灰的另外三种产品：生石灰粉、消石灰粉和石灰膏。

生石灰粉：由块状生石灰磨细生成。

消石灰粉：将生石灰用适量水经消化和干燥而成的粉末，其主要成分为 $Ca(OH)_2$，亦称熟石灰。

石灰膏：将块状生石灰用过量水(为生石灰体积的3～4倍)消化，或将消石灰粉和水拌和，所得到的达一定稠度的膏状物，其主要成分为 $Ca(OH)_2$ 和水。

3.1.2 石灰的熟化和硬化

生石灰的熟化（又称消化或消解），是指生石灰与水作用生成 $Ca(OH)_2$ 的化学反应过程。其反应式如下：

$$CaO + H_2O \xlongequal{\quad} Ca(OH)_2 + 64.9\ kJ$$

经熟化所得的 $Ca(OH)_2$ 称为熟石灰（又称消石灰）。生石灰具有很强的水化能力，水化时放出大量的热，同时体积膨胀1～2.5倍。一般煅烧良好、CaO含量高、杂质少的生石灰，不但熟化速度快，放热量大，而且体积膨胀也大。

过火石灰熟化速度极慢，当石灰抹灰层中含有这种颗粒时，由于它吸收空气中的水分继续消化，体积膨胀，致使墙面隆起、开裂，严重影响施工质量。为了消除这种危害，生石灰在使用前应提前洗灰，使灰浆在灰坑中储存（陈伏）一周以上，以使石灰得到充分熟化。陈伏期间，为防止石灰碳化，应在其表面保存一定厚度的水层，使之与空气隔绝。

石灰的硬化包含了干燥、结晶和碳化三个交错进行的过程。

干燥时，石灰浆体中多余水分蒸发或被砌体吸收而使石灰粒子紧密接触，获得一定强度。随着游离水的减少，$Ca(OH)_2$ 逐渐从饱和溶液中结晶出来，形成结晶结构网，使强度继续提高。由于空气中有 CO_2 存在，$Ca(OH)_2$ 在有水的条件下与之反应生成 $CaCO_3$，新生成的 $CaCO_3$ 晶体相互交叉连生或与 $Ca(OH)_2$ 共生，构成较紧密的结晶网，使硬化浆体的强度进一步提高。石灰碳化过程的反应式如下：

$$Ca(OH)_2 + CO_2 + nH_2O \xlongequal{\quad} CaCO_3 + (n+1)H_2O$$

显然，碳化对于强度的提高和稳定是十分有利的。碳化作用主要发生在与空气接触的表面，当表层生成致密的碳酸钙薄壳后，不但阻碍二氧化碳继续往深处渗入，同时也影响水分的蒸发，因此在砌体的深处，氢氧化钙不能充分碳化，而是进行结晶，所以石灰浆的硬化是一个较缓慢的过程。

3.1.3 石灰的特性

石灰具有以下特性：

（1）可塑性和保水性好。生石灰熟化后形成的石灰浆，是球状细颗粒的高度分散的胶体，表面附有较厚的水膜，减小了颗粒之间的摩擦，故其可塑性和保水性良好。

（2）生石灰水化时水化热大，体积膨胀。生石灰熟化时放出大量的热（称水化热），并且体积增大1～2.5倍。熟化产物即消石灰，主要成分为 $Ca(OH)_2$。生石灰常含有过火石灰，水化极慢，当石灰变硬后才开始熟化，产生体积膨胀，引起已变硬石灰体的隆起、鼓包和开裂。

（3）硬化缓慢。石灰水化后逐渐凝结硬化，主要包括结晶和碳化两个同时进行的过程。由于碳化作用主要发生在与空气接触的表层，且生成的 $CaCO_3$ 膜层较致密，阻碍了空气中 CO_2 的渗入，也阻碍了内部水分的向外蒸发，因此硬化缓慢。

（4）硬化时体积收缩大。由于石灰浆中存在大量的游离水分，硬化时大量水分蒸发，导致内部毛细管失水紧缩，引起显著的体积收缩变形，使硬化的石灰浆体出现干缩裂纹。所以，除调成石灰乳做薄层粉刷外，不宜单独使用。通常施工时要掺入一定量的骨料（如砂等）或纤维材料（如麻刀、纸筋等）。

（5）硬化后强度低。生石灰消化时的理论用水量为生石灰质量的32.13%，但为了使石灰浆具有一定的可塑性便于应用，同时考虑到一部分水因消化时水化热大而被蒸发掉，故实际消化用水量很大，多余水分在硬化后蒸发，将留下大量孔隙，因而硬化石灰体密实度小、强度低。

（6）耐水性差。由于石灰浆硬化慢、强度低，在石灰硬化体中，大部分仍是尚未碳化的 $Ca(OH)_2$。$Ca(OH)_2$ 易溶于水，使得硬化石灰体遇水后产生溃散，故石灰不宜用于潮湿环境。

3.1.4 石灰的技术要求

（1）按现行建材行业标准《建筑生石灰》（JC/T 479—2013）的规定，根据化学成分的含量，钙质生石灰分为三个等级，镁质生石灰分为两个等级，见表 3.1，物理性质见表 3.2。

表 3.1 建筑生石灰的化学成分

类别	等级	代号	CaO+MgO	MgO	CO_2	SO_3
钙质石灰	钙质石灰 90	CL90-Q CL90-QP	≥90%	≤5%	≤4%	≤2%
	钙质石灰 85	CL85-Q CL85-QP	≥85%	≤5%	≤7%	≤2%
	钙质石灰 75	CL75-Q CL75-QP	≥75%	≤5%	≤12%	≤2%
镁质石灰	镁质石灰 85	ML85-Q ML85-QP	≥85%	>5%	≤7%	≤2%
	镁质石灰 80	ML80-Q ML80-QP	≥80%	>5%	≤7%	≤2%

表 3.2 建筑生石灰的物理性质

代号	产浆量，$dm^3/(10\ kg)$	细度	
		0.2 mm 筛余量，%	90 μm 筛余量，%
CL90-Q CL90-QP	≥26 —	— ≤2	— ≤7
CL85-Q CL85-QP	≥26 —	— ≤2	— ≤7
CL75-Q CL75-QP	≥26 —	— ≤2	— ≤7
ML85-Q ML85-QP	—	— ≤2	— ≤7
ML80-Q ML80-QP	—	— ≤7	— ≤2

注：CL—钙质石灰；ML—镁质石灰；Q—块状；QP—粉状。

(2) 按现行建材行业标准《建筑消石灰》(JC/T 481—2013)的规定，建筑消石灰按扣除游离水和结合水后 CaO+MgO 的质量百分含量加以分类，其化学成分见表 3.3，物理性质见表 3.4。

表 3.3 建筑消石灰的化学成分

类别	等级	代号	CaO+MgO	MgO	SO_3
钙质消石灰	钙质消石灰 90	HCL90	≥90%	≤5%	≤2%
	钙质消石灰 85	HCL85	≥85%		
	钙质消石灰 75	HCL75	≥75%		
镁质消石灰	镁质消石灰 85	HML85	≥85%	>5%	≤2%
	镁质消石灰 80	HML80	≥80%		

注：① 表中数据以试样扣除游离水和化合结构水后的干基为基准。

② HCL—钙质消石灰；HML—镁质消石灰。

表 3.4 建筑消石灰的物理性质

代号	游离水，%	细度		安定性
		0.2 mm 筛余量，%	90 μm 筛余量，%	
HCL90	≤2	≤2	≤7	合格
HCL85				
HCL75				
HML85				
HML80				

3.1.5 石灰的应用

石灰在建筑上的用途很广，各类石灰的用途见表 3.5。

表 3.5 各类石灰的用途

品种名称	适用范围
生石灰	制石灰膏； 磨细成生石灰粉
石灰膏	用于调制石灰砌筑砂浆或抹面砂浆； 稀释成石灰乳(石灰水)涂料，用于内墙和平顶刷白
生石灰粉 (磨细生石灰粉)	用于调制石灰砌筑砂浆或抹面砂浆； 配制无熟料水泥(石灰矿渣水泥、石灰粉煤灰水泥、石灰火山灰水泥等)； 制作硅酸盐制品(如灰砂砖等)； 制作碳化制品(如碳化石灰空心板)； 用于石灰土(灰土)和三合土
消石灰粉	制作硅酸盐制品； 用于石灰土(石灰＋黏土)和三合土

(1) 配制石灰砂浆和石灰乳涂料

用石灰膏和砂或麻刀、纸筋配制成的石灰砂浆、麻刀灰、纸筋灰等广泛用于内墙、顶棚的抹面工程。用石灰膏和水泥、砂配制成的混合砂浆通常作墙体砌筑或抹灰之用。由石灰膏稀释成的石灰乳常用作内墙和顶棚的粉刷涂料。

(2) 制作碳化石灰板

碳化石灰板是将磨细生石灰、纤维状填料(如玻璃纤维)或轻质骨料(如矿渣)搅拌、成型，然后经人工碳化而成的一种轻质板材。为了减小体积密度和提高碳化效果，多制成空心板。这种板材能锯、刨、钉，适宜作非承重内墙板、天花板等。

(3) 制作硅酸盐制品

磨细生石灰或消石灰粉与砂或粒化高炉矿渣、炉渣、粉煤灰等硅质材料经配料、混合、成型，再经常压或高压蒸汽养护，就可制得密实或多孔的硅酸盐制品。如灰砂砖、粉煤灰砖及砌块、加气混凝土砌块等。

(4) 配制无熟料水泥

将具有一定活性的材料(如粒化高炉矿渣、粉煤灰、煤矸石灰渣等工业废渣)，按适当比例与石灰配合，经共同磨细，可得到具有水硬性的胶凝材料，即为无熟料水泥。

(5) 配制灰土和三合土

灰土(石灰＋黏土)和三合土(石灰＋黏土＋砂、石或炉渣等填料)的应用，在我国有很长的历史。经夯实后的灰土或三合土广泛用作建筑物的基础、路面或地面的垫层，其强度和耐水性比石灰或黏土的都高。其原因是黏土颗粒表面的少量活性氧化硅、氧化铝与石灰起反应，生成水化硅酸钙和水化铝酸钙等不溶于水的水化矿物。另外，石灰改善了黏土的可塑性，在强力夯打下密实度提高，也是其强度和耐水性改善的原因之一。在灰土和三合土中，石灰的用量为灰土总质量的6%～12%。

3.1.6　石灰的储存

(1) 防潮。块状生石灰放置太久，会吸收空气中的水分熟化成消石灰粉，然后再与空气中CO_2作用形成$CaCO_3$，从而失去胶凝能力。所以，储存生石灰，不但要防止受潮，而且不宜久存，最好运到使用地后即消化成石灰浆，变储存期为陈伏期。

(2) 防火。生石灰受潮熟化要放出大量的热，且体积膨胀，故储存和运输生石灰时，要注意安全，并应将生石灰与易燃物分开保管，以免引起火灾。

3.2　石　　膏

我国石膏资源极其丰富，分布范围很广。主要有天然二水石膏($CaSO_4 \cdot 2H_2O$，又称软石膏或生石膏)、天然无水石膏($CaSO_4$，又称硬石膏)和各种工业副产品或废料——化学石膏。石膏作为建筑材料的应用很广泛且历史悠久。建筑石膏及其制品具有许多优良的性能(如质轻、耐火、隔声、绝热等)，而且，原料来源丰富，生产工艺简单，是一种理想的高效节能材料。

石膏是一种以硫酸钙为主要成分的气硬性胶凝材料。石膏胶凝材料品种很多，建筑上使用较多的是建筑石膏，其次是高强石膏。此外，还有无水石膏水泥等。

3.2.1　石膏的生产

生产石膏胶凝材料的原料主要是天然二水石膏、天然无水石膏，也可采用化工石膏。天然二水石膏($CaSO_4 \cdot 2H_2O$)，是生产建筑石膏和高强石膏的主要原料。

将天然二水石膏或化工石膏经加热煅烧、脱水、磨细即得石膏胶凝材料。由于加热温度和方式不同，可以得到具有不同性质的石膏产品。

当常压下加热至107～170 ℃时，二水石膏脱水变为β型半水石膏(即建筑石膏，又称熟石膏)，其反应式为：

$$CaSO_4 \cdot 2H_2O \longrightarrow CaSO_4 \cdot \frac{1}{2}H_2O + \frac{3}{2}H_2O$$

β型半水石膏结晶度较差、分散度高、晶粒较细，水化速度快、水化热高、需水量大、硬化体强度低。

若在压蒸条件(0.13 MPa，125 ℃)下加热可产生α型半水石膏(即高强石膏)。α型半水石膏结晶良好、分散度低、晶粒较粗大，与β型半水石膏相比，其需水量小、硬化体强度较高(强度比β型半水石膏高2～7倍)。高强石膏适用于强度要求较高的抹灰工程和石膏制品，也可用来制作模型等。

当加热至温度为170～200 ℃时，石膏继续脱水，生成可溶性硬石膏($CaSO_4$Ⅲ)，与水调和后仍能很快凝结硬化；当温度升高到200～250 ℃时，石膏中残留很少的水，凝结硬化非常缓慢，但遇水后还能生成半水石膏，最终生成二水石膏。

当温度高于400 ℃，石膏完全失去水分，形成不溶性硬石膏，也称死烧石膏($CaSO_4$Ⅱ)，它难溶于水，失去凝结硬化能力，但加入某些激发剂（如各种硫酸盐、石灰、煅烧白云石、粒化高炉矿渣等）混合磨细后，则重新具有水化硬化能力，成为无水石膏水泥（或称硬石膏水泥）。

当温度高于 800 ℃时，部分石膏分解出 CaO，得到高温煅烧石膏（$CaSO_4$ Ⅰ），水化硬化后有较高的强度、耐磨性和抗水性。

3.2.2 建筑石膏的凝结硬化

建筑石膏是指由天然石膏或化工石膏经脱水处理制得的，以 β 型半水硫酸钙（$\beta\text{-}CaSO_4 \cdot \frac{1}{2}H_2O$）为主要成分，不预加任何外加剂或添加剂的粉状胶凝材料。

建筑石膏与适量的水混合，最初形成可塑浆体，但浆体很快失去塑性，并产生强度而发展成为坚硬的固体。这个过程实为 β 型半水石膏重新水化放热生成二水石膏的反应过程。其反应式如下：

$$CaSO_4 \cdot \frac{1}{2}H_2O + \frac{3}{2}H_2O \longrightarrow CaSO_4 \cdot 2H_2O$$

由于二水石膏在水中的溶解度仅为半水石膏在水（常温）中溶解度的 1/5，因此半水石膏的饱和液对于二水石膏即为过饱和液，半水石膏的水化产物二水石膏在过饱和溶液中沉淀并析晶，致使液相中原有的平衡浓度被破坏，导致半水石膏进一步溶解、水化，直至完全变成二水石膏为止。随着浆体中的自由水因水化和蒸发逐渐减少，浆体变稠失去塑性，石膏凝结。其后，二水石膏晶体继续大量形成、长大，彼此连接共生、交错搭接形成结晶结构网，使石膏逐渐产生强度，同时强度不断提高，直到完全干燥，强度发展到最大值，石膏硬化。

3.2.3 建筑石膏的技术要求

建筑石膏呈白色粉末状，密度为 2.6～2.75 g/cm³，堆积密度为 800～1100 kg/m³。按原材料种类分为天然建筑石膏（N）、脱硫建筑石膏（S）、磷建筑石膏（P）。建筑石膏的物理力学性能见表 3.6。

表 3.6 建筑石膏的物理力学性能（GB/T 9776—2022）

等级	凝结时间，min		强度，MPa			
			2 h 湿强度		干强度	
	初凝	终凝	抗折	抗压	抗折	抗压
4.0	≥3	≤30	≥4.0	≥8.0	≥7.0	≥15.0
3.0			≥3.0	≥6.0	≥5.0	≥12.0
2.0			≥2.0	≥4.0	≥4.0	≥8.0

建筑石膏产品的标记顺序为：产品名称、等级、标准号。例如等级为 2.0 的天然建筑石膏记为：建筑石膏 N 2.0 GB/T 9776—2022。

建筑石膏易受潮吸湿，凝结硬化快，因此在运输、储存的过程中，应注意避免受潮。石膏长期存放，强度也会降低。一般储存三个月后，强度下降 30%左右。所以，建筑石膏储存时间不得过长，若超过三个月，应重新检验并确定其等级。

3.2.4 建筑石膏的特性

（1）凝结硬化快。建筑石膏的水化、凝结、硬化过程很快，在常温下一般 3～5 min 即可初凝，终凝时间不超过 30 min,在室内自然干燥的条件下,一星期左右完全硬化,所以施工时根据实际需要,往往加入适量的缓凝剂,如动物胶或亚硫酸纸浆废液,也可掺入硼酸或柠檬酸盐等。

(2) 硬化后孔隙率较大,表观密度小,强度较低。建筑石膏在使用时,为获得良好的流动性,加入的水量往往比水化所需的水分多。理论需水量为 18.6%,而实际加水量为 60%~80%。石膏凝结后,多余水分蒸发,在石膏硬化体内留下大量孔隙(孔隙率高达 50%~60%),故表观密度小,强度低。

(3) 硬化时体积微膨胀。建筑石膏硬化时略有膨胀(膨胀率为 0.05%~0.15%),使石膏制品表面光滑饱满、棱角清晰,便于修饰,且干燥时不开裂。

(4) 具有良好的调温调湿性。建筑石膏的热容量大、吸湿性强,通过“呼吸作用”,能对室内温度和湿度起到一定的调节作用。

(5) 防火性好。二水石膏遇火后,结晶水吸收热量并蒸发,形成蒸汽幕,可阻止火势蔓延,且脱水后的石膏制品因孔隙率增加而隔热性能更好,能增强临时防火效果。但建筑石膏不宜长期在 65 ℃以上的高温部位使用,以免二水石膏缓慢脱水分解而导致强度降低。

(6) 隔热、吸音性良好。石膏硬化体孔隙率高,且均为微细的毛细孔,故导热系数小[一般为 0.121~0.205 W/(m·K)],具有良好的绝热能力;石膏的大量微孔,尤其是表面微孔使声音传导或反射的能力也显著下降,从而具有较强的吸声能力。

(7) 加工性好。石膏制品可锯、可刨、可钉、可打眼,制作与安装灵活方便。

(8) 耐水性和抗冻性差。建筑石膏吸湿、吸水性大,故在潮湿环境中,建筑石膏晶体粒子间黏合力会被削弱,在水中还会使二水石膏溶解而引起溃散,故耐水性差。另外,建筑石膏中的水分受冻结冰后会产生崩裂,故抗冻性差。使用时应注意所处环境对石膏的影响。

3.2.5 建筑石膏的应用

石膏在建筑中的应用十分广泛,可用以制作各种石膏板、各种建筑艺术配件及建筑装饰、彩色石膏制品、石膏砖、空心石膏砌块、石膏混凝土、粉刷石膏、人造大理石等。另外,石膏作为重要的外加剂,广泛应用于水泥、水泥制品及硅酸盐制品中。

(1) 室内抹灰及粉刷

石膏洁白细腻,用于室内抹灰、粉刷,具有良好的装饰效果。经石膏抹灰后的墙面、顶棚,还可直接涂刷涂料、粘贴壁纸等。因建筑石膏凝结快,用于抹灰、粉刷时,需加入适量缓凝剂及附加材料(如硬石膏或煅烧黏土质石膏、石灰膏等)配制成粉刷石膏,其凝结时间可控制为略大于 1 h,抗压和抗折强度及硬度应满足设计需要。

(2) 建筑石膏制品

由于石膏制品质轻,且可锯、可刨、可钉,可加工性能好,同时石膏凝结硬化快,制品可连续生产,工艺简单,能耗低,生产效率高,施工时制品拼装快,可加快施工进度等。所以,石膏制品在我国有着广阔的发展前途,是当前着重发展的新型轻质材料之一。

建筑石膏制品的种类很多,如纸面石膏板、空心石膏条板、纤维石膏板、石膏砌块和装饰石膏板等。主要用作分室墙、内隔墙、吊顶和装饰。建筑石膏配以纤维增强材料、胶黏剂等还可制成石膏角线、线板、角花、灯圈、罗马柱、雕塑等艺术装饰石膏制品。

3.3 水 玻 璃

水玻璃俗称泡花碱,是一种能溶于水的硅酸盐,由不同比例的碱金属氧化物和二氧化硅组成,化学通式为 $R_2O \cdot nSiO_2$,其中 n 为水玻璃的模数。常见的水玻璃有硅酸钠($Na_2O \cdot nSiO_2$)和硅酸钾($K_2O \cdot nSiO_2$)

等，建筑工程中以硅酸钠水玻璃最为常用。

3.3.1 水玻璃的生产

生产硅酸钠水玻璃的主要原材料是石英砂、纯碱或含硫酸钠的原料。将原材料磨细，按比例配合，在1300～1400 ℃玻璃炉内熔融而生成硅酸钠，冷却后得固态水玻璃，然后在水中加热溶解而成液体水玻璃。其反应式为：

$$n SiO_2 + Na_2CO_3 \longrightarrow Na_2O \cdot n SiO_2 + CO_2 \uparrow$$

3.3.2 水玻璃的特性

(1) 水玻璃为液态，是一种胶质溶液，具有胶结能力，在空气中能与二氧化碳反应并硬化。发生的反应如下：

$$Na_2O \cdot n SiO_2 + CO_2 + m H_2O \longrightarrow Na_2CO_3 + \underbrace{n SiO_2 \cdot m H_2O}_{\text{无定形硅胶}}$$

由于上述过程进行得非常缓慢，所以常常加入促硬剂氟硅酸钠(Na_2SiF_6)，以加速硅酸凝胶析出：

$$2(Na_2O \cdot n SiO_2) + Na_2SiF_6 + m H_2O \longrightarrow 6NaF + (2n+1)SiO_2 \cdot m H_2O$$

氟硅酸钠的适宜掺量为水玻璃质量的12%～15%。若用量太少，硬化速度慢、强度低，且未反应的水玻璃易溶于水，导致耐水性差；若用量过多，则凝结过快，造成施工困难，且渗透性大，强度也低。氟硅酸钠有毒，操作时应注意安全。

(2) 水玻璃具有良好的黏结性能。水玻璃胶泥的抗拉强度大于2.5 MPa，水玻璃混凝土的抗压强度为15～40 MPa。水玻璃的模数越大，胶体组分越多，越难溶于水，黏结能力越强。同一模数的水玻璃，浓度越高，则密度越大，黏结力越强。在水玻璃溶液中加入少量添加剂，如尿素，可以不改变黏度而提高黏结能力。工程中常用的水玻璃模数为2.6～2.8，密度为1.3～1.4 g/cm^3。

(3) 水玻璃的总固体含量增多，则冰点降低，性能变脆。冻结后的水玻璃溶液，再加热熔化，其性质不变。

(4) 水玻璃具有很强的耐酸性能，能抵抗多数无机酸和有机酸的作用。

(5) 水玻璃耐热温度可达1200 ℃，在高温下不燃烧，不分解，强度不降低，甚至有所提高。

(6) 水玻璃硬化时析出的硅酸凝胶能堵塞材料的毛细孔隙，起到阻止水分渗透的作用。

3.3.3 水玻璃的应用

水玻璃在建筑工程中的主要用途如下：

(1) 涂刷天然石材、黏土砖、混凝土和硅酸盐制品表面，能提高密实性、抗水性和抗风化能力。但石膏制品表面不能涂刷水玻璃，因两者会反应生成硫酸钠，结晶时石膏体积膨胀，导致制品胀裂破坏。

(2) 配制耐酸浆体、耐酸耐热砂浆和耐酸耐热混凝土，用于化学、冶金、金属等耐酸结构或高炉基础，热工设备基础及围护结构等耐热工程。

(3) 加固土壤。将液态水玻璃和氯化钙溶液交替注入土壤中，两者反应析出硅酸胶体，能起胶结和填充孔隙的作用，并可阻止水分的渗透，提高土壤密度和强度。

(4) 配制速凝防水剂。水玻璃中加入2～5种矾，可配制成各种快凝防水剂，将其掺入到水泥浆、砂浆或混凝土中，可堵漏、填缝及做局部抢修。

3.4 镁质胶凝材料

镁质胶凝材料，是以MgO为主要成分的气硬性胶凝材料，如菱苦土(也叫苛性苦土，主要成分是

MgO)、苛性白云石(主要成分是 MgO 和 $CaCO_3$)等。

3.4.1 镁质胶凝材料的生产

镁质胶凝材料,是将菱镁矿或天然白云石经煅烧、磨细而制成。煅烧时的反应式如下:

$$MgCO_3 \xrightarrow{600\sim650\ ℃} MgO + CO_2\uparrow$$

实际生产时,煅烧温度为 800~850 ℃。

白云石的分解分两步进行,首先是复盐分解,然后是碳酸镁分解:

$$CaMg(CO_3)_2 \xrightarrow{650\sim750\ ℃} \underset{\downarrow \atop MgO+CO_2\uparrow}{MgCO_3} + CaCO_3$$

煅烧时如果温度过低,$MgCO_3$ 分解不完全,容易产生"生烧",胶凝性降低;如果温度过高,MgO 烧结收缩,颗粒变得坚硬,由于过烧而导致胶凝性很差。煅烧适当的菱苦土为白色或浅黄色粉末,苛性白云石为白色粉末。煅烧所得菱苦土磨得越细,使用时强度越高;相同细度时,MgO 含量越高,质量越好。

3.4.2 菱苦土的水化和硬化

菱苦土用水拌和时生成 $Mg(OH)_2$,导致其疏松、胶凝性差。通常用 $MgCl_2$、$MgSO_4$、$FeCl_3$ 或 $FeSO_4$ 等盐类的水溶液拌和,以改善其性能。其中,以用 $MgCl_2$ 溶液拌和为最好,浆体硬化较快,其硬化浆体的主要产物为氯氧化镁水化物($xMgO \cdot yMgCl_2 \cdot zH_2O$)和氢氧化镁等,强度高(可达 40~60 MPa),但吸湿性强,耐水性差(水会溶解其中的可溶性盐类)。

3.4.3 菱苦土的应用

(1) 菱苦土能与木质材料很好地黏结,而且碱性较弱,不会腐蚀有机纤维,但对金属有腐蚀作用,故不能直接接触金属。在建筑上菱苦土常用来制造木屑地板、木丝板、刨花板等。

(2) 菱苦土木屑地面有弹性,能防爆、防火,导热性小,表面光洁,不产生噪声与尘土,宜用于纺织车间等。菱苦土木丝板、刨花板和零件则可用于临时性建筑物的内墙、天花板、楼梯扶手等。

(3) 菱苦土制品只能用于干燥环境中,不适用于潮湿、遇水和受酸类侵蚀的地方。

(4) 苛性白云石的性质、用途与菱苦土的相似,但质量稍差。

3.4.4 菱苦土的运输和储存

在运输和储存菱苦土时应避免受潮,也不可久存,以防其吸收空气中水分生成 $Mg(OH)_2$,再碳化为 $MgCO_3$,而失去胶凝能力。

本章小结

本章主要讲述了石灰、石膏和水玻璃等气硬性胶凝材料的制备方法,水化(熟化)、凝结、硬化机理,技术性质、用途,以及它们在配制、储运和使用中应注意的问题。

石灰石、白垩、白云石质石灰岩或其他以碳酸钙为主的天然原料,经煅烧后得到的块状产品称为生石灰。

天然二水石膏或化工石膏经加热煅烧、脱水、磨细即得石膏胶凝材料。由于加热温度和方式不同,可以得到具有不同性质的石膏产品。

将石英砂、纯碱或含硫酸钠的原材料磨细,按比例配合,在 1300~1400 ℃玻璃炉内熔融而生成硅酸钠,冷却后得固态水玻璃。

思考题与习题

1. 简述胶凝材料的分类。
2. 简述气硬性胶凝材料的特点及应用环境。
3. 简述石灰的消化和硬化过程及特点。
4. 什么是欠火石灰和过火石灰？各有何特点？施工过程中如何防止其危害？
5. 试述石灰的特性及用途。
6. 建筑石膏是如何生产的？其主要化学成分是什么？
7. 简述建筑石膏的特性及用途。
8. 建筑石膏制品为什么不耐水？如何提高石膏板的耐水性？
9. 简述水玻璃的特性与用途。
10. 水玻璃属于气硬性胶凝材料，为什么可以用于土壤加固？

4 水　泥

本章提要

本章结合通用硅酸盐水泥最新技术标准，重点介绍了硅酸盐水泥的矿物组成、矿物成分的水化反应及其影响因素、硅酸盐水泥的技术性质以及硅酸盐水泥的侵蚀。同时，本章还介绍了普通硅酸盐水泥、矿渣硅酸盐水泥、火山灰质硅酸盐水泥、粉煤灰硅酸盐水泥以及复合硅酸盐水泥的性能特点。对其他品种水泥，如中热、低热硅酸盐水泥、砌筑水泥、道路硅酸盐水泥、白色硅酸盐水泥、膨胀水泥和自应力水泥、铝酸盐水泥等做了一般介绍。

本章归纳了土木工程中应用水泥的主要问题，这对加强理论联系实际十分重要。

水泥是本课程中的重要内容之一。

4.1 概　述

早在公元初期人们就开始认识到在石灰中掺入火山灰，不仅强度高，而且能抵抗水的浸析。古罗马“庞贝”城的遗址以及著名的罗马圣庙等都是用石灰、火山灰材料砌筑而成的。随着生产技术的发展，人们对材料认识的不断深化，到1796年出现了由石灰石煅烧而成的“罗马水泥”。由于这种具有特定成分的石灰石很少，所以人们开始研究用石灰石和黏土配制、煅烧水泥，由此形成了最早的硅酸盐水泥雏形。1824年英国泥瓦工约瑟夫·阿斯普丁(Joseph Aspdin)首先取得了生产硅酸盐水泥的专利权。由于这种水泥颜色酷似英国一种在建筑业享有盛名的“波特兰”石颜色而命名为波特兰水泥，在我国被称为硅酸盐水泥。波特兰水泥的出现，对工程建设起了巨大的推动作用，引起了工程设计、施工技术等领域的重大变革，为各国科学家所瞩目。他们进一步运用物理的、化学的方法，并采用现代测试手段研究了水泥的矿物组成及水化机理，开发了一系列新的水泥品种，发展了新的水泥生产工艺。

水泥属于水硬性无机胶凝材料。加水调制后，经过一系列物理化学作用，能够由可塑性浆体变成坚硬的石状体，并能将砂石等散粒状材料胶结成具有一定物理力学性质的石状体。水泥浆既能在空气中硬化，又能在潮湿环境或水中硬化，并且能持续保持并发展其强度。所以，它既可以用于地上工程，也可用于水中及地下工程。

水泥有很多品种，通常按其性质和用途可分为通用水泥、专用水泥和特种水泥。通用水泥是工业与民用建筑等土建工程中应用最为广泛的水泥，它包括六大品种：硅酸盐水泥、普通硅酸盐水泥，矿渣硅酸盐水泥、火山灰质硅酸盐水泥、粉煤灰硅酸盐水泥和复合硅酸盐水泥。专用水泥是以所用工程的名称来命名的，如油井水泥、砌筑水泥等。特种水泥是具有某种突出特性的水泥，如膨胀水泥、快硬水泥等。水泥按其矿物组成则可分为：硅酸盐水泥、铝酸盐水泥、硫铝酸盐水泥、铁铝酸盐水泥等。每一品种水泥，又根据其胶结强度的大小，分为若干强度等级。当水泥的品种及强度等级不同时，其性能差异也较大。在使用水泥时，需要根据工程具体情况合理选择与使用水泥，并注意区分水泥的品种和强度等级，掌握其性能特点和使用方法，这样既可提高工程质量又可节约水泥。

水泥是建筑、道路、水利、海港和国防工程中用量最大、最重要的建筑材料之一。水泥之所以能够获得广泛应用,是因为它具有诸多优点,如:具有水硬性、具有可塑性、原料来源广、生产工艺简单、性能可调、种类丰富、耐久性好、与钢筋具有良好的黏结力等。

此外,值得注意的是,水泥生产过程中的资源与能源消耗都非常大,而且还会产生大量的 CO_2,环境负荷大。因此,需要加快发展水泥的清洁生产机制,提高水泥生产过程中的混合材料使用率,减少 CO_2 排放,这对促进国民经济和生态环境的可持续发展具有重要意义。

本章主要介绍硅酸盐水泥,并在此基础上介绍其他品种的水泥。

4.2 通用硅酸盐水泥

土木工程中常用的水泥主要是通用硅酸盐水泥。通用硅酸盐水泥是由硅酸盐水泥熟料和适量的石膏、混合材料制成的水硬性胶凝材料。通用硅酸盐水泥按混合材料的品种和掺量不同,可分为硅酸盐水泥、普通硅酸盐水泥、矿渣硅酸盐水泥、火山灰质硅酸盐水泥、粉煤灰硅酸盐水泥和复合硅酸盐水泥。其组分应符合表 4.1 的规定。

表 4.1 通用硅酸盐水泥的组分

品种	代号	组分						
		熟料+石膏	粒化高炉矿渣/矿渣粉	火山灰质混合材料	粉煤灰	石灰石	砂岩	替代混合料
硅酸盐水泥	P·Ⅰ	100	—	—	—	—		—
	P·Ⅱ	95～100	0～<5	—	—	—		—
			—	—	—	0～<5		—
普通硅酸盐水泥	P·O	80～<94	6～<20①			—		0～<5②
矿渣硅酸盐水泥	P·S·A	50～<79	21～<50	—	—	—		0～<8③
	P·S·B	30～<49	51～<70	—	—	—		
粉煤灰硅酸盐水泥	P·F	60～<79	—	21～<40	—	—		0～<5④
火山灰质硅酸盐水泥	P·P	60～<79	—	—	21～<40	—		
复合硅酸盐水泥	P·C	50～<79	21～<50⑤					—

注:① 主要混合料由符合《通用硅酸盐水泥》(GB 175—2023)规定的粒化高炉矿渣/矿渣粉、粉煤灰、火山灰质混合材料组成。

② 替代混合材料为符合《通用硅酸盐水泥》(GB 175—2023)规定的石灰石。

③ 替代混合材料为符合《通用硅酸盐水泥》(GB 175—2023)规定的粉煤灰或火山灰、石灰石。替代后 P·S·A 矿渣硅酸盐水泥中粒化高炉矿渣/矿渣粉含量(质量分数)不小于水泥质量的 21%,P·S·B 矿渣硅酸盐水泥中粒化高炉矿渣/矿渣粉含量(质量分数)不小于水泥质量的 51%。

④ 替代混合材料为符合《通用硅酸盐水泥》(GB 175—2023)规定的石灰石。替代后粉煤灰硅酸盐水泥中粉煤灰含量(质量分数)不小于水泥质量的 21%。火山灰质硅酸盐水泥中火山灰质混合材料含量(质量分数)不小于水泥质量的 21%。

⑤ 混合材料由符合《通用硅酸盐水泥》(GB 175—2023)规定的粒化高炉矿渣/矿渣粉、粉煤灰、火山灰质混合材料、石灰石和砂岩中的三种(含)以上材料组成。其中,石灰石含量(质量分数)不大于水泥质量的 15%。

4.2.1 硅酸盐水泥

硅酸盐水泥熟料,是由主要含有 CaO、SiO_2、Al_2O_3、Fe_2O_3 的原料,按适当比例磨成细粉,烧至部分熔融,得到的以硅酸钙为主要矿物成分的水硬性胶凝物质,简称熟料。其中硅酸钙矿物含量(质量分数)不小于66%,CaO和SiO_2质量比不小于2.0。根据《通用硅酸盐水泥》(GB 175—2023)的规定,凡由硅酸盐水泥熟料和适量石膏或者再掺加不超过水泥质量5%的石灰石或粒化高炉矿渣,磨细制成的水硬性胶凝材料,称为硅酸盐水泥。不掺加混合材料的称Ⅰ型硅酸盐水泥,代号为P·Ⅰ;掺加不超过水泥质量5%混合材料的称Ⅱ型硅酸盐水泥,代号为P·Ⅱ。

4.2.1.1 硅酸盐水泥的原料及生产

生产硅酸盐水泥的原料,主要分为石灰质原料和黏土质原料两类。石灰质原料有石灰岩、白垩、石灰质凝灰岩等,它主要提供CaO;黏土质原料主要有各类黏土、黄土等,它主要提供SiO_2、Al_2O_3和Fe_2O_3。为了补充铁质及改善煅烧条件,还可加入适量铁粉、萤石等。

生产水泥的基本工序是:先将原材料破碎并按其化学成分配料后,在球磨机中研磨成生料,然后入窑进行煅烧,最后将煅烧好的水泥熟料配以适量的石膏(根据要求添加或不加石灰石、矿渣)在球磨机中研磨至一定细度,即得到硅酸盐水泥成品。

生产水泥的基本工序可以概括为"两磨一烧",如图4.1所示。

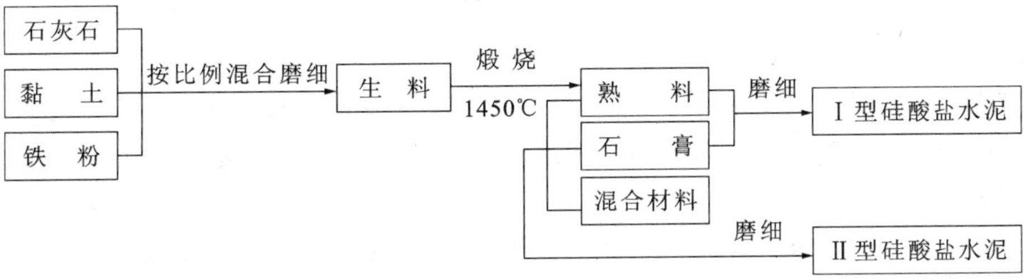

图4.1 硅酸盐水泥生产工序

水泥生产按生料制备方法可分为湿法和干法。湿法是将原料配好后,加水湿磨成含水约35%~40%的生料浆,经校正成分、搅拌后入窑煅烧。该法的优点是生料成分均匀、控制准确、产品质量高,缺点是能耗较大。干法是将原料烘干,按比例配料后研磨成生料粉入窑煅烧。相比于湿法,干法产量高,节省能源,是目前水泥生产的常用方法。

生料在煅烧过程中,经历干燥、预热、分解、烧成、冷却阶段,发生了一系列物理化学变化:

① 干燥阶段:100~200 ℃左右,生料被加热,水分被蒸发而干燥;

② 预热阶段:300~500 ℃左右,生料被预热;

③ 分解阶段:500~800 ℃,黏土质矿物中的高岭石脱水分解为无定形的硅、铝等,有机物燃尽;800~1300 ℃,碳酸钙分解出CaO并开始与黏土分解出的SiO_2、Al_2O_3、Fe_2O_3发生固相反应,随着温度的继续升高,固相反应加速进行,并逐步形成硅酸二钙($2CaO \cdot SiO_2$)、铝酸三钙($3CaO \cdot Al_2O_3$)及铁铝酸四钙($4CaO \cdot Al_2O_3 \cdot Fe_2O_3$)。当温度达到1300 ℃时,固相反应完成,物料中仅剩一部分CaO未与其他氧化物化合。

④ 烧成阶段:当温度从1300 ℃升到1450 ℃再降至1300 ℃,即烧成阶段。这时$3CaO \cdot Al_2O_3$及$4CaO \cdot Al_2O_3 \cdot Fe_2O_3$烧至部分熔融状态,出现液相,将所剩CaO和$2CaO \cdot SiO_2$溶解,$2CaO \cdot SiO_2$在液相中吸收CaO形成硅酸盐水泥的最重要矿物硅酸三钙($3CaO \cdot SiO_2$)。这一过程是煅烧水泥的关键,必须达到足够的温度并停留适当长的时间,使充分形成$3CaO \cdot SiO_2$。否则,熟料中将残存较多的游离态CaO而影响水泥的质量。烧成的水泥熟料经迅速冷却即可堆存备用。

随着科学技术的发展,水泥的生产工艺正在产生着重大变革,悬浮预热窑和窑外分解技术均是传统回转窑生产工艺的重大革新。在传统回转窑生产工艺中,因物料在窑内呈堆积态分布于窑的底部,热气流从料层表面流过,与物料的换热面积小,传热效率低,预热效果差。同时,在分解带的物料从料层内部分解出的二氧化碳向外扩散的面积小、阻力大、速度慢，从而增加了碳酸盐分解的难度，降低了分解速度。在回转窑窑尾的竖向装设悬浮预热器及分解炉，使固体物料逐级和上升热气流悬浮换热，从根本上改变了物料预热及分解过程的传热状态，变堆积态传热为悬浮态传热，使物料与热气流的接触面积大幅度增加，传热效率可提高若干倍，加之燃料与预热后的粉料均匀混合，瞬间燃烧，直接传热，使碳酸盐分解速度极大提高，因此，这不仅可使回转窑长度大为缩短，而且可使产量成倍增加。悬浮预热、窑外分解技术是世界各国竞相发展的新的水泥生产工艺技术。

4.2.1.2 硅酸盐水泥熟料的矿物组成、特性

(1) 熟料的矿物组成

将上述生产中所发生的一系列反应形成的混合矿物称为水泥的熟料，其主要组成有：

硅酸三钙($3CaO \cdot SiO_2$)，简写为 C_3S，含量 36%～60%；

硅酸二钙($2CaO \cdot SiO_2$)，简写为 C_2S，含量 15%～37%；

铝酸三钙($3CaO \cdot Al_2O_3$)，简写为 C_3A，含量 7%～15%；

铁铝酸四钙($4CaO \cdot Al_2O_3 \cdot Fe_2O_3$)，简写为 C_4AF，含量 10%～18%。

上述四种矿物中，硅酸钙含量为 70%～85%。由于硅酸盐水泥中不含混合材料或含有很少混合材料，因此硅酸盐水泥的性质主要由硅酸盐水泥熟料所决定。

硅酸盐水泥熟料中，除四种主要矿物成分外，尚含有少量游离 CaO、MgO、SO_3 及碱 K_2O、Na_2O。这些成分均会对水泥的性能产生不良影响，因此国家标准对水泥熟料中这些物质的含量有严格限制。

(2) 熟料的矿物特性

各种矿物单独与水作用时，每一种矿物成分在硬化速度、强度以及放热量上都表现出不同的特性，通过对这些特性的掌握，可以制得不同性质的水泥。各矿物成分对应的特性见表 4.2。

表 4.2 各种熟料矿物单独与水作用时的特性

矿物名称	硅酸三钙 $3CaO \cdot SiO_2$	硅酸二钙 $2CaO \cdot SiO_2$	铝酸三钙 $3CaO \cdot Al_2O_3$	铁铝酸四钙 $4CaO \cdot Al_2O_3 \cdot Fe_2O_3$
凝结硬化速度	快	慢	最快	快
28 d 水化放热量	多	少	最多	中
28 d 抗压强度	高	早期低、后期高	低	中

通过表 4.2 可以看出，若调整熟料中各矿物组成之间的比例，水泥的性质即发生相应的变化。如提高硅酸三钙、铝酸三钙含量，硅酸盐水泥凝结硬化快，早期强度高，可以制得高强水泥和早强水泥。另外，提高硅酸二钙的含量，适当降低硅酸三钙和铝酸三钙的含量，即可制得低热水泥或中热水泥。

4.2.1.3 硅酸盐水泥的水化、凝结及硬化

(1) 硅酸盐水泥的水化

水泥加水拌和后，矿物成分和水发生反应，此过程被称为水泥的水化。

不同矿物成分水化反应方程如下：

$$\underset{\text{硅酸三钙}}{2(3CaO \cdot SiO_2)} + 6H_2O = \underset{\text{水化硅酸钙凝胶}}{3CaO \cdot 2SiO_2 \cdot 3H_2O} + \underset{\text{氢氧化钙晶体}}{3Ca(OH)_2}$$

$$\underset{\text{硅酸二钙}}{2(2CaO \cdot SiO_2)} + 4H_2O = 3CaO \cdot 2SiO_2 \cdot 3H_2O + Ca(OH)_2$$

$$\underset{\text{铝酸三钙}}{3CaO \cdot Al_2O_3} + 6H_2O = \underset{\text{水化铝酸三钙晶体}}{3CaO \cdot Al_2O_3 \cdot 6H_2O}$$

$$\underset{\text{铁铝酸四钙}}{4CaO \cdot Al_2O_3 \cdot Fe_2O_3} + 7H_2O = 3CaO \cdot Al_2O_3 \cdot 6H_2O + \underset{\text{水化铁酸钙凝胶}}{CaO \cdot Fe_2O_3 \cdot H_2O}$$

在水化反应进行的同时，水泥熟料磨细时掺入的石膏与铝酸三钙也参与反应，生成高硫型水化硫铝酸钙(钙矾石，$3CaO \cdot Al_2O_3 \cdot 3CaSO_4 \cdot 31H_2O$，简写 AFt)，这种水化物均为难溶于水的针状晶体。

$$3\underset{\text{二水石膏}}{(CaSO_4 \cdot 2H_2O)} + 3CaO \cdot Al_2O_3 \cdot 6H_2O + 19H_2O = \underset{\text{水化硫铝酸钙晶体(钙矾石)}}{3CaO \cdot Al_2O_3 \cdot 3CaSO_4 \cdot 31H_2O}$$

不同矿物成分的水化特点如下：

① 硅酸三钙的水化反应速度很快，水化放热量较高。生成的水化硅酸钙几乎不溶解于水，而立即以胶体微粒析出，并逐渐凝聚而成凝胶体，称为托勃莫来石凝胶，而生成的氢氧化钙在溶液中很快达到饱和，呈六方晶体析出。硅酸三钙的迅速水化，使得水泥的强度很快增长。它是决定水泥强度高低(尤其是早期强度)最重要的矿物。硅酸三钙在 28 d 内通常可水化 70%左右。

② 硅酸二钙与水反应的速度较慢，水化放热量很少，早期强度很低，但在后期稳定增长，大约一年左右可接近硅酸三钙的强度。

③ 铝酸三钙与水反应的速度最快，水化放热量最多，但强度值不高，增长也甚微。

④ 铁铝酸四钙与水反应的速度较快，水化放热量少，强度值高于水化铝酸三钙，但后期增长甚少。

综上所述，硅酸盐水泥水化后生成的主要水化产物有凝胶与晶体两类。凝胶有水化硅酸钙(CSH)与水化铁酸钙(CFH)。晶体有氢氧化钙(CH)、水化铝酸钙(C_3AH_6)与水化硫铝酸钙(AFt、AFm)等。在完全水化的水泥石中，水化硅酸钙凝胶约占 70%，氢氧化钙约占 20%，水化硫铝酸钙约占 7%。

(2) 硅酸盐水泥的凝结硬化

水泥加水拌和后，成为可塑的水泥浆，水泥浆逐渐变稠而失去塑性，但尚不具有强度增长的过程，称为水泥的“凝结”。随后产生明显的强度并逐渐变成坚硬的水泥石，这一过程称为水泥的“硬化”。凝结和硬化是人为划分的，实际上是一个连续的复杂的物理化学变化过程。

硅酸盐水泥的凝结硬化过程研究自从 1882 年雷 · 查特理(Le Chatelier)首先提出水泥凝结硬化理论以来，已经有了很大发展。目前一般看法如下：

当水泥加水拌和后，在水泥颗粒表面即发生水化反应，水化产物立即溶于水中。这时，水泥颗粒又暴露出一层新的表面，水化反应继续进行。由于各种水化产物溶解度很小，水化产物的生成速度大于水化产物向溶液中的扩散速度，所以很快使水泥颗粒周围液相中的水化产物浓度达到饱和或过饱和状态，并从溶液中析出，成为高度分散的凝胶体(图 4.2 中 a)。随着水化作用继续进行，凝胶体不断增加，游离水分不断减少，水泥将逐渐失去塑性，即出现凝结现象，但此时尚不具有强度(图 4.2 中 b)。随着水化产物的不断增加，水泥颗粒之间的毛细孔不断被填实，加之水化产物中的氢氧化钙晶体、水化铝酸钙晶体不断贯穿于水化硅酸钙等凝胶体之中，逐渐形成了具有一定强度的水泥石，从而进入了硬化阶段(图 4.2 中 c)。水化产物的进一步增加，水分的不断丧失，使水泥石的强度不断发展。

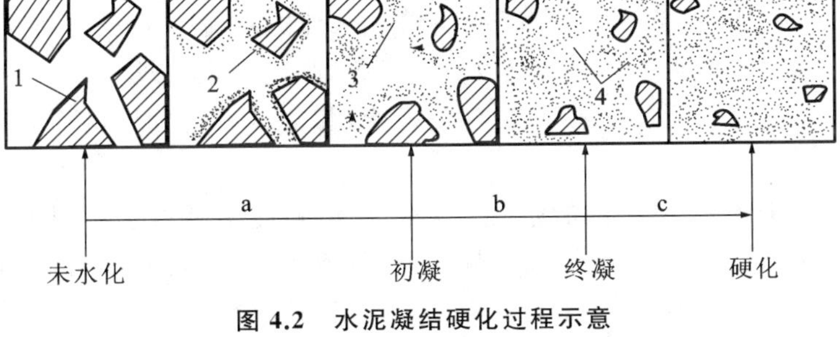

图 4.2 水泥凝结硬化过程示意

1—未水化水泥颗粒；2—胶体粒子；3—$Ca(OH)_2$ 等晶体；4—毛细孔(毛细孔水)

硬化后的水泥石是由水泥水化产物、未水化完的水泥颗粒、孔隙与水所组成的。值得注意的是，水泥的水化、凝结、硬化,除与水泥矿物成分有关外,还与水泥细度、拌和水量、温度、湿度、养护时间、石膏掺量等有关。

4.2.1.4 影响硅酸盐水泥凝结硬化的主要因素

(1) 矿物组成

水泥的矿物组成是影响水泥凝结硬化的最重要内在因素。如前所述,不同矿物成分单独和水起反应时所表现出来的特点是不同的,如 C_3A 水化速率最快,放热量最大而强度不高;C_2S 水化速率最慢,放热量最少,早期强度低,后期强度增长迅速。因此,改变水泥的矿物组成,其凝结硬化情况将产生明显变化。

(2) 石膏

石膏是作为延缓水泥凝结时间的组分而掺入水泥的。实践表明:不掺石膏的水泥,C_3A 的迅速水化将导致水泥的不正常凝结(即瞬凝,俗称急凝),使水泥不能正常使用。其特征是:水泥和水后,水泥浆很快凝结成一种很粗糙、非塑性的混合物,并释放出大量的热。石膏起缓凝作用的机理可解释为:水泥水化时,石膏能很快与铝酸三钙作用生成水化硫铝酸钙(即钙矾石),钙矾石很难溶解于水,它沉淀在水泥颗粒表面上形成保护膜,从而阻碍了铝酸三钙的水化反应,控制了水泥的水化反应速度,延缓了凝结时间。

水泥中石膏掺量必须严格控制,适宜的石膏掺量主要取决于水泥中 C_3A 的含量和石膏中 SO_3 的含量,同时与水泥细度及熟料中 SO_3 含量有关。石膏掺量一般为水泥质量的3%～5%。石膏掺入量过多,将引起水泥石的膨胀性破坏。《通用硅酸盐水泥》(GB 175—2023)中规定水泥中采用的天然石膏应为《天然石膏》(GB/T 5483—2008)中规定的G类或M类混合石膏,品位(质量分数)≥55%。采用的工业副产石膏应符合《用于水泥中的工业副产石膏》(GB/T 21371—2019)规定的技术要求。

《用于水泥中的工业副产石膏》(GB/T 21371—2019)规定石膏中氯离子含量不大于0.5%,pH值不小于5,内照射指数不大于1.0,外照射指数不大于1.0。工业副产石膏对水泥性能的影响试验中的比对水泥应为符合《天然石膏》(GB/T 5483—2008)的G类二级(含)以上石膏制备而成的 SO_3 含量在2.0%～2.5%、80 μm筛余小于4%、比表面积在(350±10)m^2/kg 的P·Ⅰ硅酸盐水泥。试验水泥应为用制备比对水泥的硅酸盐水泥熟料与用30%～100%被评定工业副产石膏替代天然石膏制成的P·Ⅰ硅酸盐水泥。制备时,应控制水泥的80 μm筛余小于4%、比表面积在(350±10)m^2/kg 范围内,SO_3 含量与比对水泥 SO_3 含量差值在0.2%之内。

(3) 水泥细度

在矿物组成相同的条件下,水泥的细度越细,与水接触时水化反应表面积越大,水化反应产物生成较快,凝结硬化加速,但水化热较多,更易受潮而结块。

(4) 环境温度、湿度

提高温度可以使水泥水化反应加速,强度增长加快;相反,温度降低,则水化反应减慢,强度增长变缓。当降到0 ℃以下,水泥的水化反应基本停止,强度不仅不增长,甚至会因水结冰而导致水泥石结构破坏。实际工程中,常通过蒸汽养护来加速水泥制品的凝结硬化过程。但高温养护往往导致水泥后期强度增长缓慢,甚至下降。

水的存在是水泥水化反应的必备条件。当环境十分干燥时,水泥中的水分将很快蒸发,以致水泥不能充分水化,硬化也将停止;反之,水泥的水化将得以充分进行,强度正常增长。

所以,水泥混凝土在浇筑后的一段时间里,应注意保温(气温低时)保湿养护。

(5) 时间(龄期)

水泥的凝结硬化是随时间延长而渐进的过程,与此同时,强度不断增长。只要温度、湿度适宜,水泥强度的增长可持续若干年。硅酸盐水泥强度增长的规律是,在水泥加水后的几天内增长最为迅速,如水化7 d的强度常可达到28 d强度的70%左右,28 d以后强度增长则明显减缓。

4.2.1.5 硅酸盐水泥的技术性质

硅酸盐水泥的技术性质是水泥工程应用的基础。《通用硅酸盐水泥》(GB 175—2023)对其化学指标、物理指标、碱含量、氯离子等均作了明确规定。

(1) 化学指标

通用硅酸盐水泥的化学指标应符合表 4.3 规定的要求。

表 4.3　通用硅酸盐水泥的化学指标　　单位：%

<table>
<tr><th>品种</th><th>代号</th><th>不溶物
(质量分数)</th><th>烧失量
(质量分数)</th><th>三氧化硫
(质量分数)</th><th>氧化镁
(质量分数)</th><th>氯离子
(质量分数)</th></tr>
<tr><td rowspan="2">硅酸盐水泥</td><td>P·Ⅰ</td><td>≤0.75</td><td>≤3.0</td><td rowspan="3">≤3.5</td><td rowspan="3">≤5.0①</td><td rowspan="8">≤0.06③</td></tr>
<tr><td>P·Ⅱ</td><td>≤1.50</td><td>≤3.5</td></tr>
<tr><td>普通硅酸盐水泥</td><td>P·O</td><td>—</td><td>≤5.0</td></tr>
<tr><td rowspan="2">矿渣硅酸盐水泥</td><td>P·S·A</td><td>—</td><td>—</td><td rowspan="2">≤4.0</td><td>≤6.0②</td></tr>
<tr><td>P·S·B</td><td>—</td><td>—</td><td>—</td></tr>
<tr><td>火山灰质硅酸盐水泥</td><td>P·P</td><td>—</td><td>—</td><td rowspan="3">≤3.5</td><td rowspan="3">≤6.0</td></tr>
<tr><td>粉煤灰硅酸盐水泥</td><td>P·F</td><td>—</td><td>—</td></tr>
<tr><td>复合硅酸盐水泥</td><td>P·C</td><td>—</td><td>—</td></tr>
</table>

注：① 如果水泥压蒸试验合格，则水泥中氧化镁的含量(质量分数)允许放宽至 6.0%。
② 如果水泥中氧化镁的含量(质量分数)大于 6.0%，需进行水泥压蒸安定性试验并合格。
③ 当买方有更低要求时，该指标由买卖双方协商确定。

(2) 细度

细度指水泥颗粒的粗细程度。水泥细度是影响水泥一系列建筑性质的重要物理指标。同样成分的水泥，颗粒越细，与水接触的表面积越大，水化反应速度越快，并且水化反应越充分，其强度特别是早期强度会越高。但是，水泥颗粒过细，硬化时收缩大，易产生裂缝。一般认为，水泥颗粒尺寸小于 40 μm 才具有较高的活性。水泥颗粒尺寸大于 90 μm 时几乎接近惰性，仅起填充作用。因此，水泥必须控制一定的粉磨细度，《通用硅酸盐水泥》(GB 175—2023)规定，粉磨时允许加入助磨剂，其加入量应不超过水泥质量的 0.5%，以充分发挥其胶凝性，但粉磨太细，会降低磨机产量，增加电能消耗，使水泥成本提高。若在空气中硬化，收缩值也会增大，储存时强度下降过快。

国家标准规定，硅酸盐水泥和普通硅酸盐水泥的细度以比表面积表示，要求不小于 300 m^2/kg，且不大于 400 m^2/kg。所谓比表面积是指单位质量水泥颗粒表面积的总和(m^2/kg 或 cm^2/g)。水泥比表面积采用勃氏透气仪或筛析法测定。

(3) 标准稠度用水量

由于加水量的多少对水泥一些技术性质(如凝结时间等)的测定值影响很大，故测定这些性质时，必须在一个规定的浆体稠度下进行。这个规定的稠度，即称为标准稠度。水泥净浆达到标准稠度时，所需的拌和水量(以占水泥质量的百分比表示)，称为标准稠度用水量。

硅酸盐水泥的标准稠度用水量一般在 24%～30%之间。国家标准没有对标准稠度用水量提出具体要求，但标准稠度用水量的大小，能在一定程度上影响水泥的性能。

(4) 凝结时间

为使水泥能在混凝土工程施工时有充分的时间搅拌、运输、浇筑，要求水泥的初凝时间不能过短。当施工完毕，则要求尽快硬化，终凝时间不能太长。

水泥凝结时间的测定，是以标准稠度的水泥净浆，采用凝结时间测定仪进行测定的。凝结时间分初凝时间与终凝时间，初凝时间为水泥净浆自加水时起至开始失去可塑性所需的时间；终凝时间为水泥净浆自加水时起至完全失去可塑性并开始产生强度所需的时间。

影响水泥凝结时间的因素主要有:①熟料中 C_3A 含量高,石膏掺量不足,使水泥快凝;②水泥的细度愈细,凝结愈快;③水灰比愈小,凝结时的温度愈高,凝结愈快;④混合材料掺量大,将延迟凝结时间。《通用硅酸盐水泥》(GB 175—2023)规定,硅酸盐水泥的初凝时间不得小于 45 min,终凝时间不得大于 390 min,普通硅酸盐水泥、矿渣硅酸盐水泥、火山灰质硅酸盐水泥、粉煤灰硅酸盐水泥和复合硅酸盐水泥初凝时间不小于 45 min,终凝时间不大于 600 min。

(5) 安定性

水泥的安定性,是指水泥在凝结硬化过程中体积变化的均匀性。安定性不良,是指水泥硬化后,产生不均匀的体积变化。使用安定性不良的水泥,会使构件产生膨胀性裂缝,降低建筑物质量,甚至引起严重事故。安定性不合格的水泥,不得在工程中使用。《通用硅酸盐水泥》(GB 175—2023)中规定水泥的安定性通过沸煮法[依据《水泥标准稠度用水量、凝结时间、安定性检验方法》(GB/T 1346—2011)]和压蒸法[依据《水泥压蒸安定性试验方法》(GB/T 750—1992)]测试合格后方能使用。

水泥熟料中如果含有较多的游离氧化钙(f-CaO),就会在水泥凝结硬化时发生不均匀的体积变化。其原因是过烧的游离氧化钙结构致密、水化慢,在水泥已经硬化后,游离氧化钙才进行水化,产生体积膨胀,破坏已经硬化的水泥石结构,出现龟裂、弯曲、松脆或崩溃等不安定现象。《水泥标准稠度用水量、凝结时间、安定性检验方法》(GB/T 1346—2011)规定,检验由熟料中游离氧化钙引起的安定性不良可用雷氏法或试饼法。当用雷氏法检验时,标准稠度水泥净浆试件沸煮 3 h 后膨胀值不超过 5.0 mm 为体积安定性合格;当用试饼法检验时,标准稠度水泥净浆试件沸煮 3 h 后,经肉眼观察未发现裂纹,用直尺检查没有弯曲为体积安定性合格,反之为不合格。两种方法检验结果相矛盾时,以雷氏法结论为准。此外采用压蒸法测试水泥安定性时,普通硅酸盐水泥、矿渣硅酸盐水泥、火山灰质硅酸盐水泥、粉煤灰硅酸盐水泥的压蒸膨胀率不大于 0.50%,硅酸盐水泥压蒸膨胀率不大于 0.80%时,为体积安定性合格,反之为不合格。

此外,如果水泥中的氧化镁和三氧化硫过多,也会产生不均匀的体积变化,导致安定性不良。氧化镁产生危害的原因与游离氧化钙相似,但由于氧化镁的水化速度更慢,所以必须采用压蒸法才能检验它的危害程度。若三氧化硫含量过多,会在硬化的水泥石中生成过量的水化硫铝酸钙晶体,导致体积膨胀,水泥石体结构破坏。检验由三氧化硫引起的安定性不良,需用浸水法。

(6) 强度

水泥的强度是表征水泥质量的重要指标之一。水泥的强度等级按 28 d 龄期水泥胶砂试件的抗压强度来划分,反映水泥胶结能力的大小。硅酸盐水泥、普通硅酸盐水泥的强度等级分为 42.5、42.5R、52.5、52.5R、62.5、62.5R,共六个等级。矿渣硅酸盐水泥、粉煤灰硅酸盐水泥、火山灰质硅酸盐水泥强度等级分为 32.5、32.5R、42.5、42.5R、52.5、52.5R 六个等级。复合硅酸盐水泥的强度等级分为 42.5、42.5R、52.5、52.5R 四个强度等级。

《水泥胶砂强度检验方法(ISO 法)》(GB/T 17671—2021)规定,检验水泥强度所用水泥和标准砂以 1∶3(质量比)比例混合,加入水泥质量一半的水,按规定的方法制成试件尺寸为 40 mm×40 mm×160 mm 的棱柱体,在标准温度(20±1)℃的水中养护,分别测定其 3 d 与 28 d 的抗压强度与抗折强度。按照测定结果,硅酸盐水泥的强度应符合表 4.4 的要求。

表 4.4 硅酸盐水泥的强度要求(GB 175—2023)

强度等级	抗压强度,MPa		抗折强度,MPa	
	3 d	28 d	3 d	28 d
32.5	≥12.0	≥32.5	≥3.0	≥5.5
32.5R	≥17.0		≥4.0	

续表4.4

强度等级	抗压强度，MPa		抗折强度，MPa	
	3 d	28 d	3 d	28 d
42.5	≥17.0	≥42.5	≥4.0	≥6.5
42.5R	≥22.0		≥4.5	
52.5	≥22.0	≥52.5	≥4.5	≥7.0
52.5R	≥27.0		≥5.0	
62.5	≥27.0	≥62.5	≥5.0	≥8.0
62.5R	≥32.0		≥5.5	

(7) 水化热

水泥和水拌和后发生化学反应放出的热量，称为水泥的水化热(kJ/kg)。水泥的水化热大部分是在水化初期(7 d内)放出的，后期放热逐渐减少。水泥水化热的大小及放热速率，主要取决于熟料的矿物组成和水泥细度等因素。通常水泥强度等级越高，水化热越大。凡对水泥起促凝作用的因素(如掺加 $CaCl_2$ 等)均可提高早期水化热；反之，凡能延缓水化作用的因素(如掺加缓凝剂)，则能降低放热速率。

目前，测定水泥水化热的方法有溶解热法和直接法两种。水泥放热特性，直接关系到水泥的工程应用。对大体积混凝土工程(水坝、大型设备基础等)，由于水化热积聚在内部不易散发而使混凝土内外温差过大(可达 50～60 ℃)，以致造成明显的温度应力，使混凝土表面产生裂缝。因此，大体积混凝土工程应选用低热水泥或尽量减少水泥用量。但是，对采用蓄热法施工的冬期混凝土工程，水泥的水化热则有助于水泥的水化反应和提高早期强度，所以是有利的。

(8) 碱含量

水泥中的碱超过一定含量时，遇上具有活性骨料会生成膨胀型的产物，造成水泥开裂，导致混凝土破坏。为防止发生此类反应，需对水泥中的碱含量进行控制，水泥中的碱含量按 $Na_2O+0.658K_2O$ 计算值表示。《通用硅酸盐水泥》(GB 175—2023)将碱含量定为选择指标。用户要求提供低碱水泥时，水泥中的碱含量由买卖双方协商确定。

(9) 放射性

随着经济的发展和社会的进步，人的健康问题越来越受到重视，为保证身体健康，对水泥中放射性核素、水溶性六价铬(Ⅵ)等在《通用硅酸盐水泥》(GB 175—2023)作出了规定。其水泥的内照射指数 I_{Ra} 应不大于 1.0，外照射指数 I_r 应不大于 1.0。放射性核素、水溶性六价铬(Ⅵ)等依据《建筑材料放射性核素限量》(GB 6566—2010)进行检验试验。

国家标准中规定，出厂检验时若水泥的组分、化学指标、凝结时间、安定性、强度、细度中的任一项不符合标准规定，均为不合格品。其中水泥组分测定应直接采用《水泥组分的定量测定》(GB/T 12960—2019)测定。型式检验时应符合规范《通用硅酸盐水泥》(GB 175—2023)9.3.2 节的要求。

4.2.1.6　环境水对硅酸盐水泥石的侵蚀与防止措施

(1) 环境水对硅酸盐水泥石的侵蚀

硅酸盐水泥加水硬化而成的水泥石，在通常使用条件下，有较好的耐久性，但在某些侵蚀性液体的作用下，水泥石会逐渐遭受侵蚀，引起强度降低，甚至破坏，这种现象称为环境水对水泥石的侵蚀。环境水对水泥石侵蚀的原因，是由于环境水作用于水泥石中某些组分(氢氧化钙、水化铝酸钙等)而产生的。这种侵蚀作用较复杂，既有物理作用，也有化学作用和物理化学作用。根据环境水质的不同，几种主要的侵蚀破坏作用如下：

① 溶出型侵蚀（软水侵蚀）。软水是指硬度较小的水，雨水、雪水以及多数的河水和湖水均属于软水。当水泥石与这些水长期接触时，水泥石中的氢氧化钙将很快溶解，每升水中可达 1.3 g。在静水及无水压的情况下，周围的水易为氢氧化钙所饱和，使溶解作用中止，这时溶出仅限于表层，危害不大。但在流动水及压力水作用下，溶出的氢氧化钙将不断流失，一方面使水泥石变得疏松，另一方面也使水泥石碱度降低。而水泥水化产物（水化硅酸钙、水化铝酸钙等）只有在一定的碱度环境中才能稳定存在，氢氧化钙的不断流失又导致了其他水化产物的分解溶蚀，最终使水泥石结构破坏、强度下降。

溶出性侵蚀的强弱程度，与水质的硬度有关。当环境水的水质较硬时，氢氧化钙溶解度较小，侵蚀性较弱；反之，水质越软，侵蚀性越强。实际工程中，可将与软水接触的混凝土预先在空气中放置一定时间，使水泥石中的氢氧化钙与空气中的二氧化碳及水作用，形成碳酸钙外壳，从而提高抗软水侵蚀能力。

② 碳酸性侵蚀。雨水及某些地下水含有一些游离的二氧化碳，当含量过多时，将对水泥石起到破坏作用，其反应过程如下：

$$Ca(OH)_2 + CO_2 + H_2O = CaCO_3 + 2H_2O$$

$$CaCO_3 + CO_2 + H_2O \rightleftharpoons Ca(HCO_3)_2$$

生成的碳酸氢钙易溶于水。如果水泥石是在有渗滤的压力水作用下，生成的碳酸氢钙将被水带走，上述反应达不到平衡，氢氧化钙不断流失，进而导致水泥石中的其他水化产物分解，使水泥石结构破坏。

环境水中游离二氧化碳越多，其侵蚀性越强烈；如水温越高，则侵蚀速度越快。

③ 一般酸性侵蚀。某些地下水和工业废水中常含有游离的酸类，这些酸能与水泥石中的氢氧化钙起作用，生成相应的盐。所生成的盐或易溶于水，或在水泥石孔隙中结晶，产生体积膨胀，引起破坏。例如，盐酸（HCl）或硫酸（H_2SO_4）与氢氧化钙作用：

$$Ca(OH)_2 + 2HCl = CaCl_2 + 2H_2O$$

$$Ca(OH)_2 + H_2SO_4 = CaSO_4 \cdot 2H_2O$$

以上两个反应中，前者反应生成的氯化钙（$CaCl_2$）易溶于水；后者反应生成的石膏（$CaSO_4 \cdot 2H_2O$）则在水泥石孔隙内结晶，产生体积膨胀，并且石膏还能进一步与水泥石中的水化铝酸钙反应，生成水化硫铝酸钙晶体，破坏性更大（详见硫酸盐侵蚀）。需要注意的是，环境水的 pH 值越小，则侵蚀越严重。

④ 硫酸盐侵蚀。在海水、地下水及盐沼水等矿物水中，常含有大量的硫酸盐，如硫酸镁（$MgSO_4$）、硫酸钠（Na_2SO_4）及硫酸钾（K_2SO_4）等，它们对水泥石有严重的侵蚀破坏作用。

当水泥石与含硫酸或硫酸盐的水接触时，可以产生膨胀性化学侵蚀。生成的二水石膏在水泥石孔隙中结晶产生膨胀，更严重的是石膏能与水泥石中的水化铝酸钙反应生成膨胀性更大的水化硫铝酸钙：

$$3(CaSO_4 \cdot 2H_2O) + 3CaO \cdot Al_2O_3 \cdot 6H_2O + 19H_2O = 3CaO \cdot Al_2O_3 \cdot 3CaSO_4 \cdot 31H_2O$$

反应所生成的水化硫铝酸钙，由于含有大量的结晶水，体积膨胀达 1.5 倍左右，对水泥石具有严重破坏作用。水化硫铝酸钙呈针状结晶，故常称为“水泥杆菌”。

⑤ 镁盐侵蚀。海水及地下水中常含有氯化镁、硫酸镁等镁盐，它们可与水泥石中的氢氧化钙起置换反应生成易溶的氯化钙、无胶结能力的氢氧化镁。其反应式为：

$$MgCl_2 + Ca(OH)_2 + H_2O = CaCl_2 + Mg(OH)_2 + H_2O$$

生成的氯化钙极易溶解于水，促使反应继续进行，从而降低水泥石中的碱度，导致部分水化物分解，使侵蚀作用加剧。

镁盐侵蚀的强烈程度，除了取决于 Mg^{2+} 含量外，还与水中的 SO_4^{2-} 含量有关。当环境水中除了含有 Mg^{2+} 外，还含有 SO_4^{2-} 时，将同时产生镁盐和硫酸盐侵蚀，对水泥石的破坏特别严重。

（2）防止水泥石侵蚀的措施

在实际的工程应用中，水泥石的腐蚀是一个极为复杂的物理化学过程，很少是单一类型的腐蚀，往往是几种腐蚀同时发生，互相影响。总结水泥石侵蚀的原因，存在以下两个特点：其一，水泥石中含有的某些产物(如氢氧化钙)能溶解于水或与其他物质发生化学反应生成易溶于水或松软无胶凝力的产物,使水泥石中起主要强度作用的凝胶体流失或分解、破坏,造成水泥石结构破坏。还有某些产物(水化铝酸钙)与其他物质发生化学反应,体积膨胀,使水泥石从内部遭受破坏;其二,水泥石本身不密实,有很多毛细孔通道,侵蚀性介质(水、酸、盐溶液等)易进入其内部,使溶解、反应、膨胀发生。

因此,采取以下措施可提高水泥石抗环境水侵蚀破坏能力:

① 根据工程所处的环境,选择适当品种的水泥。如对软水侵蚀严重的工程可选用水化产物中含氢氧化钙少的水泥;对硫酸盐侵蚀严重的工程可选用含铝酸钙少的抗硫酸盐水泥(铝酸三钙含量低于5%)。

② 提高水泥石的密实度。通过各种技术手段,尽量减小水泥的孔隙,可以有效阻止侵蚀性介质渗入内部孔道。

③ 表面布设保护层。当侵蚀作用较强时可在构件表面布设耐侵蚀性高且不透水的保护层,如耐酸石料、塑料、沥青等。

4.2.1.7 硅酸盐水泥的特性与应用

(1) 早期强度与后期强度均较高

这是因为硅酸盐水泥中熟料多,即水泥中 C_3S 含量多,水化凝结硬化快。因此,硅酸盐水泥适用与强度要求较高的工程,如现浇混凝土工程、预制混凝土工程、预应力混凝土工程、高强混凝土工程等。

(2) 水化热较高

硅酸盐水泥中 C_3S 和 C_3A 含量高,因此水化放热速度快、放热量大。适用于冬季施工混凝土工程,但不适用于大体积混凝土工程。

(3) 抗冻性较好

硅酸盐水泥石具有较高的强度,密实度较大。因此,抗冻性较高,适用于严寒地区冬季施工的混凝土工程。

(4) 耐腐蚀性差

硅酸盐水泥石中的氢氧化钙与水化铝酸钙较多,所以耐腐蚀性差。因此,不适用于受流动软水和压力水作用的工程,也不宜用于受海水及其他侵蚀性介质作用的工程。

(5) 耐热性差

硅酸盐水泥石中的 $Ca(OH)_2$ 在 500 ℃以上时会产生分解,强度开始降低,所以硅酸盐水泥不适用于有耐热、高温要求的混凝土工程。但当温度为 100～250 ℃时,由于额外的水化作用及脱水后凝胶与部分 $Ca(OH)_2$ 的结晶对水泥石的密实作用,水泥石的强度并不降低。

(6) 抗碳化性好

水泥石中 $Ca(OH)_2$ 与空气中 CO_2 和水的作用称为碳化。硅酸盐水泥水化后,水泥石中含有较多的 $Ca(OH)_2$,因此抗碳化性相对较好。

4.2.2 掺混合材料的硅酸盐水泥

4.2.2.1 混合材料

所谓混合材料,是指天然或人工的矿物材料。在水泥生产过程中,为节约水泥熟料、提高水泥产量、增加水泥品种、改善水泥性能、调节水泥强度等级,可以添加一定量的混合材料。混合材料在水泥中的应用,不仅具有显著的技术经济效益,同时还能充分利用工业废料,保护环境,是实现水泥工业可持续发展的重要途径。

(1) 混合材料分类

混合材料有粒化高炉矿渣/矿渣粉、火山灰质混合材料、粉煤灰、石灰石、砂岩以及其他替代混合材料。

粒化高炉矿渣/矿渣粉应符合《用于水泥中的粒化高炉矿渣》(GB/T 203—2008)规定的技术要求。粉煤灰应符合《用于水泥和混凝土中的粉煤灰》(GB/T 1596—2017)规定的技术要求(强度活性指数、碱含量除外),且粉煤灰中铵离子含量不大于 210 mg/kg。火山灰质混合材料应符合《用于水泥中的火山灰质混合材料》(GB/T 2847—2022)规定的技术要求(水泥胶砂 28 d 抗压强度比除外)。石灰石、砂岩的亚甲蓝值不应大于1.4 g/kg。

① 粒化高炉矿渣。高炉炼铁时所排出的以硅酸钙和铝酸钙为主要成分的熔融物(温度达 1200 ℃),经水淬冷后成粒即为粒化高炉矿渣。它的主要化学成分为 CaO、SiO_2、Al_2O_3、MgO 和 Fe_2O_3 等,通常前三种成分占 90%以上。高炉矿渣的活性在很大程度上取决于各化学成分的比例和内部结构形态,而内部结构形态与熔融矿渣的冷却条件直接相关:当缓慢冷却时 SiO_2 等形成晶体,活性极小;当采用水、压缩空气等对熔融矿渣进行快速冷却时,则可形成玻璃态结构,并呈疏松颗粒,具有较高的活性。

② 火山灰质混合材料。具有火山灰性的天然或人工的矿物质材料,称为火山灰质混合材料。所谓火山灰活性,是指某种材料磨细成粉后,单独加水不具有水硬性,但在常温下与少量石灰等一起遇水后能形成具有水硬性化合物的性质。火山灰质混合材料的种类很多,通常可按其化学成分及矿物结构分为以下三类:a.含水硅酸质混合材料(如硅藻土、硅藻石、蛋白石等),其主要活性成分为无定形的含水硅酸($SiO_2 \cdot mH_2O$);b.火山玻璃质混合材料(如火山灰、凝灰岩、浮石等),其主要活性成分为玻璃质的 SiO_2 和 Al_2O_3;c.烧黏土质混合材料(如烧黏土、煤渣、煤灰、石岩灰等),其主要活性成分为偏高岭石分解出来的活性 SiO_2 和活性 Al_2O_3。

③ 粉煤灰。粉煤灰是火力发电厂以煤粉作燃料,燃烧后从烟气中收集下来的粉状物。粒径为 1~50 μm,呈玻璃质的实心或空心球状颗粒。就其化学成分而言,由于主要成分为活性 SiO_2 和活性 Al_2O_3,应属于火山灰质混合材料中的火山玻璃质类,所以有时也把它归入火山灰质混合材料。《通用硅酸盐水泥》(GB 175—2023)中规定,粉煤灰中铵离子含量不大于 210 mg/kg。粉煤灰的排放量极大,充分利用其活性作用,可以变废为宝。

(2) 混合材料的作用

① 混合材料中粒化高炉矿渣(粉)、火山灰质混合材料和粉煤灰等的主要化学成分为氧化硅和氧化铝,这些材料本身虽难于产生水化反应,无胶凝性,但在氢氧化钙或石膏等溶液中,却能产生明显的水化反应,形成水化硅酸钙和水化铝酸钙,反应式如下:

$$xCa(OH)_2 + SiO_2 + mH_2O \longrightarrow xCaO \cdot SiO_2 \cdot (m+x)\ H_2O$$

$$yCa(OH)_2 + Al_2O_3 + nH_2O \longrightarrow yCaO \cdot Al_2O_3 \cdot (n+y)\ H_2O$$

也有人认为,在饱和氢氧化钙溶液中,石膏可以与水泥中水化铝酸钙反应,生成水化硫铝酸钙:

$$3(CaSO_4 \cdot 2H_2O) + 3CaO \cdot Al_2O_3 \cdot 6H_2O + 19H_2O = 3CaO \cdot Al_2O_3 \cdot 3CaSO_4 \cdot 31H_2O$$

水泥熟料由于水化反应能产生大量氢氧化钙,所以具备了使混合材料(SiO_2)发生上述反应的条件,即具有激发的作用。常将氢氧化钙称为混合材料的"碱性激发剂"。石膏的存在又促进了混合材料(Al_2O_3)进一步发生水化反应,常将石膏称为"硫酸盐激发剂"。激发剂浓度越高,激发作用越大。

② 混合材料的中磨细石英砂、石灰石、黏土、缓冷矿渣等材料掺入水泥中后,不与水泥成分起化学反应或化学反应很弱,主要起填充作用,可调节水泥强度,降低水化热及增加水泥产量等。

4.2.2.2 掺混合材料的硅酸盐水泥种类

(1) 普通硅酸盐水泥(代号 P·O)

普通硅酸盐水泥(简称普通水泥)是一种由硅酸盐水泥熟料、石膏,掺入混合材料,共同磨细而制成的水硬性无机胶凝材料。《通用硅酸盐水泥》(GB 175—2023)规定:混合材料可以在粒化高炉矿渣、火山灰质混合材料、粉煤灰、石灰石中任意选择,其掺量为硅酸盐水泥熟料和石膏质量的 6%~19%。

硅酸盐水泥的技术性质:细度以比表面积表示,要求不小于 300 m^2/kg 且不大于 400 m^2/kg;普通硅酸盐水泥的细度以 45 μm 方孔筛筛余表示,应不低于 5%。初凝时间不得早于 45 min,终凝时间不得迟于 600 min;安定性要求与硅酸盐水泥相同。

普通硅酸盐水泥根据 3 d、28 d 抗折强度与抗压强度划分强度等级。其强度等级分为 42.5、42.5R、52.5、52.5R、62.5、62.5R,各龄期强度应符合表 4.5 中的数值。

表 4.5　普通硅酸盐水泥的强度要求(GB 175—2023)

强度等级	抗压强度,MPa		抗折强度,MPa	
	3 d	28 d	3 d	28 d
42.5	≥17.0	≥42.5	≥4.0	≥6.5
42.5R	≥22.0		≥4.5	
52.5	≥22.0	≥52.5	≥4.5	≥7.0
52.5R	≥27.0		≥5.0	
62.5	≥27.0	≥62.5	≥5.0	≥8.0
62.5R	≥32.0		≥5.5	

由于普通硅酸盐水泥与硅酸盐水泥相比,其中掺加了少量混合料,其性能与硅酸盐水泥相近。

(2) 矿渣硅酸盐水泥(代号 P·S·A 和 P·S·B)

矿渣硅酸盐水泥(简称矿渣水泥),是由硅酸盐水泥熟料、石膏和粒化高炉矿渣共同磨细制成的水硬性无机胶凝材料。《通用硅酸盐水泥》(GB 175—2023),将矿渣硅酸盐水泥按照混合材料的掺量不同分为两种,当矿渣硅酸盐水泥中掺入粒化高炉矿渣,且掺量按质量百分比在≥21%且<50%范围时,其代号为 P·S·A。当矿渣硅酸盐水泥中掺入粒化高炉矿渣,且掺量按质量百分比在≥51%且<70%范围时,其代号为 P·S·B。

矿渣硅酸盐水泥的细度以筛余表示,国家标准规定,其 45 μm 方孔筛筛余不低于 5%。矿渣硅酸盐水泥对凝结时间及安定性的要求与普通硅酸盐水泥相同,其强度等级为 32.5、32.5R、42.5、42.5R、52.5、52.5R 共六个。不同强度等级的矿渣硅酸盐水泥强度指标见表 4.6。

表 4.6　其他硅酸盐水泥的强度要求(GB 175—2023)

品种	强度等级	抗压强度,MPa		抗折强度,MPa	
		3 d	28 d	3 d	28 d
矿渣硅酸盐水泥 火山灰质硅酸盐水泥 粉煤灰硅酸盐水泥	32.5	≥12.0	≥32.5	≥3.0	≥5.5
	32.5R	≥17.0		≥4.0	
	42.5	≥17.0	≥42.5	≥4.0	≥6.5
	42.5R	≥22.0		≥4.5	
	52.5	≥22.0	≥52.5	≥4.5	≥7.0
	52.5R	≥27.0		≥5.0	

矿渣硅酸盐水泥与硅酸盐水泥相比,组分发生了明显变化,由于混合材料掺量增多,因此,水泥水化历程发生了变化,由此产生了性能的变化。

① 矿渣硅酸盐水泥的水化历程较硅酸盐水泥复杂。水泥加水后,水泥熟料矿物首先与水反应生成水化

硅酸钙、氢氧化钙、水化铝酸钙等水化产物。此水化反应过程，称为"一次水化"，其代表反应式如下：

$$2(3CaO \cdot SiO_2)+6H_2O \longrightarrow 3CaO \cdot 2SiO_2 \cdot 3H_2O+3Ca(OH)_2\text{（一次水化）}$$

反应中生成的氢氧化钙和掺入水泥中的石膏，分别作为矿渣的碱性激发剂和硫酸盐激发剂，与矿渣中的氧化硅、氧化铝反应，生成水化硅酸钙和水化硫铝酸钙等水化产物。此水化反应过程，称之为"二次水化"，其代表反应式如下：

$$Ca(OH)_2+SiO_2+H_2O \longrightarrow 3CaO \cdot 2SiO_2 \cdot 3H_2O\text{（二次水化）}$$

或

$$Ca(OH)_2+Al_2O_3+H_2O+CaSO_4 \cdot 2H_2O \longrightarrow 3CaO \cdot Al_2O_3 \cdot 3CaSO_4 \cdot 31H_2O\text{（二次水化）}$$

由于发生了二次水化反应，矿渣水泥结构也发生了改变，使得掺了混合材料水泥的特性有所变化。

② 矿渣硅酸盐水泥的性能特点：

a. 强度方面。矿渣硅酸盐水泥早期强度低，后期强度增进较大。这是由于矿渣硅酸盐水泥中熟料含量显著减少，所以凝结硬化速度明显减慢，早期强度较低，但当熟料矿物成分的水化反应进行一定时间后，其水化产物与矿渣中活性成分开始反应，所以矿渣硅酸盐水泥后期强度增进率较大，最后甚至超过同强度等级普通硅酸盐水泥的强度。

b. 放热量方面。矿渣硅酸盐水泥水化放热量少，放热速度慢。这主要是由于熟料含量减少的同时，放热量最大的矿物成分也随之减少，导致水泥整体放热量减少。矿渣硅酸盐水泥适用于大体积混凝土工程。

c. 耐热性方面。矿渣硅酸盐水泥掺的水淬高炉矿渣属耐火掺料，加之掺量较多时，水泥硬化后的氢氧化钙含量低，所以矿渣硅酸盐水泥耐热性较强。

d. 耐腐蚀性方面。由于矿渣硅酸盐水泥中掺加的矿渣量较大，熟料矿物含量减少，相对应的 C_3S 和 C_3A 的含量也相对减少，水化产生的易引起腐蚀的成分[$Ca(OH)_2$、C_3AH_6]减少，尤其是一次水化反应的水化产物与混合材料中活性成分 SiO_2、Al_2O_3 发生二次反应后，又消耗部分 $Ca(OH)_2$、C_3AH_6，从而具有较强的抗腐蚀能力。

(3) 火山灰质硅酸盐水泥(代号 P·P)

火山灰质硅酸盐水泥(简称火山灰水泥)，是由硅酸盐水泥熟料和火山灰质混合材料、适量石膏磨细制成的水硬化胶凝材料。《通用硅酸盐水泥》(GB 175—2023)中，水泥中火山灰质混合材料掺加量按质量百分比计为≥21%且<40%。

火山灰质硅酸盐水泥对细度、凝结时间及安定性的要求与矿渣硅酸盐水泥相同。火山灰质硅酸盐水泥的强度等级分为 32.5、32.5R、42.5、42.5R、52.5、52.5R 共六个。不同强度等级的火山灰质硅酸盐水泥强度指标见表 4.6。

(4) 粉煤灰硅酸盐水泥(代号为 P·F)

粉煤灰硅酸盐水泥(简称粉煤灰水泥)，是由硅酸盐水泥熟料和粉煤灰、适量石膏磨细制成的水硬性胶凝材料。水泥中粉煤灰混合材料掺加量按质量百分比计为≥21%且<40%。

粉煤灰硅酸盐水泥对细度、凝结时间及安定性的要求与矿渣硅酸盐水泥相同。粉煤灰硅酸盐水泥的强度等级分为 32.5、32.5R、42.5、42.5R、52.5、52.5R 共六个。不同强度等级的粉煤灰硅酸盐水泥强度指标见表 4.6。

(5) 复合硅酸盐水泥(代号为 P·C)

复合硅酸盐水泥，是由硅酸盐水泥熟料、两种或两种以上混合材料、适量石膏共同磨细制成的水硬性胶凝材料。水泥中掺入的混合材料品种包括粒化高炉矿渣、火山灰质混合材料、粉煤灰、石灰石中的任意两种，混合材料掺加量按质量百分比计为≥21%且<50%。

复合硅酸盐水泥对细度、凝结时间及安定性的要求与矿渣硅酸盐水泥相同。分为 42.5、42.5R、52.5、52.5R 四个强度等级。各强度等级不同龄期的强度应符合表 4.7 的要求。

表 4.7 复合硅酸盐水泥的强度要求(GB 175—2023)

品种	强度等级	抗压强度,MPa		抗折强度,MPa	
		3 d	28 d	3 d	28 d
复合硅酸盐水泥	42.5	≥17.0	≥42.5	≥4.0	≥6.5
	42.5R	≥22.0		≥4.5	
	52.5	≥22.0	≥52.5	≥4.5	≥7.0
	52.5R	≥27.0		≥5.0	

4.2.2.3 掺混合材料通用硅酸盐水泥的特性

从掺混合材料水泥的定义、技术要求可以看出,它们的区别仅在于掺加的混合材料品种和掺量不同,而混合材料的化学组成和化学活性基本相同,使得各种掺混合材料水泥的性质基本相同,但是,由于混合材料种类的物理性质和表面特征及水化活性等有差异,因此又分别赋予掺混合材料水泥一些不同的特性。

(1) 共同特性

① 早期强度较低,后期强度增长较快。不论是哪种混合材料,掺量均超过20%(除普通硅酸盐水泥外),相对硅酸盐水泥而言,熟料矿物的含量减少,所以表现出一个明显的特性,就是凝结硬化速度减慢,故早期强度较低。但当水化反应进行一定时间后,其水化产物中的 $Ca(OH)_2$ 与混合材料中的活性成分 SiO_2、Al_2O_3 开始反应,所以后期强度增长较快。

②水化放热量少,放热速度慢。这主要是熟料矿物的含量相对减少的缘故。

③抗软水及硫酸盐侵蚀的能力较强。掺加大量混合材料的同时,相当于减少了水泥中易引起腐蚀的成分,所以提高了抗腐蚀能力。

④对环境温、湿度敏感。在潮湿养护或蒸汽养护等湿热处理条件下,有利于二次反应的进行,故强度增长效果比较明显,是掺混合材料水泥的显著特性。

⑤抗碳化性能较差。由于混合材料的掺入,水泥石中氢氧化钙数量降低,在相同环境条件下,这些水泥抵抗碳化的能力差。

(2) 不同特性

① 粒化高炉矿渣。粒化高炉矿渣难于磨得很细,磨细后的矿渣具有很多尖锐棱角,加之矿渣玻璃体亲水性差,标准稠度需水量较大,保水性较差,易形成泌水通道,抗冻性、抗渗性较差,干缩性较大。因此,矿渣硅酸盐水泥不适合用于有抗渗要求的混凝土工程。

② 火山灰质混合材料。火山灰质混合材料含有大量的微细孔隙,在水化过程中能形成大量的水化硅酸钙凝胶,虽然使火山灰质硅酸盐水泥的水泥石结构密实,从而具有较高的抗渗性。但是,长期处于干燥环境时,胶体会脱水产生严重的收缩,导致干缩裂缝,并在水泥石表面产生“起粉”现象。因此,火山灰质硅酸盐水泥不宜用于长期干燥的环境中。

③ 粉煤灰。粉煤灰的复杂性源于其形成条件及表面性状。由于多数情况下,粉煤灰是致密的球形颗粒,其吸附水的能力较差,即保水性差、泌水性大,但粉煤灰硅酸盐水泥的干缩较小,这是因为粉煤灰的比表面积小,拌和需水量小。因此,粉煤灰硅酸盐水泥不宜用于有抗渗性要求的混凝土工程。

实际工程中选用水泥是根据以上性能综合考虑的。

4.2.3 通用硅酸盐水泥的应用

4.2.3.1 通用硅酸盐水泥的选用

硅酸盐水泥、普通硅酸盐水泥、矿渣硅酸盐水泥、火山灰质硅酸盐水泥、粉煤灰硅酸盐水泥及复合硅酸盐水泥是广泛使用的六种水泥，其主要特性与选用见表 4.8 及表 4.9。

表 4.8 通用硅酸盐水泥的特性

项目	硅酸盐水泥	普通硅酸盐水泥	矿渣硅酸盐水泥	火山灰质硅酸盐水泥	粉煤灰硅酸盐水泥	复合硅酸盐水泥
共性	1.早期强度高 2.水化热大 3.抗冻性好 4.耐腐蚀性差 5.耐热性差 6.抗碳化性好	1.早期强度较高 2.水化热较大 3.抗冻性较好 4.耐腐蚀性较差 5.耐热性较差 6.抗碳化性较好	1.早期强度低，后期强度增长快 2.水化热小 3.抗冻性差 4.耐腐蚀性好 5.抗碳化性较差 6.对温、湿度敏感			
特性			耐热性较好 抗渗性较差 干缩性较大	抗渗性较好 耐磨性差 干缩性大	干缩性较小 抗裂性较好 抗渗性差	
密度，g/cm³	3.0～3.15	3.0～3.15	2.8～3.1	2.8～3.1	2.8～3.1	2.8～3.1
堆积密度，kg/m³	1000～1600	1000～1600	1000～1200	900～1000	900～1000	1000～1200
强度等级	42.5，42.5R， 52.5，52.5R， 62.5，62.5R		32.5，32.5R，42.5，42.5R，52.5，52.5R			42.5，42.5R， 52.5，52.5R

表 4.9 通用硅酸盐水泥的选用

项目		混凝土工程特点及所处环境条件	优先选用	可以选用	不宜选用
普通混凝土	1	在普通气候环境中的混凝土	普通硅酸盐水泥	矿渣硅酸盐水泥、火山灰质硅酸盐水泥、粉煤灰硅酸盐水泥、复合硅酸盐水泥	
	2	在干燥环境中的混凝土	普通硅酸盐水泥	矿渣硅酸盐水泥	火山灰质硅酸盐水泥、粉煤灰硅酸盐水泥
	3	在高湿度环境中或处于水下的混凝土	矿渣硅酸盐水泥、火山灰质硅酸盐水泥、粉煤灰硅酸盐水泥、复合硅酸盐水泥	普通硅酸盐水泥	
	4	大体积的混凝土	矿渣硅酸盐水泥、火山灰质硅酸盐水泥、粉煤灰硅酸盐水泥、复合硅酸盐水泥	—	硅酸盐水泥

续表4.9

项目		混凝土工程特点及所处环境条件	优先选用	可以选用	不宜选用
有特殊要求的混凝土	1	要求快硬早强的混凝土	硅酸盐水泥	普通硅酸盐水泥	矿渣硅酸盐水泥、火山灰质硅酸盐水泥、粉煤灰硅酸盐水泥、复合硅酸盐水泥
	2	高强(大于C50级)混凝土	硅酸盐水泥	普通硅酸盐水泥、矿渣硅酸盐水泥	火山灰质硅酸盐水泥、粉煤灰硅酸盐水泥
	3	严寒地区的露天混凝土,寒冷地区且处于水位升降范围内的混凝土	普通硅酸盐水泥	矿渣硅酸盐水泥	火山灰质硅酸盐水泥、粉煤灰硅酸盐水泥
	4	严寒地区处于水位升降范围内的混凝土	普通硅酸盐水泥	—	火山灰质硅酸盐水泥、矿渣硅酸盐水泥、粉煤灰硅酸盐水泥、复合硅酸盐水泥
	5	有抗渗要求的混凝土	普通硅酸盐水泥、火山灰质硅酸盐水泥	—	矿渣硅酸盐水泥
	6	有耐磨性要求的混凝土	硅酸盐水泥、普通硅酸盐水泥	矿渣硅酸盐水泥	火山灰质硅酸盐水泥、粉煤灰硅酸盐水泥
	7	受侵蚀介质作用的混凝土	矿渣硅酸盐水泥、火山灰质硅酸盐水泥、粉煤灰硅酸盐水泥、复合硅酸盐水泥	—	硅酸盐水泥、普通硅酸盐水泥

4.2.3.2 通用硅酸盐水泥的包装、标志、运输与储存

(1) 包装

水泥可以散装或袋装,包装形式由买卖双方协商确定。袋装水泥每袋净含量应不少于标志质量的99%;随机抽取20袋总质量(含包装袋)应不少于标志质量的100%。水泥包装袋应符合《水泥包装袋》(GB/T 9774—2020)的规定。

(2) 标志

水泥包装袋上应清楚标明规范编号、水泥品种、水泥代号和强度等级、生产者名称、生产许可证标志(QS)及编号、出厂编号、包装日期、净含量。硅酸盐水泥和普通硅酸盐水泥包装袋两侧应采用红色印刷或喷涂水泥名称和强度等级。矿渣硅酸盐水泥、火山灰质硅酸盐水泥、粉煤灰硅酸盐水泥和复合硅酸盐水泥包装袋两侧应采用黑色或蓝色印刷或喷涂水泥名称和强度等级。

散装发运时应提交与袋装标志相同内容的卡片。

(3) 运输与储存

水泥在运输与储存时不得受潮和混入杂物,不同品种和强度等级的水泥应分别储运。水泥在储运过程中,由于吸收空气中的水分而逐渐受潮变质,使强度降低。磨得越细的水泥,受潮变质越迅速。水泥强度降低的程度,随储运时防潮条件不同而有所差别。在正常储存条件下,一般水泥每天强度损失率大致为0.2%～0.3%。通常储存三个月的水泥,其强度降低15%～25%;储存六个月降低25%～40%,因此水泥不宜存放过久。

4.3 其他品种水泥

4.3.1 中热、低热硅酸盐水泥

中热、低热硅酸盐水泥适用于要求水化热较低的大坝和大体积混凝土工程。根据《中热硅酸盐水泥、低热硅酸盐水泥》(GB/T 200—2017),这两种水泥的定义如下:

(1) 以适当成分的硅酸盐水泥熟料,加入适量石膏,磨细制成的具有中等水化热的水硬性胶凝材料,称为中热硅酸盐水泥(简称中热水泥),代号P·MH,强度等级为42.5。

(2) 以适当成分的硅酸盐水泥熟料,加入适量石膏,磨细制成的具有低水化热的水硬性胶凝材料,称为低热硅酸盐水泥(简称低热水泥),代号P·LH,强度等级分为32.5和42.5两个等级。

国家标准对中热、低热硅酸盐水泥的物理性能要求如下:比表面积不小于250 m^2/kg;初凝时间不小于60 min,终凝时间不大于720 min;沸煮安定性合格。中热、低热硅酸盐水泥的强度等级及各龄期强度指标见表4.10,各龄期水化热上限值见表4.11。

表4.10 中热、低热硅酸盐水泥的强度等级与各龄期强度

品种	强度等级	抗压强度,MPa			抗折强度,MPa		
		3 d	7 d	28 d	3 d	7 d	28 d
中热水泥	42.5	≥12.0	≥22.0	≥42.5	≥3.0	≥4.5	≥6.5
低热水泥	32.5	—	≥10.0	≥32.5	—	≥3.0	≥5.5
	42.5	—	≥13.0	≥42.5	—	≥3.5	≥6.5

注:低热水泥90 d的抗压强度不小于62.5 MPa。

表4.11 中热、低热硅酸盐水泥的各龄期水化热

品种	强度等级	水化热,kJ/kg		
		3 d	7 d	28 d
中热水泥	42.5	≤251	≤293	—
低热水泥	32.5	≤197	≤230	≤290
	42.5	≤230	≤260	≤310

4.3.2 砌筑水泥

砌筑水泥是由硅酸盐水泥熟料加入规定的混合材料和适量石膏,磨细制成的保水性较好的水硬性胶凝

材料。砌筑水泥的强度较低，不能用于钢筋混凝土或结构混凝土，主要用于工业与民用建筑的砌筑和抹面砂浆、垫层混凝土等，以及用于配制砌墙、抹灰、饰面等砂浆。

《砌筑水泥》(GB/T 3183—2017)规定，砌筑水泥的代号为"M"，强度等级分为12.5、22.5和32.5三个等级。砌筑水泥不同龄期的强度指标应符合表4.12的规定。

表4.12 砌筑水泥的强度指标

水泥等级	抗压强度,MPa			抗折强度,MPa		
	3 d	7 d	28 d	3 d	7 d	28 d
12.5	—	≥7.0	≥12.5	—	≥1.5	≥3.0
22.5	—	≥10.0	≥22.5	—	≥2.0	≥4.0
32.5	≥10.0	—	≥32.5	≥2.5	—	≥5.5

4.3.3 道路硅酸盐水泥

随着混凝土路面的发展，道路硅酸盐水泥的研究与生产愈来愈受到人们的重视。道路硅酸盐水泥除应具有普通水泥的理化通性外，还应具有耐磨性良好、收缩率小、应变能力强、强度高、抗冲击性能好、抗冻性能好及弹性好等特点。道路水泥混凝土要求能长期经受高速车辆的摩擦、循环不休的负荷和冲击振荡，还要能抵抗温度变化产生的胀缩、冻融。因此，道路水泥必须是一种优良且耐久的铺设材料。

由于道路水泥要求耐磨性好、脆性小，道路水泥熟料中应含有较少的铝酸盐相和较多的铁铝酸盐相。以适当成分的生料烧至部分熔融，所得以硅酸钙为主要成分且含较多铁铝酸钙的硅酸盐水泥熟料称为道路硅酸盐水泥熟料。道路硅酸盐水泥是由道路硅酸盐水泥熟料，适量石膏和混合材料，磨细制成的水硬性胶凝材料。道路硅酸盐水泥中的熟料和石膏占90%～100%，混合材料占0%～10%。熟料中的铝酸三钙($3CaO \cdot Al_2O_3$)的含量不应大于5%，铁铝酸四钙($4CaO \cdot Al_2O_3 \cdot Fe_2O_3$)的含量不应小于15.0%，游离氧化钙的含量不应大于1.0%。道路硅酸盐水泥的初凝时间不小于90 min，终凝时间不大于720 min，28 d干缩率不大于0.10%，并且28 d磨耗量不大于3.00 kg/m^2。

《道路硅酸盐水泥》(GB/T 13693—2017)规定，道路硅酸盐水泥的代号为"P・R"，按照28 d抗折强度分为7.5和8.5两个等级。道路硅酸盐水泥的强度等级与各龄期强度要求如表4.13所示。

表4.13 道路硅酸盐水泥的强度等级与各龄期强度要求

强度等级	抗折强度,MPa		抗压强度,MPa	
	3 d	28 d	3 d	28 d
7.5	≥4.0	≥7.5	≥21.0	≥42.5
8.5	≥5.0	≥8.5	≥26.0	≥52.5

4.3.4 白色硅酸盐水泥

白色硅酸盐水泥主要用于建筑物的装饰，如用于地面、楼梯、台阶、外墙饰面，彩色水刷石和水磨石、饰面砂浆、斩假石、水泥拉毛工艺、大理石及瓷砖镶贴、混凝土雕塑工艺制品等，以及用于制造彩色水泥等。白色硅酸盐水泥是由白色硅酸盐水泥熟料加入适量石膏和混合材料磨细制成的水硬性胶凝材料，其中，水泥熟料和石膏共占70%～100%，石灰岩、白云质石灰岩和石英砂等天然矿物占0%～30%。在白色硅酸盐水泥生产过程中，为提高水泥的白度，常采用以下措施：①提高水泥熟料白度。煅烧时宜采用弱还原气氛，燃料采用无灰粉的天然气、煤气或液体燃料。②提高水泥白度。在粉磨时加入白度较高的石膏，同时提高水泥的细度。③在煅烧、粉磨、运输、包装过程中防止杂物混入。例如，磨机衬材采用花岗岩、白色陶瓷或优质耐磨特殊钢，研磨体采用硅质卵石或人造瓷球等。

《白色硅酸盐酸水泥》(GB/T 2015—2017)规定，白色硅酸盐水泥的代号为“P·W”，按其白度分为 1 级和 2 级，代号分别为“P·W-1”和“P·W-2”。白色硅酸盐酸水泥的强度等级分为 32.5 级、42.5 级和 52.5 级，细度为 45 μm 方孔筛筛余不大于 30.0%，初凝时间不小于 45 min，终凝时间不大于 600 min。

4.3.5 膨胀水泥和自应力水泥

膨胀水泥是由胶凝物质和膨胀剂混合组成，这种水泥在硬化过程中具有体积膨胀的特点。其膨胀作用是由水化过程中形成大量膨胀性的物质造成的，如水化硫铝酸钙等。膨胀水泥在硬化过程中，形成比较密实的水泥石结构，故抗渗性较高，因此膨胀水泥又是一种不透水水泥。膨胀水泥适用于补偿收缩混凝土结构工程、防渗层及防渗混凝土，构件的接缝及管道接头、结构的加固与修补、机器底座和地脚螺栓的固结等。膨胀水泥的品种很多，如硅酸盐膨胀水泥、石膏矾土膨胀水泥、快凝膨胀水泥、明矾石膨胀水泥、石膏矿渣膨胀水泥等。

当水泥膨胀率较大时，在限制膨胀的情况下，能产生一定的自应力，称为自应力水泥，如硅酸盐自应力水泥、铝酸盐自应力水泥等。

4.3.6 铝酸盐水泥

铝酸盐水泥，是以钙质和铝质材料为主要原料按适当比例配制成生料，煅烧至完全或部分熔融并经冷却获得以铝酸钙为主要矿物组成的熟料，再经磨细制成的水硬性胶凝材料，代号 CA。

铝酸盐水泥按 Al_2O_3 含量(质量分数)分为四类：

① CA50：$50\% \leqslant w(Al_2O_3) < 60\%$，该品种根据强度分为 CA50-Ⅰ、CA50-Ⅱ、CA50-Ⅲ和 CA50-Ⅳ；

② CA60：$60\% \leqslant w(Al_2O_3) < 68\%$，该品种根据主要矿物组成分为 CA60-Ⅰ(以铝酸一钙为主)和 CA60-Ⅱ(以铝酸二钙为主)；

③ CA70：$68\% \leqslant w(Al_2O_3) < 77\%$；

④ CA80：$w(Al_2O_3) \geqslant 77\%$。

铝酸盐水泥的化学成分以质量分数计，数值以%表示，指标应符合表 4.14 的规定。

表 4.14 铝酸盐水泥化学成分(GB/T 201—2015)　　单位：%

<table>
<tr><th>类型</th><th>Al_2O_3 含量</th><th>SiO_2 含量</th><th>Fe_2O_3 含量</th><th>碱含量
[$w(Na_2O)+0.658w(K_2O)$]</th><th>S(全硫)含量</th><th>Cl^- 含量</th></tr>
<tr><td>CA50</td><td>≥50 且<60</td><td>≤9.0</td><td>≤3.0</td><td>≤0.50</td><td>≤0.2</td><td rowspan="4">≤0.06</td></tr>
<tr><td>CA60</td><td>≥60 且<68</td><td>≤5.0</td><td>≤2.0</td><td rowspan="3">≤0.40</td><td rowspan="3">≤0.1</td></tr>
<tr><td>CA70</td><td>≥68 且<77</td><td>≤1.0</td><td>≤0.7</td></tr>
<tr><td>CA80</td><td>≥77</td><td>≤0.5</td><td>≤0.5</td></tr>
</table>

(1) 铝酸盐水泥的矿物组成与水化

铝酸盐水泥的主要矿物组成为铝酸一钙($CaO \cdot Al_2O_3$，简式：CA)，其含量约占 70%，还有二铝酸一钙($CaO \cdot 2Al_2O_3$，简式：CA_2)以及少量的硅酸二钙($2CaO \cdot SiO_2$，简式：C_2S)和其他铝酸盐。CA 具有很高的水硬活性，凝结不快，但硬化迅速，是铝酸盐水泥强度的主要来源。CA_2 凝结硬化慢，后期强度较高，但早期强度较低。

由于 CA 是铝酸盐水泥的主要矿物。一般认为 CA 在不同温度下进行水化时，可得到不同的水化产物：

当温度低于 20 ℃时，主要水化产物为十水铝酸一钙（CAH_{10}）。其反应式为：

$$CaO \cdot Al_2O_3 + 10H_2O \longrightarrow CaO \cdot Al_2O_3 \cdot 10H_2O$$

当温度在 20～30 ℃时，主要水化产物为八水铝酸二钙（C_2AH_8）；此外，还有氢氧化铝凝胶（$Al_2O_3 \cdot 3H_2O$，简式 AH_3）。其反应式为：

$$2(CaO \cdot Al_2O_3) + 11H_2O \longrightarrow 2CaO \cdot Al_2O_3 \cdot 8H_2O + Al_2O_3 \cdot 3H_2O$$

当温度大于 30 ℃时，主要水化产物为六水铝酸三钙（C_3AH_6）。此外，还有氢氧化铝凝胶（$Al_2O_3 \cdot 3H_2O$，简式 AH_3）。其反应式为：

$$3(CaO \cdot Al_2O_3) + 12H_2O \longrightarrow 2CaO \cdot Al_2O_3 \cdot 6H_2O + 2(Al_2O_3 \cdot 3H_2O)$$

（2）铝酸盐水泥水化产物的特点

$CAII_{10}$ 和 C_2AH_8 为片状或针状晶体，能互相交错搭接成坚固的结晶连生体，形成晶体骨架，析出的氢氧化铝凝胶难溶于水，填充于晶体骨架的空隙中，形成较致密的水泥石结构。铝酸盐水泥硬化初期强度增长较快，后期强度增长则不明显。

CAH_{10} 和 C_2AH_8 都是不稳定的水化物，会逐渐转化为较稳定的 C_3AH_6。晶体转变的结果是水泥石内析出游离水，增大了孔隙率，同时，又由于 C_3AH_6 本身强度低，所以水泥石强度将明显下降。在湿热条件下，这种转变更迅速，因而铝酸盐水泥不宜在高于 30 ℃的条件下养护及施工。

（3）铝酸盐水泥的技术性质

铝酸盐水泥常为黄色或褐色，也有呈灰色的。铝酸盐水泥的密度一般为 3.10～3.20 g/cm^3，堆积密度一般为 1000～1300 kg/m^3。铝酸盐水泥细度要求：比表面积大于 300 m^2/kg 或 45 μm 方孔筛筛余不大于 20%。铝酸盐水泥凝结时间要求：CA50、CA60-Ⅰ、CA70、CA80 的初凝时间应不早于 30 min，终凝时间应不迟于 360 min；CA60-Ⅱ 铝酸盐水泥的初凝时间应不早于 60 min，终凝时间应不迟于 1080 min。

铝酸盐水泥强度不得低于表 4.15 中所规定的值。

表 4.15　铝酸盐水泥各龄期强度要求（GB/T 201—2015）

水泥类型		抗压强度，MPa				抗折强度，MPa			
		6 h	1 d	3 d	28 d	6 h	1 d	3 d	28 d
CA50	CA50-Ⅰ	≥20	≥40	≥50	—	≥3	≥5.5	≥6.5	—
	CA50-Ⅱ		≥50	≥60	—		≥6.5	≥7.5	—
	CA50-Ⅲ		≥60	≥70	—		≥7.5	≥8.5	—
	CA50-Ⅳ		≥70	≥80	—		≥8.5	≥9.5	—
CA60	CA60-Ⅰ	—	≥65	≥85	—	—	≥7.0	≥10.0	—
	CA60-Ⅱ	—	≥20	≥45	≥85	—	≥2.5	≥5.0	≥10.0
CA70		—	≥30	≥40	—	—	≥5.0	≥6.0	—
CA80		—	≥25	≥30	—	—	≥4.0	≥5.0	—

（4）铝酸盐水泥的特性与应用

铝酸盐水泥由于其特殊的矿物组成，在其水化硬化过程中具有以下特点：

① 早期强度增长快。1 d强度可达最高强度的80%以上，故宜用于紧急抢修工程及要求早期强度高的特殊工程。

② 水化热大，且放热速度快。

③ 最适宜的硬化温度为15 ℃左右，一般不得超过25 ℃。

④ 耐热性较高。如采用耐火粗细集料(铬铁矿等)可制成使用温度达1300～1400 ℃的耐热混凝土。

⑤ 抗硫酸盐侵蚀性强、耐酸性好。

⑥ 长期强度有降低的趋势，强度降低可能是由晶体转化造成的。铝酸盐水泥不宜用于长期承重的结构及处在高温高湿环境的工程。

⑦ 铝酸盐水泥与硅酸盐水泥或石灰相混不但会产生闪凝，而且还会由于生成高碱性的水化铝酸钙而使混凝土开裂，甚至破坏。因此，一般不能将铝酸盐水泥和硅酸盐水泥混合使用。

铝酸盐水泥的特性，决定了其工程应用领域及应用中的注意事项。铝酸盐水泥的早强快硬，有较好的耐热性和良好的抗腐蚀性，是冬季施工、抢修工程以及耐火材料的优选品种之一。但是，有关使用中应注意的诸多问题不能忽略，否则易引起工程事故。

本章小结

1. 硅酸盐水泥的生产

(1) 原料

① 石灰质原料：主要提供CaO。采用石灰岩、白垩、石灰质凝灰岩等。

② 黏土质原料：主要提供SiO_2、Al_2O_3及Fe_2O_3。采用黏土、黄土等。

③ 为补充铁质及改善煅烧条件，还可加入适量铁粉、萤石等。

(2) 生产过程

硅酸盐类水泥的生产过程是“两磨一烧”，即：

① 将原料按一定比例配料并磨细成符合成分要求的生料：

② 将生料煅烧使之部分熔融形成熟料；

③ 将熟料与适量的石膏共同磨细成为硅酸盐类水泥。

2. 硅酸盐水泥的矿物组成、水化产物、技术性质

(1) 硅酸盐类水泥的矿物组成

硅酸盐类水泥熟料的主要矿物有硅酸三钙(C_3S)、硅酸二钙(C_2S)，铝酸三钙(C_3A)，铁铝酸四钙(C_4AF)，以上矿物中硅酸钙约占70%以上。除此之外，还有少量游离氧化钙、氧化镁、三氧化硫、氧化钾、氧化钠等。

(2) 硅酸盐水泥的主要水化产物

硅酸盐水泥的主要水化产物有水化硅酸钙(凝胶)、氢氧化钙(晶体)、水化铝酸钙(晶体)、水化硫铝酸钙(晶体，也称钙矾石)。

(3) 影响硅酸盐水泥凝结硬化的主要因素

① 矿物组成；② 水泥的细度；③ 水泥浆的水灰比；④ 龄期(时间)；⑤ 环境温度和湿度；⑥ 石膏掺量；⑦ 外加剂。

(4) 硅酸盐水泥的技术性质

硅酸盐水泥的技术性质主要有：细度、标准稠度用水量、凝结时间、体积安定性、强度、水化热、密度等。

3. 混合材料的水化反应

粒化高炉矿渣、粉煤灰及火山灰类混合材料，其主要化学成分为活性氧化硅和活性氧化铝，这些具有活性的材料本身虽难以产生水化反应，无胶凝性，但在氢氧化钙或石膏等溶液中，它们却能产生明显的水化反应，形成水化硅酸钙和水化铝酸钙，如下反应式：

$$xCa(OH)_2+SiO_2+mH_2O \longrightarrow xCaO \cdot SiO_2 \cdot (m+x)\ H_2O$$

$$yCa(OH)_2+Al_2O_3+nH_2O \longrightarrow yCaO \cdot Al_2O_3 \cdot (n+y)\ H_2O$$

也有人认为，在饱和氢氧化钙溶液中，石膏可以与水泥中水化铝酸钙反应，生成水化硫铝酸钙：

$$3(CaSO_4 \cdot 2H_2O)+3CaO \cdot Al_2O_3 \cdot 6H_2O+19H_2O \longrightarrow 3CaO \cdot Al_2O_3 \cdot 3CaSO_4 \cdot 31H_2O$$

4. 通用硅酸盐水泥的特性与应用

(1) 硅酸盐水泥和普通水泥特性与应用

特性：① 凝结硬化快，强度高，尤其早期强度高；② 抗冻性好；③ 水化热大；④ 不耐腐蚀；⑤ 不耐高温。

应用：① 适用于重要结构的高强混凝土及预应力混凝土工程；② 适用于早期强度要求高的工程及冬季施工的工程；③ 适用于严寒地区，遭受反复冻融的工程及干湿交替的部位；④ 不宜用于受流动的软水和水压作用的工程、受海水和矿物水作用的工程；⑤ 不宜用于大体积混凝土；⑥ 不宜用于处于高温环境的工程。

(2) 矿渣水泥、火山灰水泥、粉煤灰水泥的特性(即三种水泥的共性)与应用

特性：① 凝结硬化较慢，早期强度较低，后期强度增长较快；② 水化热较低，放热速度慢；③ 抗硫酸盐腐蚀和抗淡水性较好；④ 对温度敏感性较高，适合蒸汽养护；⑤ 抗冻性、耐磨性及抗碳化性能较差。

应用：详见表 4.9。

5. 水泥石的侵蚀与防止措施

(1) 水泥石侵蚀的原因是：

① 水泥石中存在有氢氧化钙和水化铝酸钙。

② 水泥石本身不密实而使侵蚀性介质易于进入其内部。

③ 外界因素的影响，如侵蚀介质的存在、环境温度等。

(2) 侵蚀类型有：

① 溶出型侵蚀(软水侵蚀)。② 碳酸性侵蚀。③ 一般酸性侵蚀。④ 硫酸盐侵蚀。⑤ 镁盐侵蚀。

(3) 防止水泥石侵蚀的措施有：

① 根据侵蚀环境特点，合理选用水泥品种。② 提高水泥石的密实度。③ 表面加保护层。

6. 其他水泥

其他水泥主要有：

(1) 中热、低热硅酸盐水泥。(2) 砌筑水泥。(3) 道路硅酸盐水泥。(4) 白色硅酸盐水泥。(5) 膨胀水泥和自应力水泥。(6) 铝酸盐水泥。

思考题与习题

1. 什么是硅酸盐水泥？生产硅酸盐水泥时，为什么要加入适量石膏？

2. 水泥的细度对水泥应用有什么影响？是不是细度越细越好？水泥细度用什么方法测定？国家标准规定的指标是多少？

3. 硅酸盐水泥熟料的主要矿物成分有哪些？它们在水化反应中各表现出什么特性？形成了哪些主要水化产物？

4. 何谓标准稠度用水量？为什么要测定水泥的标准稠度用水量？

5. 何谓水泥的体积安定性？引起水泥体积安定性不良的原因是什么？这些因素为什么会导致安定性

不良？

6. 水泥体积安定性用什么方法检测？用该方法检测安定性不合格的水泥，表明是哪一种因素引起的？安定性不合格的水泥应如何处理？

7. 限制水泥的初凝时间不得过短、终凝时间不得过长，这对水泥在工程中的应用有什么意义？

8. 影响硅酸盐水泥水化热的因素有哪些？水化热的高低对水泥的使用有什么影响？

9. 铝酸盐水泥的主要矿物成分是什么？它为什么不能与硅酸盐类水泥或含石灰的材料混合使用？

10. 现有甲、乙两种硅酸盐水泥熟料，其矿物组成见表4.16，用它们分别制成硅酸盐水泥，它们的强度发展情况及水化热会有何差别？

表4.16 熟料矿物组成

单位：%

种类	C_3S	C_2S	C_3A	C_4AF
甲	52	21	10	17
乙	45	30	7	18

11. 有四种水泥，检验结果见表4.17，分别对其质量进行评价。

表4.17 某四种水泥检验结果

编号	品种	凝结时间，h：min		安定性	抗折强度，MPa		抗压强度，MPa	
		初凝	终凝		3 d	28 d	3 d	28 d
A	P·O 52.5	1:00	5:35	合格	4.5	7.8	25.0	56.0
B	P·O 42.5	3:30	9:30	合格	2.7	6.0	12.5	42.7
C	P·S 42.5	2:40	6:30	合格	2.7	6.4	21.2	43.0
D	P·C 42.5	2:25	7:20	不合格	2.4	3.5	12.0	21.2

12. 引起硅酸盐水泥侵蚀的原因有哪些？水泥侵蚀分哪几种类型？防止水泥侵蚀有哪些措施？

13. 掺混合材料的水泥——矿渣水泥、火山灰水泥、粉煤灰水泥有哪些共同的性质？又各有何特性？

14. 对具有以下要求的混凝土，选用你认为适宜的两种水泥（优先采用的放在前面）。

(1) 在干燥环境中的混凝土；

(2) 在高湿度环境或处于水下的混凝土；

(3) 大体积混凝土；

(4) C30及C30以上的混凝土；

(5) 寒冷地区的露天混凝土和水位变化区以上的混凝土；

(6) 寒冷地区水位变化区以内的混凝土；

(7) 有抗渗要求的混凝土；

(8) 有耐磨要求的混凝土；

(9) 有耐热要求的混凝土；

(10) 紧急抢修工程的混凝土。

5 水泥混凝土

本章提要

本章是建筑材料课程的重点之一，着重讲述普通混凝土的主要性能、原材料的技术要求、配合比设计的原理及方法、混凝土外加剂和掺合料以及混凝土质量控制的基本概念。另外，还简单介绍了其他种类的混凝土。

5.1 概 述

水泥混凝土(以下简称混凝土)是以水泥(或水泥加适量掺合料)为胶凝材料，与水和砂、石骨料等材料按适当比例配合拌制成拌合物，再经浇筑成型硬化后得到的人造材料(人工石)。新拌制未硬化的混凝土，通常称为混凝土拌合物(或新拌混凝土)。经硬化后有一定强度的混凝土亦称硬化混凝土。

5.1.1 混凝土的分类

5.1.1.1 按表观密度的大小分类

(1) 特重混凝土：表观密度≥2800 kg/m^3，骨料为特别密实及特别重的重晶石(4500 kg/m^3)、铁矿石或钢屑等，具有防X射线、γ射线的功能，又称防辐射混凝土。它主要用于国防及原子能工业的防辐射混凝土工程。

(2) 普通混凝土：简称混凝土，表观密度为2000～2800 kg/m^3，是以普通的天然砂石为骨料配制而成，这种混凝土广泛用于建筑工程中，如房屋、桥梁、水工大坝及闸墩等承重结构。一般的表观密度取2400 kg/m^3。

(3) 轻混凝土：表观密度≤1950 kg/m^3，多用于围护结构及隔热保温材料。它可细分为：

① 轻骨料混凝土：表观密度为800～1950 kg/m^3，是以天然浮石、火山渣、人工陶粒、膨胀珍珠岩、膨胀矿渣、煤渣等制成骨料。

② 多孔混凝土：表观密度为300～1200 kg/m^3，孔隙率高达50%～60%。

a. 泡沫混凝土是由胶凝材料浆体或水泥砂浆与稳定的泡沫制成的。孔隙细小而均匀，强度较高。

b. 加气混凝土是由水泥、水与加气剂制成的。孔隙粗大而分散，强度较低。

③ 大孔混凝土：常用于隔热、保温、吸声等用途，现已拓展为滤水混凝土及绿色混凝土等。

5.1.1.2 根据一般性与特殊性分类

根据一般性与特殊性，混凝土分为普通混凝土与特种混凝土。如防水、耐热、耐酸混凝土属于特种混凝土。

5.1.1.3 按胶凝材料分类

按胶凝材料的不同，混凝土分为水泥混凝土、沥青混凝土、聚合物混凝土、硫黄混凝土等。

5.1.1.4 按强度分类

按强度大小，混凝土可分为普通混凝土(10～80 MPa)、高强混凝土(>80 MPa)、超高强混凝土(>100 MPa)。

5.1.1.5 按流动性分类

按流动性的不同，混凝土可分为干硬性、低流动性、塑性及流态混凝土等。

5.1.1.6 按施工方式分类

按施工方式的不同，混凝土可分为预制、现浇、碾压、喷射、泵送、真空脱水、造壳、压力灌浆、热拌、太阳能养护混凝土等。

5.1.1.7 按用途分类

按用途的不同，混凝土可分为建工、港工、水工、道路、防水、防射线、耐酸、耐火、不发火、补偿收缩、水下浇筑、大体积混凝土等。

5.1.2 混凝土的特点

尽管混凝土的种类繁多，性能各异，但基本具有下列特点。

5.1.2.1 混凝土的优点

(1) 具有较高的抗压强度及耐久性，可以根据不同要求配制各种不同性能的混凝土，基本上满足不同工程的需求，适应面宽。

(2) 成本低，其材料用量70%～80%的砂、石骨料资源丰富，便于就地取材。承受同样的荷载，用混凝土制成的柱子大约是砖柱成本的1/3、钢柱成本的1/7。

(3) 拌合物具有可塑性，可按照工程结构要求浇筑成不同形状和尺寸的整体结构或预制构件。

(4) 与钢筋有牢固的黏结力，且与钢筋的线膨胀系数相近，变形协调，可以制成坚固、耐久、强度高的钢筋混凝土构件及结构。

(5) 生产与维护费用低。生产混凝土制品时，其能耗较生产黏土砖、金属材料低；而且在一般环境中使用时，维护费用低。同时也可以利用大量固体废料，生产绿色环保建筑材料。

5.1.2.2 混凝土的缺点

(1) 混凝土抗拉强度较低，受拉时变形量很小，容易开裂。如防水建筑物、大跨度桥梁、压力容器等中的混凝土容易受拉开裂。

(2) 混凝土呈脆性破坏。

(3) 早期干燥或温度变化大时，混凝土容易产生裂纹，引起钢筋锈蚀，导致混凝土抗渗性、抗冻性下降，甚至引起建筑结构物破坏。

(4) 比强度低，自重较大，常用于基础部位。

(5) 原材料品种质量、操作技术及养护条件易于变化，且都会影响混凝土质量，加强质量管理，精耕细作，可以提高混凝土工程质量。

5.1.3 建筑工程对混凝土的基本要求

(1) 经养护到规定龄期时，要达到设计要求的强度；

(2) 硬化后的混凝土要具有与工程相适应的耐久性，如抗渗、抗冻、抗侵蚀等；

(3) 新拌混凝土具有与施工条件和技术相适应的和易性，便于施工搅拌、运输、浇筑、振捣密实，保证混凝土的均匀性；

(4) 在保证混凝土强度、耐久性、和易性的前提下，混凝土组成材料的配合比应经济合理，尽量降低成本。

5.1.4 混凝土的应用

水泥混凝土是随着硅酸盐水泥的出现而问世的，至今已有近200年的历史。随着科学技术的进步，混凝土的配制从凭经验逐步发展到依据理论。混凝土的施工技术从手工发展到机械化。混凝土的强度不断提高，性能不断改善，品种不断增多。对混凝土的研究也从宏观到细观及微观不断深入。进入21世纪以来，适应各种严酷环境的混凝土耐久性设计理论得到发展，并且混凝土的抗压强度达80～100 MPa的高强混凝土以及100 MPa以上的超高强混凝土的应用技术也日趋成熟。具有特殊性能(如高和易性、高密实性、高耐久性、高抗裂性、低脆性、低自身质量等)的混凝土也在得到应用。此外，在普通混凝土的原材料方面更注重利用再生资源及工农业各种废料。以水泥混凝土为基材的复合材料更加追求轻质、高强、多功能，从而使混凝土产业更加绿色、环保、可持续发展。

5.2 普通混凝土的组成材料

水泥混凝土是由水泥(胶凝材料)、水、砂子及石子四种基本材料所组成。其中砂、石起骨架作用，称为骨料(或集料)，砂子称为细骨料(或细集料)，石子称为粗骨料(或粗集料)；水泥(胶凝材料)与水形成胶凝材料浆体，胶凝材料浆体包裹在骨料表面并填充其空隙，胶凝材料浆体在硬化前起润滑填充作用，赋予拌合物一定的和易性，便于施工，胶凝材料浆体硬化后，则将骨料胶结形成一个整体。为节约水泥或改善混凝土的某些性能，常掺入一些外加剂及掺合料。

混凝土是一种复合材料，一般情况下，细骨料的外观体积应该能填满粗骨料的空隙，细颗粒填入空隙后组成较为密实的堆聚体，砂、石子等骨料也称为分散相或粒子相，而胶凝材料浆体具有胶凝作用，在混凝土中呈现连续分布，称连续相或基体，它把骨料牢固地胶结成一个整体，使两相物质共同抵抗外力作用和环境对混凝土的侵蚀作用。

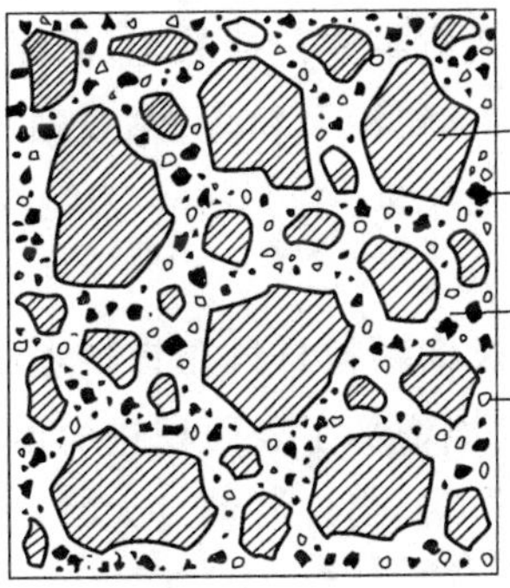

图 5.1 混凝土示意图

5.2.1 骨料

骨料在普通混凝土中构成骨架，占混凝土体积的65%～85%，一般不与胶凝材料浆体发生化学反应，本身比较坚硬，能减少混凝土由于水泥硬化而引起的收缩，骨料的强度、硬度、颗粒的大小、形状、分布及化学耐久性，对混凝土性能起着重要作用，也影响着混凝土的经济性，所以，在选材上应满足技术要求，贯彻就地取材原则。

普通混凝土用骨料在我国以颗粒公称粒径5 mm(筛孔尺寸4.75 mm)分为：细骨料(砂)和粗骨料(卵石或碎石)。

普通混凝土对砂、石骨料总的要求为，清洁干净、质地坚硬、级配良好。

5.2.1.1 细骨料(砂)

国家标准《建设用砂》(GB/T 14684—2022)，建工行业标准《普通混凝土用砂、石质量及检验方法标准》(JGJ 52—2006)，水利工程行业标准《水工混凝土试验规程》(SL/T 352—2020)及电力行业标准《水工混凝土砂石骨料试验规程》(DL/T 5151—2014)规定粒径在 0.16～4.75 mm 之间的骨料为细骨料。

(1) 分类

通常按来源分为三类：
- 天然砂
  - 山砂
  - 河砂
  - 海砂
- 混合砂
- 机制砂

① 天然砂：岩石经自然条件(风化)作用后而形成的大小不等，由不同矿物散粒组成的混合物。

按其产源不同分为：
- 山砂：含泥量较高，有机杂质较多
- 河砂：比较洁净，产源广，质量较好，使用最多
- 海砂：常混有贝壳碎片，盐分较多

海砂及山砂用作混凝土原料应按有关规定做技术检验。

② 机制砂：用岩石轧碎而成，富有棱角，较洁净，但常含有较多片状颗粒和石粉，成本较高，一般石厂的石屑也有利用重矿渣轧碎的。

在使用过程中，一般多采用天然砂，其中以河砂用得最多。但在当地缺乏天然砂时，也可用坚固岩石磨碎的机制砂，或将天然砂与机制砂混合得到混合砂。应根据运费与破碎的能耗综合考虑。

(2) 混凝土用砂的质量要求

作为混凝土骨料，并不是一切砂子、石子都能用来拌制混凝土，骨料不仅要求坚实耐久，还要表面清洁，形状有利于水泥的黏结和满足混凝土拌合物的流动性要求。

主要从下面几方面来考查：

① 有害杂质：

有害杂质主要包括黏土、淤泥、粉尘、云母、硫化物、硫酸盐及有机质等。

a. 黏土、淤泥及粉尘：黏土颗粒粒径小于 0.005 mm，主要矿物为高岭石，水云母、蒙脱石。淤泥和粉尘颗粒粒径为 0.005～0.05 mm，淤泥存在于骨料的矿床中，主要成分为石英及难溶的碳酸盐矿物，粉尘存在于机制砂中。

这些极细颗粒材料在骨料表面形成包裹层，妨碍水泥石对骨料的黏结，形成薄弱层，它们以松散颗粒出现，大幅度地增加了表面积进而增加了需水量，特别是黏土颗粒，体积不稳定，干缩湿胀较大，对混凝土有较大的破坏作用，当含泥量过大时，混凝土的强度及耐久性受影响较大，需用水冲洗清除。含泥量应符合表 5.1 的规定。

表 5.1 砂中有害物质含量(GB/T 14684—2022)

<table>
<tr><th rowspan="2">项目</th><th colspan="3">指 标</th></tr>
<tr><th>Ⅰ类</th><th>Ⅱ类</th><th>Ⅲ类</th></tr>
<tr><td>含泥量(按质量计)，%，≤</td><td>1.0</td><td>3.0</td><td>5.0</td></tr>
<tr><td>泥块含量(按质量计)，%，≤</td><td>0.2</td><td>1.0</td><td>2.0</td></tr>
<tr><td>云母含量(按质量计)，%，≤</td><td>1.0</td><td colspan="2">2.0</td></tr>
<tr><td>轻物质(按质量计)，%，≤</td><td colspan="3">1.0</td></tr>
<tr><td>有机质(比色法)</td><td colspan="3">合格</td></tr>
<tr><td>硫化物和硫酸盐(按 SO_3 质量计)，%，≤</td><td colspan="3">0.5</td></tr>
</table>

续表5.1

项目	指 标		
	Ⅰ 类	Ⅱ 类	Ⅲ 类
氯化物(以氯离子质量计),%,≤	0.01	0.02	0.06
贝壳(按质量计),%,≤	3.0	5.0	8.0

注:机制砂或混合砂中石粉含量通过亚甲蓝试验测定。

b. 云母:一些砂中含有云母,云母呈薄片状,表面光滑,且极易沿节理裂开,因此与水泥石的黏结性能极差,当砂中含有过量的云母时,混凝土的各种性能如强度、耐久性均受不利影响,黑云母易于风化,影响更大。云母含量应符合表 5.1 的规定。

c. 硫化物和硫酸盐类:当骨料中含有硫铁矿或生石膏等硫化物或硫酸盐时,它们会与水泥水化物反应生成硫铝酸钙晶体,发生体积膨胀,影响混凝土的强度及耐久性。硫化物和硫酸盐含量应符合表 5.1 的规定。

d. 有机质:山砂中容易含有有机杂质,它们妨碍水泥水化、降低混凝土强度,这些有机杂质通常是腐烂动、植物的产物,主要是鞣酸及其衍生物。一般以标准方式进行比色试验,将规定数量的试样和 3%浓度的氢氧化钠溶液置于一个量筒内,用力摇动使之混合均匀,然后放置 24 h,有机质的含量就可以从溶液的颜色与用鞣酸粉和 3%浓度的氢氧化钠溶液配制的标准液的颜色比较判定。试样上部溶液的颜色浅于标准液的颜色,则有机质含量对混凝土无害,如果试样上部溶液的颜色比标准液的颜色深或接近,则表示骨料可能含有较多的有机质,但不能肯定它不适于拌制混凝土,因为不是所有的有机质对混凝土都有害,同时较深的颜色还可能由其他含颜色的矿物(如含铁矿物)引起,因而对可疑骨料,必进行砂浆对比试验。即用该骨料制成砂浆试块,与同样的砂(但经清洗有机质含量合适)配制同等级砂浆,做强度对比试验,只要前者强度不低于后者强度的 95%,即使比色试验不合格的骨料也可使用。

e. 骨料中的活性成分:骨料中的活性成分,如 SiO_2 含量过高时,可能会与水泥中的碱分 Na_2O 或 K_2O 的水化物起化学反应——碱骨料反应,生成的碱-硅酸胶体会引起混凝土体积膨胀而造成破坏。

f. 盐分与贝壳:海砂含有一定量的盐分与贝壳,一般情况下可以配制混凝土。但是如果海砂中的含盐量过高,氯离子对钢筋有锈蚀作用。因此,对水位涨落区的钢筋混凝土应控制海砂的使用量,根据有关钢筋混凝土对氯盐的要求选定砂。盐分与贝壳含量应符合表 5.1 的规定。

② 颗粒形状及表面特征

山砂的颗粒多具有棱角,表面粗糙,与水泥黏结较好;而河砂、海砂,其颗粒多呈圆形,表面光滑,与水泥黏结较差。因而在胶凝材料浆体数量一定的条件下,山砂拌制的混凝土流动性较河砂及海砂拌制的混凝土差;在水胶比一定的条件下,山砂拌制的混凝土的强度较河砂及海砂拌制的混凝土高。

③ 砂的粗细及颗粒级配

a. 砂的粗细程度,是指不同粒径的砂粒,混合在一起后的总体的平均粗细程度。通常有粗砂、中砂与细砂之分。显然,细砂的比表面积较粗砂的要大,因而在拌制混凝土时,包裹砂子的胶凝材料浆体用量随着砂子的细颗粒增多而增加。一般地,用粗砂拌制混凝土比用细砂拌制所用的胶凝材料浆体为省。然而,当砂子过粗时,拌制的混凝土易产生离析、泌水现象,黏聚性变差;若砂子过细,拌制的混凝土黏聚性较好,不易产生离析、泌水等问题,但由于其空隙率及表面增加而加大水泥用量,导致混凝土成本提高,所以,在实际选用骨料时,应该粗细搭配。

b. 砂的颗粒级配,表示砂的大小颗粒的搭配情况。在混凝土中,骨料间的空隙是由胶凝材料浆体来填充,为了节约水泥及提高混凝土密实度,就应尽量减少颗粒之间的空隙,这主要从大小颗粒的搭配来解决。

由图 5.2 可知：图 5.2(a)是由同样粗细砂组成，其表面积小、空隙率大。图 5.2(b)是由两种粗细的砂组成，表面积较小、空隙率减小。图 5.2(c)是由三种颗粒砂搭配，表面积较小、空隙率最小。因此，要得到较为密实的骨架体系，必须使大小颗粒合理配合。

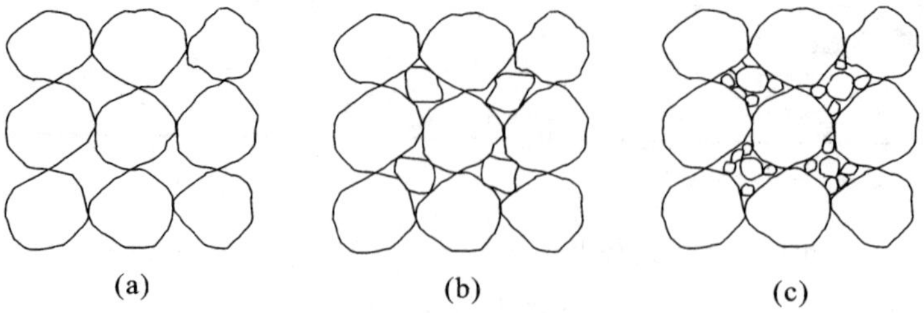

图 5.2　骨料的颗粒级配图

(a)单一粒径；(b)配有部分次小颗粒；(c)填入更小颗粒

但有学者认为，图 5.2(a)中由于颗粒粗，若采用更小一级的细颗粒，不一定搭配，也会得到较小的空隙率。或者认为以特细砂组成的骨架体系，空隙率会更小。下面以图 5.3 来说明这一问题。对图 5.3 中(a)、(b)、(c)三种情况，颗粒的空隙率始终为：

$$P=(8r^3-4\pi r^3/3)/(8r^3)\approx 48\%$$

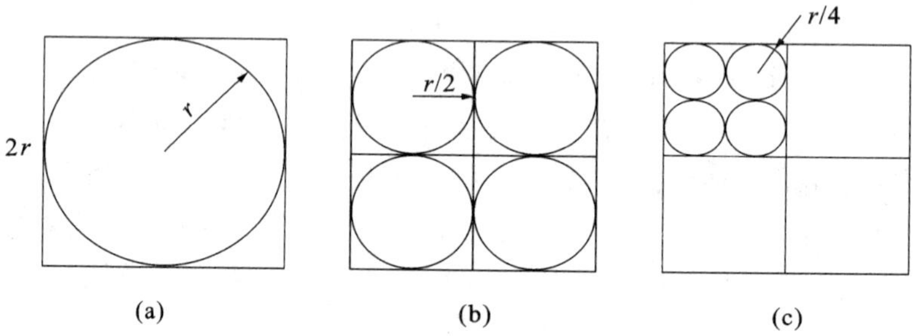

图 5.3　骨料的颗粒级配图

(a)单一粒径；(b)配有部分次小颗粒；(c)填入更小颗粒

可见空隙率并不是由颗粒本身的粒径大小决定，而是由它们之间的搭配情况决定。

由此可知，要想减小颗粒间的空隙，就必须有大小不同的颗粒搭配。因此在拌制混凝土时，要同时考虑砂的粗细程度及颗粒级配这两个因素，当砂中含有较多的粗砂，并以适当的中砂及少量的细砂填充其空隙，便可得到空隙率及总表面积都较小的级配良好的砂，这样不仅可以节约水泥，而且可以使混凝土拌合物具有较好的和易性，也可以得到较密实、强度较高和耐久性较好的混凝土。

为了衡量砂子颗粒的粗细及级配优劣，常用筛析法进行测定，用细度模数表示砂的粗细程度，用级配区评判砂子的颗粒级配。筛分析方法是用一套筛孔径(筛孔尺寸)为 9.5、4.75、2.36、1.18、0.600、0.300 及 0.150(mm)的 7 个标准筛，将 500 g 干砂试样由粗到细依次过筛，然后称量余留在各筛上的砂量，并计算出各筛上的分计筛余百分率(该筛上的筛余量占砂样总质量的百分率)a_0、a_1、a_2、a_3、a_4、a_5、a_6 及累计筛余百分率(该筛以上的筛余量之和占砂样总质量的百分率)A_0、A_1、A_2、A_3、A_4、A_5、A_6。分计筛余百分率与累计筛余百分率的关系见表 5.2。细度模数用 M_x 表示。

表 5.2　分计筛余与累计筛余的关系

砂的公称粒径，mm	方孔筛筛孔尺寸，mm	分计筛余，%	累计筛余，%
5.00	4.75	a_1	$A_1=a_1$
2.50	2.36	a_2	$A_2=a_1+a_2$

续表5.2

砂的公称粒径,mm	方孔筛筛孔尺寸,mm	分计筛余,%	累计筛余,%
1.25	1.18	a_3	$A_3=a_1+a_2+a_3$
0.630	0.600	a_4	$A_4==a_1+a_2+a_3+a_4$
0.315	0.300	a_5	$A_5=a_1+a_2+a_3+a_4+a_5$
0.160	0.150	a_6	$A_6=a_1+a_2+a_3+a_4+a_5+a_6$

细度模数:

$$M_x=\frac{\sum_{i=1}^{6}A_i-6A_1}{100-A_1}=\frac{A_2+A_3+A_4+A_5+A_6-5A_1}{100-A_1}$$

由 $\sum A_i=6a_1+5a_2+4a_3+3a_4+2a_5+a_6$ 可知,粗粒径的权重系数较细粒径的大,因此,砂子颗粒越粗,计算得到的细度模数就越大;砂子的细度模数越大,也就表示砂子越粗。一般地,砂子的细度模数为 3.7～0.7,工程上常按照细度模数大小将砂子分为:

$$\begin{cases}3.7\sim3.1 & \text{粗砂}\\3.0\sim2.3 & \text{中砂}\\2.2\sim1.6 & \text{细砂}\\1.5\sim0.7 & \text{特细砂}\end{cases}$$

其中细度模数 3.7～1.6 的砂是普通混凝土用砂,配制水泥混凝土优先选用细度模数 2.3～3.2 的中粗砂;泵送混凝土选用细度模数2.2～2.5且 0.300 mm 筛孔的通过量不少于 15%的砂,若用特细砂配制混凝土,要做特殊处理。

细度模数仅仅衡量砂子颗粒的粗细程度,它并不判别砂子颗粒级配的优劣,即相同细度模数的砂,可以由多种不同颗粒级配组成,为此要寻找衡量砂子级配优劣的指标——砂的颗粒级配区。

对细度模数为 3.7～1.6 的普通混凝土用砂,根据公称粒径 0.630 mm 筛的累计筛余百分率划分成了三个级配区,如表 5.3 所示。

表 5.3 砂的颗粒级配区

砂的公称直径,mm	累计筛余,%		
	Ⅰ 区	Ⅱ 区	Ⅲ 区
10.0	0	0	0
5.00	10～0	10～0	10～0
2.50	35～5	25～0	15～0
1.25	65～35	50～10	25～0
0.630	85～71	70～41	40～16
0.315	95～80	92～70	85～55
0.160	100～90	100～90	100～90

混凝土用砂的颗粒,通过筛析试验,级配曲线应处于三个级配区的任一区内,除 5.00 mm 和 0.630 mm 筛外,其余 4 个筛允许超出分区界线,但累计筛余超出的总量不应大于 5%。

在三个级配区中(图 5.4)：

Ⅰ区(M_x=3.7～2.8)砂相对偏粗，混凝土拌合物的保水性差，应适当提高砂率，配制水泥量较多的富混凝土，以满足混凝土的和易性要求。

Ⅱ区(M_x=3.2～2.1)砂粗细适宜，配制混凝土时优先选用该区砂。

Ⅲ区(M_x=2.4～1.6)砂相对偏细，用它配制混凝土，拌合物黏聚性较大、保水性好，但硬化后干缩大、易产生裂缝，应适当降低砂率，以提高强度。

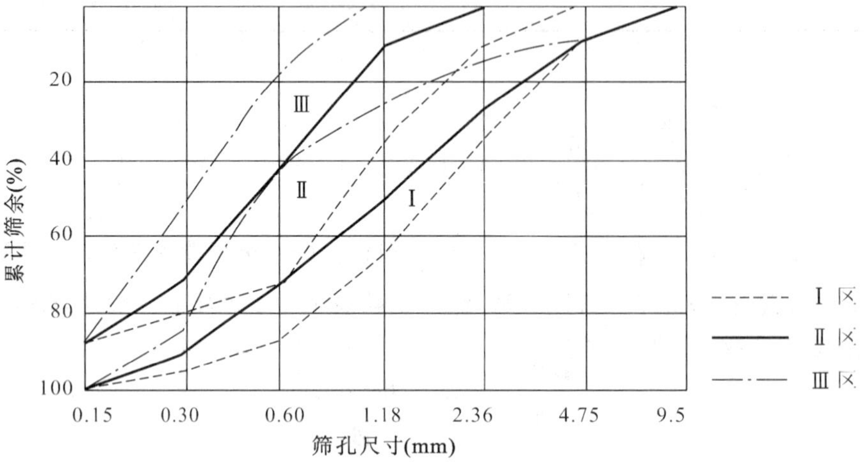

图 5.4　砂的级配区曲线

另外，砂由Ⅰ区往右下偏时，砂子过粗，如细度模数超过 3.7，若要用来配制混凝土，则混凝土拌合物的和易性不易控制，不易振捣成型。砂由Ⅲ区往左上偏时，砂子过细，如细度模数小于 1.6，若要用来配制混凝土，会增加水泥用量，同时干缩变形又增大，强度还会降低，应该采取其他措施。

在实际运用中，尽量以天然级配的砂来配制混凝土，若天然级配不合适，便可人为加以干涉，将粗、细砂按比例进行掺配使用，以调节砂的细度，改善砂的级配。在不得已的情况下，也可将砂过筛，筛除过粗或过细颗粒。总之，用级配符合要求的粗、中砂较理想。在只有细砂或特细砂的地方，可以考虑采用机制砂，或者采取一些措施以降低水泥用量，如掺入一些细石屑或掺用减水剂、引气剂等。

(3) 砂的主要物理性质

① 视密度、堆积密度、空隙率：砂子的视密度为 2.6～2.7 g/cm^3，堆积密度为 1.35～1.65 g/cm^3，空隙率为 40%～45%。

砂的空隙率大小与其颗粒形状、级配情况有关，表面形状扁平，或常有棱角的颗粒含量多，或级配不良者，其孔隙率较大。级配好的砂子空隙率可降到 35%～37%。细砂及特细砂的空隙率可达到 52%～55%，要降低砂的空隙率，必须增大堆积密度，具体措施：一是选择圆球或立方体形状的颗粒，避免出现针、片状的不规则颗粒；二是选择级配良好的砂石骨料。

② 砂的饱和面干吸水率：当砂的颗粒表面干燥，而颗粒内部的孔隙含水饱和时，称为饱和面干状态，砂在饱和面干时的含水率称为饱和面干吸水率(图 5.5)。

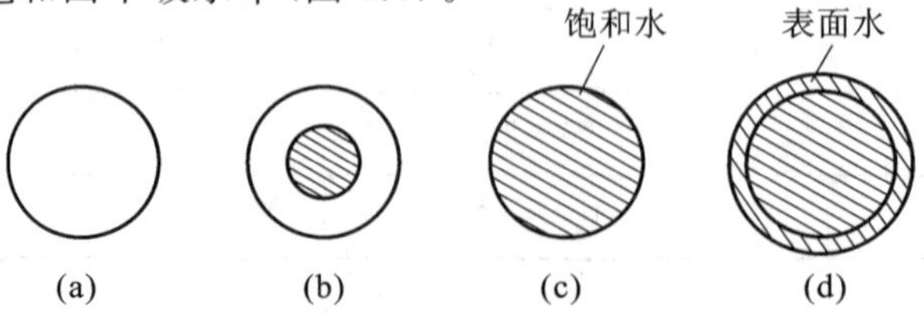

图 5.5　砂的含水状态

(a)干燥状态；(b)气干状态；(c)饱和面干状态；(d)湿润状态

计算普通混凝土配合比时，一般以干燥状态的骨料为准，而对于大型水利工程，常以饱和面干状态的骨料为基准进行配合比设计。

③ 砂的坚固性：为了保证混凝土的耐久性，要对砂的坚固性进行测定，砂的坚固性是指砂在自然风化和其他外界物理、化学因素作用下，抵抗破裂的能力。天然砂用硫酸钠饱和溶液检验，砂样经5次干湿循环后，其质量损失应该符合相关标准的规定，如表5.4所示。机制砂采用压碎指标法进行试验，压碎指标值应符合表5.5的规定。

表5.4 砂的坚固性指标(GB/T 14684—2022)

项目	指标		
	Ⅰ类	Ⅱ类	Ⅲ类
质量损失，%，≤	8		10

表5.5 砂的压碎指标(GB/T 14684—2022)

项目	指标		
	Ⅰ类	Ⅱ类	Ⅲ类
单级最大压碎指标，%，≤	20	25	30

砂的堆积密度和体积与其含水状态关系极大。潮湿的砂由于颗粒表面吸附水膜的存在，砂子颗粒互相黏附形成疏松结构，会引起体积显著增加，当砂的表面含水率为5%～8%时，其堆积密度最小而体积最大，这种现象称为砂的湿胀。当含水率达20%左右时，湿砂体积与干砂接近。

5.2.1.2 粗骨料(石子)

公称粒径大于5 mm的骨料叫粗骨料(石子)。普通混凝土常用的粗骨料有卵石和碎石两种。具体分类如下：

粗骨料：
- 天然卵石(砾石)
- 人工碎石(包括碎卵石)

卵石：
- 山卵石(含杂质较多，使用前必须冲洗)
- 河卵石(表面光滑、少棱角、比较洁净、具有天然级配)
- 海卵石(不如河卵石洁净，常含有贝壳、海螺等)

卵石表面光滑、少棱角，空隙率及表面积较小，拌制混凝土时胶凝材料浆体用量较少，和易性较好，但与水泥石的黏结力较小。碎石颗粒表面粗糙、多棱角，空隙率和表面积较大，所拌制混凝土拌合物的和易性较差，但碎石与水泥石黏结力较大，在水胶比相同的条件下，比卵石混凝土强度高。故卵石与碎石各有特点，在实际工程中应本着满足工程技术要求及经济的原则进行选用。

混凝土对粗骨料的质量及技术要求与对细骨料(砂)的要求相似，《建设用卵石、碎石》(GB/T 14685—2022)，对卵石和碎石的要求有以下几个方面：

(1) 有害杂质含量

粗骨料中的有害杂质主要有：黏土、淤泥及细屑、硫化物及硫酸盐、有机物质等。它们的危害作用和在细骨料中时相同。表5.6给出了《建设用卵石、碎石》(GB/T 14685—2022)粗骨料有害杂质含量的限值。其他不同的工程中，混凝土对粗骨料有害杂质含量的限值，可参阅有关规范。

表 5.6 粗骨料有害杂质含量(GB/T 14685—2022)

项目		指标		
		Ⅰ类	Ⅱ类	Ⅲ类
含泥量(质量损失),%,≤	卵石	0.5	1.0	1.5
	碎石	0.5	1.5	2.0
泥块含量(质量损失),%,≤		0.1	0.2	0.7
有机物含量(用比色法试验)		合格	合格	合格
硫化物和硫酸盐(按 SO_3 质量计),%,≤		0.5	1.0	1.0

粗骨料中若有活性骨料及黄锈骨料等,应进行专门试验,以确定是否可用。

(2) 物理力学性质

① 视密度、堆积密度及空隙率:用作混凝土骨料的卵石或碎石,应密实坚固。所以,粗骨料的视密度应较大、空隙率应较小。一般要求粗骨料的视密度不小于 2.55 g/cm^3,堆积密度不小于 1.35 g/cm^3,空隙率不小于 47%。粗骨料的堆积密度及空隙率与其颗粒形状,针、片状颗粒含量以及粗骨料的颗粒级配有关。近似于球形或立方体形状的颗粒且级配良好的粗骨料,其堆积密度较大,空隙率较小。

② 吸水率:粗骨料的颗粒越坚实,孔隙率越小,其吸水率越小,品质也越好。吸水率大的石料,表明其内部孔隙多。粗骨料吸水率过大,将降低混凝土的软化系数,也降低混凝土的抗冻性。一般要求粗骨料的吸水率不大于 2.5%。

③ 强度:为了保证混凝土的强度,要求粗骨料质地致密、具有足够的强度。粗骨料的强度可用岩石立方体强度或压碎指标两种方法进行检验。岩石立方体强度是将轧制碎石的岩石或卵石制成 50 mm×50 mm×50 mm 的立方体(或直径与高度均为 50 mm 的圆柱体)试件,在水饱和状态下测定其极限抗压强度。一般要求极限强度与混凝土强度之比不小于 1.2,且要求极限抗压强度,岩浆岩不宜低于 80 MPa,变质岩不宜低于 60 MPa,沉积岩不宜低于 45 MPa。压碎指标是取公称粒径为 10～20 mm 的骨料装入规定的圆模内,在压力机上加荷载 200 kN,其压碎的细粒(小于公称粒径 2.5 mm)占试样质量百分数,即为压碎指标。卵石或碎石骨料的压碎指标应满足规范要求,《建设用卵石、碎石》(GB/T 14685—2022)的规定,见表 5.7。

混凝土所用粗骨料(碎石或卵石)的压碎指标愈小,表示石子抵抗碎裂的能力愈强,以间接地推测混凝土强度。

表 5.7 石子的压碎指标(GB/T 14685—2022)

项目	指标		
	Ⅰ类	Ⅱ类	Ⅲ类
碎石压碎指标,%,≤	10	20	30
卵石压碎指标,%,≤	12	14	16

粗骨料的颗粒还有呈针状(颗粒长度大于该颗粒所属粒级的平均粒径的 2.4 倍)和片状(厚度小于平均粒径的 40%)的。针、片状颗粒会使混凝土骨料空隙率增大,且受力后易被折断。故针、片状颗粒过多,会使混凝土强度降低,其含量应符合规范的规定,《建设用卵石、碎石》(GB/T 14685—2022)的规定见表 5.8。

表 5.8 石子的针、片状颗粒含量(GB/T 14685—2022)

项目	指标		
	Ⅰ类	Ⅱ类	Ⅲ类
针、片状颗粒含量(按质量计),%,≤	5	8	15

粗骨料的不规则颗粒是指卵石、碎石颗粒的最小一维尺寸小于该颗粒所属粒级的平均粒径 1/2 的颗粒。《建设用卵石、碎石》(GB/T 14685—2022)规定Ⅰ类卵石、碎石颗粒的不规则颗粒含量不应大于 10%。

④ 坚固性：坚固性是粗骨料在气候、外力和其他物理力学因素作用下抵抗破裂的能力。有抗冻、耐磨、抗冲击性能要求的混凝土所用粗骨料，要求测定其坚固性。骨料由于干湿循环或冻融交替等作用引起体积变化会导致混凝土破坏。具有某种特征结构的岩石会表现出不良的体积稳定性。如某些页岩、砂岩等配制的混凝土，较易遭受冰冻以及骨料内盐类结晶引起的膨胀破坏。骨料结构越密实、强度越高、吸水率越小，其坚固性越好；结构疏松、矿物成分越复杂、构造不均匀，其坚固性越差。坚固性采用硫酸钠溶液法检验，粗骨料试样经五次浸泡烘干循环后其质量损失应符合表 5.9 的规定。

表 5.9　碎石或卵石的坚固性指标(GB/T 14685—2022)

项目	指　标		
	Ⅰ 类	Ⅱ 类	Ⅲ 类
按质量计，%，≤	5	8	12

(3) 最大粒径及颗粒级配

① 最大粒径 D_M：粗骨料公称粒径的上限值，称为骨料最大粒径。细骨料以细度模数来衡量其颗粒粗细，而粗骨料石子是以其最大粒径来衡量颗粒大小，即骨料最大粒径 D_M 越大，其颗粒越粗。随着粗骨料最大粒径增大，骨料的空隙率及表面积都在减小，在水胶比及混凝土流动性相同的条件下，可使水泥用量减少，且有助于提高混凝土的密实性、减少混凝土的发热量及混凝土的收缩，这对大体积混凝土颇为有利。实践证明，当 D_M 在 150 mm 以下变动时，D_M 增大，水泥用量显著减少，节约水泥效果明显；当 D_M 超过 150 mm 时，D_M 增大，水泥用量不再显著减少。骨料最大粒径关系 D_M 与空隙率 P'关系如图 5.6 所示。

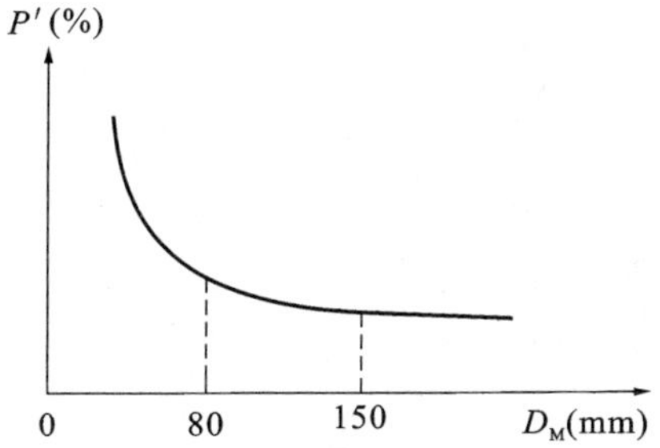

图 5.6　骨料最大粒径与空隙率的关系

对于水泥用量较少的中、低强度混凝土，D_M 增大时，混凝土强度增大。对于水泥用量较多的高强混凝土，D_M 由 20 mm 增至 40 mm 时，混凝土强度最高，D_M>40 mm 时，由于减少用水量获得的强度增长，被较少的黏结面积及大颗粒骨料造成受力不均匀的不利影响所抵消。此外，骨料最大粒径大者对混凝土的抗冻性、抗渗性也有不良的影响，尤其会显著降低混凝土的抗气蚀性能。因此，适宜的骨料最大粒径与混凝土性能要求有关。在大体积混凝土中，如条件许可，在最大粒径为 150 mm 范围内，应尽可能采用较大粒径。在高强混凝土及有抗气蚀性能要求的外部混凝土中，骨料最大粒径应不超过 40 mm。港工混凝土的最大粒径不大于 80 mm。

骨料最大粒径，还受到结构物断面尺寸、钢筋疏密程度及施工条件的限制。《混凝土结构工程施工质量验收规范》(GB 50204—2015)规定，D_M 不超过钢筋最小净距的 3/4 和构件断面最小尺寸的 1/4。对于混凝土实心板，允许采用 D_M 为 1/2 板厚的骨料(但 D_M≤50 mm)。对泵送混凝土，骨料最大粒径与输送管内径之比，碎石不宜大于 1∶3，卵石不宜大于 1∶2.5。若石子粒径过大，运输与搅拌都不方便。所以，普通混凝土结构中 D_M≤40 mm。

为了减小水泥用量，降低温度及收缩应力，在厚大无筋或稀疏配筋的结构中，可以使 D_M≥150 mm(占混凝土体积量≤25%)，采用毛石填充，即毛石混凝土。

② 颗粒级配：粗骨料与细骨料一样，也要求有良好的颗粒级配，即将大小石子适当掺配，以减小空隙率、提高密实度，从而可以节约水泥，保证混凝土的和易性及混凝土的强度。特别是配制高强度混凝土与防水混凝土，粗骨料级配特别重要。

粗骨料级配也是通过筛分析试验来确定，其方孔标准筛孔径为 2.36、4.75、9.5、16、19、26.5、31.5、37.5、53.0、63.0、75.0 及 90(mm)，共 12 个筛。可按需选择筛号进行筛分，分计筛余百分率及累计筛余百分率的计算与砂相同。普通混凝土用碎石或卵石颗粒级配的要求是相同的，应符合表 5.10 的规定。

表 5.10 普通混凝土用碎石或卵石的颗粒级配(GB/T 14685—2022)

级配情况	公称直径,mm	方孔筛筛孔尺寸,mm											
		2.36	4.75	9.5	16.0	19.0	26.5	31.5	37.5	53	63	75	90
		累计筛余(质量),%											
连续粒级	5～16	95～100	85～100	30～60	0～10	0	—	—	—	—	—	—	—
	5～20	95～100	90～100	40～80	—	0～10	0	—	—	—	—	—	—
	5～25	95～100	90～100	—	30～70	—	0～5	0	—	—	—	—	—
	5～31.5	95～100	90～100	70～90	—	15～45	—	0～5	0	—	—	—	—
	5～40	—	95～100	70～90	—	30～65	—	—	0～5	0	—	—	—
单粒粒级	5～10	95～100	80～100	0～15	0	—	—	—	—	—	—	—	—
	10～16	—	95～100	80～100	0～15	0	—	—	—	—	—	—	—
	10～20	—	95～100	85～100	—	0～15	0	—	—	—	—	—	—
	16～25	—	—	95～100	55～70	25～40	0～10	0	—	—	—	—	—
	16～31.5	—	95～100	—	85～100	—	—	0～10	0	—	—	—	—
	20～40	—	—	95～100	—	80～100	—	—	0～10	0	—	—	—
	25～31.5	—	—	—	95～100	—	80～100	0～10	0	—	—	—	—
	40～80	—	—	—	—	95～100	—	—	70～100	—	30～60	0～10	0

注：① 公称粒级的上限为该粒级的最大粒径，单粒粒级一般用于组合成具有要求级配的连续粒级，它也可与连续粒级的碎石或卵石混合使用，以改善它们的级配或配成较大粒径的连续粒级。

② 根据混凝土工程和资源的具体情况，进行综合技术经济分析后，在特殊情况下允许直接采用单粒粒级，但必须避免混凝土发生离析。

水工混凝土及水运工程混凝土常根据最大粒径的不同，按表 5.11 将石子分为二级、三级或四级，分别堆放，拌制混凝土时按各级石子所占比例掺配使用。各级石子的搭配比例，需通过试验确定。通常是将各级石子按照不同比例掺配，进行堆积密度试验，从中选出几组堆积密度较大(即空隙率较小)的级配，再进行混凝土和易性试验，选出能满足和易性要求且水泥用量又较小的搭配比例。表 5.11 列出了粗骨料搭配比例推荐值，可供选择骨料级配时参考。

表 5.11 粗骨料分级及配合比例推荐值

粗骨料最大粒径,mm	分级,mm							总计
	5～20	5～30	5～40	20～40	30～60	40～80	80～150(120)	
	各级石子比例,%							
40	45～60			40～55				100
60		35～50			50～65			100

续表5.11

粗骨料最大粒径,mm	分级,mm							总计
	5～20	5～30	5～40	20～40	30～60	40～80	80～150(120)	
	各级石子比例,%							
80	25～35			25～35		35～50		100
80			60～65			35～50		100
150(120)	15～25			15～25		25～35	30～45	100

粗骨料级配有连续级配和间断级配两种。连续级配,是颗粒尺寸由小到大连续分级,每级骨料都占有一定的比例。连续级配颗粒级差小,颗粒上、下限粒径之比接近2,配制的混凝土拌合物和易性好,不易产生离析,所以,这种级配在工程中被广泛采用。间断级配,是人为剔除某些中间颗粒,大颗粒的空隙直接由比它小得多的颗粒来填充,颗粒级差大,颗粒上、下限粒径之比接近6,空隙率的降低比连续级配快得多,可最大限度地发挥骨料的骨架作用,减小水泥用量。但采用间断级配的混凝土拌合物易产生离析现象,并要求称量更加准确,增加了施工中的困难。此外,间断级配往往与天然存在的骨料级配情况不相适应,所以工程中较少采用。

单粒级宜用于组合成具有所要求级配的连续粒级,也可与连续粒级配合使用,以改善骨料级配或配成较大粒度的连续粒级。工程中不宜采用单一的单粒级粗骨料配制混凝土。

选择骨料级配时,应从实际出发,将试验所选出的最优级配与料场中骨料的天然级配结合起来考虑,对各级骨料用量进行必要的调整与平衡,确定出实际使用的级配。这样做的目的是减少弃料,避免浪费。

施工现场分级堆放的石子中往往存在有超径与逊径现象。所谓超径就是在某一级石子中混杂有超过这一级上限粒径的石子;所谓逊径就是混杂有小于这一级下限粒径的石子。超、逊径的出现将直接影响骨料的级配和混凝土性能,因此必须加强施工管理,并经常对各级石子的超、逊径进行检验。一般规定,超径石子含量不得大于5%,逊径石子含量不得大于10%。如果超过规定数量,最好进行二次筛分,否则应调整骨料级配,以保证工程质量。

为了填充骨料颗粒间所形成的空隙,只有在次一级颗粒是相当小的情况下才能实现,也就是任何相邻两级的粒径必须具有最小的限度差,这就是主张采用间断级配的理由。

如有各种直径的球形颗粒,在大球形颗粒排列空隙中填以足够小的球粒,再在余下的空隙中填以更小的球粒,如此下去,最后空隙可渐近于零,例如,当采用连续级配时,同一粒级的上、下限粒径之比等于2,相邻粒级的粒径比等于2,则在最密实的情况下,空隙率随分级的增加而减少的规律见表5.12。

表5.12 连续级配与间断级配对空隙率的影响

级配情况	分级,mm					
	一个	两个	三个	四个	五个	六个
连续级配	0.48	0.40	0.35	0.32	0.31	0.30
间断级配	0.48	0.25	0.11	0.06	0.03	0.01

由此可见,当分级增大时,间断级配空隙率的降低较连续级配快得多,因此,采用间断级配有可能更大限度地发挥骨料的作用,减少水泥用量。

5.2.2 胶凝材料浆体

胶凝材料浆体的稀稠对于新拌和的混凝土的工作性和硬化后混凝土的强度起着决定性作用,优质的胶凝材料浆体应选取合理的水泥(胶凝材料)品种、等级,合格的水和合理的用水量与水泥用量。

5.2.2.1 水泥

(1) 水泥品种的选择

混凝土工程的性质及所处的环境条件,施工条件不同,对水泥性能要求不同,可根据水泥的特点及有关规定合理地选用水泥品种。

(2) 水泥的等级选择

理论上可用高强度等级的水泥配制低强度等级的混凝土,也可以用低强度等级的水泥配制高强度等级的混凝土,但是为了充分发挥和利用水泥的活性,在选择水泥等级时,应与混凝土设计等级相适应,才能达到水泥用量较少,技术性良好。

① 当配制混凝土强度等级不超过C30时,宜选择水泥强度等级值为混凝土强度等级标准值的1.5～2.5倍,如C20,宜选32.5及42.5水泥。

② 当配制混凝土强度等级超过C30时,宜选择水泥强度等级值为混凝土强度等级标准值的0.9～1.5倍,如C40,宜选42.5、52.5、62.5水泥。

③ 若用高强度等级的水泥配制低强度等级的混凝土,每方混凝土中的水泥用量偏少,会影响混凝土拌合物的和易性和密实度,所以混凝土中应掺入一定量的外加剂或混合材料,如粉煤灰、矿渣粉等。

④ 若用低强度等级的水泥配制高强度等级的混凝土,在此情况下,要求水胶比很小,不仅会使水泥用量过多,还会对混凝土产生不利影响。如造成混凝土拌合物过于干稠,易引起施工困难,混凝土不易振捣密实,质量波动大。

5.2.2.2 混凝土拌和及养护用水

混凝土用水(包括拌和及养护用水)的质量要求是:不影响混凝土的凝结和硬化,无损于混凝土强度发展及耐久性,不加快钢筋锈蚀,不引起预应力钢筋脆断,不污染混凝土表面。

(1) 一般的河水与饮用水(自来水)皆可用来拌和及养护混凝土;

(2) 水中不能含有影响水泥正常凝结与硬化的有害杂质或油脂、糖类;

(3) 污水、pH小于4的酸性水或硫酸盐按SO_3计超过1%的水均不能使用;

(4) 严禁使用未经处理的海水拌制钢筋混凝土及预应力混凝土;

(5) 拌制素混凝土时可以使用海水,但易使混凝土表面形成色斑,当混凝土用于饰面层或混凝土表面须着色加工时,不宜使用;

(6) 海水不能用于拌制高铝水泥的混凝土。

① 当拌合水有疑问时,应做砂浆对比试验,其强度应不低于用自来水拌制砂浆7 d、28 d强度的90%,砂浆中水胶比取0.5,砂子应清洁坚硬。

② 可做凝结时间试验,海水可能使凝结时间缩短、早期强度提高,但后期强度显著降低。

《混凝土用水标准(附条文说明)》(JGJ 63—2006)对混凝土用水提出了具体质量要求,混凝土用水中的物质含量限值见表5.13。

表5.13 混凝土用水中的物质含量限值表

项　目		预应力混凝土	钢筋混凝土	素混凝土
pH值	≥	5.0	4.5	4.5
不溶物,mg/L	≤	2000	2000	5000
可溶物,mg/L	≤	2000	5000	10000

续表5.13

项　目		预应力混凝土	钢筋混凝土	素混凝土
Cl^-,mg/L	≤	500	1000	3500
SO_4^{2-},mg/L	≤	600	2000	2700
碱含量,mg/L	≤	1500	1500	1500

5.3 混凝土的主要技术性质

混凝土的主要技术性质包括混凝土拌合物的和易性、凝结和硬化时体积稳定性、硬化混凝土的强度、变形及耐久性等。

5.3.1 混凝土拌合物的和易性

5.3.1.1 和易性的概念

和易性是指混凝土拌合物易于施工操作(搅拌、运输、浇筑、振捣)并能获得质量均匀、成型密实混凝土的性能,是一项综合的技术性质,包括流动性、黏聚性及保水性等。

(1) 流动性

流动性是指拌合物在本身质量或施工振捣的作用下,能产生流动,并均匀密实地填满模板的性能。其大小反映拌合物的稀稠,影响到浇筑的难易程度及施工质量。

(2) 黏聚性(抗离析性)

黏聚性是指混凝土拌合物在施工过程中互相之间有一定的黏聚力,不分层,能保持整体均匀的性能。

混凝土拌合物是由密度和粒径不同的固体颗粒和水分组成,在外力作用下,各组成材料的沉降各不相同,如果混凝土拌合物中各材料配合比不当,黏聚性较小,则在施工中易发生分层,即混凝土拌合物各组分出现层状分离的现象;离析是混凝土拌合物内某些组分的分离现象;泌水(又称析水)是从胶凝材料浆体中泌出部分拌合水的现象;黏聚性不良会致使混凝土硬化后产生“蜂窝”“麻面”等缺陷,影响混凝土强度及耐久性。

(3) 保水性

保水性指混凝土拌合物保持水分不易析出的能力。

混凝土拌合水中,一部分是保证水泥水化所需水量(约占拌合水的20%～25%);另一部分是为了使混凝土拌合物具有足够的流动性,便于浇捣所需水量。前者与水泥形成水化物将永存于混凝土中,后者在混凝土运输、浇筑中,在凝结硬化前,很容易聚集到混凝土表面引起表面疏松或积聚在骨料或钢筋的下表面,形成水囊(水胶比增加)削弱骨料及钢筋与水泥石的黏结力。泌水是材料离析的一种表现形式,由于水分泌出,会形成容易透水的孔隙而影响混凝土的密实性,降低质量。

混凝土拌合物的流动性、黏聚性和保水性三者之间既相互联系又相互矛盾。一般来说,提高拌合物的流动性,其黏聚性及保水性相对变差;保证了拌合物的黏聚性及保水性,其流动性又降低了,施工难度相应增加。所以拌合物具有好的和易性,就是其流动性、黏聚性及保水性有一个好的协调关系,较好地满足具体施工工艺要求。

5.3.1.2 和易性的测定

到目前为止,还没有确切的指标能全面地反映混凝土拌合物的和易性。一般常用坍(塌)落度定量地表示拌合物流动性的高低。根据经验,通过对试验或现场的观察,定性地判断或评定混凝土拌合物黏聚性及保水性的优劣。

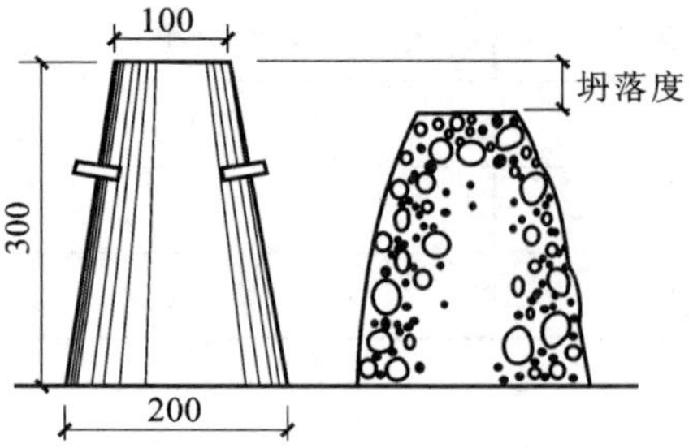

图 5.7　坍落度测定图

（1）坍落度测定

坍落度的测定是将混凝土拌合物按规定的方法装入标准截锥圆台体筒内，将筒垂直提起后，拌合物在自身质量作用下产生一定的坍落，如图 5.7 所示，从坍落度筒的上沿到混凝土拌合物下坍的最高处间的距离（mm）称为坍落度。坍落度越大，表明流动性越高。

在《混凝土质量控制标准》（GB 50164—2011）中，按照混凝土拌合物坍落度的大小，将混凝土拌合物划分为 5 个等级，其指标见表 5.14。

表 5.14　混凝土拌合物的坍落度等级划分

等级	坍落度，mm	备　注
S1	10～40	低塑性混凝土
S2	50～90	塑性混凝土
S3	100～150	流动性混凝土
S4	160～210	大流动性混凝土
S5	≥220	流态混凝土

在测定混凝土拌合物坍落度的同时，应观察混凝土拌合物的黏聚性及保水性。黏聚性的检查方法是用捣棒在已坍落的拌合物圆台体一侧轻轻击打，若击打时圆台体渐渐下沉，表示黏聚性良好；如果圆台体突然倒塌、部分崩裂或发生石子离析，则表示黏聚性不好。保水性以混凝土拌合物中稀浆析出的程度评定。提起坍落筒后，如有较多稀浆从底部析出，拌合物圆台体因失浆而骨料外露，表示拌合物的保水性不良；如提起坍落筒后，无稀浆析出或仅有少量稀浆自底部析出，混凝土圆台体含浆饱满，则表示混凝土拌合物保水性良好。

对于坍落度超过 220 mm 的流态混凝土，测量扩展后的最大直径与最小直径，当其差值小于 50 mm 时，取两者的算术平均值作为坍落扩展度值，在《混凝土质量控制标准》（GB 50164—2011）中，按照坍落扩展度的不同，将混凝土拌合物划分为 6 个等级，其指标见表 5.15。

表 5.15　混凝土拌合物的坍落扩展度等级划分

等级	F1	F2	F3	F4	F5	F6
扩展度，mm	≤340	350～410	420～480	490～550	560～620	≥630

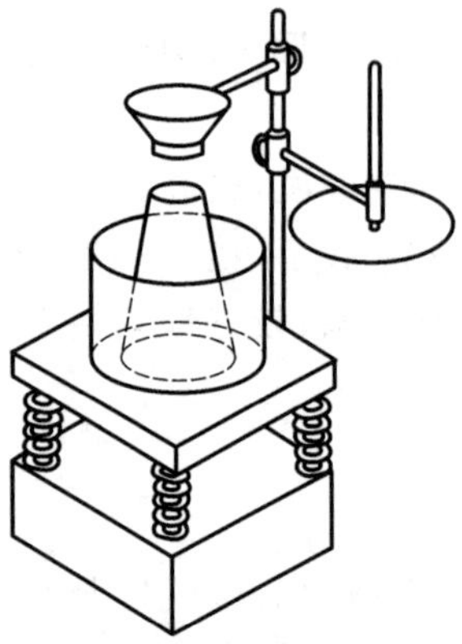

图 5.8　维勃稠度测定图

（2）维勃稠度测定

对于干硬性混凝土拌合物，采用维勃稠度（VB）作为和易性评判指标。将混凝土拌合物按标准方法装入 VB 仪，如图 5.8 所示容量桶中的坍落筒内；缓慢垂直提起坍落筒，将透明圆盘置于拌合物圆台体顶面；启动振动台，用秒表测出拌合物受振摊平、振实、透明圆盘的底面完全被胶凝材料浆体所布满所经历的时间（以 s 计），即为维勃稠度，也称工作度。维勃稠度代表拌合物振实所需的能量，时间越短，表明拌合物越易被振实。它能较好地反映混凝土拌合物在振动作用下便于施工的性能。

在《混凝土质量控制标准》（GB 50164—2011）中，按照维勃稠度的不同，将干硬性混凝土拌合物划分为 5 个等级，其指标见表 5.16。

表 5.16 混凝土拌合物的维勃稠度等级划分

等级	维勃稠度,s	备 注
V0	≥31	超干硬性混凝土
V1	30～21	特干硬性混凝土
V2	200～11	干硬性混凝土
V3	10～6	半干硬性混凝土
V4	5～3	半干硬性混凝土

5.3.1.3 影响混凝土拌合物和易性的因素

影响混凝土拌合物和易性的因素很多,如单位用水量、细骨料用量、骨料的级配及颗粒形状、水泥细度、混合材料的种类与用量及混凝土的温度、空气含量等。当原材料的种类及外加剂等一定时,主要是三个无量纲数:胶凝材料浆体数量(π_1)、胶凝材料浆体的稠度(π_2)、砂率(π_3)。

(1) 胶凝材料浆体数量(π_1)

胶凝材料浆体数量是指混凝土拌合物中的胶凝材料浆体体积数量。在胶凝材料浆体稀稠不变,即混凝土的用水质量与胶凝材料质量之比——水胶比保持不变的条件下,每立方米混凝土拌合物内胶凝材料浆体体积越多,拌合物的流动性越高。拌合物中除必须有足够的胶凝材料浆体包裹骨料颗粒之外,还需要有足够的胶凝材料浆体以填充砂、石骨料的空隙并使骨料颗粒之间有足够厚度的润滑层,以减小骨料颗粒之间的摩阻力,使拌合物有一定的流动性。但若胶凝材料浆体过多,骨料不能将胶凝材料浆体很好地保持在拌合物内,混凝土拌合物将会出现流浆、泌水现象,使拌合物的黏聚性及保水性变差。这不仅增加水泥用量,而且还会对混凝土强度及耐久性产生不利影响。因此,混凝土内胶凝材料浆体的数量,以使混凝土拌合物达到要求的流动性为准,不应任意加大。

在水胶比不变的条件下,胶凝材料浆体数量可用每立方米混凝土的加水体积亦称单位用水量来表示。因此,胶凝材料浆体数量对拌合物流动性的影响,实质上也是单位用水量的影响。当单位用水量增加时,拌合物流动性提高,反之则降低。在实际工程中,为提高拌合物的流动性而增加用水量时,必须保持水胶比不变,相应地增加水泥用量,此时混凝土成本会随之提高,否则,在增加用水量时,未相应地增加水泥用量,导致水胶比增加,将显著影响混凝土质量。

(2) 胶凝材料浆体的稠度(π_2)

在水泥品种一定的条件下,胶凝材料浆体的稀稠取决于水胶比的大小。当水胶比较小时,胶凝材料浆体较稠,拌合物的黏聚性较好,泌水较少,但坍落度较小,拌合物流动性较差;相反,水胶比较大时,拌合物流动性较高,但黏聚性较差,泌水较多。当水胶比小至某一极限值以下时,拌合物过于干稠,在一般施工方法下混凝土难以被浇筑密实。当水胶比大于某一极限值时,拌合物将产生严重的离析、泌水现象,影响混凝土质量。因此,为了使混凝土拌合物能够成型密实,所采用的水胶比值不能过小,为了保证混凝土拌合物具有良好的黏聚性,所采用的水胶比值又不能过大。

普通混凝土的常用水胶比一般在 0.38～0.83 范围内。在常用水胶比范围内,当混凝土中用水量一定时,水胶比在小的范围内变动对混凝土流动性的影响不大,这称为"固定加水量定则"或"恒定用水量定则"。其原因是,当水胶比减小时,虽然胶凝材料浆体较稠,混凝土拌合物流动性降低,但黏聚性较好,可采用较小的砂率值。含砂率减小、胶凝材料浆体相对增加,补偿了由于胶凝材料浆体增稠而降低的流动性。当水胶比增大时,为了保证拌合物的黏聚性,需采用较大的砂率值。由于胶凝材料浆体变稀所提高的流动性将被含砂率增大而降低的流动性所抵消。因此,当混凝土单位用水量一定时,若水泥增减量在 50～100 kg/m^3 之间,混凝土的流动性将基本保持不变。

(3) 砂率(π_3)

混凝土含砂率(简称砂率)是指砂子的质量占砂、石总质量的百分数。混凝土中的砂浆应包裹石子颗粒并填满石子间的空隙。砂率过小,砂浆量不足,不能在石子周围形成足够的砂浆润滑层,将降低拌合物的流动性,更主要的是严重影响混凝土拌合物的黏聚性及保水性,使石子分离、胶凝材料浆体流失,甚至出现溃散现象。砂率过大,石子含量相对过少,骨料的空隙及总表面积都较大,在水胶比及水泥用量一定的条件下,混凝土拌合物显得干稠,流动性显著降低,如图 5.9 所示。在保持混凝土拌合物流动性不变的条件下,砂率过大会使混凝土的胶凝材料浆体用量显著增大,如图 5.10 所示。因此,混凝土砂率不宜过小,也不宜过大,应选取合理砂率。

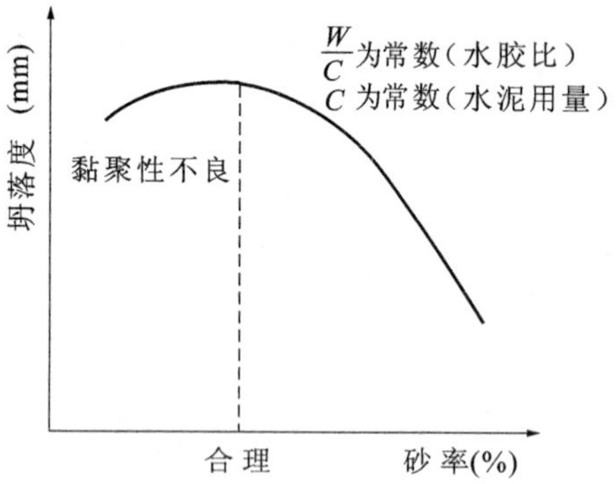

图 5.9　砂率与坍落度的关系曲线

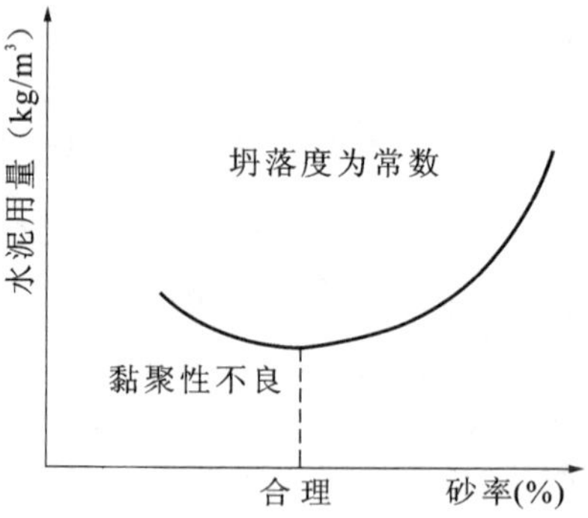

图 5.10　砂率与水泥用量的关系曲线

合理砂率是指在水胶比及水泥用量一定的条件下,使混凝土拌合物保持良好的黏聚性和保水性,并获得最高流动性的最小砂率(图 5.9)。即在水胶比一定的条件下,当混凝土拌合物达到要求的流动性,且具有良好的黏聚性及保水性时,水泥用量最省的最小砂率,如图 5.10 所示。

(4) 其他因素的影响

除上述影响因素外,影响混凝土拌合物和易性的因素还有:水泥品种、掺合料品种及掺量、骨料种类、骨料粒形及级配、混凝土外加剂品种及掺量以及混凝土搅拌工艺和环境温、湿度等。

① 水泥需水量大时,拌合物流动性较低。使用矿渣水泥时,混凝土保水性较差。使用火山灰水泥时,混凝土黏聚性较好,但流动性较低。

② 掺合料或外加剂的品质及掺量对拌合物的和易性有很大的影响。当掺入优质粉煤灰时,可改善拌合物的和易性;掺入质量较差的粉煤灰时,往往使拌合物流动性降低。混凝土中掺入外加剂,可显著改善拌合物的和易性。

③ 粗骨料的颗粒较大、粒形较圆、表面光滑、级配较好时,拌合物流动性较大。使用粗砂时,拌合物黏聚性及保水性较差,而拌合物的流动性较好;使用细砂及特细砂时,拌合物黏聚性及保水性较好,而拌合物的流动性较差。

④ 拌合物的流动性还受到环境温、湿度高低,搅拌工艺以及搅拌后拌合物停置时间的长短等施工条件影响。对于掺用外加剂及掺合料的混凝土,这些施工因素的影响更为显著。

5.3.1.4　混凝土拌合物流动性指标的选择

正确选择拌合物流动性(坍落度),对于保证混凝土的施工质量及节约水泥有着重要的意义。坍落度较小的拌合物虽然施工较困难,但胶凝材料浆体用量较少,节约水泥,混凝土成本降低;坍落度较大的拌合物,施工较容易,但水泥用量较多,混凝土成本增加,而且容易产生离析、泌水现象。因此,在选择坍落度指标时,原则上应在便于施工操作并能保证振捣密实的条件下,尽可能取较小的坍落度,以节约水泥并获得质量较高的混凝土。实际上,应根据结构物的条件及施工方法而定。当构件截面尺寸较小或钢筋较密集,或采用人工插捣时,坍落度可选择大些;反之,当构件截面尺寸较大或钢筋较稀疏,或采用振捣器振捣时,坍落度可选择小些。不同工程宜采用的坍落度值可参照有关规范。

5.3.1.5 改善拌合物和易性的措施

前面已经讨论过影响混凝土拌合物和易性的主要因素，目的是抓住主要因素能动地调整拌合物的和易性，以适应具体结构与施工条件。和易性只是混凝土众多性能中的一部分，因此当决定采取某项措施来调整拌合物和易性时，还必须同时考虑对混凝土其他性质（如强度、耐久性）的影响，不能以降低混凝土的强度和耐久性来换取和易性。在实际工作中，可采取如下措施来改善混凝土拌合物的和易性：

① 当拌合物坍落度偏小时，保持水胶比不变，适量地增加水泥（胶凝材料）浆数量，或者掺加外加剂。当坍落度偏大，但黏聚性良好时，可保持砂率不变，适当地增加砂、石用量。当黏聚性与保水性不好时，可适当地增大砂率，或者掺入矿物掺合料等。

② 选用适宜的水泥品种及矿物掺合料。

③ 选用级配良好的砂、石骨料，并尽可能采用较粗的砂、石骨料。

④ 尽可能降低砂率。通过试验，采用合理砂率，有利于提高混凝土的质量并节约水泥。

⑤ 有条件时掺入减水剂、引气剂及泵送剂等外加剂。

5.3.1.6 混凝土拌合物的凝结时间

水泥的水化反应是混凝土拌合物产生凝结的主要原因，但是混凝土拌合物的凝结时间与配制该混凝土所用水泥的凝结时间并不一致。水泥的凝结时间是水泥标准稠度净浆在规定温度及湿度条件下测得的，而一般配制混凝土拌合物时所用的水胶比与水泥凝结时间测定条件是不同的。水胶比增大，水泥水化产物间的间距增大，水化产物粘连及填充颗粒间隙的时间延长，凝结时间延长；此外，混凝土拌合物的凝结时间还会受到其他各种因素的影响，如混凝土掺入掺合料、外加剂，混凝土所处环境的温度、湿度条件等。环境温度升高，水泥水化和水分蒸发加快，凝结时间缩短；缓凝剂会明显延长凝结时间，速凝剂会显著缩短凝结时间。

混凝土拌合物的凝结时间（分为初凝和终凝时间）通常用贯入阻力法测定。先用 5 mm 圆孔筛从混凝土拌合物中筛取砂浆，按一定方法装入规定的容器中，然后每隔一定时间，用贯入阻力仪的试杆插入待测砂浆中一定深度（25 mm），测得其贯入阻力，绘制贯入阻力与时间关系曲线，贯入阻力 3.5 MPa 及 28.0 MPa 对应的时间即为拌合物的初凝时间和终凝时间。这是从使用角度人为确定的指标。初凝表示混凝土拌合物可施工时间的极限，终凝表示混凝土的力学强度开始快速发展。

5.3.2 混凝土的强度

混凝土强度分为抗压强度、抗拉强度、抗弯（折）强度及抗剪强度等。其中以抗压强度最大，抗拉强度最小，故混凝土主要用于承受压力。在混凝土结构中，经常采用混凝土的抗压强度作为设计依据，在施工控制中采用抗压强度评定混凝土质量。

5.3.2.1 混凝土抗压强度（f_c）

(1) 混凝土立方体抗压强度（f_{cu}）与强度等级

抗压强度是混凝土的重要质量指标，它与混凝土其他性能指标密切相关。抗压强度用单位面积上所能承受的压力来表示。根据试件形状的不同，混凝土抗压强度分为轴心抗压强度和立方体抗压强度。

《混凝土质量控制标准》(GB 50164—2011)规定，以边长 150 mm 的立方体试件为标准试件[①]，按《普通混凝土拌合物性能试验方法标准》(GB/T 50080—2016)的方法成型，并在标准养护条件[温度(20±2) ℃，相对湿度 95%以上]下，养护到 28 d 龄期，按《混凝土物理力学性能试验方法标准》(GB/T 50081—2019)的方法，测得的极限抗压强度，称为混凝土标准立方体抗压强度。在混凝土立方体抗压强度总体分布中，具有

①测定混凝土强度时，也可采用非标准立方体试件，但必须换算为标准尺寸立方体试件的强度。

95%保证率(保证率概念见5.7.3节)的抗压强度,称为立方体抗压强度标准值($f_{cu,k}$)。根据立方体抗压强度标准值(以MPa计)的大小,将混凝土分为不同的强度等级:C15、C20、C25、C30、C35、C40、C45、C50、C55、C60、C65、C70、C75、C80。如强度等级C25是指立方体抗压强度标准值为25 MPa。应根据建筑物的不同部位或承受不同荷载的结构,来选择使用不同强度等级的混凝土。

(2) 混凝土轴心抗压强度(f_{cp})

混凝土强度测定值与试件的形状有关。在工程实际中,混凝土构件的形状各异,混凝土的受力情况也各不相同,在结构设计中,有时采用轴心抗压强度作为计算依据。

目前,我国以150 mm×150 mm×300 mm的棱柱体试件作为轴心抗压强度的标准试件。如有必要,也可采用非标准试件,但其高与宽(或直径)之比应在2~3的范围内。同一种混凝土的轴心抗压强度小于立方体抗压强度,且高宽比(或高径比)越大,轴心抗压强度越小。试验表明,普通混凝土标准试件的轴心抗压强度f_{cp}约为标准立方体抗压强度f_{cu}的60%~70%。考虑到结构中混凝土强度与试件强度的差异,并假定混凝土立方体抗压强度离差系数与轴心抗压强度离差系数相等,混凝土轴心抗压强度标准值常取立方体抗压强度标准值的67%。

英、美等一些国家将直径150 mm,高300 mm的圆柱体试件定义为混凝土的标准试件,因此相应的混凝土抗压强度与我国的规定存在不同。

(3) 影响混凝土抗压强度的因素

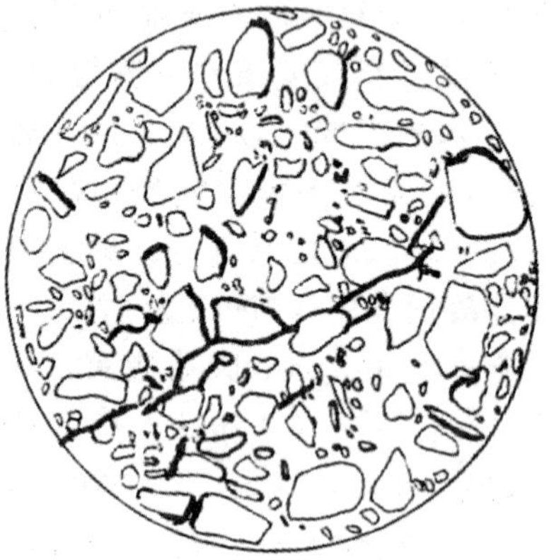

图5.11 混凝土受压破坏裂缝

影响混凝土抗压强度的因素有很多,如组成材料、施工方式、养护及试验方法等。从普通混凝土的受力破坏过程来看,一般破坏位置首先出现在骨料和水泥石的分界面上,即所谓的黏结面破坏,如图5.11所示。另外,当水泥石强度较低时,水泥石本身破坏也是常见的破坏形式。在普通混凝土中,骨料首先破坏的可能性小,因为骨料的强度常远大于水泥石和黏结面的强度。所以混凝土的强度主要决定于水泥石的强度及其与骨料间的黏结力,而它们又取决于水泥强度及水胶比的大小,因此,影响混凝土抗压强度的因素主要有水泥强度及水胶比、骨料种类及级配、养护条件及龄期和施工方法、施工质量等。在组成材料一定及标准条件下,影响混凝土强度的因素为:水泥强度(x_1)、水胶比(x_2)及骨料种类(x_3)。可表示为$f_{28}=f(x_1,x_2,x_3)$,至于这些因素x_1、x_2、x_3如何影响混凝土强度,哪个又是关键因子呢,便可计算①$\frac{\partial f}{\partial x_1}$、$\frac{\partial f}{\partial x_2}$和②$\frac{\partial^2 f}{\partial x^2}$来做分析。

① 水泥强度与水胶比。水泥强度与水胶比是影响混凝土强度的主要因素。拌制混凝土拌合物时,为了获得必要的流动性,常需用较多的水,即采用了较大的水胶比。一般塑性混凝土的水胶比常在0.38~0.83之间,而水泥完全水化所需的化学结合水一般只占水泥质量的23%左右。这样,混凝土中就常有多余的水分,它是使混凝土中产生毛细孔及微细裂缝的主要原因。水胶比大,多余的水分多,水泥石的密实度小,孔隙较多,水泥石的强度较低,水泥石的收缩也较大。同时,多余水分所造成的泌水多,混凝土的微细裂缝也多,水泥石与骨料的黏结也弱。因此,水泥强度愈高,混凝土强度愈高;水胶比愈大,混凝土强度愈低。试验证明,在原材料一定的条件下,混凝土强度随水胶比增大而降低的规律呈曲线关系,如图5.12(a)所示;混凝土强度与胶水比(水胶比的倒数)则呈直线关系,如图5.12(b)所示。需要指出的是,当水胶比过小时,胶凝材料浆体过分干稠,在一定振捣条件下,混凝土拌合物不能被振捣密实,反而导致混凝土强度降低,如图5.12(a)中的虚线所示。

结合大量的试验数据,采用数理统计方法可以建立混凝土抗压强度与水泥抗压强度及胶水比间的关系式,通常采用经验式表示,即

$$f_{cu}=Af_{ce}\left(\frac{C}{W}-B\right) \tag{5.1}$$

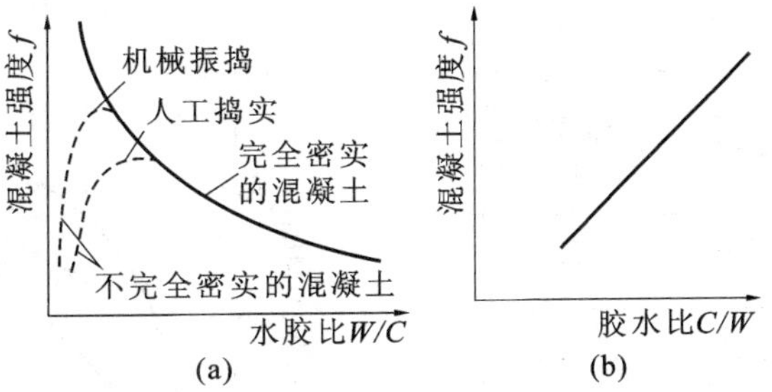

图 5.12 混凝土强度与水胶比及胶水比的关系(原材料一定)

(a)强度与水胶比的关系;(b)强度与胶水比的关系

式中 f_{cu}——混凝土 28 d 龄期的抗压强度,MPa;

f_{ce}——水泥 28 d 龄期的实际抗压强度①,MPa;

C/W——混凝土的胶水比;

A,B——经验系数。

A、B 值随所用材料的品种、施工条件等因素而变化。因此,在条件许可时应结合工程实际,配制不同水胶比的混凝土,进行强度试验,统计出该工程的经验系数[或绘制出如图 5.12(b)所示的关系曲线]。

《普通混凝土配合比设计规程》(JGJ 55—2011)规定,当骨料含水以干燥状态为基准时,A、B 系数值可取下列经验值:

卵石混凝土 $A=0.49$,$B=0.13$;

碎石混凝土 $A=0.53$,$B=0.20$。

利用上述经验公式,可以初步解决以下问题:

a. 当所采用的水泥强度等级或实际强度已知,欲配制某强度的混凝土时,可以估计应采用的水胶比值;

b. 当已知所采用水泥的强度等级及水胶比值时,可以估计出混凝土在标准养护条件下 28 d 龄期可能达到的强度。

② 骨料的种类及级配。骨料中有害杂质过多或品质低劣时,将降低混凝土的强度。表面粗糙并富有棱角的碎石骨料,与水泥石的黏结较好,且骨料颗粒间有嵌固作用,故所配制混凝土的强度较高。当骨料级配良好,砂率适当时,砂石骨料填充密实,也使混凝土获得较高的强度。骨料种类对混凝土强度的影响还与水胶比有一定关系。

当 $W/C \leqslant 0.40$ 时,碎石制作的混凝土强度较卵石制作的大 38%;

当 $W/C > 0.65$ 时,碎石制作的混凝土强度与卵石制作的基本一致。

这主要是由于当 W/C 小时,混凝土强度主要是由界面强度决定,便显得石子品种尤为重要。而当 W/C 较大时,混凝土强度主要由水泥石自身强度决定。另外,骨料用量与水泥用量之比称为骨胶比,对混凝土强度高于 60 MPa 的混凝土影响较大,在相同 W/C 下,28 d 强度随着骨胶比的增大而提高,其原因是骨料的增加导致其表面积增加,吸收部分"多余"润湿水,降低有效 W/C,使胶凝材料浆体密实,又使胶凝材料浆体数量减少,从而减小了混凝土内的孔隙体积,使得混凝土强度提高。

③ 养护条件与龄期。混凝土强度受养护条件及龄期的影响很大。养护温度与湿度是通过对水泥水化过程产生影响而起作用的,在干燥环境中,混凝土的强度发展会随水分逐渐蒸发而减慢或停止。养护温度高时,硬化速度较快,图 5.13 为不同养护温度下混凝土各龄期的相对强度;养护温度低时,硬化比较缓慢。当温度低至 0 ℃以下时,混凝土停止硬化,且有冰冻破坏的危险,图 5.14 为混凝土强度与冻结日期的关系。因此,混凝土浇捣完毕后,必须加强养护,保持适当的温度和湿度,以保证硬化不断进行,强度不断增长。

①在无法取得水泥的实际强度时,可用式 $f_{ce}=\gamma_c \cdot f_{ce,k}$ 代入。式中,γ_c—水泥强度等级富余系数,该值应按水泥厂实际统计资料定出。当水泥厂尚无资料时,对应于强度等级 32.5、42.5 和 52.5 的水泥,γ_c 可分别取 1.12、1.16 和 1.10。$f_{ce,k}$—水泥强度等级,MPa。

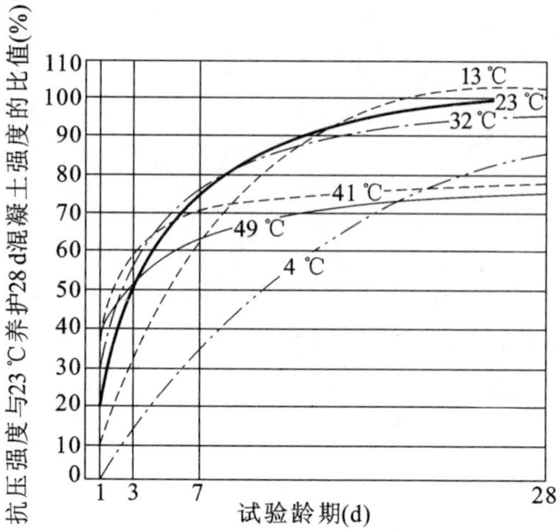

图 5.13　养护温度对混凝土强度的影响

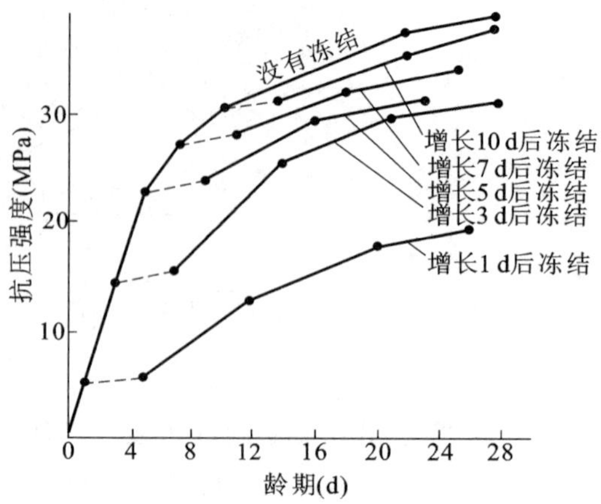

图 5.14　混凝土强度与冻结日期的关系

湿热养护混凝土，可提高混凝土的强度。处理方法有两类：一类是蒸汽养护，即将混凝土放在温度低于 100 ℃的常压蒸汽中进行养护。一般混凝土经过一昼夜的蒸养，强度可达正常条件下养护 28 d 强度的 70％左右。另一类是蒸压养护，即将静停 8～10 h 后的混凝土构件放在温度 175 ℃、0.8 MPa 的蒸压釜中进行养护。在高温下，结晶态的 SiO_2 溶解度增大，与水泥水化析出的 $Ca(OH)_2$ 反应，生成结晶较好的水化硅酸钙，能有效地提高混凝土的强度，并加速水泥的水化和硬化。这种方法对于掺活性材料的混凝土尤为有效。

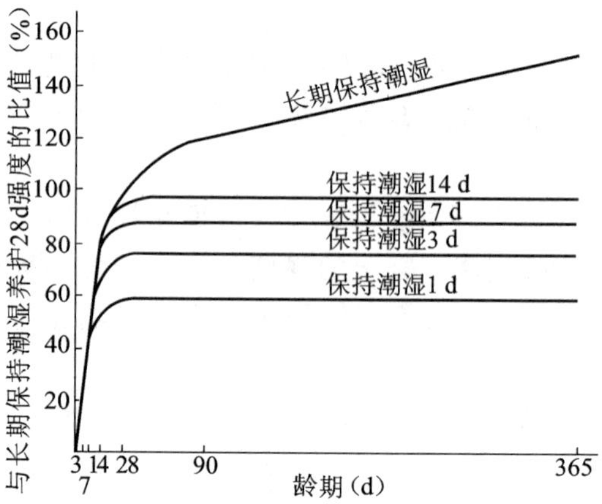

图 5.15　混凝土强度与保持潮湿日期的关系

在正常养护条件下，混凝土的强度在最初几天发展较快，以后逐渐缓慢，28 d 以后更慢。如果能长期保持适当的温度和湿度，混凝土强度的增长可延续数十年之久。图 5.15 为混凝土强度与保持潮湿日期的关系。

混凝土强度增长速率，随水泥品种及养护温度不同而异。在正常的养护条件下，可根据其早期强度大致估计 28 d 的强度。普通水泥制成的混凝土，在标准条件下，其强度的发展大致与其龄期的对数呈正比关系(龄期不小于 3 d)：

$$f_n = f_{28} \cdot \frac{\lg n}{\lg 28} \tag{5.2}$$

式中　f_n——n d 龄期混凝土的抗压强度，MPa；

f_{28}——28 d 龄期混凝土的抗压强度，MPa；

n——养护龄期，d，$n \geqslant 3$。

根据式(5.2)可由某已知龄期的混凝土强度，估算另一个龄期的强度。由于影响混凝土强度的因素很多，强度发展不可能一致，故式(5.2)仅作为参考。混凝土强度和成熟度[混凝土所经历的时间和温度的乘积的总和，单位为小时・度(h・℃)或天・度(d・℃)]的对数呈线性关系，这是比用养护龄期(n)更合理的建立混凝土强度函数关系的基本参数。在混凝土工程中，利用成熟度来控制混凝土的养护、脱模、切缝等工序的时间具有实际意义。

混凝土的强度是随龄期的延长而增长的。设计中可利用混凝土的后期强度以便节约水泥，但不能选用过长的龄期，以免造成混凝土早期强度过低，给施工带来困难。工程中选用 60 d、90 d 或 180 d 为设计龄期时，应同时提出 28 d 龄期混凝土强度的要求。施工期间控制混凝土质量一般以 28 d 强度为依据。

工程实践中，为了检验结构中的混凝土强度，有时需测定非标准养护(如与构件同条件养护)或非设计龄期的混凝土强度。

④ 施工因素的影响。混凝土施工过程中若搅拌不均匀、振捣不密实或养护不良等，均会降低混凝土的强度。

混凝土拌合物的搅拌可分为机械搅拌和人工拌和。机械搅拌相比人工拌和能使拌合物拌和得更均匀（尤其是采用强制式搅拌机效果更好），可获得强度更高的混凝土。对于掺有减水剂或引气剂的混凝土，机械搅拌的作用更为突出。近年来研究的多次投料搅拌工艺可配制出造壳混凝土，具有提高强度的效果。所谓造壳，就是在粗、细骨料表面裹上一层低水胶比的水泥薄壳，以提高水泥石和骨料之间界面的黏结强度。

混凝土振捣方法有人工捣实和机械振捣两种。机械振捣浇筑的混凝土比人工捣实的混凝土密实，强度也较高。对于低流态混凝土或干硬性混凝土，采用机械振捣法更为适宜。

⑤ 试验条件的影响。试件的形状与尺寸、加荷速率、试件表面状态、试验机承压板的刚度大小等均会影响混凝土的强度。

5.3.2.2 混凝土抗拉强度（f_t）

混凝土的抗拉强度很低，一般约为抗压强度的7%～14%。强度较低的混凝土，这个比值稍高一些；强度较高的混凝土，这个比值要低一些。混凝土抗拉强度 f_t（MPa）与抗压强度 f_{cu}（MPa）之间的关系可近似地用经验式（5.3）表示，即：

$$f_t = 0.23 f_{cu}^{2/3} \tag{5.3}$$

测定混凝土抗拉强度的方法，有轴心拉伸法和劈裂法。轴心拉伸试验多用8字形或棱柱体试件直接测定混凝土轴心抗拉强度，相对比较麻烦，且试件缺陷或加荷时很小的偏心都会严重地影响试验结果，致使试验结果离散性较大而较少采用。故目前我国多采用劈裂抗拉试验来测定混凝土的抗拉强度。劈裂抗拉强度测定时，对试件前期制作方法、试件尺寸、养护方法及养护龄期等的规定，与检验混凝土立方体抗压强度的要求相同。该方法的原理是在试件两个相对的表面轴线上，作用着两组均匀分布的压力，这样就能使在此外力作用下的试件的竖向平面内产生均布拉应力，如图5.16所示。该拉应力可以根据弹性理论计算得出，这种方法克服了过去测试混凝土抗拉强度时出现的一些问题，并且也能更好地反映试件的抗拉强度。

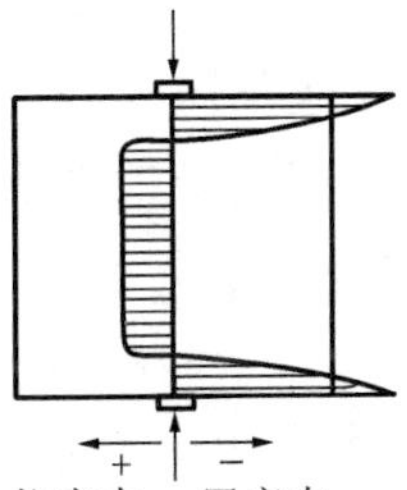

图 5.16 劈裂试验时垂直于受力面的应力分布

混凝土劈裂抗拉强度按式（5.4）计算：

$$f_{ts} = \frac{2F}{\pi A} = 0.637\frac{F}{A} \tag{5.4}$$

式中 f_{ts}——混凝土劈裂抗拉强度，MPa；

F——破坏荷载，N；

A——试件劈裂面积，mm^2。

同样的混凝土，测得的劈裂抗拉强度较测得的轴心抗拉强度量值偏低，试验证明两者的比值为0.9左右。对于道路工程和桥梁工程混凝土的结构设计、质量控制与验收等环节，便需要按照《混凝土物理力学性能试验方法标准》（GB/T 50081—2019）的方法测试混凝土的抗折强度（f_{cf}）或按照《公路工程水泥及水泥混凝土试验规程》（JTG 3420—2020）的方法测试混凝土抗折强度（抗拉强度）。

影响混凝土抗拉强度的因素，基本上与影响抗压强度的因素相同。水泥强度高、水胶比小、骨料表面粗糙、混凝土振捣密实以及加强早期养护等，都能提高混凝土的抗拉强度。实践证明，使用表面粗糙并富有棱角的碎石，因其骨料颗粒间有嵌固作用，进而对提高抗拉强度更为有效。

5.3.2.3 提高混凝土强度和措施

根据影响混凝土强度的因素，可知提高混凝土强度的措施有以下几点：

① 采用强度等级高的水泥或早强型水泥；
② 采用低水胶比的干硬性混凝土；
③ 采用湿热方法处理养护混凝土；
④ 采用机械搅拌和振捣、高频振捣等工艺；
⑤ 掺入混凝土外加剂或矿物掺合料；
⑥ 采用“造壳”工艺，提高黏结面强度；
⑦ 综合运用上述各措施。

5.3.3 混凝土的变形与抗裂性

5.3.3.1 混凝土在非荷载作用下的变形

(1) 干缩湿胀

混凝土的干缩湿胀是由混凝土内水分变化引起的。当混凝土长期在水中硬化时，会产生微小的膨胀；当混凝土在空气中硬化时，由于水分蒸发，水泥石中凝胶体逐渐干燥收缩，使混凝土产生干缩。已干燥的混凝土再次吸水时，原有的干缩变形会大部分消失，也有约 30%～50%的残余变形是不消失的，混凝土胀缩如图 5.17 所示。

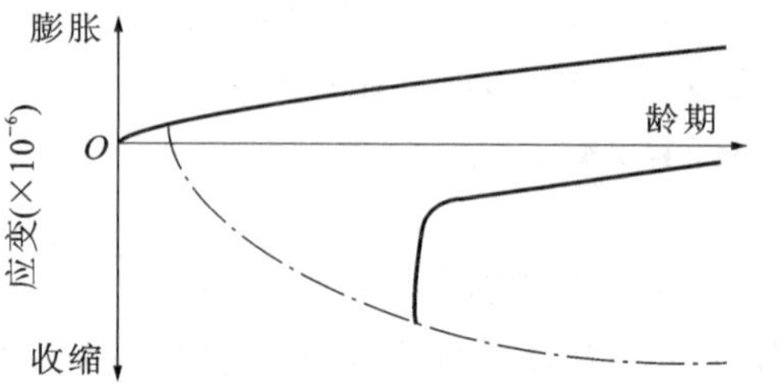

图 5.17 混凝土的胀缩

混凝土干缩变形的大小用干缩率表示。常用 100 mm×100 mm×515(或 600)mm 的试件，在温度为(20±2)℃，相对湿度 55%～65%的干燥室(箱)中，干燥至规定龄期(1 d、3 d、7 d、14 d、28 d)，测定干燥前后试件的长度，按式(5.5)计算干缩率 ε_t：

$$\varepsilon_t = \frac{L_t - L_0}{L_0 - 2\Delta} \tag{5.5}$$

式中 L_0——试件的基准长度，mm；

L_t——试件干燥至规定龄期 t 天(d)后的长度，mm；

Δ——金属测头的长度，mm。

用这种方法测得的干缩率，其值可达 3×10^{-4}～5×10^{-4}。而实际工程中构件的尺寸要比试件大得多，构件内部混凝土干燥过程则缓慢得多，所以构件上混凝土的干缩率较上述试验值也小得多。设计上常采用的混凝土干缩率为 1.5×10^{-4}。

影响混凝土干缩率的主要因素有：①混凝土单位用水量越大，干缩率越大，一般混凝土用水量每增加 1%，干缩率可增大 2%～3%。②混凝土的水胶比越大，干缩率越大。③混凝土骨料最大粒径越大、级配越良好，其干缩率越小。④水泥的品种及细度对干缩率也有很大影响，火山灰水泥的干缩率最大。水泥越细，干缩率也越大。⑤当掺用促凝剂时，可使干缩率增大，例如，掺用氯化钙将使混凝土的干缩率增大 50%～100%。

干缩变形可使混凝土表面产生拉应力，引起表面裂纹，使混凝土抗渗、抗冻、抗侵蚀性能降低。因此，干缩对混凝土有较大的危害，工程中应予以重视。

(2) 温度变形

混凝土与其他材料一样，也有热胀冷缩现象，温度变形的大小可用温度变形系数 α 表示，用式(5.6)计算，即：

$$\alpha = \frac{\Delta L}{L\Delta T} \tag{5.6}$$

式中 L——试件长度，mm；

ΔT——温度变化,℃;

ΔL——温度变化 ΔT 时,试件长度的变化,mm。

混凝土温度变形系数随骨料种类及配合比的不同而变化。当骨料为石英岩、石英砂岩或花岗岩时,α 值较大;当骨料为石灰岩、白云石或玄武岩时,α 值较小。骨料最大粒径较大的混凝土,其胶凝材料浆体较少,α 值较小。

混凝土温度变形系数 α 约为 1.0×10^{-5}/ ℃,即温度每升高 1 ℃,每米膨胀 0.01 mm。当缺乏资料时,对石灰岩机制砂石骨料混凝土,可取 α 为 $0.5\times10^{-5}\sim0.7\times10^{-5}$/ ℃;对硅质砂岩机制砂石骨料或天然砂石骨料的混凝土,常取 α 为 1.0×10^{-5}/ ℃。

温度变形对大体积混凝土及大面积混凝土工程极为不利。选用 α 值较小的混凝土有利于减小大体积混凝土及大面积混凝土的温度应力,提高混凝土的抗裂性。

(3) 自生体积变形

混凝土自生体积变形是在恒温恒湿条件下,由胶凝材料的水化作用引起的混凝土体积变形,主要由化学收缩、自干燥收缩和内部盐类反应引起的膨胀三部分组成,它不同于干缩变形,与混凝土的单位用水量无关,主要决定于胶凝材料的性质。干缩变形属于物理收缩,而自生体积变形属于化学收缩。混凝土自生体积变形有膨胀的,也有收缩的,当其为膨胀变形时,可补偿因温降产生的收缩变形,这对混凝土的抗裂是有利的;当其为收缩变形时,对混凝土的抗裂是不利的。混凝土自生体积膨胀变形对大体积混凝土温控抗裂尤为有利。

普通水泥混凝土中,水泥水化生成物的体积较反应前物质的总体积小。混凝土自生体积变形多为收缩型。当水泥中含有膨胀组分或在混凝土中掺入膨胀剂时,可使混凝土产生膨胀型的自生体积变形,可以抵消部分(或全部)的干缩及温降收缩变形,防止混凝土出现裂缝。混凝土自生体积变形是不能恢复的。

测定混凝土自生体积变形的方法,是把成型后的混凝土试件立即用密封材料封闭,并置于 20 ℃环境中养护,记录应变计的初始读数及以后各龄期混凝土的应变值。在测定混凝土干缩率时,干缩变形中已经包括了混凝土的部分自生体积变形,故有时不单独测定混凝土自生体积变形。

5.3.3.2 混凝土在荷载作用下的变形

(1) 应力-应变关系

在短期荷载作用(按一般静力试验加荷)下,混凝土受力变形的应力-应变曲线如图 5.18 所示。混凝土应力-应变关系,随应力 σ 大小的不同,可分为三个阶段。

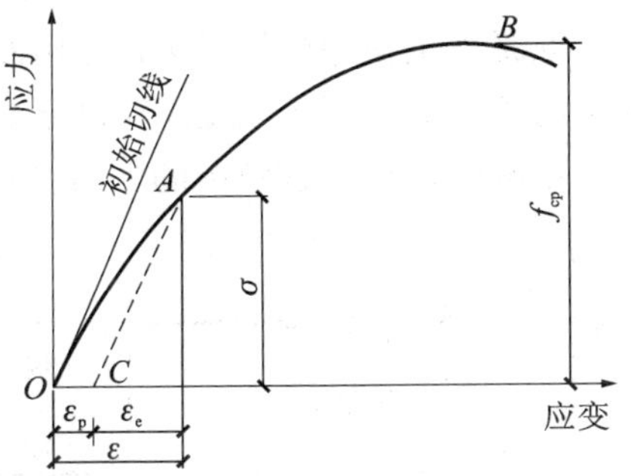

图 5.18 混凝土受压时应力-应变曲线

当 $\sigma<(0.3\sim0.5)f_{cp}$ 时,应力-应变曲线近于直线,此时混凝土的变形主要是弹性变形,也有极少的塑性变形。产生此极少的塑性变形是由于混凝土内原生裂隙被压闭合,并且局部拉应力也引发了极少的新生微裂隙。在此阶段混凝土的连续性未被破坏。

当 σ 为 $(0.3\sim0.5)f_{cp}$ 至 $(0.7\sim0.9)f_{cp}$ 之间时,应力-应变曲线的曲率增大,体积变形曲线的压缩率逐渐减小,直到体积压缩停止。此阶段混凝土内裂缝稳定扩展,若保持应力于某一水平不变,裂缝扩展到某一程度也会自行停止。由于混凝土内裂缝的扩展,混凝土的总变形中包括有较多的塑性变形。这种塑性变形与金属材料的塑性变形不同,它是与混凝土内裂缝发展相联系的,故称为假塑性。

当 $\sigma\geqslant(0.7\sim0.9)f_{cp}$ 后,混凝土内出现不稳定裂缝扩展。混凝土表面出现可见裂缝,其体积变形曲线反转,体积开始转向膨胀,直到应力达到极限抗压强度值,而后变形继续增加,直至破坏。

在重复荷载作用下,应力-应变曲线因作用应力大小的不同而有不同形式。当重复应力小于 $(0.3\sim0.5)f_{cp}$ 时,应力-应变曲线如图 5.19 所示。每次卸载都残留少量塑性变形,且随着应力重复次数增加,塑性变形增

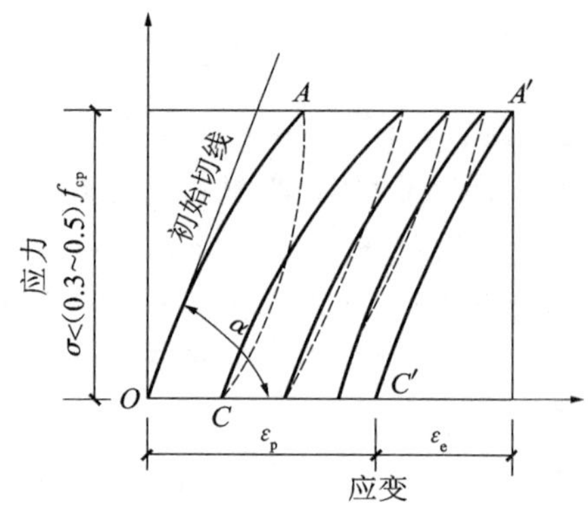

图 5.19 低应力下重复荷载的应力-应变曲线

量逐渐减小，最后曲线稳定于 $A'C'$ 线，它与初始切线大致平行。当重复应力大于 $(0.5\sim0.7)f_{cp}$ 时，随着重复次数的增加，塑性应变将逐渐增加，最后导致疲劳破坏。

从上可见，混凝土在短期荷载下的变形和破坏，与其内部裂缝的发生、扩展是紧密联系的。

(2) 变形模量

混凝土的变形模量是指应力-应变曲线上任一点的应力与应变的比值。在计算钢筋混凝土的变形、裂缝开展、大体积混凝土的温度应力以及进行结构物应力观测时，均需了解混凝土的变形模量。由图 5.17 的混凝土应力-应变关系可知，当混凝土所受应力大小不同时，其变形模量也不同。故在上述计算和观测中，应采用不同的变形模量。

在混凝土及钢筋混凝土结构设计中，常采用按标准方法测得的变形模量，此模量称为混凝土静力弹性模量 E_h，简称弹性模量。

混凝土弹性模量与混凝土强度密切相关，强度越高，弹性模量越大，且混凝土弹性模量随养护温度的提高及龄期的增大而增大。当缺乏试验资料时，28 d 龄期 E_h(MPa) 可按经验式(5.7)近似计算：

$$E_h=\frac{10^5}{2.2+\dfrac{34.7}{f_{cu}}} \tag{5.7}$$

式中 E_h——混凝土 28 d 龄期抗压弹性模量，MPa；

f_{cu}——混凝土 28 d 龄期立方体抗压强度，MPa。

混凝土弹性模量还受到下列因素的影响：

① 混凝土的胶凝材料浆体含量较少时，弹性模量较大；

② 骨料弹性模量较大时，混凝土的弹性模量也较大；

③ 掺引气剂混凝土的弹性模量较普通混凝土的弹性模量低 20%～30%。

当 $\sigma\geqslant(0.5\sim0.7)f_{cu}$ 时，混凝土应力-应变曲线明显弯曲，故变形模量明显减小。这时的变形模量称为弹塑性模量 E_h'。当计算构件出现裂缝前的变形时，应采用弹塑性模量，常取 $E_h'=0.85E_h$。

混凝土抗拉弹性模量 E_t，是用断面 100 mm×100 mm 的轴心拉伸试件，进行轴心拉伸试验测定的。混凝土的 E_t 与 E_h 十分接近，当缺乏试验资料时，常取 $E_t=E_h$。

用测定试件自振频率的方法，所测得的弹性模量称为混凝土动弹性模量 E_d，其值较 E_h 为大。

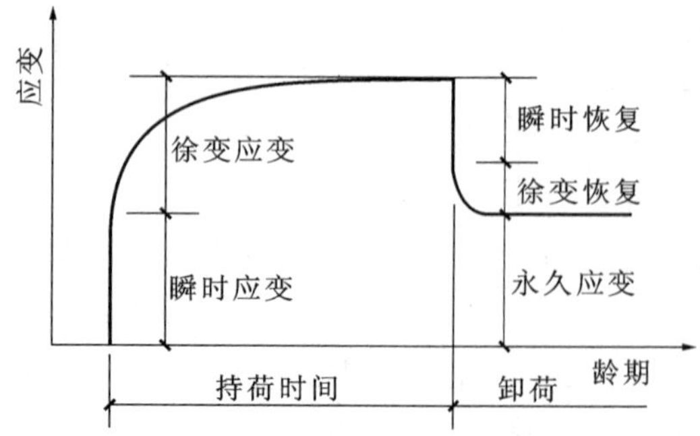

图 5.20 混凝土的徐变曲线

(3) 徐变与松弛

① 徐变。随着荷载作用时间的延长，混凝土变形将逐渐增大，这种随时间增长的变形称为徐变。混凝土徐变是加荷龄期 τ 和荷载持续时间 t 的函数。

当 $\sigma<(0.3\sim0.5)f_{cu}$ 时，在持荷时间内，变形随时间延长而增长，徐变变形可达瞬时变形的 2～3 倍。卸除荷载后，部分变形瞬时恢复，少部分变形逐渐恢复，称为徐变恢复。此外，还会保留部分永久变形。徐变曲线如图 5.20 所示。

$\sigma>(0.3\sim0.5)f_{cu}$ 时，徐变变形增长相对比应力增长快；当 $\sigma\geqslant(0.7\sim0.8)f_{cu}$ 时，混凝土将由于变形的不断增长而破坏。持荷时间越长，破坏时应力水平越低。当持荷时间趋近于无限大时，其破坏应力称为持久强度。

混凝土的徐变是由水泥石的徐变所引起的，而水泥石的徐变则产生于凝胶体中的水分在荷载作用下的迁移,以及在长期荷载的作用下凝胶体的黏性流动。砂、石骨料和水泥石中的未水化水泥内核及结晶体,可以认为是不产生徐变的,且它们还能阻碍水泥石变形,减小混凝土徐变。混凝土中的孔隙,则与骨料相反,增大混凝土的徐变。

影响混凝土徐变的因素很多。混凝土的加荷龄期 τ 较短时,产生的徐变较大;水胶比较大及强度较低的混凝土,徐变较大;水胶比相同时,水泥用量较多的混凝土徐变较大;在混凝土中掺有矿渣或火山灰质掺合料或采用掺混合材料硅酸盐水泥时,可增大混凝土徐变;加入引气剂,可增大混凝土徐变;充分养护,特别是水中养护,可使混凝土徐变减小。

混凝土拉伸徐变较应力相等时的压缩徐变大 20%~30%。

混凝土徐变对建筑物的受力影响很大,由于混凝土徐变,结构内部会发生应力和变形重分布。例如:在钢筋混凝土中,由于混凝土的徐变,钢筋所承受的应力将加大;在预应力钢筋混凝土中,混凝土的徐变会使钢筋的预加应力受到损失;徐变还能使结构内应力集中现象得到缓解;徐变也能减小大体积混凝土的温度应力。

② 应力松弛。加荷使混凝土产生一定变形后,若维持此变形不变,随着时间的延长,混凝土内的应力将逐渐减小,这种现象称为应力松弛。产生应力松弛的原因与徐变相同。

设混凝土加荷龄期为 τ,此时应力为 σ_τ,保持其变形不变,到龄期 t 时,其应力为 σ_t,则 σ_t/σ_τ 为此时的应力松弛系数 $K_{\tau,t}$,加荷龄期越早(τ 越小),持续时间越长[$(t-\tau)$越大],则 $K_{\tau,t}$ 越小,应力松弛现象越显著。在大体积混凝土温度应力计算中,常取 $K_{\tau,t}=0.5\sim0.8$。

5.3.3.3 混凝土的抗裂性

(1) 混凝土的裂缝

混凝土的开裂主要是混凝土在限制收缩下,由于混凝土中拉应力超过了抗拉强度(或者说拉伸应变达到或超过了极限拉伸值)而引起的。混凝土的干缩、降温冷缩及自生体积收缩等收缩变形,受到基础及周围环境的约束时,在混凝土内引起拉应力,并可能引起混凝土开裂。混凝土内部温度升高(或膨胀剂作用)使混凝土产生膨胀变形。当膨胀变形受到约束(称此变形为限制膨胀)时,在混凝土内引起压应力,混凝土不会开裂;当膨胀变形不受外界约束(称此变形为自由膨胀)时,也会引起混凝土内部开裂。

大体积混凝土产生裂缝的原因有干缩和温度应力两方面,其中温度应力是最主要的因素。在混凝土浇筑初期,水泥水化热使混凝土内部温度升高,产生内部与表面温差,在混凝土表面产生拉应力,导致表面开裂。当气温骤降时,这种裂缝更易发生。在硬化后期,混凝土温度逐渐降低而发生收缩,此时混凝土若受到基础或周围环境的约束,会产生深层裂缝。

此外,结构物受荷过大、施工方法欠合理以及结构物基础不均匀沉降等都可能导致混凝土开裂。

为防止混凝土结构产生裂缝,除应选择合理的结构形式及施工方法,以减小或消除引起裂缝的应力或应变外,还应采用抗裂性较好的混凝土,如采用补偿收缩混凝土,便是防止裂缝产生的重要途径。

(2) 混凝土抗裂性指标

混凝土为脆性材料,抗裂能力较低。评价混凝土抗裂性的指标有多种,常用的几种简单介绍如下:

① 混凝土极限拉伸 ε_p。混凝土轴心拉伸时,断裂前的最大伸长应变称为极限拉伸。在其他条件相同时,混凝土极限拉伸值越大,抗裂性越强。对于大体积内部混凝土,常要求 $\varepsilon_p\geqslant0.7\times10^{-4}$;对于外部混凝土,一般要求 $\varepsilon_p\geqslant0.85\times10^{-4}$。进行钢筋混凝土轴心受拉构件抗裂验算时,常取 $\varepsilon_p=1.0\times10^{-4}$。

② 抗裂度 D。抗裂度是极限拉伸与混凝土温度变形系数之比(单位为℃),即以温差(℃)量度的极限拉伸:

$$D=\frac{\varepsilon_p}{\alpha} \tag{5.8}$$

式中 α——混凝土的温度变形系数,1/ ℃。

抗裂度越大,混凝土抗裂性越强。

③ 热强比 H/R，指某龄期单位体积混凝土发热量与抗拉强度之比[$J/(m^3 \cdot MPa)$]①。混凝土发热量是产生温度应力的主要原因，发热量小，温度应力小。抗拉强度是防止混凝土开裂的主要因素。因此，混凝土热强比越小，抗裂性越强。

④ 抗裂性系数 CR。以止裂作用的极限拉伸与起裂作用的热变形值之比作为抗裂性系数 CR。CR 值越大，抗裂性越好。

$$CR=\frac{\varepsilon_p}{\alpha\Delta T} \tag{5.9}$$

式中　ΔT——混凝土的绝热温升，℃。

混凝土抗裂度、热强比及抗裂性系数等指标，都是比较混凝土抗裂性能优劣的相对指标。在研究和选择混凝土原材料及配合比时，可起一定参考作用。

(3) 提高混凝土抗裂性的主要措施

① 选择适当的水泥品种。火山灰水泥干缩率大，对混凝土抗裂不利。粉煤灰水泥水化热低、干缩率较小、抗裂性好。选用 C_3S 及 C_3A 含量较低、C_2S 及 C_4AF 含量较高或早期强度稍低后期强度增长率高的硅酸盐水泥或普通水泥，混凝土的弹性模量较低、极限拉伸值较大，有利于提高混凝土的抗裂性。

② 选择适当的水胶比。水胶比过大的混凝土，强度等级过低，极限拉伸值过小，抗裂性较差；水胶比过小，水泥用量过多，混凝土发热量过大，干缩率增大，抗裂性也会降低。因此，对于大体积混凝土，应取适当强度等级且发热量低的混凝土。对于钢筋混凝土结构，提高混凝土极限拉伸值可以增大结构抗裂度，故混凝土强度等级不应过低。

③ 采用多棱角的石灰岩碎石及机制砂作混凝土骨料。采用碎石骨料与天然河卵石骨料相比，可使混凝土极限拉伸值显著提高。同时石灰岩碎石骨料可使混凝土温度变形系数减小，有利于提高混凝土抗裂性。

④ 掺用适量优质粉煤灰或硅粉。混凝土中采用超量取代法掺入适量粉煤灰时，水胶比随之减小，混凝土极限拉伸值可提高，有利于提高混凝土的抗裂性。在水胶比不变的条件下，采用等量取代法掺入适量优质粉煤灰时，混凝土的极限拉伸值虽然有一定下降，但其发热量显著减少。试验证明，当掺量适当时，混凝土的抗裂性也会提高。

混凝土中掺入适量硅粉，可显著提高混凝土的抗拉强度及极限拉伸值，且混凝土发热量基本不变，故可显著提高混凝土的抗裂性。

⑤ 掺入减水剂及引气剂。在混凝土强度不变的情况下，掺入减水剂及引气剂，可减少混凝土用水量，并可改善混凝土结构，从而显著提高混凝土极限拉伸值。

⑥ 加强质量控制，提高混凝土均匀性。调查研究发现，混凝土均质性越差，建筑物裂缝发生率越高。故加强质量管理，减小混凝土强度离差系数，可提高混凝土的抗裂性。

⑦ 加强养护。充分保温或水中养护混凝土可减缓混凝土干缩，并可提高极限拉伸值，故可提高混凝土抗裂性。对于掺有粉煤灰或硅粉的混凝土，由于混凝土早期强度增长较慢或干缩较大，更应加强养护。对于大体积混凝土，用保温材料对混凝土进行表面保护，可有效地防止混凝土浇筑初期产生表面裂缝。

5.3.4　混凝土的耐久性

5.3.4.1　混凝土耐久性的概念

混凝土除要求具有设计的强度，以保证其能安全地承受设计荷载外，还应根据其周围的自然环境以及使用上的特殊要求，而具有各种特殊性能，如抗渗性、抗冻性、碳化性、抗侵蚀性及抗风化性等，这些性能统称为混凝土耐久性。

① 因混凝土抗拉强度与抗压强度之间存在一定比例关系，故也有取与抗压强度之比的。

(1) 抗渗性

混凝土的抗渗性是指其抵抗水、油等液体在压力作用下渗透的性能。抗渗性是混凝土的一项重要性质，除关系到混凝土的挡水及防水作用外，还直接影响混凝土的抗冻性及抗侵蚀性等。抗渗性较差的混凝土，水分容易渗入内部，若遇冰冻或水中含有侵蚀性溶质，混凝土就容易受到冰冻或侵蚀作用而破坏。

混凝土抗渗性可用渗透系数或抗渗等级表示。我国目前沿用的表示方法是抗渗等级。混凝土抗渗等级，是以 28 d 龄期的标准试件，在标准试验方法下所能承受的最大水压力来确定的。混凝土抗渗等级分为 P2、P4、P6、P8、P10、P12 等，即表示混凝土在标准试验条件下能抵抗 0.2、0.4、0.6、0.8、1.0 及 1.2(MPa)的压力水而不渗水。抗渗等级≥P6 级的混凝土为抗渗混凝土。

混凝土抗渗等级应根据结构物所承受的水压情况，按有关规范进行选择。

混凝土的抗渗性还可以用渗透系数表示。混凝土渗透系数越小，抗渗性越强。渗透系数与抗渗等级之间有如表 5.17 所示的近似关系。

表 5.17 混凝土渗透系数与抗渗等级的关系

抗渗等级	渗透系数 K,cm/s	抗渗等级	渗透系数 K,cm/s
P2	0.196×10^{-7}	P10	0.177×10^{-8}
P4	0.783×10^{-8}	P12	0.129×10^{-8}
P6	0.419×10^{-8}	P16	0.767×10^{-9}
P8	0.261×10^{-8}	P30	0.236×10^{-9}

混凝土透水的原因是内部存在渗水通道。这些通道除产生于施工振捣不密实及裂缝外，主要来源于胶凝材料浆体中多余水分蒸发而留下的毛细孔、胶凝材料浆体泌水所形成的孔道及骨料下部界面聚积的孔隙。渗水通道的多少，主要与水泥品种及水胶比的大小有关。当水泥品种一定时，水胶比是影响抗渗性的主要因素。水胶比小时抗渗性高，反之则抗渗性低。图 5.21 为不同水胶比水泥净浆的渗透系数示例。由图可见，水胶比大于 0.6 时，渗透系数剧增，抗渗性显著下降。表 5.18 列出了水胶比与混凝土抗渗等级的大致关系，可供参考。

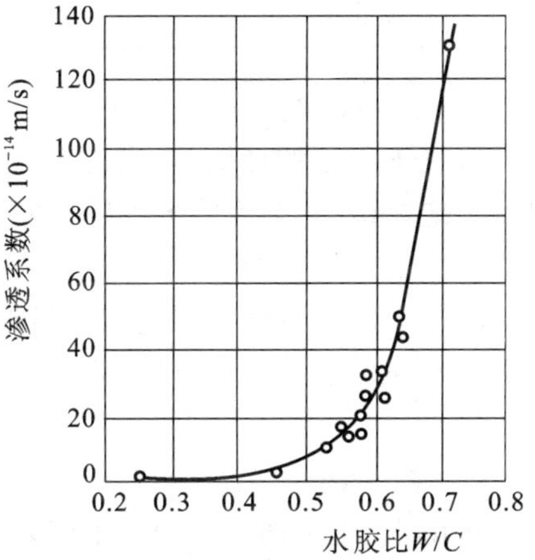

图 5.21 不同水胶比水泥净浆的渗透系数

当掺用引气剂等外加剂时，由于改变了混凝土中的孔隙构造，截断了渗水通道，故可显著提高混凝土的抗渗性。

当采用普通水泥、火山灰水泥或掺入粉煤灰等掺合料时，混凝土抗渗性好；当采用矿渣水泥时，抗渗性较差。此外，骨料级配、施工质量及养护条件等，也对混凝土抗渗性有一定影响。

表 5.18 混凝土水胶比与混凝土抗渗等级的大致关系

水胶比	0.50～0.55	0.55～0.60	0.60～0.65	0.65～0.75
估计 28 d 可能达到的抗渗等级	P8	P6	P4	P2

注：未掺外加剂及掺合料。

混凝土抗渗性随养护龄期的延长而增长。设计中确定抗渗等级时，可以根据结构物开始承受水压的时间，考虑合适的养护龄期。

(2) 抗冻性

混凝土的抗冻性,是指混凝土在水饱和状态下能经受多次冻融作用而不破坏,同时也不严重降低强度的性能。混凝土的抗冻性能一般以加速试验方法检验,按冻融条件,有气冻水融、水冻水融和盐冻三种,分别用抗冻标号、抗冻等级和表面剥落质量等表示。

混凝土抗冻标号是用慢冻法(气冻水融)测得的最大冻融循环次数来划分的混凝土的抗冻性能等级。混凝土的抗冻标号划分为 D50、D100、D150、D200 和>D200 等 5 个等级。

混凝土抗冻等级是用快冻法(水冻水融)测得的最大冻融循环次数来划分的抗冻性能等级。混凝土的抗冻等级划分为 F50、F100、F150、F200、F250、F300、F350、F400 和>F400 等 9 个等级。

混凝土的抗冻等级应根据工程所处环境,按有关规范选择。严寒气候条件、冬季冻融交替次数多、处于水位变化区的外部混凝土,以及钢筋混凝土结构或薄壁结构、受动荷载的结构,均应选用较高抗冻等级的混凝土;与海水或侵蚀性溶液接触的上述各种结构,应选用更高抗冻等级的混凝土。

抗冻性好的混凝土,抵抗温度变化、干湿变化等风化作用的能力也较强。因此,在温和气候条件的地区,对于水位变化区及其以上的外部混凝土,也应提出一定的抗冻等级(F50)要求,以保证建筑物的抗风化耐久性。房屋建筑室内不受风雪影响的混凝土,可以不考虑抗冻性。

混凝土抗冻性的高低,与水泥品种及强度等级、混凝土水胶比、外加剂及掺合料的品种和掺量,以及骨料的品质等有密切关系。混凝土中掺入引气剂时,可显著提高其抗冻性。在原材料一定的条件下,水胶比的大小是影响抗冻性的主要因素。在没有试验资料时,混凝土水胶比按表 5.19 的规定执行。

表 5.19 小型工程抗冻混凝土水胶比要求

抗冻等级	F50	F100	F150	F200	F300
水胶比	<0.58	<0.55	<0.52	<0.50	<0.45

(3) 抗侵蚀性

混凝土所处的环境(空气或水)中的某些物质能与混凝土中的某些水泥水化产物产生化学反应,从而对混凝土造成破坏(强度降低、开裂、密实度降低等),这种破坏叫侵蚀破坏。混凝土抵抗侵蚀破坏的能力,可称为混凝土的抗侵蚀性。

混凝土的抗侵蚀性与其组成材料(水泥、集料、外加剂等)、混凝土的密实度和孔隙特征等有关,但主要取决于水泥的抗侵蚀性,可参看第 4 章的相关内容。密实和孔隙封闭的混凝土,腐蚀介质不易侵入,抗侵蚀性较强。

(4) 抗氯离子渗透

环境水、土中的氯离子因浓度差会向混凝土中扩散渗透,当氯离子扩散渗透至混凝土结构中钢筋表面并达到一定浓度后,将导致钢筋很快锈蚀,严重影响混凝土结构的耐久性。海洋和近海地区接触海水氯化物、降雪地区接触除冰盐的配筋混凝土结构的混凝土应有较高的抗氯离子渗透性。混凝土抗氯离子渗透性可采用快速氯离子迁移系数法(或称 RCM 法)或电通量法测定,分别用氯离子迁移系数和电通量表示。根据《混凝土质量控制标准》(GB 50164—2011),按照氯离子迁移系数 D_{RCM} 不同,可将混凝土抗氯离子渗透性能划分为 5 个等级,其指标见表 5.20。

表 5.20 用氯离子迁移系数划分混凝土抗氯离子渗透性能

等 级	RCM-Ⅰ	RCM-Ⅱ	RCM-Ⅲ	RCM-Ⅳ	RCM-Ⅴ
D_{RCM},$\times 10^{-12}$ m^2/s	$D_{RCM} \geqslant 4.5$	$3.5 \leqslant D_{RCM} < 4.5$	$2.5 \leqslant D_{RCM} < 3.5$	$1.5 \leqslant D_{RCM} < 2.5$	$D_{RCM} < 1.5$

注:混凝土龄期为 84 d。

按电通量 Q_S(C)不同,可将混凝土抗氯离子渗透性能划分为 5 个等级,其指标见表 5.21。

表 5.21 用电通量划分混凝土抗氯离子渗透性能

等 级	Q-Ⅰ	Q-Ⅱ	Q-Ⅲ	Q-Ⅳ	Q-Ⅴ
Q_S,C	$Q_S \geqslant 4000$	$2000 \leqslant Q_S < 4000$	$1000 \leqslant Q_S < 2000$	$500 \leqslant Q_S < 1000$	$Q_S < 500$

注:混凝土龄期为 28 d,当混凝土中水泥混合材料与矿物掺合料之和超过胶凝材料用量的 50%时龄期可为 56 d。

在混凝土中,氯离子主要是通过水泥石中的孔隙和水泥石与骨料的界面扩散渗透,因此,提高混凝土的密实度,降低孔隙率,减小孔隙和改善界面结构,是提高混凝土抗氯离子渗透性的主要途径。提高混凝土抗氯离子渗透性最有效的方法是掺加硅灰、优质粉煤灰等矿物掺合料。

(5) 碱-骨料反应

当骨料中含有活性氧化硅(如蛋白石、某些燧石、凝灰岩、安山岩等)的岩石颗粒(砂或石子)时,活性氧化硅会与水泥中的碱(K_2O 及 Na_2O)发生化学反应(即碱-硅酸反应),使混凝土发生不均匀膨胀,造成开裂、强度和弹性模量下降等不良现象,从而威胁工程安全。此外,水泥中的碱还能与某些层状硅酸盐骨料反应(即碱-硅酸盐反应)及与某些碳酸盐骨料(如某些白云石和白云质石灰岩等)发生反应(即碱-碳酸盐反应)。上述这些碱与混凝土骨料发生的反应统称为碱-骨料反应。受碱-骨料反应危害的工程,包括一些公路、桥梁和混凝土闸坝等。

发生碱-骨料反应的必要条件是:①骨料中含有活性成分,并超过一定数量;②混凝土中含碱量较高(如水泥含碱当量超过 0.6%或混凝土中含碱量超过 3.0 kg/m^3);③有水分,如果混凝土内没有水分或水分不足,反应就会停止或减弱。

目前鉴定骨料是否会发生碱-硅酸反应或碱-硅酸盐反应的常用方法是混凝土棱柱体长度法;鉴定骨料是否会发生碱-碳酸盐反应的方法是小岩石柱长度法。此外,还有快速鉴定方法等。

防止碱-骨料反应的措施有:①条件允许时,选择非活性骨料;②选用低碱水泥,并控制混凝土中总的含碱量;③在混凝土中掺入适量的活性掺合料,如粉煤灰等,可抑制碱-骨料反应的发生或减小其膨胀率;④在混凝土中掺入引气剂,使其中含有大量均匀分布的微小气泡,可减小其膨胀破坏作用;⑤在条件允许时,采取防止外界水分渗入混凝土内部的措施,如混凝土表面防护等。

(6) 混凝土的碳化(中性化)

空气中的 CO_2 通过混凝土中的毛细孔隙,由表及里地向内部扩散,在有水分存在的条件下,与水泥石中的 $Ca(OH)_2$ 反应生成 $CaCO_3$,使混凝土中 $Ca(OH)_2$ 浓度下降,称为碳化(或中性化)。碳化还会引起混凝土收缩,使混凝土表层产生微细裂缝。混凝土碳化严重时将影响钢筋混凝土结构的使用寿命。在硬化混凝土的孔隙中充满了饱和 $Ca(OH)_2$ 溶液,此碱性介质使钢筋表面产生一层难溶的 Fe_2O_3 和 Fe_3O_4 薄膜,称为钝化膜,它能防止钢筋锈蚀。碳化后,混凝土碱度降低,当碳化深度超过钢筋保护层时,钝化膜遭到破坏,混凝土失去对钢筋的保护作用,钢筋开始生锈,最终导致钢筋混凝土结构的破坏。根据《混凝土质量控制标准》(GB 50164—2011),按照碳化深度不同,可将混凝土抗碳化性能划分为 5 个等级,其指标见表 5.22。

表 5.22 按碳化深度划分混凝土抗碳化性能

等 级	T-Ⅰ	T-Ⅱ	T-Ⅲ	T-Ⅳ	T-Ⅴ
碳化深度 d,mm	$d \geqslant 30$	$20 \leqslant d < 30$	$10 \leqslant d < 20$	$0.1 \leqslant d < 10$	$d < 0.1$

使用硅酸盐水泥或普通水泥,采用较小的水胶比及较多的水泥用量,掺用引气剂或减水剂,采用密实的砂、石骨料以及严格控制混凝土施工质量,使混凝土均匀密实,均可提高混凝土抗碳化能力。混凝土中掺入粉煤灰以及采用蒸汽养护的养护方法,会加速混凝土碳化。轻骨料混凝土较普通混凝土碳化快。混凝土结构物经常处于干燥的部位,较时干时湿或经常潮湿的部位碳化快。相对湿度小于 25%的低湿度及处于水中或 100%的高湿度下碳化均停止进行,一般认为相对湿度在 50%~70%时碳化速度最快。室内的 CO_2 浓度一般较大,因此混凝土碳化较室外快,CO_2 含量较高的工业车间(如铸造车间)混凝土碳化快。

5.3.4.2 提高混凝土耐久性的主要措施

混凝土因所处环境和使用条件的不同，所要求的耐久性能各有特点，因此，应根据不同要求采取相应措施，以保证其耐久性。虽然影响抗渗、抗冻、抗侵蚀及碳化等性能的因素不完全相同，但混凝土组成材料的品质及混凝土的密实性对上述各种耐久性均有重要影响。因此，提高混凝土耐久性的主要措施有如下几条：

(1) 严格控制水胶比

水胶比的大小是影响混凝土密实性的主要因素，为保证混凝土耐久性，必须严格控制水胶比。《混凝土结构设计标准(2024 年版)》(GB 50010—2010)根据工程条件，规定了"水胶比最大允许值"，具体指标见表5.25。

(2) 材料的品质符合规范要求

应根据工程所处环境及对混凝土耐久性要求的特点，合理选择水泥品种和强度等级。应严格控制砂、石材料的有害杂质含量，使其不致影响混凝土耐久性。

(3) 合理选择骨料级配

合理选择骨料级配可使混凝土在保证和易性要求的条件下，减少水泥用量，并有较好的密实性。这样不仅有利于混凝土耐久性而且也较经济。

(4) 掺用减水剂及引气剂

掺用减水剂及引气剂可减少混凝土用水量及水泥用量，改善混凝土孔隙构造。这是提高混凝土抗冻性及抗渗性的有力措施。

(5) 保证混凝土施工质量

在混凝土施工中，应做到搅拌透彻、浇筑均匀、振捣密实、加强养护，以保证混凝土耐久性。

5.4 混凝土外加剂

混凝土外加剂是混凝土中除胶凝材料、骨料、水和纤维组分以外，在混凝土拌制之前或拌制过程中加入的，用以改善新拌混凝土和(或)硬化混凝土性能，对人、生物及环境安全无有害影响的材料。通常掺入量不超过水泥(或胶凝材料)质量的5%。混凝土外加剂也称添加剂。

混凝土外加剂的种类很多，根据《混凝土外加剂术语》(GB/T 8075—2017)，混凝土外加剂按主要功能来命名，如普通减水剂、早强剂、引气剂、缓凝剂、高效减水剂、引气减水剂、缓凝减水剂、速凝剂、防水剂、阻锈剂、膨胀剂、防冻剂等。

(1) 混凝土外加剂按其主要使用功能可分为如下四类：

① 改善混凝土拌合物流变性能的外加剂，如各种减水剂和泵送剂等；

② 调节混凝土凝结时间、硬化过程的外加剂，如缓凝剂、早强剂、促凝剂及速凝剂等；

③ 改善混凝土耐久性的外加剂，如引气剂、防水剂和阻锈剂等；

④ 改善混凝土其他性能的外加剂，如膨胀剂、着色剂和防冻剂等。

(2) 混凝土外加剂按化学成分可分为三类：

① 无机化合物，多为电解质盐类；

② 有机化合物，多为表面活性剂；

③ 有机和无机的复合物。

5.4.1 混凝土外加剂的作用机理

混凝土外加剂的化学成分有无机化合物和有机化合物两种。

(1) 有机化合物

有机化合物多为各种表面活性剂。表面活性剂是指将其配成溶液后，能吸附在液-气与液-固界面上，并显著减小其界面张力的物质。表面活性剂分子由亲水基团和憎水基团两种基团所构成。亲水基团是以羟基、羧酸盐基、磺酸盐基及氨基等为代表的原子团，它是易溶于水的极性基团。憎水基团是以脂肪烃、芳香烃等为代表的原子团，它是一些难溶于水的非极性基团。当表面活性剂分子中亲水基团的亲水性较强而憎水基团的憎水性较弱时，表面活性剂呈现亲水性；反之，则呈憎水性。

表面活性剂的亲水基团对水等极性分子具有较强的亲和力，憎水基团对空气、油等非极性分子具有较强的亲和力。在不同类型的界面上，表面活性剂分子会形成不同类型的吸附层，见图 5.22。

表面活性剂的分子由两部分组成，其一端为易溶于水而难溶于油的亲水基团，如羟基（—OH）、羧基（—COOH）和磺酸基（—SO_3H）等；另一端为易溶于油而难溶于水的憎水基团，如长链烷基原子团。表面活性剂的分子构造示意图如图 5.23 所示。

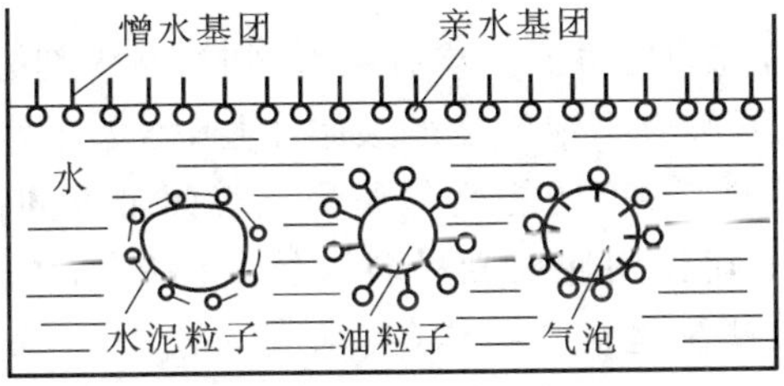

图 5.22　表面活性剂分子的吸附定向排列

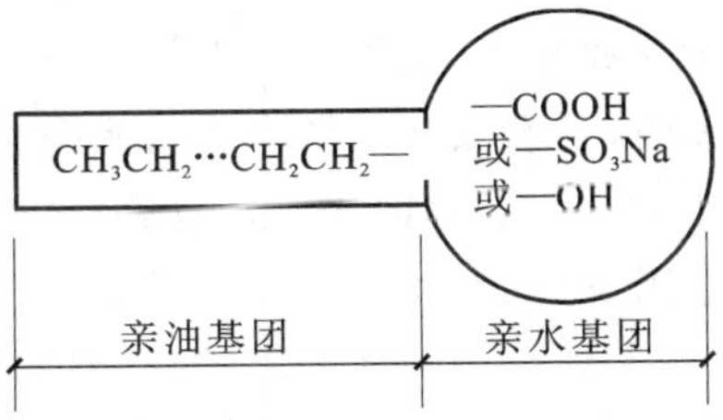

图 5.23　表面活性剂分子的构造示意图

表面活性剂的分类方法很多，通常按离子类型分类。凡表面活性剂溶于水时，能电离生成离子的，称为离子型表面活性剂；不能电离者，称为非离子型表面活性剂。离子型表面活性剂又分为阴离子型、阳离子型及两性离子型三种。

阴离子型表面活性剂，当溶于水时，电离出正离子，其亲水基团带负电荷，如以磺酸盐、羧酸盐等为亲水基团的表面活性剂，它们是水泥混凝土中最常用的一类。

阳离子型表面活性剂，当溶于水时，电离出负离子，其亲水基团带正电荷。

两性离子型表面活性剂，当溶于水时，其亲水基团既能带正电荷，又能带负电荷。

高分子表面活性剂是可溶性的离子型或非离子型高分子聚合物，其分子结构也有亲水部分和憎水部分。离子型高分子表面活性剂分子中有长链的憎水基主链，并在一定范围内排列着可电离的亲水基团，或具有亲水性的侧链。例如，阴离子型高分子表面活性剂有以磺酸盐基为亲水基团的线型（或短支链）聚合物，如磺化聚苯乙烯、β-萘磺酸盐甲醛缩聚物、磺化三聚氰胺甲醛树脂等；有以羧酸（盐）基为亲水基的接枝型聚合物，如羧酸盐接枝共聚物减水剂（也称多羧酸系减水剂）；有以羧基-磺酸基等多亲水基团的氨基磺酸盐减水剂等。

水泥混凝土中掺入表面活性剂后，水泥的水化反应没有改变，也没有发现新的水化产物。表面活性剂主要起物理化学作用，改变了胶凝材料浆体的物理化学性质。不同的表面活性剂在水泥混凝土中的作用也不相同，如对水泥颗粒可以起分散作用，对胶凝材料浆体溶胶可以起稳定作用，对混凝土拌合物起到引气作用，可以起调节水泥凝结硬化速度作用以及增大胶凝材料浆体黏度的保水作用等。因此，合理使用外加剂可使混凝土按需要改变其性质。

(2) 无机化合物

无机化合物包括金属单质、氧化物及无机盐类等。

金属铝粉是典型的金属单质外加剂，铝粉在碱性介质中能与 OH^- 发生化学反应而放出氢气。

$$Al + OH^- + 2H_2O \longrightarrow Al(OH)_3 + H_2\uparrow$$

金属铝粉是生产加气轻质混凝土常用的外加剂之一，其用量一般为水泥质量的 0.01%～0.10%。其他金属单质如镁粉和锌粉均可用于产生气泡，但应用不及铝粉普遍。

氧化物和无机盐类有氯化钙、氯化钠、硫酸钠等，它们是早强剂的主要成分；铝酸钠、硅酸钠、碳酸钠等常用于制成速凝剂；氧化锌、硼砂、氟硅酸钠等有程度不同的缓凝作用。这些氧化物和无机盐之所以有不同的效能，主要是由于它们与水泥中的某种矿物成分或水化产物产生化学反应，生成了加速凝结硬化或阻碍水泥水化的新产物，从而加速或延缓了水泥的水化过程，发挥其功能。

5.4.2 减水剂

减水剂是指在混凝土坍落度基本相同的条件下，能减少拌和用水量的外加剂。按减水能力及其兼有的功能分为：普通减水剂、高效减水剂、高性能减水剂、早强减水剂及引气减水剂等。减水剂多为亲水性阴离子表面活性剂。

5.4.2.1 减水剂的作用机理及使用效果

水泥加水拌和后，会形成如图 5.24(a)所示的絮凝结构，流动性很低。掺有减水剂时，减水剂分子吸附在水泥颗粒表面，其亲水基团携带大量水分子，在水泥颗粒周围形成一定厚度的吸附水层，增大了水泥颗粒间的可滑动性，如图 5.24(b) 所示。当减水剂为离子型表面活性剂时，还能使水泥颗粒表面带上同性电荷，在电性斥力作用下，水泥粒子相互分散，如图 5.24(c)所示。上述作用使胶凝材料浆体呈溶胶结构，如图 5.24(d)所示。在常规搅拌的混凝土拌合物中，有相当多的水泥颗粒呈絮凝结构（当水胶比较小时，絮凝结构更多），加入减水剂后，胶凝材料浆体呈溶胶结构，混凝土流动性可显著增大。这就是减水剂对水泥粒子的分散作用。羧酸盐接枝共聚物减水剂的分子呈“梳”形，尤其是含聚氧乙烯长侧链时，在水泥颗粒表面形成很厚的吸附层，对水泥粒子的凝聚产生空间阻碍作用，使水泥粒子强烈分散并保持分散状态。

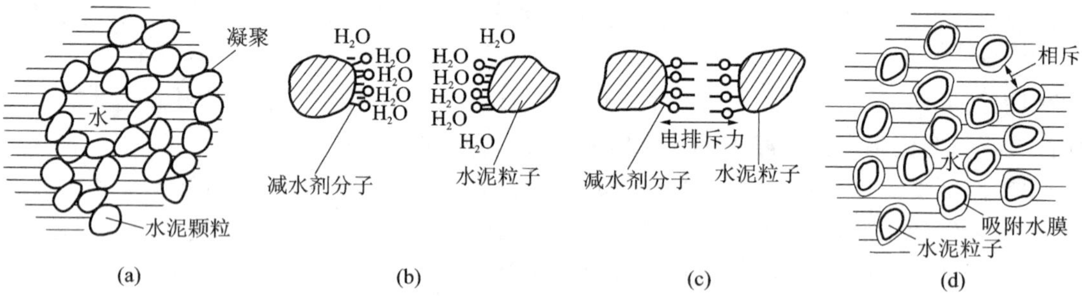

图 5.24 减水剂对胶凝材料浆体的分散作用

(a)未掺减水剂的胶凝材料浆体絮凝结构；(b)减水剂分子在水泥粒子周围的吸附水层；
(c)减水剂使水泥粒子之间产生电性斥力；(d)胶凝材料浆体呈溶胶结构

减水剂还使溶液的表面张力减小，在机械搅拌作用下使浆体内引入部分气泡。这些微细气泡有利于胶凝材料浆体流动性的提高。此外，减水剂对水泥颗粒的润湿作用，既有利于分散也可使水泥颗粒的早期水化作用比较充分。

总之，减水剂在混凝土中改变了胶凝材料浆体的流变性能，进而改变了水泥混凝土结构，起到了改善混凝土性能的作用。

根据使用条件的不同，混凝土掺用减水剂后可以产生以下几面的效果：

(1) 在配合比不变的条件下，可增大混凝土拌合物的流动性，改善施工条件或实现泵送及自流平，且不致降低混凝土的强度；

(2) 在保持流动性及水泥用量不变的条件下，可以减少用水量，从而降低水胶比，使混凝土的强度与耐久性得到提高；

(3) 在保持流动性及水胶比不变的条件下，可以减少用水量及水泥用量，以节约水泥；

(4) 混凝土拌合物的水化放热速度延缓、热峰推迟，有利于大体积混凝土的施工；

(5) 混凝土拌合物泌水、离析得到改善；

(6) 混凝土透水性可降 40%～80%，提高了混凝土的抗渗、抗冻、抗化学侵蚀等能力。

(7) 可配制特种混凝土,这将比采用特种水泥更为经济、简便、灵活。

5.4.2.2 常用的减水剂

目前常用的减水剂有木质素系、萘系、三聚氰胺树脂、氨基磺酸盐及羧酸基接枝共聚物等多种。当与其他外加剂复合时,还可制成引气减水剂、早强减水剂及缓凝减水剂等多种减水剂。常用品种如下。

(1) 木质素系减水剂

木质素系减水剂的主要品种有木质素磺酸钙(简称木钙或 M 剂)、木钠及碱木素等。

木钙是将生产纸浆或纤维浆的废液,经发酵提取酒精后的残渣,再经磺化、石灰中和、过滤喷雾干燥而制得。木钙减水剂中木质素磺酸钙含量不小于 60%,含糖率不超过 12%,pH 值为 4~6,属阴离子表面活性剂。

木钙的最佳掺量一般为水泥(胶凝材料)质量的 0.2%~0.3%,减水率① 10%左右,混凝土 28 d 抗压强度提高 10%~20%。在保持混凝土强度和坍落度不变的条件下,可节约水泥 8%~10%。

掺入木钙后,混凝土拌合物的含气量会增加 1%~2%,不适合于蒸汽养护。同时,木钙对水泥有缓凝作用,并可减小水泥水化放热的速率。一般在混凝土中掺入 0.25%的木钙,能使凝结时间延长 1~3 h,对大体积混凝土夏季施工有利。但若掺量过多,将使混凝土硬化过程变慢,甚至降低混凝土的强度。在保持混凝土坍落度及抗压强度不变的条件下,掺有木钙的混凝土的抗拉强度、抗折强度、弹性模量、抗渗性及抗冻性等各项性能均有不同程度的提高,是应用广泛的普通减水剂。

在纸浆废液的中和工艺中用 NaOH,则得到木质素磺酸钠(简称木钠)。其性能与木钙相近,但对水泥缓凝作用不大。

近年来由于造纸用木材树种变化,所得木钙表现为减水率降低、含气量提高、缓凝作用增强等现象,为此,要对其进行改性。目前,所用的改性方法主要有:

① 用分子筛等设备将低相对分子质量的木质素和碳水化合物部分滤除;

② 通过氧化木质素磺酸盐引入羟基,可以延缓混凝土的坍落度损失;

③ 使用丙烯酸单体对木质素磺酸盐进行接枝改性,可以提高其减水和增强性能;

④ 将木钙与木钠复合使用等。

(2) 萘系高效减水剂

萘系高效减水剂是以萘及萘的同系物为原料,经磺化、水解、缩聚、中和而得。主要成分是萘或萘同系物磺酸盐甲醛缩合物,属阴离子表面活性剂。根据其 Na_2SO_4 含量不同,分为普通型(Na_2SO_4 含量 18%~22%)及高浓型(Na_2SO_4 含量≤5%)。目前国内已有数十个品种,主要有 NF、FDN、UNF、JN、SN、AF、JM、ZB 等。

萘系减水剂对水泥有强烈的分散作用,减水率多在 15%~20%以上,混凝土 28 d 强度可增加 20%以上,并有早强作用。其适宜掺量多为 0.5%~1.5%,通常为 0.5%~0.75%。

萘系减水剂的减水率高、不引气、水泥适应性好,与其他高效减水剂相比是性价比最好的减水剂之一,与各种外加剂复合性能好,可配制高强混凝土及高性能混凝土。但其主要的缺点是坍落度损失较大,坍落度损失是指混凝土拌合物坍落度随混凝土停放时间延长而降低的现象。

(3) 三聚氰胺树脂高效减水剂

三聚氰胺树脂高效减水剂全称为磺化三聚氰胺甲醛树脂(或称蜜胺树脂,代号 SM),是一种水溶性树脂。SM 高效减水剂为非引气型早强高效减水剂,减水率很高,当掺量为 0.5%~2.0%时,可减水 20%~27%,最高可达 30%。混凝土 28 d 抗压强度可提高 30%~60%,可用来配制 80~100 MPa 的高强混凝土及用于蒸汽养护的混凝土。SM 高效减水剂对铝酸盐水泥也有很好的适用性,也可用于配制耐火及耐高温的混凝土。但其坍落度损失较大,且因其价格昂贵,使用受到一定限制。

---

①减水率是指在混凝土坍落度基本相同时,基准混凝土和掺外加剂的受检混凝土单位用水量之差与基准混凝土单位用水量之比,以百分数表示。

(4) 氨基磺酸盐减水剂

氨基磺酸盐是一种非引气型可溶性树脂减水剂(代号 ASPF),其亲水基团有羧基、磺酸基等。其优点是掺量少(适宜掺量为0.5%～1.0%),减水率高(掺量为0.5%～1.0%时,减水率达13%～27%;掺量为1.5%时,减水率达34%),坍落度损失小(90 min 混凝土坍落度基本不变),适用于配制水胶比较小的高性能混凝土(水胶比达0.3左右时,减水率可达30%),含碱量低,有利于防止混凝土碱-骨料反应。缺点是对掺量敏感,掺量稍过量即容易泌水。当与萘系减水剂复合时,混凝土既不泌水,也不发黏,坍落度损失又小。氨基磺酸盐减水剂价格稍高于萘系减水剂。工程应用主要是与萘系减水剂复合用于大流动度混凝土及高性能混凝土。

(5) 羧酸盐接枝共聚物减水剂

羧酸盐接枝共聚物减水剂是一类全新的高性能减水剂,它具有以下特点:

① 减水率高,一般都在30%以上;

② 坍落度损失小,1～2 h 坍落度基本不损失;

③ 后期强度高,28 d 强度增长一般都在20%以上;

④ 掺量较小,一般都在0.3%以下。

这类减水剂的分子结构呈"梳"形,其特点是在主链上带有多个极性较强的活性基团;侧链也有带亲水性的活性基团,并且链较长、数量多;憎水基团的分子链段较短、数量也少。根据对混凝土减水剂性能的需要,在上述主链及侧链上有各种亲水性活性基团,如磺酸基、羧酸基、羟基及聚氧烷基烯类基团等。

这类减水剂的性能优越,价格也较高,适用于高性能混凝土,也是混凝土减水剂的发展方向。目前,该减水剂多与萘系减水剂、引气剂等复合使用,使混凝土各项性能都获得满意的结果。

(6) 复合减水剂

减水剂可与引气剂、早强剂或消泡剂等复合,不同减水剂也可复合,从而制得引气减水剂、早强减水剂、缓凝减水剂等许多品种。不同类型外加剂复合使用,应通过试验确定出适宜品种及掺配比例。好的复合减水剂,会取得两种外加剂的双重效果。

5.4.2.3 减水剂的使用

混凝土减水剂的掺入方法,有同掺法、后掺(滞水掺入)法及二次掺加法等。同掺法,即是将减水剂溶解于拌和用水,并与拌和用水一起加入到混凝土拌合物中,这是工程中常用的方法。二次掺加法,就是根据混凝土拌合物性能需要或不能满足施工要求时,现场再次添加减水剂或再补充掺入部分减水剂的方法。后掺(滞水掺入)法,是在混凝土拌合物已经加水搅拌1～3 min 时,再加入减水剂,并继续搅拌到规定的拌和时间。

二次掺加法或后掺(滞水掺入)法是针对掺减水剂混凝土坍落度损失大而采取的措施。同时,也可减少外加剂掺用量,提高经济效益。

5.4.3 缓凝剂

能延长混凝土凝结时间的外加剂,称为缓凝剂。为了防止在气温较高或运距较长的情况下,混凝土发生过早凝结失去可塑性,而影响浇筑质量,以及防止出现冷缝①等质量事故,常需掺入缓凝剂。缓凝剂的品种很多,可分为有机缓凝剂和无机缓凝剂两类。常用的有机缓凝剂包括:木质素磺酸盐及其衍生物、羟基羧酸及其盐类、糖类及其衍生物、有机磷酸及其盐类、丙烯酸类共聚物等;无机缓凝剂包括:磷酸盐、硼砂、锌盐等。

5.4.3.1 缓凝剂的作用机理

缓凝剂延缓水泥混凝土凝结硬化的机理有:吸附理论、络合物生成理论、沉淀理论、抑制 $Ca(OH)_2$ 晶核

①在分层浇筑混凝土的过程中,当浇筑上层混凝土时,若下层混凝土已经初凝,则两层混凝土之间形成一个较弱的胶结面,称为冷缝。

生成及生长的理论等。

有机缓凝剂为表面活性剂，吸附在胶凝材料浆体的固-液界面，其分子中的羟基在水泥粒子表面，阻碍水与水泥的水化，可实现水泥缓凝。葡萄糖在 C_3S 表面形成吸附膜，减慢了 C_3S 的水化。柠檬酸和酒石酸等羟基羧酸及盐，既可在 C_3S 表面形成不溶的钙盐膜层，又能与 Ca^{2+} 形成不稳定的络合物，控制了水泥水化初期液相中 Ca^{2+} 浓度，造成水泥缓凝，具有吸附和络合物生成的双重作用。

无机缓凝剂中的磷酸盐、锌盐等，与水泥水化产物 $Ca(OH)_2$ 起化学反应，生成磷酸钙等不溶或难溶化合物沉淀在水泥颗粒表面，阻碍水泥水化而实现缓凝。

5.4.3.2 常用缓凝剂

木钙及糖蜜是最常用的缓凝剂，其掺量分别为水泥质量的 0.2%～0.3%及 0.1%～0.3%，延缓混凝土凝结时间 2～4 h。随掺量增大缓凝作用增强，掺量过大会导致混凝土长时间不凝结。

柠檬酸、酒石酸及酒石酸钾钠等，具有更强烈的缓凝作用。当掺量为 0.03%～0.1%时，可使水泥凝结时间延长数小时至十几小时。由于延缓了水泥的水化作用，因此可降低水泥的早期水化热。但掺用柠檬酸的混凝土拌合物，泌水性较大，黏聚性较差，硬化后混凝土的抗渗性稍差。

柠檬酸及酒石酸等还可用于混凝土施工缝的处理。其方法是将柠檬酸溶液喷洒在新浇混凝土表面（喷洒量 40～100 g/m^2），使之形成缓凝层，待缓凝层下面的混凝土硬化到一定强度后，用高压水冲除缓凝层的水泥砂浆，即可继续浇筑上层混凝土。这种方法可以免除施工缝用人工凿毛工序，既可减轻劳动强度，又可保证施工缝的质量。

三聚磷酸钠为白色粉末，能溶于水，是无机缓凝剂之一，常与其他外加剂复合使用，其掺量为 0.1%左右。

5.4.4 引气剂

在搅拌混凝土过程中能引入大量均匀分布、稳定而封闭的微小气泡，且能将气泡保留在硬化混凝土中的外加剂，称为引气剂。常用的品种有松香热聚物、松脂皂、烷基苯磺酸盐类及脂肪醇聚氧乙烯磺酸盐类等，其中以松香热聚物的效果较好，最常使用。

松香热聚物是由松香与硫酸、苯酚起聚合反应，再经 NaOH 中和而制得的憎水型表面活性剂。它不能直接溶解于水，使用时需先将其溶解于加热的 NaOH 溶液中，再加水配成一定浓度的溶液。

烷基苯磺酸钠及脂肪醇聚氧乙烯磺酸钠为阴离子表面活性剂，其引气效果与松香热聚物相似，且可直接溶于水，使用较方便，但价格稍贵。

引气剂的引气原理可分为气泡产生和稳定两方面。气泡产生是由于引气剂吸附在水-气界面上，显著减小表面张力，在搅拌力作用下产生大量气泡。气泡稳定的原因是引气剂分子定向排列在泡膜界面上，阻碍泡膜内水分子的移动，增大了泡膜的厚度及强度，使气泡不易破灭；水泥等微细颗粒吸附在泡膜上，胶凝材料浆体中的 $Ca(OH)_2$ 与引气剂作用生成的钙皂沉积在泡膜壁上，也提高了泡膜稳定性。

引气剂能改善混凝土拌合物的和易性。拌合物中引入大量气泡，相当于在拌合物中增加了“滚珠”，可提高混凝土流动性；大量微细气泡的存在，还可显著地改善混凝土的黏聚性和保水性。

引气剂能显著提高混凝土的耐久性。由于气泡能隔断混凝土中毛细管通道，以及气泡对水泥石内水分结冰时所产生的水压力的缓冲作用，故能显著提高混凝土抗渗性及抗冻性。一般掺入适量优质引气剂的混凝土抗冻等级可达到基准混凝土的三倍以上。此外，气泡还可使混凝土弹性模量降低，对提高混凝土抗裂性有利。

混凝土掺入引气剂的主要缺点是使混凝土强度及耐磨性有所降低。当保持水胶比不变，掺入引气剂时，含气量每增加 1%，混凝土强度约下降 3%～5%。

混凝土中含气量的多少，对混凝土和易性、强度及耐久性等都有很大影响。若含气量太少，不能获得引气剂的积极效果；若含气量过多，又会过多地降低混凝土强度，故混凝土应有适宜的含气量值。骨料最大粒径为 20 mm 时，适宜含气量为 5.5%；40 mm 时为 4.5%；80 mm 时为 3.5%；150 mm 时为 3%。混凝土含气量的大小与引气剂的品种及掺量有关，松香热聚物引气剂的适宜掺量（与胶凝材料的质量比）为 0.006%～0.012%。此外，混凝土含气量还与水泥品种、掺合料掺量、混凝土配合比及施工搅拌条件和气温等因素有关。

引气剂与减水剂都具有减水效果，但引气剂较适用于强度等级要求不太高、水胶比较大的混凝土，如水工大体积混凝土。而减水剂则较适用于强度等级要求较高、水胶比较小的混凝土。对抗冻性要求较高的混凝土，如抗冻等级 F150 以上时，需要掺用引气剂。当引气剂与减水剂复合掺用时，常可同时获得增加强度和提高耐久性的双重效果。为配制高性能混凝土，常采用引气缓凝高效减水剂。

5.4.5 早强剂

能加快混凝土早期强度发展的外加剂称为早强剂，多用于冬季施工或紧急抢修工程以及要求加快混凝土强度发展的情况。常用的早强剂主要有：氯盐类、硫酸盐类及有机胺类等。

(1) 氯盐类

氯化钙可加速水泥的凝结硬化并提高混凝土的早期强度，有时也称为促凝剂。氯化钙还能提早水泥水化放热时间，提高混凝土的温度，故常用于混凝土的冬季施工。

氯化钙一般掺量为 1%～3%，混凝土 2～3 d 龄期强度可提高 40%～100%，7 d 强度可提高 25%。也可用普通食盐代替氯化钙，但效果较差。

掺用氯化钙（或食盐）的缺点是易使钢筋锈蚀，在钢筋混凝土结构中，不宜单独掺用，常复合掺入亚硝酸钠阻锈剂或三乙醇胺。

(2) 硫酸钠复合早强剂

硫酸钠又名元明粉，易溶于水。掺入混凝土后可加速水泥的硬化并提高混凝土的早期强度。硫酸钠一般不单独掺用，常与其他外加剂复合使用。如 NC 复合早强剂。

NC 复合早强剂是用硫酸钠 60%、糖钙 2%及细砂 38%混合磨细而成。应用时直接加入混凝土搅拌机中与水泥、砂、石等共同搅拌，使用方便。NC 复合早强剂的适宜掺量为 2%～4%，减水率约为 10%，混凝土 2 d 强度可提高 70%，28 d 强度可提高 20%，并可在－20 ℃条件下施工。

使用 NC 剂时，应注意不能多掺，并严禁使用活性骨料。掺量过多时，硫酸钠与 $Ca(OH)_2$ 反应生成 NaOH 及 $CaSO_4$，导致混凝土发生硫酸盐侵蚀及碱-骨料反应，使混凝土破坏。此外，硫酸钠过多还会促进钢筋锈蚀、增加混凝土导电性及在混凝土表面产生盐析而起白霜，影响建筑物的美观等。

(3) 三乙醇胺及其复合早强剂

三乙醇胺是淡黄色透明油状液体，呈强碱性、不易燃、无毒、能溶于水。一般不单独掺用，常与氯化钠及亚硝酸钠复合使用。三乙醇胺掺量为 0.03%～0.05%，氯化钠为 0.5%～0.7%，亚硝酸钠为 1%。3 d 龄期混凝土强度可提高 50%～60%，7 d 提高 30%～40%，28 d 以后龄期可提高 20%～30%。

三乙醇胺不改变水泥水化生成物，但能促进水化铝酸钙与石膏作用生成水化硫铝酸钙结晶体并加速 C_3S 的水化，对水泥水化反应起"催化"作用，具有早强及后期增强作用；氯化钠可加速水泥凝结硬化；亚硝酸钠起阻锈作用。三乙醇胺也可用三异丙醇胺或二乙醇胺与三乙醇胺的混合液代替，其效果相近，成本较低。

三乙醇胺能提高混凝土早期强度，但会显著增大混凝土早期的干缩。

5.4.6 速凝剂

能使混凝土迅速凝结硬化的外加剂，称为速凝剂。多用于喷射混凝土及抢修堵漏工程等，主要产品有：红星一型、782 型、711 型、ZC-2 及 TVA 型等。

红星一型速凝剂是由铝氧熟料（主要成分为烧结铝酸钠）、碳酸钠及生石灰按 1∶1∶0.5 的比例配制磨细而成，一般掺量为 2.5%～4.0%，掺入混凝土后能使水泥初凝时间缩短为 2～5 min，终凝时间缩短为 5～10 min，1 h 后即可产生强度，1 d 强度为不掺的 3 倍，但 28 d 强度仅为不掺的 60%。

782 型速凝剂是由工业废料矾泥、铝氧熟料、生石灰按 74.5∶14.5∶11 的比例配制磨细而成，一般掺量为 3.0%～6.0%，掺入后水泥初凝时间小于 5 min，终凝时间小于 10 min，具有速凝早强作用，后期强度基本不降低。

711 型速凝剂由铝氧熟料与无水石膏按 3∶1 配制磨细而成，一般掺量为 3.0%～5.0%，掺入后水泥初凝时间小于 5 min，终凝时间小于 10 min，具有速凝早强作用，但 28 d 强度仅约为不掺的 65%。

ZC-2 型速凝剂由无机混合物与有机高分子材料组成，一般掺量为 3.0%～5.0%，掺入后水泥初凝时间小于 3 min，终凝时间小于 5 min，具有速凝早强作用，28 d 强度为不掺的 92%以上。

TVA 型速凝剂由速凝组分、增黏组分和捕尘组分组成，能降低回弹量和粉尘浓度，一般掺量为 2.0%～3.0%，掺加后混凝土后期强度损失小。

近年来，还有以水溶性树脂、聚丙烯酸、聚甲基丙烯酸、羟基胺等制成的低碱有机类速凝剂，此类速凝剂凝结快、强度高。

速凝剂掺入混凝土后，其主要成分中的铝酸钠、碳酸钠在碱性溶液中迅速与水泥中的石膏发生反应生成硫酸钠，使石膏丧失其原有的缓凝作用，从而导致铝酸钙矿物迅速水化，并在溶液中析出其水化产物晶体。同时，速凝剂中的铝氧熟料、石灰、硫酸钙等组分又为形成溶解度很小的水化硫铝酸钙、次生石膏晶体提供有效成分。这些作用都使水泥混凝土迅速凝结。

5.4.7　其他外加剂

(1) 防水剂

防水剂是能降低砂浆、混凝土在静水压力下透水性的外加剂。它通过减少砂浆、混凝土孔隙和填塞毛细管通道，以阻止渗水和吸水。按其作用的不同，防水剂可分为防潮剂和防渗剂。前者为阻止水分进入干燥的材料中；后者是指防止在一定压力下水分渗透。防水剂一般分为无机防水剂、有机防水剂及复合防水剂。

常用的有机防水剂分为憎水性塑化剂、皂类防水剂、乳液防水剂等。

憎水性塑化剂对混凝土(及砂浆)有引气、减水作用，并使硬化后的砂浆、混凝土表面及内部毛细孔表面憎水化，常用的是有机硅防水剂及三乙醇胺早强防水剂。

皂类防水剂是由硬脂酸、松香酸等与氢氧化钾、水等按一定比例混合加热皂化而成的浆状物，也可用硬脂酸钡及氢氧化铝、氧化钙、硫酸亚铁等组成粉末状防水剂。

乳液防水剂有石蜡、地沥青、橡胶乳液及树脂乳液等。

常用的无机防水剂有氯化铁、硅粉、锆化合物、水玻璃等。

防水剂主要用于房屋建筑的屋面、地下室，隧道工程，给排水工程及泵站等防水砂浆、混凝土中。含氯盐的防水剂不能用于钢筋混凝土工程。

(2) 防冻剂

防冻剂是能使混凝土在负温下硬化，并在规定养护条件下达到预期性能的外加剂。我国常用的防冻剂是由各组分复合而成，其主要组分有防冻组分、减水组分、引气组分、早强组分等。其中，减水组分、引气组分、早强组分等可分别采用上述的各类外加剂。

防冻组分可以是氯盐类(常用氯化钠或氯化钙与氯化钠复合，其含量 $CaCl_2$∶NaCl=2∶1)、氯盐阻锈剂类(氯盐与阻锈剂复合而成，阻锈剂广泛采用亚硝酸钠)、无氯盐类(如硝酸盐、亚硝酸盐、碳酸盐、尿素等)。各类防冻组分适应温度范围为：

氯化钠单独使用时为－5 ℃；

硝酸盐(硝酸钠、硝酸钙)、尿素等为－10 ℃；

亚硝酸盐(如亚硝酸钠)为－15 ℃；

碳酸盐为－25～－15 ℃。

防冻剂对混凝土所起的防冻作用包括：①改变混凝土中液相浓度，降低液相冰点，使水泥在负温下仍能继续硬化；②减少混凝土拌和用水量，从而减少混凝土中能结冰的水量，进一步降低液相结冰温度；③引入一定量的分散微小气泡,减少冰胀应力;④提高混凝土的早期强度,增强其抵抗冰冻破坏的能力。

各类防冻剂具有不同的特性,有些还有毒副作用,选择时应十分注意。氯盐类防冻剂对钢筋有锈蚀作用,硝酸盐、亚硝酸盐及碳酸盐也不得用于预应力钢筋混凝土及与镀锌钢材或铝铁相接触部位的钢筋混凝土。含有六价铬盐、亚硝酸盐的防冻剂有一定毒性,严禁用于饮水工程及与食品接触的部位。防冻剂的掺量应根据施工环境温度条件通过试验确定。各类防冻组分掺量应符合有关规范,如《混凝土外加剂应用技术规范》(GB 50119—2013)的规定。

(3) 膨胀剂

膨胀剂是在混凝土硬化过程中通过化学作用能使混凝土产生一定体积膨胀的外加剂。膨胀剂的种类有:硫铝酸钙类、氧化钙类、氧化镁类、金属类等。

硫铝酸钙类膨胀剂包括:明矾石膨胀剂(主要成分是明矾石与无水石膏或二水石膏)、CSA 膨胀剂(主要成分是无水硫铝酸钙)、U 形膨胀剂(主要成分是无水硫铝酸钙、明矾石、石膏)等。这类膨胀剂加入水泥混凝土后,无水硫铝酸钙水化或参与水泥矿物的水化,或与水泥水化产物反应生成高硫型水化硫铝酸钙(钙矾石),从而引起混凝土体积膨胀。

氧化钙类膨胀剂包括:在一定温度下煅烧的石灰加入适量石膏和粒化高炉矿渣制成的膨胀剂,生石灰与硬脂酸混磨制成的膨胀剂,以石灰石、黏土、石膏在一定温度下烧成熟料粉磨后再与经一定温度煅烧的磨细石膏混拌而成的膨胀剂等。这类膨胀剂的膨胀作用主要是由于氧化钙晶体水化形成氢氧化钙晶体,体积膨胀而导致的。

氧化镁类膨胀剂,目前使用的主要是轻度过烧的氧化镁,其作用主要是过烧氧化镁滞后水化产生的膨胀作用使混凝土体积增大。

金属类膨胀剂常用的是由铁粉掺加适量的氧化剂(如过铬酸盐、高锰酸盐等)配制而成的铁屑膨胀剂,其作用是由于铁粉中的金属铁与氧化剂发生氧化作用,形成氧化铁并在水泥水化的碱性环境中生成胶状的氢氧化铁而产生膨胀效应。

膨胀剂的品种及掺量应根据要求的混凝土膨胀性能进行选择并通过试验确定,应注意混凝土所处的环境是否对膨胀剂的选择有特殊要求。长期处于环境温度 80 ℃以上的混凝土中不得掺用硫酸钙类膨胀剂;掺硫铝酸钙类或氧化钙类膨胀剂的混凝土,不宜使用氯盐类外加剂;掺铁粉膨胀剂的混凝土或砂浆,不得用于有杂散电流的工程和与铝镁材料接触的部位。

综上所述,混凝土外加剂的品种很多,它们对混凝土性能各有不同的影响。应根据不同的使用目的,选择适宜的品种及掺量,并应注意对混凝土其他性能的影响,使其充分发挥有益的效果,避免副作用。此外,同一种外加剂会因水泥品种不同而有不同的效果,称为外加剂对水泥的适应性,选择时应当充分注意。使用外加剂时,应预先进行试验。

5.5 混凝土的掺合料

为了节约水泥、改善混凝土的性能,在拌制混凝土时掺入大于水泥质量 5%的矿物粉末,称为混凝土的掺合料。常用的有粉煤灰、硅粉、超细矿渣粉及各种天然的火山灰质材料粉末(如凝灰岩粉、沸石粉等)。在这些掺合料中以粉煤灰应用最为普遍。近年来,对硅粉及超细矿渣粉的研究与应用也迅速发展。

5.5.1 粉煤灰

从电厂煤粉炉烟道气体中收集到的粉末,称为粉煤灰。按其排放方式的不同,分为干排灰及湿排灰两种。湿排灰含水量大,活性降低较多,质量不如干排灰。干排灰按收集方法的不同,有静电集尘灰和机械集尘灰两种。静电集尘灰颗粒细、质量好;机械集尘灰的颗粒较粗、质量较差。为改善粉煤灰的品质,可对粉煤灰进行再加工,经磨细处理的称为磨细灰;采用风选处理的,称为风选灰;未经加工的称为原状灰。按所燃煤种分为 F 类和 C 类。F 类粉煤灰是由燃烧无烟煤或烟煤煅烧收集的粉煤灰;C 类粉煤灰是由褐煤或次烟煤煅烧收集的粉煤灰，此类粉煤灰中氧化钙的含量较高，一般大于或等于10%。

5.5.1.1 粉煤灰的质量要求

粉煤灰的化学成分主要有SiO_2、Al_2O_3及Fe_2O_3等，其中SiO_2及Al_2O_3两者之和常在60%以上，是决定粉煤灰活性的主要成分。此外，还含有CaO、MgO及SO_3等。CaO含量较高的粉煤灰，其活性一般也较高，但当其游离CaO的含量较高时，会引起安定性不良。研究表明，低钙灰掺入混凝土可以改善混凝土的抗硫酸盐侵蚀性能，而CaO含量较高的粉煤灰则无显著作用，甚至会降低混凝土的抗硫酸盐侵蚀性能。粉煤灰中所含SO_3是有害成分，应限制其含量。

粉煤灰的矿物组成主要为铝硅玻璃体，呈实心或空心的微细球形颗粒，称为实心微珠或空心微珠（其中的一部分能漂浮在水面，简称漂珠）。实心微珠颗粒最细，表面光滑，是粉煤灰中需水量最小、活性最高的有效成分。粉煤灰中还含有多孔玻璃体、玻璃体碎块、结晶体及未燃尽碳粒等。未燃尽的碳粒，颗粒较粗，会降低粉煤灰的活性，增大需水量，是有害成分。粉煤灰中含碳量可用烧失量大致评定。多孔玻璃体等非球形颗粒，表面粗糙，粒径较大，会增人需水量，当其含量较多时，粉煤灰品质下降。

细度是评定粉煤灰品质的重要指标之一。实心微珠含量较多，未燃尽碳及不规则的粗粒含量较少时，粉煤灰较细、品质较好。磨细灰的颗粒虽然较细，但在加工过程中，多孔玻璃体及空心微珠可能被破碎，故在其中含有较多的非球形颗粒，质量虽然较磨细前有所提高，但比静电集尘的含大量实心微珠的细灰为差。风选灰不破坏粉煤灰的颗粒形貌，其质量较磨细灰好。

《用于水泥和混凝土中的粉煤灰》(GB/T 1596—2017)规定，拌制砂浆和混凝土用粉煤灰分为三个等级，具体指标见表5.23。水泥活性混合材料用粉煤灰不分级。

表5.23 粉煤灰的等级及其品质指标

指标	粉煤灰种类	粉煤灰级别		
		Ⅰ	Ⅱ	Ⅲ
细度(45 μm方孔筛筛余)，%，不大于	F类及C类	12.0	30.0	45.0
需水量比，%，不大于	F类及C类	95	105	115
烧失量，%，不大于	F类及C类	5.0	8.0	15.0
含水量，%，不大于	F类及C类	1.0		
三氧化硫(SO_3)，%，不大于	F类及C类	3.0		
游离氧化钙(f-CaO)，%，不大于	F类	1.0		
	C类	4.0		
安定性(雷氏法)，%，不大于	C类	5.0		
二氧化硅(SiO_2)、三氧化二铝(Al_2O_3)和三氧化二铁(Fe_2O_3)，%，不小于	F类	70.0		
	C类	50.0		
密度，g/cm^3，不大于	F类及C类	2.6		
强度活性指数，%，不小于	F类及C类	70.0		

注：代替细骨料或用以改善和易性的粉煤灰不受此限制。

Ⅰ级粉煤灰的品位最高，一般为静电集尘灰，其火山灰效应及减水作用均较突出。粉煤灰混凝土的强度及变形性能较好，可用于普通钢筋混凝土工程、后张法预应力混凝土构件及小跨度(小于6 m)先张法预应力混凝土构件。

Ⅱ级粉煤灰主要用于普通钢筋混凝土及无筋混凝土。我国多数电厂的机械集尘灰属Ⅱ级灰。

Ⅲ级粉煤灰主要用于中低强度等级的无筋混凝土或以代砂方式掺用的混凝土工程。大多数机械集尘的原状灰、含碳量较高或粗颗粒含量较多者属Ⅲ级灰。

5.5.1.2 粉煤灰的掺用

粉煤灰在混凝土中，具有火山灰活性作用，它吸收氢氧化钙后生成硅酸钙凝胶，成为胶凝材料的一部分。微珠球状颗粒，具有增大砂浆及混凝土流动性、减少泌水、改善混凝土和易性的作用，若保持混凝土流动性不变，则可减少混凝土用水量。粉煤灰的水化反应很慢，它在混凝土中相当长时间内以固体微粒形态存在，具有填充骨料空隙的作用，可提高混凝土密实性。

混凝土中掺入粉煤灰的效果，与粉煤灰的掺入方式有关，常用的方式有等量取代水泥法、粉煤灰代砂(外加法)及超量取代水泥法。

当掺入粉煤灰等量取代水泥时，称为等量取代法。此时，由于粉煤灰活性较低，掺量超过一定数量时，混凝土早期及28 d龄期强度降低，但随着龄期的延长，掺粉煤灰混凝土强度可逐步赶上基准混凝土(不掺粉煤灰的混凝土)。由于混凝土内水泥用量的减少，可节约水泥并减少混凝土发热量，还可以改善混凝土和易性，提高混凝土抗渗性，故常用于大体积混凝土。

当掺入粉煤灰时仍保持混凝土水泥用量不变，则混凝土黏聚性及保水性将显著优于基准混凝土，此时，可减少混凝土中砂的用量，称为粉煤灰代砂。由于粉煤灰具有火山灰活性，混凝土强度将高于基准混凝土，混凝土和易性及抗渗性等将有显著改善。

为了保持混凝土28 d强度及和易性不变，常采用超量取代法。即粉煤灰的掺入量大于所取代的水泥量，多出的粉煤灰取代同体积的砂，混凝土内石子用量及用水量基本不变。

混凝土中掺入粉煤灰时，常与减水剂或引气剂等外加剂同时掺用，称为双掺技术。减水剂的掺入可以弥补某些粉煤灰增大混凝土需水量的缺点；引气剂的掺用，可以解决粉煤灰混凝土抗冻性较低的问题；在低温条件下施工时，宜掺入早强剂或防冻剂。

混凝土中掺入粉煤灰后，将使其抗碳化性能降低，不利于防止钢筋锈蚀。为改善混凝土的抗碳化性能，也应采取双掺措施，或在混凝土中掺入阻锈剂。

5.5.2 硅粉

硅粉也称硅灰，是在冶炼硅铁和其他硅金属时，从烟道废烟气中回收的副产品，其主要成分为二氧化硅，其颗粒极细、活性很高，是一种较好的改善混凝土性能的掺合料。

硅粉呈灰白色，无定形二氧化硅含量一般为85%～96%，其他氧化物的含量都很少，粒径为0.1～1.0 μm，是水泥粒径的1/100～1/50，比表面积为18.5～20 m^2/g，密度为2.1～2.2 g/cm^3，松散堆积表观密度为250～300 kg/m^3。《高强高性能混凝土用矿物外加剂》(GB/T 18736—2017)规定，硅粉烧失量不大于6.0%，含水率不大于3.0%，需水量比不大于125%，比表面积不小于15×10^3 m^2/kg，45 μm方孔筛筛余(%)不大于5.0%，SiO_2含量不小于85%，氯离子含量不大于0.10%，3 d、7 d、28 d活性指数①分别不小于90%、95%、115%。

混凝土中掺入硅粉后，可取得以下效果：

(1) 改善混凝土拌合物黏聚性与保水性

由于硅粉颗粒极细，比表面积大，其需水量为普通水泥的130%～150%，故混凝土流动性随硅粉掺量增加而降低。为了保持混凝土流动性，必须掺用高效减水剂。硅粉的掺入，显著地改善了混凝土黏聚性及保水性，使混凝土完全不离析、几乎不泌水，故适宜配制高流态混凝土、泵送混凝土及水下灌注混凝土。

①由90%～50%检验水泥加10%～50%掺合料组成试验样的胶砂强度与100%检验水泥的对比样胶砂强度之比的百分数，称为活性指数。详见《高强高性能混凝土用矿物外加剂》(GB/T 18736—2017)附录C中规定。

(2) 提高混凝土强度

硅粉的活性很高，当与高效减水剂配合掺入混凝土时，硅粉与 $Ca(OH)_2$ 反应生成水化硅酸钙凝胶体，填充水泥颗粒间的空隙，改善界面结构及黏结力，可显著提高混凝土强度。一般硅粉掺量为 5%～10%时，便可配制出 28 d 强度达 100 MPa 及以上的超高强混凝土。

(3) 改善混凝土的孔隙结构，提高耐久性

掺入硅粉的混凝土，虽然水泥石的总孔隙与不掺时基本相同，但其大孔减少，超微细孔隙增加，改善了水泥石的孔隙结构。因此，掺硅粉混凝土耐久性显著提高。试验结果表明，硅粉掺量为 10%～20%时，抗渗性可提高到 P20 以上，抗冻性也明显提高。

硅粉混凝土的抗冲磨性随硅粉掺量的增加而提高，比某些抗冲磨材料具有价廉、施工方便等优点，故适用于水工建筑物的抗冲刷部位及高速公路路面。

硅粉混凝土抗侵蚀性较好，适用于要求抗溶出性侵蚀及抗硫酸盐侵蚀的工程。硅粉还具有抑制碱-骨料反应及防止钢筋锈蚀的作用。

硅粉混凝土的干缩率较大，施工过程中应特别加强养护，防止干缩裂缝的发生。

5.5.3 矿渣粉

硅粉虽是理想的掺合料，但其资源有限，因此多采用超细粉磨的粒化高炉矿渣(简称超细矿渣)作为超细微粒掺合料，用以配制高强、超高强度混凝土。粒化高炉矿渣经超细粉磨后具有很高的活性和极大的表面能，满足配制不同性能要求的高性能混凝土的需求。超细矿渣粉的比表面积一般大于 450 m^2/kg，可等量替代 15%～50%的水泥。掺于混凝土中可收到以下几方面的效果：

① 采用高强度等级水泥及优质粗、细骨料并掺入高效减水剂时，可配制出高强混凝土及强度等级 C100 以上的超高强混凝土。

② 所配制出的混凝土干缩率大大减小，抗冻、抗渗性能提高，混凝土的耐久性显著改善。

③ 混凝土拌合物的和易性明显改善，可配制出大流动性且不离析的泵送混凝土。

超细矿渣粉的生产成本低于水泥，使用会获得显著经济效益。经验表明，使用超细矿渣粉来配制高强、超高强混凝土是行之有效、经济实用的技术途径，是当今混凝土技术发展的趋势之一。

对于普通粒化高炉矿渣粉，《用于水泥、砂浆和混凝土中的粒化高炉矿渣粉》(GB/T 18046—2017)规定其品质指标如表 5.24 所示。

表 5.24 粒化高炉矿渣粉的技术要求

级别	密度，g/cm^3	比表面积，m^2/kg	流动度比，%	含水率(质量分数)，%	SO_3(质量分数)，%	Cl^-(质量分数)，%	烧失量(质量分数)，%	玻璃体(质量分数)，%	活性指数，%	
									7 d	28 d
S75	≥2.80	≥300	≥95	≤1.0	≤4.0	≤0.06	≤1.0	≥85	≥55	≥75
S95	≥2.80	≥400	≥95	≤1.0	≤4.0	≤0.06	≤1.0	≥85	≥70	≥95
S105	≥2.80	≥500	≥95	≤1.0	≤4.0	≤0.06	≤1.0	≥85	≥95	≥105

除了粒化高炉矿渣粉外，粉煤灰或磨细天然沸石、偏高岭土等也可通过超细粉磨获得超细矿渣粉的效果，并作为混凝土的超细粉磨矿物质掺合料。

5.5.4 其他掺合料

除了上述几种掺合料外，可以用作混凝土掺合料的还有天然火山灰质材料和某些工业副产品，如火山灰、凝灰岩、钢渣、磷矿渣、锰矿渣等。此外，碾压混凝土中还可以掺入适量的非活性掺合料(如石灰石粉、尾矿粉等)，以改善混凝土的和易性，提高混凝土的密实性及硬化混凝土的某些性能。

作为混凝土活性掺合料的天然火山灰质材料和工业副产品，必须具有足够的活性且不能含有过量的对混凝土有害的杂质。掺合料需经磨细并通过试验确定其合适掺量及其对混凝土性能的影响。

5.6 混凝土的配合比设计

5.6.1 普通混凝土的配合比设计

普通混凝土配合比设计的任务是将水泥、粗细骨料和水等各项组成材料合理地配合，使所得混凝土满足工程所要求的各项技术指标，并符合经济的原则。

混凝土配合比的表示方法，常用的有两种。一种是用 1 m^3 混凝土中各项材料的质量表示，例如：水泥(C)300 kg、水(W)180 kg、砂(S)720 kg、石子(G)1200 kg；另一种是用各项材料间的质量比表示(以水泥为1)，例如：$C:S:G=1:2.4:4$，$W/C=0.6$。

混凝土中各项原材料的品种、品质(如水泥品种及强度等级，砂石、掺合材料、外加剂等的品质)对混凝土的各项技术性质都有一定影响。对于不同的工程，混凝土的技术要求及原材料是不同的，因此所得配合比也不会相同。故在进行配合比设计时，必须根据该工程的设计要求及原材料进行计算和试验。其他工程的混凝土配合比只能作为参考。

5.6.1.1 普通混凝土配合比设计的基本要求与基本资料

(1) 配合比设计的基本要求是：

① 达到混凝土结构设计的强度等级；

② 满足混凝土施工所要求的和易性；

③ 满足工程所处环境和使用条件对混凝土耐久性的要求；

④ 符合经济原则，节约水泥，降低成本。

(2) 在设计混凝土配合比之前，应该通过调查掌握下列基本资料：

① 了解工程设计要求的混凝土强度等级，以便确定混凝土配制强度。

② 了解工程所处环境对混凝土耐久性的要求，以便选择配制混凝土的适宜水泥品种、最大水胶比和最小水泥用量。

③ 了解结构断面尺寸及钢筋配置情况，以便确定混凝土骨料的最大粒径。

④ 了解混凝土施工方法及管理水平，以便选择混凝土拌合物坍落度及骨料的最大粒径。

⑤ 掌握原材料的性能指标，包括水泥的品种、等级、密度；砂、石骨料的种类及表观密度级配、最大粒径；拌和用水的水质情况；外加剂的品种、性能和适宜掺量。

5.6.1.2 普通混凝土配合比参数的确定原则及方法

组成混凝土的水泥、砂、石子及水等四种基本材料确定后，它们之间的相对用量，可用客观存在的三个无量纲数表达，即水胶比(π_1)、单位用水量(π_2)(即 1 m^3 混凝土用水体积)及含砂率(π_3)。这三个无量纲数与混凝土性能之间存在着密切的关系，故将它们称为混凝土配合比的三个基本参数。进行混凝土配合比设计就是要正确地确定这三个参数。下面分别讨论这三个参数的确定原则和方法。

(1) 水胶比(π_1)

在其他条件不变的情况下，水胶比的大小直接影响混凝土的强度及耐久性。水胶比较小时，混凝土的强度、密实性及耐久性较高，但耗用水泥较多，混凝土发热量也较大。因此，应在满足强度及耐久性要求的前提下，尽可能采用较大的水胶比，以节约水泥。此外，对于强度及耐久性要求均较低的混凝土(如大体积内部混凝土)，在确定水胶比时，还需要考虑混凝土的和易性，不宜选用过大的水胶比。因为当水胶比过大时，混凝土拌合物的黏聚性及保水性难以得到满足，将会影响混凝土质量并给施工造成困难。

满足强度要求的水胶比，可由使用本工程原材料进行试验所建立的混凝土强度与水胶比（或胶水比）关系曲线（或关系式）求得。也可参照经验公式（5.1）初步确定，而后再进行试验校核。

满足耐久性要求的水胶比，应通过混凝土抗渗性、抗冻性等试验确定。当缺乏试验资料时，也可参照表5.18及表5.19初步选定，而后再进行试验校核。影响混凝土耐久性的因素很多，混凝土耐久性是混凝土抵抗多种环境破坏因素的综合性指标。为了保证不同类型混凝土工程中混凝土耐久性，水胶比不得超过施工规范所规定的最大允许值。《混凝土结构设计标准（2024 版）》（GB 50010—2010）规定，设计使用年限为50年的混凝土结构，其混凝土材料的最大水胶比、最低强度等级应符合表5.25中的具体指标。

表 5.25 耐久性要求的最大水胶比

环境类别	条件	最大水胶比	最低强度等级
一	室内干燥环境；无侵蚀性静水浸没环境	0.60	C20
二 a	室内潮湿环境；非严寒和非寒冷地区的露天环境；非严寒和非寒冷地区与无侵蚀性的水或土壤直接接触的环境；严寒和寒冷地区的冰冻线以下与无侵蚀性的水或土壤直接接触的环境	0.55	C25
二 b	干湿交替环境；水位频繁变动环境；严寒和寒冷地区的露天环境；严寒和寒冷地区冰冻线以上与无侵蚀性的水或土壤直接接触的环境	0.50 (0.55)	C30 (C25)
三 a	严寒和寒冷地区冬季水位变动区环境；受除冰盐影响环境；海风环境	0.45 (0.50)	C35 (C30)
三 b	盐渍土环境；受除冰盐作用环境；海岸环境	0.40	C40

注：① 室内潮湿环境是指构件表面经常处于结露或湿润状态的环境；

② 预应力构件混凝土中的最低混凝土强度等级应按表中的规定提高两个等级；

③ 素混凝土构件的水胶比及最低强度等级的要求可适当放松；

④ 有可靠工程经验时，二类环境中的最低混凝土强度等级可降低一个等级；

⑤ 处于严寒和寒冷地区二 b、三 a 类环境中的混凝土应使用引气剂，并可采用括号中的有关参数。

以上根据强度和耐久性要求所求得的两个水胶比中，应选取其中较小者，以便能同时满足强度和耐久性的要求。

（2）单位用水量（π_2）

单位用水量是控制混凝土拌合物流动性的主要因素。确定混凝土单位用水量的原则以满足混凝土拌合物流动性的要求为准。

影响混凝土单位用水量的因素很多，如骨料的品质及级配、骨料最大粒径、水泥需水性及使用外加剂情况等。对于具体工程，可根据原材料情况，总结实际资料得出单位用水量经验值。当缺乏资料时，可根据混凝土坍落度要求，参照表5.26初步估计单位用水量，再按此单位用水量试拌混凝土，测定其坍落度。若坍落度不符合要求，则应调整单位用水量（注意应保持水胶比不变），再做试验，直到符合要求为止。

表 5.26 混凝土单位用水量参考表

单位 kg/m^3

拌合物稠度		卵石最大粒径，mm				碎石的最大粒径，mm			
项目	指标	10.0	20.0	31.5	40.0	16.0	20.0	31.5	40.0
维勃稠度，s	16～20	175	160	—	145	180	170	—	155
	11～15	180	165	—	150	185	175	—	160
	5～10	185	170	—	155	190	180	—	165

续表5.26

拌合物稠度		卵石最大粒径，mm				碎石的最大粒径，mm			
项目	指标	10.0	20.0	31.5	40.0	16.0	20.0	31.5	40.0
坍落度，mm	10～30	190	170	160	150	200	185	175	165
	30～50	200	180	170	160	210	195	185	175
	50～70	210	190	180	170	220	205	195	185
	70～90	215	195	185	175	230	215	205	195

注：① 本表用水量是采用中砂时的平均值，当使用细（粗）砂时，用水量需增加（减少）5～10 kg/m^3。

② 掺用各种外加剂或掺合料时，用水量应相应调整。

③ 本表摘自《普通混凝土配合比设计规程》(JGJ 55—2011)。

(3) 砂率（合理砂率）(π_3)

砂率对混凝土拌合物和易性的影响，已在5.3节中讲述过。在设计好的混凝土中，其砂率应当是合理砂率（也称最佳砂率）。影响合理砂率大小的因素很多，可概括如下：

① 石子最大粒径较大、级配较好、表面较光滑时，合理砂率较小；

② 砂子细度模数较小时，混凝土拌合物的黏聚性容易得到保证，合理砂率较小；

③ 水胶比较小或混凝土中掺有使拌合物黏聚性得到改善的掺合料（如粉煤灰、硅粉等）时，胶凝材料浆体较黏稠，混凝土黏聚性较好，则合理砂率较小；

④ 掺用引气剂或减水剂时，合理砂率也可适当减小；

⑤ 设计要求的混凝土流动性较大时，混凝土合理砂率较大；反之，当混凝土流动性较小时，可用较小的砂率。

由于影响合理砂率的因素很多，因此尚不能用计算的方法准确地求得合理砂率。通常确定砂率时，可先参照经验图表初步估计，然后再通过混凝土拌合物和易性试验确定。其方法是：预先估计几个砂率，拌制几组混凝土，进行和易性对比试验，从中选出合理砂率。表5.27为砂率的大致范围，可供初步估计合理砂率时参考。

表5.27 砂率参考表

单位：%

W/C	卵石最大粒径，mm			碎石最大粒径，mm		
	10.0	20.0	40.0	16.0	20.0	40.0
0.40	26～32	25～31	24～30	30～35	29～34	27～32
0.50	30～35	29～34	28～33	33～38	32～37	30～35
0.60	33～38	32～37	31～36	36～41	35～40	33～38
0.70	36～41	35～40	34～39	39～44	38～43	36～41

注：① 本表数值是中砂的选用砂率，对细砂或粗砂，可相应地减小或增大砂率。

② 采用机制砂配制混凝土时，砂率可适当增大。

③ 只用一个单粒级粗骨料配制混凝土时，砂率可适当增大。

④ 本表中砂率是指砂与骨料总量的质量比。

合理砂率也可用近似公式(5.10)估算：

$$\frac{S}{\gamma_S}=\frac{KG}{\gamma_G}P$$

$$\frac{S}{S+G}=\frac{K\gamma_S P}{K\gamma_S P+\gamma_G} \tag{5.10}$$

式中 S，G——1 m^3 混凝土中砂、石用量，kg；

γ_S，γ_G——砂、石子的松散堆积表观密度，kg/m³；

P——石子空隙率，%；

K——拨开系数，一般取 1.1～1.4。

式(5.10)的基本假定是混凝土中用砂填充石子空隙并略有多余，以拨开石子颗粒，在石子周围形成足够的砂浆层。对于坍落度较大的混凝土，应取较大的 K 值；反之，则取较小的 K 值。

还应指出，一般施工时的砂率，常需比实验室试验所确定的合理砂率增大 1%左右。这样可弥补拌合物运输过程中的砂浆流失，并可避免骨料分离以及局部混凝土砂浆不足所造成的蜂窝、孔洞。

混凝土配合比的三个参数及其确定原则可总结如图 5.25 所示。

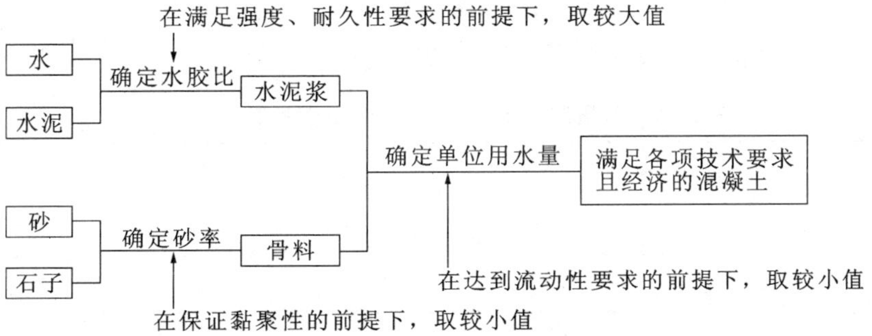

图 5.25 混凝土配合比参数关系

5.6.1.3 普通混凝土配合比设计的方法与步骤

设计混凝土配合比的方法很多，但基本上大同小异，其主要步骤可归纳为：①估算初步配合比(利用经验公式、经验图表等进行初步估算)；②试拌调整，得出供检验强度及耐久性等用的基准配合比(通过混凝土拌合物试拌，求得满足和易性要求的配合比)；③进行混凝土强度及耐久性能等的检验，确定混凝土配合比(满足各项设计指标的配合比)。

(1) 初步配合比的计算

① 初步确定水胶比 W/C。根据混凝土强度及耐久性要求，参考式(5.1)、表 5.18 及表 5.19，并考虑水胶比最大允许值，初步确定水胶比。

② 初步估计单位用水量 W(kg/m³)。根据拌合物坍落度的要求，参考表 5.26 估算。

③ 初步估计含砂率 $S/(S+G)$。参照表 5.27 或式(5.10)进行估算。

④ 初步计算水泥(胶凝材料)用量 C(kg/m³)。用初步确定的水胶比及单位用水量，按下式计算：

$$C = W/(W/C)$$

再根据环境选定的条件的耐久性要求，混凝土水泥(胶凝材料)用量应不少于规范要求的最小水泥(胶凝材料)用量。《普通混凝土配合比设计规程》(JGJ 55—2011)规定了"最小胶凝材料用量"，具体指标见表 5.28。

表 5.28 混凝土的最小胶凝材料用量

最大水胶比	最小胶凝材料用量，kg/m³		
	素混凝土	钢筋混凝土	预应力混凝土
0.60	250	280	300
0.55	280	300	300
0.50	320		
≤0.45	330		

⑤ 计算砂、石子用量。根据上述的三个基本参数(三个方程),只能获得砂、石子的关系,而无法得到砂、石子用量,必须借助客观存在的“边界条件”——“绝对体积法”或“假定表观密度法”进行计算。

a.绝对体积法。假定 1 m^3 新浇筑的混凝土内各项材料的体积之和为 1 m^3,则有

$$\frac{W}{\rho_W}+\frac{C}{\rho_C}+\frac{S}{\rho_S}+\frac{G}{\rho_G}+10\alpha=1000 \tag{5.11}$$

式中 W,C,S,G——1 m^3 混凝土中水、水泥、砂、石子的质量,kg;

ρ_W——水的密度,一般取 1 g/cm^3;

ρ_C——水泥的密度,g/cm^3;

ρ_S,ρ_G——砂、石子的视密度,g/cm^3;

α——混凝土中空气含量,%,可参照表 5.29 估值。

表 5.29 新浇混凝土表观密度 γ_C 及含气量 α 参考值

骨料最大粒径,mm	普通混凝土		引气混凝土		备注
	γ_C,kg/m^3	α,%	γ_C,kg/m^3	α,%	
20	2380	2.0	2280	5.5	适用于骨料平均视密度为 2.60～2.65 g/cm^3 的混凝土
40	2400	1.2	2320	4.5	
80	2430	0.5	2350	3.5	

将上述初步估算出的 W、C 及 $S/(S+G)$ 等值代入式(5.11)即可求得 1 m^3 混凝土中各项材料用量。

b.假定表观密度法。假定新浇筑的混凝土单位体积的质量为 $\gamma_C(kg/m^3)$,则有

$$W+C+S+G=\gamma_C \tag{5.12}$$

γ_C 值可参照表 5.29 估计[其余符号意义同式(5.11)]。

将上述初步估算出的 W、C 及 $S/(S+G)$ 等值代入式(5.12)即可求得 1 m^3 混凝土中各项材料用量,所得为混凝土的初步配合比。

(2) 试拌调整

按初步配合比拌制的混凝土不一定满足和易性的要求,这是因为配合比的各项参数是借助于经验公式、图表等选定的,它们不一定符合本工程的实际。因此,需进行和易性试验(试拌),对单位用水量及砂率进行调整(保持水胶比不变)以便得出和易性恰好满足设计要求的混凝土。所得即为检验强度及耐久性用的基准配合比。

混凝土试拌和调整的方法如下:按初步配合比,称取拌制 0.015～0.030 m^3 混凝土所需的各项材料,按试验规程拌制混凝土,测其坍落度,观察黏聚性及保水性。若不符合要求,则调整砂率或用水量,再进行拌和试验,直至符合要求。砂率及用水量的调整原则如下:

① 若拌合物的黏聚性及保水性不良,砂浆显得不足,应酌量增大砂率;反之,则应适当减小砂率。

② 当坍落度小于设计要求时,应保持水胶比不变,增加胶凝材料浆体用量;反之,则应保持砂率大致不变,增加砂、石子用量。一般要增加 10 mm 坍落度,约需增加胶凝材料浆体用量 1%～3%。

调整好的混凝土,测定其拌合物表观密度 γ'_C,根据该拌合物各项材料实际用量(C'、W'、S'、G')及表观密度 γ'_C,按下式计算该混凝土基准配合比(kg/m^3):

$$\left.\begin{aligned}&C=\frac{\gamma'_C}{C'+W'+S'+G'}\cdot C'=KC'\\&W=KW'\\&S=KS'\\&G=KG'\end{aligned}\right\} \tag{5.13}$$

(3) 检验强度及耐久性，确定混凝土试验室配合比

根据式(5.13)得到的基准配合比，按标准成型试件，养护至规定龄期进行试验。如果混凝土各项性能均满足要求，且超过要求指标不多，则该配合比是经济合理的。否则，应将水胶比进行必要的修正，并重新做试验，直至符合要求。所得即为实验室配合比。

为了缩短试验时间，常以基准配合比为基础，同时拌制 3～5 种配合比进行强度及抗渗性、抗冻性等试验，从中选出满足各项技术要求的配合比(实验室配合比)。在这 3～5 种配合比中，其中一种是基准配合比，另外几种配合比的水胶比值应较基准配合比分别增大及减小 0.05，其用水量与基准配合比相同，砂率值作适当调整。

对于大型混凝土工程，常对混凝土配合比进行系统试验。即在确定初步水胶比时，就同时选取 3～5 个值，对每一水胶比又选取 3～5 种砂率及 3～5 种单位用水量，组成多种配合比，平行进行试验并相互校核。通过试验，绘制水胶比与单位用水量、合理砂率、强度、抗渗等级、抗冻等级等的关系曲线。综合这些关系曲线最终确定出实验室配合比。

5.6.1.4 施工配合比的计算

实验室配合比是在砂石处于干燥状态下获得的，施工过程中，工地砂石材料含水状况会发生变化，应将实验室配合比进行换算和调整，得出施工配合比供施工应用。

现假设工地测出砂及石子的含水率分别为 α_a 及 α_b，则混凝土施工配合比的各项材料用量(配料单)应为

$$\left.\begin{aligned} C_0 &= C \\ S_0 &= S(1+\alpha_a) \\ G_0 &= G(1+\alpha_b) \\ W_0 &= W - S\alpha_a - G\alpha_b \end{aligned}\right\} \tag{5.14}$$

5.6.1.5 混凝土配合比设计举例

【例】某房屋为钢筋混凝土框架工程，混凝土不受风雪等作用，为室内正常环境，使用年限 50 年，设计混凝土强度等级 C25，施工要求坍落度为 30～50 mm。试设计该混凝土配合比。

【解】

1. 混凝土技术指标及所用材料

(1) 技术指标

① 混凝土配制强度(f_h)为

$$f_h = 25.0 + 1.645 \times 5.0 = 33.2(\text{MPa})$$

见 5.7 节式(5.28) 并根据表 5.34 取 $\sigma_0 = 5.0$ MPa。

② 混凝土拌合物坍落度为 30～50 mm。

(2) 所用原材料

① 水泥：根据该工程情况，选用强度等级 42.5 级的普通水泥。水泥强度等级富余系数 γ_C 取为 1.16，实测密度 $\rho_C = 3.10\ \text{g/cm}^3$。

② 粗骨料：石灰岩碎石，$D_M = 40$ mm，取 5～40 mm 连续级配，实测视密度 $\rho_G = 2.70\ \text{g/cm}^3$，松散堆积表观密度 $\gamma_G = 1550\ \text{kg/m}^3$。

③ 细骨料：河砂，细度模数为 2.70，级配合格，实测视密度 $\rho_S = 2.65\ \text{g/cm}^3$。

粗、细骨料的品质均符合规范要求，含水状态以干燥状态为基准。

2. 初步配合比计算

(1) 初步确定水胶比 W/C

由强度要求有：

$$f_{cu}=f_h=Af_{ce}\left(\frac{C}{W}-B\right)$$

将以上各值代入公式，可得：

$$33.2=0.53\times 1.16\times 42.5\left(\frac{C}{W}-0.20\right)$$

则：

$$W/C=0.68$$

考虑耐久性，查表5.25，水胶比应不大于0.60。现取初步水胶比为0.60。

(2) 初步估计单位用水量 W

按表5.26有：

$$W=175\ \text{kg/m}^3$$

(3) 初步估计含砂率 $S/(S+G)$

按表5.27有：

$$\frac{S}{S+G}=36\%$$

(4) 单位水泥用量 C

$$C=W/(W/C)=175\div 0.60=292\ \text{kg/m}^3$$

考虑耐久性，将计算所得的水泥用量与表5.28规定的最小胶凝材料用量进行比较，可知水泥用量符合要求，故初步计算水泥用量为：

$$C=292\ \text{kg/m}^3$$

(5) 计算粗、细骨料用量

按绝对体积法，查表5.29取 $\alpha=1.2$，则有：

$$W+\frac{C}{\rho_C}+\frac{S}{\rho_S}+\frac{G}{\rho_G}+10\alpha=1000$$

$$\begin{cases}175+\dfrac{292}{3.10}+\dfrac{S}{2.65}+\dfrac{G}{2.70}+10\times 1.2=1000\\[2ex] \dfrac{S}{S+G}=0.36\end{cases}$$

解上式得：$S=694\ \text{kg/m}^3$；$G=1234\ \text{kg/m}^3$。

初步配合比为：$C=292\ \text{kg/m}^3$、$S=694\ \text{kg/m}^3$、$G=1234\ \text{kg/m}^3$、$W=175\ \text{kg/m}^3$。

3. 试拌调整，确定基准配合比

① 按初步配合比，称取拌制 $0.02\ \text{m}^3$ 混凝土所需的各项材料：$C=5.84$ kg、$S=13.88$ kg、$G=24.68$ kg、$W=3.50$ kg。拌制混凝土，测得的坍落度为20 mm，黏聚性较好。

② 需增加胶凝材料浆体 $2\times 2\%$（即水泥0.23 kg、水0.14 kg）。重新拌和混凝土，测得坍落度为45 mm，黏聚性及保水性良好，和易性满足要求。

③ 该混凝土各种材料实际用量为：$C'=6.07$ kg、$S'=13.88$ kg、$G'=24.68$ kg、$W'=3.64$ kg。

④ 实测混凝土拌合物表观密度 $\gamma'_C=2410\ \text{kg/m}^3$。

⑤ 按式(5.13)可算得，基准配合比为：

$$C=303\ \text{kg/m}^3、S=693\ \text{kg/m}^3、G=1232\ \text{kg/m}^3、W=182\ \text{kg/m}^3。$$

$$C:S:G:W=1:2.29:4.07:0.60$$

4.检验强度，确定实验室配合比

以基准配合比为基础，分别拌制3～5个不同水胶比的混凝土，测定其表观密度及28 d强度，试验结果见表5.30。

表5.30 混凝土强度试验结果

组别	$\frac{W}{C}$	各项材料用量，kg				f_{28}，MPa	γ'_C，kg/m^3	$\frac{C}{W}$
		W	S	G	C			
1	0.55	3.64	13.86	24.64	6.62	38.0	2415	1.819
2	0.60				6.06	34.5	2410	1.665
3	0.65				5.60	27.5	2405	1.538

由表5.30可得满足设计要求的胶水比约为1.65（按作图法求得），即 $W/C=0.61$。但它已经不满足表5.25最大水胶比要求，故仍使用0.60的水胶比。

即混凝土的实验室配合比为：$C=303\ kg/m^3$、$S=693\ kg/m^3$、$G=1232\ kg/m^3$、$W=182\ kg/m^3$。

$$C:S:G:W=1:2.29:4.07:0.60$$

5.6.2 掺减水剂的混凝土配合比设计

在普通混凝土中掺入减水剂，一般有以下几种考虑：①提高混凝土拌合物的流动性，且不致降低混凝土的强度；②节约水泥，且保持混凝土的和易性及水胶比不变；③提高混凝土的强度及耐久性，且保持拌合物的和易性不变。无论何种考虑，掺减水剂的混凝土配合比设计均可以基准混凝土（指未掺减水剂的混凝土）配合比为基础，进行适当的调整而获得。

（1）以提高混凝土拌合物的流动性为主要目的时的配合比设计

由于混凝土拌合物流动性增大，其黏聚性及保水性一般会有一些改变（随减水剂的品种而不同）。为使拌合物黏聚性及保水性合格，可适当调整砂率，并保持粗细骨料总用量不变。同时，其他材料用量与基准混凝土相同，即得出各种材料的用量。再经试拌和调整，确定出设计配合比。

（2）以节约水泥为主要目的时的配合比设计

若基准混凝土配合比各种材料用量分别为 C、W、S、G，砂率为 S_P，混凝土的实测表观密度为 γ_C。假定减水剂的减水率为 $a\%$，掺量为 $b\%$，取水胶比及砂率不变，则掺减水剂混凝土的各种材料用量——水泥（C'）、水（W'）、砂（S'）、石子（G'）、减水剂等用量按以下各式计算

$$W'=W(1-a\%)$$

$$C'=W'/\left(\frac{W}{C}\right)$$

$$S'+G'=\gamma_C-C'-W'$$

$$S'=(S'+G')S_P$$

$$G'=(S'+G')(1-S_P)$$

$$减水剂用量=C'b\%$$

以上计算出的结果，经试拌调整后即得设计配合比。

（3）以提高混凝土强度及耐久性为主要目的时的配合比设计。

若基准混凝土各种材料用量、配合比参数如前述，取掺入减水剂的混凝土拌合物在流动性不变情况下水泥用量不变降低水胶比。此时拌合物黏聚性及保水性得到改善，可适当降低砂率，若确定砂率为 S'_P，则掺减水剂混凝土的各种材料用量按以下各式计算：

$$C' = C$$

$$W' = W(1 - a\%)$$

$$S' + G' = \gamma_C - C' - W'$$

$$S' = (S' + G')S_P'$$

$$G' = (S' + G')(1 - S_P')$$

$$\text{减水剂用量} = C'b\%$$

以上计算出的掺减水剂混凝土配合比再经试拌调整，即得设计的混凝土配合比。

5.6.3 粉煤灰混凝土配合比设计

粉煤灰混凝土配合比设计的基本原理与普通混凝土相似。由于粉煤灰的掺入，在配合比中又增加了一个参变数，通常用粉煤灰掺量(%)表示

$$\text{粉煤灰掺量} = \frac{\text{粉煤灰质量}}{\text{水泥质量} + \text{粉煤灰质量}} \times 100\%$$

在进行配合比设计时，可根据经验选取几个不同的粉煤灰掺量，分别按普通混凝土配合比设计的方法进行设计，根据混凝土技术要求确定粉煤灰掺量及相应的混凝土配合比。

当混凝土的技术要求主要是 28 d 强度及施工和易性时，掺粉煤灰混凝土的配合比设计，可以基准配合比为基础，按超量取代法进行。其方法步骤如下：

(1) 按设计要求进行普通混凝土(不掺粉煤灰的混凝土)配合比的设计，并以此作为基准配合比。设此配合比为：水泥用量 C(kg/m^3)、水用量 W(kg/m^3)、砂子用量 S(kg/m^3)、石子用量 G(kg/m^3)。

(2) 确定粉煤灰取代水泥率 β_C，粉煤灰取代水泥率不得超过表 5.31 的限值。

表 5.31 粉煤灰取代水泥百分率 β_C

混凝土强度等级	普通水泥，%	矿渣水泥，%
C15 以下	15～25	10～20
C20	10～15	10
C25～C30	15～20	10～15

注：① 用 32.5 级水泥时取表中下限值，用 42.5 级水泥时取表中上限值。

② C20 以上的混凝土宜用Ⅰ、Ⅱ级粉煤灰，C15 以下的素混凝土可以用Ⅲ级粉煤灰。

(3) 计算 1 m^3 粉煤灰混凝土中水泥用量(C')。其计算公式为：

$$C' = C(1 - \beta_C) \tag{5.15}$$

(4) 确定粉煤灰超量系数 δ_C。粉煤灰超量系数等于粉煤灰掺量与粉煤灰混凝土中水泥减少量的比值，即 $\delta_C = F/(C - C')$。粉煤灰超量系数按表 5.32 确定。

表 5.32 粉煤灰超量系数

粉煤灰等级	超量系数 δ_C	备注
Ⅰ	1.1～1.4	C25 以上混凝土取下限，其他强度等级的混凝土取上限
Ⅱ	1.3～1.7	
Ⅲ	1.5～2.0	

(5) 计算 1 m^3 混凝土中粉煤灰掺量 F(kg/m^3)。其计算公式为：

$$F=\delta_C(C-C')\tag{5.16}$$

(6) 计算粉煤灰超量部分的体积 V_F。其计算公式为：

$$V_F=\frac{F}{\rho_F}+\frac{C'}{\rho_C}-\frac{C}{\rho_C}\tag{5.17}$$

式中 ρ_F——粉煤灰的密度。

(7) 以粉煤灰超量体积代替同体积的细骨料，则砂子用量(S')为：

$$S'=S-V_F\rho_S\tag{5.18}$$

(8) 粉煤灰混凝土的用水量(W')及石子用量(G')按基准配合比取用，即

$$W'=W;\quad G'=G$$

(9) 混凝土试拌，调整及强度校核等步骤与普通混凝土相同。

5.7 混凝土的质量控制

混凝土质量控制的目标是使所生产的混凝土能按规定的保证率满足设计要求。质量控制过程包括以下三个方面：

① 混凝土生产前的初步控制。主要包括人员配备、设备调试、组成材料的检验及配合比的确定与调整等内容。

② 混凝土生产过程中的控制。包括控制称量、搅拌、运输、浇筑、振捣及养护等内容。

③ 混凝土生产后的合格性控制。包括批量划分，确定批取样数，确定检测方法和验收界限等内容。

混凝土的质量如何，要通过其性能检验的结果来表达。在施工中，虽然力求做到既要保证混凝土所要求的性能，又要保持其质量的稳定性。但实际上，原材料及施工条件以及试验条件等许多复杂因素的影响，必然会造成混凝土质量的波动。原材料及施工方面的影响因素有：水泥、骨料及外加剂等原材料的质量和计量的波动，用水量或集料含水量的变化所引起水胶比的波动，搅拌、运输、浇筑、振捣、养护条件的波动以及气温变化等。试验条件方面的影响因素有：取样方法、试件成型及养护条件的差异，试验机的误差和试验人员的操作熟练程度等。

在正常连续生产的情况下，可用数理统计方法来检验混凝土强度或其他技术指标是否达到质量要求。混凝土的质量，通常用混凝土抗压强度作为评定指标。因为混凝土抗压强度的波动，既反映了混凝土强度的变异，又能较好地反映混凝土质量的波动。

5.7.1 混凝土强度波动规律

在正常施工条件下，对混凝土质量影响的许多因素都是随机的，因此同一种混凝土的强度值总是波动的。实践证明，混凝土强度的分布曲线近似于正态分布，如图 5.26 所示。其概率密度函数 $\varphi(f)$ 为：

$$\varphi(f)=\frac{1}{\sigma\sqrt{2\pi}}e^{-\frac{(f-\bar{f})^2}{2\sigma^2}}\tag{5.19}$$

介于 f_1 与 f_2 之间的混凝土强度值出现的概率为 $P(f_1\leqslant f\leqslant f_2)$，可用式(5.20)表示：

$$P(f_1\leqslant f\leqslant f_2)=\int_{f_1}^{f_2}\varphi(f)\mathrm{d}f=\frac{1}{\sigma\sqrt{2\pi}}\int_{f_1}^{f_2}e^{-\frac{(f-\bar{f})^2}{2\sigma^2}}\mathrm{d}f\tag{5.20}$$

式中 f——混凝土强度值；

$\bar{f}$——混凝土强度总体的平均值；

σ——混凝土强度总体的标准差。

令随机变量 $t=\dfrac{(\bar{f}-f)}{\sigma}$，可将随机变量正态分布变换为标准正态分布，如图 5.27 所示。

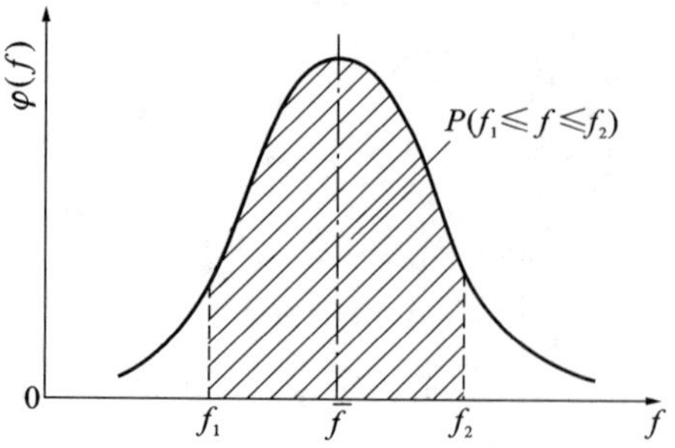

图 5.26 正态分布曲线

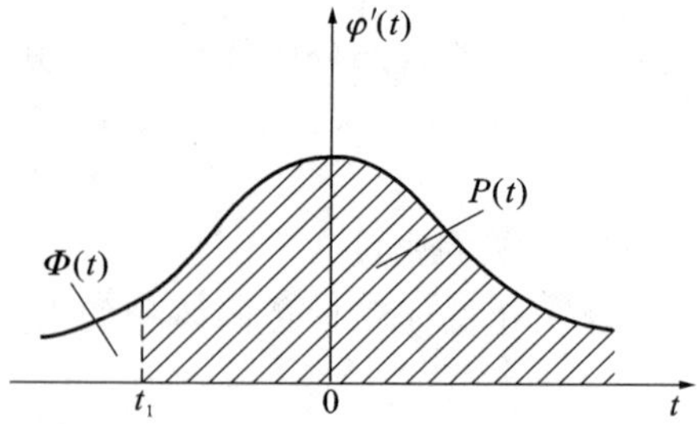

图 5.27 标准正态分布

其概率密度函数及标准正态分布函数分别为

$$\varphi'(t)=\frac{1}{\sqrt{2\pi}}e^{-\frac{t^2}{2}} \tag{5.21}$$

$$\Phi(t)=\int_{-\infty}^{t_1}\varphi'(t)\mathrm{d}t=\frac{1}{\sqrt{2\pi}}\int_{-\infty}^{t_1}e^{-\frac{t^2}{2}}\mathrm{d}t \tag{5.22}$$

式(5.21)、式(5.22)中，t 称为概率度。概率度 t 自 $t_1\sim+\infty$ 出现的概率 $P(t_1)=1-\Phi(t_1)$。它相当于图 5.26 中之阴影面积。不同的 t 值所对应的 $P(t)$ 值，可从数理统计学书中查得，现摘录一部分列于表 5.33。

表 5.33 不同 t 值的 $P(t)$ 值表

t	0	0.50	0.84	1.00	1.28	1.645	2.00	3.00
$P(t)$	0.500	0.690	0.800	0.841	0.900	0.950	0.977	0.999

当混凝土强度总体的平均值 $\bar{f}$ 及标准差 σ 已知时，混凝土强度分布特征即可确定。对于指定的某一强度值，可算出概率度 t，则大于或等于此强度值出现的概率即可确定。

5.7.2 混凝土强度的统计参数

为了确定混凝土强度总体的分布特征，需借助数理统计的方法，从混凝土总体中抽出一部分混凝土（样本）制成试件，测得一批（N 组）强度试验数据，计算出下列统计参数：

（1）平均值。其计算公式为：

$$m_{f_{cu}}=\frac{1}{N}\sum_{i=1}^{N}f_{cu,i} \tag{5.23}$$

也称为样本均值，可代表总体平均值。

（2）均方差（或称标准差）。其计算公式为：

$$S_{f_{cu}}=\sqrt{\frac{1}{N-1}\sum_{i=1}^{N}(f_{cu,i}-m_{f_{cu}})^2} \tag{5.24}$$

当样本试件数目 N 较多时，可代表总体标准差 σ_0。

（3）离差系数（或称变异系数）。其计算公式为：

$$C_v=\frac{S_{f_{cu}}}{m_{f_{cu}}} \tag{5.25}$$

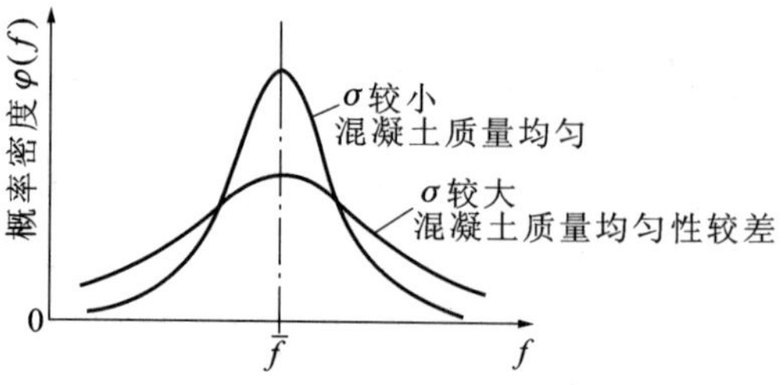

图 5.28 标准差不同的强度分布曲线

混凝土强度总体标准差 σ_0（或样本标准差 $S_{f_{cu}}$）及离差系数 C_v 是决定强度分布特性的重要参数。σ_0 值愈大（或 C_v 愈大），强度分布曲线愈矮而宽，强度离散性愈大，质量愈不均匀，如图 5.28 所示。从生产和使用的角度说，我们希望混凝土强度的波动较小，质量较均匀，故要求 σ_0（或 C_v）较小；反之，则表明混凝土质量较差。在施工质量控制中，可用 σ_0（或 C_v）作为评定混凝土均匀性的指标。

5.7.3 混凝土强度保证率

混凝土强度总体中，不小于设计强度的强度值出现的概率 P（%），称为强度保证率，不同类型的工程对混凝土强度保证率的要求不同。

混凝土强度保证率的计算，可根据混凝土强度检验结果（f_i），按式（5.23）至式（5.25）算出平均值 $m_{f_{cu}}$、均方差 $S_{f_{cu}}$ 或离差系数 C_v，按式（5.26）求得概率度 t：

$$t=\frac{m_{f_{cu}}-f_{cu,k}}{\sigma_0}=\frac{m_{f_{cu}}-f_{cu,k}}{S_{f_{cu}}}=\frac{m_{f_{cu}}-f_{cu,k}}{C_v m_{f_{cu}}} \tag{5.26}$$

式中 $f_{cu,k}$——设计强度值。

由 t 查表 5.33，即可求得该混凝土的强度保证率。

5.7.4 混凝土配制强度

为了使混凝土强度具有要求的保证率，必须使配制强度大于设计强度。当设计强度和要求的保证率已知时，混凝土配制强度（f_h）可按式（5.27）计算，即：

$$f_h=f_d+t\sigma_0=\frac{f_d}{1-tC_v} \tag{5.27}$$

式中 f_d——设计混凝土抗压强度，MPa；

t——与设计混凝土抗压强度要求的保证率对应的概率度；

σ_0——混凝土强度标准差，MPa；

C_v——混凝土强度离差系数。

《混凝土结构设计标准（2024 年版）》（GB 50010—2010）规定，混凝土设计强度 f_d 为混凝土强度标准值（具有 95%保证率的抗压强度值），此时 $t=1.645$（见表 5.33），则混凝土的配制强度为：

$$f_h=f_d+1.645\sigma_0 \tag{5.28}$$

当施工单位有 30 组以上该种混凝土试验资料时，可按数理统计方法算出 σ_0 值。若施工单位无历史统计资料，σ_0 值可按表 5.34 取用。

表 5.34 普通混凝土 σ_0 取值

混凝土强度等级	C10～C20	C25～C40	C50～C60
σ_0，MPa	4.0	5.0	6.0

5.7.5 混凝土强度的检验评定

根据《混凝土强度检验评定标准》（GB/T 50107—2010）的规定，混凝土强度应分批进行检验评定。一个检验批的混凝土应由强度等级相同、龄期相同以及生产工艺条件和配合比基本相同的混凝土组成。检验评定分统计方法和非统计方法两种。

5.7.5.1 统计方法评定

对商品混凝土厂、预制混凝土构件厂和采用现场集中搅拌混凝土的施工单位，应按统计方法评定混凝土强度；由于混凝土生产条件不同，混凝土强度的波动也不相同，因而，统计方法评定又分为以下两种情况。

(1) 标准偏差已知时

当混凝土的生产条件在较长时间内能保持一致，且同一品种混凝土的强度变异性能保持稳定时，本检验批的样本为连续的3组试件组成，其强度要求应同时满足下列要求：

$$m_{f_{cu}} \geqslant f_{cu,k} + 0.7\sigma_0 \tag{5.29}$$

$$f_{cu,min} \geqslant f_{cu,k} - 0.7\sigma_0 \tag{5.30}$$

同时

$$f_{cu,min} \geqslant 0.85 f_{cu,k} \quad \text{(混凝土强度等级} \leqslant \text{C20)} \tag{5.31}$$

$$f_{cu,min} \geqslant 0.90 f_{cu,k} \quad \text{(混凝土强度等级} > \text{C20)} \tag{5.32}$$

式中 $m_{f_{cu}}$——同一验收批混凝土立方体抗压强度的平均值，MPa；

$f_{cu,k}$——混凝土立方体抗压强度标准值，MPa；

σ_0——验收批混凝土立方体抗压强度的标准偏差，MPa；

$f_{cu,min}$——同一验收批混凝土立方体抗压强度的最小值，MPa。

标准偏差值根据前一检验期内同一品种混凝土试件的强度数据，按下式计算：

$$\sigma_0 = \sqrt{\frac{1}{n-1}\sum_{i=1}^{n}(f_{cu,i} - m_{f_{cu}})^2} \tag{5.33}$$

式中 $f_{cu,i}$——第 i 组混凝土试件立方体抗压强度代表值，MPa；

n——用以确定验收批混凝土立方体抗压强度标准偏差的数据总组数。

上述检验期不应少于60 d，也不得大于90 d，且在该期间内强度数据的总组数不得少于45。

(2) 标准偏差未知时

当混凝土的生产条件在较长时间内不能保持一致，且混凝土强度变异性不能保持稳定，或在前一个检验期内的同一品种混凝土没有足够的数据用以确定验收批混凝土立方体抗压强度标准偏差时，应由不少于10组的试件组成一个验收批，其强度应同时满足下列公式要求：

$$m_{f_{cu}} \geqslant \lambda_1 S_{f_{cu}} + f_{cu,k} \tag{5.34}$$

$$f_{cu,min} \geqslant \lambda_2 f_{cu,k} \tag{5.35}$$

式中 $S_{f_{cu}}$——同一验收批混凝土立方体抗压强度的标准偏差，MPa，按(5.24)式计算，当 $S_{f_{cu}}$ 的计算值小于2.5 MPa时，取 $S_{f_{cu}}=2.5$ MPa；

λ_1，λ_2——合格判定系数，其值按表5.35取用。

表 5.35 合格判定系数

试件组数	10～14	15～19	≥20
λ_1	1.15	1.05	0.95
λ_2	0.90	0.85	

5.7.5.2 非统计方法评定

对某些小批量、零星生产的预制构件混凝土或现场搅拌批量不大的混凝土，因其试件数量有限，不具备按统计方法评定混凝土强度的条件，此时，可按非统计方法评定。

按非统计方法评定混凝土强度时，其强度应同时满足下列要求：

$$m_{f_{cu}} \geqslant \lambda_3 f_{cu,k} \tag{5.36}$$

$$f_{cu,min} \geqslant \lambda_4 f_{cu,k} \tag{5.37}$$

式中 λ_3，λ_4——合格评定系数，其值按表5.36取用。

表 5.36 混凝土强度的非统计方法合格评定系数

混凝土强度等级	<C60	≥C60
λ_3	1.15	1.10
λ_4	0.95	

5.7.5.3 混凝土强度的合格性判定

混凝土强度应分批进行检验评定，当检验结果能满足上述规定时，则该批混凝土强度判为合格，反之则判为不合格。不合格批混凝土制成的结构或构件，应进行鉴定，对不合格的结构或构件，必须及时处理。当对混凝土试件强度的代表性有怀疑时，可采用从结构或构件中钻取试件的方法或采用非破损检验方法，按有关标准的规定对结构或构件中混凝土的强度进行推定。

5.8 其他品种水泥混凝土

5.8.1 轻骨料混凝土

根据《轻骨料混凝土应用技术标准》(JGJ/T 12—2019)的规定，用轻粗骨料、轻砂或普通砂、胶凝材料、外加剂和水配制的，干表观密度不大于 1950 kg/m^3 的混凝土为轻骨料混凝土。粗、细骨料均为轻骨料者，称为全轻混凝土，多用作保温材料或结构保温材料；细骨料全部或部分采用普通砂者，称为砂轻混凝土，多用作承重的结构材料。用轻粗骨料、水泥、矿物掺合料、外加剂和水配制的无砂或少砂的混凝土，称为大孔轻骨料混凝土，除用作结构保温材料外，还作为滤水板(管)等。轻骨料混凝土常以所用骨料的名称命名，如粉煤灰陶粒混凝土、黏土陶粒混凝土、页岩陶粒混凝土、浮石混凝土、膨胀珍珠岩混凝土等。

(1) 轻骨料的种类及性质

粒径不大于 5 mm，堆积密度不大于 1200 kg/m^3 的骨料称为轻细骨料；粒径大于 5 mm，堆积密度小于 1100 kg/m^3 的骨料称为轻粗骨料，轻骨料按来源可分为三类。

工业废料轻骨料：由工业副产品或固体废料废弃物，经破碎、筛分而制成的轻骨料。如粉煤灰陶粒、自燃煤矸石、膨胀矿渣珠、煤渣及轻砂等。

天然轻骨料：由火山爆发形成的多孔岩石，经破碎、筛分而制成的轻骨料，如浮石、火山渣等。

人造轻骨料：采用无机材料经加工制粒、高温焙烧而制成的轻粗骨料(陶粒等)及轻细骨料(陶砂等)，如页岩陶粒、黏土陶粒、膨胀珍珠岩及轻砂等。

《轻骨料混凝土应用技术标准》(JGJ/T 12—2019)规定，轻骨料的技术性质除了耐久性、体积稳定性和有害成分含量应符合要求外，对轻骨料必须检验其堆积密度、颗粒级配、筒压强度和吸水率；对轻砂必须检验其堆积密度和细度模数。

按堆积密度的大小，把轻粗骨料划分为 200、300、400、500、600、700、800、900、1000、1100、1200 等 11 个密度等级；把轻细骨料也划分为 500、600、700、800、900、1000、1100、1200 等 8 个密度等级；轻骨料堆积密度的大小直接影响所配制混凝土的表观密度。

(2) 轻骨料混凝土的技术性质

强度等级和密度等级是轻骨料混凝土的两个重要指标。轻骨料混凝土的强度等级按其立方体抗压强度标准值划分为：LC5.0、LC7.5、LC10、LC15、LC20、LC25、LC30、LC35、LC40、LC45、LC50、LC55 及 LC60 等 13 个强度等级。轻骨料混凝土的密度等级按其干表观密度和导热系数共划分为 14 个，见表 5.37。

表 5.37　轻骨料混凝土的密度等级和导热系数

密度等级	干表观密度，kg/m^3	导热系数，$W/(m\cdot K)$	密度等级	干表观密度，kg/m^3	导热系数，$W/(m\cdot K)$
600	560～650	0.18	1300	1260～1350	0.42
700	660～750	0.20	1400	1360～1450	0.49
800	760～850	0.23	1500	1460～1550	0.57
900	860～950	0.26	1600	1560～1650	0.66
1000	960～1050	0.28	1700	1660～1750	0.76
1100	1060～1150	0.31	1800	1760～1850	0.87
1200	1160～1250	0.36	1900	1860～1950	1.01

轻骨料混凝土按用途不同，可分为保温轻骨料混凝土、结构保温轻骨料混凝土和结构轻骨料混凝土三大类，其相应的强度等级和表观密度等级见表 5.38。

表 5.38　轻骨料混凝土按用途分类

类别名称	混凝土强度等级的合理范围	混凝土表观密度等级的合理范围	用　途
保温轻骨料混凝土	LC5.0	≤800	保温的围护结构或热工构筑物
结构保温轻骨料混凝土	LC5.0～LC15	800～1400	既承重又保温的围护结构
结构轻骨料混凝土	LC15～LC60	1400～1900	承重结构或构筑物

结构用轻骨料混凝土应采用砂轻混凝土。轻骨料混凝土结构的混凝土等级不应低于 LC20；采用强度等级 400 MPa 及以上的钢筋时，轻骨料混凝土的强度等级不应低于 LC25；预应力轻骨料混凝土结构的混凝土等级不应低于 LC40。如有抗震设防、耐久性、拌合物性能等要求的轻骨料混凝土结构构件的轻骨料混凝土等级应符合《轻骨料混凝土应用技术标准》(JGJ/T 12—2019)的规定。

虽然轻骨料强度较低，但轻骨料混凝土可达到较高的强度。这是因为轻骨料表面粗糙而内部多孔，早期的吸水作用导致骨料表面水胶比变小，从而提高了轻骨料与水泥石的界面黏结力。混凝土受力破坏时不是沿界面破坏，而是轻骨料本身先遭到破坏。对低强度的轻骨料混凝土，也可能是水泥石先开裂，然后裂缝向骨料延伸。因此轻骨料混凝土的强度主要取决于轻骨料的强度和水泥石的强度。

轻骨料混凝土的弹性模量一般较普通混凝土低 25%～65%，当结构构件处于温差较大的条件下，弹性模量低有利于控制裂缝的发展。轻骨料混凝土的干缩及极限应变较大，有利于改善结构物的抗震性能或抵抗动荷载的作用。

轻骨料混凝土具有较优良的保温性能。由于轻骨料具有较多孔隙，故其导热系数小，但随着表观密度和含水率的增大，导热系数会增大。

由于轻骨料弹性模量低，不能有效地阻止水泥石收缩，所以轻集料混凝土的收缩和徐变比普通混凝土大。

(3) 轻骨料混凝土配合比设计及施工要点

① 轻骨料混凝土的配合比设计，除应满足强度、和易性、耐久性、经济等要求外，还应满足表观密度等级的要求；对预应力混凝土结构等，还应满足对收缩和徐变等的要求。

② 轻骨料混凝土的水胶比以净水胶比表示，即净水量与胶凝材料用量之比；骨料用量是以干燥状态为基准的，当轻骨料含水时，必须在附加水量中扣除其自然含水量。

③ 轻骨料易上浮，不易搅拌均匀，应使用强制式搅拌机，且搅拌时间比普通混凝土长。

④ 和易性相同的混凝土，其坍落度比普通混凝土略小，外观上也显得较为干稠，此时应防止因判断上的失误而随意改变加水量。

⑤ 拌合物的运输距离应尽量缩短，若出现坍落度损失或离析较严重，浇筑前应采用人工二次拌和。

⑥ 浇筑成型后，应避免表面失水太快引起表面网状裂纹，早期应加强潮湿养护，养护时间一般不少于7～14 d。采用蒸汽养护时，升温速度不宜太快，应适当延长静停时间，若采取热拌工艺，则允许快速升温。

5.8.2　高强混凝土

高强混凝土是指由常规材料和常规工艺配制的C80及以上强度等级的混凝土。应该指出的是，由于混凝土技术在不断发展，各个国家的混凝土技术水平也不尽相同，因此混凝土强度类别在不同时代和不同国家有不同的概念和划分。目前许多国家工程技术人员习惯把C10～C80强度等级的混凝土称为普通强度混凝土，C80～C100强度等级的混凝土称为高强混凝土，强度等级C100以上的混凝土称为超高强混凝土。

(1) 高强混凝土的特点

① 高强混凝土的抗压强度高，可大幅度提高钢筋混凝土拱壳、柱等受压构件的承载能力；

② 在相同的受力条件下能减小构件体积，降低钢筋用量；

③ 高强混凝土致密坚硬，其抗渗性、抗冻性、耐蚀性、抗冲击性等诸方面性能均优于普通混凝土；

④ 高强混凝土的不足之处是脆性比普通混凝土高。

⑤ 虽然高强混凝土的抗拉、抗剪强度随抗压强度的提高而有所增长，但拉压比和剪压比却随之减小。

(2) 高强混凝土的配合比设计原则

① 对原材料的基本要求

a. 水泥。配制高强混凝土时，应选用质量稳定、强度等级不低于42.5级的硅酸盐水泥或普通硅酸盐水泥。混凝土的水泥用量不应大于550 kg/m^3。

b. 粗骨料。对强度等级为C80级的混凝土，其粗骨料的最大粒径不应大于25 mm。粗骨料中，针、片状颗粒含量不宜大于5.0%，含泥量不应大于0.5%，泥块含量不宜大于0.2%。所用粗骨料除进行压碎指标试验外，对碎石还应进行立方体强度试验，因为高强混凝土破坏时骨料往往也被压裂，因此骨料的强度对混凝土的强度有相当大的影响。其他质量指标应符合《建设用卵石、碎石》(GB/T 14685—2022)的规定。

c. 细骨料。细骨料宜采用中砂，其细度模数宜大于2.6，含泥量不应超过2.0%，泥块含量不应大于0.5%。其他质量指标也应符合现行标准的规定。

d. 混合材料。配制超高强混凝土一般需掺入硅灰等活性掺合料或专用的特殊掺合料。由于硅灰资源少且价格昂贵，可采用超细矿渣或超细粉煤灰作为超高强混凝土特殊掺合料。目前国内工程上多采用专用的特殊掺合料配制高强混凝土，专用特殊掺合料已作为独立的产品在市场上销售。

e. 外加剂。配制混凝土时，宜选用非引气、坍落度损失小的高效、高性能减水剂或缓凝高效减水剂。

② 配合比设计要点

高强混凝土配合比计算方法、步骤与普通混凝土基本相同，可按《普通混凝土配合比设计规程》(JGJ 55—2011)中的有关规定进行。但应注意以下几点：

a. 基准配合比的水胶比，不宜用普通混凝土水胶比公式计算，C80以上的混凝土一般按经验选取基准配合比的水胶比，试配时选用的水胶比宜为0.2～0.3；

b. 外加剂和掺合料的掺量及其对混凝土性能的影响，应通过试验确定；

c. 配合比中砂率可通过试验建立坍落度-砂率关系曲线，以确定合理的砂率值；

d. 混凝土胶凝材料用量不宜超过600 kg/m^3；

e. 配制C80以上等级的混凝土，须掺用硅灰或专用特殊掺合料。

（3）高强混凝土的应用

高强混凝土由于具有强度高、耐久性好、变形小等特点，能满足现代工程结构向大跨度、重载、高耸发展和承受恶劣环境条件的需要，使用高强混凝土可获得明显的工程效益和经济效益。目前，我国应用较广的是 C80～C100 高强混凝土，主要用于桥梁、轨枕、高层建筑的基础和柱、输水管、预应力管桩等。

5.8.3 塑性混凝土

塑性混凝土是指水泥用量较低，并掺加较多的膨润土、黏土等材料的大流动性混凝土，具有低强度、低弹性模量和大应变等特性。由于其变形能力强、抗渗性能好、易于施工，因而极适宜应用于防渗墙工程。

按抗压强度和弹性模量，防渗墙混凝土可以分为刚性和塑性两类。刚性混凝土的抗压强度一般为 5～10 MPa，弹性模量大于 2000 MPa；塑性混凝土的抗压强度一般小于 5 MPa，弹性模量小于 2000 MPa。工程实践表明，刚性混凝土防渗墙存在弹性模量高、极限应变小，其弹性模量比周围土层的弹性模量高出数百倍，致使在荷载作用下，防渗墙顶部和周围土层的沉陷差和变位差很大，从而使防渗墙墙顶受到较大压力，两个侧面受到很大的摩擦力，导致刚性混凝土防渗墙的应力较混凝土的设计强度高出很多，其应变也比混凝土极限应变高很多，因而墙体易出现裂缝，降低了防渗效果，严重的会使防渗设施遭到破坏，威胁到建筑物的安全。

塑性混凝土是基于刚性混凝土在防渗墙应用中存在诸多问题发展起来的，已广泛应用于水利水电工程围堰、土石坝、河道堤防、病险坝除险加固、基础处理等工程。

5.8.4 水下浇筑（灌注）混凝土

在陆上拌制、在水下浇筑（灌注）和凝结硬化的混凝土，称为水下浇筑混凝土。分为普通水下浇筑混凝土和水下不分散混凝土两种。

（1）普通水下浇筑混凝土

普通水下浇筑混凝土是将普通混凝土以水下灌注工艺浇筑。其施工方法有导管法、泵压法、开底容器法、装袋叠层法及倾注法等。

导管法及泵压法使用较为普遍。混凝土在浇筑过程中，为了减少拌合物与水接触，须将混凝土灌入导管并将导管（或泵送管）插入已浇混凝土 300 mm 以上，同时随着混凝土浇筑面的上升而逐渐提升导管。用导管法浇筑的混凝土，粗骨料最大粒径应小于导管直径的 1/4，拌合物坍落度宜为 150～200 mm。用泵压法施工的混凝土，粗骨料最大粒径应小于管径的 1/3，拌合物坍落度宜为 120～150 mm。

开底容器法，适用于工程量较小的零星工程。装袋叠层法，是将混凝土拌合物装入编织袋，然后将其堆码到水下所需部位，适用于抢险堵漏等工程。

（2）水下不分散混凝土

水下不分散混凝土是一种新型混凝土，其混凝土拌合物具有水下抗分散性。将其直接倾倒于水中，当穿过水层时，很少出现由于水洗作用而导致的材料分离现象。水泥砂浆流失率低、水泥颗粒等不易被水带走或悬浮，混凝土配合比变化很小，在水中能正常凝结硬化。混凝土水下强度（水中成型、养护）与陆上强度（标准成型养护）相差较小，其 28 d 水下陆上强度比达 70%～85%（普通混凝土约为 20%～30%）。

配制水下不分散混凝土需掺入保水剂，主要有纤维素类和聚丙烯酰胺类等，一般情况下保水剂还与高效减水剂并用组成为水下不分散剂。

水下不分散混凝土拌合物比较黏稠，应采用强制式搅拌机搅拌。其搅拌顺序为：先将粗骨料、水泥、水下不分散剂、砂拌和均匀，再加水搅拌。混凝土的浇筑主要用导管法、泵压法或开底容器法。

水下不分散混凝土性能优于普通水下混凝土，具有良好的黏聚性、流动性和填充性。可进行大面积、无振捣薄层水下施工，适宜进行水下钢筋混凝土结构施工，更适宜于要求防止水污染的水下混凝土、抢险救灾紧急工程以及普通水下混凝土难以施工的工程。

5.8.5 喷射混凝土

喷射混凝土是用压缩空气喷射施工的混凝土。喷射方法有：干式喷射法、湿式喷射法、半湿喷射法及水泥裹砂喷射法等。

喷射混凝土施工时，将水泥、砂、石子及速凝剂按比例加入喷射机中，经喷射机拌匀、以一定压力送至喷嘴处加水后喷至受喷射部位形成混凝土。

在喷射过程中，水泥与骨料被剧烈搅拌，在高压下被反复冲击和击实，所采用的水胶比又较小（常为0.40～0.45），因此混凝土较密实，强度也较高。同时，混凝土与岩石、砖、钢材及老混凝土等具有很高的黏结强度，可以在黏结面上传递一定的拉应力和剪应力，使其与被加固材料一起承担荷载。

喷射混凝土所用水泥要求快凝、早强、保水性好，不得有受潮结块现象。多采用强度等级42.5级以上的新鲜普通水泥，并需加入速凝剂，也可再加入减水剂，以改善混凝土性能。

所用骨料要求质地坚硬。石子最大粒径一般不大于20 mm。砂子宜采用中、粗砂，并含有适量的粉细颗粒。

喷射混凝土的配合比，装入喷射机时一般采用水泥：砂：石子＝1：（2.0～2.5）：（2.0～2.5）；经过回弹脱落后，混凝土实际配合比接近于1：1.9：1.5。喷射砂浆时灰砂比可采用1：（3～4）；经回弹脱落后，所得砂浆实际灰砂比接近于1：（2～3）。干式喷射法的混凝土加水量，由操作人员凭经验进行控制，喷射正常时，水胶比常在0.4～0.5范围内波动。

喷射混凝土强度及密实性均较高。一般28 d抗压强度在20 MPa以上，抗拉强度在1.5 MPa以上，抗渗等级在W8以上。

将适量钢纤维（或化学纤维）加入喷射混凝土内，即为钢纤维（或化学纤维）喷射混凝土。它引入了纤维混凝土的优点，进一步改善了混凝土的性能。

喷射混凝土广泛应用于地下工程、边坡及基坑的加固、结构物维修、耐热工程、防护工程等。在高空或施工场所狭小的工程中，喷射混凝土更有明显的优越性。

5.8.6 纤维混凝土

纤维混凝土是以混凝土（或砂浆）为基材，掺入纤维而组成的水泥基复合材料。纤维混凝土能够成为复合材料，需具备：①纤维材料与基体材料之间有良好的黏结力，受力后具有整体性；②在纤维混凝土搅拌施工过程中，能够把足够数量的一定长度的纤维，充分均匀地分散到基材之中，纤维在搅拌过程中不结团，振实后纤维在混凝土中呈各个方向均匀分布。

根据所掺纤维的不同，纤维混凝土分为：①纤维增强混凝土，这种混凝土采用高强高弹性模量的纤维，如钢纤维、碳纤维等；②纤维增韧防裂混凝土，这种混凝土采用低弹性模量高塑性纤维，如尼龙纤维、聚丙烯纤维、聚丙烯腈纤维、聚氯乙烯纤维等。

下面仅简单介绍钢纤维混凝土、改性聚丙烯纤维混凝土及碳纤维混凝土。

(1) 钢纤维混凝土

普通钢纤维混凝土，用低碳钢纤维；耐热钢纤维混凝土用不锈钢纤维。

钢纤维的外形有扁平截面两端有弯钩、波浪形、两端截面较大的哑铃形及不同截面的螺旋形等多种（早期的钢纤维为长直圆截面，用钢丝切断制得，现已淘汰）。钢纤维的制造工艺有薄钢带冲切法及钢材刨制法。用专用的钢纤维刨制机生产的钢纤维，为截面不规则的螺旋形，且其表面有毛刺。它较扁平截面直条形及波浪形具有较大的黏结性；较两端有弯钩者易于搅拌分散而不易结团，故其品质优于薄钢带切制的纤维。为保证纤维与基体材料很好地黏结，在钢纤维表面不应含有油污、镀锌层等有害物质。

钢纤维的截面尺寸（宽、厚）一般为0.15～0.9 mm，长度约20～50 mm。钢纤维掺量以体积率表示，一般为0.5%～2%。

钢纤维混凝土物理力学性能显著优于素混凝土。如适当纤维掺量的钢纤维混凝土抗压强度可提高15%～25%，抗拉强度可提高30%～50%，抗弯强度可提高50%～100%，韧性可提高10～50倍，抗冲击强度可提高2～9倍。耐磨性、耐疲劳性等也有明显增强。

钢纤维混凝土广泛应用于道路工程、机场地坪及跑道、防爆及防振结构，以及要求抗裂、抗冲刷和抗气蚀的水利工程、地下洞室的衬砌、建筑物的维修等。施工方法除普通的浇筑法外，还可用泵送灌注法、喷射法及作预制构件。

(2) 聚丙烯纤维混凝土

改性聚丙烯短纤维，是一种合成纤维，具有价格便宜、物理力学性能好等特点。丙纶短纤维经改性处理后，改善了高分子材料抗紫外线及抗氧化能力；所生产的纤维为异形截面、表面粗糙多孔。这种纤维在水中有一定分散悬浮性，在胶凝材料浆体中易于搅拌分散，不结团；并与水泥石有很好的黏结力。

聚丙烯纤维弹性模量仅为混凝土的1/4左右，故这种纤维对混凝土无明显增强作用，大量用作水泥混凝土(或砂浆)的防裂改性材料。

聚丙烯纤维混凝土中，改性丙纶短纤维长度为2～20 mm。纤维掺入量为0.7～3.0 kg/m^3。常规掺量每立方米混凝土0.9 kg时，可显著提高混凝土抗裂、抗渗及抗冻性，此时混凝土强度不变，弹性模量略有下降，极限拉伸和抗冲击韧性可提高10%，并显著降低混凝土干缩率。混凝土早期裂缝发生概率可减少70%～75%，28 d龄期裂缝发生概率可减少60%～65%，混凝土抗渗性、抗冻性也明显提高。纤维掺量为1.0～2.0 kg/m^{3}时，抗冲击韧性可提高200%。由于聚丙烯纤维的弹性模量明显低于混凝土，当混凝土发生裂缝后，横跨裂缝的纤维并不能阻止裂缝的进一步开展，因此，弹性模量比聚丙烯纤维高的聚丙烯腈纤维被生产出来。聚丙烯腈纤维的弹性模量约为混凝土的1/3，性能略优于聚丙烯纤维。

聚丙烯(聚丙烯腈)纤维混凝土(砂浆)被广泛应用于建筑工程、桥梁、道路路面、隧洞衬砌、喷射混凝土工程及水工建筑物。

(3) 碳纤维混凝土

碳纤维属高强度高弹性模量的合成纤维，对水泥混凝土具有很好的增强作用。碳纤维增强水泥混凝土具有高强度、高抗裂、高抗冲击韧性、高耐磨等多种优越性能。它作为一种新材料广泛应用于国防、航空、航天、造船、机械工业等尖端工业。在飞机场跑道等工程中应用也获得了良好效果。但碳纤维成本高，推广应用受到限制。

5.8.7 防辐射混凝土

随着原子能工业的发展，在国防和国民经济各部门，对射线的防护已成了一个重要课题。

防辐射混凝土也称为防护混凝土、屏蔽混凝土或重混凝土。它能屏蔽α、β、γ、X射线和中子流的辐射，是常用的防护材料。

各种射线的穿透能力不同，α、β射线和质子穿透能力弱，在很多场合下利用铅板即可屏蔽。γ射线和电子流有很强的穿透力，防护问题比较复杂。对于γ射线，物质的密度越大，屏蔽性能越好。防护中子流，以含有轻质原子的材料，特别是含有氢原子的水最为有效。而中子与水作用又产生强烈的γ射线，又需要密度大的物质来防护。因此，防护中子流的材料要求更为严格，不仅要有大量轻质原子，而且还要有较高的密度。

混凝土是一种很好的防护材料，选择密度大的骨料和胶凝材料，可以提高混凝土的密度。加入某些特殊材料又可提高氢原子或轻质原子的含量，做到同时防护γ射线及中子辐射。

配制防辐射混凝土所用的胶凝材料，以采用胶凝性好、水化热低、水化结合水量高的水泥为宜，一般可用硅酸盐水泥，最好用高铝水泥或其他特种水泥(如钡水泥)。所用骨料应采用密度大的重骨料，并应注意其结合水含量。常用的重骨料有：重晶石、赤铁矿、磁铁矿及金属碎块(圆钢、扁钢及铸铁块等)。加入附加剂以增加含氢化合物的成分(即含水物质)或原子量较小元素的成分，如硼、硼盐等。

防辐射混凝土要求表观密度大、结合水多、质量均匀、收缩小，不允许存在空洞、裂缝等缺陷，同时要有一定结构强度及耐久性。

5.8.8 耐热混凝土（耐火混凝土）

耐热混凝土是在长期高温下能保持所需物理力学性能的特种混凝土。它是由适当的胶凝材料、耐热粗细骨料和水按一定比例配制而成的。水泥石中的氢氧化钙及骨料中的石灰岩在长期高温作用下会分解，石英晶体受高温后体积膨胀，它们是混凝土不耐热的根源。因此，耐热混凝土的骨料可采用重矿渣、黏土砖及耐火砖碎块、安山岩、玄武岩、烧结镁砂、铬铁矿等。根据所用胶凝材料的不同，耐热混凝土可划分如下：

① 黏土耐热混凝土。胶凝材料为软质黏土。最高使用温度为 1300～1450 ℃，强度较低。

② 硅酸盐水泥耐热混凝土。以硅酸盐水泥或矿渣水泥为胶凝材料，为结合其氢氧化钙，需掺入磨细黏土熟料、粉煤灰及硅藻土等掺合料。最高使用温度为 1200 ℃。

③ 铝酸盐水泥耐热混凝土。以矾土水泥或纯铝酸钙水泥等为胶凝材料。最高使用温度为 1300～1650 ℃。

④ 水玻璃耐热混凝土。以水玻璃为胶凝材料，并以氟硅酸钠为促硬剂。最高使用温度为 1000 ℃。

⑤ 磷酸盐耐热混凝土。以工业磷酸或磷酸铝为胶凝材料，并采用高耐热性的骨料及掺合料。最高使用温度可达 1450～1600 ℃。

耐热混凝土多用于冶金、化工、建材、发电等工业窑炉及热工设备。

5.8.9 耐酸混凝土

耐酸混凝土是由水玻璃作胶凝材料，氟硅酸钠为固化剂，与耐酸骨料及掺料按一定比例配制而成的。它能抵抗各种酸（如硫酸、盐酸、硝酸、醋酸、蚁酸及草酸等）和大部分侵蚀气体（Cl_2、SO_2、H_2S 等），但不耐氢氟酸、300 ℃以上的热磷酸、高级脂肪酸和油酸。

常用的水玻璃有钾水玻璃和钠水玻璃。耐酸骨料和掺料有石英砂粉、瓷粉、辉绿岩铸石骨料及铸石粉、安山岩骨料及石粉等。

水玻璃耐酸混凝土一般要在温暖（10 ℃以上）和干燥环境中硬化（禁止浇水）。其 3 d 抗压强度约为 11～12 MPa，28 d 抗压强度不小于 15 MPa。

5.8.10 碾压混凝土

以适宜干稠的混凝土拌合物薄层摊铺，经振动碾碾压密实的混凝土，称为碾压混凝土。与普通混凝土相比，碾压混凝土具有水泥用量少、施工速度快、工程造价低、干缩率小、温度控制简单等特点，主要用于修筑水工大坝及道路。近年来，碾压混凝土在筑坝工程中得到了广泛应用。

(1) 碾压混凝土的类型

根据胶凝材料用量的多少，碾压混凝土有下列三种主要的类型：

① 超贫碾压混凝土（也称水泥固结砂、石碾压混凝土），其胶凝材料总量不大于 110 kg/m^3，其中粉煤灰或其他掺合料用量不超过胶凝材料总量的 30%，此类混凝土的水胶比较大，约在 0.90～1.50 之间，因而孔隙率大，强度低，多用于小型水利工程和大坝围堰工程的内部，而坝体的防渗则由其他混凝土或防渗材料承担。

② 干贫碾压混凝土，其胶凝材料用量为 120～130 kg/m^3，其中粉煤灰或其他掺合料约占胶凝材料总量的 25%～30%，水胶比为 0.70～0.90，多用于坝体内部。

③ 高掺合料碾压混凝土，其胶凝材料用量为 140～250 kg/m^3，其中粉煤灰或其他掺合料约占胶凝材料质量的 50%～75%，水胶比为 0.45～0.70。此种混凝土水泥用量小，粉煤灰或其他掺合料用量大，胶凝材料总量相对较大，有利于避免混凝土拌合物粗骨料分离并使层间黏结良好，因此具有较好的密实性及较高的抗压强度和抗渗性，在工程中应用较多。

(2) 碾压混凝土的原材料

碾压混凝土是由水泥、掺合料、水、砂、石子及外加剂等六种材料组成。

① 水泥。碾压混凝土中使用的水泥，其主要技术指标应符合现行国家标准。从原则上说，凡适用于水工常态混凝土的水泥均可用于配制碾压混凝土。碾压混凝土宜采用抗折强度高，施工时间（从拌和到铺筑结束）长，强度发展快，水化热低及耐磨性好的水泥。重要的大体积建筑物的内部混凝土，应该使用强度等级 42.5 级及以上的低热（或中热）硅酸盐水泥或普通硅酸盐水泥。一般建筑物及临时工程的内部混凝土，可选用掺混合材料的 42.5 级的水泥。重要的大体积建筑物的内部混凝土，应该使用强度等级 42.5 级及以上的低热（或中热）硅酸盐水泥或普通硅酸盐水泥。我国已建水工碾压混凝土工程大多使用强度等级为 42.5 级的普通硅酸盐水泥或硅酸盐水泥。

② 骨料。用于碾压混凝土的骨料包括细骨料（砂）和粗骨料（石子）。一般应采用连续级配矿料，其级配范围与热拌沥青一致，因而很容易压实。由于干硬的碾压混凝土拌合物易发生粗骨料分离，为提高拌合物的抗分离性，筑坝工程用粗骨料最大粒径一般不超过 80 mm，并应适当降低最大粒径级在粗骨料中所占的比例。而在筑路时为了获得均匀的混凝土，以利于路面平整度和压实均匀，所用粗骨料最大粒径不宜超过 20 mm。人工砂的细度模数宜为 2.2～2.9，天然砂的细度模数宜为 2.0～3.0，应控制超径颗粒含量。砂中含有一定量的微细颗粒（$d\leqslant 0.16$ mm 的颗粒）可改善拌合物的工作性，增进混凝土的密实性，提高混凝土的强度、抗渗性，改善施工层面的胶结性能和减少胶凝材料用量。水利水电行业标准《水工碾压混凝土施工规范》（DL/T 5112—2021）规定，人工砂中石粉（$d\leqslant 0.16$ mm 的颗粒）含量宜控制在 12%～25%，其中 $d\leqslant 0.08$ mm的微粒含量不宜小于 7%。最佳石粉含量应通过试验确定。

③ 掺合料。碾压混凝土所用的掺合料一般应选用活性掺合料，如粉煤灰、粒化高炉矿渣粉、磷渣粉以及火山灰或其他火山灰质材料等。当缺乏活性掺合料时，经试验论证，也可以掺用适量的非活性掺合料。掺合料的细度应与水泥细度相似或更细，以改善拌合物的工作性。

④ 外加剂。由于碾压混凝土早期强度发展较快，初、终凝时间较短，加之和易性较差，因而，在掺外加剂时，应采用缓凝型减水剂或缓凝引气型减水剂。在严寒地区使用的或有抗冻要求的碾压混凝土，还应考虑掺用引气剂，以提高混凝土的抗冻性。碾压混凝土中掺有较多的掺合料且拌合物较干硬，会使引气剂的引气效果下降，同时施工方法也造成部分气泡破灭，故碾压混凝土若要达到相同含气量，常须掺入较常态混凝土多的引气剂。

（3）碾压混凝土的和易性

碾压混凝土拌合物的和易性是指在运输和摊铺工程中不易发生骨料分离和泌水，在振动碾压过程中易于振实的性质，包括工作度、可塑性、易密性及稳定性几个方面。

碾压混凝土为超干硬性混凝土，不能用传统的坍落度法来检测其流动性，维勃稠度法也不能给出满意的测试结果。目前，碾压混凝土拌合物工作度国内外多用 *VC* 值表示。即在规定振动频率、振幅及压力作用下，拌合物从开始振动到表面泛浆所需时间，用秒数 s 表示。

VC 值愈大，拌合物愈干硬，可塑性愈差。*VC* 值过大，混凝土拌合物过于干硬，施工过程中粗骨料易发生分离，且拌合物不易振动密实；*VC* 值过小，拌合物透气性较差，在碾压过程中气泡不易通过碾压层排出，同样拌合物不易振动密实，且碾压完毕后混凝土易发生泌水。因此，*VC* 值过大或过小均不利于拌合物的易密性和稳定性。*VC* 值的选择应与振动碾的能量、施工现场温湿度等条件相适应，过大或过小都是不利的。根据已有经验，施工现场混凝土拌合物的 *VC* 值一般选为 5～15 s 较合适。从拌和机口到现场摊铺完毕，*VC* 值约增大 2～5 s。

（4）配合比设计

碾压混凝土的配合比设计与普通混凝土配合比设计基本相同，不同之处是：

① 碾压混凝土通常采用 90 d 或 180 d 的抗压强度作为设计强度；

② 碾压混凝土的水胶比与强度之间的关系通过试验确定；

③ 碾压混凝土所用粗骨料的最大粒径以不超过 40 mm（筑坝时不超过 80 mm）为宜，为避免骨料分离，常采用较大的砂率，施工前，应通过现场碾压试验确定合理砂率；

④ 碾压混凝土的综合质量评定通常采用钻芯取样法。

(5) 应用

碾压混凝土的层与层之间的结合处可能是混凝土的薄弱区域。碾压混凝土层面结合状况,既取决于混凝土拌合物的工作性,又与施工工艺及施工质量密切相关。

碾压混凝土用于交通、市政、港口码头、堤坝加固与改造工程,已经进行了许多试验研究及应用。我国已建成120座碾压混凝土坝,取得了良好的技术经济和社会效益。今后利用碾压混凝土材料筑坝和进行围堰工程等施工,将会更为广泛。

5.8.11 聚合物混凝土

聚合物混凝土是由有机聚合物、无机胶凝材料和骨料结合而成的新型混凝土,按其制作的方法不同,可分为聚合物浸渍混凝土(PIC)、聚合物胶结混凝土(PC)和聚合物水泥混凝土(PCC)。

(1) 聚合物浸渍混凝土

以已硬化的混凝土为基材,经过干燥后浸入有机单体,用加热或辐射等方法使混凝土孔隙内的单体聚合,使混凝土与聚合物形成整体,称为聚合物浸渍混凝土。

由于聚合物填充了混凝土内部的孔隙和微裂缝,从而提高了混凝土的密实度,提高了水泥与骨料之间的黏结强度,减少了应力集中,因此具有高强、耐蚀、抗渗、耐磨、抗冲击等优良的物理力学性能。与基材(混凝土)相比,抗压强度提高2～4倍,一般可达150 MPa以上,抗拉强度高达24 MPa,为抗压强度的1/10,这与普通混凝土的拉压比相似。

浸渍所用的单体有:甲基丙烯酸甲酯(MMA)、苯乙烯(S)、丙烯腈(AN)、聚酯-苯乙烯等。对于完全浸渍的混凝土应选用黏度尽可能低的单体,如MMA、S等;对于局部浸渍的混凝土,可选用强度较大的单体,如聚酯-苯乙烯、环氧-苯乙烯等。

聚合物浸渍混凝土因造价高、工艺复杂,目前只是利用其高强和耐久性好的特性,应用于一些特殊场合,如隧道衬砌、海洋构筑物(如海上采油平台)、桥面板、输送液体的有筋管道、无筋管、坑道等的制作。

(2) 聚合物胶结混凝土

聚合物胶结混凝土是一种以合成树脂为胶结材料,以砂、石及粉料为骨料制成的混凝土,又称为树脂混凝土。它用聚合物(环氧树脂、聚酯、酚醛树脂等)有机胶凝材料完全取代水泥而引入混凝土。

树脂混凝土与普通混凝土相比,具有强度高和耐化学腐蚀性、耐磨性、耐水性、抗冻性好等优点。但由于成本高,所以应用不太广泛,仅限于要求高强、高耐蚀的特殊工程或修补工程。另外,树脂混凝土外表美观,称为人造大理石,也被用于制成桌面、地面砖、浴缸等。

(3) 聚合物水泥混凝土

聚合物水泥混凝土是用聚合物乳液(和水分散体)拌和水泥,并掺入砂或其他骨料而制成的混凝土。聚合物可用天然聚合物(如天然橡胶)和各种合成聚合物(如聚酯酸乙烯、苯乙烯、聚氯乙烯等)。矿物胶凝材料可用普通水泥和高铝水泥。

一般认为:硬化过程中,聚合物与水泥之间没有发生化学作用,只是水泥水化吸收乳液中水分,使乳液脱水而逐渐凝固,水泥水化产物与聚合物相互包裹、填充形成致密的结构,从而改善了混凝土的物理力学性能。与普通混凝土相比,聚合物水泥混凝土具有较好的耐久性、耐磨性、耐腐蚀性和耐冲击性等,但强度提高较少,且强度提高幅度不及浸渍混凝土显著。目前,主要用于地面、路面、桥面及修补工程中。

5.8.12 再生混凝土

随着世界建筑业的高速发展,混凝土作为最大宗的人造材料对自然资源的占用及对环境造成的负面影响引发可持续发展问题的讨论。再生混凝土技术是将废弃混凝土经过破碎、清洗、分级后,按一定的比例混合形成再生骨料,部分或全部代替天然骨料配制新混凝土的技术,它的出现很好地解决了废弃建筑材料的运输、堆放和处理问题,同时还具有巨大的社会和经济效益,符合人类的可持续发展要求,因而具有广阔的应用前景。

再生骨料是由废弃混凝土破碎得到，因此其中有许多废弃水泥砂浆存在，与天然骨料配制的混凝土相比，再生混凝土的强度、体积稳定性等均有一定程度的劣化。但随着混凝土科学的发展，再生混凝土的高性能化逐渐实现。目前，再生混凝土正逐渐向实用化的方向发展，我国已经出台了相关的技术规程，具体有《再生混凝土应用技术规程》(DG/T J08—2018—2007)、《再生骨料应用技术规程》(JGJ/T 240—2011)、《混凝土用再生粗骨料》(GB/T 25177—2010)、《混凝土和砂浆用再生细骨料》(GB/T 25176—2010)。

5.8.13 泵送混凝土

泵送混凝土是在混凝土泵车上通过混凝土泵和输送管将混凝土直接泵送到浇筑部位，同时完成水平和垂直输送的混凝土。与普通混凝土拌合物相比，泵送混凝土具有坍落度大、骨料技术要求高、水泥用量多、含砂率高等特点。

泵送混凝土拌合物应具有良好的可泵性，其配合比应根据原材料质量、压送距离、输送管管径、气候条件、浇筑方法及浇筑部位等确定。骨料级配应良好，粗骨料最大粒径与输送管内径之比，泵送高度在 50 m 以下时，碎石不大于 1∶3，卵石不大于 1∶2.5。细骨料采用Ⅱ区中砂，通过 0.315 m 筛孔的砂量不应少于 15%，砂率值常取 38%～45%。最小水泥用量为 300 kg/m^3。掺入粉煤灰并采用复合型减水剂或泵送剂可改善混凝土的和易性。

泵送混凝土施工中应严格控制坍落度损失，避免出现泌水、离析现象，确保混凝土泵的有效工作。压送过程中断时间不宜超过 60 min，当停歇时间超过 30 min 时应做间歇振动以防止混凝土在管内离析或堵塞。泵送完毕后，必须认真清洗料斗及输送管道系统。

目前，泵送混凝土广泛应用于高层建筑及大体积混凝土中，可达到提高施工工效、降低施工成本的良好效果。

5.8.14 透水混凝土

透水混凝土(也称多孔或无砂混凝土)所用粗骨料级配范围较窄，少用或不用细骨料，采用较少量的胶凝材料浆体，较低的水胶比和坍落度。粗骨料间以点接触的形式胶结在一起，所得混凝土具有较高的孔隙率(20%～35%)和透水性。

透水混凝土是一种生态型环保混凝土。既有一定的强度，又具有一定的透水透气性。路面采用透水混凝土，地表水可很快渗入地下，道路在雨天不会积水、反光，解决雨水排出不畅的问题，缓解不透水铺装对环境造成的影响；同时，雨水透过混凝土渗透到地下以补充地下水。透水混凝土还可用于水工建筑作排水介质。

5.8.15 大体积混凝土

混凝土结构实体最小尺寸不小于 1 m，或预计会因水泥水化热引起混凝土内外温差过大而导致混凝土开裂的混凝土称为大体积混凝土。

大体积混凝土的原材料应符合下列规定：应选用水化热低和凝结时间长的水泥，如低热矿渣硅酸盐水泥、中热硅酸盐水泥、矿渣硅酸盐水泥、粉煤灰硅酸盐水泥、火山灰质硅酸盐水泥等；当采用硅酸盐水泥或普通硅酸盐水泥时，应采取相应措施延缓水化热的释放；粗骨料宜采用连续级配，细骨料宜采用中砂；大体积混凝土应掺用缓凝剂、减水剂、低水化热的掺合料。

大体积混凝土在保证混凝土强度及坍落度满足要求的前提下，应提高掺合料及骨料的含量，以降低每立方米混凝土的水泥用量。大体积混凝土配合比的计算和试配步骤应按普通混凝土的规定进行，并宜在配合比确定后进行水化热的演算和测定。

5.8.16 自密实混凝土

自密实混凝土(Self Compacting Concrete，SCC)的研究和应用始于 20 世纪 80 年代，因其流动性大、无须振捣、能自动流平并密实的特性得到了快速的发展。自密实混凝土，是指混凝土拌合物具有良好的工作性，即使在密集配筋条件下，仅靠混凝土自重作用，无须振捣便能均匀密实成型的高性能混凝土。在一些特殊工程中，如密集配筋混凝土结构工程、异型混凝土结构工程(如拱形结构、变截面结构等)、薄壁结构工程、复杂截面的加固与维修工程、钢管混凝土工程、大体积或水下混凝土工程等，自密实混凝土具有不可替代的作用。

SCC 的主要优点有：①可用于难以浇筑甚至无法浇筑的结构，解决传统混凝土施工中的漏振、过振以及钢筋密集难以振捣等问题，可保证钢筋、预埋件、预应力孔道的位置不因振捣而移位。②SCC 还可增加结构设计的自由度，无须担心因施工困难而难以实现。③SCC 能大量利用工业废料作掺合料，有利于环境保护。④SCC 还能减少振捣施工设备及配套工作人员，大幅降低工人劳动强度，降低施工噪声，改善工作环境，节省电力资源和人工费用等。

5.8.17 装饰混凝土

凡利用色彩造型等艺术加工而制成的具有装饰作用的混凝土，均称之为装饰混凝土。

长期以来，混凝土主要作为建筑工程结构材料来应用。由于其本身颜色灰暗、表面粗糙，不宜作为建筑物装饰材料。但早在 20 世纪 20 年代，人们便尝试将混凝土直接制成装饰材料。随着科技的发展，各种装饰混凝土不断地被研制出来并投入应用，在建筑装饰，特别是在建筑物外墙装饰中，其应用比例已越来越大。根据施工方法不同，装饰混凝土目前可分为下面三类。

(1) 着色混凝土

着色混凝土主要指白色混凝土和彩色混凝土。白色混凝土是以白色水泥为胶凝材料，白色或浅色矿石为骨料，或掺入一定数量的白色颜料配制而成的基色为白色的混凝土。而彩色混凝土则是以彩色水泥为胶凝材料，以彩色骨料和白色或浅色骨料按一定比例配制而成的各种色彩的装饰混凝土。白色混凝土和彩色混凝土的成型工艺基本相同。

着色混凝土按照着色方式又可分为整体着色混凝土和表面着色混凝土。整体着色时，它不仅要满足建筑装饰要求，还要满足建筑结构的基本物理力学性能的要求。这种混凝土由于成本较高，故不能广泛应用。面层着色的彩色混凝土，通常是将彩色饰面料先铺于模底，厚度不小于 10 mm，再在其上浇筑普通混凝土，这称为反打一步法成型，也可冲压成型。除此之外，还可采取在新浇混凝土表面上干撒着色硬化剂显色，或者采用化学着色剂渗入已硬化混凝土的毛细孔中，生成难溶且耐磨的有色沉淀物而显示色彩。

着色混凝土目前多用于制作路面砖，有人行道砖和车行道砖两类。采用彩色路面砖铺路，可使路面形成多彩美丽的图案和永久性的交通管理标志，具有美化城市的作用。应该指出，彩色混凝土在使用中表面易出现“白霜”，其原因是混凝土中的氢氧化钙及少量硫酸钠，随混凝土内水分蒸发迁移至混凝土表面并沉淀后，又与空气中二氧化碳反应而变为白色的碳酸钙和碳酸钠晶体——“白霜”。“白霜”遮盖了混凝土的色彩，严重降低其装饰效果。防止“白霜”常用的措施：混凝土采用低水胶比，机械拌和，机械振动，提高密实程度；采用蒸汽养护可有效防止初期“白霜”的形成；硬化混凝土表面喷涂聚烃硅氧系憎水剂、丙烯酸系树脂等处理剂；尽量避免使用深色的彩色混凝土。

(2) 清水混凝土

清水混凝土是经过成型、模制等塑性处理后，使混凝土外表面产生具有设计要求的线型、图案、凹凸层次，并保持混凝土原有外观质地的一种装饰混凝土。其基层与装饰层使用相同材料，采用一次成型的加工方法，具有装饰功效高、饰面牢固、造价低等优点。

清水混凝土是依靠混凝土自身的质感和花纹获得装饰效果的。其制作工艺有反打和正打两种。反打指采用凹凸的线型底模或模底铺加专用的衬模来浇筑混凝土，多用于预制混凝土墙板或砌块，也有现场立模现浇成型的；正打是浇筑混凝土后铺筑一层砂浆，再用手工或专用机具做出各种花饰的混凝土，主要用于装配式大型墙板。

(3) 露石混凝土

露石混凝土是在混凝土硬化前或硬化后，通过一定的工艺手段，使混凝土表层的骨料适当外露，由骨料的天然色泽和自然排列组合显示装饰效果，一般用于外墙饰面。

露石混凝土的生产工艺有水洗法、酸洗法、缓凝法、砂垫法等(以上是混凝土硬化前的露骨料工艺)，还有水磨法、抛丸法、喷砂法、劈裂法、火焰喷射法等(以上是混凝土硬化后的露骨料工艺)。

露石混凝土饰面的关键在于石子的选择，在使用彩色石子时，更应注意配色要协调美观。由于多数石子色泽稳定，且耐污染，故其装饰耐久性较好。露石装饰混凝土被认为是一种有发展前途的高档饰面做法。

5.8.18 智能混凝土

智能化是现代社会的发展方向，智能混凝土是现代混凝土技术的发展方向。智能混凝土尚处于研制、开发阶段，目前尚没有成熟的技术。

实现混凝土智能化的基本思路，是在混凝土中加入智能组分，使之具有智能效果。目前国内外智能混凝土的研制开发主要集中在以下几个方面。

(1) 电磁场屏蔽混凝土

在混凝土中掺入碳、石墨、铝和铜等材料制成的导电粉末和导电纤维，使混凝土具有吸收和屏蔽电磁波的功能，消除或减轻各种电器、电子设备、电力设施等的电磁泄漏对人体健康的危害。

(2) 交通导航混凝土

在混凝土中掺入碳纤维等材料，使混凝土具有反射电磁波的功能，用这种混凝土作为车道两侧的导航标记，电脑控制的汽车可自动确定行车路线和速度，实现高速公路的自动导航。

(3) 仿生自愈伤混凝土

仿生自愈伤混凝土是在混凝土中埋植含有黏结剂的空心玻璃纤维或胶囊，一旦混凝土遭到外力破坏产生裂纹，空心玻璃纤维或胶囊就会破裂而释放出黏结剂，黏结剂流出渗入裂纹，可使混凝土中的裂纹重新愈合，从而具有与动物骨骼相似的自愈合效果。

仿生自愈伤混凝土中的黏结剂是影响其性能的主要因素，黏结剂的固化时间是控制混凝土结构在受到损伤时的变形的关键因素。此外，可通过选择不同种类和性能的黏结剂，制备出适合于不同场合的混凝土。如刚度较小的黏结剂可起吸振作用，用于减轻地层、风害对建筑物的损坏比较合适。而刚度较大的黏结剂，可有效恢复结构的刚度和强度。

随着现代混凝土技术的发展，具有自诊断、自愈伤能力的智能型混凝土将具有广阔的应用前景。

(4) 损伤自诊断混凝土

在混凝土中掺入碳纤维等材料，混凝土将具有自动感知内部应力、应变和损伤程度的功能。混凝土本身成为传感器，实现对构件或结构变形、断裂的自动监测。

(5) 调湿混凝土

调湿混凝土材料是指无须借助任何人工能源和机械设备，依靠材料自身的吸放湿性能感应所处环境空间气温、湿度的变化并进行相对湿度调控的混凝土，可以认为是智能混凝土的雏形。

材料的调湿性取决于材料的多孔性和亲水性。孔隙在室内湿度较大时吸入水分，室内湿度小时释放水分，实现在一定范围内室内湿度的自动调节。国内外常用的调湿功能组分材料有沸石粉、硅藻土、凹凸棒土(也称坡缕石)和高分子树脂等，它们具有较大的孔隙率和合适的孔径，是调湿混凝土中的关键组分，吸放湿能力强。

调湿混凝土主要用于对其室内湿度有较严格要求的建筑物，如各类展览馆、博物馆、美术馆、图书馆和储存室等。湿度也是影响人类居住和物品保护的重要因素，在某些气候和环境条件下，居住建筑的调湿也显得非常重要。制备符合实际应用需要的自动调节环境湿度的混凝土用于室内墙壁，可取得很好的调湿效果。

(6) 温度自控智能混凝土

将长为 5 mm 的聚丙烯腈基短切碳纤维掺入混凝土中，会使材料产生热电效应和电热效应，可以通过环境温度变化对材料的影响进行温度监控。

利用温度变化引起电阻变化及碳纤维混凝土内部的温差会产生电位差的热电性，将碳纤维混凝土制成热电偶埋入混凝土结构中，可实现混凝土结构和建筑物周围环境温度分布及变化监控，大体积混凝土的温度自监控，混凝土结构的温控和火灾预警等功能。利用碳纤维混凝土的导电性，对其施加电场时混凝土内部将产生热效应，将碳纤维掺入混凝土中，制成碳纤维混凝土浇入工程结构中，可以实现机场跑道、桥梁道路路面的自动融雪和除冰，寒冷地区混凝土墙体升温以便房屋采暖。此外，还存在依靠混凝土的热电效应，利用太阳能和室内外温差为建筑物提供电能的可能性。

本章小结

混凝土是目前土木工程中用量最大的一种建筑材料，本章以普通混凝土为重点，讨论了混凝土的品种、组织结构、性能特点和影响性能的因素等。在普通混凝土组成材料中，主要包括水泥、砂、石子和水四个组分，将这四组分按适当比例配合搅拌，浇筑成型，再经过硬化而成。新拌混凝土要满足工作性(主要包括流动性、黏聚性和保水性)要求，以利于施工成型且保证成品混凝土的密实。硬化混凝土应满足力学性能、变形性能和耐久性的要求，因为组分比例的变化，对硬化后混凝土性能有决定性的影响，所以要根据使用性能要求，进行混凝土配合比设计，其中三个无量纲数——水胶比、砂率和用水量是影响硬化混凝土强度的重要因素，实际施工配合比必须通过试验和调整才能满足各项要求。

近年来，混凝土技术有新的进展，本章还介绍了轻骨料混凝土、高强混凝土、塑性混凝土、纤维混凝土、防辐射混凝土、耐热混凝土、聚合物混凝土、碾压混凝土、再生混凝土、装饰混凝土及智能混凝土等的特点和适用范围。

思考题与习题

1. 普通混凝土由哪些材料组成的？各种材料的作用是什么？为什么它在工程中得到广泛应用？
2. 用作普通混凝土骨料的砂石料，有哪些方面的技术要求？
3. 砂石料中有哪些是有害的杂质，它们有什么危害作用？
4. 干砂 500 g，其筛分结果见表 5.39，试判断该砂的级配是否合格？属何种砂？计算该砂的细度模数。

表 5.39　某干砂筛分结果

筛孔尺寸，mm	5.0	2.5	1.25	0.63	0.315	0.16	<0.16
筛余量，g	25	50	100	125	100	75	25

5. 粗、细两种砂，筛分结果见表 5.40，试问这两种砂可否单独用于配制混凝土？若不能，则应以什么比例混合后才能使用？若要配制出细度模数为 2.7 的砂，两种砂各应取什么比例？

表 5.40　粗细两种砂的筛分结果

公称直径，mm		5.0	2.5	1.25	0.63	0.315	0.16	<0.16
筛余量，g	粗砂	50	150	150	75	50	25	0
	细砂	0	25	25	75	120	245	10

6. (1) 砂子标准筛分曲线中的 1 区、2 区、3 区有什么区别？配制混凝土时，选用哪个区的砂好些？为什么？
   (2) 两种级配相同的砂，其细度模数是否一定相同？两种细度相同的砂，其级配是否一定相同？
7. 何谓粗骨料的最大粒径？如何选择最大粒径？

8. 何谓混凝土拌合物的和易性？混凝土拌合物的和易性如何度量及表示？当拌合物的和易性不满足要求时，如何调整？

9. 胶凝材料浆体数量、胶凝材料浆体稠度、砂率及骨料特性对混凝土拌合物和易性有什么影响？

10. 何谓砂率？何谓最佳砂率？它受哪些主要因素的影响？

11. 怎样定义混凝土的耐久性？什么样的混凝土具有较好的耐久性？

12. 为什么近几十年来我国推行在混凝土中掺用外加剂和掺合料的“双掺”政策？

13. 掺合料与水泥的混合材料有什么不同？为什么水泥中掺有混合材料，在工程施工中还要掺入掺合料？

14. 为什么工程设计者和质量控制人员都非常重视混凝土的抗压强度？

15. 影响混凝土强度的主要因素有哪些？请根据抗压强度计算公式来加以说明：公式中 A、B 系数反映了哪些因素对混凝土抗压强度的影响？A、B 系数的数值如何止确取定？

16. 用 42.5 级普通硅酸盐水泥配制卵石混凝土，制作边长 100 mm 的立方体试件三块，标准养护 7 d，测得抗压破坏荷载分别为 240 kN、235 kN、240 kN。试求：

(1) 该混凝土 28 d 的标准立方体试件抗压强度；

(2) 该混凝土的水胶比大约是多少？

17. 现在配制 C15 及 C30 的混凝土，采用最大粒径为 40 mm 的碎石和中砂，分别采用 P·C32.5R、P·C42.5R及 P·C52.5R 三种复合水泥，通过配合比估算后能否说明如何选择水泥的强度等级较为合理？

18. 三个商品混凝土搅拌站生产的混凝土，实际混凝土平均抗压强度均为 24 MPa，设计要求混凝土强度等级都是 C20，离差系数 C_v 值分别为 0.15、0.18、0.20。三个搅拌站生产的混凝土强度保证率能否达到要求？

19. 实验室试拌混凝土(砂、石为气干状态)，经试拌调整后各种材料用量为 42.5 级普通硅酸盐水泥 4.5 kg、水 2.7 kg、砂 9.9 kg、碎石 18.9 kg，测得拌合物的表观密度为 2380 kg/m^3 试求：

(1) 每立方米混凝土的各种材料用量。

(2) 当施工现场砂子含水率为 3.5%，石子含水率为 1%时，求施工配合比。

(3) 如果将实验室配合比直接用于现场，则现场混凝土的实际配合比将如何变化？对混凝土的强度将产生多大的影响？

20. 混凝土计算配合比为 1∶2.13∶4.31，水胶比为 0.58，在试拌调整时，增加了 10%的胶凝材料浆体用量。试求：

(1) 该混凝土的基准配合比；

(2) 若基准配合比混凝土的水泥用量为 320 kg/m^3，求每立方米混凝土中其他材料的用量。

21. 掺减水剂混凝土、粉煤灰混凝土与普通混凝土配合比设计的方法有何共同点及不同点？

22. 为建立混凝土强度-水胶比关系曲线，设计四种混凝土配合比，要求坍落度为 30～50 mm，拟用原材料为：水泥为 42.5 级矿渣水泥，$\rho_C=3.0$ g/cm^3；砂为中砂，$M_x=2.5$，$\rho_S=2.6$ g/cm^3；石为 5～40 mm 碎石，$\rho_G=2.7$ g/cm^3。混凝土 28 d 强度要求见表 5.41，试将 20 L 混凝土各项材料用量填入表 5.41，并总结其规律。

表 5.41　混凝土各项材料用量计算

编号	混凝土 28 d 强度，MPa	20 L 混凝土的材料用量，kg			
		水泥	水	砂	石
1	15.0				
2	20.0				
3	25.0				
4	30.0				

23. 某工地浇筑等级为 C20 的混凝土，抽取 30 组试件测得的抗压强度(单位：MPa)结果如下：

13.2	16.0	17.5	19.1	19.3	19.8	20.5	21.0	21.2	21.4
21.7	21.8	22.0	22.1	22.5	22.8	23.0	23.6	23.7	23.9
24.0	24.5	25.0	26.0	27.5	28.0	28.2	29.1	29.3	31.0

(1) 计算其平均强度、标准差、离差系数。

(2) 如设计的强度保证率为 $P \geqslant 90\%$，评定其质量是否合格。

24. 如果混凝土的强度成正态分布(图 5.29)，混凝土的设计等级为 C20，试求三种混凝土的强度保证率各为多少？

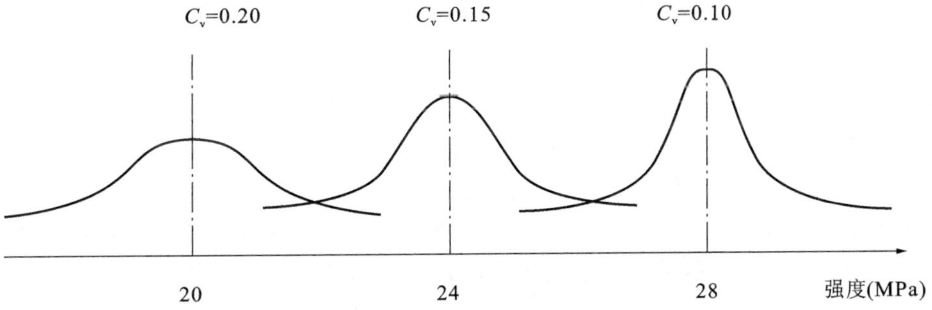

图 5.29 三种混凝土强度正态分布

25. 混凝土的设计等级为 C20，设 $C_v=0.15$ 时，按 $P \geqslant 80\%$ 及 90%，分别计算混凝土的配制强度，并分析强度保证率 P 值大小对配制强度的影响。

26. 混凝土的设计等级为 C20，强度保证率为 $P \geqslant 80\%$，计算 C_v 值分别为 0.10、0.15 及 0.20 时的配制强度为多少？分析 C_v 值对配制强度有何影响？

27. 混凝土强度计算公式 $f_{28}=Af_{ce}(C/W-B)$ 中的经验系数 A、B 可通过试验确定，现用 P·C32.5R 复合硅酸盐水泥和一定的骨料配制混凝土，测得如表 5.42 所示数据，试确定 A、B 参数。(取富余系数 $K_C=1.13$)

表 5.42 某混凝土强度值

混凝土 f_{28}，MPa	15	20	25	30
W/C	0.68	0.57	0.49	0.43

28. 配制混凝土时，下列各措施中，哪些可以节约水泥？哪些不可以？为什么？

(1) 采用蒸汽养护；(2)采用最优砂率；(3)采用流动性较大的混凝土拌合物；(4)加入氯化钙；(5)采用粗砂；(6)掺加减水剂；(7)提高施工质量水平，减少混凝土波动。

6 建筑砂浆

本章提要

本章重点介绍了砂浆的组成材料、技术性质和砌筑砂浆的配合比设计。针对砂浆生产方式及作业方式的改革，对预拌砂浆相关内容进行了介绍。

建筑砂浆是由无机胶凝材料、细骨料、掺合料、外加剂等组分和水按一定比例配合，经搅拌硬化而成的工程材料。

建筑砂浆根据用途不同，可分为普通砂浆和特种砂浆两大类。普通砂浆主要有砌筑砂浆、抹灰砂浆、地坪砂浆和防水砂浆四种；其他各种砂浆均为特种砂浆，如装饰砂浆、保温砂浆、耐酸砂浆、抗裂砂浆、吸声砂浆等。

按胶凝材料不同，可以将建筑砂浆分为：水泥砂浆、混合砂浆、石灰砂浆、水玻璃砂浆和聚合物砂浆等。其中，混合砂浆可分为水泥石灰砂浆、水泥黏土砂浆及水泥粉煤灰砂浆等。在水利工程中应用的主要为水泥砂浆，石灰砂浆及混合砂浆不宜用于地下或水下的砌体工程。

建筑砂浆按生产方式不同，可分为施工现场拌制砂浆或由专业生产厂生产的预拌砂浆两大类，预拌砂浆又分为湿拌砂浆和干混砂浆两种。

建筑砂浆是建筑工程用量最大、用途最广的建筑材料之一。随着砂浆用途与生产技术的不断发展，砂浆的功能日益扩大，砂浆种类日益增多。合理选择和使用砂浆，对保证工程质量、降低成本具有重要意义。

6.1 砂浆的组成材料

6.1.1 水泥

水泥是建筑砂浆中的主要胶凝材料。普通水泥、矿渣水泥、粉煤灰水泥、火山灰水泥及复合水泥等都可以用来配制建筑砂浆。建筑砂浆应优先选用通用水泥中的品种之一，同时尽量不要混用不同品种的水泥，因为每个品种的水泥有其自身的特性，避免造成水泥性能的降低。对于特种砂浆，如修补砂浆、装饰砂浆等应采用膨胀水泥、早强水泥、高强水泥及彩色水泥等其他种类的水泥。

砌筑砂浆用水泥的强度等级应根据设计要求进行选择，《砌筑砂浆配合比设计规程》(JGJ/T 98—2010)中规定，M15 及以下强度等级的砌筑砂浆宜选用 32.5 级的通用硅酸盐水泥或砌筑水泥；M15 以上强度等级的砌筑砂浆宜选用 42.5 级通用硅酸盐水泥。为保证砂浆的和易性，标准也规定了砂浆中水泥或胶凝材料的用量：水泥砂浆中水泥的用量不应小于 200 kg/m^3，水泥混合砂浆中的水泥、石灰膏和电石膏的材料总量不应小于 350 kg/m^3，预拌砂浆中胶凝材料(包括水泥和替代水泥的粉煤灰等活性矿物掺合料)用量不应小于 200 kg/m^3。

6.1.2 掺合料

为改善砂浆和易性并节约水泥，可在水泥砂浆中掺入适量的石灰膏、电石膏(电石消解后，经过滤后的产物)、粉煤灰、粒化高炉矿渣粉、硅灰、天然沸石粉等掺合料。掺合料应符合相关标准规定。

(1) 石灰膏

石灰膏可由生石灰、磨细生石灰及电石渣制得。

生石灰熟化成石灰膏时,应用孔径不大于 3 mm×3 mm 的网过滤,熟化时间不得少于 7 d;磨细生石灰粉的熟化时间不得少于 2 d。沉淀池中储存的石灰膏,应采取防止干燥、冻结和污染的措施。严禁使用脱水硬化的石灰膏。

制作电石膏的电石渣应用孔径不大于 3 mm×3 mm 的网过滤,检验时应加热至 70 ℃后至少保持 20 min,并应待乙炔挥发完再使用。

消石灰粉是未充分熟化的石灰,因颗粒太粗,起不到改善和易性的作用,还会大幅度降低砂浆强度,故不得直接应用于建筑砌筑砂浆中。严寒地区,磨细生石灰直接加入砌筑砂浆中属冬季施工措施。

(2) 粉煤灰、粒化高炉矿渣粉、硅灰、天然沸石粉等掺合料

粉煤灰、粒化高炉矿渣粉、硅灰、天然沸石粉的质量,应分别符合国家现行标准《用于水泥和混凝土中的粉煤灰》(GB/T 1596—2017)、《用于水泥、砂浆和混凝土中的粒化高炉矿渣粉》(GB/T 18046—2017)、《高强高性能混凝土用矿物外加剂》(GB/T 18736—2017)和《混凝土和砂浆用天然沸石粉》(JG/T 566—2018)的规定。当采用其他品种矿物掺合料时,应有可靠的技术依据,并应在使用前进行试验验证。

6.1.3 砂

砂浆用砂与普通混凝土用砂的技术要求基本相同,其质量应符合《建设用砂》(GB/T 14684—2022)的规定,且不应含有粒径大于 4.75 mm 的颗粒。建筑砂浆中砂的最大粒径应符合相应砂浆品种的要求。例如:毛石砌体的砂浆宜选用粗砂,其最大粒径不超过灰缝厚度的 1/5～1/4,砖砌体砂浆宜选用中砂,其最大粒径不应大于 2.5 mm。为保证砂浆质量应限定砂中黏土杂质含量,天然砂的含泥量应小于 5.0%,泥块含量应小于 2.0%。

6.1.4 添加剂

砂浆添加剂的使用,可以有效改善砂浆的施工性能和硬化后的性能,但在使用前应进行试验验证。

(1) 塑化剂

塑化剂是砂浆中常用的一类塑化材料,通常由引气组分、增稠组分和减水组分复合而成,可以起到保水、增塑,改善砂浆和易性作用。常见的塑化剂有微沫剂、稠化粉等,在工程应用中,需严格控制掺量,以避免掺量过大造成砂浆强度降低。

纤维素醚类材料也是常见的砂浆增塑材料。常用的纤维素醚,主要有羟乙基甲基纤维素醚(MHEC)、羟丙基甲基纤维素醚(HPMC)、羟乙基纤维素醚等(HEC)。砂浆中添加纤维素醚,可以起到提高砂浆的保水性和稠性的作用。

(2) 可再分散乳胶粉

可再分散乳胶粉是特种砂浆中常用的改性组分之一。通过在砂浆中添加适量的可再分散乳胶粉,可获得传统水泥砂浆脆性降低、黏结强度提高等改性效果。可再分散乳胶粉对砂浆的改性作用,主要是通过在硬化砂浆内部形成聚合物与水泥水化产物间的互穿网络结构,在孔隙中形成连续的聚合物膜而实现的。

(3) 促凝剂

在水泥砂浆中可加入促凝剂来缩短凝结时间。常用的促凝剂有甲酸钙、碳酸锂等。工程中使用促凝剂时,需要考虑到促凝剂与砂浆体系的适应性及对钢筋的锈蚀性等多方面的因素。

随着砂浆技术的发展,添加剂的使用越来越广泛,种类也日益增多,除上述几种添加剂外还有引气剂、防水剂、缓凝剂、膨胀剂等。砂浆中使用添加剂时,不但要考虑添加剂对砂浆本身性能的影响,还要根据砂浆的用途,考虑添加剂对砂浆使用功能的影响。

6.1.5 填料

砂浆中所用填料，主要为非活性填料，如重质碳酸钙、轻质碳酸钙、石英粉、滑石粉等。在砂浆中合理使用填料，不仅可以降低成本，而且对砂浆施工性能及硬化后性能都有一定的改善作用。填料的技术性质应满足砂浆性能需求，并符合有关标准的规定。

6.1.6 水

砂浆拌和水的技术要求与普通混凝土拌和水相同，其水质应符合《混凝土用水标准》(JGJ 63—2006)的要求。

6.2 砂浆的技术性质

砂浆的技术性质主要是指新拌砂浆的和易性及硬化砂浆的技术性质两个方面。

6.2.1 新拌砂浆的和易性

为了保证砂浆硬化后的性能，新拌砂浆必须具备良好的和易性。和易性良好的砂浆易于在块体材料上铺展均匀、厚度一致、灰层饱满，达到牢固黏结上下块材的目的。砂浆和易性包括流动性和保水性两个方面。

(1) 流动性

流动性是指砂浆在自重或外力作用下是否易于流动的性能，其大小用沉入度或稠度值表示(mm)，即砂浆稠度测定仪的圆锥体沉入砂浆深度的毫米数。砂浆流动性与胶凝材料品种、胶凝材料用量、用水量、砂子粗细及级配等有关。常通过改变胶凝材料的数量、品种以及外加剂来控制砂浆的流动性。

砂浆稠度的选择应考虑块材的吸水性能、块体受力特点及气候条件等因素。基底为多孔吸水材料或在干热条件下施工时，应使砂浆的流动性大些。相反，对于吸水率低的基底材料或在湿冷气候条件下施工时，可使流动性小些。《砌筑砂浆配合比设计规程》(JGJ/T 98—2010)中给出了砌筑砂浆稠度选择的参考值，见表 6.1。

表 6.1 砌筑砂浆的稠度(JGJ/T 98—2010)

砌体种类	施工稠度，mm
烧结普通砖砌体、粉煤灰砌体	70～90
混凝土砖砌体、普通混凝土小型空心砌块砌体、灰砂砖砌体	50～70
烧结多孔砖、烧结空心砖砌体、轻骨料混凝土小型空心砌块砌体、蒸压加气混凝土砌块砌体	60～80
石砌体	30～50

(2) 保水性

保水性是指新拌砂浆保持水分的能力，反映了砂浆中各组分材料不易分离的性质。保水性好的砂浆不易分层、泌水。保水性差的砂浆会影响胶凝材料的正常硬化，从而降低砌体质量。尤其是砂浆在存放、运输和使用中，提出保水性要求，可以避免水分流失，影响施工作业面块体材料的黏结强度。

砂浆的保水性用保水率表示。砂浆保水率的测试方法，见本书“建筑材料试验”部分。《砌筑砂浆配合比设计规程》(JGJ/T 98—2010)对各种砌筑砂浆的保水率给出了限值，见表 6.2。

表 6.2 砌筑砂浆的保水率(JGJ/T 98—2010)

砂浆种类	保水率，%
水泥砂浆	≥80

续表6.2

砂浆种类	保水率,%
水泥混合砂浆	≥84
预拌砌筑砂浆	≥88

6.2.2 硬化砂浆的技术性质

(1) 砂浆的强度和强度等级

按《建筑砂浆基本性能试验方法标准》(JGJ/T 70—2009),砂浆的强度是指边长为70.7 mm的立方体标准试块,一组3块,按规定方法成型并养护至28 d后,分别测定三块的抗压强度值(MPa)。取三个测试值的平均值作为砂浆的抗压强度值,但三个测值的最大值或最小值中如有一个与中间值的差值超出中间值的15%,则把最大值及最小值一并舍去,取中间值作为该组试件的抗压强度值;如有两个测值与中间值的差值均超过中间值的15%,则该组试件的测试结果无效。

砂浆的抗压强度是划分砂浆强度等级的依据。根据《砌筑砂浆配合比设计规程》(JGJ/T 98—2010),水泥砂浆及预拌砌筑砂浆的强度等级可分为M5、M7.5、M10、M15、M20、M25和M30,水泥混合砂浆的强度等级可分为M5、M7.5、M10和M15。

(2) 砂浆的拉伸黏接强度

砂浆拉伸黏接强度,是反映砂浆与基层之间黏接力大小的指标。砂浆黏结力是影响砌体剪切强度、耐久性和稳定性及抗裂性的基本因素之一。对于普通砂浆而言,通常砂浆的抗压强度越高黏接力越大,而添加聚合物改性组分的砂浆(如添加可再分散乳胶粉、纤维素醚、聚乙烯醇等),黏接强度可显著提高。黏结力也与基层材料的表面状态、清洁程度、湿润状况及施工养护条件相关。

(3) 砂浆的抗冻性与抗渗性

当工程设计中对砂浆提出抗冻性要求时,必须进行冻融试验,经试验合格后方可使用。对于一般的有抗冻性要求的砌体工程,砌筑砂浆的抗冻性应满足标准要求,见表6.3。

表6.3 砌筑砂浆的抗冻性(JGJ/T 98—2010)

使用条件	抗冻指标	质量损失率,%	强度损失率,%
夏热供暖地区	F15	≤5	≤25
夏热冬冷地区	F25		
寒冷地区	F35		
严寒地区	F50		

水利工程中所用到的防水砂浆或直接受到水和冰作用的砂浆,对抗冻性和抗渗性要求更高。这些砂浆在配制中,除了控制水胶比外,常需要使用添加剂改善其抗渗和抗冻性能,如掺加减水剂、引气剂及防水剂等。

(4) 砂浆的变形性

砂浆应尽量控制变形最小。砂浆作为砌体的组成部分,相对块体材料而言,弹性模量较低,在承受荷载或在温度条件变化时容易变形,变形过大或不均匀都会降低砌体质量,引起沉降或裂缝。

6.3 砌筑砂浆配合比设计

本节所介绍的砌筑砂浆配合比设计方法,适用于现场配制的砌筑砂浆。所包括的砂浆类型为水泥混合砂浆、水泥砂浆和水泥粉煤灰砂浆。

根据《砌筑砂浆配合比设计规程》(JGJ/T 98—2010)，砌筑砂浆配合比确定过程分两步，即配合比的计算及试配、调整与确定。

6.3.1 水泥混合砂浆的现场试配

6.3.1.1 现场配制混合砂浆的配合比计算步骤

现场配制混合砂浆时，砂浆配合比按下列步骤进行计算。

(1) 计算砂浆的试配强度($f_{m,0}$)；

(2) 计算每立方米砂浆中的水泥用量(Q_C)；

(3) 计算每立方米砂浆中的石灰膏用量(Q_D)；

(4) 确定每立方米砂浆中的砂用量(Q_S)；

(5) 按砂浆稠度选每立方米砂浆的用水量(Q_W)。

6.3.1.2 计算砂浆试配强度

$$f_{m,0}=k\cdot f_2 \tag{6.1}$$

式中 $f_{m,0}$——砂浆的试配强度，MPa，精确至 0.1 MPa；

f_2——砂浆强度等级值，MPa，精确至 0.1 MPa；

k——系数，按表 6.4 取值。

表 6.4 砂浆强度标准差 σ 及 k 值

施工水平	强度等级标准值 σ，MPa							k
	强度等级							
	M5	M7.5	M10	M15	M20	M25	M30	
优良	1.00	1.50	2.00	3.00	4.00	5.00	6.00	1.15
一般	1.25	1.88	2.50	3.75	5.00	6.25	7.50	1.20
较差	1.50	2.25	3.00	4.50	6.00	7.50	9.00	1.25

6.3.1.3 砂浆强度标准差的确定

① 当具有统计资料时，σ 按下式确定：

$$\sigma=\sqrt{\frac{\sum_{i=1}^{n}(f_{m,i})^2-n(\mu_{f_m})^2}{n-1}} \tag{6.2}$$

式中 $f_{m,i}$——统计周期内同一品种砂浆第 i 组试件的强度，MPa；

μ_{f_m}——统计周期内同一品种砂浆 n 组试件强度的平均值，MPa；

n——统计周期内同一品种砂浆试件的总组数，$n\geqslant 25$。

②当不具有近期统计资料时，强度等级标准差 σ 可以按表 6.4 取值。

6.3.1.4 每立方米砂浆中水泥用量的计算

水泥混合砂浆中的水泥用量 Q_C(kg/m³)，可根据式(6.3)计算：

$$Q_C=\frac{1000(f_{m,0}-\beta)}{\alpha\cdot f_{ce}} \tag{6.3}$$

式中 $f_{m,0}$——砂浆的试配强度，MPa，精确至 0.1 MPa；

f_{ce}——水泥实测强度，MPa，精确至 0.1 MPa；

α,β——砂浆的特征系数，其中取 $\alpha=3.03$，$\beta=-15.09$。

注：各地区也可以用本地区试验资料确定 α,β 值，统计用的实验组数不得少于 30 组。

在无法取得水泥的实测强度值时，可以按下式计算：

$$f_{ce}=\gamma_c\cdot f_{ce,k} \tag{6.4}$$

式中 $f_{ce,k}$——水泥强度等级对应的强度值，MPa；

γ_c——水泥强度等级的富余系数，宜按实际统计资料确定，无统计资料时 γ_c 取 1.0。

6.3.1.5 每立方米砂浆中石灰膏用量的计算

水泥混合砂浆中的石灰膏的用量按下式计算：

$$Q_D=Q_A-Q_C \tag{6.5}$$

式中 Q_D——每立方米砂浆中的石灰膏用量，kg，应精确至 1 kg，石灰膏使用时的稠度为(120±5) mm；

Q_C　每立方米砂浆的水泥用量，kg，应精确至 1 kg；

Q_A——每立方米砂浆中水泥和石灰膏的总量，应精确至 1 kg，可为 350 kg。

6.3.1.6 每立方米砂浆中的砂用量

砂的用量，应按干燥状态(含水率小于 0.5%)的堆积密度值作为计算值，kg。

6.3.1.7 每立方米砂浆中的用水量

可根据砂浆稠度等要求选用 210～310 kg。在选用水量时，需注意：①混合砂浆中的用水量，不包括石灰膏中的水；②当采用细砂或粗砂时，用水量分别取上限或下限；③砂浆稠度小于 70 mm 时，用水量可小于下限；④施工现场气候炎热或干燥季节，可酌情增加用水量。

6.3.2 水泥砂浆的现场试配

6.3.2.1 水泥砂浆的材料用量表

水泥砂浆中材料用量，可按表 6.5 选用。

表 6.5 每立方米水泥砂浆材料用量

单位：kg/m^3

强度等级	水泥	砂	用水量
M5	200～230	砂的堆积密度值	270～330
M7.5	220～260		
M10	260～290		
M15	290～330		
M20	340～400		
M25	360～410		
M30	430～480		

注：① M15 及 M15 以下强度等级水泥砂浆，水泥强度等级为 32.5 级，M15 以上强度等级水泥砂浆，水泥强度等级为 42.5 级；

② 当采用细砂或粗砂时，用水量分别取上限或下限；

③ 稠度小于 70 mm 时，用水量可小于下限；

④ 施工现场气候炎热或干燥季节，可酌量增加用水量；

⑤ 水泥砂浆的试配强度应按式(6.1)计算。

6.3.2.2 水泥粉煤灰砂浆的材料用量表

水泥粉煤灰砂浆中所用材料包括水泥、粉煤灰和砂，可按表6.6选用。

表6.6 每立方米水泥粉煤灰砂浆材料用量 单位：kg/m^3

强度等级	水泥和粉煤灰总量	粉煤灰	砂	用水量
M5	210～240	粉煤灰掺量可占胶凝材料总量的15%～25%	砂的堆积密度值	270～330
M7.5	240～270			
M10	270～300			
M15	300～330			

注：① 表中水泥强度等级为32.5级；

② 当采用细砂或粗砂时，用水量分别取上限或下限；

③ 稠度小于70 mm时，用水量可小于下限；

④ 施工现场气候炎热或干燥季节，可酌量增加用水量；

⑤ 水泥砂浆的试配强度应按式(6.1)计算。

6.3.3 砌筑砂浆配合比试配、调整与确定

6.3.3.1 试配与调整

(1) 砌筑砂浆试配时，应采用工程中实际使用的原材料，并且采用机械搅拌。搅拌时间应自开始加水算起，对于水泥砂浆和水泥混合砂浆，不得少于120 s；对于掺用粉煤灰、外加剂、保水增稠材料等的砂浆，不得少于180 s。

(2) 对按计算或查表所得配合比进行试拌时，应按行业标准《建筑砂浆基本性能试验方法标准》(JGJ/T 70—2009)测定其拌合物的稠度和保水率，当不能满足要求时，应调整材料用量，直到符合要求为止，并以此确定为试配时的砂浆基准配合比。

(3) 试配时应至少采用三个不同的配合比，其中一个配合比应为按6.3.1节计算得出的基准配合比，其他配合比的水泥用量应在基准配合比基础上增减10%。在保证稠度和保水率合格的条件下，可将用水量、石灰膏、保水增稠材料或粉煤灰等活性掺合料用量作相应调整。

(4) 对三个不同的配合比进行调整后，应按《建筑砂浆基本性能试验方法》(JGJ/T 70—2009)分别测定不同配合比砂浆的表观密度及强度，并选定符合试配强度、和易性要求，且水泥用量最低的配合比作为砂浆配合比。

6.3.3.2 配合比校正

砌筑砂浆试配配合比应按下列步骤进行校正：

(1) 应根据6.3.3.1节确定的砂浆配合比材料用量，按下式计算砂浆的理论表观密度值：

$$\rho_t = Q_C + Q_D + Q_S + Q_W \tag{6.6}$$

式中 ρ_t——砂浆的理论表观密度值，kg/m^3，应精确至10 kg/m^3。

(2) 应按下式计算砂浆配合比校正系数δ：

$$\delta = \frac{\rho_c}{\rho_t} \tag{6.7}$$

式中 ρ_c——砂浆的实测表观密度值，kg/m^3，应精确至10 kg/m^3。

(3) 当砂浆的实测表观密度值与理论表观密度值之差的绝对值不超过理论值的2%时，可将按6.3.3.1节得出的试配配合比确定为砂浆设计配合比；当超过2%时，应将试配配合比中每项材料用量均乘以校正系

数(δ)后,确定为砂浆设计配合比。

对于砌筑砂浆的表观密度,《砌筑砂浆配合比设计规程》(JGJ/T 98—2010)规定,水泥砂浆不应小于1900 kg/m^3;水泥混合砂浆和预拌砌筑砂浆不应小于1800 kg/m^3。

6.4 其他建筑砂浆

6.4.1 抹面砂浆

抹面砂浆,用以涂抹在建筑物或建筑构件的表面,兼有保护基层和满足使用要求的作用。对抹面砂浆的主要要求是具有良好的和易性,容易抹成均匀平整的薄层,与基底有足够的黏结力,长期使用不致开裂或脱落。

普通抹面砂浆的功能是保护结构主体免遭各种侵蚀,提高结构的耐久性,改善结构的外观。常用的普通抹面砂浆有石灰砂浆、水泥砂浆、水泥混合砂浆、麻刀石灰浆(简称麻刀灰)、纸筋石灰浆(简称纸筋灰)等。

为了提高抹面砂浆的黏结力,其胶凝材料(包括掺合料)的用量比砌筑砂浆多,常常加入适量增黏的添加剂。为了提高抗拉强度,防止抹面砂浆的开裂,常加入纤维类增强材料。

为了保证抹灰层表面平整,避免裂缝和脱落,常采用分层薄涂的方法,一般分两层或三层施工。底层起黏结作用,中层起抹平作用,面层起保护或装饰作用。

一般抹面砂浆的配合比、质量、施工要求可参见《抹灰砂浆技术规程》(JGJ/T 220—2010)。

6.4.2 装饰砂浆

所谓装饰砂浆是指以提高建筑物表面装饰效果为目的的抹面砂浆。因而主要表现在面层选材的不同,为了更好地突出色彩、光泽、质感、线型和层次,装饰砂浆在组成材料上做了一些要求。装饰砂浆的主要组成材料如下:

(1) 胶凝材料。常使用的水泥品种有:普通硅酸盐水泥、白色水泥、彩色水泥和铝酸盐水泥。

(2) 骨料。装饰砂浆是通过骨料的外露、色彩、粒径来表现其装饰性,因此除普通砂外,还常用彩釉砂和着色砂、石渣等。彩釉砂是由各种不同粒径的石英砂或白云石颗粒加颜料焙烧后再经化学处理制得的,其颜色有深黄、浅黄、象牙黄、玉绿、碧绿、赤红、天蓝等。着色砂是在石英砂或白云石细粒表面进行人工着色而制得的。着色材料为矿物颜料,因此,人工着色的砂粒色彩鲜艳,耐久性好。石渣也称为米石,是由天然大理石、花岗岩等破碎加工而成的。对石渣粒径的选择,可根据要求而异。如表现粗犷、质感强烈的效果,选择粗石渣;趋于细腻,可选细石渣。

(3) 合成树脂。合成树脂可作为一种有机胶凝材料(俗称"胶料")在灰浆、砂浆、混凝土中使用。既可以单独使用,也可以与水泥等无机胶凝材料混合使用,实现互补、强化。装饰砂浆中常用的合成树脂主要品种有环氧树脂、不饱和聚酯树脂、聚酯酸乙烯等。

(4) 颜料。装饰砂浆用于室外,易受到周围环境的影响,因此,在选择颜料时注意避免褪色、变色等问题,尽量选用耐久性好的颜料,以保证饰面质量。

装饰砂浆按其制作方法分为灰浆类饰面(如老毛、甩云朵片、拉条、喷涂等)和石渣类饰面(如水磨石、水刷石、干粘石、剁斧石等)。

6.4.3 防水砂浆

用作防水层的砂浆称为防水砂浆。砂浆防水层又称刚性防水层,适用于不受震动和具有一定刚度的混凝土或砖石砌体的表面。

防水砂浆主要有三种:(1)水泥砂浆。由水泥、细骨料、掺合料和水制成的砂浆。普通水泥砂浆多层抹面用作防水层。(2)掺加防水剂的水泥砂浆。在普通水泥中掺入一定量的防水剂而制得的防水砂浆是目前应用最广泛的一种防水砂浆。常用的防水剂有硅酸钠类、金属皂类、氯化物金属盐及有机硅类等。(3)膨胀水泥和无收缩水泥配制砂浆。该种水泥具有微膨胀或补偿收缩性能,从而能提高砂浆的密实性和抗渗性。

6.4.4 保温隔热砂浆

保温隔热砂浆是以水泥、石膏等胶凝材料与膨胀聚苯乙烯颗粒、膨胀珍珠岩、膨胀蛭石、陶砂等轻质骨料按比例配置而成的一种功能型砂浆。保温隔热砂浆的导热系数较小,根据《建筑保温砂浆》(GB/T 20473—2021),其保温砂浆拌合物硬化后导热系数Ⅰ型≤0.070 W/(m·K),Ⅱ型≤0.085 W/(m·K)。保温隔热砂浆可用于建筑外墙、屋顶等围护构件,能有效提高围护结构热阻,降低建筑围护结构传热能力。

6.4.5 耐酸砂浆

以水玻璃与氟硅酸钠为胶凝材料,加入石英岩、花岗岩、铸石等耐酸粉料和细骨料拌制并硬化而成的砂浆。水玻璃硬化后具有很好的耐酸性能。耐酸砂浆可用于耐酸底面、耐酸容器基座及与酸接触的结构部位。在某些有酸雨腐蚀的地区,建筑物外墙装修,也可应用耐酸砂浆,以提高建筑物的耐酸雨腐蚀能力。

6.4.6 防辐射砂浆

在水泥砂浆中掺入重晶石粉、重晶石砂,可配制有防X射线和γ射线能力的砂浆。其配合比约为水泥∶重晶石粉∶重晶石砂=1∶0.25∶(4～5)。如在水泥中掺入硼砂、硼化物等可配制防中子射线的砂浆。厚重、气密、不易开裂的砂浆也可阻止地基中土壤或岩石里的氡(具有放射性的惰性气体)向室内迁移或流动。

6.4.7 膨胀砂浆

在水泥砂浆中加入膨胀剂,或使用膨胀水泥,可配制膨胀砂浆。膨胀砂浆具有一定的膨胀特性,可补偿水泥砂浆的收缩,防止干缩开裂。膨胀砂浆可在修补工程和装配式大板工程中应用,靠其膨胀作用而填充缝隙,以达到黏结密封的目的。

6.4.8 自流平砂浆

自流平砂浆是指在自重作用下能流平的砂浆,地坪和地面常采用自流平砂浆。自流平砂浆的施工方便、质量可靠。自流平砂浆的关键技术是:①掺用合适的外加剂;②严格控制砂的级配和颗粒形态;③选择具有合适级配的水泥或其他胶凝材料。良好的自流平砂浆可使地坪平整光洁,强度高,耐磨性好,无开裂现象。

随着建筑材料技术的进步和工程发展引起的材料性能精细化需求,砂浆种类可谓日新月异,正在逐步形成功能多样、性能优异的一类新型建筑材料体系。目前在工程上应用的砂浆种类已经非常丰富,除了以上几种外,还有吸声砂浆、聚合物砂浆、修补砂浆、界面砂浆等,这些新型砂浆在现代工程建设中发挥了重要作用。

6.5 预拌砂浆

预拌砂浆是一种多成分的颗粒状或粉状混合物,不同配方的预拌砂浆可满足不同的建筑要求和施工要求。预拌砂浆是由专业厂家生产的,作为一种新型的砂浆产品,预拌砂浆具有节能、环保以及技术性能优越等优势,是我国推广使用的砂浆。

6.5.1 预拌砂浆的组成材料

预拌砂浆中的胶凝材料,除水泥外,还可使用石膏、石灰等无机胶凝材料。预拌砂浆中使用的砂,除可使用天然砂外,还可使用人工砂,但所用砂一般要经筛分及烘干处理。此外,为提高砂浆性能,某些种类的化学添加剂通常被作为一种独立组分添加于预拌砂浆之中。生产预拌砂时,需对各种原材料进行预处理,如对砂进行烘干和级配优化,对水泥和外加剂品种进行优选。预拌砂浆中需要添加适宜的添加剂,以改善和提高砂浆性能。通常需在砂浆中添加纤维素醚、可再分散乳胶粉、早强剂、引气剂、增稠剂、消泡剂、分散剂等添加剂，以提高砂浆的黏结强度和内聚力，提高砂浆的耐候性，降低砂浆的吸水性和提高使用过程中的保水性，以及提高砂浆的防水、抗下垂等性能，并能根据不同要求配制不同性能的砂浆。

预拌砂浆在生产中可用一些工业废弃物作为原料，通过加入不同种类的工业废弃物得到满足不同性能要求的砂浆，并使一些废料得以循环再用。

6.5.2 预拌砂浆的分类

预拌砂浆分为干混砂浆和湿拌砂浆。

干混砂浆，是将水泥、干燥骨料或粉料、添加剂以及根据性能确定的其他组分，按一定比例，在专业工厂经计量、混合而成的混合物，在使用地点按规定比例加水或配套组分拌和使用。湿拌砂浆，是水泥、细骨料、矿物掺合料、添加剂和水，按一定比例，在搅拌站经计量、拌制后，运至使用地点，并在规定时间内使用的拌合物。

6.5.2.1 干混砂浆的分类

根据《预拌砂浆》(GB/T 25181—2019)的规定，干混砂浆按用途不同分为干混砌筑砂浆、干混抹灰砂浆、干混地面砂浆、干混普通防水砂浆、干混陶瓷砖黏结砂浆、干混界面砂浆、干混保温板黏结砂浆、干混聚合物水泥防水砂浆、干混自流平砂浆、干混耐磨地坪砂浆、干混填缝砂浆、干混饰面砂浆和干混修补砂浆，并采用表 6.7 的代号。

表 6.7 干混砂浆代号

品种	干混砌筑砂浆	干混抹灰砂浆	干混地面砂浆	干混普通防水砂浆	干混陶瓷砖黏结砂浆	干混界面砂浆
代号	DM	DP	DS	DW	DTA	DIT
品种	干混聚合物水泥防水砂浆	干混自流平砂浆	干混耐磨地坪砂浆	干混填缝砂浆	干混饰面砂浆	干混修补砂浆
代号	DWS	DSL	DFH	DTG	DDR	DRM

干混砌筑砂浆、干混抹灰砂浆、干混地面砂浆和干混普通防水砂浆按强度等级、抗渗等级的分类应符合表 6.8 的规定。

表 6.8 干混砂浆分类

项目	干混砌筑砂浆		干混抹灰砂浆			干混地面砂浆	干混普通防水砂浆
	普通砌筑砂浆(G)	薄层砌筑砂浆(T)	普通抹灰砂浆(G)	薄层抹灰砂浆(T)	机喷抹灰砂浆(S)		
强度等级	M5、M7.5、M10、M15、M20、M25、M30	M5、M10	M5、M7.5、M10、M15、M20	M5、M7.5、M10	M5、M7.5、M10、M15、M20	M15、20、M25	M15、M20
抗渗等级	—	—	—	—	—	—	P6、P8、P10

6.5.2.2 湿拌砂浆的分类

湿拌砂浆按用途分为湿拌砌筑砂浆、湿拌抹灰砂浆、湿拌地面砂浆和湿拌防水砂浆，并采用表 6.9 的代号。

表 6.9 湿拌砂浆代号

品 种	湿拌砌筑砂浆	湿拌抹灰砂浆	湿拌地面砂浆	湿拌防水砂浆
代号	WM	WP	WS	WW

湿拌砂浆按强度等级、抗渗等级、稠度和凝结时间的分类应符合表 6.10 的规定。稠度可根据现场确定。

表 6.10　湿拌砂浆分类

项目	湿拌砌筑砂浆	湿拌抹灰砂浆		湿拌地面砂浆	湿拌防水砂浆
		普通抹灰砂浆(G)	机喷抹灰砂浆(S)		
强度等级	M5、M7.5、M10、M15、M20、M25、M30	M5、M7.5、M10、M15、M20		M15、M20、M25	M15、M20
抗渗等级	—	—		—	P6、P8、P10
稠度,mm	50、70、90	70、90、110	90、100	50	50、70、90
凝结时间,h	6、8、12、24	6、8、12、24		4、6、8	6、8、12、24

6.5.3　预拌砂浆的性能要求

《预拌砂浆》(GB/T 25181—2019)规定了各类预拌砂浆产品的性能指标。

6.5.3.1　干混砂浆的性能要求

干混砂浆的粉料组分应均匀、无结块。干混普通砌筑砂浆拌合物的表观密度不应小于 1800 kg/m^3。干混砌筑砂浆、干混抹灰砂浆、干混地面砂浆、干混普通防水砂浆的性能应符合表 6.11 的规定。

表 6.11　干混砂浆性能指标

项目		干混砌筑砂浆		干混抹灰砂浆			干混地面砂浆	干混普通防水砂浆
		普通砌筑砂浆	薄层砌筑砂浆	普通抹灰砂浆	薄层抹灰砂浆	机喷抹灰砂浆		
保水率,%		≥88.0	≥99.0	≥88.0	≥99.0	≥92.0	≥88.0	≥88.0
凝结时间,h		3～12	—	3～12	—	—	3～9	3～12
2 h 稠度损失率,%		≤30	—	≤30	—	≤30	≤30	≤30
14 d 拉伸黏结强度, MPa		—	—	M5:≥0.15 >M5:≥0.20	≥0.30	≥0.20	—	≥0.20
28 d 收缩率,%		—	—	≤0.20			—	≤0.15
抗冻性[①]	强度损失率,%		≤25					
	质量损失率,%		≤5					

注:① 有抗冻性要求时,应进行抗冻性试验。

干混砌筑砂浆、干混抹灰砂浆、干混地面砂浆、干混普通防水砂浆的抗压强度应符合表 6.12 的规定。

表 6.12　预拌砂浆抗压强度

单位:MPa

强度等级	M5	M7.5	M10	M15	M20	M25	M30
28 d 抗压强度	≥5.0	≥7.5	≥10.0	≥15.0	≥20.0	≥25.0	≥30.0

干混普通防水砂浆的抗渗压力应符合表 6.13 的规定。

表 6.13 预拌砂浆抗渗压力

单位:MPa

抗渗等级	P6	P8	P10
28 d 抗渗压力	≥0.6	≥0.8	≥1.0

干混陶瓷砖黏结砂浆的性能应符合表 6.14 的规定。

表 6.14 干混陶瓷砖黏结砂浆性能指标

<table>
<tr><th colspan="2" rowspan="3">项　目</th><th colspan="3">性能指标</th></tr>
<tr><th colspan="2">室内用(I)</th><th rowspan="2">室外用(E)</th></tr>
<tr><th>Ⅰ型</th><th>Ⅱ型</th></tr>
<tr><td rowspan="5">拉伸黏结强度,MPa</td><td>原强度</td><td>≥0.5</td><td>≥0.5</td><td rowspan="5">符合 JC/T 547 的要求</td></tr>
<tr><td>浸水后</td><td>≥0.5</td><td>≥0.5</td></tr>
<tr><td>热老化后</td><td>—</td><td>≥0.5</td></tr>
<tr><td>冻融循环后</td><td>—</td><td>—</td></tr>
<tr><td>凉置时间≥20 min</td><td>≥0.5</td><td>≥0.5</td></tr>
</table>

干混界面砂浆的性能应符合表 6.15 的规定。

表 6.15 干混界面砂浆性能指标

<table>
<tr><th colspan="2" rowspan="2">项　目</th><th colspan="2">性能指标</th></tr>
<tr><th>混凝土界面(C)</th><th>加气混凝土界面(AC)</th></tr>
<tr><td rowspan="5">拉伸黏结强度,MPa</td><td>未处理,1 d</td><td>≥0.6</td><td>≥0.5</td></tr>
<tr><td>浸水处理</td><td>≥0.5</td><td>≥0.4</td></tr>
<tr><td>热处理</td><td rowspan="3">—</td><td rowspan="3">≥0.5</td></tr>
<tr><td>冻融循环处理</td></tr>
<tr><td>凉置时间,20 min</td></tr>
</table>

注:按基层分为混凝土界面(代号 C)和加气混凝土界面(代号 AC)

干混聚合物水泥防水砂浆的性能应符合《聚合物水泥防水砂浆》(JC/T 984—2011)的规定,干混自流平砂浆的性能应符合《地面用水泥基自流平砂浆》(JC/T 985—2017)的规定,干混耐磨地坪砂浆的性能应符合《工业构筑物水泥基耐磨材料》(JC/T 270—2010)的规定,干混饰面砂浆的性能应符合《墙体饰面砂浆》(JC/T 1024—2019)的规定。

6.5.3.2 湿拌砂浆的性能要求

湿拌砌筑砂浆拌合物的表观密度不应小于 1800 kg/m^3。湿拌砂浆的保水率、压力泌水率、14 d 拉伸黏结强度、28 d 收缩率、抗冻性等指标应符合表 6.16 的规定。抗压强度应符合表 6.12 的规定。

表 6.16 湿拌砂浆性能指标

<table>
<tr><th colspan="2" rowspan="2">项目</th><th rowspan="2">湿拌砌筑砂浆</th><th colspan="2">湿拌抹灰砂浆</th><th rowspan="2">湿拌地面砂浆</th><th rowspan="2">湿拌防水砂浆</th></tr>
<tr><th>普通抹灰砂浆</th><th>机喷抹灰砂浆</th></tr>
<tr><td colspan="2">保水率,%</td><td>≥88.0</td><td>≥88.0</td><td>≥92.0</td><td>≥88.0</td><td>≥88.0</td></tr>
<tr><td colspan="2">压力泌水率,%</td><td>—</td><td>—</td><td><40</td><td>—</td><td>—</td></tr>
<tr><td colspan="2">14 d拉伸黏结强度,MPa</td><td>—</td><td>M5:≥0.15
>M5:≥0.20</td><td>≥0.20</td><td>—</td><td>≥0.20</td></tr>
<tr><td colspan="2">28 d收缩率,%</td><td>—</td><td colspan="2">≤0.20</td><td>—</td><td>≤0.15</td></tr>
<tr><td rowspan="2">抗冻性[①]</td><td>强度损失率,%</td><td colspan="5">≤25</td></tr>
<tr><td>质量损失率,%</td><td colspan="5">≤5</td></tr>
</table>

注:① 有抗冻性要求时,应进行抗冻性试验。

湿拌防水砂浆抗渗压力也应符合表 6.13 的规定。湿拌砂浆稠度实测值与合同规定的稠度值之差应符合表 6.17 的规定。

表 6.17 湿拌砂浆稠度允许偏差

单位:mm

规定稠度	允许偏差
<100	±10
≥100	−10～+5

在工程施工中以预拌砂浆替代现场拌制砂浆,可有效提高施工效率,减小材料损耗、减少环境污染。预拌砂浆的研究、生产及应用,对建材行业的可持续发展起到了积极的推动作用。预拌砂浆发展的速度非常迅速,新的产品不断涌现,从学习及应用的角度出发,应对此予以关注和重视。

本章小结

1. 砂浆的分类

(1) 建筑砂浆根据用途不同,可分为普通砂浆和特种砂浆两大类。

(2) 按胶凝材料不同可以将建筑砂浆分为:水泥砂浆、混合砂浆、石灰砂浆、水玻璃砂浆和聚合物砂浆等。其中,混合砂浆可分为水泥石灰砂浆、水泥黏土砂浆及水泥粉煤灰砂浆等。

(3) 建筑砂浆按生产方式不同,可分为施工现场拌制砂浆或由专业生产厂生产的预拌砂浆两大类,预拌砂浆又分为湿拌砂浆和干混砂浆两种。

2. 砂浆的组成材料

(1) 水泥。水泥是建筑砂浆中的主要胶凝材料。M15 及以下强度等级的砌筑砂浆宜选用 32.5 级的通用硅酸盐水泥或砌筑水泥;M15 以上强度等级的砌筑砂浆宜选用 42.5 级通用硅酸盐水泥。

(2) 掺合料。掺合料主要有石灰膏、粉煤灰、粒化高炉矿渣粉、硅灰、天然沸石粉等。

(3) 砂。建筑砂浆中砂的最大粒径应符合相应砂浆品种的要求。砂中黏土杂质含量,天然砂的含泥量应小于 5.0%,泥块含量应小于 2.0%。

(4) 添加剂。砂浆添加剂的使用,可以有效改善砂浆的施工性能和硬化后的性能。

(5) 填料。在砂浆中合理使用填料,不仅可以降低成本,而且对砂浆性能起到一定的改善作用。

3. 砂浆的技术性质

(1) 新拌砂浆的和易性。包括流动性和保水性。

(2) 砂浆的强度和强度等级。

(3) 砂浆的拉伸黏接强度。

(4) 砂浆的抗冻性与抗渗性。

4. 砂浆的配合比设计

(1) 现场试配水泥混合砂浆的配合比设计

现场试配水泥混合砂浆的配合比设计,按下列步骤进行:① 计算砂浆的试配强度($f_{m,0}$);② 计算每立方米砂浆中的水泥用量(Q_C);③ 计算每立方米砂浆中的石灰膏用量(Q_D);④ 确定每立方米砂浆中的砂用量(Q_S);⑤ 按砂浆稠度选每立方米砂浆的用水量(Q_W)。

(2) 水泥砂浆及水泥粉煤灰砂浆的现场试配

水泥砂浆的现场试配,根据砂浆的强度等级要求,按表6.5和表6.6选择水泥及粉煤灰的用量。

(3) 砌筑砂浆配合比试配、调整与确定

试配时至少采用三个不同的配合比,其中一个为基准配合比,其他配合比的水泥用量应在基准配合比基础上增减10%。对三个不同的配合比分别测定砂浆的表观密度及强度,并选定符合试配强度、和易性要求,且水泥用量最低的配合比作为砂浆配合比。

(4) 砂浆配合比校正

根据砂浆实测表观密度值与理论表观密度值的差值情况,对配合比进行校正,确定砂浆配合比。

5. 其他建筑砂浆

介绍了其他建筑砂浆(包括:抹面砂浆、装饰砂浆、防水砂浆、保温隔热砂浆、耐酸砂浆、防辐射砂浆、膨胀砂浆、自流平砂浆)的组成、功能及技术特点。

6. 预拌砂浆

(1) 预拌砂浆的组成与分类

预拌砂浆分为干混砂浆和湿拌砂浆。干混砂浆按用途不同分为干混砌筑砂浆、干混抹灰砂浆、干混地面砂浆、干混普通防水砂浆、干混陶瓷砖黏结砂浆、干混界面砂浆、干混保温板抹面砂浆、干混聚合物水泥防水砂浆、干混自流平砂浆、干混耐磨地坪砂浆、干混填缝砂浆、干混饰面砂浆和干混修补砂浆。湿拌砂浆按用途分为湿拌砌筑砂浆、湿拌抹灰砂浆、湿拌地面砂浆和湿拌防水砂浆等。

预拌砂浆中的胶凝材料,除水泥外,还可使用石膏、石灰等无机胶凝材料。预拌砂浆中使用的砂,包括天然砂和人工砂,但所用砂一般要经筛分及烘干处理。某些种类的化学添加剂通常被作为一种独立组分添加于预拌砂浆之中。

(2) 预拌砂浆的性能要求

预拌砂浆的性能包括新拌砂浆性能和硬化砂浆性能两个方面,并且不同种类的砂浆性能要求有所不同。预拌砂浆性能主要包括抗压强度、保水率、凝结时间、稠度损失率、拉伸黏结强度、收缩率、抗冻性、抗渗压力等。

思考题与习题

1. 建筑砂浆的主要组成材料有哪些?建筑砂浆如何分类?
2. 新拌砂浆的和易性包括哪些内容?影响流动性的因素有哪些?国家标准对新拌砂浆保水性有何规定?
3. 现场配制混合砂浆的配合比的计算步骤有哪些?
4. 现场配制砌筑水泥混合砂浆时,用水量如何确定?需要考虑到哪些因素?
5. 预拌砂浆如何分类?
6. 何谓干混砂浆?何谓湿拌砂浆?
7. 某工地夏秋季需配制M7.5的水泥石灰混合砂浆砌筑砖墙,采用32.5级粉煤灰硅酸盐水泥,中砂(含水率小于0.5%),砂的堆积密度为1460 kg/m^3,试求砂浆的配合比。

7 沥青及沥青混合料

本章提要

本章介绍沥青材料类型，重点阐述石油沥青的组成结构、技术性质、评价指标和技术标准；介绍了改性沥青的技术性质和生产工艺；着重讲述了热拌沥青混合料的组成结构、技术性质、组成材料和配合比设计方法。

通过学习应重点掌握石油沥青的化学组成、技术性质和技术指标；必须了解沥青混合料强度形成原理和强度影响因素、技术性质和技术要求；并能按现行方法进行沥青混合料配合比设计；掌握沥青混合料技术性质和评价方法。

7.1 沥青材料

7.1.1 石油沥青与煤沥青

沥青按产源不同分为地沥青与焦油沥青两大类。地沥青有石油沥青与天然沥青；焦油沥青主要有煤沥青与页岩沥青，此外还有木沥青、泥炭沥青等。土木工程中主要使用石油沥青和煤沥青，以及以沥青为原料，通过加入表面活性物质而得到的乳化沥青。

天然沥青，指存在于自然界中的沥青矿（如沥青湖或含有沥青的砂岩等），经提炼加工后得到的沥青产品。其性质与石油沥青相同。

石油沥青，是石油原油经分馏提出各种石油产品后的残留物，再经加工制得的产品，是土木工程中应用最广泛、用量最大的沥青材料。

煤沥青，是煤焦油经分馏提出油品后的残留物，再经加工制得的产品。

页岩沥青，是油页岩炼油工业的副产品。页岩沥青的性质介于石油沥青和煤沥青之间。

7.1.1.1 *石油沥青*

（1）石油沥青的分类

石油沥青可根据不同的情况进行分类，各种分类方法都有各自的特点和使用价值。

① 按原油成分分类

a. 石蜡基沥青　也称多蜡沥青，是由含大量烷烃成分的石蜡基原油提炼而得。这种沥青因原油中含有大量烷烃，沥青中含蜡量一般大于5%，有的高达10%以上。蜡在常温下往往以结晶体存在，降低了沥青的黏结性；表现为软化点高、针入度小、延度低，但抗老化性能较好，如果用丙烷脱蜡，仍然可得到延度较好的沥青。

b. 环烷基沥青　也称沥青基沥青，由沥青基石油提炼而得的沥青。它含有较多的环烷烃和芳香烃，所以此种沥青的芳香性高，含蜡量一般小于2%，沥青的黏结性和塑性均较高。目前我国所产的环烷基沥青较少。

c. 中间基沥青　也称混合基沥青，是由蜡质介于石蜡基原油和环烷基原油之间的原油提炼而得。所含烃类成分和沥青的性质一般介于石蜡基沥青和环烷基沥青之间。

我国石油油田分布广，但国产石油多属石蜡基和中间基原油。

② 按加工方法分类

a. 直馏沥青　也称残留沥青。用直馏的方法将石油在不同的沸点温度馏分(汽油、煤油、柴油)取出之后，最后残留的黑色液体状产品，符合沥青标准的，称为直馏沥青；不符合沥青标准的，针入度大于300的，含蜡量大的称为渣油。在一般情况下，低稠度原油生产的直馏沥青，其温度稳定性不足，还需要进行氧化处理才能达到黏稠石油沥青的性质指标。

b. 氧化沥青　将常压或减压重油，或低稠直馏沥青在250～300 ℃高温下吹入空气，经过数小时氧化可获得常温下为半固体或固体状的沥青。氧化沥青具有良好的温度稳定性。在道路工程中使用的沥青，氧化程度不能太深，有时也称为半氧化沥青。

c. 溶剂沥青　这种沥青是对含蜡量较高的重油采用溶剂萃取工艺，提炼出润滑油原料后所余残渣。在溶剂萃取过程中，一些石蜡成分溶解在萃取溶剂中随之被拔出，因此，溶剂沥青中石蜡成分相对减少，其性质较石蜡基原油生产的渣油或氧化沥青有很大的改善。

d. 裂化沥青　在炼油过程中，为提高出油率，对蒸馏后的重油在隔绝空气和高温下进行热裂化，使碳链较长的烃分子转化为碳链较短的汽油、煤油等。裂化后所得到的裂化残渣，称为裂化沥青。裂化沥青硬度大、软化点高、延度小、没有足够的黏度和温度稳定性，不能直接用于道路上。

③ 按沥青在常温下的稠度分类

根据用途的不同，要求石油沥青具有不同的稠度，一般可以分为黏稠沥青和液体沥青两大类。黏稠沥青在常温下为半固态或固态。如按针入度分级，针入度＜40为固体沥青，针入度在40～300之间的呈半固体，而针入度＞300者为黏性液体状态(针入度单位为0.1 mm)。

④ 按用途分类

a. 道路石油沥青。主要含有直馏沥青，是石油蒸馏后的残留物或残留物氧化而得的产品。

b. 建筑石油沥青。主要含氧化沥青，是原油蒸馏后的重油经氧化而得的产品。

c. 普通石油沥青。主要含石蜡基沥青，它一般不能直接使用，要掺配或调和后才能使用。

液体沥青在常温下多呈黏性液体或液体状态，根据凝结速度的不同，可按标准黏度分级划分为慢凝液体沥青、中凝液体沥青和快凝液体沥青三种类型。在生产应用中，常在黏稠沥青中掺入一定比例的溶剂，配制的稠度很低的液体沥青，称为稀释沥青。

(2) 石油沥青的化学组成和结构

① 石油沥青的化学组分

石油沥青是由多种碳氢化合物及其非金属(氧、硫、氨)衍生物组成的混合物，主要组分为碳(占80%～87%)、氢(占10%～15%)，其余为氧、硫、氮(约占3%以下)等非金属元素，此外还含有微量金属元素。

② 石油沥青的组分特性

石油沥青的化学组成非常复杂，通常难以直接确定化学成分及含量与石油沥青工程性能之间的相互关系。为反映石油沥青组成与其性能之间的关系，通常是将其化学成分和物理性质相近，且具有某些共同特征的部分，划分为一个化学成分组，并对其进行组分分析，以研究这些组分与工程性质之间的关系。

我国现行的《公路工程沥青及沥青混合料试验规程》(JTG E20—2011)中规定采用的是三组分分析法或四组分分析法。

a. 三组分分析法　石油沥青的三组分分析法是将石油沥青分为油分、树脂和沥青质三个组分。因我国富产石蜡基、中间基沥青，在油分中往往含有蜡，故在分析时还应将油蜡分离。因为这种方法兼用了选择性溶解和选择性吸附的方法，所以又称为溶解-吸附法。三组分分析法对各组分进行区别的性状见表7.1。

表 7.1 石油沥青三组分分析法的各组分性状

性 状	外观特征	平均相对分子质量	含量	碳氢比（原子比）	物理化学特性
油 分	淡黄色透明液体	200～700	45%～60%	0.5～0.7	溶于大部分有机溶剂，具有光学活性，常发现有荧光，相对密度约 0.910～0.925
树 脂	红褐色黏稠半固体	800～3000	15%～30%	0.7～0.8	温度敏感性强，熔点低于 100 ℃，相对密度大于 1.000
沥青质	深褐色固体微粒	1000～5000	5%～30%	0.8～1.0	加热不熔化，分解为硬焦炭，使沥青呈黑色，相对密度为 1.100～1.500

不同组分对石油沥青性能的影响不同。油分赋予沥青流动性，其含量的多少直接影响沥青的柔软性、抗裂性及施工难度，在一定条件下油分可以转化为树脂甚至沥青质。

树脂使沥青具有良好的塑性和黏结性，树脂又分为中性树脂和酸性树脂。中性树脂使沥青具有一定的塑性、可流动性和黏结性，其含量增加，沥青的黏聚性和延伸性提高。沥青树脂中还含有少量的酸性树脂，它是沥青中活性最强的组分，是呈树脂状的黑褐色黏稠状物质，其密度大于 1.0 g/cm^3，能改善沥青对矿质材料的浸润性，特别是提高了与碳酸盐岩石的黏附性，增强了沥青的可乳化性。

沥青质则决定沥青的黏结力、黏度和温度稳定性，以及沥青的硬度和软化点等。沥青质含量增加时，沥青的黏度和黏结力增大，硬度和温度稳定性提高。

石油沥青三组分分析法的组分界限明确，不同组分间的相对含量可在一定程度上反映沥青的工程性能；但采用该方法分析石油沥青时分析流程复杂，所需时间长。

b. 四组分分析法　四组分分析法是将石油沥青分离为沥青质（At）、饱和分（S）、芳香分（Ar）和胶质（R）四种组分，并分别研究不同组分的特性及其对沥青工程性质的影响。各组分性状见表 7.2。

表 7.2 石油沥青四组分分析法的各组分性状

组分	性状			
	外观特征	平均相对密度	平均相对分子质量	主要化学结构
饱和分	无色液体	0.89	625	烷烃、环烷烃
芳香分	黄色至红色液体	0.99	730	芳香烃、含 S 衍生物
胶质	棕色黏稠液体	1.09	970	多环结构，含 S、O、N 衍生物
沥青质	深褐色至黑色固体	1.15	3400	缩合环结构，含 S、O、N 衍生物

沥青质是不溶于正庚烷而溶于苯（或甲苯）的黑色或棕色的无定形固体，除含有碳和氢外还有一些氮、硫、氧。沥青质含量对沥青的流变特性有很大影响。增加沥青质含量，便生产出较硬、针入度较小和软化点较高的沥青，黏度也较大。沥青质的存在，对沥青的黏度、黏结力、温度稳定性都有很大的影响。

胶质是深棕色固体或半固体，极性很强，是沥青质的扩散剂或胶溶剂。它溶于正庚烷，主要由碳和氢组成的，并含有少量的氧、硫和氮。胶质赋予沥青可塑性、流动性和黏结性，并能改善沥青的脆裂性和提高延度。其化学性质不稳定，易于氧化转变为沥青质。胶质对沥青质的比例在一定程度上决定了沥青的胶体结构类型。

芳香分是由沥青中最低相对分子质量的环烷芳香化合物组成的，它是胶溶沥青质的分散介质。芳香分是呈深棕色的黏稠液体，由非极性碳链组成，其中非饱和环体系占优势，对其他高分子烃类具有很强的溶解能力。

饱和分是由直链烃和支链烃所组成，是一种非极性稠状油类，呈稻草色或白色。其成分包括蜡质及非蜡质的饱和物，饱和分对温度较为敏感。

芳香分和饱和分作为油分，在沥青中起着润滑和柔软作用，使胶质—沥青质软化(塑化)，使沥青胶体体系保持稳定。油分含量愈多，沥青软化点愈低，针入度愈大，稠度愈低。

在沥青四组分中，各组分相对含量的多少决定了沥青的性能。当饱和分适量，且芳香分含量较高时，沥青通常表现为较强的可塑性与稳定性；当饱和分含量较高时，沥青抵抗变形的能力就较差，虽然具有较高的可塑性，但在某些环境条件下稳定性较差；随着沥青中胶质和沥青质的增加，沥青的稳定性越来越好，但其施工时的可塑性却越来越差。

c. 沥青的含蜡量　沥青的含蜡量对沥青性能的影响，是沥青性能研究的一个重要课题。特别是在我国富产石蜡基原油的情况下，更为众所关注。蜡对沥青性能的影响，现有研究认为：沥青中蜡的存在，在高温时会使沥青容易发软，导致沥青高温稳定性降低，出现车辙或流淌；相反，在低温时会使沥青变得脆硬，导致低温抗裂性降低；此外，蜡会使沥青与石料黏附性降低，在有水的条件下，会使路面石子产生剥落现象，造成路面破坏，更严重的是，含蜡沥青会使沥青路面的抗滑性降低，影响路面的行车安全。对于沥青含蜡量的限制，由于世界各国测定方法不同，所以限制值也不一致，其范围为2%～4%。道路石油沥青技术要求规定，A级沥青含蜡量(蒸馏法)不大于2.2%，B级沥青不大于3.0%，C级沥青不大于4.5%。

③ 石油沥青的胶体结构

沥青的工程性质，不仅取决于它的化学组分，而且与其胶体结构的类型有着密切联系。石油沥青的胶体结构是影响其性能的另一重要原因。

现代胶体理论认为：大多数沥青属于胶体体系，它是以固态超细微粒的沥青质为分散相，通常是若干沥青质聚集在一起，吸附了极性较强的半固态胶质形成“胶团”。胶溶剂-胶质的胶溶作用，使胶团胶溶、分散于液态的芳香分与饱和分组成的分散介质中，形成稳定的胶体。在沥青中，相对分子质量很高的沥青质不能直接胶溶于相对分子质量很低的芳香分和饱和分的介质中，特别是饱和分为胶凝剂，它会阻碍沥青质的胶溶。沥青之所以能形成稳定的胶体，是因为强极性的沥青质吸附了极性较强的胶质，胶质中极性最强的部分吸附在沥青质表面，然后逐步向外扩散，极性逐渐减弱，芳香度也逐渐减弱，距离沥青质愈远，则极性愈弱，直至与芳香分接近，再到几乎没有极性的饱和分。这样，在沥青胶体结构中，从沥青质到胶质，再从芳香分到饱和分，它们的极性是逐步递减的，没有明显的分界线。

a. 溶胶型结构　石油沥青的性质随各组分比例的不同而变化。当油分和树脂较多时，胶团外膜较厚，胶团之间相对运动较自由，这种胶体结构的石油沥青，称为溶胶型石油沥青。其特点是流动性和塑性较好，开裂后自行愈合能力较强；而对温度的敏感性强，即对温度的稳定性较差，温度过高会流淌。

b. 凝胶型结构　当油分和树脂含量较少时，胶团外膜较薄，胶团相互靠近聚集，吸引力增大，胶团间相互移动比较困难。这种胶体结构的石油沥青称为凝胶型石油沥青。其特点是弹性和黏性较高，温度敏感性较低，开裂后自行愈合能力较差，流动性和塑性较低。在工程性能上，高温稳定性较好，但低温变形能力较差。通常，深度氧化的沥青多属于凝胶型沥青。

c. 溶-凝胶型结构　当沥青质不如凝胶型石油沥青中的多，而胶团间靠得又较近，相互间有一定的吸引力时，形成一种介于溶胶型和凝胶型两者之间的结构，称为溶-凝胶型结构。溶-凝胶型石油沥青的性质也介于溶胶型和凝胶型两者之间。其特点是高温时具有较低的感温性，低温时又具有较强的变形能力。修筑现代高等级沥青路面使用的沥青，都属于这一类胶体结构。

溶胶型、溶-凝胶型及凝胶型胶体结构的石油沥青示意图如图7.1所示。

值得一提的是蜡对沥青胶体结构的影响。蜡组分在沥青胶体结构中，可溶于分散介质芳香分和饱和分中，在高温时，它的黏度很低，会降低分散介质的黏度，使沥青胶体结构向溶胶方向发展；在低温时，它能结晶析出，形成网络结构，使沥青胶体结构向凝胶方向发展。

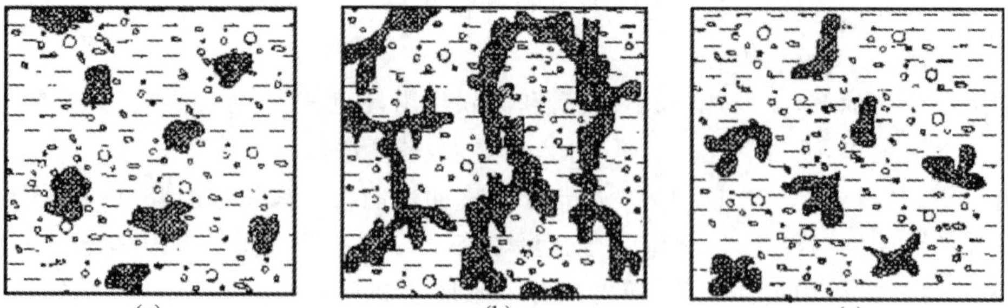

图 7.1　石油沥青胶体结构类型示意图

(a)溶胶型;(b)凝胶型;(c)溶-凝胶型

沥青的胶体结构与其路用性能有着密切的关系。为工程使用方便,通常采用针入度指数法划分其胶体结构类型,见表 7.3。

表 7.3　沥青的针入度指数和胶体结构类型

沥青针入度指数 *PI*	沥青胶体结构类型
<−2	溶胶型
−2～+2	溶-凝胶型
>+2	凝胶型

(3) 石油沥青的技术性质及测试方法

① 防水性

石油沥青是憎水性材料。其本身构造致密,与矿物材料表面有很好的黏结力,能紧密黏附于矿物材料表面;同时它还具有一定的塑性,能适应材料或构件的变形。所以石油沥青具有良好的防水性,广泛用作土木工程的防潮、防水材料。

② 物理特征常数

a. 密度　指在规定温度条件下,单位体积的质量,单位是 kg/m^3 或 g/cm^3。我国现行《公路工程沥青及沥青混合料试验规程》(JTG E20—2011)中规定温度为 25 ℃或 15 ℃。也可以用相对密度来表示,相对密度是指在规定温度下,沥青质量与同体积水质量之比。通常黏稠沥青的相对密度在 0.96～1.04 范围内波动。沥青的密度在一定程度上可反映沥青各组分的比例及其排列的紧密程度。沥青中含蜡量较高,则相对密度较小;含硫量大、沥青质含量高则相对密度较大。沥青密度是在沥青质量与体积之间相互换算以及沥青混合料配合比设计中必不可少的重要参数,也是沥青使用、贮存、运输、销售过程中不可或缺的参数。我国富产石蜡基沥青,其特征为含硫量低、含蜡量高、沥青质含量少,所以密度常在 1.00 以下。

b. 热胀系数　温度上升时,沥青的体积会发生膨胀。沥青在温度上升 1 ℃时的长度或体积的变化,分别称为线胀系数或体胀系数,统称热胀系数。沥青路面的开裂,与沥青混合料的热胀系数有关。沥青混合料的热胀系数,主要取决于沥青的热力学性质。特别是含蜡沥青,当温度降低时,蜡由液态转变为固态,比容突然增大,沥青的热胀系数发生突变,因而易导致路面产生开裂。

c. 介电常数　指沥青作为介质时平行板电容器的电容与真空作介质时相同平行板电容器的电容之比。沥青的介电常数与沥青使用的耐久性有关,这是早就为人们所知的。现代高速交通的发展,要求沥青路面具有高的抗滑性,根据英国运输和道路研究所(TRRL)研究认为,沥青的介电常数与沥青路面抗滑性也有很好的相关性。

d. 溶解度　是指石油沥青在三氯乙烯、四氯化碳或苯中溶解的百分率。不溶解的物质会降低石油沥青的性能(如黏性等),因而溶解度可以表示石油沥青中有效物质含量。

③ 黏滞性

沥青的黏滞性是反映沥青材料内部阻碍其相对流动的一种特性,是技术性质中与沥青路面力学行为联系最密切的一种性质。沥青的黏性通常用黏度表示,黏度是现代沥青等级(标号)划分的主要依据。在现代交通条件下,为防止路面出现车辙,沥青黏度是首要考虑的参数。

a. 沥青的绝对黏度(亦称动力黏度)

如果采用一种剪切变形的模型来描述沥青在沥青与矿质材料的混合料中的应用,可取一对互相平行的平面,在两平面之间分布有一沥青薄膜,薄膜与平面的吸附力远大于薄膜内部胶团之间的作用力。当下层平面固定,外力作用于顶层表面发生位移时(图7.2)按牛顿定律可得到如下方程:

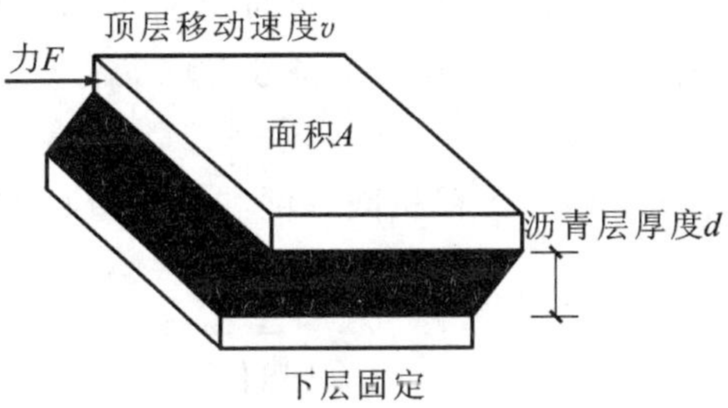

图7.2 沥青绝对黏度概念图

$$F=\eta A\frac{v}{d} \tag{7.1}$$

式中 F——移动顶层平面的力,N,即表示沥青薄膜内部胶团抵抗变形的能力;

A——沥青薄膜层的面积,cm^2;

v——顶层位移的速度,m/s;

d——沥青薄膜的厚度,cm;

η——反映沥青黏滞性的系数,即绝对黏度,Pa·s。

由式(7.1)得知,当相邻接触面积大小和沥青薄膜厚度一定时,欲使相邻平面以速度 v 发生位移所需的外力与沥青黏度成正比。

当令 $\tau=F/A$、$\gamma=v/d$ 时,可将式(7.1)改写为:

$$\eta=\frac{\tau}{\gamma} \tag{7.2}$$

沥青绝对黏度的测定方法:《公路工程沥青及沥青混合料试验规程》(JTG E20—2011)规定,沥青运动黏度采用毛细管法;沥青动力黏度采用真空减压毛细管法。

a) 毛细管法 是测定黏稠石油沥青、液体石油沥青及其蒸馏后残留物运动黏度的一种方法。该法是沥青试样在严格控温条件下,于规定温度(黏稠石油沥青为135 ℃、液体石油沥青为60 ℃),通过采用坎-芬式逆流毛细管黏度计(图7.3)(亦可采用其他符合规程要求的黏度计,如翟富斯横臂式黏度计、兰特兹-翟富斯型逆流式黏度计以及BS/IP/RTU型逆式黏度计等毛细管黏度计),测定流经规定体积所需的时间,按下式计算运动黏度:

$$V_T=ct \tag{7.3}$$

式中 V_T——在温度 T 测定的运动黏度,mm^2/s;

c——黏度计标定常数,mm^2/s^2;

t——流经时间,s。

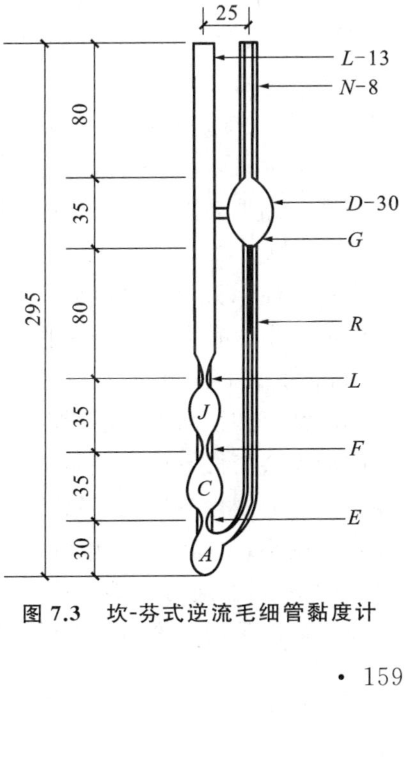

图7.3 坎-芬式逆流毛细管黏度计

b) 真空减压毛细管法 是测定黏稠石油沥青动力黏度的一种方法。该法是沥青试样在严密控制的真空装置内(真空度为40 kPa),保持一定的温度(通常为60 ℃),通过采用规定型号的毛细管黏度计(通常采用的有美国沥青学会式,即AI式,如图7.4所示),测定流经规定的体积所需要的时间(以s计)。按下式计算动力黏度:

$$\eta_T = kt \tag{7.4}$$

式中 η_T——在温度 T 测定的动力黏度,Pa·s;

k——黏度计常数,Pa·s/s;

t——流经规定体积的时间,s。

b. 石油沥青标准黏度计试验　标准黏度计试验是测定液体沥青、煤沥青和乳化沥青等材料流动状态时的黏度。该试验方法是将液态的沥青材料在标准黏度计(图7.5)中,于规定的温度条件下,通过规定孔径的流出孔,测定流出50 mL体积沥青所需要的时间,以s计,常用符号 $C_{T,d}$ 表示。T 为测试温度(℃),d 为流孔直径(mm)。在相同温度和流孔直径的条件下,流出的时间越长,表示沥青黏度越大。

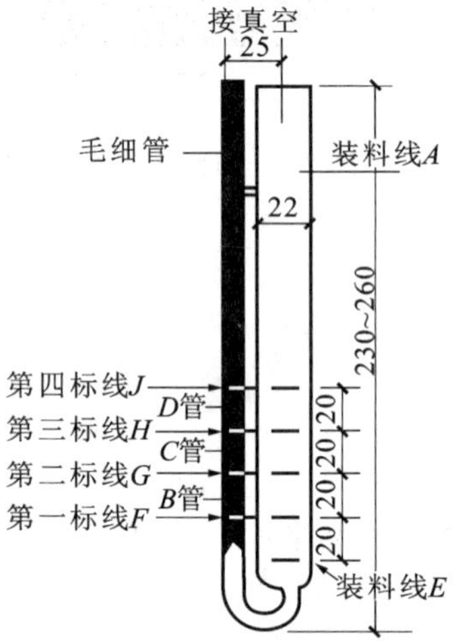

图7.4　真空毛细管黏度计

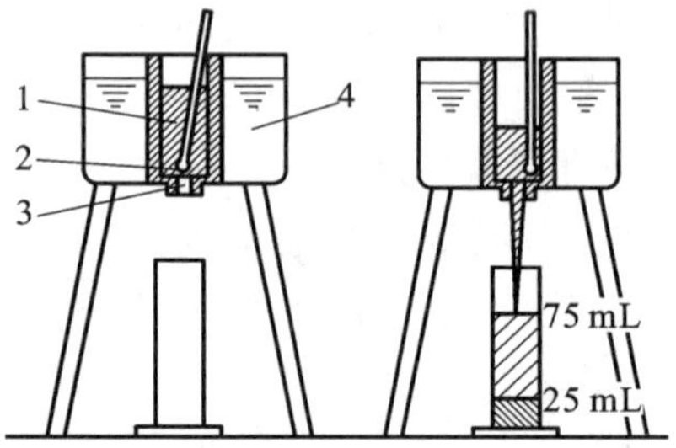

图7.5　标准黏度计测定液体沥青示意图

1—沥青试样;2—活动球塞;3—流孔;4—水

我国液体沥青是采用黏度来划分技术等级的。

c. 针入度　针入度反映石油沥青抵抗剪切变形的能力,针入度值越小,表明黏度越大。针入度是在规定温度条件下,以规定重量的标准针,经历规定时间贯入试样中的深度,以1/10 mm为一度表示,记作 $P_{T,m,T}$,其中 P 表示针入度,T 为试验温度(℃),m 为试针质量(g),t 为贯入时间(s)。标准试验条件为温度25 ℃,荷重100 g,贯入时间5 s。

实质上,针入度是测定沥青稠度的一种指标。针入度越大,表示沥青越软,稠度越小;反之,表示沥青稠度越大。一般说来,稠度越大,沥青的黏度越大。

我国现行黏稠沥青技术指标中,针入度是划分石油沥青标号的主要技术指标。

④ 温度敏感性

温度敏感性(简称感温性)是指石油沥青的黏滞性和塑性随温度升降而变化的性能。

石油沥青中含有大量高分子非晶态热塑性物质,当温度升高时,这些非晶态热塑性物质之间就会逐渐发生相对滑动,使沥青由固态或半固态逐渐软化,乃至像液体一样发生黏性流动,从而呈现所谓的"黏流态"。当温度降低时,沥青又逐渐由黏流态凝固为半固态或固态(又称"高弹态")。随着温度的进一步降低,低温下的沥青会变得像玻璃一样又硬又脆(亦称"玻璃态")。这种变化的快慢反映出沥青的黏滞性和塑性随温度的升降而变化的特性,即沥青的温度敏感性。

变化程度小,则沥青温度敏感性低,反之则温度敏感性高。为保证沥青的物理力学性能在工程使用中具有良好的稳定性,通常期望它具有在温度升高时不易流淌,而温度降低时而不硬脆开裂的性能。因此,在工程中应尽可能采用温度敏感性低的沥青。

沥青的感温性是采用“黏度”随“温度”而变化的行为(黏-温关系)来表达。常用的评价指标是软化点和针入度指数。

a. 软化点　软化点是反映沥青达到某种物理状态时的条件温度。我国现行采用环球法测软化点。该法是将沥青试样注于内径为 18.9 mm 的铜环中,环上置一直径 9.53 mm、重 3.5 g 的钢球,在规定的加热速度(5 ℃/min)下进行加热,沥青试样逐渐软化,直至在钢球荷重作用下,沥青产生 25.4 mm 垂度时的温度,称为软化点。

根据已有研究认为:沥青在软化点时的黏度约为 1200 Pa·s,或相当于针入度值 800(0.1 mm)。据此,可以认为软化点是一种人为的“等黏温度”。由此可见,针入度是在规定温度下测定沥青的条件黏度,而软化点则是沥青达到条件黏度时的温度,所以软化点既是反映沥青材料热稳定性的一个指标,也是沥青黏度的一种量度。

b. 针入度指数　软化点是沥青性能随着温度变化过程中重要的标志点,但它是人为确定的温度标志点,单凭软化点这一性质,来反映沥青性能随温度变化的规律并不全面。目前用来反映沥青温度敏感性的常用指标为针入度指数 PI。

针入度指数(PI)是基于以下基本事实的:根据大量试验结果,沥青针入度值的对数($\lg P$)与温度(T)具有线性关系:

$$\lg P = A \cdot T + K \tag{7.5}$$

式中　A——针入度-温度感应性系数,可由针入度和软化点确定,即直线的斜率;

　　K——回归系数,即直线的截距(常数)。

A 表征沥青针入度($\lg P$)随温度(T)的变化率,其数值越大,表明温度变化时,沥青的针入度变化得越大,沥青的温度敏感性越高。

为了计算 A 值,可以根据已知 25 ℃时的针入度值 $P_{25℃,100g,5s}$ 和软化点 $T_{R\&B}$,并假设软化点时的针入度值为 800,可绘出针入度-温度感应性系数关系图,见图 7.6,并建立针入度-温度感应性系数 A 的基本公式(7.6):

$$A = \frac{\lg 800 - \lg P_{25℃,100g,5s}}{T_{R\&B} - 25} \tag{7.6}$$

式中　$P_{25℃,100g,5s}$——在 25 ℃,100 g,5 s 的条件下测定的针入度值,0.1 mm;

　　$T_{R\&B}$——环球法测定的软化点,℃。

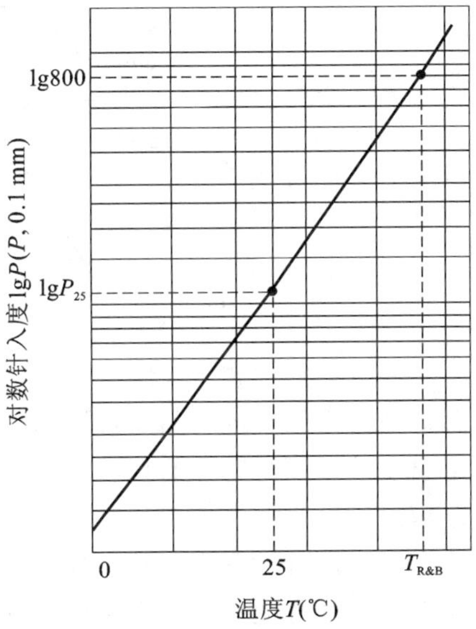

图 7.6　针入度-温度感应性关系图

按式(7.6)计算得到的 A 值均为小数,为使用方便起见,改用针入度指数 PI 表示,按式(7.7)计算:

$$PI = \frac{30}{1+50A} - 10 = \frac{30}{1+50\times\dfrac{\lg 800 - \lg P_{25℃,100g,5s}}{T_{R\&B} - 25}} - 10 \tag{7.7}$$

由式(7.7)得知,沥青的针入度指数范围是−10～20;针入度指数是根据一定温度变化范围内,沥青性能的变化来计算出的。因此,利用针入度指数来反映沥青性能随温度的变化规律更为准确;针入度指数 PI 值愈大,表示沥青的温度敏感性愈低。以上针入度指数的计算公式是以沥青在软化点时的针入度为 800(0.1 mm)为前提的。实际上,沥青在软化点时的针入度波动于 600～1000(0.1 mm)之间,特别是含蜡量高的沥青,其波动范围更宽。因此,我国现行标准中规定,针入度指数是利用 15 ℃、25 ℃和 30 ℃的针入度回归得到的。

针入度指数 PI 值可以采用公式计算,也可以采用诺模图法获得。沥青针入度指数 PI 诺模图如图 7.7 所示。

石油沥青温度敏感性与沥青质含量和蜡含量密切相关。沥青质增多,温度敏感性降低。工程上往往用加入滑石粉、石灰石粉或其他矿物填料的方法来降低沥青的温度敏感性。沥青含蜡量多时,其温度敏感性高。

⑤ 延展性

延展性也常称为石油沥青的塑性,是指石油沥青在外力作用时产生变形而不破坏(裂缝或断开),除去外力后,则仍保持变形后形状的性质。它反映的是沥青受力时所能承受塑性变形的能力,通常用延度表示。

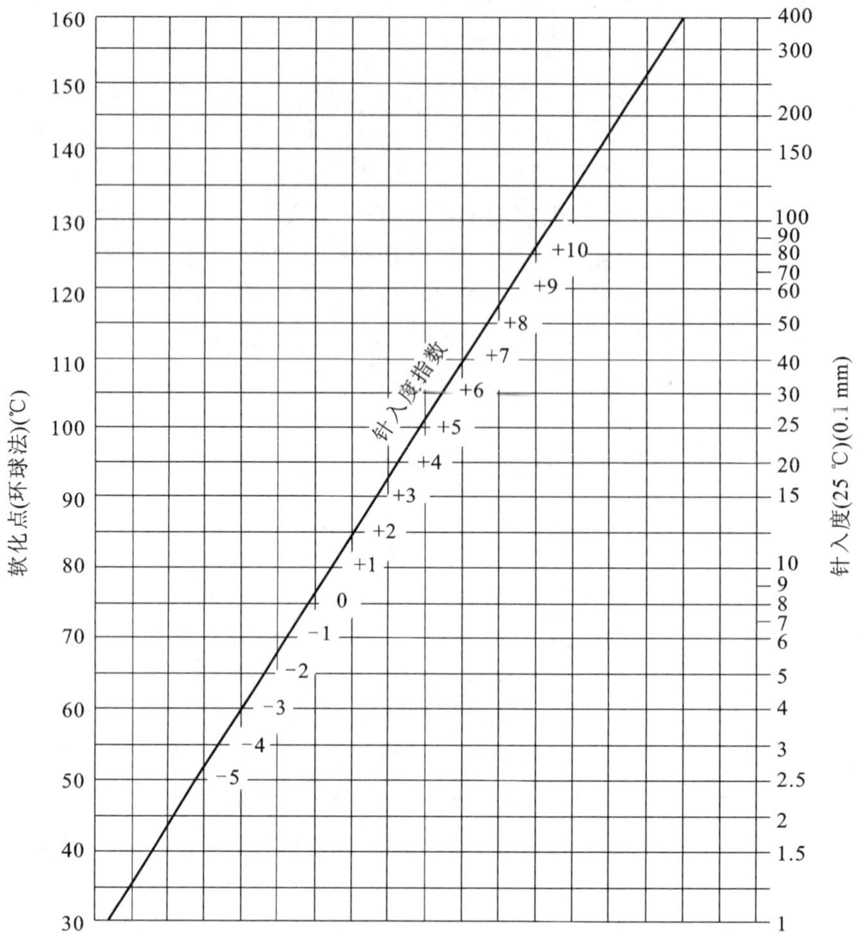

图 7.7　由针入度和软化点求取针入度指数 *PI* 的诺模图

沥青延度采用延度仪测试，是把沥青试样制成"∞"字形标准试件（中间最小截面积 1 cm^2）在规定速度和规定温度下拉断时延伸的长度，以 cm 为单位表示。延度值愈大，塑性愈好，沥青的柔韧性越好，沥青的抗裂性也越好。

石油沥青的延度与其组分有关。石油沥青中树脂含量较多，而其他组分含量又适当时，则沥青延展性较大。当沥青化学组分不协调，胶体结构不均匀，含蜡量增加时，都会使沥青的延度相对降低。

⑥ 脆性

沥青材料在低温下，受到瞬时荷载的作用时，常表现为脆性破坏。沥青脆性的测定极其复杂，弗拉斯脆点作为反映沥青低温脆性的指标被不少国家采用。弗拉斯脆点的试验方法是将 0.4 g 沥青试样在一个标准的金属片上摊成薄层，将此金属片置于有冷却设备的脆点仪内，摇动脆点仪曲柄，能使涂有沥青薄层的金属片产生弯曲。随着制冷设备中制冷剂温度以 1 ℃/min 的速度降低，沥青薄层的温度亦随之降低，当降低至某一温度时，沥青薄层在规定弯曲条件下产生脆断，该温度即为沥青的脆点。一般认为，沥青脆点越低，低温抗裂性越好。有研究表明，许多含蜡量较高的沥青弗拉斯脆点虽低，但冬季开裂情况严重，因此实测的弗拉斯脆点不能表征含蜡量较高沥青的低温性能。

在工程实际应用中，要求沥青具有较高的软化点和较低的脆点，否则容易发生沥青材料夏季流淌或冬季变脆甚至开裂等现象。

⑦ 加热稳定性

沥青在加热或长时间加热的过程中，会发生轻质馏分挥发、氧化、裂化、聚合等一系列物理及化学变化，使沥青的化学组成及性质相应地发生变化。这种性质称为沥青加热稳定性。

为了解沥青材料在路面施工及使用过程的耐久性,《公路工程沥青及沥青混合料试验规程》(JTG E20—2011)规定,要对沥青材料进行加热质量损失和加热后残渣性质的试验。对道路石油沥青采用薄膜加热试验(TFOT)或旋转薄膜烘箱试验(RTFOT)后,测定质量变化、25 ℃残留针入度比及 10 ℃或 15 ℃的残留延度。

a. 沥青薄膜加热试验(TFOT) 该法是将 50 g 沥青试样装入盛样皿内,并形成沥青厚度均匀的薄膜。沥青薄膜在(163±1)℃的标准薄膜加热烘箱(图 7.8)中加热 5 h 后,取出冷却,测定其质量损失,并按规定的方法测定残留物的针入度、延度等技术指标。

b. 旋转薄膜烘箱试验(RTFOT) 该法(图 7.9)是将沥青试样在垂直方向旋转,沥青膜较薄,并通过鼓入热空气以加速老化,使试验时间缩短为 75 min。其试验结果精度较高。

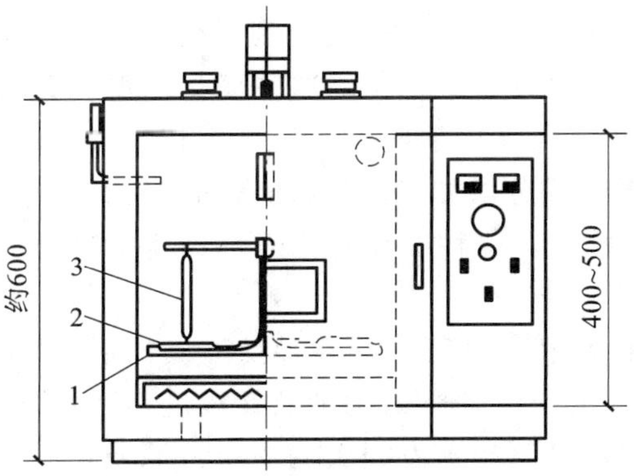

图 7.8 沥青薄膜加热烘箱

1—转盘;2—试样;3—温度计

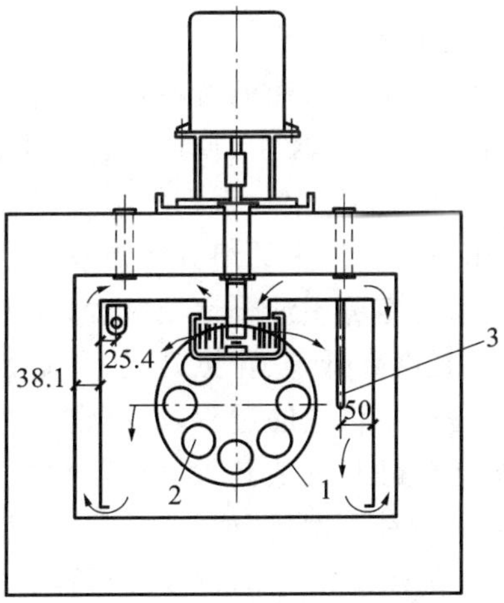

图 7.9 沥青旋转薄膜加热烘箱

1—垂直旋转盘;2—盛样瓶插孔;3—试验温度计

⑧ 黏附性

黏附性是沥青材料的主要功能之一,沥青在沥青混合料中以薄膜的形式裹覆在集料颗粒表面,并将松散的矿质集料黏结为一个整体。沥青与集料的黏附性直接影响沥青路面的使用质量和耐久性,所以黏附性是评价沥青技术性能的一个重要指标。沥青裹覆集料后的抗水性(即抗剥性)不仅与沥青的性质有密切关系,而且亦与集料的性质有关。

a. 黏附机理 沥青与集料的黏附作用,是一个复杂的物理-化学过程。目前,对黏附机理有多种解释。润湿理论认为:在有水的条件下,沥青对石料的黏附性,可用沥青-水-石料三相体系来讨论。沥青-水-石体系达到平衡时,沥青欲置换水而黏附于石料的表面,主要取决于沥青与水的界面能 γ_{wa} 和沥青与水的接触角 θ。在确定的石料条件下,γ_{wa} 和 θ 均取决于沥青的性质。沥青的性质主要为沥青的稠度和沥青中极性物质(如沥青酸及其酸酐等)的含量。随着沥青稠度和沥青酸含量的增大,沥青与碱性集料接触时就会产生很强的化学吸附作用,黏附力很大,黏附牢固。而当沥青与酸性集料接触时则较难产生化学吸附,分子间的作用力只是由于范德华力的物理吸附,这比化学吸附力要小得多,因此沥青中表面活性物质(如沥青酸及其酸酐等)的存在及含量与吸附性有重要的关系。

b. 评价方法 《公路工程沥青及沥青混合料试验规程》(JTG E20—2011)规定,沥青与集料的黏附性试验,根据沥青混合料中集料的最大粒径决定,大于 13.2 mm 者采用水煮法;小于或等于 13.2 mm 者采用水浸法。水煮法是选取粒径为 13.2～19 mm、形状接近正立方体的规则集料 5 个,经沥青裹覆后,在蒸馏水中沸煮 3 min,按沥青膜剥落面积百分率分为五个等级来评价沥青与集料的黏附性。水浸法是选取 9.5～13.2 mm 的集料100 g 与 5.5 g 的沥青在规定温度条件下拌和,配制成沥青-集料混合料,冷却后浸入 80 ℃的蒸馏水中保持 30 min,然后按剥落面积百分率来评定沥青与集料的黏附性。黏附性等级共分 5 个等级(表 7.4),最好为 5 级,最差为 1 级。

表 7.4　沥青与集料的黏附性等级

试验后石料表面上沥青膜剥落情况	黏附性等级
沥青膜完全保存，剥落面积百分率接近于 0	5
沥青膜少部为水所移动，厚度不均匀，剥落面积百分率小于 10%	4
沥青膜局部明显为水所移动，但还基本留在石料表面上，剥落面积百分率少于 30%	3
沥青膜大部分为水所移动，局部保留在石料表面上，剥落面积百分率大于 30%	2
沥青膜完全为水所移动，石料基本裸露，沥青完全浮于水面上	1

⑨ 大气稳定性

大气稳定性是指石油沥青在热、阳光、氧气和潮湿等因素的长时期综合作用下抵抗老化的性能。

石油沥青在贮运、加工、使用的过程中，由于长时间暴露于空气、阳光下，受温度变化、光、氧气及潮湿等因素的综合作用，会发生一系列的蒸发、脱氧、缩合、氧化等物理与化学变化。这些变化使得沥青含氧官能团增多，小相对分子质量的组分将被氧化、挥发或发生聚合、缩合等化学反应而变成大相对分子质量组分。其结果将是沥青组分中油分逐渐减少，沥青质和沥青碳等脆性成分增加，表现为沥青的流动性和塑性降低，针入度变小，延度降低，软化点升高，黏附性变差，容易发生脆裂。这种变化称为石油沥青的老化。石油沥青的老化是一个不可逆的过程，并决定了沥青的使用寿命。

沥青抗老化性是反映其大气稳定性的主要指标，该指标是利用沥青试样在加热蒸发前后的“蒸发损失百分率”“蒸发后针入度比”或“老化后延度”来评定。即先测定沥青试样的质量及针入度，然后将试样置于 163 ℃烘箱中加热蒸发 5 h，待冷却后再测定其质量和针入度，计算出蒸发损失的质量占原质量的百分比即为“蒸发损失率”，蒸发后针入度与原针入度之比即为“蒸发后针入度比”，同时再测定蒸发后的延度。石油沥青经蒸发后的质量损失百分率愈小，蒸发后针入度比和延度愈大，表明其抗老化性能愈强，大气稳定性愈好。

⑩ 施工安全性

沥青材料在使用时必须加热，当加热至一定温度时，沥青材料中挥发的油分蒸气与周围空气组成混合气体，此混合气体遇火焰则发生闪火。若继续加热，油分蒸气的饱和度增加，由于此种蒸气与空气组成的混合气体遇火焰极易燃烧，易发生火灾。沥青加热时与火焰接触发生闪火和燃烧的最低温度，即所谓闪点和燃点。

闪点和燃点是保证沥青加热质量和施工安全的一项重要指标。我国现行行业标准规定，对黏稠石油沥青采用克利夫兰开口杯法（简称 COC 法）测定闪、燃点。

石油沥青燃点与闪点的区别是沥青温度达到燃点时，其混合气体与火焰接触时的持续燃烧时间可超过 5 s 以上。通常，石油沥青的燃点比闪点高约 10 ℃。

闪点和燃点的高低反映了沥青可能引起火灾或爆炸的安全性差别，它直接关系到石油沥青运输、贮存和加热使用等方面的安全性。

⑪含水量

沥青几乎不溶于水，具有良好的防水性能。但沥青材料不是绝对不含水分的，水在纯沥青中的溶解度约在 0.001～0.019 之间。

如沥青含有水分，施工中挥发太慢，影响施工速度，所以要求沥青中含水量不宜过多。在加热过程中，如水分过多，易产生“溢锅”现象，引起火灾，使材料损失。所以在融化沥青时应加快搅拌速度，促进水分蒸发，控制加热温度。

⑫劲度模量

劲度模量也称刚度模量，是表征沥青黏性和弹性联合效应的指标。大多数沥青在变形时呈现黏-弹性。在低温瞬时荷载作用下，以弹性变形为主；反之，以黏性变形为主。

范·德·波尔在论述黏-弹性材料（沥青）的抗变形能力时，采用荷载作用时间 t 和温度 T 作为应力 σ 与应变 ϵ 之比来表示黏-弹性沥青抵抗变形的性能。劲度模量 S_b（简称劲度）由式(7.8)表示：

$$S_b=\left(\frac{\sigma}{\varepsilon}\right)_{t,T} \tag{7.8}$$

沥青的劲度 S_b 与温度 T、荷载作用时间 t 和沥青流变类型(针入度指数 PI)等参数有关,见式(7.9):

$$S_b=f(T,t,PI) \tag{7.9}$$

式中 T——欲求劲度时的路面温度与沥青软化点的差值,℃;

t——荷载作用时间,s;

PI——针入度指数。

按上述关系,范·德·波尔等根据荷重作用时间或频率、路面温度差、沥青的胶体结构类型等绘制成可以用于实际工程的劲度模量诺模图,如图 7.10 所示。

(4) 石油沥青的技术要求与选用

石油沥青按用途分为建筑石油沥青、道路石油沥青和普通石油沥青。土木工程中使用的主要是建筑石油沥青和道路石油沥青。目前我国对建筑石油沥青执行《建筑石油沥青》(GB/T 494—2010),而道路石油沥青则按其性能及应用道路的等级执行《公路沥青路面施工技术规范》(JTG F40—2004)的相关规定。

① 建筑石油沥青的技术要求与选用

建筑石油沥青按针入度指标划分为 40 号、30 号和 10 号三个标号,见表 7.5。

表 7.5 建筑石油沥青技术标准

项目		质量指标			试验方法
		10 号	30 号	40 号	
针入度(25 ℃,100 g,5 s),0.1 mm		10～25	26～35	36～50	GB/T 4509
针入度(46 ℃,100 g,5 s),0.1 mm		报告①	报告①	报告①	
针入度(0 ℃,200 g,5 s),0.1 mm	不小于	3	6	6	
延度(25 ℃,5 cm/min),cm	不小于	1.5	2.5	3.5	GB/T 4508
软化点(环球法),℃	不低于	95	75	60	GB/T 4507
溶解度(三氯乙烯),%	不小于	99.0			GB/T 11148
蒸发后质量变化(163 ℃,5 h),%	不大于	1			GB/T 11964
蒸发后针入度比 b②,%	不小于	65			GB/T 4509
闪点(开口杯法),℃	不低于	260			GB/T 267
脆点,℃		报告			GB/T 4510

注:① 报告应为实测值。

② 蒸发损失后样品的 25 ℃针入度与原 25 ℃针入度之比乘以 100 后,所得的百分比,称为蒸发后针入度比。

建筑石油沥青针入度较小(黏性较大),软化点较高(耐热性较好),但延伸度较小(塑性较差),主要用于屋面及地下防水、沟槽防水与防腐、管道防腐蚀等工程,还可用于制作油纸、油毡、防水涂料和沥青嵌缝油膏。在屋面防水工程中,一般同一地区的沥青屋面的表面温度比当地最高气温高出 25～30 ℃。为避免夏季流淌,用于屋面沥青材料的软化点应当高于本地区屋面最高温度 20 ℃以上。软化点偏低时,沥青在夏季高温易流淌;软化点过高时,沥青在冬季低温易开裂。因此,应根据气候条件、工程环境及技术要求选用。在地下防水工程中,沥青所经历的温度变化不大,主要应考虑沥青的耐老化性,宜选用软化点较低的沥青材料,如 40 号、60 号或 100 号沥青。

② 道路石油沥青的技术要求与选用

我国交通行业标准《公路沥青路面施工技术规范》(JTG F40—2004)将黏稠沥青分为 160 号、130 号、110 号、90 号、70 号、50 号、30 号等 7 个标号。

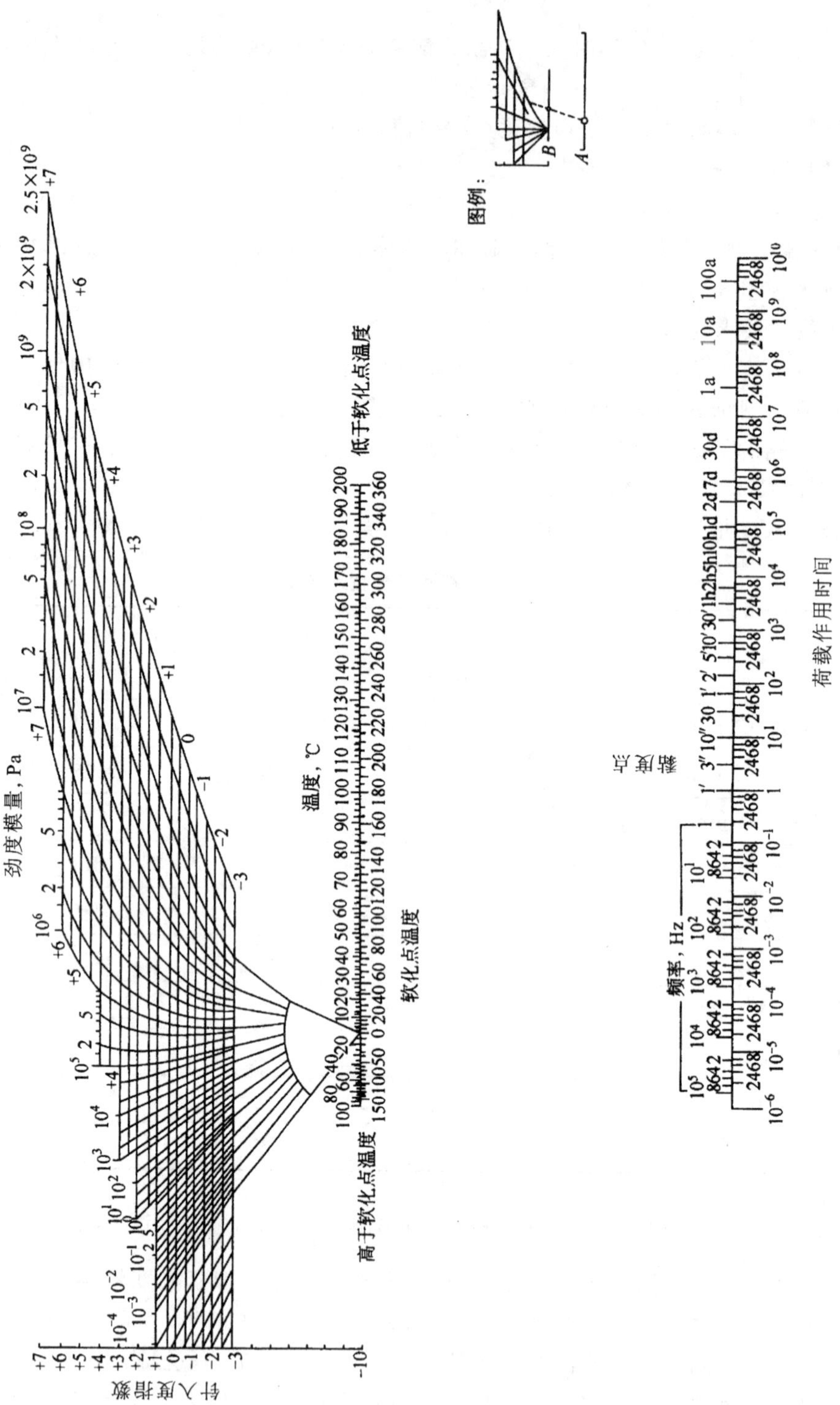

图 7.10 沥青劲度模量诺模图

道路石油沥青等级除了根据针入度的大小划分外，还要以沥青路面使用的气候条件为依据，在同一气候分区内根据道路等级和交通特点再将沥青划分为1～3个不同的针入度等级；同时，按照技术指标将沥青分为A、B、C三个等级，分别适用于不同范围，由A至C质量级别逐渐降低。各个沥青等级的适用范围应符合《公路沥青路面施工技术规范》(JTG F40—2004)的规定，参见表7.6。

表7.6 道路石油沥青的适用范围(JTG F40—2004)

沥青等级	适用范围
A级沥青	各个等级公路，适用于任何场合和层次
B级沥青	1. 高速公路、一级公路下面层及以下层次，二级及二级以下公路的各个层次； 2. 用作改性沥青、乳化沥青、改性乳化沥青、稀释沥青的基质沥青
C级沥青	三级及三级以下公路的各个层次

气候条件是决定沥青使用性能的最关键的因素。采用工程所在地最近30年内年最热月份平均最高气温的平均值，作为反映沥青路面在高温和重载条件下出现车辙等流动变形的气候因子，并作为气候分区的一级指标。按照设计高温指标，一级区划分为三个区。采用工程所在地最近30年内的极端最低气温，作为反映沥青路面由温度收缩产生裂缝的气候因子，并作为气候分区的二级指标。按照设计低温指标，二级区划分为四个区，如表7.7所示。沥青路面温度分区由高温和低温组合而成，第一个数字代表高温分区，第二个数字代表低温分区，数字越小表示气候因素越严苛。如1-1夏炎热冬严寒、1-2夏炎热冬寒、1-3夏炎热冬冷、1-4夏炎热冬温、2-1夏热冬严寒等。分属不同气候分区的地域，对相同标号与等级沥青的性能指标的要求不同。

表7.7 沥青路面使用性能气候分区

<table>
<tr><th colspan="2">气候分区指标</th><th colspan="4">气候分区</th></tr>
<tr><td rowspan="3">按照高温指标</td><td>高温气候区</td><td>1</td><td>2</td><td colspan="2">3</td></tr>
<tr><td>气候区名称</td><td>夏炎热区</td><td>夏热区</td><td colspan="2">夏凉区</td></tr>
<tr><td>最热月平均最高气温，℃</td><td>>30</td><td>20～30</td><td colspan="2"><20</td></tr>
<tr><td rowspan="3">按照低温指标</td><td>低温气候区</td><td>1</td><td>2</td><td>3</td><td>4</td></tr>
<tr><td>气候区名称</td><td>冬严寒区</td><td>冬寒区</td><td>冬冷区</td><td>冬温区</td></tr>
<tr><td>极端最低气温，℃</td><td><−37.0</td><td>−37.0～−21.5</td><td>−21.5～−9.0</td><td>>−9.0</td></tr>
<tr><td rowspan="3">按照设计雨量指标</td><td>雨量气候区</td><td>1</td><td>2</td><td>3</td><td>4</td></tr>
<tr><td>气候区名称</td><td>潮湿区</td><td>湿润区</td><td>半干区</td><td>干旱区</td></tr>
<tr><td>年降雨量，mm</td><td>>1000</td><td>1000～500</td><td>500～250</td><td><250</td></tr>
</table>

道路石油沥青的质量应符合表7.8规定的技术要求。

沥青路面采用的沥青标号，宜按照公路等级、气候条件、交通条件、路面类型及在结构层中的层位及受力特点、施工方法等，结合当地的使用经验，经技术论证后确定。对高速公路、一级公路，夏季温度高、高温持续时间长的地区，重载交通、山区及丘陵区上坡路段、服务区、停车场等行车速度慢的路段，尤其是汽车荷载剪应力大的层次，宜采用稠度大、60 ℃动力黏度大的沥青，也可提高高温气候分区的温度水平选用沥青等级；对冬季寒冷的地区或交通量小的公路、旅游公路宜选用稠度小、低温延度大的沥青；对温度日温差、年温差大的地区宜选用针入度指数大的沥青。当高温要求与低温要求发生矛盾时应优先考虑满足高温性能的要求。

表 7.8　道路石油沥青技术要求(JTG F40—2004)

指标	单位	等级	沥青标号																
			160 号[4]	130 号[4]	110 号			90 号					70 号[3]					50 号[3]	30 号[4]
针入度(25 ℃,100 g,5 s)	0.1 mm		140～200	120～140	100～120			80～100					60～80					40～60	20～40
适用的气候分区			注[4]	注[4]	2-1	2-2	3-2	1-1	1-2	1-3	2-2	2-3	1-3	1-4	2-2	2-3	2-4	1-4	注[4]
针入度指数 PI[1][2]		A	−1.5～+1.0																
		B	−1.8～+1.0																
软化点,不小于	℃	A	38	40	43			45			44		46		45			49	55
		B	36	39	42			43			42		44		43			46	53
		C	35	37	41			42					43					45	50
60 ℃动力黏度[2],不小于	Pa·s	A	—	60	120			160			140		180		160			200	260
10 ℃延度[2],不小于	cm	A	50	50	40			45	30	20	30	20	20	15	25	20	15	15	10
		B	30	30	30			30	20	15	20	15	15	10	20	15	10	10	8
15 ℃延度,不小于	cm	A、B	100															80	50
		C	80	80	60			50					40					30	20
蜡含量(蒸馏法),不大于	%	A	2.2																
		B	3.0																
		C	4.5																
闪点,不小于	℃		230					245					260						

续表 7.8

指标	单位	等级	沥青标号						
			160 号[4]	130 号[4]	110 号	90 号	70 号[3]	50 号[3]	30 号[4]
溶解度,不小于	%		99.5						
密度,15 ℃	g/cm^3		实测记录						
TFOT 或 RTFOT 后[5]									
质量变化,不大于	%		±0.8						
残留针入度比,不小于	%	A	48	54	55	57	61	63	65
		B	45	50	52	54	58	60	62
		C	40	45	48	50	54	58	60
残余延度 10 ℃,不小于	cm	A	12	12	8	6	6	4	—
		B	10	10	8	6	4	2	—
残余延度 15 ℃,不小于	cm	C	40	35	30	20	15	10	—

注:① 用于仲裁试验求取 PI 值时的 5 个温度的针入度关系的相关系数不得小于 0.997。

② 经建设部门同意,表中 PI 值、60 ℃动力黏度、10 ℃延度可作为选择性指标,也可不作为施工质量检验标准。

③ 70 号沥青可根据需要要求供应商提供针入度范围为 60～70 或 70～80 的沥青,50 号沥青可根据需要要求供应商提供针入度范围为 40～50 或 50～60 的沥青。

④ 30 号沥青仅适用于沥青稳定基层,130 号与 160 号沥青除寒冷地区可直接在中低级公路上应用外,通常用作乳化沥青、稀释沥青、改性沥青的基质沥青。

⑤ 老化试验以 TFOT 为准,也可以 RTFOT 代替。

7.1.1.2 煤沥青

煤沥青是炼油厂或煤气厂的副产品。烟煤在干馏过程中的挥发物质，经冷却而成的黑色黏性液体称为煤焦油，煤焦油经分馏加工提取轻油、中油、重油、蒽油以后，所得残渣即为煤沥青，也称煤焦油沥青或柏油。

煤沥青具有很好的防腐能力、良好的黏接能力，常用于配制防腐涂料、胶黏剂、防水涂料、油膏以及制作油毡等。

(1) 煤沥青的基本组成

由于煤沥青是由复杂化合物组成的混合物，分离为单体组成十分困难，故目前煤沥青化学组分的研究与石油沥青方法相同，也是采用选择性溶解等方法，将煤沥青分离为游离碳、油分、软树脂和硬树脂四个部分。

① 游离碳　又称自由碳，是高分子有机化合物的固态碳质微粒，不溶于有机溶剂，加热不熔，但高温分解。煤沥青的游离碳含量增加，可提高其黏度和温度稳定性。但随着游离碳含量增加，其低温脆性也升高。

② 油分　主要由较低相对分子质量的液态芳香族碳氢化合物所组成。它赋予煤沥青流动性，但降低其黏性。

③ 树脂　为环心含氧的碳氢化合物。分为两类：硬树脂，类似石油沥青中的沥青质；软树脂，赤褐色黏塑性物，溶于氯仿，类似石油沥青中的树脂。

煤沥青和石油沥青相似，也是复杂的胶体分散系。游离碳和硬树脂组成的胶体微粒为分散相，油分为分散介质，而软树脂为保护物质，它吸附于固态分散胶粒周围，逐渐向外扩散，并溶解于油分中，使分散系形成稳定的胶体物质。

(2) 煤沥青的技术要求与选用

根据蒸馏程度不同，煤沥青分为低温沥青、中温沥青和高温沥青。建筑上所采用的煤沥青多为黏稠或半固体的低温沥青。

① 煤沥青的技术性质

a. 黏度　表示煤沥青的稠度，煤沥青组分中油分含量减少、固态树脂及游离碳量增加时，则煤沥青的黏度提高。煤沥青的黏度测定方法与液体沥青相同，亦是用道路沥青标准黏度计测定。

b. 蒸馏试验馏分含量及残渣性质　煤沥青中含有各沸点的油分，这些油分的蒸发将影响沥青的性质。因而煤沥青的起始黏滞度并不能完全表达其在使用过程中黏结性的特征。为了预估煤沥青在路面中使用过程的性质变化，在测定其起始黏滞度的同时，还必须测定煤沥青在各温度阶段所含馏分及其蒸馏后残留物的性质。

煤沥青蒸馏试验是测定试样受热时，在规定温度范围内蒸出的馏分含量，以质量百分率表示。除非特殊需要，各馏分蒸馏的标准切换温度为 170 ℃、270 ℃、300 ℃。

馏分含量的规定，控制了煤沥青由于蒸发而发生老化，残渣性质试验保证了煤沥青残渣具有适宜的黏结性与温度稳定性。

c. 煤沥青焦油酸含量　煤沥青的焦油酸(亦称酚)主要存在于煤沥青的中油中，故测定煤沥青中酚的含量是通过测定试样总的蒸馏馏分与碱性溶液氢氧化钠作用，使苯酚(C_6H_5OH)与氢氧化钠形成水溶性酚盐(C_6H_5ONa)，根据酚钠体积求算出煤沥青中酚的含量，以体积百分率表示。

焦油酸溶解于水，易导致路面强度降低，同时它有毒，因此对其在沥青中的含量必须加以限制。

d. 含萘量　煤沥青中的萘在低温时易结晶析出，使煤沥青产生假黏度而失去塑性，同时常温下易升华，并促使“老化”加速，降低煤沥青的技术性能。此外，萘有毒，故须对其含量加以限制。煤沥青的萘含量是取酚含量测定后的无酚中油，在低温下使萘结晶，然后与油分离而获得“粗萘”。萘含量即以粗萘占沥青的质量百分率表示。

e. 甲苯不溶物　煤沥青的甲苯不溶物含量，是试样在规定的甲苯溶剂中不溶物(游离碳)的含量，用质量百分率表示。

f. 含水量　与石油沥青一样，在煤沥青中含有过量的水分会使煤沥青在使用加热时发生许多困难，甚至导致材料质量的劣化和火灾。

② 煤沥青的技术标准

根据煤沥青在工程中应用要求的不同，按照稠度可划分为软煤沥青（液体、半固体的）和硬煤沥青（固体的）两大类。道路工程主要应用软煤沥青。用于道路的软煤沥青又按其黏度和有关技术性质分为9个标号，其技术要求应符合《公路沥青路面施工技术规范》（JTG F40—2004）中道路用煤沥青的技术要求。

③ 煤沥青在技术性质上与石油沥青的差异

与石油沥青相比，由于两者的成分不同，煤沥青具有如下性能特点：

a. 由固态或黏稠态转变为黏流态（或液态）的温度间隔较小，夏天易软化流淌，冬季易脆裂，温度敏感性较高。

b. 含挥发性成分和化学稳定性差的成分较多，在阳光、热、氧气等长期综合作用下，煤沥青的组成变化较大，易硬脆，故大气稳定性较差。

c. 含有较多的游离碳，塑性较差，容易因变形而开裂。

d. 因含有蒽、酚等，故有毒性和臭味，防腐能力较好，适用于木材的防腐处理，施工时应注意防毒。

e. 因含表面活性物质较多，与矿物颗粒表面的黏附力较好。

煤沥青的抗腐蚀性能较好，适用于地下防水工程及防腐工程，还可以浸渍油毡。煤沥青质量比石油沥青差，多用于次要的工程。

(3) 煤沥青的工程应用

煤沥青的技术性能与石油沥青类似，但另有不同的特性，使用要求有一定区别。如煤沥青加热温度一般应低于石油沥青，加热时间宜短不宜长等。在通常情况下，煤沥青不能与石油沥青混用，否则会因两者在物理化学性质上的差异而导致絮凝结块现象。在储存和加工时必须将这两种沥青严格区分开来。

7.1.1.3 沥青的掺配

施工中，若缺乏所需牌号的沥青或采用一种沥青不能满足配制沥青所要求的软化点时，可用两种或三种沥青进行掺配。掺配时要注意遵循同源原则，即同属石油沥青或同属煤沥青（或焦油沥青）的才可掺配。不同沥青掺配比例应由试验决定，两种沥青的掺配比例也可用下式估算：

$$\left.\begin{aligned} Q_1 &= \frac{T_2 - T}{T_2 - T_1} \times 100\% \\ Q_2 &= 100\% - Q_1 \end{aligned}\right\} \tag{7.10}$$

式中 Q_1——较软沥青用量，%；

Q_2——较硬沥青用量，%；

T——掺配后的沥青软化点，℃；

T_1——较软沥青软化点，℃；

T_2——较硬沥青软化点，℃。

如用三种沥青，可先算出两种沥青的配比，再与第三种沥青进行配比计算，然后再试配，即根据估算的掺配比例和在其邻近的比例（±5%）进行试配，测定掺配后沥青的软化点，然后绘制“掺配比-软化点”曲线，即可从曲线上确定所要求的比例。同样可采用针入度指标按以上方法进行估算及试配。

不同产源的沥青（如石油沥青和煤沥青），由于其化学组成、胶体结构差别较大，其掺配问题比较复杂。大量的试验研究表明，在软煤沥青中掺入20%以下的石油沥青，可提高煤沥青的大气稳定性和低温柔性；在石油沥青中掺入25%以下的软煤沥青，可提高石油沥青与矿质材料的黏结力。这样掺配所得的沥青称为混合沥青。由于混合沥青的两种原料是难溶的，掺配不当会发生结构破坏和沉淀变质现象，因此，掺配时选用的材料、掺配比例均应通过试验确定。

7.1.2 改性沥青

现代土木工程对石油沥青性能要求越来越高。无论是作为防水材料，还是作为路面胶结材料，都要求石油沥青必须具有更好的使用性能与耐久性。屋面防水工程的沥青材料不仅要求有较好的耐高温性，还要求有更好的抗老化性能与抗低温脆断能力；用作路面胶结材料的沥青不仅要求有较好的抗高温能力，还应有较高的抗变形能力、抗低温开裂能力、抗老化能力和较强的黏附性。但仅靠现有石油沥青的性质已难以满足这些要求，因此要对现有沥青的性能进行改进，才能满足现代土木工程的技术要求，这些经过性能改进的沥青称为改性沥青。

改性沥青是指掺加橡胶、树脂、高分子聚合物、磨细的橡胶粉或其他填料等外加剂（改性剂）或采取对沥青轻度氧化加工等措施，使沥青或沥青混合料的性能得以改善而制成的沥青结合料。从广义上讲，凡是可以改善沥青路用性能的材料，如聚合物、纤维、抗剥落剂、岩沥青、填料（如硫黄、炭黑等）都可以称为改性剂。

（1）改性沥青的分类及其特性

① 氧化沥青　氧化改性是在 250～300 ℃高温下，向残留沥青或渣油中吹入空气，通过氧化作用和聚合作用，使沥青分子变大，提高沥青的黏度和软化点，从而改善沥青的性能。工程中使用的道路石油沥青、建筑石油沥青均为氧化沥青。

② 橡胶改性沥青　橡胶是沥青的重要改性材料，它和沥青有较好的混溶性，并能使沥青具有橡胶的很多优点，如高温变形性小，低温柔性好。由于橡胶的品种不同，掺入的方法也有所不同，从而使得各种橡胶改性沥青的性能也有差异。

目前使用最普遍的是 SBS 橡胶，SBS 是丁苯橡胶的一种。将丁二烯与苯乙烯嵌段共聚，形成具有苯乙烯(S)—丁二烯(B)—苯乙烯(S)的结构，得到的一种热塑性的弹性体，简称 SBS。其在常温下具有橡胶的弹性，高温下又能像橡胶那样熔融流动，成为可塑性材料。SBS 能使沥青的性能大大改善，表现为：低温柔性改善，冷脆点降至－40 ℃；热稳定性提高，耐热度达 90～100 ℃，弹性好、延伸率大，延度可达 2000%；耐候性好。SBS 改性沥青是目前最成功和用量最大的一种改性沥青，在国内外已得到普遍使用，主要用途是 SBS 改性沥青防水卷材。

其他用于沥青改性的橡胶还有氯丁橡胶、丁基橡胶、再生橡胶等。氯丁橡胶改性沥青可使其气密性、低温柔性、耐化学腐蚀性、耐光性、耐臭氧性、耐候性和耐燃烧性得到大大改善。丁基橡胶改性沥青具有优异的耐分解性，并有较好的低温抗裂性和耐热性能，多用于道路路面工程和制作密封材料、涂料等。

③ 树脂改性沥青　用树脂改性石油沥青，可以改进沥青的耐寒性、耐热性、黏结性和不透气性。由于石油沥青中含芳香性化合物很少，故树脂和石油沥青的相容性较差，而且可用的树脂品种也较少，常用的树脂有：古马隆树脂、聚乙烯、乙烯-醋酸乙烯共聚物(EVA)、无规聚丙烯 APP、环氧树脂(EP)、聚氨酯(PV)等。

④ 橡胶和树脂改性沥青　橡胶和树脂同时用于改善沥青的性质，使沥青同时具有橡胶和树脂的特性。树脂比橡胶便宜，橡胶和树脂又有较好的混溶性，故效果较好。橡胶、树脂和沥青在加热熔融状态下，沥青与高分子聚合物之间发生相互浸入和扩散，沥青分子填充在聚合物大分子的间隙内，同时聚合物分子的某些链节扩散进入沥青分子中，形成凝聚的网状混合结构，可以得到较优良的性能。配制时，采用的原材料品种、配比、制作工艺不同，可以得到很多性能各异的产品，主要有卷材、片材，密封材料，防水涂料等。

⑤ 矿物填充料改性沥青　为了提高沥青的黏结能力和耐热性，降低沥青的温度敏感性，经常要加入一定数量的矿物填充料。常用的矿物填充料大多是粉状的和纤维状的，主要有滑石粉、石灰石粉、硅藻土和石棉等。矿物改性沥青的机理为：沥青中掺加矿物填充料后，由于沥青对矿物填充料有良好的润湿和吸附作用，在矿物颗粒表面形成一层稳定、牢固的沥青薄膜，带有沥青薄膜的矿物颗粒具有良好的黏性和耐热性。矿物填充料的掺入量要适当，以形成恰当的沥青薄膜层。

（2）改性沥青技术标准

我国聚合物改性沥青性能评价方法基本沿用了道路石油沥青标准体系，参考国外的有关标准，增加了一些评价聚合物性能的指标，如弹性恢复、黏韧性和离析（软化点差）等技术指标。首先根据聚合物的种类将改性沥青分为Ⅰ、Ⅱ、Ⅲ类，每一类又按针入度大小分为若干个标号。Ⅰ类、Ⅲ类分别分为 A、B、C 和 D 四个标号，Ⅱ类分为 A、B 和 C 三个标号，以适应不同的气候条件。同一类型中的 A、B、C 或 D 主要反映基质沥青标号及改性剂含量的不同，由 A 到 D 表示改性沥青针入度减小，黏度增大，即高温性能提高，但低温性能降低。改性沥青的等级划分以改性沥青的针入度为主要依据，聚合物改性沥青的质量要求见表 7.9。

表 7.9 聚合物改性沥青技术要求

指标	单位	SBS(Ⅰ类)				SBR(Ⅱ类)			EVA、PE类(Ⅲ类)				试验方法[①]
		Ⅰ-A	Ⅰ-B	Ⅰ-C	Ⅰ-D	Ⅱ-A	Ⅱ-B	Ⅱ-C	Ⅲ-A	Ⅲ-B	Ⅲ-C	Ⅲ-D	
针入度(25 ℃,100 g,5 s)	0.1 mm	>100	80~100	60~80	30~60	>100	80~100	60~80	>80	60~80	40~60	30~40	T0604
针入度指数 PI,不小于		−1.2	−0.8	−0.4	0	−1.0	−0.8	−0.6	−1.0	−0.8	−0.6	−0.4	T0604
延度(5 ℃,5 cm/min),不小于	cm	50	40	30	20	60	50	40	—				T0605
软化点 $T_{R\&B}$,不小于	℃	45	50	55	60	45	48	50	48	52	56	60	T0606
运动黏度[①](135 ℃),不大于	Pa·s	3											T0625 T0619
闪点,不小于	℃	230											T0611
溶解度,不小于	%	99				99			—				T0607
弹性恢复(25 ℃),不小于	%	55	60	65	75	—			—				T0662
黏韧性,不小于	N·m	—				5			—				T0624
韧性,不小于	N·m	—				2.5			—				T0624
储存稳定性[②]													
离析,48 h软化点差,不大于	℃	2.5				—			无改性剂明显析出、凝聚				T0661
TFOT(或RTFOT)后残留物													
质量变化,不大于	%	1.0											T0610或 T0609
针入度比(25 ℃),不小于	%	50	55	60	65	50	55	60	50	55	58	60	T0604
延度(5 ℃),不小于	cm	30	25	20	15	30	20	10	—				T0605

注:① 表中135 ℃运动黏度可采用《公路工程沥青及沥青混合料试验规程》(JTG E20—2011)中的"沥青布氏旋转黏度试验(布洛克菲尔德黏度计法)"进行测定。若在不改变改性沥青物理力学性质并符合安全条件的温度下易于泵送和拌和,或经证明适当提高泵送和拌和温度能保证改变沥青的质量、容易施工,可不要求测定。

②储存稳定性指标适用于工厂生产的成品改性沥青。现场制作的改性沥青对储存稳定性指标可不做要求,但必须在制作后,保持不间断的搅拌或泵送循环,保证使用前没有明显的离析。

7.2 沥青混合料

国民经济和现代化交通运输事业发展的需要，对道路工程提出了更高的要求。采用沥青材料作结合料黏结矿料形成的混合料修筑面层与各类基层和垫层所组成的路面结构，已成为高级路面结构的主要修筑形式。

7.2.1 沥青混合料的定义和分类

(1) 沥青混合料的定义

按《公路沥青路面施工技术规范》(JTG F40—2004)有关定义和分类，沥青混合料是指由粗集料、细集料、矿粉与沥青以及外加剂所组成的一种复合材料。沥青结合料是指在沥青混合料中起胶结作用的沥青类材料(含添加的外掺剂、改性剂等)的总称。沥青混合料是一种黏弹塑性材料，具有一定的力学性能，铺筑路面平整无接缝，减振吸声；路面有一定的粗糙度，色黑不耀眼，行车舒适安全。此外，它还具有施工方便，能及时开放交通，便于分期修建和再生利用的优点，所以沥青混合料是现代高等级道路的主要路面材料。

(2) 沥青混合料的分类

沥青混合料的分类方法取决于矿质混合料的级配、集料的最大粒径、压实空隙率和沥青品种等。

① 按矿质混合料的级配类型分类

a. 连续级配沥青混合料　沥青混合料中的矿料是按连续级配原则设计的，即从大到小的各级粒径都有，且按比例相互搭配组成。

b. 间断级配沥青混合料　连续级配沥青混合料的矿料中缺少一个或几个档次粒径而形成的沥青混合料。

② 按矿质混合料的级配组成及空隙率大小分类

a. 密级配沥青混合料　按连续密级配原理设计组成的各种粒径颗粒的矿料与沥青结合料拌和而成。如设计空隙率较小(对不同交通及气候情况、层位可作适当调整)的密实式沥青混凝土混合料(以 AC 表示)；设计空隙率 3%～6%的密级配沥青稳定碎石混合料(ATB)。按关键性筛孔通过率的不同又可分为细型、粗型密级配沥青混合料等。粗集料嵌挤作用较好的也称嵌挤密实型沥青混合料。

b. 半开级配沥青混合料　由适当比例的粗集料、细集料及少量填料(或不加填料)与沥青结合料拌和而成，经马歇尔标准击实成型试件的剩余空隙率在 6%～12%的半开式沥青碎石混合料，也称沥青碎石混合料(以 AM 表示)。

c. 开级配沥青混合料　矿料级配主要由粗集料嵌挤而成，细集料及填料较少，经高黏度沥青结合料黏结而成的，设计孔隙率大于 18%的混合料。典型的如排水式沥青磨耗层混合料，以 OGFC 表示；排水式沥青稳定碎石基层，以 ATPB 表示。

③ 按照矿料的最大粒径分类

根据《公路工程集料试验规程》(JTG 3432—2024)的定义，集料的最大粒径是指通过百分率为 100%的最小标准筛筛孔尺寸；集料的公称最大粒径是指全部通过或允许少量不通过(一般容许筛余量不超过 10%)的最小一级标准筛筛孔尺寸，通常比最大粒径小一个粒级。例如，某种集料在 26.5 mm 筛孔的通过率为 100%，在 19.00 mm 筛孔上的筛余量小于 10%，则此集料的最大粒径为 26.5 mm，而公称最大粒径为19.00 mm。

根据集料的公称最大粒径，沥青混合料分为特粗式、粗粒式、中粒式、细粒式和砂粒式，与之对应的集料粒径尺寸见表 7.10。

表 7.10 热拌沥青混合料类型

沥青混合料类型	公称最大粒径尺寸，mm	最大粒径尺寸，mm	连续密级配		半开级配	开级配		间断级配
			沥青混凝土混合料	沥青稳定碎石	沥青碎石混合料	排水式沥青磨耗层	排水式沥青稳定碎石	沥青玛琋脂碎石混合料
砂粒式	4.75	9.5	—	—	—	—	—	—
细粒式	9.5	13.2	AC-10	—	AM-10	OGFC-10	—	SMA-10
	13.2	16.0	AC-13	—	AM-13	OGFC-13	—	SMA-13
中粒式	16.0	19.0	AC-16	—	AM-16	OGFC-16	—	SMA-16
	19.0	26.5	AC-20	—	AM-20	—	—	SMA-20
粗粒式	26.5	31.5	AC-25	ATB-25	—	—	ATPB-25	—
	31.5	37.5		ATB-30	—	—	ATPB-30	—
特粗式	37.5	53.0		ATB-40	—	—	ATPB-40	—
设计空隙率，%			3～5	3～6	6～12	＞18	＞18	3～4

④ 按沥青混合料的拌和及铺筑温度分类

a. 热拌热铺沥青混合料　是经人工组配的矿质混合料与黏稠沥青在专门设备中加热拌和而成，用保温运输工具运送至施工现场，并在热态下进行摊铺和压实的混合料，通称"热拌热铺沥青混合料"，简称"热拌沥青混合料"。

b.常温沥青混合料　是以乳化沥青或稀释沥青与矿料在常温状态下拌制、铺筑的混合料。

7.2.2 热拌沥青混合料

热拌沥青混合料是沥青混合料中最典型的品种，本节主要详述它的组成结构、技术性质、组成材料和设计方法。

(1) 沥青混合料的组成结构

① 沥青混合料的结构组成理论

沥青混合料的组成结构有两种相互对立的理论：表面理论和胶浆理论。

a. 表面理论　按传统的理解，沥青混合料是由粗集料、细集料和填料经人工组配成密实的级配矿质骨架，此矿质骨架由稠度较稀的沥青混合料分布其表面，而将它们胶结成为一个具有强度的整体。

b. 胶浆理论　近代某些研究从胶浆理论出发，认为沥青混合料是一种多级空间网状结构的分散系。它是以粗集料为分散相而分散在沥青砂浆的介质中的一种粗分散系；同样，沥青砂浆是以细集料为分散相而分散在沥青胶浆介质中的一种细分散系；而胶浆又是以填料为分散相而分散在高稠度的沥青介质中的一种微分散系。

这三级分散系以沥青胶浆最为重要，它的组成结构决定沥青混合料的高温稳定性和低温变形能力。目前这一理论比较集中于研究填料（矿粉）的矿物成分、填料的级配（以 0.080 mm 为最大粒径）以及沥青与填料内表面的交互作用等因素对于混合料性能的影响等。同时这一理论的研究比较强调采用高稠度的沥青和大的沥青用量，以及采用间断级配的矿质混合料。

② 沥青混合料的结构组成形式

沥青混合料根据其粗、细集料的比例不同，其结构组成有三种形式：悬浮密实结构、骨架空隙结构和骨架密实结构。

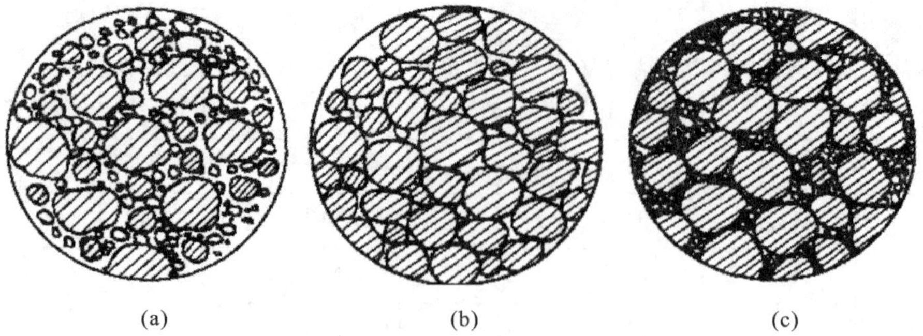

图 7.11　沥青混合料的典型组成结构

(a)悬浮密实结构；(b)骨架空隙结构；(c)骨架密实结构

a. 悬浮密实结构[图 7.11(a)]　采用连续密级配的沥青混合料(见图 7.12 中曲线 a)，由于细集料的数量较多，矿质材料由大到小形成连续型密实混合料，粗集料被细集料挤开。因此，粗集料以悬浮状态位于细集料之间。这种结构的沥青混合料的密实度较高，但各级集料均被次级集料所隔开，不能直接接触形成嵌挤骨架结构，彼此分离悬浮于次级集料和沥青胶浆之间，而较小颗粒与沥青胶浆较为密实，形成了悬浮密实结构。我国常用的 AC 型沥青混合料就是按照连续密级配原理设计的、典型的悬浮密实结构。

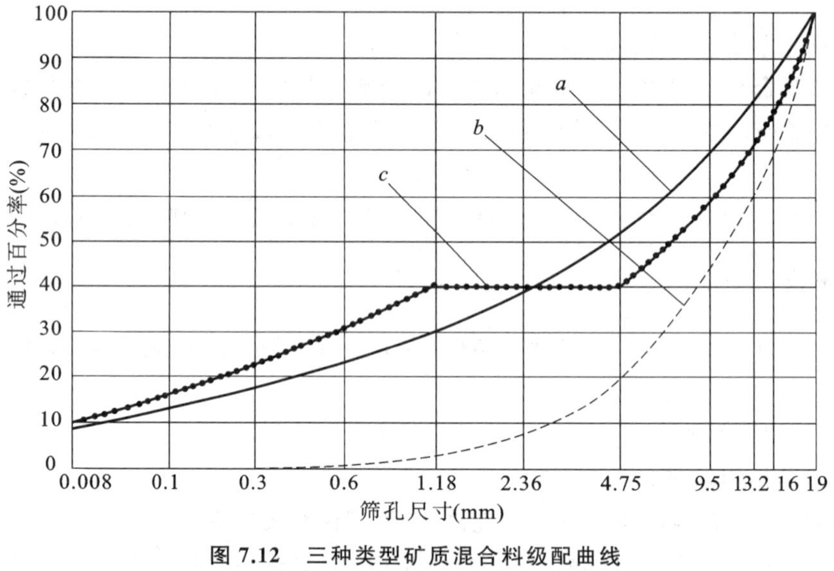

图 7.12　三种类型矿质混合料级配曲线

a—连续型密级配；b—连续型开级配；c—间断型密级配

悬浮密实结构的沥青混合料经压实后，密实度较大，水稳定性、低温抗裂性和耐久性较好，是使用较为广泛的沥青混合料。但这种沥青混合料的结构强度受沥青性质及其状态的影响较大，在高温条件下使用时，沥青黏度降低，可能会导致沥青混合料强度和稳定性的下降。

b. 骨架空隙结构[图 7.11(b)]　连续开级配的沥青混合料(见图 7.12 中曲线 b)，较粗集料颗粒彼此接触，形成互相嵌挤的骨架，但较细集料含量较少，不能充分填充粗集料间的空隙，压实后混合料中的空隙较大，形成了所谓的骨架空隙结构。

在形成骨架空隙结构的沥青混合料中，粗集料之间的嵌挤力对沥青混合料的强度和稳定性起着重要作用，结构强度受沥青性质和物理状态的影响较小，因而高温稳定性好。但由于压实后的沥青混合料剩余空隙率较大，渗透性较大，在使用过程中，气体和水分易于进入沥青混合料内部，引发沥青老化或将沥青从集料表面剥落，因此这种结构沥青混合料的耐久性值得关注。沥青碎石混合料(AM)和开级配磨耗层沥青混合料

(OGFC)是典型的骨架空隙结构。当沥青路面采用这种形式的沥青混合料时,沥青面层下必须做下封层。

c. 骨架密实结构[图 7.11(c)]　间断密级配沥青混合料(见图 7.12 中曲线 c),是上面两种结构形式的有机组合。在沥青混合料中既有足够数量的粗集料形成骨架,又根据粗集料骨架空隙的大小加入了足够的细集料和沥青胶浆,使之填满骨架空隙,形成较高密实度的骨架结构。

由于粗集料的骨架作用,其内摩阻力较大;小颗粒与沥青胶浆含量充分,黏结力也较大,综合力学性能较优。该类混合料高低温性能均较好,具有较强的疲劳耐久特性;但间断级配在施工拌和过程中易产生离析现象,施工质量难以保证,使得混合料很难形成"骨架密实"结构。随着施工技术的发展,这类结构得以普遍使用,但需注意混合料在拌和、生产、运输和摊铺等施工过程中易产生离析。沥青玛瑺脂碎石混合料(SMA)是一种典型的骨架密实结构。

③ 沥青混合料的结构强度

沥青混合料在路面结构中产生破坏的情况,主要是在高温时由于抗剪强度不足或塑性变形过剩而产生推挤等现象以及低温时抗拉强度不足或变形能力较差而产生裂缝现象。目前沥青混合料强度和稳定性理论,主要是要求沥青混合料在高温时必须具有一定的抗剪强度和抵抗变形的能力。

为了防止沥青路面产生高温剪切破坏,我国城市道路沥青路面设计方法中,对沥青路面抗剪强度验算,要求在沥青路面面层破裂面上可能产生的应力 τ_α 不大于沥青混合料的容许剪应力 τ_R,即 $\tau_\alpha \leqslant \tau_R$。而沥青混合料的容许剪应力 τ_R 取决于沥青混合料的抗剪强度 τ,即

$$\tau_R = \frac{\tau}{k_2} \tag{7.11}$$

式中　k_2——系数,即沥青混合料实际强度与容许剪应力的比值。

沥青混合料的抗剪强度 τ,可通过三轴试验方法应用摩尔-库仑包络线方程(图 7.13)按下式求得,即

$$\tau = c + \sigma \tan\varphi \tag{7.12}$$

式中　τ——沥青混合料的抗剪强度,MPa;

σ——试验时的正应力,MPa;

c——沥青混合料的黏聚力,MPa;

φ——沥青混合料的内摩擦角,°。

由式(7.12)可知,沥青混合料的抗剪强度主要取决于黏聚力 c 和内摩擦角 φ,即 $\tau = f(c, \varphi)$。

沥青混合料的黏聚力 c 和内摩擦角 φ 可以通过三轴剪切试验确定。在规定条件下,对沥青混合料试件施加不同的侧向应力,测试法向应力。由试件的侧向应力和法向应力,可以得到一组摩尔应力圆,如图 7.13 所示。图中应力圆的公切线为摩尔-库伦应力包络线,即抗剪强度曲线,该包络线与纵轴的截距表示沥青混合料的黏聚力 c,与横轴的夹角为沥青混合料的内摩擦角 φ。

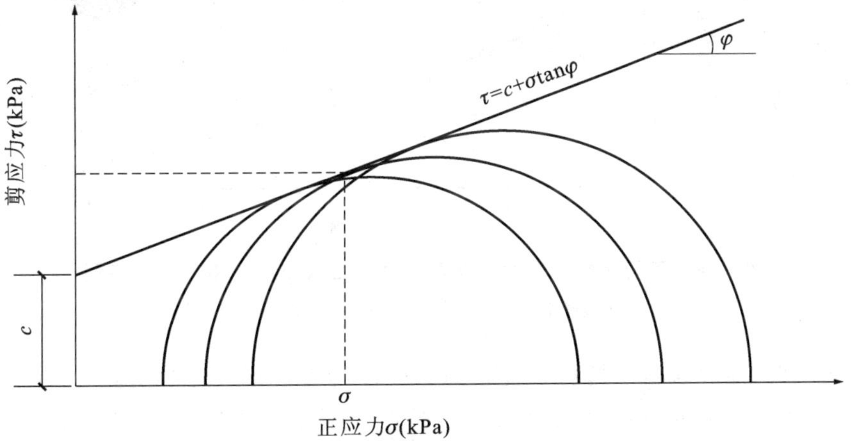

图 7.13　沥青混合料三轴试验确定 c,φ 值的摩尔-库仑图

（2）影响沥青混合料结构强度的因素

沥青混凝土路面的抗剪强度，是指其对于外荷载产生的剪应力的极限抵抗能力，主要取决于黏聚力和内摩擦角两个参数。其值越大，抗剪强度越大，沥青混合料的性能越稳定。沥青混合料抗剪强度主要受以下几方面因素的影响。

① 矿料性能的影响　矿料的岩石种类、级配组成、颗粒形状和表面粗糙度等特性对沥青混合料的嵌锁力或内摩擦角影响较大。

一般来说，连续密集配的沥青混合料是悬浮密实结构，其结构强度主要依赖于沥青与矿料黏结力和沥青的内聚力，而矿料颗粒间的内摩阻力相对较小。骨架空隙结构的沥青混合料以嵌锁力为主，沥青内聚力为辅形成结构强度。而在以嵌挤原则设计的骨架密实结构中，既有以粗集料为主的嵌锁骨架，又有细集料和沥青胶浆填充空隙形成很强的黏结力，故沥青混合料整体强度高，稳定性好。

与采用粒径较小且不均匀的矿料集料所组成的沥青混合料相比，粒径较大且均匀的矿质集料可以提高沥青混合料的嵌锁力和内摩擦角。通常砂粒式、细粒式、中粒式和粗粒式沥青混合料的内摩擦角依次递增。有棱角且表面粗糙的集料由于颗粒间相互嵌锁紧密，要比滚圆颗粒间的摩擦作用大得多，对沥青混合料内摩擦角构成有着较大的贡献。

② 沥青的性质及用量　沥青混合料经受剪切作用时，既有矿料颗粒间相互位移和错位阻力，又有颗粒表面裹覆的沥青膜间的黏滞阻力。因而，沥青混合料的抗剪强度不仅和粒料的级配有关，而且和沥青的黏结力及用量有关。沥青的黏结力既把矿料胶结成为一个整体，又有利于发挥矿料的嵌挤作用，构成沥青混合料的抗剪强度。沥青的黏度是影响黏结力的重要因素。

在沥青用量很少时，沥青不足以形成结构沥青的薄膜来黏结矿料颗粒。随着沥青用量的增加，结构沥青逐渐形成，沥青更为完满地包裹在矿料表面，使沥青与矿料间的黏附力随着沥青的用量增加而增加。当沥青用量足以形成薄膜并充分黏附于矿粉颗粒表面时，沥青胶浆具有最优的黏结力。随后，如沥青用量继续增加，由于沥青用量过多，沥青逐渐将矿料颗粒推开，在颗粒间形成未与矿粉交互作用的"自由沥青"，则沥青胶浆的黏结力随着自由沥青的增加而降低。当沥青用量增加至某一用量后，沥青混合料的黏结力主要取决于自由沥青，所以抗剪强度几乎不变。随着沥青用量的增加，沥青不仅起着黏结剂的作用，而且起着润滑剂的作用，减弱了粗集料的相互密排作用，因而减小了沥青混合料的内摩擦角（图 7.14）。

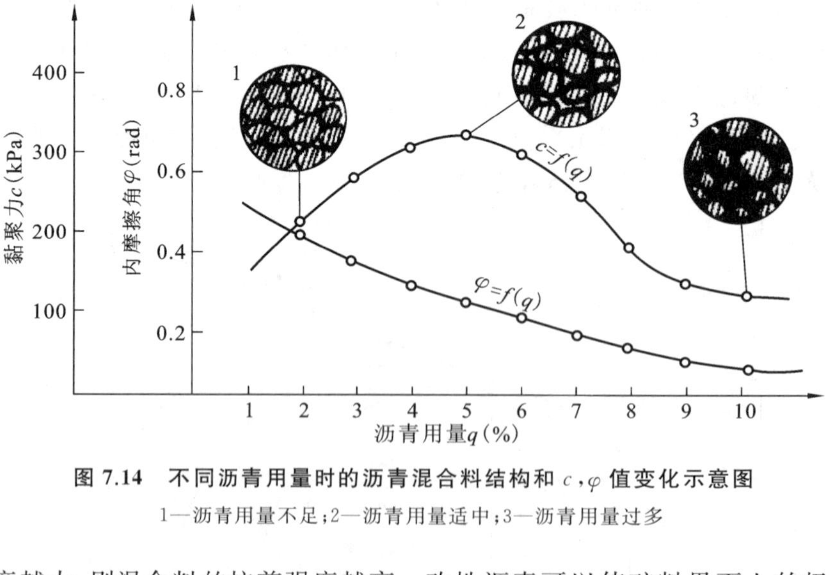

图 7.14　不同沥青用量时的沥青混合料结构和 c，φ 值变化示意图

1—沥青用量不足；2—沥青用量适中；3—沥青用量过多

采用沥青的黏度越大，则混合料的抗剪强度越高。改性沥青可以使矿料界面上的极性吸附和化学吸附的数量增大。同时，改性剂微粒通过自身的界面层与沥青吸附膜的扩散层的交叠，增大了结构沥青的交叠面积，减小了自由沥青的比例，所以使用改性沥青可提高界面黏结力。

沥青用量不仅影响沥青混合料的黏结力，同时也影响沥青混合料的内摩擦角。通常当沥青薄膜达最佳厚度(亦即主要以结构沥青黏结)时，具有最大的黏结力；随着沥青用量的增加，沥青混合料的内摩擦角逐渐减小。

③ 矿料表面性质的影响　在沥青混合料中，对沥青与矿料交互作用的物理-化学过程，多年来许多研究者曾做了大量工作，但仍然认为还是一个有待深入研究的重要课题。Л.А.列宾捷尔等研究认为：沥青与矿粉交互作用后，沥青在矿粉表面产生化学组分的重新的排列，在矿粉表面形成一层厚度为 δ_0 扩散溶剂化膜[图 7.15(a)]，在此膜之内的沥青为“结构沥青”，其黏度较高，具有较强的黏结力；此膜厚度以外的沥青为“自由沥青”，黏结力降低。如果矿粉颗粒之间接触处是由结构沥青膜所联结[图 7.15(b)]，这样促成沥青具有更高的黏度和更大的扩散溶化膜的接触面积，因而可以获得更大的黏结力。其黏结力为 $\lg\eta_a$，反之，如颗粒之间接触处是自由沥青所联结[图 7.15(c)]，其黏结力为 $\lg\eta_b$，则具有较小的黏结力，即 $\lg\eta_b<\lg\eta_a$。

沥青与矿料表面的相互作用对沥青混合料的黏结力和内摩擦角有重要的影响，矿料与沥青的成分不同会产生不同的效果，石油沥青与碱性石料(如石灰石)将产生较多的结构沥青，有较好的黏附性，而与酸性石料则产生较少的结构沥青，其黏附性较差。

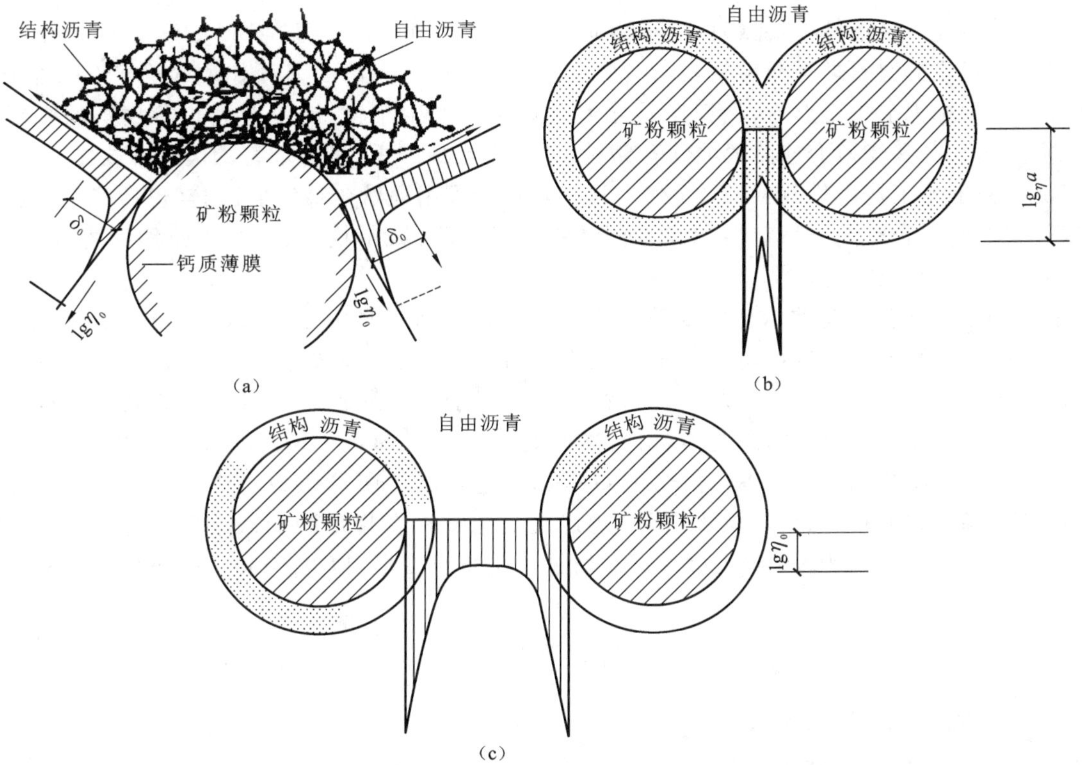

图 7.15　沥青与矿粉交互作用的结构示意图

(a)沥青与矿粉交互作用形成结构沥青；(b)矿粉颗粒之间为结构沥青联结；(c)矿粉颗粒之间为自由沥青联结

④ 矿料比表面积的影响　结构沥青形成的主要原因是矿料与沥青的交互作用，引起沥青化学组分在矿料表面的重分布，所以在相同沥青用量的条件下，与沥青产生交互作用的矿料表面积愈大，则形成的沥青膜愈薄，结构沥青所占比例愈大，沥青混合料的黏结力也愈高。通常在工程应用上，以单位质量集料的总表面积来表示表面积的大小，称为“比表面积”(简称“比面”)。矿粉越细，比表面积越大，形成的沥青吸附膜越薄。在沥青混合料中矿粉用量虽只占 7%左右，而其表面积却占矿质混合料的总表面积的 80%以上，所以矿粉的性质和用量对沥青混合料的抗剪强度影响很大。为增强沥青与矿料物理-化学的表面作用，在沥青混合料配料时，必须含有适量的矿粉。提高矿粉细度可增加矿粉比表面积，所以对矿粉细度也有一定的要求。希望小于 0.075 mm 粒径的含量不要过少，但是小于 0.005 mm 部分的含量不宜过多，否则将使沥青混合料

结成团块，不易施工。

⑤ 使用条件的影响　环境温度和荷载条件是影响沥青混合料强度的主要外界因素。随着温度的升高，沥青的黏度降低，沥青混合料的黏结力也随之降低；内摩擦角同时受温度变化的影响，但变化幅度较小。

荷载作用体现在形变速率上。沥青混合料是一种黏弹性材料，它的抗剪强度与形变速率有密切关系。在其他条件相同的情况下，沥青混合料的黏结力与荷载作用时间或变形速率之间关系密切。由于沥青的黏度随着变形速率增加而增加，沥青混合料的黏结力也随变形速率的增加而显著提高，而内摩擦角随变形速率的变化相对较小。

综上所述，保证沥青混合料高强度的基本条件是：嵌挤密实的矿料骨架、高黏度的沥青结合料、适宜的沥青用量，采用能与沥青产生化学吸附作用的活性矿料。

(3) 沥青混合料的路用性能

沥青混合料作为沥青路面的面层材料，在使用过程中将承受车辆荷载反复作用，及环境因素的长期影响，沥青混合料应具有足够的高温稳定性、低温抗裂性、水稳定性、抗老化性、抗滑性等技术性能，以保证沥青路面优良的服务性能，经久耐用。

① 高温稳定性

指沥青混合料在高温条件下，能够抵抗车辆荷载的反复作用，不发生显著永久变形，保证路面平整度的性能。沥青混合料是典型的黏弹塑性材料，在高温条件下或长时间承受荷载作用时会产生显著的变形，其中不能恢复的部分称为永久变形，这种特性是导致沥青路面产生车辙、波浪及拥包等病害的主要原因。在交通量大、重车比例高和经常变速路段的沥青路面上，车辙是最严重、最有危害的破坏形式之一。

《公路沥青路面施工技术规范》(JTG F40—2004)规定，采用马歇尔稳定度试验(包括稳定度、流值、马歇尔模数)来评价沥青混合料高温稳定性；对高速公路、一级公路、城市快速路、主干路用沥青混合料，还应通过车辙试验检验其抗车辙能力。

a. 马歇尔稳定度试验　马歇尔稳定度的试验方法自布鲁斯·马歇尔(Bruce Marshall)提出，迄今已半个多世纪。马歇尔试验的最大特点是设备简单、操作方便，现在已被世界上许多国家所采用，也是目前我国评价沥青混合料高温性能的主要试验之一。马歇尔试验用于测定沥青混合料试件的破坏荷载和抗变形能力。将沥青混合料制成规定尺寸的圆柱体试件，试验时将试件横向置于两个半圆形压模中，使试件受到一定的侧限。在规定温度和加荷速度下，对试件施加压力，记录试件所受压力与变形的曲线。主要力学指标为稳定度(MS)、流值(FL)和马歇尔模数(T)。稳定度是指试件在规定的加载速率条件下破坏时所能承受的最大荷载，以 kN 计；流值是达到最大破坏荷载时试件的垂直变形，以 0.1 mm 计；马歇尔模数为稳定度除以流值的商，即

$$T=\frac{MS\times 10}{FL} \tag{7.13}$$

式中　T ——马歇尔模数，kN/mm；

MS——马歇尔稳定度，kN；

FL——流值，0.1 mm。

密级配沥青混凝土混合料马歇尔试验技术标准见表 7.11。

表 7.11　密级配沥青混凝土混合料马歇尔试验技术标准

(适用于公称最大粒径≤26.5 mm 的密级配沥青混凝土混合料)

试验指标	单位	高速公路、一级公路				其他等级公路	行人道路
		夏炎热区(1-1、1-2、1-3、1-4 区)		夏热区及夏凉区(2-1、2-2、2-3、2-4、3-2)			
		中轻交通	重载交通	中轻交通	重载交通		
击实次数(双面)	次	75				50	50

续表7.11

试验指标		单位	高速公路、一级公路				其他等级公路	行人道路
			夏炎热区(1-1、1-2、1-3、1-4 区)		夏热区及夏凉区(2-1、2-2、2-3、2-4、3-2)			
			中轻交通	重载交通	中轻交通	重载交通		
试件尺寸		mm×mm	ϕ101.6×63.5					
空隙率 *VV*	深约 90 mm 以内	%	3～5	4～6	2～4	3～5	3～6	2～4
	深约 90 mm 以下	%	3～6		2～4	3～6	3～6	—
稳定度 *MS*,不小于		kN	8				5	3
流值 *FL*		mm	2～4	1.5～4	2～4.5	2～4	2～4.5	2～5
矿料间隙率 *VMA*,%,不小于	设计空隙率,%	相应于以下公称最大粒径(mm)的最小 *VMA* 及 *VFA* 技术要求						
		26.5	19	16	13.2	9.5	4.75	
	2	10	11	11.5	12	13	15	
	3	11	12	12.5	13	14	16	
	4	12	13	13.5	14	15	17	
	5	13	14	14.5	15	16	18	
	6	14	15	15.5	16	17	19	
沥青饱和度 *VFA*,%		55～70	65～75		70～85			

注:① 对空隙率大于 5%的夏炎热区重载交通路段,施工时至少提高压实度 1 个百分点。

② 当设计的空隙率不是整数时,由内插确定要求的 *VMA* 最小值。

③ 对改性沥青混合料,马歇尔试验的流值可适当放宽。

b. 车辙试验　车辙试验方法首先是英国运输与道路研究所(TRRL)开发的,并经过了法国、日本等国道路工作者的改进与完善。车辙试验是一种模拟车辆轮胎在路面上滚动形成车辙的工程试验方法,试验结果较为直观,与沥青路面车辙深度之间有着较好的相关性。《公路沥青路面施工技术规范》(JTG F40—2004)中规定,对于高速公路和一级公路的公称粒径等于或小于 19 mm 的密集配沥青混合料,及 SMA、OGFC 混合料,在用马歇尔试验进行配合比设计时必须采用车辙试验对混合料的抗车辙能力进行检验,不满足要求时,必须更换材料或重新进行配合比设计。

目前我国的车辙试验是采用标准方法成型沥青混合料板块状试件,在规定的温度条件下,试验轮以 42±1 次/min 的频率,沿着试件表面同一轨迹上反复行走,测定试件表面在试验轮反复作用下所形成车辙的深度。以产生 1 mm 车辙变形所需试验轮的行走次数,即动稳定度指标评价沥青混合料的抗车辙能力,动稳定度按下式计算:

$$DS=\frac{(t_2-t_1)\times 42}{d_2-d_1}c_1c_2 \tag{7.14}$$

式中　DS——沥青混合料动稳定度,次/mm;

d_1,d_2——时间 t_1、t_2 的变形量,mm;

42——每分钟行走次数,次/min;

c_1,c_2——试验机或试样修正系数。

沥青混合料的动稳定度应符合表7.12的要求。对于交通流量特别大,超载车辆特别多的运煤专线、厂矿道路,可以通过提高气候分区等级来提高对动稳定度的要求。对于轻型交通为主的旅游区道路,可以根据情况适当降低要求。

表7.12　沥青混合料车辙试验动稳定度技术要求

气候条件与技术指标	相应下列气候分区所要求的动稳定度 *DS*,次/mm								
7月平均最高温度及气候分区	＞30 ℃(夏炎热区)				20～30 ℃(夏热区)				＜20 ℃(夏凉区)
	1-1	1-2	1-3	1-4	2-1	2-2	2-3	2-4	3-2
普通沥青混合料,≥	800		1000		600	800			600
改性沥青混合料,≥	2400		2800		2000	2400			1800

注:① 如果其他月份的平均最高气温高于七月,可使用该月平均最高气温。

② 在特殊情况(如钢桥面铺装、重载车和超载车多或纵坡较大的长距离上坡路段)下,设计部门或工程建设单位可以提高对动稳定度的要求。

③ 为满足炎热地区及重载车要求,确定的设计沥青用量小于试验的最佳沥青用量时,可适当增加碾压轮的线荷载进行试验,但必须保证施工时加强碾压达到提高的压实度要求。

c. 影响高温稳定性的主要因素分析

沥青混合料高温稳定性的形成主要来源于矿质集料颗粒间的嵌锁作用及沥青的高温黏度。

在沥青混合料的组成材料中,矿料性质对沥青混合料高温性能影响至关重要。采用表面粗糙、多棱角、颗粒接近立方体的碎石集料,经压实后集料颗粒间能形成紧密的嵌锁作用,增大沥青混合料的内摩阻角,有利于增强沥青混合料的高温稳定性。相反采用表面光滑的砾石集料拌制的沥青混合料颗粒间缺乏嵌锁力,在荷载作用下容易产生滑移,使路面出现车辙。

沥青的高温黏度越大,与集料的黏附性越好,沥青混合料的抗高温变形能力就越强。可以使用合适的改性剂来提高沥青的高温黏度,降低感温性,提高沥青混合料的黏结力,从而改善沥青混合料的高温稳定性。

但是,在高温条件下,即使采用了高黏度的改性沥青,仅仅依靠沥青还是无法承受车辆荷载对路面强大的水平剪切力作用,国外有关研究认为,沥青混合料的高温抗车辙能力60%依赖于矿质集料颗粒的嵌锁作用,40%取决于沥青结合料的黏结作用。通常形成粗集料嵌锁骨架结构的SMA混合料和OGFC混合料的抗车辙能力较强,合理的密集配混合料也有较高的高温稳定性。

就沥青混合料高温稳定性而言,沥青用量的影响可能超过沥青本身特性的影响。随着沥青用量的增加,矿料表面的沥青膜增厚,自由沥青比例增大,高温条件下,这部分沥青在荷载作用下易发生明显的流动变形,从而导致沥青混合料抗高温变形能力降低。

对于细粒式和中粒式密级配沥青混合料,适当减少沥青用量有利于提高抗车辙能力,当采用马歇尔试验进行沥青混合料配合比设计时,沥青用量应选择最佳沥青用量范围的下限。但对于粗粒式或开级配沥青混合料,不能简单地靠减少沥青用量来提高抗车辙能力。

② 低温抗裂性

低温抗裂性是指在冬季较低温度下,沥青混合料抵抗低温收缩,防止开裂的能力。

当冬季气温降低时,沥青面层将产生体积收缩,而在基层结构与周围材料的约束作用下,沥青混合料不能自由收缩,将在路面结构层中产生温度应力。由于沥青混合料具有一定的应力松弛能力,当降温速率较慢时,所产生的温度应力会随着时间逐渐松弛减小,不会对沥青路面产生较大的危害。但当气温骤降时,所产生的温度应力来不及松弛,当温度应力超过沥青混合料的容许应力值时,沥青混合料被拉裂,导致沥青路面出现裂缝而造成路面的破坏。因此沥青混合料应具备一定的低温抗裂性能,即要求沥青混合料具有较高的低温强度或较大的低温变形能力。影响沥青路面抗开裂能力的因素主要是沥青的性质,可以采用稠度较低、劲度较低的沥青，或选择松弛性能较好的橡胶类改性沥青来提高沥青混合料的低温抗裂性。

目前用于研究和评价沥青混合料低温抗裂性的方法可以分为三类：预估沥青混合料开裂温度，评价沥青混合料的低温变形能力或应力松弛能力，评价沥青混合料断裂能。相关的试验主要包括：等应变加载的破坏试验，如间接拉伸试验、直接拉伸试验；低温收缩试验；低温蠕变弯曲试验；应力松弛试验等。

为了提高沥青路面低温抗裂性，应对沥青混合料进行低温弯曲试验，试验温度－10 ℃，加载速率50 mm/min，沥青混合料的破坏应变应满足表7.13的要求。

表7.13 沥青混合料低温弯曲试验破坏应变(με)技术要求

气候条件与技术指标	相应于下列气候分区所要求的破坏应变(με)								
年极端最低气温及气候分区	<－37.0 ℃ (冬严寒区)		－37.0～－21.5 ℃ (冬寒区)			－21.5～－9.0 ℃ (冬冷区)		>－9.0 ℃ (冬温区)	
	1-1	2-1	1-2	2-2	3-2	1-3	2-3	1-4	2-4
普通沥青混合料，不小于	2600		2300			2000			
改性沥青混合料，不小于	3000		2800			2500			

③ 耐久性

沥青混合料的耐久性是指其在外界各种因素(如阳光、空气、水、车辆荷载等)的长期作用下保持原有的性质而不破坏的性能。主要包括抗老化性、水稳定性、抗疲劳性等。

a. 抗老化性　沥青混合料在使用过程中，受到空气中氧、水、紫外线等介质的作用，促使沥青发生诸多复杂的物理化学变化，逐渐老化或硬化，致使沥青混合料变脆易裂，从而导致沥青路面出现各种裂纹或裂缝。

沥青混合料老化取决于沥青的老化程度，与外界环境因素和压实空隙率有关。在气候温暖、日照时间较长的地区，沥青的老化速率快，而在气温较低、日照时间短的地区，沥青的老化速率相对较慢。沥青混合料的空隙率越大，环境介质对沥青的作用就越强烈，其老化程度也越高。因此，从耐老化角度考虑，应增加沥青用量，降低沥青混合料的空隙率，以防止水分渗入并减弱阳光对沥青材料的老化作用。

b. 水稳定性　沥青混合料的水稳定性不足表现为：由于水或水汽的作用，沥青从集料颗粒表面剥离，降低沥青混合料的黏结强度，松散的集料颗粒被滚动的车轮带走，在路表形成独立的大小不等的坑槽，即沥青路面的水损害，是沥青路面早期破坏的主要类型之一。其表现形式主要有网裂、唧浆、松散及坑槽。沥青混合料水稳定性差不仅导致了路表功能的降低，而且直接影响路面的耐久性和使用寿命。目前我国规范中评价沥青混合料水稳定性的方法主要有：沥青与集料的黏附性试验、浸水试验和冻融劈裂试验。

a) 沥青与集料的黏附性试验　将沥青裹覆在矿料表面，浸入水中，根据矿料表面沥青的剥落程度，判定沥青与集料的黏附性，其中水煮法和静态水浸法是目前道路工程中常用的方法。采用水煮法和静态水浸法评价沥青与集料的黏附性等级时人为因素的影响较大。此外，一些满足了黏附性等级要求的沥青混合料在使用时仍有可能发生水损害，试验结果存在着一定的局限性。

b) 浸水试验　浸水试验是根据浸水前后沥青混合料物理、力学性能的降低程度来表征其水稳定性的一类试验，常用的方法有浸水马歇尔试验、浸水车辙试验、浸水劈裂强度试验和浸水抗压强度试验等。在浸水条件下，由于沥青与集料之间黏附性的降低，最终表现为沥青混合料整体力学强度损失，以浸水前后的马歇尔稳定度、车辙深度比值、劈裂强度比值和抗压强度比值的大小评价沥青混合料的水稳定性。

c) 冻融劈裂试验　冻融劈裂试验名义上为冻融试验，但其真正含义是检验沥青混合料的水稳定性，试验结果与实际情况较为吻合，是目前使用较为广泛的试验。根据《公路工程沥青及沥青混合料试验规程》(JTG E20—2011)，在冻融劈裂试验中，将沥青混合料试件分为两组，一组试件用于测定常规状态下的劈裂强度，另一组试件首先进行真空饱水，然后置于(－18±2)℃条件下冷冻(16±1)h，再在(60±0.5)℃水中浸泡 24 h,最后进行劈裂强度测试。冻融劈裂强度比计算公式如下：

$$TSR=\frac{\sigma_2}{\sigma_1}\times 100\% \tag{7.15}$$

式中 TSR——沥青混合料试件的冻融劈裂强度比,%；

σ_1——试件在常规条件下的劈裂强度,MPa；

σ_2——试件经一次冻融循环后在规定条件下的劈裂强度,MPa。

沥青混合料水稳定性技术要求见表 7.14。

表 7.14 沥青混合料水稳定性技术要求

年降雨量,mm		>1000	1000～500	500～250	<250
		1(潮湿区)	2(湿润区)	3(半干区)	4(干旱区)
浸水马歇尔试验的残留稳定度,%≥	普通沥青混合料	80	80	75	75
	改性沥青混合料	85	85	80	80
冻融劈裂试验的残留强度比,%≥	普通沥青混合料	75	75	70	70
	改性沥青混合料	80	80	75	75

c. 抗疲劳性 沥青混合料的抗疲劳性能与沥青混合料中的沥青含量、沥青体积百分率关系密切。空隙率小的沥青混合料,无论是抗疲劳性能、水稳定性、抗老化性能都比较好。沥青用量不足,沥青膜变薄,沥青混合料的延伸能力降低,脆性增加,且沥青混合料的空隙率增大,都容易使沥青混合料在反复荷载作用下产生破坏。

④ 抗滑性

现代高速公路的发展及车辆行驶速度的提高,对沥青路面的抗滑性提出了更高要求,而沥青路面的抗滑性能必须通过合理地选择沥青混合料组成材料、正确地设计与施工来保证。

沥青路面的抗滑性与所用矿料的表面构造深度、颗粒形状与尺寸、抗磨光性有着密切的关系。矿料的表面构造深度取决于矿料的矿物组成、化学成分及风化程度;颗粒形状与尺寸既受矿物组成的影响,也与矿料的加工方法有关;抗磨光性则受到上述所有因素加上矿物成分硬度的影响。因此用于沥青路面表层的粗集料应选用表面粗糙、坚硬、耐磨、抗冲击性好、磨光值大的碎石或破碎砾石集料。通常,表面粗糙、坚硬耐磨的集料多为酸性集料,与沥青黏附性不好,应掺加抗剥落剂或采用石灰水处理集料表面等抗剥落措施。

沥青用量偏多会明显降低路面的抗滑性。路面抗滑性可用路面构造深度、路面抗滑值以及摩擦系数来评定,构造深度、路面抗滑值以及摩擦系数越大,说明路面的抗滑性越好。

⑤ 施工和易性

沥青混合料应具备良好的施工和易性,能够在拌和、摊铺与碾压过程中,集料颗粒保持分布均匀,表面被沥青膜完整地裹覆,并能被压实到规定的密度,这是保证沥青使用质量的必要条件。影响沥青混合料施工和易性的因素很多,如沥青混合料组成材料的质量、用量比例及施工条件等。目前尚无直接评价沥青混合料施工和易性的方法和指标,一般通过合理选择组成材料、控制施工条件等措施来保证沥青混合料的质量。

a. 组成材料的影响 当组成材料确定后,沥青混合料施工和易性的主要影响因素是矿料级配和沥青用量。在间断级配的矿质混合料中,粗细集料的颗粒尺寸相差过大,缺乏中间尺寸颗粒,沥青混合料易离析;若细料太少,沥青层不易均匀地分布在粗颗粒表面;而细集料过多,则使拌和困难。当沥青用量过少或矿粉用量过多时，混合料容易疏松而不易压实；反之，沥青用量过多或矿粉质量不好，则混合料容易结团，不易摊铺。

b. 施工条件的影响　施工条件对施工和易性有很大的影响。沥青混合料应在一定的温度下进行施工，以便沥青结合料能够达到要求的流动性，在拌和过程中能够充分均匀地黏附在矿料颗粒表面；在压实期间，矿料颗粒能够克服沥青的黏滞力及自身内摩阻力相互移动就位，达到规定的压实密度。然而施工温度过高、拌和时间过长则会引起沥青老化，也会严重影响沥青混合料的使用性能。沥青混合料的拌和及压实温度与沥青黏度有关，应根据沥青黏度与温度的关系曲线确定。

沥青混合料需要一定的时间进行拌和，以保证各种组成材料在混合料中分布均匀，并使所有矿料颗粒全部被沥青所裹覆。拌和时间可通过试拌确定，要求所有集料颗粒全部被沥青裹覆，无花白颗粒，颜色均匀一致，无结团成块和粗细颗粒离析现象。

此外，拌和设备、摊铺机械、压实工具、环境气候等外部条件都不同程度地影响沥青混合料的施工和易性，应结合施工方式和施工条件予以考虑。

(4) 沥青混合料的组成材料

沥青混合料的组成材料包括沥青和矿料。矿料包括粗集料、细集料和填料。

① 沥青　沥青是沥青混合料的主要组成材料之一。沥青在混合料压实过程中犹如润滑剂，将各种矿料组成的稳定骨架胶结在一起，经压实后形成的沥青混凝土具有一定的强度和所需的多种优良品质。沥青的质量对沥青混合料的品质有很大影响，沥青面层的低温裂缝和温度疲劳裂缝，以及在高温条件下的车辙深度、推挤、拥包等永久性变形都与沥青有很大的关系。沥青路面所用沥青等级应根据气候条件、沥青混合料类型、道路类型、交通性质、路面类型、施工方法以及当地使用经验等，经技术论证后确定。所选用的沥青质量应符合现行规范对沥青质量要求的相关规定。

② 粗集料　热拌沥青混合料用的粗集料包括碎石、破碎砾石、钢渣、矿渣等。高速公路和一级公路不得使用筛选砾石和矿渣。粗集料应洁净、干燥，表面粗糙，质量应符合表7.15的规定。高速公路和一级公路对粗集料磨光值和集料与沥青的黏附性要符合表7.16的要求，以确保路面不出现磨光和剥落。若黏附性不符合要求，可对集料掺入消石灰、水泥或石灰水处理或掺加耐水耐热和长期性能好的抗剥落剂。

表7.15　沥青混合料用粗集料质量技术要求

指　标	单位	高速公路及一级公路		其他等级公路	试验方法
		表面层	其他层次		
石料压碎值，不大于	%	26	28	30	T0316
洛杉矶磨耗损失，不大于	%	28	30	35	T0317
表观相对密度，不小于	—	2.60	2.50	2.45	T0304
吸水率，不大于	%	2.0	3.0	3.0	T0304
坚固性，不大于	%	12	12	—	T0314
针片状颗粒含量(混合料)，不大于 其中粒径大于9.5 mm，不大于 其中粒径小于9.5 mm，不大于	% % %	15 12 18	18 15 20	20 — —	T0312
水洗法<0.075 mm颗粒含量，不大于	%	1	1	1	T0310
软石含量，不大于	%	3	5	5	T0320

表 7.16　粗集料与沥青的黏附性、磨光值的技术要求

雨量气候区		1(潮湿区)	2(湿润区)	3(半干区)	4(干旱区)
年降雨量,mm		>1000	1000～500	500～250	<250
粗集料的磨光值 PSV,不小于,	高速公路、一级公路表面层	42	40	38	36
粗集料与沥青的黏附性,不小于,	高速公路、一级公路表面层	5	4	4	3
	高速公路、一级公路的其他层次及其他等级公路的各个层次	4	4	3	3

③ 细集料　沥青路面的细集料包括天然砂、机制砂和石屑。它应洁净干燥、无杂质并有适当颗粒级配,并且与沥青具有良好的黏结力。对于高等级公路的面层或抗滑表层,石屑的用量不宜超过砂的用量。花岗岩、石英岩等酸性石料轧制的砂或石屑,因与沥青的黏结性较差,不宜用于高等级公路。细集料的质量要求见表 7.17。天然砂、机制砂和石屑的规格要求见表 7.18 和表 7.19。

表 7.17　沥青混合料用细集料质量技术要求

指　　标	高速公路、一级公路、城市快速路、主干路	其他公路与城市道路
表观相对密度,不小于	2.5	2.45
坚固性(>0.3 mm),%,不小于	12	—
砂当量,%,不小于	60	50
含泥量(<0.075 mm),%,不大于	3	5

表 7.18　沥青面层的天然砂规格

分类		粗砂	中砂	细砂
	筛孔尺寸,mm			
通过各筛孔的质量百分率,%	9.50	100	100	100
	4.75	90～100	90～100	90～100
	2.36	65～95	75～90	85～100
	1.18	35～65	50～90	75～100
	0.60	15～30	30～60	60～84
	0.30	5～20	8～30	15～45
	0.15	0～10	0～10	0～10
	0.075	0～5	0～5	0～5
细度模数(M_x)		3.7～3.1	3.0～2.3	2.2～1.6

表 7.19 沥青混合料用机制砂或石屑规格

规格	公称粒径，mm	通过百分率(方孔筛，mm)，%							
		9.50	4.75	2.36	1.18	0.60	0.30	0.15	0.075
S15	0～5	100	90～100	60～90	40～75	20～55	7～40	2～20	0～10
S16	0～3	—	100	80～100	50～80	25～60	8～45	0～25	0～15

④ 矿粉　沥青混合料的矿粉必须采用石灰岩或岩浆岩中强碱性岩石等憎水性石料经磨细得到的矿粉，原石料中的泥土杂质应除净。矿粉应干燥、洁净，质量符合表 7.20 的要求。

表 7.20 沥青混合料用矿粉质量要求(JTG F40—2004)

项　目	高速公路、一级公路	其他等级公路
表观密度，t/m^3，不小于	2.50	2.45
含水率，%，不大于	1	1
粒度范围，% <0.60 mm <0.15 mm <0.075 mm	 100 90～100 75～100	 100 90～100 70～100
外观	无团粒结块	—
亲水系数	<1	
塑性指数，%	<4	
加热安定性	实测记录	

7.2.3 沥青混合料配合比设计

沥青混合料的各项技术性质之间不仅互相联系，而且在有些方面也相互制约甚至矛盾。为了满足实际工程要求，应综合考虑沥青混合料的各项技术性能以及经济性。沥青混合料配合比设计就是通过合理选择沥青混合料的各组成材料并确定其比例关系，使沥青混合料既满足技术指标要求，又符合经济性原则。

沥青混合料的配合比设计主要内容是矿质混合料级配设计和最佳沥青用量确定，包括目标配合比(实验室配合比)设计、生产配合比设计和试拌试铺配合比调整三个阶段。

沥青混合料配合比设计方法主要有马歇尔设计法、体积设计法、superpave 法等，其中马歇尔法是我国现行规范指定的设计法。

本节着重介绍国内常用的马歇尔设计法用于分析热拌沥青混合料组成设计的具体过程。

7.2.3.1 实验室配合比(目标配合比)设计

热拌沥青混合料的实验室配合比(目标配合比)设计宜按规范规定方法步骤进行。

(1) 矿质混合料级配设计

矿质混合料级配设计的目的是选配一个具有足够密实度并且具有较大内摩阻力的矿质混合料。可以根据已有的级配理论计算出所需要的矿质混合料的级配范围。

① 矿质混合料的级配理论

a. 最大密度曲线理论(富勒理论)

最大密度曲线是富勒在大量试验基础上提出的一种理想曲线(图 7.16)。该理论认为“矿质混合料的颗粒级配曲线愈接近抛物线,则其密度愈大”。根据上述理论,当矿物混合料的级配曲线为抛物线时,最大密度理想级配曲线上集料各级粒径 d 与通过百分率 P 可表示为式(7.16):

$$P^2=kd \tag{7.16}$$

式中 d——矿质混合料各级颗粒粒径,mm;

P——各级颗粒粒径集料的通过百分率,%;

k——统计参数,常数。

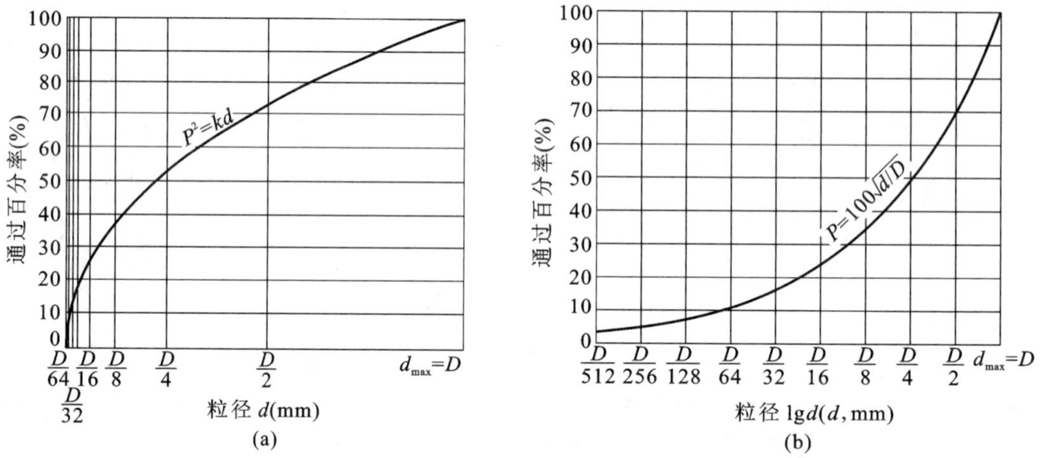

图 7.16 最大密度理想级配曲线

当颗粒粒径 d 等于最大粒径 D 时,通过百分率 $P=100\%$,即 $d=D$ 时,$P=100\%$。故

$$k=100\times\frac{1}{D} \tag{7.17}$$

当希望能够求任一级颗粒粒径 d 的通过百分率 P 时,可将式(7.17)代入式(7.16),得:

$$P=100\times\sqrt{\frac{d}{D}}=100\times\left(\frac{d}{D}\right)^{0.5} \tag{7.18}$$

式中 d——矿质混合料各级颗粒粒径,mm;

D——矿质混合料的最大粒径,mm;

P——各级颗粒粒径集料的通过百分率,%。

根据这个公式,可以计算出连续密级配集料的颗粒在任何一级筛孔上的通过百分率。

b. 最大密度曲线 n 次幂公式

最大密度曲线是一种理想的、密实度最大的级配曲线。在实际应用中,矿质混合料的级配曲线应该允许在一定的范围内波动,为此,泰波在式(7.18)的基础上进行了修正,给出级配曲线范围的计算公式(7.19):

$$P=100\times\left(\frac{d}{D}\right)^{n} \tag{7.19}$$

式中 n——级配指数;

P、d、D 意义同前。

在工程实践中,集料的最大理论密度曲线为级配指数 $n=0.45$ 的级配曲线,常用矿质混合料的级配指数一般在 0.3～0.7 之间。

② 矿质混合料的组成设计方法

a. 试算法

试算法的基本原理是：设有几种矿质集料，欲配制某种满足一定级配要求的混合料。在决定各组成集料在混合料中的比例时，先假定混合料中某种粒径的颗粒是由某一种对该粒径占优势的集料所组成，而其他各种集料不含这种粒径。如此，根据各个主要粒径去试算各种集料在混合料中的大致比例。如果比例不合适，则稍加调整，这样逐步渐进，最终达到符合混合料级配要求的各集料配合比例。

设有 A、B、C 三种集料，欲配制成级配为 M 的矿质混合料，求出 A、B、C 集料在混合料中的比例，即为配合比。

按题意作下列两点假设：

设 A、B、C 三种集料在混合料 M 中的用量比例分别为 X、Y、Z，则

$$X+Y+Z=100 \tag{7.20}$$

又设混合料 M 中某一级粒径(i)要求的含量为 $M(i)$，A、B、C 三种集料中该粒径的含量分别为 $a_{A(i)}$、$a_{B(i)}$、$a_{C(i)}$。则：

$$a_{A(i)} \cdot X + a_{B(i)} \cdot Y + a_{C(i)} \cdot Z = a_{M(i)} \tag{7.21}$$

计算步骤如下：

a) 计算 A 集料在矿质混合料中的用量比例。

首先，找出 A 集料占优势含量的某一粒径，如粒径(i)，而忽略 B、C 集料在此粒径的含量，即 B 集料和 C 集料该粒径的含量 $a_{B(i)}$ 和 $a_{C(i)}$ 均等于零。A 集料在混合料中的用量：

$$X=\frac{a_{M(i)}}{a_{A(i)}} \cdot 100 \tag{7.22}$$

b) 计算 C 集料在矿质混合料中的用量比例。

原理同前，设 C 集料的优势粒径为 j(mm)，则 A 集料和 B 集料在该粒径的含量 $a_{A(j)}$ 和 $a_{B(j)}$ 均等于零。C 集料在混合料中的用量：

$$Z=\frac{a_{M(j)}}{a_{C(j)}} \times 100 \tag{7.23}$$

c) 计算 B 集料在矿质混合料中的用量比例。

由式(7.20)得出 B 集料在矿质混合料中的用量：

$$Y=100-(X+Z) \tag{7.24}$$

d) 校核调整。

按以上计算的配合比计算合成级配，如不在要求的级配范围内，应调整。重新计算和复核配合比，经几次调整，直到符合要求为止。

如经计算确实不能满足级配要求，可掺加某些单粒级集料，或调换其他原始集料。

【例 7.1】 试计算细粒式 AC-13 沥青混凝土的矿质混合料配合比。

已知条件：

(1) 现有碎石、石屑和矿粉三种矿质集料，筛分试验结果列于表 7.21 中第 2～4 列。

(2) 规定的 AC-13 型沥青混凝土级配范围列于表 7.21 中第 5 列。

计算要求：

(1) 按试算法确定碎石、石屑和矿粉在矿质混合料中所占的比例。

(2) 校核矿质混合料合成级配计算结果是否符合规范要求的级配范围。

表 7.21　集料的分计筛余和矿质混合料规定的级配范围

筛孔尺寸 d_i,mm	各档集料的筛分试验结果			设计级配范围及中值			
	碎石分计筛余 $a_{A(i)}$,%	石屑分计筛余 $a_{B(i)}$,%	矿粉分计筛余 $a_{C(i)}$,%	通过百分率范围 $P_{(i)}$,%	通过百分率中值 $P_{M(i)}$,%	累计筛余中值 $A_{M(i)}$,%	分计筛余中值 $a_{M(i)}$,%
(1)	(2)	(3)	(4)	(5)	(6)	(7)	(8)
13.2	0.8	—	—	95～100	97.5	2.5	2.5
9.5	43.6	—	—	70～88	79.0	21.0	18.5
4.75	49.9	—	—	48～68	58.0	42.0	21.0
2.36	4.4	25.0	—	36～53	44.5	55.5	13.5
1.18	1.3	22.6	—	24～41	32.5	67.5	12.0
0.6	—	15.8	—	18～30	24.0	76.0	8.5
0.3	—	16.1	—	17～22	19.5	80.5	4.5
0.15	—	8.9	4	8～16	12.0	88.0	7.5
0.075	—	11.1	10.7	4～8	6.0	94.0	6.0
<0.075	—	0.5	85.3	—	0	100	6

【解】 (1)准备工作

将矿质混合料设计范围由通过百分率转换为分计筛余百分率。首先计算表 7.21 中矿质混合料级配范围的通过百分率中值,然后转换为累计筛余百分率,再计算各筛孔的分计筛余百分率,计算结果列于表 7.21第 6～8 列。

(2) 计算碎石在矿质混合料中的用量 X

分析表 7.21 中各档集料的筛分结果可知,碎石中占优势含量粒径为 4.75 mm。故计算碎石用量时,假设混合料中粒径 4.75 mm 颗粒全部由碎石提供,即 $a_{A(4.75)}$ 和 $a_{C(4.75)}$ 均等于 0。由式(7.22)可得:

$$X=\frac{a_{M(4.75)}}{a_{A(4.75)}}\times 100=\frac{21.0}{49.9}\times 100=42.1$$

(3) 计算矿粉在矿质混合料中的用量 Z

根据表 7.21,矿粉中粒径<0.075 mm 的颗粒占优势,此时假设 $a_{A(<0.075)}$ 和 $a_{B(<0.075)}$ 均等于零,将 $a_{M(<0.075)}=6\%$,$a_{C(<0.075)}=85.3\%$,代入式(7.23)可得:

$$Z=\frac{a_{M(j)}}{a_{C(j)}}\times 100=\frac{6.0}{85.3}\times 100=7.0$$

(4) 计算石屑在混合料中的用量 Y

将已求得的 $X=42.1$ 和 $Z=7.0$ 代入式(7.24)可得:

$$Y=100-(X+Z)=100-(42.1+7.0)=50.9$$

(5) 合成级配的计算与校核

根据以上计算,矿质混合料中各种集料的比例为碎石 ∶ 石屑 ∶ 矿粉 $=X:Y:Z=42.1:50.9:7.0$,依次计算各档集料占矿质混合料的百分率,见表 7.22 中第 2～10 列,然后计算矿质混合料的合成级配,结果列于表 7.22 的第 11～13 列,将矿质混合料的通过百分率(表 7.22 中第 13 栏)与要求级配范围相比较可知,该合成级配符合设计级配范围的要求。

表 7.22　矿质混合料组成计算校核表

筛孔尺寸 d_i，mm	碎石级配，%			石屑级配，%			矿粉级配，%			矿质混合料合成级配			设计级配范围 $P'_{(i)}$，%
	碎石分计筛余 $a_{A(i)}$，%	采用百分率 X，%	占混合料百分率 $a_{A(i)}X$，%	石屑分计筛余 $a_{B(i)}$，%	采用百分率 Y，%	占混合料百分率 $a_{C(i)}X$，%	矿粉分计筛余 $a_{C(i)}$，%	采用百分率 X，%	占混合料百分率 $a_{C(i)}X$，%	分计筛余 $a_{M(i)}$，%	累计筛余 $A_{M(i)}$，%	通过百分率 $P_{(i)}$，%	
(1)	(2)	(3)	(4)	(5)	(6)	(7)	(8)	(9)	(10)	(11)	(12)	(13)	(14)
13.2	0.8		—	—	—	—	—			0.3	0.3	99.7	95～100
9.5	43.6		18.4							18.4	18.7	81.3	70～88
4.75	49.9	×42.1	21.0							21.0	39.7	60.3	48～68
2.36	4.4		1.9	25.0		12.7				14.6	54.3	45.7	36～53
1.18	1.3		0.5	22.6		11.5				12.1	66.3	33.7	24～41
0.6	—			15.8		8.0				8.0	74.4	25.6	18～30
0.3				16.1	×50.9	8.2				8.2	82.6	17.4	17～22
0.15				8.9		4.5	4.0		0.3	4.8	87.4	12.6	8～16
0.075				11.1		5.6	10.7	×7.0	0.7	6.4	93.8	6.2	4～8
<0.075				0.5		0.3	85.3		6.0	6.2	100.0	0.0	—
合计	100		42.1	100		50.9	100		7.0	100			

b. 图解法

图解法的基本原理：通常级配曲线图采用半对数坐标图绘制，所绘出的级配范围中值为一抛物线[图7.17(a)]。图解法中，为使要求级配中值呈一直线，采用纵坐标的通过百分率(P_i)为算术坐标，而横坐标采用$(d/D)^n$表示，则绘出的级配曲线中值为直线[图7.17(b)]。

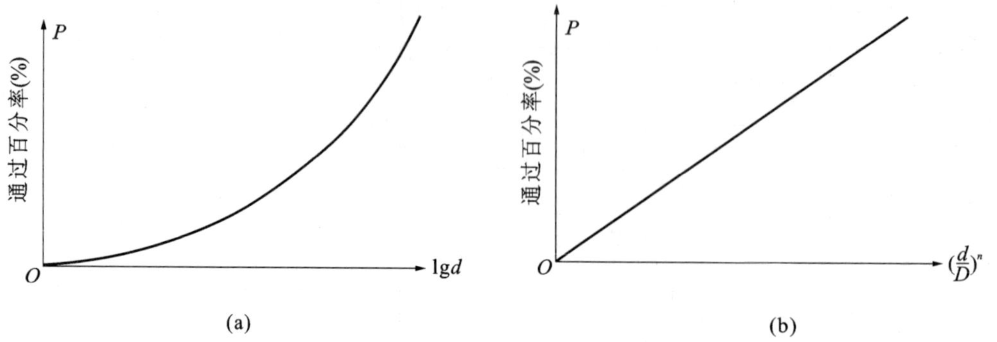

图7.17　图解法级配曲线坐标图

图解法设计步骤如下：

a) 绘制级配曲线坐标图。在设计说明书上按规定尺寸绘一方形图框，通常纵坐标(通过百分率)取10 cm，横坐标(筛孔尺寸或粒径)取15 cm；连接对角线OO'(图7.18)作为要求的级配曲线中值。将要求的级配中值的各筛孔通过百分率标于纵坐标上，从纵坐标引水平线与对角线相交，再从交点作竖直线与横坐标相交，其交点即为各相应筛孔尺寸的位置。

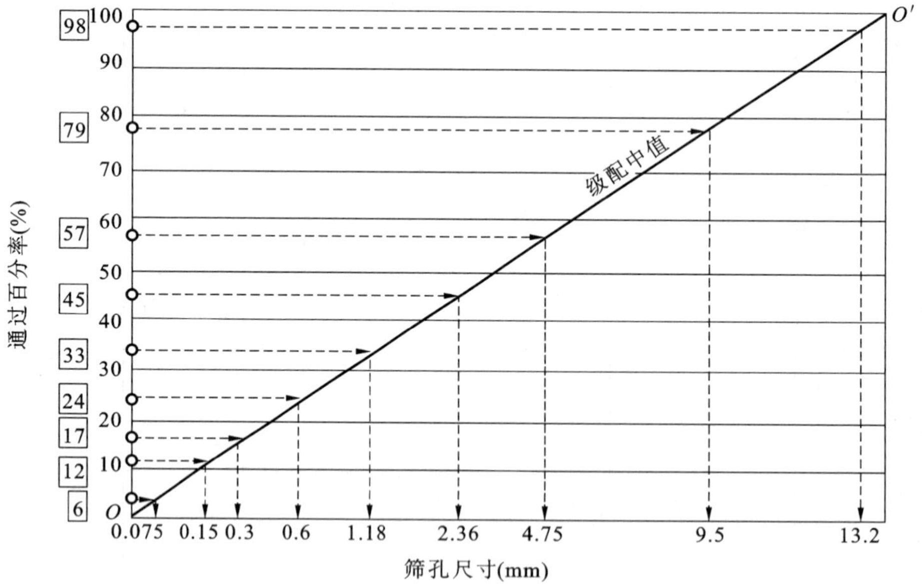

图7.18　图解法级配曲线分析过程

b) 确定各种集料含量。将各种集料的通过量绘于级配曲线坐标图上。因为实际集料的相邻级配曲线并不是像计算原理所述的那样均为首尾相接，可能有下列三种情况(图7.19)。根据各集料之间的关系，分别按下述方法确定各种集料含量。

两相邻级配曲线重叠：如集料A的级配曲线的下部与集料B的级配曲线的上部搭接，在两级配曲线之间引一根垂直于横坐标的直线(即$a=a'$)AA'与对角线OO'交于点M，通过M作一水平线与纵坐标交于P

点。$O'P$ 即为集料 A 的含量。

两相邻级配曲线相接：如集料 B 的级配曲线末端位于集料 C 的级配曲线首端，正好在同一竖直线上，将前一集料曲线末端与后一集料曲线首端作竖直线相连，竖直线 BB' 与对角线 OO' 相交于点 N。通过 N 作一水平线与纵坐标交于 Q 点，PQ 即为集料 B 的含量。

两相邻级配曲线相离：如集料 C 的集配曲线末端与集料 D 的级配曲线首端，在水平方向彼此离开一段距离，作一竖直线平分相离开的距离（即 $b=b'$），竖直线 CC' 与对角线 OO' 相交于点 R，通过 R 作一水平线与纵坐标交于 S 点，QS 即为 C 集料的含量。剩余 ST 即为集料 D 的含量。

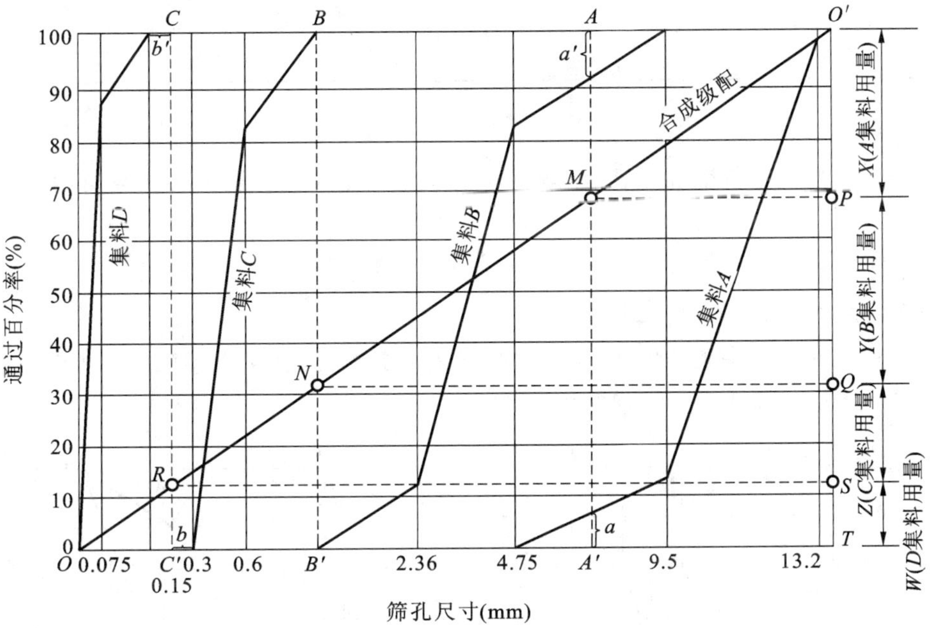

图 7.19 组成集料级配曲线和要求合成级配

c) 校核：按图解所得的各种集料含量，校核所得合成级配是否符合要求，如不能符合要求（超出级配范围），应调整各集料的含量。

【例 7.2】 采用图解法设计某矿质混合料的配合比。

(1) 已知条件

根据设计资料，所铺筑道路为高速公路，沥青路面上面层，结构层设计厚度 4 cm，选用矿质混合料的级配范围见表 7.23。该混合料采用四档集料，各档集料的筛分试验结果见表 7.23。

表 7.23 矿质集料级配与设计级配范围表

筛孔尺寸 d_i，mm	各档集料相应各筛孔的通过百分率，%				设计级配范围 $P_{M(i)}$，%	设计级配范围中值 $P'_{M(i)}$，%
	集料 A	集料 B	集料 C	集料 D		
16.0	100	100	100	100	100	100
13.2	93	100	100	100	95～100	98
9.5	17	100	100	100	70～88	79
4.75	0	84	100	100	48～68	57
2.36	—	14	92	100	36～53	45

续表7.23

筛孔尺寸 d_i，mm	各档集料相应各筛孔的通过百分率，%				设计级配范围 $P_{M(i)}$，%	设计级配范围中值 $P'_{M(i)}$，%
	集料 A	集料 B	集料 C	集料 D		
1.18	—	8	82	100	24～41	33
0.60	—	4	42	100	18～30	24
0.30	—	0	21	100	12～22	17
0.15	—	—	11	96	8～16	12
0.075	—	—	4	87	4～8	6

(2) 设计要求

采用图解法进行矿质混合料配合比设计，确定各档集料的比例，校核矿质混合料的合成级配是否符合设计级配范围要求。

【解】 (1) 绘制图解法用图

计算设计级配范围中值，列入表 7.23 中。

绘制图解法用图 7.20。根据表 7.23 中设计级配范围中值数据，确定各筛孔尺寸在横坐标上的位置。然后将各档集料与矿粉的级配曲线绘制于图 7.20 中。

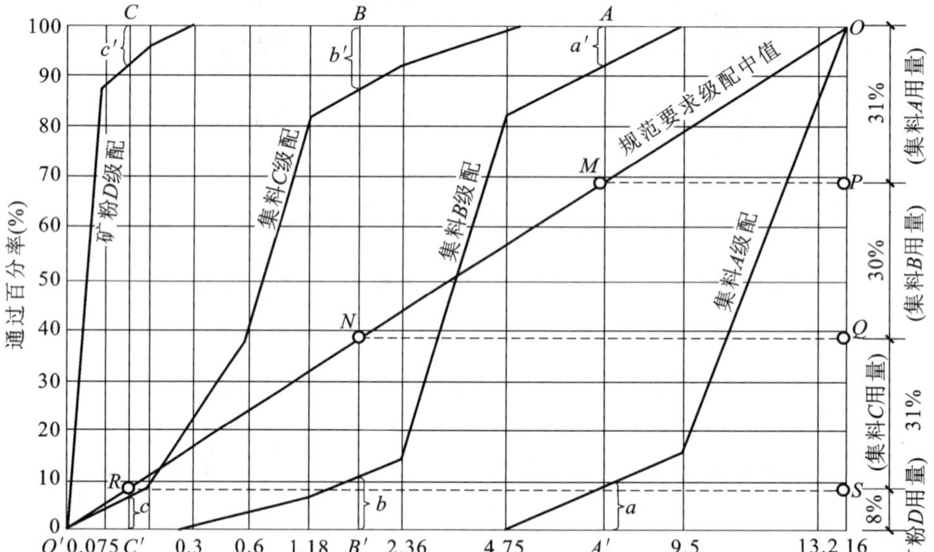

图 7.20　图解法用图

(2) 确定各档集料用量

在集料 A 与集料 B 级配曲线相重叠部分作一垂线 AA'，使垂线截取这两条级配曲线的总坐标值相等 ($a=a'$)。垂线 AA' 与对角线 OO' 有一交点 M，过 M 引一水平线，与纵坐标交于 P 点，OP 的长度 $x=31\%$，即为集料 A 的用量。

同理，求出集料 B 的用量 $y=30\%$，集料 C 用量 $z=31\%$，矿粉 D 的用量 $w=8\%$。

(3) 配合比校核调整

按照集料 A：集料 B：集料 C：矿粉 D＝31%：30%：31%：8%的比例，计算矿质混合料的合成级配，结果列于表 7.24。由表 7.24 可以看出，合成级配在筛孔 0.075 mm 的通过百分率为 8.2%，超出了设计级配范围(4%～8%)的要求，需要对各集料的比例进行调整。通过试算，采用减少集料 B、增加集料 C 并减少矿粉 D 用量的方法来调整配合比。

经调整后的配合比为集料 A 的用量 $x=31\%$；集料 B 的用量 $y=26\%$；集料 C 用量 $z=37\%$；矿粉 D 的用量 $w=6\%$。配合比调整后，矿质混合料的合成级配见表 7.23 中括号内的数值，可以看出，合成级配曲线完全在设计要求的级配范围之内，并且接近中值。因此，本例题配合比设计结果为：集料 A 的用量 $x=31\%$；集料 B 的用量 $y=26\%$；集料 C 用量 $z=37\%$；矿粉 D 的用量 $w=6\%$。

表 7.24 矿质混合料合成级配校核用表

材料名称		下列筛孔(mm)的通过率,%									
		16.0	13.2	9.5	4.75	2.36	1.18	0.60	0.30	0.15	0.075
各种矿料在混合料中的级配	集料 A 31% (31%)	31.0 (31.0)	28.8 (28.8)	5.3 (5.3)	0 (0.0)						
	集料 B 30% (26%)	30.0 (26.0)	30.0 (26.0)	25.2 (21.8)	4.2 (3.6)	1.4 (2.1)					
	集料 C 31% (37%)	31.0 (37.0)	31.0 (37.0)	31.0 (37.0)	31.0 (37.0)	28.5 (34.0)	25.4 (30.3)	13.0 (15.5)	6.5 (7.8)	3.4 (4.1)	1.2 (1.5)
	矿粉 D 8% (6%)	8.0 (6.0)	8.0 (6.0)	8.0 (6.0)	8.0 (6.0)	8.0 (6.0)	8.0 (6.0)	8.0 (6.0)	8.0 (6.0)	7.9 (5.8)	7.0 (5.2)
矿质混合料的合成级配		100 (100)	97.8 (97.8)	74.3 (74.3)	64.2 (64.2)	40.7 (43.6)	35.8 (38.4)	22.2 (22.6)	14.5 (13.8)	11.3 (9.9)	8.2 (6.7)
设计级配范围		100	95～100	70～88	48～68	36～53	24～41	18～30	12～22	8～16	4～8

③ 推荐的矿质混合料级配范围

为了应用已有的研究成果和实践经验，通常是采用推荐的矿质混合料级配范围，并执行以下步骤。

a. 确定沥青混合料类型

沥青混合料类型根据道路等级、路面类型和所处的结构层位，按表 7.25 选定。其中密级配沥青混合料(DAC)适用于各级公路沥青面层的任何层次。一般特粗式沥青混合料适用于基层，粗粒式沥青混合料适用于下面层或基层，中粒式沥青混合料适用于中面层和表面层，细粒式沥青混合料适用于表面层和薄层罩面。砂粒式沥青混合料适用于非机动车道路、旅游道路或行人道路。沥青玛瑞脂碎石混合料(SMA)适用于铺筑新建公路的表面层、中面层或旧路面加铺磨耗层。设计空隙率为 6%～12%的半开级配沥青碎石混合料(AM)仅适用于三级及三级以下公路、乡村公路，此时表面应设置致密的上封层。设计空隙率 3%～8%的密级配沥青稳定碎石混合料(ATB)和设计空隙率大于 18%的排水式沥青稳定碎石混合料(ATPB)适用于基层。设计空隙率大于 18%的开级配抗滑磨耗层沥青混合料(OGFC)适用于高速行车、多雨潮湿、不易被尘土污染、非冰冻地区铺筑排水式沥青路面磨耗层。

表 7.25　沥青混合料类型

结构层次	高速公路、一级公路、城市快速路、主干路		其他等级公路		一般城市道路及其他道路工程	
	三层式沥青混凝土路面	两层式沥青混凝土路面	沥青混凝土路面	沥青碎石路面	沥青混凝土路面	沥青碎石路面
上面层	AC-13 AC-16	AC-13 AC-16	AC-13 AC-16	AC-13	AC-5 AC-10 AC-13	AM-5 AM-10
中面层	AC-20 AC-25	— —	— —	— —	— —	— —
下面层	AC-25 AC-30	AC-20 AC-30	AC-20 AC-25 AC-35	AM-25 AM-30	AC-20 AC-25	AC-25 AM-30 AM-40

b. 确定矿料的最大粒径

沥青混合料的公称最大粒径(D)与路面结构层最小厚度(h)间的比例将影响路面的使用性能。研究表明：随 h/D 增大，路面耐疲劳性能提高，但车辙量增大；相反，h/D 减少，车辙量也减少，但路面耐疲劳性能降低，特别是 $h/D<2$ 时，路面的疲劳耐久性急剧下降。当上面层 $h/D=3$，中面层及下面层 $h/D=2.5\sim3$ 时，路面具有较好的耐久性和可压实性。对于结构层厚度为 4 cm 的路面上面层，应选择最大公称粒径为 13 mm 的细粒式沥青混凝土；对于结构层厚度为 6 cm 的路面中面层，应选择最大公称粒径为 19 mm 的中粒式沥青混凝土；对于结构层厚度为 7 cm 的路面下面层，应选择最大公称粒径为 26.5 mm 的粗粒式沥青混凝土。只有控制了路面结构层厚度与矿料公称最大粒径之比，混合料才能拌和均匀，压实时易于达到要求的密实度和平整度，保证施工质量。

c. 确定矿质混合料的级配范围

根据已确定的沥青混合料类型，按照推荐的矿质混合料级配范围表(表 7.26)，即可确定所需的级配范围。

④ 矿质混合料配合比计算

a.测定组成材料的原始数据

根据现场取样，对粗集料、细集料和矿粉进行筛分试验，按筛分结果分别绘出各组成材料的筛分曲线，同时测出各组成材料的相对密度，供计算物理常数备用。

b.计算组成材料的配合比

根据各组成材料的筛分试验资料，采用图解法或试算法，计算符合要求级配范围时的各组成材料用量比例。

c.调整配合比

计算得到的合成级配应根据下列要求作必要的调整：

a) 通常情况下，合成级配曲线宜尽量接近推荐级配范围中限，尤其应使 0.075 mm、2.36 mm 及 4.75 mm 筛孔的通过率尽量接近级配范围中限。

b) 根据公路等级和施工设备的控制水平、混合料类型确定设计级配范围上限和下限的差值，设计级配范围上下限差值必须小于规范级配范围的差值，通常情况下 4.75 mm 和 2.36 mm 筛孔通过率的范围差值宜小于 12%。

表 7.26 沥青混合料矿料及沥青用量范围

级配类型			通过下列筛孔(方孔筛,mm)的质量百分率,%													沥青用量,%
			31.5	26.5	19.0	16.0	13.2	9.5	4.75	2.36	1.18	0.60	0.30	0.15	0.075	
密级配沥青混凝土	粗粒	AC-25	100	90～100	75～90	65～83	57～76	45～65	24～52	16～42	12～33	8～24	5～17	4～13	3～7	3.0～5.0
	中粒	AC-20		100	90～100	78～92	62～80	50～72	26～56	16～44	12～33	8～24	5～17	4～13	3～7	3.5～5.5
		AC-16			100	90～100	76～92	60～80	34～62	20～48	13～36	9～26	7～18	5～14	4～8	3.5～5.5
	细粒	AC-13				100	90～100	68～85	38～68	24～50	15～38	10～28	7～20	5～15	4～8	4.5～6.5
		AC-10					100	90～100	45～75	30～58	20～44	13～32	9～23	6～16	4～8	5.0～7.0
	砂粒	AC-5						100	90～100	55～75	35～55	20～40	12～18	7～18	5～10	6.0～8.0
半开级配沥青碎石混合料	中粒	AM-20		100	90～100	60～85	50～75	40～65	15～40	5～22	2～16	1～12	0～10	0～8	0～5	3.0～4.5
		AM-16			100	90～100	60～85	45～68	18～40	6～25	3～18	1～14	0～10	0～8	0～5	3.0～4.5
	细粒	AM-13				100	90～100	50～80	20～45	8～28	4～20	2～16	0～10	0～8	0～6	3.0～4.5
		AM-10					100	90～100	35～65	10～35	5～22	2～16	0～12	0～9	0～6	3.0～4.5
沥青玛瑞脂碎石混合料	中粒式	SMA-20		100	90～100	72～92	62～82	40～55	18～30	13～22	12～20	10～16	9～14	8～13	8～12	
		SMA-16			100	90～100	65～85	45～65	20～32	15～24	14～22	12～18	10～15	9～14	8～12	
	细粒式	SMA-13				100	90～100	50～75	20～34	15～26	14～24	12～20	10～16	9～15	8～12	
		SMA-10					100	90～100	28～60	20～32	14～26	12～22	10～18	9～16	8～13	

确定设计级配范围时应特别重视实践经验，通过对条件大体相当工程的使用情况进行调查研究，证明选择的级配范围符合工程需要。

对夏季温度较高、高温持续时间长，但冬季不太寒冷的地区，或者重载路段，应重点考虑抗车辙能力的需要，减小4.75 mm及2.36 mm的通过率，选用较高的设计空隙率。当采用密级配沥青混合料时，宜选用粗型密级配沥青混合料。

对冬季温度较低且低温持续时间长的北方地区，或者非重载路段，应在保证抗车辙能力的前提下，充分考虑提高低温抗裂性能，适当增大4.75 mm及2.36 mm的通过率，选用较小设计空隙率。当采用密级配沥青混合料时，宜选用细型密级配沥青混合料。

对我国许多地区，夏季温度炎热、高温持续时间长，冬季又十分寒冷，年温差特别大，且属于重载路段的工程，高温要求和低温要求发生严重矛盾时，应以提高高温抗车辙能力为主，兼顾提高低温抗裂性能的需要，在减小4.75 mm及2.36 mm通过率的同时，适当增加0.075 mm通过率，使规范级配范围成型，并取中等或偏高水平的设计空隙率。

在潮湿区、湿润区等雨水、冰雪融化对路面有严重威胁的地区，在考虑抗车辙能力的同时还应重视水密性的需要，为防止水损害破坏，宜适当减小设计空隙率，但应保持良好的雨天抗滑性能。干旱地区的混合料，受水的影响很小，对水密性及抗滑性能的要求可放宽。

对等级较高的公路，沥青层厚度较厚时，可采用较粗的级配范围；反之，对等级较低的公路，沥青层厚度较薄时，宜采用较细的级配范围。

对重点考虑高温抗车辙能力、设计空隙率较大的混合料，细集料宜采用机制砂，或较多的石屑；对更需要低温抗裂性能、较小设计空隙率的混合料，宜采用较多的天然砂作细集料。

确定沥青混合料设计级配范围时应考虑不同层位的功能需要。表面层应综合考虑满足高温抗车辙能力、低温抗裂性能、抗滑的需要。对沥青层较厚的三层式面层，中面层应重点考虑高温抗车辙能力，底面层重点考虑抗疲劳开裂性能、水密性等。当沥青层较薄时，表面层以下各层都应在满足水密性能的同时，提高高温抗车辙能力，并满足抗疲劳开裂性能的需要。

对高速公路、一级公路、城市快速路、主干路等交通量大、车辆载重大的道路，宜偏向级配范围的下限（粗）；对一般道路、中小交通量和人行道路等宜偏向级配范围的上限（细）。

合成的级配曲线应接近连续或合理的间断级配，不得有过多的锯齿形交错。当经过再三调整，仍有两个以上的筛孔超过级配范围时，必须对原材料进行调整或更换原材料重新设计。

（2）确定混合料的最佳沥青用量

可以通过各种理论计算方法求出沥青混合料的最佳沥青用量。但由于实际材料性质的差异，按理论公式计算得到的最佳沥青用量仍然要通过试验修正。目前常用马歇尔法确定沥青用量。该法确定沥青最佳用量时按下列步骤进行：

① 制备试样

按确定的矿质混合料配合比确定各矿料的用量。

根据以往工程的实践经验，估计适宜的沥青用量（或油石比）。

以估计沥青用量为中值，以0.5%间隔上下变化沥青用量制备马歇尔试件，试件数不少于5组。

② 测定物理、力学指标

在规定试验温度和试验时间内用马歇尔仪测试试样的稳定度和流值，同时计算毛体积密度、理论密度、空隙率、饱和度和矿料间隙率。

a. 毛体积密度　沥青混合料的压实试件的密度，可以采用水中重法（测定试件的毛体积密度）、表干法、体积法或封蜡法（测定毛体积密度）等方法测定。表干法适用于测定吸水率不大于2%的各种沥青混合料试件。蜡封法适用于测定吸水率大于2%的沥青混凝土或沥青碎石混合料试件的毛体积相对密度或毛体积密度。水中重法适用于测定几乎不吸水的密实的沥青混合料试件的表观相对密度或表观密度（在美国没有水中重法)。以表干法为例,按式(7.25)计算毛体积相对密度,按式(7.26)计算毛体积密度。

$$\gamma_f = \frac{m_a}{m_f - m_w} \tag{7.25}$$

$$\rho_f = \frac{m_a}{m_f - m_w}\rho_w \tag{7.26}$$

式中 γ_f——用表干法测定的试件毛体积相对密度;

ρ_f——用表干法测定的试件毛体积密度,g/cm^3;

m_a——干燥试件的空气中质量,g;

m_w——试件的水中质量,g;

m_f——试件的表干质量,g;

ρ_w——常温水的密度,约等于 1 g/cm^3。

b. 沥青混合料的最大理论相对密度 沥青混合料试件的理论密度,是指压实沥青混合料试件全部为矿料(包括矿料内部孔隙)和沥青所组成(空隙率为零)的最大密度。可以采用真空法测定或按下式计算:

$$\gamma_t = \frac{100 + P_a}{\dfrac{100}{\gamma_{se}} + \dfrac{P_a}{\gamma_b}} \tag{7.27}$$

$$\gamma_t = \frac{100}{\dfrac{P_s}{\gamma_{se}} + \dfrac{P_b}{\gamma_b}} \tag{7.28}$$

试件的理论最大密度按下式计算:

$$\rho_t = \gamma_t \times \rho_w \tag{7.29}$$

式中 γ_t——试件的理论最大相对密度;

P_a——油石比(沥青与矿料的质量比),%;

P_b——沥青含量(沥青质量占沥青混合料总质量的百分率),%;

P_s——沥青混合料中的矿质混合料含量,%;

γ_{se}——矿质混合料的有效相对密度,按式(7.30)计算;

γ_b——沥青的相对密度(25 ℃)。

$$\gamma_{se} = C\gamma_{sa} + (1 - C) \times \gamma_{sb} \tag{7.30}$$

式中 C——合成矿料的沥青吸收系数,可根据矿料的合成吸水率按式(7.31)计算;

γ_{sb}——矿质混合料的合成毛体积相对密度,按式(7.33)计算;

γ_{sa}——矿质混合料的合成表观相对密度,按式(7.34)计算。

$$C = 0.033w_x^2 - 0.2936w_x + 0.9339 \tag{7.31}$$

$$w_x = \left(\frac{1}{\gamma_{sb}} - \frac{1}{\gamma_{sa}}\right) \times 100\% \tag{7.32}$$

式中 w_x——合成矿料的吸水率。

$$\gamma_{sb} = \frac{100}{\dfrac{P_1}{\gamma_1} + \dfrac{P_2}{\gamma_2} + \cdots + \dfrac{P_n}{\gamma_n}} \tag{7.33}$$

式中 $P_1, P_2, \cdots, P_n$——各种矿料成分的配合比,其和为 100;

$\gamma_1, \gamma_2, \cdots, \gamma_n$——各种矿料相应的毛体积相对密度。

$$\gamma_{sa} = \frac{100}{\dfrac{P_1}{\gamma_1'} + \dfrac{P_2}{\gamma_2'} + \cdots + \dfrac{P_n}{\gamma_n'}} \tag{7.34}$$

式中 $P_1, P_2, \cdots, P_n$——各种矿料成分的配合比，其和为 100；

$\gamma'_1, \gamma'_2, \cdots, \gamma'_n$——各种矿料相应的表观相对密度。

c. 空隙率　压实沥青混合料试件的空隙率根据其视密度和理论密度按下式计算：

$$VV = \left(1 - \frac{\gamma_f}{\gamma_t}\right) \times 100 \tag{7.35}$$

式中 VV——试件空隙率，%；

其余符号意义同前。

d. 矿料间隙率　压实沥青混合料试件内矿料部分以外体积占试件总体积的百分率，称为矿料间隙率(Voids in the mineral aggregate, VMA)，亦即试件空隙率与沥青体积百分率之和，按下式计算：

$$VMA = \left(1 - \frac{r_f}{r_{sb}} \times \frac{P_s}{100}\right) \times 100 \tag{7.36}$$

式中 VMA——试件的矿料间隙率，%；

其余符号意义同前。

e. 有效沥青饱和度　压实沥青混合料中，扣除被集料吸收的沥青以外的有效沥青结合料部分的体积在矿料间隙率中所占百分率，按下式计算：

$$VFA = \frac{VMA - VV}{VMA} \times 100 \tag{7.37}$$

式中 VFA——试件的有效沥青饱和度，%；

VMA、VV 意义同前。

③ 测定力学指标

采用马歇尔试验方法进行配合比设计时，通过马歇尔试验测定马歇尔稳定度、流值和马歇尔模数等力学指标。

④ 马歇尔试验结果分析

a. 以沥青用量(或油石比)为横坐标，毛体积密度、稳定度、空隙率、流值、矿料间隙率、沥青饱和度为纵坐标，将试验结果绘制成沥青用量(或油石比)与物理、力学指标关系图，如图 7.21 所示。

b. 从图 7.21 中求取相应于密度最大值、稳定度最大值、目标空隙率(或中值)、沥青饱和度范围中值的沥青用量 a_1、a_2、a_3、a_4，由下式计算它们的平均值作为最佳沥青用量的初始值 OAC_1。

$$OAC_1 = \frac{a_1 + a_2 + a_3 + a_4}{4} \tag{7.38}$$

如果选择试验的沥青用量范围未能涵盖沥青饱和度的要求范围，可按式(7.39)求 OAC_1。

$$OAC_1 = \frac{a_1 + a_2 + a_3}{3} \tag{7.39}$$

c. 如果在所选择的沥青用量范围内，密度或稳定度没有出现峰值，可直接以目标空隙率所对应的沥青用量 a_3 作为 OAC_1，但 OAC_1 必须介于 $OAC_{min} \sim OAC_{max}$ 的范围内。

d. 求取各项指标均符合沥青混合料技术标准(不含 VMA)的沥青用量 OAC_{min}、OAC_{max}，其中值为 OAC_2。

$$OAC_2 = \frac{OAC_{min} + OAC_{max}}{2} \tag{7.40}$$

通常情况下，取 OAC_1 和 OAC_2 的平均值作为最佳沥青用量 OAC。

按最佳沥青用量初始值在图中求取相应的各项指标值，检查其是否符合规定的马歇尔设计配合比技术要求，同时检验 VMA 是否符合要求。如能符合，由 OAC_1 和 OAC_2 以及实践经验综合确定沥青最佳用量 OAC。如不能符合，应调整级配，重新进行配合比设计，直至各项指标均能符合要求为止。但由 OAC_2 单独确定最佳沥青用量 OAC，且混合料空隙率接近要求范围的中值或目标空隙率时，也可使用。

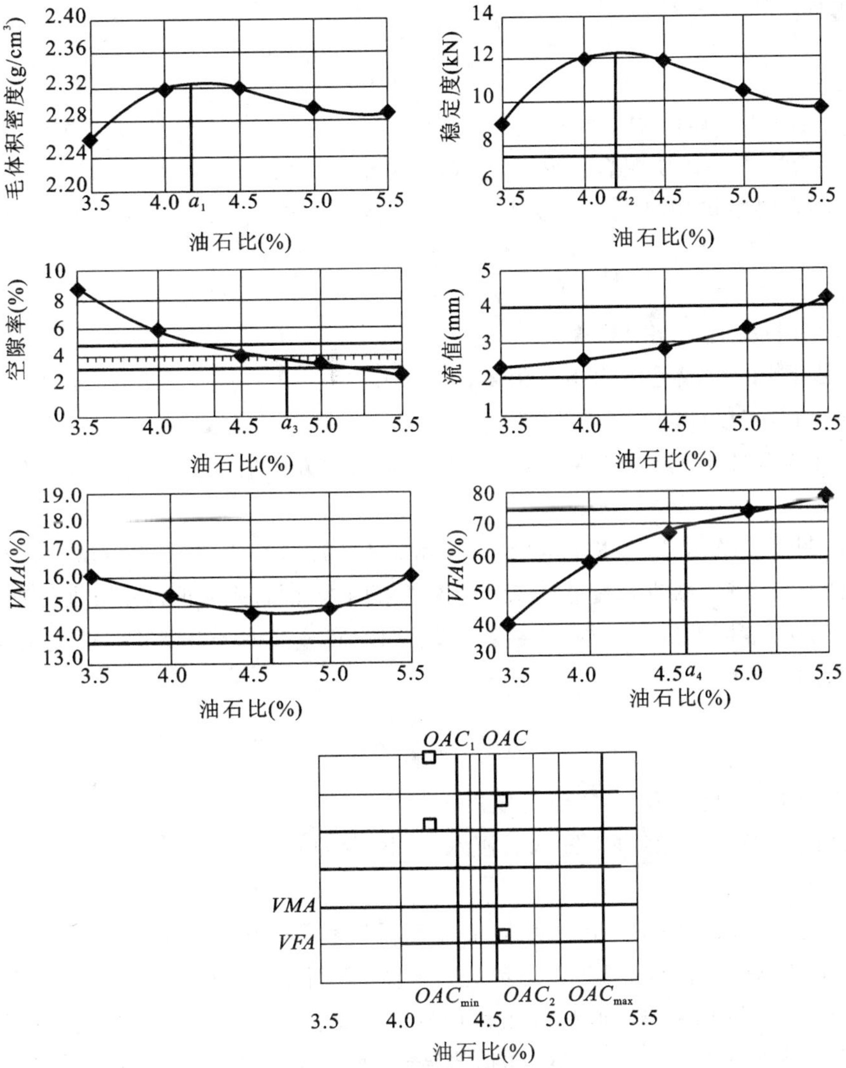

图 7.21 沥青用量与各项指标关系

注:图中 $a_1=4.2\%$,$a_2=4.25\%$,$a_3=4.8\%$,$a_4=4.7\%$;$OAC_1=4.49\%$(由 4 个平均值确定),$OAC_{min}=4.3\%$,$OAC_{max}=5.3\%$,$OAC_2=4.8\%$;$OAC=4.64\%$。

e. 根据气候条件和交通特性调整最佳沥青用量。

对热区道路以及车辆渠化交通的高速公路、一级公路、山区公路的长大坡度路段,预计有可能造成较大车辙的情况时,可以在设计空隙率符合要求的范围内将 OAC 减小 0.1%~0.5%作为设计沥青用量,以适当提高设计空隙率。但施工时应加强碾压,提高压实度标准。

对寒区道路以及一般道路,最佳沥青用量可以在 OAC 基础上增加 0.1%~0.3%,但不宜大于 OAC_2 的 0.3%,以适当减小设计空隙率,但不得降低压实要求。

f. 检验最佳沥青用量时的粉胶比和有效沥青膜厚度。

沥青混合料的粉胶比按式(7.41)计算,且其值宜符合 0.6~1.6 的要求。对常用的公称最大粒径为 13.2~19 mm 的密级配沥青混合料,粉胶比宜控制在 0.8~1.2 的范围内。

$$FB=\frac{P_{0.075}}{P_{be}} \tag{7.41}$$

式中 FB——粉胶比,沥青混合料的矿料中 0.075 mm 通过率与有效沥青含量的比值;

$P_{0.075}$——沥青混合料中 0.075 mm 通过率(水洗法),%;

P_{be}——沥青混合料中的有效沥青含量，%。

$$P_{be}=P_b-\frac{P_{ba}}{100}\times P_s \tag{7.42}$$

式中 P_b——沥青混合料中的沥青用量，%；

P_s——沥青混合料中的矿质混合料含量，%，$P_s=100-P_b$；

P_{ba}——沥青混合料中被矿料吸收的沥青结合料比例，%，按式(7.43)计算。

$$P_{ba}=\frac{\gamma_{se}-\gamma_b}{\gamma_{se}\times\gamma_{sb}}\times\gamma_b\times100 \tag{7.43}$$

式中 γ_{se}——矿质混合料的有效相对密度；

γ_{sb}——矿质混合料的合成毛体积相对密度；

γ_b——沥青的相对密度(25 ℃)。

按《公路沥青路面施工技术规范》(JTG F40—2004)规定的方法估算沥青混合料的有效沥青膜厚度。

⑤ 水稳定性检验

按最佳沥青用量制作马歇尔试件，进行浸水马歇尔试验(或真空饱水马歇尔试验)，检验其残留稳定度是否合格。如不符合要求，应重新进行配合比设计，或者采用掺加抗剥落剂的方法来提高水稳定性。

残留稳定度试验方法是标准试件在规定温度下浸水 48 h(或经真空饱水后，再浸水 48 h)，测定其浸水残留稳定度，按下式计算：

$$MS_0=\frac{MS_1}{MS}\times100 \tag{7.44}$$

式中 MS_0——试件浸水(或真空饱水)残留稳定度，%；

MS_1——试件浸水 48 h(或经真空饱水后浸水 48 h)后的稳定度，kN。

⑥ 抗车辙能力检验

按最佳沥青用量制作车辙试验试件，在 60 ℃条件下用车辙试验机检验其动稳定度。稳定度技术要求见表 7.11，如不符合要求，应对矿料级配或沥青用量进行调整，重新进行配合比设计。

当沥青最佳用量 OAC 与两个初始值 OAC_1 和 OAC_2 相差甚大时，宜将 OAC 与 OAC_1 或 OAC_2 分别制作试件进行车辙试验。根据试验结果对 OAC 作适当调整，如不符合要求，应重新进行配合比设计。

⑦ 低温抗裂性能检验

对改性沥青混合料，应按最佳沥青用量 OAC 用轮辗机线型试件，在－10 ℃条件下用 50 mm/min 的加载速率进行低温弯曲试验，检验其破坏应变是否符合规范要求。当不符合要求时，应对矿料级配或沥青用量进行调整，必要时更换改性沥青品种重新进行配合比设计。但对 SMA 混合料、开级配沥青混合料，可不进行低温弯曲试验。

⑧ 钢渣活性检验

对粗集料或细集料使用钢渣的沥青混合料进行马歇尔试验时，应增加 3 个试件，将试件在 60 ℃水浴中浸泡 48 h，然后取出冷却至室温，观察有无裂缝或鼓包，测量试件体积，其增大量不得超过 1%。如达不到要求，钢渣不得使用。

经过以上配合比设计试验及配合比设计检验，各项指标均符合要求的沥青混合料可作为设计的标准混合料。当设计指标达不到要求，应调整级配重新设计。当配合比检验指标不能达到要求时，应重新进行配合比设计，必要时更换集料或采用改性沥青等措施。

7.2.3.2 生产配合比设计

目标配合比确定后，应利用实际施工的拌和机进行试拌以确定生产配合比。试验前，应先根据级配类型选择振动筛筛号，使几个热料仓的材料大致相差不多，并与冷料仓筛号大致对应。最大筛孔应保证使超粒径料排出，使最大粒径筛孔通过率符合设计范围要求。试验时，按目标配合比设计的冷料比例上料、烘干、筛分，然后在热料仓取样筛分，与目标配合比设计一样进行矿料级配计算，得出不同料仓矿粉用量比例，按此比例进行马歇尔试验。油石比可取目标配合比得出的最佳油石比及其±0.3%三档进行试验，并得到生产配合比的最佳油石比，供试拌试铺用。

7.2.3.3 试拌试铺配合比调整

此阶段也即生产配合比验证阶段。施工单位进行试拌试铺时，应报告监理部门和业主，工程指挥部会同设计、监理、施工人员一起进行鉴别。拌和机按照生产配合比结果进行试拌，在场人员根据试拌出的混合料对其级配和油石比发表意见。如有不同意见，应当适当调整，再进行观察，力求意见一致。然后用此混合料在试铺段上试铺，进一步观察摊铺、碾压过程和成型混合料的表面状况，判断混合料的级配和油石比。如不满意也应适当调整，重新试拌试铺，直至满意为止。同时，实验室密切配合现场施工，在拌和厂或摊铺现场采集沥青混合料试样，进行马歇尔试验、车辙试验、浸水马歇尔试验及抽提试验等，再次检验混合料实际级配和油石比及混合料的高温稳定性和水稳定性。同时按照规范规定的试铺段铺筑要求进行其他试验。当全部满足要求时，便可进入正常生产阶段。

根据标准配合比及质量管理要求中各筛孔的允许波动范围，制定工程施工用的级配控制范围，用以检验和控制沥青混合料的施工质量。

经设计确定的标准配合比在施工过程中不得随意变更。生产过程中，应加强日常跟踪检测，严格控制进场材料的质量和拌合料的配合比例，如遇进场材料变化并经检测沥青混合料的矿料级配、马歇尔技术指标不符合要求，应及时调整配合比，使沥青混合料的质量符合要求并保持相对稳定，必要时重新进行配合比设计。

【例 7.3】某高等级公路沥青路面中面层用沥青混合料配合比设计。

(1) 设计资料

设计某高速公路沥青路面中面层用沥青混合料，中面层结构设计厚度为 6 cm。

气候条件：7 月份平均最高气温 32 ℃，年极端最低气温 −6.5 ℃，年降雨量 1500 mm。

沥青结合料采用 SBS 改性沥青，相对密度为 1.038，经检验各项技术性能均符合要求。粗集料、细集料均为石灰岩。集料分为四档，按工程粒径由大到小编号，分别为：1 号料(10～25 mm)、2 号料(5～10 mm)、3 号料(3～5 mm)和四号料(0～3 mm)。各档集料与矿粉的主要技术指标见表 7.27，筛分试验结果见表 7.28。

表 7.27 集料和矿粉的相对密度和吸水率

集料编号	表观相对密度	毛体积相对密度	吸水率，%
1 号	2.754	2.725	0.40
2 号	2.740	2.714	0.45
3 号	2.702	2.691	0.56
4 号	2.705	2.651	1.69
矿粉	2.710	—	—

表 7.28 各档集料和矿粉的筛分结果

编号	下列筛孔(mm)的通过百分率，%											
	26.5	19.0	16.0	13.2	9.5	4.75	2.36	1.18	0.60	0.30	0.15	0.075
1 号	100	83.9	40.6	8.7	0.9	0.4	0	0	0	0	0	0

续表7.28

编号	下列筛孔(mm)的通过百分率,%											
	26.5	19.0	16.0	13.2	9.5	4.75	2.36	1.18	0.60	0.30	0.15	0.075
2 号	100	100	100	92.9	27.7	1.3	0.7	0	0	0	0	0
3 号	100	100	100	100	100	82.5	1.0	0.3	0	0	0	0
4 号	100	100	100	100	100	99.7	76.8	44.0	28.1	15.3	10.7	8.0
矿粉	100	100	100	100	100	100	100	100	100	100	99.8	95.7

(2) 设计要求

确定沥青混合料类型,进行矿质混合料配合比设计。确定最佳沥青用量。根据高速公路用沥青混合料要求,检验沥青混合料的水稳定性和抗车辙能力。

【解】 (1) 确定沥青混合料的类型、矿质混合料的级配范围

根据设计资料,所铺筑道路为高速公路,沥青路面中面层,结构层设计厚度 6 cm,选用 AC-20 型沥青混合料,满足结构厚度不小于矿料最大公称粒径 2.5~3.0 倍的要求。相应的设计级配范围查表 7.25 确定。

(2) 矿质混合料配合比设计

① 拟定初试配合比

根据设计级配范围,设计了 3 组初选配合比,见表 7.29。3 个试配混合料级配组成,设计级配范围上、下限见图 7.22。

表 7.29 三组矿质混合料的配合比

初始混合料编号	下列集料用量,%				矿粉,%	合成表观相对密度 γ_{sa}	合成毛体积相对密度 γ_{sb}	有效相对密度 γ_{se}
	1 号	2 号	3 号	4 号				
1	31	25	15	25	4	2.729	2.698	2.722
2	25	23	17	32	3	2.725	2.692	2.718
3	20	20	18	39	3	2.721	2.687	2.714

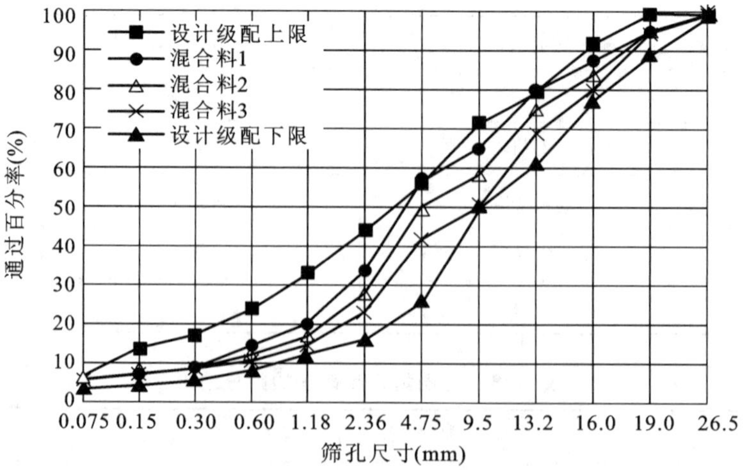

图 7.22 初试配合比下矿质混合料级配组成曲线

② 矿料设计配合比的确定

根据使用经验,初估沥青用量4.3%,按照表7.29中混合料的初试配合比进行备料。然后在标准条件下,成型马歇尔试件,测试试件的毛体积密度。表7.30给出了试件的最大理论相对密度、毛体积相对密度、空隙率、矿料间隙率和沥青饱和度,试件的最大理论相对密度由计算法确定。根据道路等级和沥青混合料的类型,查表7.11,确定沥青混合料马歇尔试件体积参数指标的技术要求,见表7.30中的最后一行。

由表7.30可知,试配混合料2和混合料3试件的空隙率与矿料间隙率偏大,且沥青饱和度偏小。混合料1的空隙率、矿料间隙率均接近设计要求。因此,设计配合比选择试配混合料1,各档集料的比例为:1号料∶2号料∶3号料∶4号料∶矿粉=31∶25∶15∶25∶4。矿料的有效相对密度γ_{se}为2.722,合成毛体积相对密度γ_{sb}为2.698。

表7.30 三种级配沥青混合料的压实试验结果汇总

混合料编号	最大理论相对密度	毛体积相对密度	空隙率 *VV*,%	矿料间隙率 *VMA*,%	沥青饱和度 *VFA*,%
1	2.544	2.438	4.2	13.5	67.4
2	2.544	2.409	5.2	14.4	62.9
3	2.538	2.398	5.5	14.6	61.5
设计要求	4～6	≥13	65～75		

(3) 最佳沥青用量的测定

① 试件成型

根据初拟沥青用量的试验结果,AC-20型沥青混合料的最佳沥青用量在4.5%左右,根据规范的要求,采用0.5%间隔变化,分别以沥青用量3.5%、4.0%、4.5%、5.0%、5.5%拌制5组沥青混合料。按表7.11规定,采用马歇尔击实仪每面各击实75次成型5组试件。

② 试件物理力学指标的测定

根据沥青混合料材料组成计算各沥青用量下试件的最大理论密度。采用表干法测定试件在空气中的质量和表干质量,计算试件的空隙率、矿料间隙率和沥青饱和度指标。在60 ℃温度下,测定各组试件的马歇尔稳定度和流值。试件的体积参数、稳定度和流值的结果见表7.31。

根据设计资料,道路所在地7月份平均最高气温32 ℃,年极端最低气温−6.5 ℃,年降雨量1500 mm。查表7.7,确定该沥青路面气候分区属于夏炎冬温潮湿区1-4-1。由表7.11确定此沥青混合料试件体积参数指标和马歇尔试验指标的设计要求,见表7.31中的最后一行。

表7.31 马歇尔试验体积参数、力学指标测定结果汇总表

试件组号	沥青用量,%	最大理论相对密度	空气中质量,g	水中质量,g	表干质量,g	毛体积相对密度	空隙率 *VV*,%	矿料间隙率 *VMA*,%	沥青饱和度 *VFA*,%	稳定度,kN	流值 *FL*,0.1 mm
A1	3.5	2.576	1159.3	670	1165.9	2.338	9.2	17.1	46.0	7.8	21
A2	4.0	2.556	1187.3	695.4	1192.5	2.388	6.6	15.8	58.4	8.6	25
A3	4.5	2.537	1213.9	718.5	1217.5	2.433	4.1	14.7	72.0	8.7	32
A4	5.0	2.518	1225.7	724.3	1229.5	2.426	3.6	15.3	76.3	8.1	37
A5	5.5	2.499	1250.2	735.5	1253.3	2.414	3.4	16.2	79.1	7.0	44
技术要求							3～5	≥13	65～75	≥8	15～40

③ 绘制沥青混合料试件物理力学指标与沥青用量的关系图

根据表 7.31 中的数据，绘制沥青用量与毛体积密度、空隙率、沥青饱和度、马歇尔稳定性和流值等指标的关系曲线图，如图 7.23 所示。

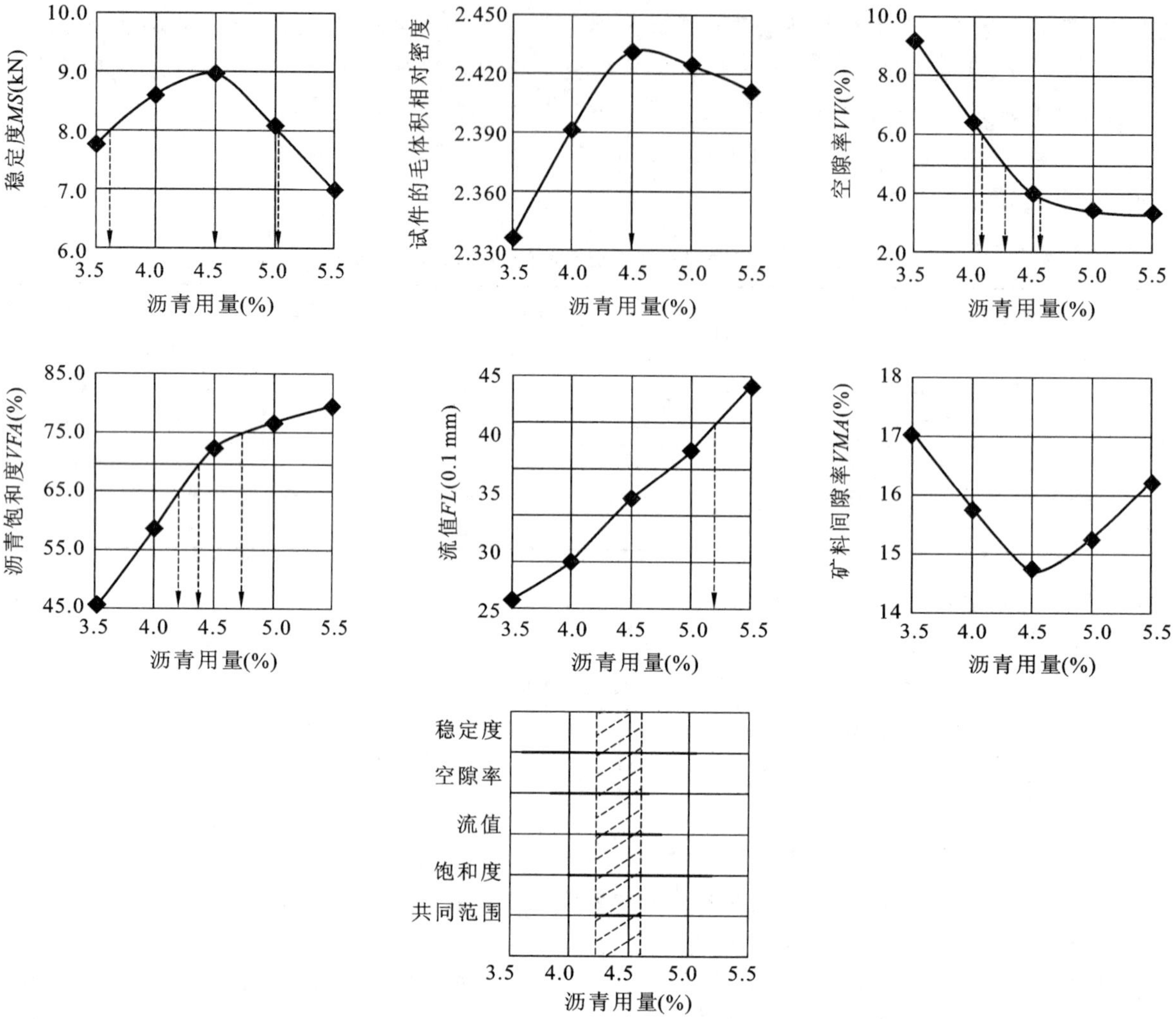

图 7.23　沥青用量与体积参数及马歇尔试验指标的关系曲线

(4) 最佳沥青用量确定

① 确定最佳沥青用量初始值 OAC_1

由图 7.23 得，与马歇尔稳定度最大值对应的沥青用量 $a_1=4.5\%$，对应于试件毛体积相对密度最大值的沥青用量 $a_2=4.5\%$，对应于规定空隙率范围中值的沥青用量 $a_3=4.25\%$，对应于沥青饱和度中值的沥青用量 $a_4=4.35\%$，求取 a_1、a_2、a_3 和 a_4 的算术平均值，得最佳沥青用量初始值：

$$OAC_1=(4.5\%+4.5\%+4.25\%+4.35\%)/4\approx 4.4\%$$

② 确定最佳沥青用量初始值 OAC_2

确定各项指标均符合沥青混合料技术标准要求的沥青用量范围，见图 7.23 阴影部分，其中 $OAC_{min}=4.25\%$，$OAC_{max}=4.6\%$

$$OAC_2=(4.25\%+4.6\%)/2=4.425\%$$

③ 综合确定最佳沥青用量 OAC

一般条件下，以 OAC_1 和 OAC_2 的平均值作为最佳沥青用量，即 $OAC=4.41\%$。

道路所在地区属于夏炎冬温潮湿区 1-4-1，夏季气候炎热，考虑高速公路上渠化交通对沥青路面的作用，预计有可能出现车辙，故取最佳沥青用量 $OAC=4.4\%$。

（5）配合比检验

采用沥青用量 4.4%制备沥青混合料，按照规定方法分别进行沥青混合料的冻融劈裂强度试验和车辙试验，试验结果分别列于表 7.32 和表 7.33，满足 1-4-1 区对沥青混合料水稳定性和抗车辙能力的要求。

表 7.32　AC-20 混合料冻融劈裂试验结果

试件编号	冻融后劈裂强度 σ_2，MPa	常规劈裂强度 σ_1，MPa	冻融劈裂强度比 *TSR*，%	1-4-1 区要求值，%
试件 1	0.86	0.87	87.5	≥75
试件 2	0.74	0.78		
试件 3	0.76	0.97		
试件 4	0.75	0.96		

表 7.33　AC-20 混合料车辙试验结果

试件编号	45 min 车辙深度，mm	60 min 车辙深度，mm	动稳定度，次/mm	动稳定度均值，次/mm	1-4-1 区要求值，次/mm
试件 1	2.442	2.579	4598	4226	≥2800
试件 2	3.583	3.741	3987		
试件 3	2.441	2.595	4091		

（6）目标配合比设计结果汇总

将 AC-20 混合料的目标配合比设计结果汇总于表 7.34。

表 7.34　AC-20 混合料的目标配合比设计结果汇总

矿料配合比	集料编号	1 号	2 号	3 号	4 号	矿粉
	配合比，%	31	25	15	25	4
最佳沥青用量，%		4.4%				
体积参数	空隙率，%	4.2				
	矿料间隙率，%	14.8				
	沥青饱和度，%	70.2				
动稳定度，次/mm		4226				
冻融劈裂强度比 *TSR*，%		87.5				

本章小结

石油沥青是复杂的高分子化合物，可分离为饱和分、芳香分、胶质和沥青质等 4 个组分。根据这些组分结构和含量的不同，可将沥青分为溶胶型、溶-凝胶型和凝胶型等三种胶体结构。沥青的胶体结构与沥青的路用性能有密切关系。沥青具有黏滞性、黏弹性、感温性等一系列特性，通过学习应掌握这些特性及其测试方法。

沥青混合料是由沥青和矿质混合料组成的复合材料。沥青混合料按其矿料级配组成特点，可形成悬浮密实结构、骨架空隙结构、骨架密实结构三种类型。目前最常用的为悬浮密实和骨架空隙结构两种。

沥青混合料强度和稳定性主要材料参数为：黏聚力 c 和内摩擦角 φ。影响混合料材料参数的主要内因为：矿料级配、颗粒形状、表面特性、矿料比面、沥青的性质和用量。影响沥青混合料材料参数的主要外因为：环境温度和荷载条件。

沥青混合料的主要技术性质为：高温稳定性、低温抗裂性、抗老化性、水稳定性、抗疲劳性、抗滑性和施工和易性。

沥青混合料组成材料和质量规格应满足设计要求，并根据道路等级、交通特性、气候条件、施工方法等因素进行选择。

我国现行热拌沥青混合料的配合比设计方法是马歇尔试验方法。其主要内容包括：① 矿料组成设计——采用试算（电算）法或图解法确定各种矿料用量；② 最佳沥青用量确定——通过马歇尔稳定度试验，初步确定沥青最佳用量，然后进行水稳性和动稳定度试验校核调整。

思考题与习题

1. 简述沥青胶体结构的特点。
2. 何谓石油沥青的老化？如何进行评价？
3. 沥青混合料按组成结构可分为哪三类？各种类型的沥青混合料各有什么特点？
4. 影响沥青混合料强度的因素有哪些？
5. 沥青混合料应具备的主要技术性质是什么？如何评价？
6. 简述沥青混合料的高温稳定性？我国常用的两种高温稳定性评价方法及其相应的指标分别是什么？
7. 试述密级配热拌沥青混合料目标配合比设计步骤。
8. 某高等级公路沥青路面上面层沥青混凝土 AC-13 配合比设计。

(1) 设计资料

设计某高等级公路沥青路面上面层沥青混凝土 AC-13，上面层结构设计厚度为 5 cm。

气候分区：沥青路面使用气候分区指标确定处于 1-3 区。

沥青结合料采用 70# A 级道路石油沥青，密度为 1.062，经检验各项技术性能均符合要求。

粗、细集料均为石灰岩。集料分别为：10～15 mm、5～10 mm、机制砂。各档集料与矿粉的主要技术指标见表 7.35，筛分试验结果见表 7.36。

表 7.35　集料和矿粉的表观相对密度和吸水率

	表观相对密度	吸水率，%
10～15 mm	2.745	0.91
5～10 mm	2.724	1.12
机制砂	2.685	1.35
矿粉	3.530	—

表 7.36 集料和矿粉的筛分结果

碎石	筛孔(mm)及各筛孔通过率,%										
	19.0	16.0	13.2	9.5	4.75	2.36	1.18	0.60	0.30	0.15	0.075
10～15 mm	100	100	91.10	14.10	0.67	0.50	0.47	0	0	0	0
5～10 mm	100	100	100	95.06	13.85	2.59	1.69	1.44	0	0	0
机制砂	100	100	100	100	98.22	71.43	45.63	24.77	12.77	5.78	2.99
矿粉	100	100	100	100	100	100	100	100	99.31	92.18	79.62

(2) 设计要求

进行 AC-13 沥青混合料的矿质混合料配合比设计,确定最佳沥青用量。根据高等级公路用沥青混合料要求,检验沥青混合料的水稳定性和抗车辙能力。

8 建筑石材

本章提要

凡是由天然岩石开采而得到的毛料，或经人工加工而制成的块状或板状岩石，统称为石材。石材是最古老的建筑材料之一，具有高强度、高硬度、高耐磨性、高耐久性、丰富多彩的纹理等特点。在建筑中石材常被用作砌体材料、装饰材料，还可以作为胶结材料和人造石的原料。

8.1 岩石的形成和分类

岩石的性能除取决于岩石所含矿物成分外，还取决于成岩条件。按岩石的形成条件可将岩石分为岩浆岩、沉积岩、变质岩三大类，它们具有显著不同的矿物结构与构造。

8.1.1 岩浆岩(火成岩)

岩浆岩是地壳深处的熔岩上升到地表附近或喷出地表冷凝而成的岩石。根据形成条件的不同，岩浆岩可分为深成岩、喷出岩和火山岩。

(1) 深成岩

在地壳深处生成的岩浆喷出地表后缓慢、均匀冷却凝固而形成的岩石称为深成岩。深成岩具有结晶完整、晶粒粗大、结构密致、表观密度大、强度高、吸水性弱、耐久性好等特点。常见的深成岩有花岗岩、正长岩、橄榄岩、闪长岩和辉长岩等。

(2) 喷出岩

喷出岩是岩浆喷出地表后迅速冷却凝固而成的岩石。岩浆喷出地表时，由于压力骤减和迅速冷却，大部分结晶不完全，多呈细小结晶或玻璃质结构。当喷出形成较厚的岩层时，其结构与深成岩相似；当形成较薄的岩层时，冷却较快，且岩浆中气体由于压力降低而膨胀使岩层形成多孔结构，近似于火山岩。建筑上常用的喷出岩有玄武岩、辉绿岩、安山岩等。

(3) 火山岩

火山岩是火山爆发将岩浆喷到空中经急速冷却落下而形成的岩石，呈多孔玻璃质结构，且表观密度小。火山岩通常为散粒状或胶结状，常见的有火山灰、火山渣、浮石、火山凝灰岩等。火山灰、火山渣可作为混合材料，浮石可作为轻混凝土骨料；火山灰、火山渣经覆盖层压力作用胶结而成的岩石，称为火山凝灰岩。火山凝灰岩多孔、质轻、易于加工，可作保温建筑材料，磨细后可作为水泥的混合材料。

8.1.2 沉积岩

沉积岩是由露出地表的岩石在自然界风化、风力搬运、水流冲击作用再沉积并重新成岩的岩石。沉积岩多为层状结构，表观密度小、强度低、吸水率大、耐久性较差，但由于分布广，易开采和加工，因此应用较广。沉积岩根据其生成条件可分为三大类，即机械沉积岩（砂岩、页岩等）、化学沉积岩（石膏、白云岩等）和生物沉积岩（石灰岩、砂岩等）。

8.1.3 变质岩

变质岩是地壳中的各种岩石（岩浆岩、沉积岩等），在地壳运动过程中，在地层压力或温度作用下，在固体状态下发生再结晶作用而使其矿物成分、结构构造以至化学成分发生全部或部分改变而形成的新岩石。变质岩的物理力学性能不仅与原岩的性质有关，而且与变质作用条件及变质程度有关。经过变质过程后，岩浆岩往往变得更为疏松，沉积岩往往变得更为致密。由岩浆岩变质而成的称正变质岩；由沉积岩变质而成的称副变质岩（大理岩、石英岩等）。

8.2 天然石料的主要技术性质及选用

天然石材因生成条件各异，常含有不同种类的杂质，矿物组成会有所变动，即使同一类岩石，性质也可能有很大差别。因此，在使用时，都必须检验和鉴定，以保证工程质量。天然石材的技术性质可分为物理性质、力学性质、化学性质与工艺性质。

8.2.1 物理性质

（1）表观密度

石材的表观密度与其矿物组成和孔隙率有关，并对其抗压强度、耐久性等产生影响。致密的石材如花岗岩、大理石等，其表观密度接近于密度，在 2500～3100 kg/m^3 之间，而孔隙率较大的石材，如火山凝灰岩、浮石岩，表观密度较小，在 500～1700 kg/m^3 之间。通常，同种石材表观密度越大，则抗压强度越高，吸水率越小，抗冻性与耐久性越强，导热性越好。

（2）吸水性

石材的吸水性主要与其孔隙率及孔隙特征有关。吸水性的大小用吸水率表示。岩浆深成岩以及许多变质岩，它们的孔隙率都很小，因而吸水率也很小，如花岗岩的吸水率通常小于 0.5%。沉积岩由于其形成条件的不同，密实程度与胶结情况亦有所不同，孔隙率与孔隙特征变化很大，因而吸水率的波动也很大，如致密的石灰岩吸水率可小于 1%，而多孔贝壳石灰岩吸水率可高达 15%。一般岩石吸水率低于 1.5%的称为低吸水性岩石；吸水率高于 3.0%的岩石称为高吸水性岩石；吸水率介于 1.5%～3.0%的岩石称为中吸水性岩石。与其他材料一样，石材吸水会对其强度、耐水性、导热性、抗冻性等产生很大影响。石料吸水后其强度会降低、耐水性及抗冻性变差，导热性增强。

（3）耐水性

石材的耐水性以软化系数表示，并按软化系数大小分高、中、低三等。软化系数大于 0.90 的为高耐水性石材；软化系数在 0.70～0.90 之间的为中耐水性石材；软化系数在 0.60～0.70 之间的为低耐水性石材。一般软化系数低于 0.80 的石材，不允许用于重要建筑。

（4）抗冻性

石材的抗冻性指标用石材在水饱和状态下所能经受的冻融循环次数来表示。通常在－15 ℃的温度（水在微小的毛细管中低于－15 ℃才能冻结）冻结后，再在 20 ℃的水中融化，这样的过程为一次冻融循环。石材所能经受的冻融循环次数越多，则抗冻性越好。

石材的抗冻性与吸水性有密切关系，吸水率小的石材抗冻性较好。通常认为吸水率小于 0.5%的石材具有抗冻性，可不进行抗冻试验。

影响石材抗冻性的实质在于石材的矿物成分、结构、构造及其风化程度。当石材中含有较多的黑云母、黄铁矿、黏土等矿物时，抗冻性较差；风化程度大者，抗冻性低。在不同地区和不同部位使用石材时需要注意对其抗冻性的要求。

(5) 耐热性

石材的耐热性与其化学成分及矿物组成有关。含有石膏的石材，在 100 ℃以上时开始破坏；含有碳酸镁的石材，温度高于 725 ℃会发生破坏；含有碳酸钙的石材，温度达 827 ℃时开始破坏。由石英与其他矿物所组成的结晶石材（如花岗石等），当温度达到 700 ℃以上时，由于石英受热发生晶型转化而体积膨胀，强度迅速下降。

(6) 导热性

石材的导热性用导热率表示，主要与其致密程度有关。具有封闭孔隙的石材，导热性差。相同成分的石材，玻璃态比结晶态的导热率小。

(7) 坚固性

坚固性是指石材在自然分化和其他外界物理化学因素作用下抵抗破裂的能力，是对石材耐候性的一种快速、简易的检验。

(8) 放射性

天然石材中可能含有某些放射性元素，若超过国家规定的标准值则不安全，特别是一些对人体健康有害的气体（如氡气），被人体经呼吸作用吸入后，在呼吸系统对人体产生电离损害。因此，用于室内及人口稠密处的石材，应符合《建筑材料放射性核素限量》(GB 6566—2010)的规定。

8.2.2 力学性质

(1) 抗压强度

根据《砌体结构设计规范》(GB 50003—2011)规定，石材的抗压强度以 3 块边长为 70 mm 的立方体为一组试件，取在浸水饱和状态下其抗压强度的算术平均值。按抗压强度值分为 MU100、MU80、MU60、MU50、MU40、MU30、MU20 七个强度等级。

水利工程中，将天然石料按直径 50 mm、高 100 mm 圆柱体或 50 mm×50 mm×100 mm 棱柱体试件，浸水饱和状态的极限抗压强度，划分为 100 MPa、80 MPa、70 MPa、60 MPa、50 MPa、30 MPa 六个等级。并按其抗压强度分为硬质岩石、中硬岩石及软质岩石 3 类。水利工程中所用石料的等级一般应高于 30 MPa。

石材的矿物组成、结构及构造特征对其抗压强度均有很大影响。

(2) 其他力学性质与要求

根据天然石材的用途，对其还有抗弯强度、硬度、耐磨性、冲击韧性等方面的技术要求。这些性质同样取决于石材的矿物组成、结构和构造特征。由石英、长石组成的岩石，其硬度和耐磨性大，如花岗岩、石英岩等；由白云石、方解石组成的岩石，其硬度和耐磨性较差，如石灰岩、白云岩等；晶粒细小或含有橄榄石、角闪石等时，冲击韧性好。

8.2.3 工艺性质

石材的工艺性质指其开采和加工过程的难易程度及可能性，包括加工性、磨光性与抗钻性等。

(1) 加工性

加工性是指对岩石进行劈解、破碎、凿琢、磨光和抛光等加工工艺的难易程度。强度、硬度、韧性较高的石材往往不易加工。质脆而粗糙，有颗粒交错结构或含有层片状构造以及已风化的岩石，都难以满足加工要求。

(2) 磨光性

磨光性指石材能否磨成平整光滑表面的性质。一般来讲，具有致密、均匀、细粒结构的岩石磨光性较好，可以磨成平整光滑的表面；而疏松多孔、有鳞片状构造的岩石，磨光性较差。

(3) 抗钻性

抗钻性指对石材进行钻孔加工的难易程度。影响抗钻性的因素很复杂，一般与岩石的强度、硬度等性质有关，强度越高，硬度越大，越不易钻孔。

8.3 人造石材

人造石材从诞生至今经历几十年的研究、开发和创新，已开发出多个品种，广泛应用于商业、住宅，甚至军事领域等。

在商业用途上，人造石材的使用几乎不受限制。根据产品的适应性，它可用于健康中心、医疗机构、公共写字楼、厂矿企业、购物中心等空间中。

8.3.1 树脂型人造石材

树脂型人造石材是以不饱和聚酯树脂为胶结剂，与天然大理碎石、石英砂、方解石、石粉或其他无机填料按一定的比例配合，再加入催化剂、固化剂、颜料等外加剂，经混合搅拌、固化成型、脱模烘干、表面抛光等工序加工而成。使用不饱和聚酯树脂为胶结剂的产品光泽好、颜色鲜艳丰富、可加工性强、装饰效果好；这种树脂黏度低，易于成型，常温下可固化。成型方法有振动成型、压缩成型和挤压成型。室内装饰工程中采用的人造石材主要是树脂型。

8.3.2 复合型人造石材

复合型人造石材采用的黏结剂，既有无机材料，又有有机高分子材料。其制作工艺是先用水泥、石粉等制成水泥砂浆坯体，再将坯体浸于有机单体中，使其在一定条件下聚合而成。对板材而言，底层用性能稳定而低廉的无机材料，面层用聚酯和大理石粉制作。无机胶结材料可用快硬水泥、白水泥、普通硅酸盐水泥、铝酸盐水泥、粉煤灰水泥、矿渣水泥以及熟石膏等。有机单体可用苯乙烯、醋酸乙烯、丁二烯等，这些单体可单独使用，也可组合使用。复合型人造石材制品的造价较低，但它受温差影响后聚酯面易产生剥落或开裂。

8.3.3 水泥型人造石材

水泥型人造石材是以各种水泥为胶结材料，砂、天然碎石粒为粗、细骨料，经配制、搅拌、加压蒸养、磨光和抛光后制成的人造石材。配制过程中，混入色料，可制成彩色水泥石。水泥型人造石材的生产取材方便，价格低廉，但其装饰性较差。水磨石和各类花岗岩即属此类。

8.3.4 烧结型人造石材

烧结型人造石材的生产方法与陶瓷工艺相似，是将长石、石英、辉绿石、方解石等粉料和赤铁矿粉，以及一定量的高岭土共同混合，采用混浆法制备坯料，用半干压法成型，再在窑炉中以1000 ℃左右的高温焙烧而成。烧结型人造石材的装饰性好，性能稳定，但需经高温焙烧，因此能耗大，造价高。

由于不饱和聚酯树脂具有黏度小、易于成型、光泽好、颜色浅、容易配制成各种明亮的色彩与花纹、固化快、常温下可进行操作等特点，因此在上述石材中，树脂型人造石材目前使用最为广泛。

本章小结

天然石材的性能由岩石矿物组成和地质形成条件决定。

天然石材的技术性质可分为物理性质、力学性质、化学性质与工艺性质。

人造石材性能优良，适用范围广泛。

思考题与习题

1. 岩石按地质形成条件分为哪几类？其特性各有哪些？
2. 一般岩石具有哪些主要技术性质？
3. 常用的人造石材有哪几种？它们各有何特点？
4. 相同名称的岩石为什么会出现性质不同的现象？
5. 选用石材时应考虑哪些问题？在不同情况下各应着重考虑哪些问题？

9 墙体与屋面材料

本章提要

用于墙体和屋面的材料是建筑工程中最重要的材料之一。烧土制品作为我国传统的墙体和屋面材料，具有悠久的历史，但其自重大、体积小，已经无法满足现代建筑发展的使用要求；而且生产能耗高，需开挖大量的农田，严重影响生态环境。所以，墙体改革的目标，就是要加速发展保温、隔热、轻质、高强和施工效率高的新型墙体材料和屋面材料，并大幅度减少农田的破坏，降低生产能耗，改善建筑节能效果，提高工业、农业废弃物的利用率。本章主要介绍砌筑墙体的三大类材料（砌墙砖、墙用砌块、墙用板材）及屋面用瓦材和板材。

9.1 墙 体 材 料

在房屋建筑中，墙体具有承重、围护和分隔作用。在混合结构建筑中，墙体材料约占房屋建筑总重的50％，因此合理选用墙体材料，对建筑物的功能、安全以及造价等均具有重要意义。目前，用于墙体的材料品种较多，总体可归纳为砌墙砖、砌块、板材三大类。

9.1.1 砌墙砖

砌墙砖是指以黏土、工业废料或其他地方资源为主要原料，通过不同工艺制成的，用于砌筑建筑承重和非承重墙体的人造小型块材（外形多为直角六面体）。块体高度小于 180 mm 者称为砖；大于或等于 180 mm 者称为砌块。

砌墙砖可按照以下两种方式进行分类：

(1) 按照孔洞率（砖面上孔洞总面积占砖面积的百分率）大小分为普通砖、多孔砖和空心砖。

普通砖：没有孔洞或孔洞率小于 25％，常用于承重部位；

多孔砖：孔洞率大于或等于 25％，孔的尺寸小而数量多，常用于承重部位；

空心砖：孔洞率大于或等于 40％，孔的尺寸大而数量少，常用于非承重部位。

(2) 根据生产工艺分为烧结砖和非烧结砖。

烧结砖：以黏土、页岩、煤矸石或粉煤灰为主要原料，经焙烧而成的砖，如黏土砖（N）、页岩砖（Y）、煤矸石砖（M）、粉煤灰砖（F）、建筑渣土砖（Z）、淤泥砖（U）、污泥砖（W）、固体废弃物砖（G）等；

非烧结砖：以自然养护或常压蒸汽养护或高压蒸汽养护硬化而成的砖，有碳化砖、粉煤灰砖、炉渣砖、灰砂砖等。

9.1.1.1　烧结砖

(1) 烧结普通砖

各种烧结普通砖的生产工艺过程基本相同，现将烧结黏土砖的生产工艺过程简述为：采土—配料调制—制胚—干燥—焙烧—成品。其中焙烧是生产全过程中最重要的环节。砖胚在焙烧过程中，应控制好烧成温度，以免出现欠火砖或过火砖。欠火砖烧成温度过低，孔隙率大，强度低，耐久性差。过火砖烧成温度过高，有弯曲等变形，砖的尺寸极不规整。欠火砖色浅、声哑，过火砖色较深、声清脆。

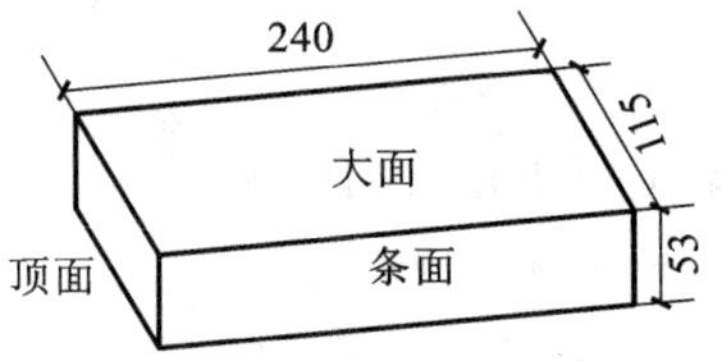

图 9.1　砖的尺寸及平面名称

烧结普通砖是规格为 240 mm×115 mm×53 mm 的直角六面体(图 9.1)。在砌体中，每 4 块砖长、8 块砖宽、16 块砖厚，再加上砌筑灰缝(10 mm)，长度均为 1 m，所以 1 m^3 砖砌体需用砖 512 块。常用配砖规格为 175 mm×115 mm×53 mm，其他配砖规格由供需双方协商确定。

烧结普通砖的体积密度因原料和生产方式不同而异，一般为 1600～1800 kg/m^3。烧结普通砖的吸水率反映了其孔隙率的大小和孔隙构造特征，它与砖的焙烧程度有关。欠火砖吸水率大，过火砖吸水率小，一般吸水率为 8%～16%。

根据《烧结普通砖》(GB/T 5101—2017)的规定，烧结普通砖的技术要求包括尺寸偏差、外观质量、强度等级、抗风化性能、泛霜、石灰爆裂、放射性核素限量等，并规定产品中不准许有欠火砖、酥砖和螺旋纹砖。采用合格与不合格判定产品质量。

① 尺寸偏差

烧结普通砖的尺寸偏差应符合表 9.1 的规定。

表 9.1　烧结普通砖的尺寸偏差

公称尺寸	指标	
	样本平均偏差，mm	样本极差，mm，≤
240	±2.0	6.0
115	±1.5	5.0
53	±1.5	4.0

检验样品数为 20 块，按《砌墙砖试验方法》(GB/T 2542—2012)规定的检验方法进行检验。其中每一尺寸测量不足 0.5 mm 按 0.5 mm 计，每一方向尺寸以两个测量值的算术平均值表示。样本平均偏差是 20 块试样同一方向 40 个测量尺寸的算术平均值减去其公称尺寸的差值，样本极差是抽检的 20 块试样中同一方向 40 个测量尺寸中最大测量值与最小测量值的差值。

烧结普通砖尺寸偏差应符合表 9.1 的相应规定。否则，判不合格品。

② 外观质量

烧结普通砖的外观质量应符合表 9.2 的规定。

表 9.2　烧结普通砖的外观质量

项目		指标，mm
两条面高度差	≤	2
弯曲	≤	2
杂质凸出高度	≤	2

续表9.2

项目		指标,mm
缺棱掉角的三个破坏尺寸	不得同时大于	5
裂纹长度 a. 大面上宽度方向及其延伸至条面的长度 b. 大面上长度方向及其延伸至顶面的长度或条顶面上水平裂纹的长度	≤	 30 50
完整面	不得少于	一条面和一顶面

注:为砌筑挂浆而施加凹凸纹、槽、压花等不算作缺陷。

凡有系列缺陷之一者,不得称为完整面:

缺损在条面或顶面上造成的破坏面尺寸同时大于 10 mm×10 mm。

条面或顶面上裂纹宽度大于 1 mm,其长度超过 30 mm。

压陷、粘底、焦花在条面或顶面上的凹陷或突出超过 2 mm,区域尺寸同时大于 10 mm×10 mm。

外观质量按《砌墙砖检验规则》[JC 466—1992(1996)]二次抽样方案,根据表 9.2 规定的质量指标,检查出其中不合格品数 d_1,按下列规则判定:

$d_1 \leqslant 7$ 时,外观质量合格;

$d_1 \geqslant 11$ 时,外观质量不合格;

$7 < d_1 < 11$ 时,需再次从该批产品中抽样 50 块检验,检查出不合格品数 d_2,按下列规则判定:

$(d_1 + d_2) \leqslant 18$ 时,外观质量合格;

$(d_1 + d_2) \geqslant 19$ 时,外观质量不合格。

③ 强度等级

取 10 块砖样进行抗压强度试验,根据抗压强度平均值和强度标准值来评定砖的强度等级。各等级应满足的强度指标见表 9.3。

表 9.3 烧结普通砖强度等级

强度等级	抗压强度平均值 $\bar{f}$,MPa,≥	强度标准值 f_k,MPa,≥
MU30	30.0	22.0
MU25	25.0	18.0
MU20	20.0	14.0
MU15	15.0	10.0
MU10	10.0	6.5

各项指标按下式计算:

$$f_k = \bar{f} - 1.83s \tag{9.1}$$

$$s = \sqrt{\frac{1}{9}\sum_{i=1}^{10}(f_i - \bar{f})^2} \tag{9.2}$$

式中 f_k——烧结普通砖的抗压强度标准值,MPa,精确至 0.1;

$\bar{f}$——10 块试样的抗压强度平均值,MPa,精确至 0.1;

s——10 块试样的抗压强度标准差,MPa,精确至 0.01;

f_i——单块试样抗压强度值，MPa，精确至0.01。

④ 抗风化性能

抗风化性能指在干湿变化、温度变化、冻融变化等物理因素作用下，材料不破坏并长期保持原有性质的能力。地域不同，风化作用程度就不同。风化区用风化指数进行划分。风化指数是指日气温从正温降至负温或从负温升至正温的每年平均天数与每年从霜冻之日起至消失霜冻之日止这一期间降雨总量（以mm计）的平均值的乘积。风化指数大于或等于12700的地区为严重风化区，风化指数小于12700的地区为非严重风化区，全国风化区划分见表9.4。各地如有可靠数据，也可按计算的风化指数划分本地区的风化区。

表9.4 风化区的划分

<table>
<tr><th colspan="2">严重风化区</th><th colspan="2">非严重风化区</th></tr>
<tr><td>1.黑龙江省
2.吉林省
3.辽宁省
4.内蒙古自治区
5.新疆维吾尔自治区
6.宁夏回族自治区
7.甘肃省
8.青海省
9.陕西省
10.山西省</td><td>11.河北省
12.北京市
13.天津市
14.西藏自治区</td><td>1.山东省
2.河南省
3.安徽省
4.江苏省
5.湖北省
6.江西省
7.浙江省
8.四川省
9.贵州省
10.湖南省</td><td>11.福建省
12.台湾省
13.广东省
14.广西壮族自治区
15.海南省
16.云南省
17.上海市
18.重庆市</td></tr>
</table>

抗风化性能是一项综合性指标，主要受砖的吸水率与地域位置的影响，因而严重风化区中的黑龙江省、吉林省、辽宁省、内蒙古自治区、新疆维吾尔自治区的砖应进行冻融试验，其他地区砖的抗风化性能符合表9.5规定时可不做冻融试验，否则，应进行冻融试验。淤泥砖、污泥砖、固体废弃物砖应进行冻融试验。15次冻融试验后，每块砖样不允许出现分层、掉皮、缺棱、掉角等冻坏现象；冻后裂纹长度不得大于表9.2中第5项裂纹长度的规定。

表9.5 砖的抗风化性能

<table>
<tr><th rowspan="3">砖种类</th><th colspan="4">严重风化区</th><th colspan="4">非严重风化区</th></tr>
<tr><th colspan="2">5 h沸煮吸水率，%
≤</th><th colspan="2">饱和系数，
≤</th><th colspan="2">5 h沸煮吸水率，%
≤</th><th colspan="2">饱和系数，
≤</th></tr>
<tr><th>平均值</th><th>单块最大值</th><th>平均值</th><th>单块最大值</th><th>平均值</th><th>单块最大值</th><th>平均值</th><th>单块最大值</th></tr>
<tr><td>黏土砖、建筑渣土砖</td><td>18</td><td>20</td><td rowspan="2">0.85</td><td rowspan="2">0.87</td><td>19</td><td>20</td><td rowspan="2">0.88</td><td rowspan="2">0.90</td></tr>
<tr><td>粉煤灰砖</td><td>21</td><td>23</td><td>23</td><td>25</td></tr>
<tr><td>页岩砖</td><td rowspan="2">16</td><td rowspan="2">18</td><td rowspan="2">0.74</td><td rowspan="2">0.77</td><td rowspan="2">18</td><td rowspan="2">20</td><td rowspan="2">0.78</td><td rowspan="2">0.80</td></tr>
<tr><td>煤矸石砖</td></tr>
</table>

注：① 粉煤灰掺入量（体积比）小于30%时，抗风化性能指标按黏土砖规定执行；

② 饱和系数为常温24 h吸水量与沸煮5 h吸水量之比。

⑤ 泛霜

泛霜，也叫起霜、盐析、盐霜等，是指可溶性盐类(如硫酸钠等盐类)在砖或砌块表面的析出现象，一般呈白色粉末、絮团或絮片状。这些结晶的粉状物不仅有损于建筑物的外观，而且结晶膨胀也会引起砖表层的酥松，甚至剥落。石灰爆裂是指烧结砖的砂质黏土原料中夹杂着石灰石，焙烧时被烧成生石灰块，在使用过程中会吸水消化成消石灰，体积膨胀约 98%，产生内应力导致砖块裂缝，严重时甚至使砖砌体强度降低，直至破坏。

每块砖不准出现严重泛霜。否则，判不合格。

⑥ 石灰爆裂

砖的石灰爆裂应符合下列规定：

a. 破坏尺寸大于 2 mm 且小于或等于 15 mm 的爆裂区域，每组砖不得多于 15 处。其中大于 10 mm 的不得多于 7 处。

b. 不准许出现最大破坏尺寸大于 15 mm 的爆裂区域。

c. 试验后抗压强度损失不得大于 5 MPa。

石灰爆裂试验结果应符合上述要求，否则，判不合格。

⑦ 判定

外观检验样品中有欠火砖、酥砖和螺旋纹砖，则判该批产品不合格。

出厂检验按出厂检验项目和在时效范围内最近一次型式检验中的抗风化性能、石灰爆裂和泛霜等项目的技术指标进行判定。其中有一项不合格，则该批产品不合格。

型式检验按普通烧结砖各项技术指标进行判定，其中有一项不合格则判该批产品不合格。

由于黏土砖的缺点是制砖取土，大量毁坏农田，且自重大，烧砖能耗高，成品尺寸小，施工效率低，抗震性能差等，所以，我国正大力推广墙体材料改革，以空心砖、工业废渣砖及砌块、轻质板材来代替实心黏土砖。

(2) 烧结多孔砖、多孔砌块和烧结空心砖

用多孔砖、多孔砌块和空心砖代替实心砖不仅可以减轻建筑物自重，节约黏土，节省燃料，降低造价，提高施工效率，而且能改善砖的绝热和隔声性能。所以，推广多孔砖、空心砖的使用也是加快我国墙体材料改革的重要措施之一。

① 烧结多孔砖、多孔砌块

烧结多孔砖规格尺寸(mm)：290、240、190、180、140、115、90；烧结多孔砌块规格尺寸(mm)：490、440、390、340、290、240、190、180、140、115、90。其他规格尺寸由供需双方协商确定。

按《烧结多孔砖和多孔砌块》(GB/T 13544—2011)规定，烧结多孔砖和多孔砌块的尺寸偏差应符合表 9.6 的要求。

表 9.6 烧结多孔砖和多孔砌块的尺寸允许偏差

单位：mm

尺寸	样本平均偏差	样本极差，≤
>400	±3.0	10.0
300～400	±2.5	9.0
200～300	±2.5	8.0
100～200	±2.0	7.0
<100	±1.5	6.0

烧结多孔砖、多孔砌块的强度根据抗压强度分成 MU30、MU25、MU20、MU15、MU10 五个强度等级，评定方法完全与烧结普通砖相同，其具体指标参见表 9.3。孔型孔结构及孔洞率符合表 9.7 的规定。

表 9.7 烧结多孔砖、多孔砌块的孔型孔结构及孔洞排列

孔型	孔洞尺寸，mm		最小外壁厚，mm	最小肋厚，mm	孔洞率，%		孔洞排列
	孔宽度尺寸 b	孔长度尺寸 L			砖	砌块	
矩形条孔或矩形孔	≤13	≤40	≥12	≥5	≥28	≥33	1. 所有孔宽应相等，孔采用单向或双向交错排列； 2. 孔洞排列上下、左右应对称，分布均匀，手抓孔的长度方向尺寸必须平行于砖的条面

注：① 矩形孔的孔长 L，孔宽 b 满足 $L \geqslant 3b$ 时，为矩形条孔。
② 孔四个角应做成过渡圆角，不得做成直尖角。
③ 如设有砌筑砂浆槽，则砌筑砂浆槽不计算在孔洞率内。
④ 规格大的砖和砌块应设置手抓孔，手抓孔尺寸为(30～40)mm×(75～85)mm。

烧结多孔砖、多孔砌块的外观质量应符合表 9.8 的规定。

表 9.8 烧结多孔砖、多孔砌块的外观质量 单位：mm

项目		指标
1. 完整面	不得少于	一条面和一顶面
2. 缺棱掉角的三个破坏尺寸	不得同时大于	30
3. 裂纹长度		
a. 大面(有孔面)上深入孔壁 15 mm 以上宽度方向及其延伸到条面的长度	不大于	80
b. 大面(有孔面)上深入孔壁 15 mm 以上长度方向及其延伸到顶面的长度	不大于	100
c. 条、顶面上的水平裂纹	不大于	100
4. 杂质在砖或砌块面上造成的凸出高度	不大于	5

注：凡有下列缺陷之一者，不能称为完整面：
① 缺损在条面或顶面上造成的破坏面尺寸同时大于 20 mm×30 mm；
② 条面或顶面上裂纹宽度大于 1 mm，其长度超过 70 mm；
③ 压陷、焦花、粘底在条面或顶面上的凹陷或凸出超过 2 mm，区域最大投影尺寸同时大于 20 mm×30 mm。

② 烧结空心砖

烧结空心砖的孔尺寸大而数量少且平行于大面和条面(图 9.2)，使用时大面受压，孔洞与承压面平行，因而砖的强度不高。

(3) 烧结页岩砖

页岩经坯料调制、成型、干燥和焙烧等工艺制成。生产时可完全不用黏土，配料调制时需水量少，有利于砖坯干燥。体积密度比普通黏土砖大，约 1500～2750 kg/m^3，为减轻自重，宜制成空心烧结砖。这种砖颜色与普通砖相似，抗压强度为 7.5～15 MPa，吸水率为 20%左右。页岩砖的质量标准与检验方法及应用范围均与普通砖相同。

9.1.1.2 非烧结砖

现代工业的发展致使各种工业废料排放量剧增。为减少黏土开挖，保护环境，利用工业废料废渣开发研究了很多新型墙体材料。目前应用较为广泛的是蒸养(压)砖。它是以含钙材料(石灰、电石渣等)和含硅

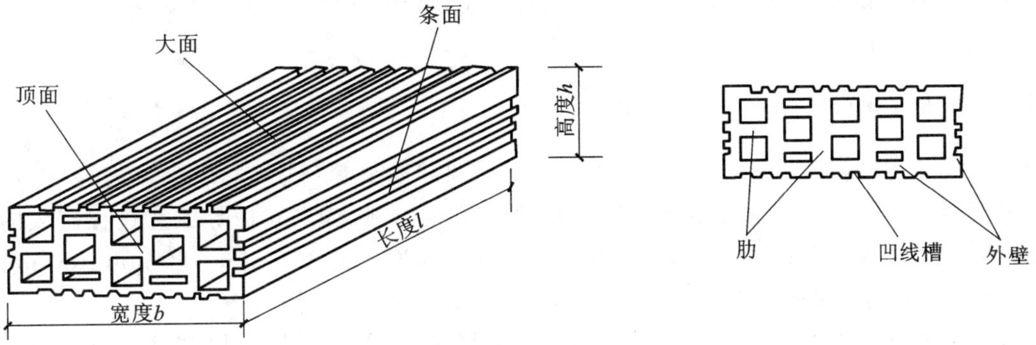

图 9.2 烧结空心砖的外形

材料(砂子、粉煤灰、煤矸石灰渣、炉渣等)与水拌和,经压制成型,在自然条件下或人工水热合成条件(蒸养或蒸压)下,反应生成以水化硅酸钙、水化铝酸钙为主要胶结料的硅酸盐建筑制品,主要品种有灰砂砖、粉煤灰砖、炉渣砖等。

(1) 蒸压灰砂实心砖和实心砌块

蒸压灰砂实心砖(LSSB)、蒸压灰砂实心砌块(LSSU)、大型蒸压灰砂实心砌块(LLSS),是以石灰(10%～20%)、砂子为原料(也可加入着色剂或掺合剂),经配料、拌和、压制成型和蒸压养护(175～191 ℃,0.8～1.2 MPa 的饱和蒸汽)而制成。其尺寸规格应考虑工程应用砌筑灰缝宽度和厚度要求,由供需双方协商后,在订货合约中确定其标示尺寸。体积密度约为 1800～1900 kg/m^3。根据《蒸压灰砂实心砖和实心砌块》(GB/T 11945—2019)的规定,按抗压强度分为 MU10、MU15、MU20、MU25、MU30 五个强度等级。

灰砂砖中的水化硅酸钙、氢氧化钙等不耐酸、也不耐热,因此,灰砂砖不得用于长期受热(200 ℃以上)、受急冷急热和有酸性介质侵蚀的建筑部位,也不宜用于有流水冲刷的部位。

(2) 蒸压粉煤灰砖

蒸压粉煤灰砖是利用电厂废料粉煤灰为主要原料,掺入适量的石灰和石膏或再加入部分炉渣等,经配料、拌和、压制成型、常压或高压蒸汽养护而成的实心砖,产品代号 AFB。其外形尺寸同普通砖,呈深灰色,体积密度约为 1500 kg/m^3。

根据《蒸压粉煤灰砖》(JC/T 239—2014)中规定,蒸压粉煤灰砖按抗压强度和抗折强度划分为 MU10、MU15、MU20、MU25、MU30 五个强度等级。

(3) 炉渣砖

炉渣砖是以炉渣为主要原料,掺入适量(水泥、电石渣)石灰、石膏,经混合、压制成型、蒸养或蒸压养护而成的实心炉渣砖。炉渣砖主要用于一般建筑物的墙体和基础部位。其尺寸规格与普通砖相同,呈黑灰色,体积密度为 1500～2000 kg/m^3。根据《炉渣砖》(JC/T 525—2007)中规定,按其抗压强度分为 MU25、MU20、MU15 三个强度等级。

炉渣砖干燥收缩率应不大于 0.06%,耐火极限不小于 2 h。

9.1.2 墙用砌块

砌块是用于砌筑的人造块材,尺寸较砌墙砖大,一般为直角六面体。是一种新型墙体材料,可以充分利用地方资源和工业废渣,并可减少黏土开挖和改善环境;生产工艺简单,原料来源广;尺寸大,能提高砌筑效率;还可改善墙体功能。

按尺寸规格可将砌块分为小、中大型。通常将高度为 180～350 mm 的称为小型砌块;高度为 360～900 mm 的称为中型砌块;大型砌块尺寸则更大。小型砌块适应性强,使用方便,在建筑领域的应用越来越广泛。

按用途可分为承重砌块和非承重砌块。

按有无孔洞可分为实心砌块(无孔洞或空心率小于 25%)和空心砌块(空心率大于或等于 25%)。

按材质又可分为硅酸盐砌块、轻集料混凝土砌块、加气混凝土砌块、混凝土砌块等。

本节介绍几种常用砌块。

9.1.2.1 蒸压加气混凝土砌块(代号 AAC-B)

蒸压加气混凝土砌块，是以钙质材料(水泥、石灰等)和硅质材料(砂、矿渣、粉煤灰等)以及加气剂(铝粉)等，经配料、搅拌、浇注、发气(由化学反应形成孔隙)、预养切割、蒸汽养护等工艺过程制成的多孔轻质、块体硅酸盐材料。尺寸规格有：长度 600 mm；宽度 100 mm、120 mm、125 mm、150 mm、180 mm、200 mm、240 mm、250 mm、300 mm；高度 200 mm、240 mm、250 mm、300 mm 等。

砌块按尺寸偏差分为Ⅰ型和Ⅱ型。Ⅰ型适用于薄灰缝砌筑，Ⅱ型适用于厚灰缝砌筑；按抗压强度分为 A1.5、A2.0、A2.5、A3.5、A5.0 五个级别。强度级别 A1.5、A2.0 适用于建筑保温；按干密度分为 B03、B04、B05、B06、B07 五个级别，干密度级别 B03、B04 适用于建筑保温。

蒸压加气混凝土砌块的尺寸允许偏差、外观质量、抗压强度和干密度、抗冻性及导热性等指标应分别符合表 9.9 至表 9.13 的规定，干燥收缩值应不大于 0.5 mm/m。

表 9.9 蒸压加气混凝土砌块的尺寸允许偏差

项目	Ⅰ型	Ⅱ型
长度 L	±3	±4
宽度 B	±1	±2
高度 H	±1	±2

表 9.10 蒸压加气混凝土砌块的外观质量

项目			Ⅰ型	Ⅱ型
缺棱掉角	最小尺寸，mm	≤	10	30
	最大尺寸，mm	≤	20	70
	三个方向尺寸之和不大于 120 mm 的掉角个数，个	≤	0	2
裂纹长度	裂纹长度，mm	≤	0	70
	任意面不大于 70 mm 裂纹条数，条	≤	0	1
	每块裂纹总数，条	≤	0	2
损坏深度，mm		≤	0	10
表面疏松、分层、表面油污			无	无
平面弯曲，mm		≤	1	2
直角度，mm		≤	1	2

表 9.11 蒸压加气混凝土砌块的抗压强度和干密度要求

强度级别	抗压强度，MPa		干密度级别	平均干密度，kg/m^3
	平均值	最小值		
A1.5	≥1.5	≥1.2	B03	≤350
A2.0	≥2.0	≥1.7	B04	≤450

续表9.11

强度级别	抗压强度,MPa		干密度级别	平均干密度,kg/m³
	平均值	最小值		
A2.5	≥2.5	≥2.1	B04	≤450
			B05	≤550
A3.5	≥3.5	≥3.0	B04	≤450
			B05	≤550
			B06	≤650
A5.0	≥5.0	≥4.2	B05	≤550
			B06	≤650
			B07	≤750

表 9.12　蒸压加气混凝土砌块的抗冻性

强度等级		A2.5	A3.5	A5.0
抗冻性	冻后质量平均值损失,%	≤5.0		
	冻后强度平均值损失,%	≤20		

表 9.13　蒸压加气混凝土砌块的导热系数

干密度级别	B03	B04	B05	B06	B07
导热系数(干态),W/(m·K),≤	0.10	0.12	0.14	0.16	0.18

产品标记按蒸压加气混凝土砌块代号(AAC-B)、强度和干密度分级、规格尺寸和标准编号进行标记。如抗压强度为A3.5、干密度级别为B05、规格尺寸为600 mm×200 mm×250 mm的蒸压加气混凝土Ⅰ型砌块,其产品标记为:AAC-B　A3.5　B05　600×200×250(Ⅰ) GB/T 11968。

蒸压加气混凝土砌块是应用较多的一种轻型墙体材料。它自重轻、保温、隔热、隔音性能好、传热慢及耐久性好、抗冻性强,但耐水性和耐腐蚀性差。常用于低层建筑的承重墙、多层建筑的隔墙和高层框架结构的填充墙,也可用于一般工业建筑的墙体和屋面结构。作为保温隔热材料也可用于复合墙板和屋面结构中。在无可靠的防护措施时,该类砌块不得用在处于水中或高湿度和有侵蚀介质的环境中,也不得用于建筑物的基础和温度长期高于80 ℃的建筑部位。

9.1.2.2　蒸养粉煤灰砌块(代号FB)

蒸养粉煤灰砌块,是以粉煤灰、石灰、石膏和骨料(炉渣、矿渣)等为原料,经配料、加水搅拌、振动成型、蒸汽养护而制成的密实砌块。规格尺寸主要有880 mm×380 mm×240 mm和880 mm×420 mm×240 mm两种。

蒸养粉煤灰砌块属硅酸盐类制品,其干缩值比水泥混凝土大,弹性模量低于同等级强度的水泥混凝土制品。以炉渣为骨料的粉煤灰砌块,其体积密度为1300～1550 kg/m³,导热系数为0.465～0.582 W/(m·K)。蒸养粉煤灰砌块适用于一般工业与民用建筑的墙体和基础,但不宜用于长期受高温(如炼钢车间)和经常受潮湿的承重墙,也不宜用于有酸性介质侵蚀的建筑部位。

9.1.2.3 混凝土小型空心砌块

混凝土小型空心砌块是由水泥、矿物掺合料、砂、石、水等为原材料，经搅拌、振动成型、养护制成。空心砌块的空心率不小于 25%。按使用时砌筑墙体的结构和受力情况，分为承重砌块(代号 L)和非承重砌块(代号 N)两类。按砌块的抗压强度分级，承重砌块(L)其强度等级分为 MU7.5、MU10.0、MU15.0、MU20.0、MU25.0 五个等级；非承重砌块(N)其强度等级分为 MU5.0、MU7.5、MU10.0 三个等级。砌块的外形宜为直角六面体，常用块型的长度为 390 mm，宽度为 90 mm、120 mm、140 mm、190 mm、240 mm、290 mm，高度为 90 mm、140 mm、190 mm，其他规格尺寸可由供需双方协商确定。采用薄灰缝砌筑的块型，相关尺寸可作相应调整。各项性能要求应符合《普通混凝土小型砌块》(GB/T 8239—2014)的规定。

砌块按下列顺序标记：砌块种类、规格尺寸、强度等级(MU)、标准代号。如规格尺寸为 395 mm×190 mm×194 mm、强度等级为 MU7.5、非承重结构用空心砌块，其产品标记为：NH 395×190×194 MU7.5 GB/T 8239—2014。

这类小型砌块适用于地震设计烈度为 8 度和 8 度以下地区的一般民用与工业建筑物的墙体。对用于承重墙和外墙的砌块，要求其干缩率小于 0.45 mm/m，吸水率应不大于 10%。非承重或内墙用的砌块，其干缩率应不大于 0.65 mm/m，吸水率应不大于 14%。砌块堆放运输及砌筑时应有防雨措施。砌块装卸时，严禁碰撞、扔摔，应轻码轻放、不许翻斗倾卸。砌块应按规格、等级分批分别堆放，不得混杂。

如用粉煤灰陶粒、黏土陶粒、页岩陶粒等轻集料，则可制成轻集料混凝土小型空心砌块。根据《轻集料混凝土小型空心砌块》(GB/T 15229—2011)的规定，按砌块孔的排数分可为四类：单排孔、双排孔、三排孔和四排孔；按其密度等级可分为 700、800、900、1000、1100、1200、1300、1400 八个等级；按其强度可分为 MU2.5、MU3.5、MU5.0、MU7.5、MU10.0 五个等级。

9.1.2.4 混凝土中型空心砌块

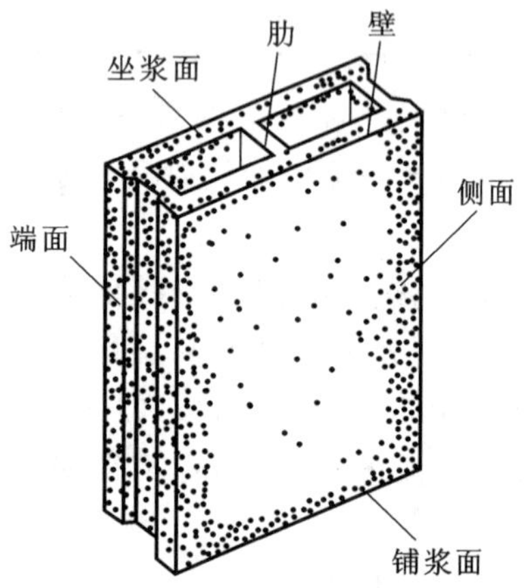

图 9.3 混凝土中型空心砌块的构造形式

混凝土中型空心砌块是以水泥或无熟料水泥，配以一定比例的骨料，制成的空心率大于或等于 25% 的制品。其尺寸规格为：长度 500 mm、600 mm、800 mm、1000 mm；宽度 200 mm、240 mm；高度 400 mm、450 mm、800 mm、900 mm。砌块的构造形式见图 9.3。

这类砌块的干燥收缩值不大于 0.8 mm/m；经 15 次冻融循环后其强度损失不大于 15%，外观无明显疏松、剥落和裂缝；自然碳化系数不小于 0.85。具有体积密度小、强度较高、生产简单、施工方便等特点，适用于民用与一般工业建筑物的墙体。抗压强度应满足表 9.14 的要求。

表 9.14 混凝土中型空心砌块技术性能

强度等级	MU3.5	MU5.0	MU7.5	MU10.0	MU15.0
砌块抗压强度，MPa 不小于	3.5	5.0	7.5	10.0	15.0

9.1.2.5 企口空心混凝土砌块

采用最大粒径为 6 mm 的小石子配制成干硬性混合料，经振动加压成型、自然养护而成。要求形状规整、企口尺寸准确，便于不用砂浆进行干砌(拼装)。具有质量轻，强度较高，耐火、耐冻性较好，制造简单，施工迅速等优点。适用于五层和五层以下的承重墙，或五层以上的非承重墙。作承重墙时可浇筑混凝土角柱或圈梁，以提高抗震抗风能力。砌块空腔中可填充保温材料，以提高墙体的热工性能或安装水电线路，也可作为大跨度的临时隔墙和围墙等。主砌块为 400 mm×200 mm×200 mm 时，质量为 16.4 kg，便于手工操作，组装灵活，北欧、东南亚等地区，就采用该种无砂浆企口型混凝土空心砌块体系直接搭建房屋，是一种有发展前景的砌块类型。

9.1.3 墙用板材

建筑物墙体采用的板材具有轻质、节能、施工速度快、造价低等优点，且结构体系使用面积大、开间布置灵活，因此，各种轻质和复合墙用板材具有良好的发展前景。

我国目前有承重用的预制混凝土大板、质量较轻的石膏板和加气硅酸盐板、各种植物纤维板及轻质多功能复合板材等墙用板材。本节介绍常用的板材。

9.1.3.1 水泥类板材

水泥类墙用板材主要有预应力混凝土空心墙板、玻璃纤维增强水泥空心轻质墙板、纤维增强水泥平板等。

(1) 预应力混凝土空心墙板构造如图 9.4 所示。一般长度为 1000～1900 mm，宽度为 600～1200 mm，总厚度为 200～480 mm。用于承重或非承重外墙板、内墙板、楼板、屋面板和阳台板等。还可按要求配以保温层、外饰面层和防水层等。

(2) 玻璃纤维增强水泥(GRC)空心轻质墙板是以低碱水泥为胶结料，抗碱玻璃纤维或其网格布为增强材料，膨胀珍珠岩为骨料(也可用炉渣、粉煤灰等)，并配以发泡剂和防水剂等，经配料、搅拌、浇注、振动成型、脱水、养护而成。其优点是质轻(60 mm 厚的板 35 kg/m^2)、强度高(抗折荷载，60 mm 厚的板大于 1400 N；120 mm 厚的板大于 2500 N)、隔热[导热系数不大于 0.2 W/(m·K)]、隔声(隔声指数大于 30～45 dB)、不燃(耐火极限 1.3～3 h)、加工方便等。可用于工业和民用建筑的内隔墙及复合墙体的外墙面。

(3) 纤维增强水泥平板(TK 板)是以低碱水泥、耐碱玻璃纤维为主要原料，加水混合成浆，经圆网机抄取制坯、压制、蒸养而成的薄型平板。其长度为 1200～3000 mm，宽度为 800～900 mm，厚度为 4 mm、5 mm、6 mm 和 8 mm。体积密度约为 1750 kg/m^3，抗折强度可达 15 MPa，抗冲击强度不小于 0.25 J/cm^2。由于质量轻、强度高、防潮、防火、不易变形，可加工性(锯、钻、钉及表面装饰等)好，适用于各类建筑物的复合外墙和内隔墙，特别是高层建筑有防火、防潮要求的隔墙。

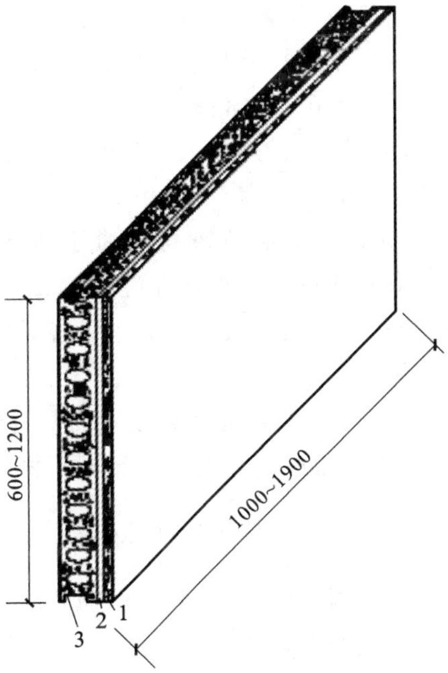

图 9.4 预应力混凝土空心墙板示意图

1—外饰面层；2—保温层；3—预应力混凝土空心板

除上述水泥类墙板外，还有水泥木丝板、水泥刨花板、钢丝网水泥板、水泥木屑板、纤维增强硅酸钙板、玻璃纤维增强水泥轻质多孔隔墙条板、维纶纤维增强水泥平板等。它们均可用于墙体或复合墙板的组合板材。

水泥类墙用板材具有较好的力学性能和耐久性，生产技术成熟，产品质量可靠，可用于承重墙、外墙和复合墙板的外层面。其主要缺点是体积密度大，抗拉强度低(大板在起吊过程中易受损)。

9.1.3.2 石膏类板材

石膏类板材在轻质墙体材料中占有很大比例，主要有纸面石膏板、无面纸的石膏纤维板、石膏空心板和石膏刨花板等。

(1) 纸面石膏板是以石膏芯材及与其牢固结合在一起的护面纸组成，分普通型、耐水型和耐火型三种。

在以建筑石膏及适量纤维类增强材料和外加剂为芯材的配料中加入具有一定强度的护面纸而制成的石膏板为普通纸面石膏板；若在芯材配料中加入防水、防潮外加剂，并用耐水护面纸，即可制成耐水纸面石膏板；若在配料中加入无机耐火纤维和阻燃剂等，即可制成耐火纸面石膏板。纸面石膏板常用规格如下：

长度：1500 mm、1800 mm、2100 mm、2400 mm、2440 mm、2700 mm、3000 mm、3300 mm、3600 mm 和 3660 mm。

宽度：600 mm、900 mm、1200 mm 和 1220 mm。

厚度：9.5 mm、12 mm、15 mm、18 mm、21 mm 和 25 mm。

纸面石膏板具有自重轻（体积密度为 800～950 kg/m^3）、保温隔热［导热系数约 0.20 W/(m·K)］、隔声（隔声指数为 35～50 dB）、防火、抗震，可调节室内湿度，表面平整、尺寸稳定、加工性好，施工简便等优点。但用纸量较大，成本较高。普通纸面石膏板可作为室内隔墙板、复合外墙板的内壁板、天花板等。耐水型板可用于相对湿度较大（≥75%）的环境，如厕所、盥洗室等。耐火型纸面石膏板主要用于对防火要求较高的房屋建筑中。

(2) 石膏纤维板是以纤维增强石膏为基材的无面纸石膏板，用无机纤维或有机纤维与建筑石膏、缓凝剂等经打浆、铺装、脱水、成型、烘干而制成。可节省护面纸，具有质轻、高强、耐火、隔声、韧性高的性能，可加工性好。其尺寸规格和用途与纸面石膏板相同。

(3) 石膏空心板是以熟石膏为胶凝材料，适量加入各种轻质骨料（如膨胀珍珠岩、膨胀蛭石等）和改性材料（如矿渣、粉煤灰、石灰、外加剂等），经搅拌、振动成型、抽芯模、干燥而成。外形与生产方式类似于水泥混凝土空心板。其长度为 2500～3000 mm，宽度为 500～600 mm，厚度为 60～90 mm。具有质轻（600～900 kg/m^3）、比强度高（抗折强度为 2～3 MPa）、隔热［导热系数约为 0.22 W/(m·K)］、隔声（隔声指数大于 30 dB）、防火（耐火极限为 1～2.25 h）、可加工性好等优点，且生产时不用纸，不用胶，安装墙体时不用龙骨，设备简单，较易投产。适用于各类建筑的非承重内隔墙，但若用于相对湿度大于 75%的环境中，则板材表面应作防水等相应处理。

(4) 石膏刨花板是以熟石膏为胶凝材料，木质刨花为增强材料，添加所需的辅助材料，经配合、搅拌、铺装、压制而成。具有上述石膏板材的优点，适用作非承重内隔墙和作装饰板材的基材板。

9.1.3.3 植物纤维类板材

我国是农业大国，农作物资源丰富，利用农业废弃物经过适当处理，制成建筑板材，对于节约能源和保护环境都有重要意义。

(1) 稻草（麦秸）板是将干燥的稻草热压成密实的板芯，在板芯两面及四个侧边用胶贴上一层完整的面纸，经加热固化而成。板芯内不加任何黏结剂，只利用稻草之间的缠绞拧编与压合形成密实并有相当刚度的板材。生产工艺简单，生产线全长只有 80～90 m，从进料到成品仅需 1 h。稻草板生产能耗低，仅为纸面石膏板生产能耗的 1/4～1/3。

稻草板质量轻，体积密度为 310～440 kg/m^3，隔热保温性能好，导热系数小于 0.14 W/(m·K)，单层板的隔音量为 30 dB。如果两层稻草板中间加 30 mm 的矿棉和 20 mm 的空气层，则隔声指数可达 50 dB，耐火极限为 0.5 h。其缺点是耐水性差、可燃。稻草板具有足够的强度和刚度，可以单板使用而不需要龙骨支撑，且便于锯、钉、打孔、黏接和油漆，施工很便捷。适用作非承重的内隔墙、天花板、厂房望板及复合外墙的内壁板。

(2) 稻壳板是以稻壳与合成树脂为原料，经配料、混合、铺装、热压而成的中密度平板。稻壳板可用脲醛胶和聚酯酸乙烯胶粘贴，表面可涂刷酚醛清漆或用薄木贴面加以装饰，可作为内隔墙及室内各种隔断板和壁橱（柜）隔板等。

(3) 蔗渣板是以甘蔗渣为原料，经加工、混合、铺装、热压成型而成的平板。该板生产时可不用胶而利用蔗渣本身含有的物质热压时转化成的呋喃系树脂起胶结作用，也可用合成树脂胶结成有胶蔗渣板。蔗渣板具有质轻、吸声、易加工（可钉、锯、刨、钻）和可装饰等特点，可用作内隔墙、天花板、门芯板、室内隔断用板和装饰板等。

（4）麻屑板以亚麻杆茎为原料，破碎后加入合成树脂、防水剂、固化剂等，经混合、铺装、热压固化、修边、研光等工序制成。其性能、用途同蔗渣板。

9.1.3.4 复合板材

质量较轻和隔热隔声效果较好的石膏板、加气混凝土板、稻草板等，因其耐水性差或强度较低，通常只能用于非承重的内隔墙。具有足够强度和耐久性的水泥混凝土类板材则自重大，隔声保温性能较差。为克服上述单一材料制成的板材的缺点，常用不同材料组合成多功能的复合墙体以满足需要。

常用的复合墙板主要由承受（或传递）外力的结构层（多为普通混凝土或金属板）和保温层（矿棉、泡沫塑料、加气混凝土等）及面层（各类具有可装饰性的轻质薄板）组成，如图 9.5 所示。其优点是承重材料和轻质保温材料的功能都得到合理利用。

（1）混凝土夹心板

混凝土夹心板以 20～30 mm 厚的钢筋混凝土板作内外表面层，中间填以矿渣毡或岩棉毡、泡沫混凝土等保温材料，夹层厚度视热工计算而定，内外两层面板以钢筋件连接，适用于内外墙。

（2）泰柏板

泰柏板是以直径为 $\phi(2.06\pm0.03)$ mm、屈服强度为 390～490 MPa 的钢丝焊接成的三维钢丝网骨架与高热阻自熄性聚苯乙烯泡沫塑料组成的芯材板，两面喷（抹）涂水泥砂浆而成，如图 9.6 所示。该类板轻质高强，隔热隔声，防火、防潮、防震，耐久性好，易加工，施工方便，适用于自承重外墙、内隔墙、屋面板、3 m 跨内的楼板等。

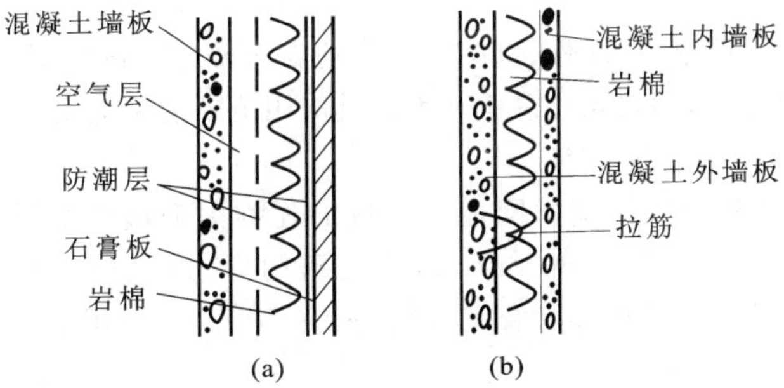

图 9.5 复合墙体构造示意图

（a）拼装复合墙；（b）岩棉-混凝土预制复合墙板

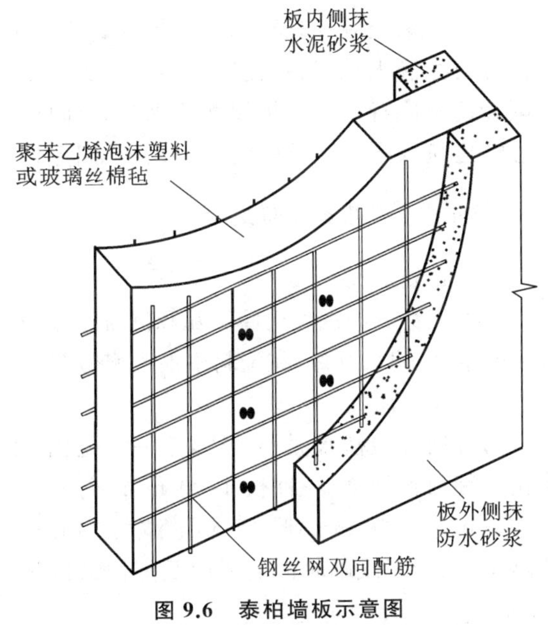

图 9.6 泰柏墙板示意图

由于所用钢丝网骨架构造及夹心层材料、厚度的差别等，该类板材有多种名称，如 GY 板（夹心为岩棉毡）、三维板、3D 板、钢丝网节能板等，但它们的性能和基本结构相似。

（3）轻型夹心板

轻型夹心板是用轻质高强的薄板为外层，中间以轻质的保温隔热材料为芯材组成的复合板。用于外墙面的外层薄板有不锈钢板、彩色镀锌钢板、铝合金板、纤维增强水泥薄板等。芯材有岩棉毡、玻璃棉毡、阻燃型发泡聚苯乙烯、发泡聚氨酯等。用于内侧的外层薄板可根据需要选用石膏类板、植物纤维类板、塑料类板材等。其性能和适用范围与泰柏板基本相同。

9.2 屋面材料

屋面是建筑物最上层的防护结构，起着防风雨、保温隔热的作用。随着建筑物多功能的需要和材料技术的发展、大跨度建筑物的兴建以及人们对生活环境要求的提高，屋面材料已由过去单一的烧结瓦向多种材质的大型水泥类瓦材和高分子复合类瓦材发展，屋面承重结构也由过去主要为预应力钢筋混凝土大型屋面板的形式向承重、保温、防水三合一的轻型钢板结构转变，人们可在大型屋面上种植花草或修建水池等。本节主要介绍各类瓦(板)材。

9.2.1 屋面瓦材

9.2.1.1 烧结类瓦材

(1) 黏土瓦

黏土瓦是以黏土、页岩为主要原料(要求杂质少、塑性好)，经成型、干燥、焙烧而成。按颜色分为红瓦和青瓦，按形状分为平瓦、脊瓦，根据表面状态可分为有釉和无釉两类。

黏土瓦是我国使用历史长且用量较大的屋面瓦材之一，主要用于民用建筑和农村建筑坡屋面防水。但其质量大、质脆、易破损，且由于生产中须消耗土地，能耗大，制造和施工的生产率均不高，因此逐渐为其他品种瓦材所取代。

(2) 琉璃瓦

用难熔黏土制坯，经干燥、上釉后焙烧而成的琉璃瓦，表面光滑、质地坚密、色彩艳丽，造型多样，主要有板瓦、筒瓦、滴水瓦、勾头瓦等。还可制成飞禽、走兽、龙飞凤舞等形象作为檐头和屋脊的装饰，是一种富有我国传统民族特色的高级屋面防水与装饰材料。琉璃瓦耐久性好，但成本较高，一般只限于在古建筑修复、纪念性建筑及园林建筑中的亭、台、楼、阁上使用。

9.2.1.2 水泥类屋面瓦材

(1) 混凝土瓦

混凝土瓦分为混凝土屋面瓦和混凝土配件瓦。其抗折荷重、抗渗性、抗冻性等均应符合国家标准的规定。该瓦成本低、耐久性好，在配料中加入耐碱颜料，可制成彩色瓦，但自重比黏土瓦大。其应用范围同黏土瓦。

(2) 水泥瓦

用普通硅酸盐水泥和砂子，按一定配比，中间加一层低碳冷拔钢丝网加工而成的瓦称为钢丝网水泥大波瓦。有两种规格：一种长 1700 mm、宽 830 mm、厚 14 mm，波高 80 mm，每张瓦重约 50 kg。另一种长 1700 mm、宽 830 mm、厚 12 mm，波高 68 mm，每张瓦重约 39～49 kg。脊瓦每块为 15～16 kg。适用于工厂散热车间、仓库或临时性的屋面及围护结构等处。

9.2.1.3 高分子类复合瓦材

(1) 纤维增强塑料波形瓦

纤维增强塑料波形瓦亦称玻璃钢波形瓦，是采用不饱和聚酯树脂和玻璃纤维为原料，经人工糊制而成。其长度为 1800～3000 mm，宽度为 700～800 mm，厚度为 0.5～1.5 mm。其特点是质量轻、强度高、耐冲击、耐腐蚀、透光率高、制作简单等，是一种良好的建筑材料。它适用于各种建筑的遮阳及车站月台、售货亭、凉棚等的屋面。

(2) 聚氯乙烯波形瓦

聚氯乙烯波形瓦亦称塑料瓦楞板，是以聚氯乙烯树脂为主体加入其他配合剂，经塑化、挤压或压延、压波等而制成的一种新型建筑瓦材。其尺寸规格为 2100 mm×(1100～1300) mm×(1.5～2) mm。它具有质轻、高强、防水、耐化学腐蚀、透光率高、色彩鲜艳等特点，适用于凉棚、果棚、遮阳板和简易建筑的屋面等处。

(3) 木质纤维波形瓦

该瓦是利用废木料制成的木纤维与适量的酚醛树脂防水剂配制后，经高温高压成型、养护而成。长1700 mm、宽750 mm、厚5.5 mm，波高40 mm，每张瓦重7～9 kg。该种瓦的横向跨度集中破坏荷载为2000～4000 N(支距1500 mm)。吸水率不大于20%。导热系数为0.09～0.16 W/(m·K)。在浸水耐热及耐寒试验中，经25次循环无翘曲、分层、裂纹现象。它适用于活动房屋及轻结构房屋的屋面及车间、仓库、料棚或临时设施等的屋面。

(4) 玻璃纤维沥青瓦

该瓦是以玻璃纤维薄毡为胎料，以改性沥青涂敷而成的片状屋面瓦材。其表面可撒各种彩色的矿物粒料，形成彩色沥青瓦。该瓦质量轻，互相黏结的能力强，抗风化能力好，施工方便，适用于一般民用建筑的坡屋面。

9.2.2 屋面用轻型板材

在大跨度结构中，传统的钢筋混凝土大板屋盖自重大，不保温，且需另设防水层。随着彩色涂层钢板、超细玻璃纤维、自熄性泡沫塑料的出现，轻型保温的大跨度屋盖得以迅速发展。

(1) EPS轻型板

EPS隔热夹心板是集承重、保温、防水于一体(即三合一)，直接铺于檩条之上的轻型屋面板。以0.5～0.75 mm厚的彩色涂层钢板为表面材，自熄聚苯乙烯为芯材，用热固化胶在连续成型机内加热加压复合而成。其质量为混凝土屋面的1/30～1/20，保温隔热性好，导热系数为0.034 W/(m·K)，施工简便(无湿作业，不需二次装修)。可制成平面形或曲面形板材，适合多种屋面形式，如图9.7所示。该板可用于大跨度屋面结构，如体育馆、展览厅、冷库等。

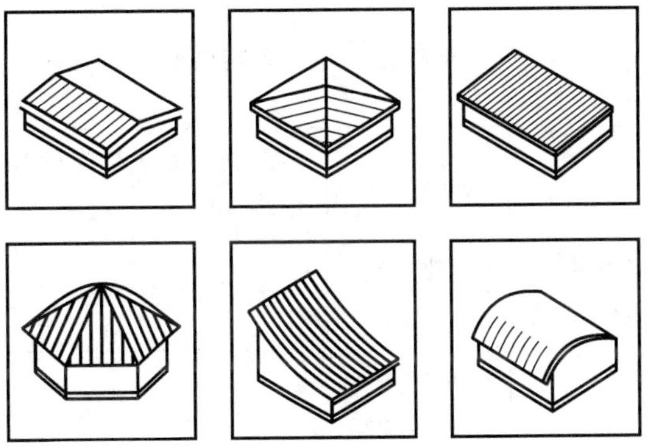

图9.7 涂层钢板屋面形式

(2) 硬质聚氨酯夹心板

该板由镀锌彩色压型钢板(面层)与硬质聚氨酯泡沫(芯材)复合而成。压型钢板厚度为0.5 mm、0.75 mm、1.0 mm。彩色涂层为聚酯型、硅改性聚酯型、氟氯乙烯塑料型，这些涂层均具有极强的耐气候性。

复合板材的导热系数约为0.022 W/(m·K)，体积密度为40 kg/m^3，当板厚为40 mm时，其平均隔音量为25 dB。具有质量轻、强度高，保温、隔音效果好，色彩丰富，施工简便的特点，是承重、保温、防水三合一的屋面板材。可用于大型工业厂房、仓库、公共设施等大跨度建筑和高层建筑的屋面结构。

9.2.3 植被屋面

如图9.8所示，在具有防水层的钢筋混凝土屋面上增设50～100 mm厚的水渣或细炉渣层，再加100～200 mm厚蛭石或蛭石粉，然后铺100～150 mm厚的种植土，即可种植花草类植物。该类屋面有利于增强屋顶的隔热、保温性能，如在高温季节，室内温度能大幅度降低，使居住者无烘烤感，此外，有利于美化和改善环境，但增大了屋面荷载。可用于大型高层公寓性建筑或与公共建筑相连的多层停车场结构的屋面(做成空间花园以增大高层建筑中人们的活动空间)等。

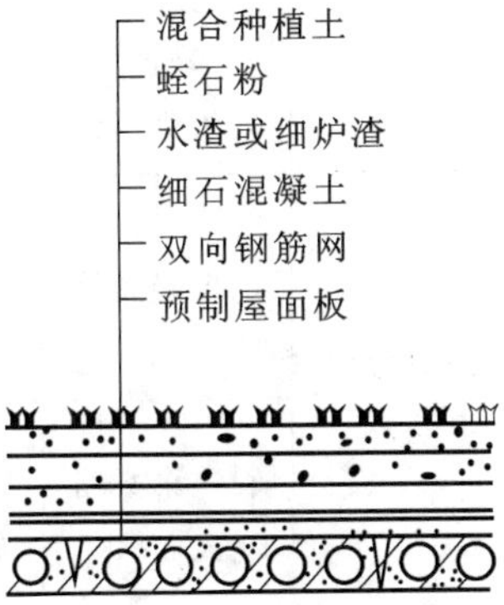

图9.8 植被屋面构造示意图

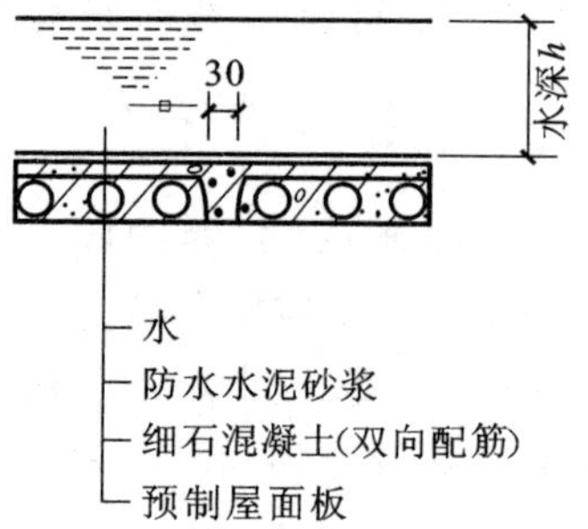

图 9.9 刚性蓄水屋面构造示意图

9.2.4 刚性蓄水屋面

刚性蓄水屋面是直接利用水泥混凝土作为防水层(刚性自防水)的蓄水屋面。其构造如图 9.9 所示,即屋顶水池结构。水池底部与池壁一次浇成,振捣密实,初凝后即逐步加水养护。蓄水深度 h 应按当地降雨量和蒸发量综合考虑,以 400~600 mm 为宜,若养殖,则深度按实际情况决定。该类屋面能充分发挥水硬性胶凝材料的特点,防水抗渗性强,热工性能好,可避免混凝土的碳化风化,耐久性好,但屋面结构的自重增大。

综上所述,现将常用屋面材料总结归纳于表 9.15 中,以便复习查阅。

表 9.15 常用屋面材料主要组成、特性和应用

品种		主要组成材料	主要特性	主要用途
烧结类瓦材	黏土瓦	黏土、页岩	按颜色分为红瓦、青瓦;按形状分为平瓦、脊瓦。常用,但自重大,易脆裂	民用建筑坡形屋面防水
	琉璃瓦	难熔黏土	表面光滑、质地坚密、色彩美丽,耐久性好	高级屋面防水与装饰
水泥类瓦材	混凝土瓦	水泥、砂或无机硬质细骨料	成本低,耐久性好,但自重大	同黏土瓦
	纤维增强水泥瓦	水泥、增强纤维	防水、防潮、防腐、绝缘	厂房、库房、堆货棚、凉棚
	钢丝网水泥大波瓦	水泥、砂、钢丝网	尺寸、自重较大	工厂散热车间、仓库、临时性围护结构
高分子类复合瓦材	玻璃钢波形瓦	不饱和聚酯树脂、玻璃纤维	轻质、高强、耐冲击、耐热、耐蚀、透光率高、制作简单	遮阳、车站站台、售货亭、凉棚等屋面
	塑料瓦楞板	聚氯乙烯树脂、配合剂	轻质、高强、防水、耐蚀、透光率高、色彩鲜艳	凉棚、果棚、遮阳板、简易建筑屋面
	木质纤维波形瓦	木纤维、酚醛树脂防水剂	防水、耐热、耐寒	活动房屋、轻结构房屋屋面,车间、仓库、料棚、临时设施等屋面
	玻璃纤维沥青瓦	玻璃纤维薄毡改性沥青	轻质、黏结性强、抗风化、施工方便	民用建筑坡屋面
轻型复合板材	EPS 轻型板	彩色涂层钢板、自熄聚苯乙烯、热固化胶	集承重、保温、隔热、防水、装修为一体,且施工方便	体育馆、展览厅、冷库等跨度屋面结构
	硬质聚氨酯夹心板	镀锌彩色压型钢板、硬质聚氨酯泡沫塑料	集承重、保温、防水为一体,且耐候性极强	大型工业厂房、仓库、公共设施等大跨度屋面结构和高层建筑屋面结构

本章小结

本章主要讲述了传统的黏土烧结类砖、瓦材料的品种、性能、规格等，介绍了新型节能利废的墙体及屋面材料。墙体材料除必须具有一定强度、能承受荷载外，还需具有相应的防水、抗冻、绝热、隔声等功能，而且要自重轻，价格适当，经久耐用。同时，应就地取材，尽量利用工业副产品或废料加工制成各种墙砖、砌块、板材等。为了满足墙体多种功能的需要，应发展复合墙板。只有用新型的、轻型的墙体材料取代黏土实心砖，才能使墙体材料摆脱传统单一的秦砖汉瓦面貌，逐渐发展为节约能源、节省土地、保护环境的绿色建材。墙体材料用量很大，约占建筑物总质量的50%，因此合理选用墙材，对建筑物的功能、造价以及安全等有重要意义。

思考题与习题

1. 砌墙砖有哪几类？
2. 烧结普通砖的技术要求有哪些？怎样确定的强度等级？
3. 烧结砖为什么要对泛霜和石灰爆裂情况进行测定？
4. 建筑工程中常用的非烧结砖有哪几种？
5. 墙用砌块按材质分为哪几类？砌块与烧结普通黏土砖相比，有什么优点？

10 木　　材

本章提要

本章主要介绍木材的树种分类、宏观及微观结构和木材的构造，详细阐述了木材的主要性质，并对木材的主要应用及木材的防腐处理进行了介绍。

本章应了解木材的各向异性、湿胀干缩性、含水率等对木材性能的影响，了解木材在装饰工程中的主要应用。

木材作为一种重要的建筑材料，有着悠久的使用历史，在建筑上得到了广泛的使用。木材是当今四大材料“水泥、钢材、塑料、木材”中唯一可再生，又可以循环利用的天然资源，属于绿色生态建筑材料，具有密度小、弹性和韧性好、强度高、导热性能低以及容易加工、黏结性好等特点，同时木材还具备良好的抗震性、耐冲击等性能，经过一定的处理之后还具有良好的耐久性和抗腐蚀性，在建筑功能上还具有良好的隔热、隔音、调节室温的作用。木材经常被用作混凝土的模板、脚手架，也可以用于结构物的梁、板、柱，门窗、栏杆等。目前在北美建筑市场，近85%的多层住宅以及约95%的低层住宅，都采用轻型木结构。目前我国建筑用木材约占工业用木材总量的49%。

木材生长周期缓慢、成材不易、数量有限，远跟不上生产建设的需要，而且木材也存在构造不均匀、各向异性、吸湿以后容易变形、容易遭受腐蚀及易燃烧等缺陷。因此，掌握木材的特性，做到科学、节约、综合使用则显得尤为重要。

10.1　木材的分类与构造

10.1.1　木材的分类

树木的种类很多，一般按树种可以分为阔叶树和针叶树，树木类型不同，木材的性质及应用也不相同。

10.1.1.1　阔叶树

阔叶树一般指双子叶植物类的树木，树叶宽大呈片状，叶面宽阔，叶脉成网状，叶常绿或落叶，阔叶树的树干一般通直，部分较短，容易产生胀缩、翘曲和裂缝，但木质坚硬，不容易加工，因此又称之为硬木材。阔叶树的经济价值较高，有不少为重要用材树种，常用的树种有水曲柳、桦树、榆树等，还有一些名贵的树种，比如樟树、楠木等。阔叶树在建筑工程中主要用来制作家具、胶合板等。

10.1.1.2　针叶树

针叶树多为常绿树，其树叶细长如针，树干高直，主要是乔木和灌木。树种多生长缓慢，寿命长。针叶树的表观密度和胀缩变形较小，强度较高，但木质较软，材质均匀，容易加工，因此又称之为软木材。常见的针叶树有红松、樟子松、落叶松、云杉、冷杉、铁杉、杉木、柏本、云南松、华山松、马尾松等。针叶树为林业生产上的主要用材和绿化树种,也是制造纤维、树脂等的原料树种。在建筑工程上,多用于承重构件、门窗、地面装饰材料等。

10.1.2 木材的构造

木材的构造是决定木材性能的重要因素,它决定了木材的性质及木材的用途。树的种类不同,生长环境不同,自然条件的差异,导致木材的构造差别很大。木材属于一种生物材料,由各种不同的细胞组成,因此一般从宏观和微观两方面对木材进行观察。

10.1.2.1 木材的宏观结构

木材的宏观结构是利用肉眼或借助10倍光学玻璃放大镜所观察到的木材的特征,又称为粗视构造。由于木材具有各向异性的特征,因此对于木材的宏观特征可以利用三切面进行观察,即横切面、径切面和弦切面。与树干主轴或木纹相垂直的切面为横切面(X);顺着树干轴向,通过髓心或与年轮垂直的切面为径切面(R);顺木材的纹理,垂直横切面与年轮相切没有通过髓心的纵切面,称为弦切面(T),如图10.1所示。

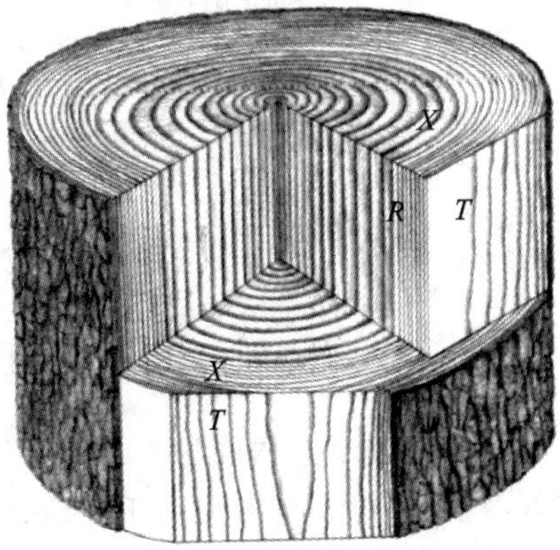

图10.1 木材的宏观结构

X—横切面;R—径切面;T—弦切面

从图10.1可以看出,树木主要由三部分组成,分别为树皮、木质部和髓心。木质部是髓心和树皮之间的部分,是木材使用的主体部分。在木质部中,靠近树皮的部分材色较浅,水分较多,易翘曲变形,耐腐蚀性差,称为边材;靠近髓心部分材色较深,水分较少,不容易发生翘曲变形,耐腐蚀性也较强,称为心材。

围绕着髓心构成的同心圆是树木在每个生长周期所形成的木材,称为年轮;如果木材的年轮较密而且均匀,则木材的材质较好。通常生长季节早期形成的木材,主要是每年生长旺盛时期(春季)形成,由于生长快,细胞大而且排列疏松,细胞壁较薄,颜色较浅,因此组织较松,材质较软,材色较浅,称为早材或春材;而生长季节晚期形成的木材,主要是树木生长的后期(夏秋季)形成,组织和材质较致密,材色较深,称为晚材或夏材。在木材中晚材所占的比例越大,那么木材的强度和密度就越大,木材的材质就越好。

由第一轮年轮组成的初生木质部分称为髓心,它是树木的中心部分,也是木材第一年生成的部分,髓心部分质地疏松脆弱,强度低,容易腐蚀和被虫蛀蚀、容易产生腐朽开裂;在树木的横断面上,由髓心至树皮,沿半径方向呈辐射状走向的条纹称为髓线,由于髓线与周围细胞联结软弱,是木材中较为脆弱的部分,因此木材在干燥时常沿髓线产生裂纹。

10.1.2.2 木材的微观结构

用光学显微镜观察到的木材的结构,称为木材的微观结构。在显微镜下观察,可以看到木材是由无数管状细胞紧密结合而成,这些管状细胞大致与树干轴线平行,而髓线是横向排列,如图10.2所示。每个细胞分为细胞壁和细胞腔两部分,而细胞壁又由若干层纤维组成,木材的细胞壁越厚,腔越小,木材就越密实,木材的强度和表观密度也就越大,但胀缩变形也随之增大。细胞之间的横向联结要弱于纵向联结,因此细胞的纵向强度高,而横向强度较低。在细胞壁的纤维之间有较小的孔隙,木材通过这些孔隙可以吸收和散失水分。

针叶树和阔叶树微观构造有较大差别,如图10.2和10.3所示。针叶树显微结构简单,而且规则,髓线细、不明显;而阔叶树显微结构相对较为复杂,最大的特点是髓线发达,粗大、明显。

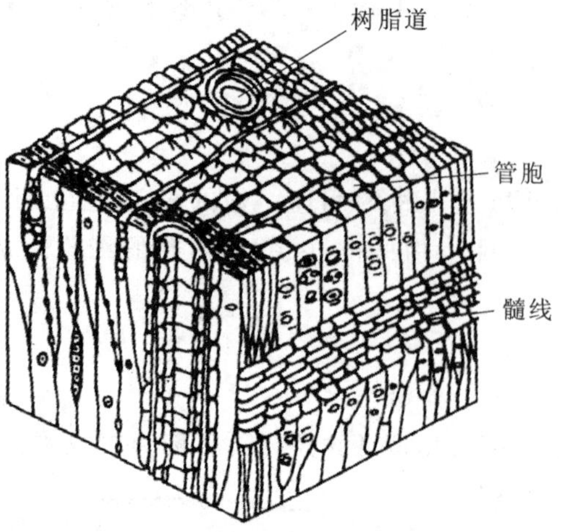

图 10.2 马尾松(针叶树)的显微构造

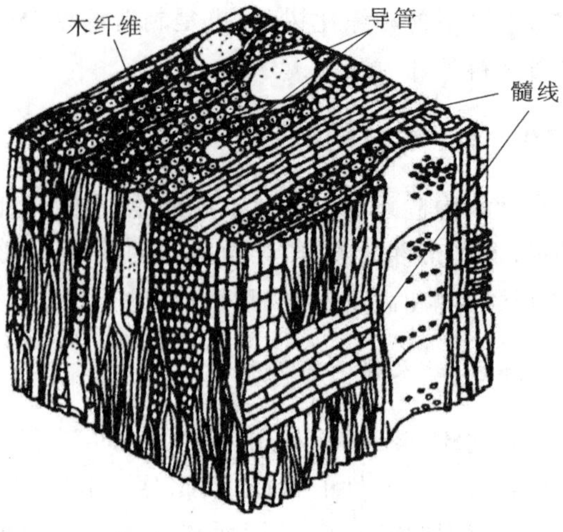

图 10.3 柞木(阔叶树)的显微构造

10.2 木材的主要性质

10.2.1 木材的密度和表观密度

各种木材之间密度相差不大,平均约为 1.55 g/cm³。由于木材在生长的过程中受生长条件、内部组织结构等因素的制约,同时也由于产地、树龄及在树干中的部位不同,不同的木材之间表观密度却相差较大,比如广西的蚬木表观密度为 1.128 g/cm³,而台湾的二色轻木表观密度仅为 0.186 g/cm³,木材的表观密度平均约为 0.5 g/cm³。含水量对木材的表观密度影响较大,通常以含水率为 15%时的表观密度为准。

10.2.2 含水量

10.2.2.1 含水率

正常状态下的木材及其制品,都会有一定的水分,木材的含水量用含水率来度量,即用木材中所含水的质量占木材干燥质量的百分率来表示。

木材由于细胞壁和纤维之间存在孔隙,吸水能力比较强,周围的湿度发生变化时,木材的含水量会随着湿度的变化而发生变化。木材中的水主要由三部分组成,一部分存在于细胞腔内,属于自由水,另一部分存在于细胞壁内,属于吸附水,还有一部分是属于构成细胞化学成分的化合水。木材在干燥的过程中,首先是自由水蒸发,自由水的蒸发会直接影响到木材的表观密度以及木材的抗腐蚀性;吸附水是木材在潮湿的环境下细胞壁开始吸水,导致木材的强度和湿胀干缩性发生变化;而构成细胞化学成分的结合水会随木材的品种不同而异,对木材的性质几乎没有影响。

10.2.2.2 平衡含水率

当木材长期处于一定温度、湿度的环境中时,木材吸收和放出的水分趋于平衡,此时木材的含水率相对变化幅度很小,并趋于稳定,称之为木材的平衡含水率。木材的平衡含水率并不固定,它会随着周围空气温度、湿度的变化而变化。我国木材的平衡含水率为 15%左右,北方气候干燥,木材的平衡含水率一般为 12%,而南方气候潮湿,平衡含水率一般为 16%。

10.2.2.3 纤维饱和点

当木材处于潮湿的环境中时,木材开始吸附水分,首先是细胞壁开始吸附,吸水饱和之后,多余的水就称为自由水；当木材处于干燥的环境中时，首先是自由水蒸发，然后才是吸附水蒸发，在此过程中当细胞腔内没有自由水，而细胞壁中的吸附水达到饱和，此时木材的含水率称为木材的纤维饱和点。它是木材许多性质发生变化的一个转折点。当木材的含水率在纤维饱和点以上变化时，此时木材的强度不会受到影响，但是当木材的含水率低于纤维饱和点时，木材的强度会随着木材含水率的下降而增大，主要的原因是细胞壁失去水分，木材逐渐变干而更加致密，提高了木材的强度。

10.2.2.4 木材的湿胀干缩

木材仅当细胞壁内吸附水的含量发生变化才会引起木材的变形，即湿胀干缩。当木材从较高的含水状态干燥失去水分到达纤维饱和点时，木材会由于失水而引起表观密度的变化，但木材的尺寸不发生变化。当含水率低于纤维饱和点时，木材中的水分都存在于细胞壁的纤维上，此时不管是吸附水增加还是减少，均会引起木材体积的膨胀或者收缩。如图 10.4 所示为木材含水率与胀缩变形的关系。

木材在不同方向上的干缩值是不相同的，在顺纹方向（纵向）干缩最小，径向干缩居中，而弦向干缩最大，一般纵向干缩为 0.1%～0.35%，径向干缩为 3%～6%，而弦向干缩可以达到 6%～12%。所以潮湿的木材在干燥的过程中，各方向的收缩会出现差异。

通常木材的湿胀干缩因树种不同而有所差异，表观密度大、夏材含量多的木材的胀缩变形比较大。由于木材的收缩变形会影响到木材的使用功能，干缩会导致木材发生变形、开裂、翘曲等。所以木材一般在使用前先对其进行干燥，使其接近于与环境温湿度相适应的平衡含水率，然后再进行使用。

生材或湿材干燥时，由于木材弦向干缩远大于径向干缩及两者干缩不一致的共同影响，原木解锯后的方材、板材、圆柱等的端面发生多种形变，如图 10.5 所示。

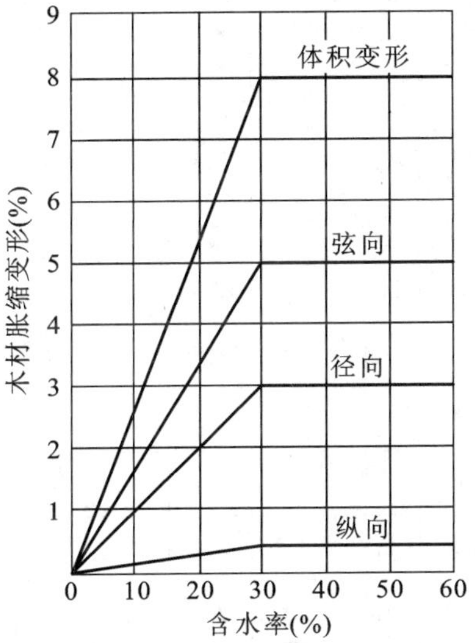

图 10.4 木材含水率与胀缩变形的关系

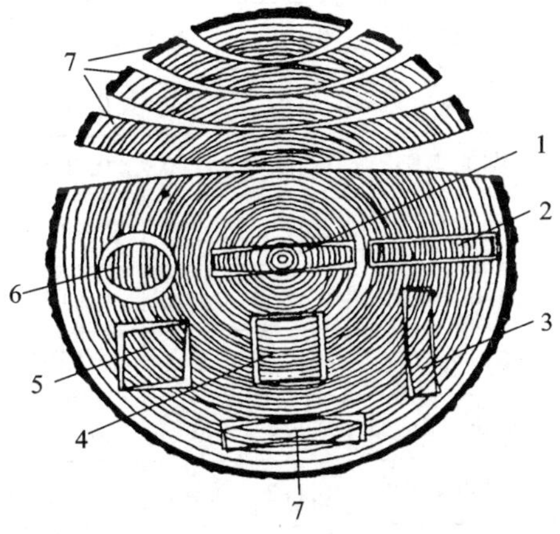

图 10.5 木材干燥后截面形状的改变

1—通过髓心的径锯板呈凸形；2—边材径锯板收缩较为均匀；3—板面与年轮成 40°角发生翘曲；4—两边与年轮平行的正方形变长方形；5—与年轮成对角线的正方形变菱形；6—圆形变椭圆形；7—弦锯板呈翘曲

10.2.3 木材的强度

树木在生长的过程中会由于环境的不同而造成内部组织的不均匀，所以木材的强度也有所不同。按照木材的受力状态可以把木材的强度分为抗拉、抗压、抗剪和抗弯强度四种，而抗拉、抗压和抗剪强度又有顺纹和横纹之分，木材的顺纹强度比其横纹强度要大得多，所以在工程上应该尽可能利用木材的顺纹强度。木材的各种强度关系如表 10.1 所示。

表 10.1 木材各强度关系

抗拉强度		抗压强度		抗剪强度		抗弯强度
顺纹	横纹	顺纹	横纹	顺纹	横纹	
2～3	1/20～1/3	1	1/10～1/3	1/7～1/3	1/2～1	1.2～2.0

注：以顺纹抗压强度为 1。

木材强度的检验是采用无疵病的木材制成标准试件，按《无疵小试样木材物理力学性质试验方法 第 1 部分：试材采集》(GB/T 1927.1—2021)锯解及截取，按标准规定进行试验检测。

木材的强度受多方面因素的影响，除了木材自身组织结构的影响之外，还包括含水率、负荷方向、负荷时间、环境温度以及疵病的影响。

建筑工程中常用树种的力学性质如表 10.2 所示。

表 10.2 建筑上常用树种的力学性质

树种		产地	干缩系数		表观密度，g/cm^3	顺纹抗压强度，MPa	顺纹抗拉强度，MPa	抗弯强度，MPa	横纹抗压强度，MPa				顺纹抗剪强度，MPa	
									局部承压比例极限		全部承压比例极限			
			径向	弦向					径向	弦向	径向	弦向	径向	弦向
阔叶树	白桦	黑龙江	0.227	0.308	0.607	42.0	—	87.5	5.2	3.3	—	—	7.8	10.6
	柞木	长白山	0.199	0.316	0.766	55.6	155.4	124.0	10.4	8.8	—	—	11.8	12.9
	麻栎	安徽肥西	0.210	0.389	0.930	52.1	155.4	128.6	12.8	10.1	8.3	6.5	15.9	18.0
	竹叶青刚	湖南吊罗山	0.194	0.438	1.042	86.7	172.0	171.7	21.6	16.5	13.6	10.5	15.2	14.6
	枫香	江西全南	0.150	0.316	0.592	—	—	88.1	6.9	9.7	7.8	11.6	9.7	12.8
	水曲柳	长白山	0.197	0.353	0.686	52.5	138.7	118.6	7.6	10.7	—	—	11.3	10.5
	柏木	湖北崇阳	0.127	0.180	0.600	54.3	117.1	100.5	10.7	9.6	7.9	6.7	9.6	11.1
针叶树	杉木	湖南江华	0.123	0.277	0.371	37.8	77.2	63.8	3.1	3.3	1.8	1.5	4.2	4.9
		四川青衣江	0.136	0.286	0.416	36.0	83.1	63.4	3.1	3.8	2.3	2.6	6.0	5.9
	冷杉	四川大渡河	0.174	0.341	0.433	35.5	97.3	70.0	3.6	4.4	2.4	3.3	4.9	5.5
		长白山	0.122	0.300	0.390	32.5	73.6	66.4	2.8	3.6	2.0	2.5	6.2	6.5
	云杉	四川平武	0.173	0.327	0.459	38.6	94.0	75.9	3.4	4.5	2.8	2.9	6.1	5.9
		新疆	0.139	0.309	0.432	32.0	—	62.1	6.2	4.3	2.9	2.6	6.1	7.0
	铁杉	四川青衣江	0.149	0.273	0.511	46.3	117.8	91.5	3.8	6.1	3.2	3.6	9.2	8.4
		云南丽江	0.145	0.269	0.449	36.1	87.4	76.1	4.6	5.5	3.5	3.8	7.0	6.9
	红松	小兴安岭及长白山	0.122	0.321	0.44	33.4	98.1	65.3	3.7	3.8	—	—	6.3	6.9
	落叶松	小兴安岭	0.169	0.398	0.641	57.6	129.9	118.3	4.6	8.4	—	—	8.5	6.8
		新疆	0.162	0.372	0.563	39.0	113.0	84.6	3.9	6.1	2.9	3.4	8.7	6.7
	马尾松	湖南郴县会同	0.152	0.297	0.519	44.4	104.9	91.0	4.0	6.6	2.1	3.1	7.5	6.7
		广西柳州沙塘	0.123	0.277	0.449	31.4	66.8	66.5	4.3	4.1	2.6	2.6	7.4	6.7

10.2.3.1　含水率对木材强度的影响

木材含水率的大小直接影响着木材的强度。当木材含水率在纤维饱和点以上变化时，木材的强度不发生变化；当木材的含水率在纤维饱和点以下时，随着木材含水率降低，即吸附水减少，细胞壁趋于紧密，木材强度增大，反之，则强度减小。木材的含水率对各种强度的影响程度不同，受影响最大的是顺纹抗压强度，其次是抗弯强度，而顺纹抗剪强度受影响较小，顺纹抗拉强度受影响最小，如图 10.6 所示。

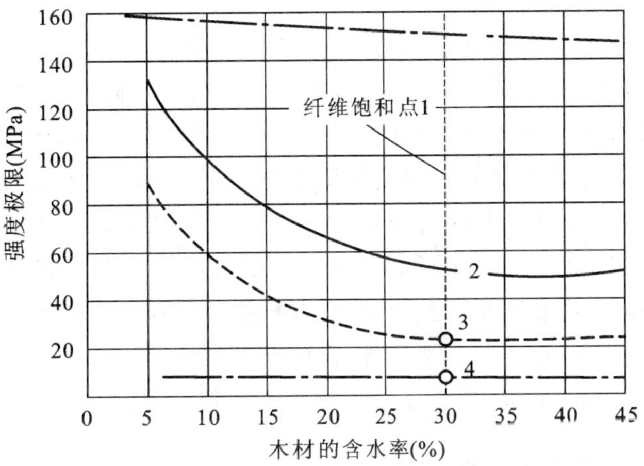

图 10.6　含水率对木材强度的影响

1—顺纹抗拉；2—抗弯强度；3—顺纹抗压；4—顺纹抗剪

为了对各种木材的强度进行比较，我国木材顺纹抗压强度试验方法以木材含水率为 12% 的强度作为标准，其他含水率（w%）时的强度（σ_w）可以按式换算为标准强度（σ_{12}）。

$$\sigma_{12}=\sigma_w[1+\alpha(w-12)] \tag{10.1}$$

式中　σ_{12}——含水率为 12% 时木材的强度，MPa；

σ_w——含水率为 w% 时的木材强度，MPa；

w——试验时木材的实际含水率，%；

α——木材含水率校正系数，顺纹抗压取 0.05，顺纹抗弯取 0.04，顺纹抗剪取 0.03，横纹抗压取 0.045，顺纹抗拉阔叶树木材取 0.015，顺纹抗拉针叶树木材取 0。

10.2.3.2　负荷方向对木材强度的影响

当木材受力时如果荷载方向与木材的纹理不一致，木材的强度会有所不同。比如松木，当荷载方向与木材纹理的夹角为 30°时，抗压强度降低 30%；夹角为 15°时，抗压强度降低 25%。

10.2.3.3　负荷时间对木材强度的影响

在对木材进行强度测试时，由于加荷速度较快，木材断裂测得的强度为木材的暂时强度，在长期荷载下木材所能承受不致引起破坏的最大应力，称为木材的持久强度。一般来说，木材的持久强度只有暂时强度的 50%～60%，因此在进行木结构设计时，应考虑负荷时间对木材强度的影响，一般应以持久强度为依据。

10.2.3.4　环境温度对木材强度的影响

环境温度对木材的强度也会造成一定的影响，当环境温度升高时，木材中的木纤维和木纤维中的胶体会发生软化，木材强度会有一定程度的下降。当温度超过 100 ℃，由于温度过高，木材的组织会发生分解、挥发，木材变黑，强度会大幅度下降。因此，环境温度超过 50 ℃，一般不宜采用木结构。

10.2.3.5　疵病对木材强度的影响

木材的疵病主要有木节、硬块、斜纹、裂纹、腐朽和虫蛀等形态。木材的疵病会使木材的强度降低，直接影响木材的物理力学性质。木材实际强度远低于试验强度，试验强度是用无疵病的标准试件测得的，实际上木材存在不同程度的木节、腐朽、裂纹、斜纹等疵病，这些疵病均能降低木材的强度。

10.3 木材的应用

由于木材具有独特的优良品质，在工业、农业、建筑工程和日常生活中均得到了广泛的应用。木材的木质饰面有一种特殊的美感，不同的木材有不同的纹理结构，不同的纹理结构有不同的装饰效果，这是其他材料所无法相比的。在建筑工程上主要根据木材的树种、等级以及材质情况来合理地应用木材。

木材按照加工程度和用途的不同，可以分为原条、原木和锯材三大类型。原条是只经过打枝、剥皮之后，未经过加工的伐倒木，在建筑工程上主要用来做脚手架、建筑用材以及家具等；原木是原条按一定尺寸、形状、质量的标准规定或特殊规定截成一定长度的木段，这个木段称为原木，原木可以做屋架、桩木、电杆等，加工之后可以做胶合板、方材及一般加工用材等；锯材是将原木锯制成各种规格(包括不带钝棱的)之后的木材，可以作为家具、包装箱板等。

木材的应用主要有以下几种类型。

10.3.1 胶合板

胶合板是由木段旋切成单板或由木方刨切成薄木，再用胶黏剂胶合而成的三层或多层的板状材料，通常用奇数层单板，并使相邻层单板的纤维方向互相垂直胶合而成。一般为3～13层，常用的有3、5、7、9层胶合板，称为三合板、五合板、七合板、九合板。由于相邻层单板的纤维方向是互相垂直的，克服了木材各向异性的缺点，所以整个胶合板材质均匀，具有较高的强度，无疵病，而且幅面较大，可广泛应用于内墙的隔板、天花板、门框、面板等室内装修上。

图 10.7 胶合板

普通胶合板可以分四种类型：(1)耐气候、耐沸水胶合板(NQF)，这类胶合板具有耐久、耐煮沸或蒸汽处理和抗菌等性能，以酚醛树脂或其他性能相当的胶合剂胶合制成，可以在室外使用；(2)耐水胶合板(NS)，此类胶合板能在冷水中浸渍，能经受短时间热水浸渍，具有抗菌性能，但是不耐煮沸，主要是以脲醛树脂胶或其他性能相当的胶合剂胶合制成，主要用于室外工程；(3)耐潮胶合板(NC)，此类胶合板能耐短期冷水浸渍，主要以低树脂含量的脲醛树脂胶、血胶或其他性能相当的胶合剂胶合而成，在室内常态下使用；(4)不耐潮胶合板(BNS)，这类胶合板主要是以豆胶或其他性能相当的胶合剂胶合而成，具有一定的胶合强度，主要在室内常态下使用。胶合板如图10.7所示。

10.3.2 细木工板

细木工板俗称大芯板，是中间为木条拼接，两个表面胶黏一层或者两层单片板而制成的实心板材。按其结构、加工状况和胶黏剂可分为不同的类型。比如按板芯结构可以分为实心细木工板和空心细木工板；按板芯的拼接状况可以分为胶结细木工板和不胶结细木工板；按表面加工状态可以分为单面砂光细木工板、双面砂光细木工板和不砂光细木工板；按使用的环境可以分为室内用细木工板和室外用细木工板；按层数可以分为三层、五层、多层细木工板；按用途可以分为普通用细木工板和建筑用细木工板，等等。按外观质量和翘曲度还可以分为优等品、一等品和合格品。

图 10.8 细木工板

细木工板由于中间是用单片板拼接，板与板之间会有一定的缝隙，因此木材的变形对细木工板的影响相应减小。细木工板的强度和硬度较高，具有质轻、容易加工、不变形等特点，非常适合于室内装修和高档家具制作。细木工板如图10.8所示。

细木工板的尺寸规格和技术性能见表 10.3。

表 10.3 细木工板的尺寸规格、技术性能

长度,mm						宽度,mm	厚度,mm	技术性能
915	1220	1520	1830	2135	2440			
915	—	—	1830	2135	—	915	16 19 22 25	含水率:10%±3%。 静曲强度:厚度为 16 mm,不低于 15 MPa;厚度大于 16 mm,不低于 12 MPa。 胶层剪切强度不低于 1 MPa
—	1220	—	1830	2135	2440	1220		

注:芯条胶拼的细木工板,其横向静曲强度为表中规定值上各增加 10 MPa。

10.3.3 纤维板

纤维板是以木材和其他植物纤维为原料,通过铺装使纤维交织成型,利用纤维自有的胶黏性或辅以胶黏剂、防水剂等助剂,经热压制成的一种人造板。通常按密度可以分为压缩型和非压缩型两种,压缩型板材可以分硬质纤维板(密度大于 0.8 g/cm^3)和中密度纤维板(0.4~0.8 g/cm^3)两种,非压缩型纤维板主要是软质纤维板(密度小于 0.4 g/cm^3)。

硬质纤维板强度高,可加工性好,易弯曲、开榫和打孔,防潮、隔音,广泛应用于装饰工程中;中密度纤维板组织均匀,纤维之间的胶合强度高,因此它的静曲强度、平面抗拉强度等均比刨花板要好,它的强度适中,有较好的可加工性,表面平整、光滑,便于胶黏刨制薄木和薄页纸等饰面材料,且便于涂饰和节约涂料;软质纤维板密度小,空隙率大,具有良好的隔热性和吸声性,在公共建筑物内部的覆盖材料上应用广泛,经过处理之后有更多孔隙的软质纤维板具有一定的吸附性能,可以用来净化空气。

中密度纤维板可以分为普通型、家具型和承重型三种类型。普通中密度纤维板通常不在承重场合使用,可以用于展览的临时展板、隔墙板等;家具型中密度纤维板通常需要进行表面的二次加工,比如装饰装修件、细木工制品等;承重型中密度纤维板通常用于小型结构部件,或在承重状态下使用,比如室内地面铺设、棚架、室内普通建筑部件等。中密度纤维板如图 10.9 所示。

图 10.9 中密度纤维板

中密度纤维板按外观质量可以分为特级品、合格品两个等级,各等级的表面质量要求应满足表 10.4 的规定。

表 10.4 中密度纤维板的表面质量要求

名称	质量要求	允许范围	
		优等品	合格品
分层、鼓泡或炭化	—	不允许	
局部松软	单个面积≤2000 mm^2	不允许	3 个
板边缺陷	宽度≤10 mm	不允许	允许

续表10.4

名称	质量要求	允许范围	
		优等品	合格品
油污斑点或异物	单个面积≤40 mm^2	不允许	1个
压痕	—	不允许	允许

注：同一张板不应有两项或以上的外观缺陷。

软质纤维板的结构比较松软，强度较低，但是具有较好的保温和吸音性能，在建筑工程中主要用于有绝缘、保温和吸音、隔音等要求的部位。

10.3.4 刨花板

刨花板又叫微粒板、蔗渣板，是由木材或其他木质纤维素材料制成的碎料，施加胶黏剂后在热力和压力作用下胶合成的人造板，又称碎料板。刨花板的结构比较均匀，具有很好的可加工性，可以根据工程的需要加工成大幅面的板材，吸音和隔音效果比较好，缺点是边缘粗糙，容易吸湿。

根据刨花板用途分：A类刨花板、B类刨花板。

根据刨花板结构分：单层结构刨花板、三层结构刨花板、渐变结构刨花板、定向刨花板、华夫刨花板、模压刨花板。

根据制造方法分：平压刨花板、挤压刨花板。

按所使用的原料分：木材刨花板、甘蔗渣刨花板、亚麻屑刨花板、棉秆刨花板、竹材刨花板等、水泥刨花板、石膏刨花板。

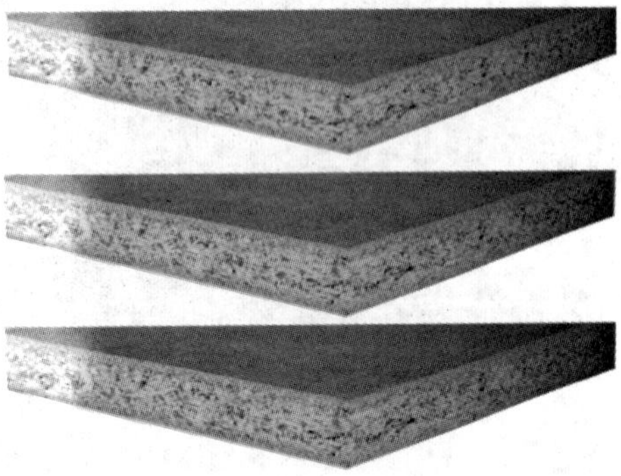

图10.10 刨花板

根据表面状况分：未饰面刨花板（砂光刨花板、未砂光刨花板）、饰面刨花板（浸渍纸饰面刨花板、装饰层压板饰面刨花板、单板饰面刨花板、表面涂饰刨花板、PVC饰面刨花板等）。

按产品分：低密度（0.25～0.45 g/cm^3）刨花板、中密度（0.55～0.70 g/cm^3）刨花板、高密度（0.75～1.3 g/cm^3）刨花板，但通常生产的多是密度为0.65～0.75 g/cm^3 的刨花板。

刨花板可以在木质框架结构中用作墙板、屋顶板、工字梁腹板及地板基材，经饰面处理之后，还可以作为吊顶板材、隔断板材来使用等。刨花板如图10.10所示。

10.3.5 条木地板

图10.11 条木地板

木质地板中使用最为普遍的就是条木地板。地板的面层有单层和双层两种，分空铺和实铺两种类型。空铺时造价较高，因此使用较少，一般均采用实铺的形式。材质要求采用不易腐朽和变形开裂的优质板材。

条木地板自重比较轻，有较好的弹性，导热系数小，而且清洁方便，适合办公室、会议室、住宅等场所的室内装修，是良好的室内地面装饰材料。条木地板如图10.11所示。

10.3.6 拼花木地板

拼花木地板是用不同色彩和树种的木皮拼接，在木质上会呈现具体或者抽象的图案，具有非常好的装饰美感。拼花木地板一般分单层和双层两种，不管是单层还是双层，面层均为拼花硬木板层，面层多选用水曲柳、核桃木、榆木、槐木等质地优良、不易腐朽开裂的硬木树材。拼花木地板适用于宾馆、会议室、住宅等地面装修，如图10.12所示。

图10.12 拼花木地板

拼花木地板的木块尺寸一般为，长250～300 mm，宽40～60 mm，板厚20～25 mm，有平头接缝和企口拼接地板两种。

10.3.7 漆木地板

漆木地板是目前国际较为流行的一种新型装饰材料。基板均选用珍贵的树种，比如北美洲的橡木、枫木、樱桃木、胡桃木；南美巴西的象牙木；东南亚、非洲的柚木、花梨木等。这些木材严格按规定进行锯割、干燥、定型、定湿等处理，再进行精细加工制成企口地板基板，然后对企口基板表面进行封闭处理，并用树脂漆进行涂装，特别适合高档住宅的装修。

漆木地板的宽度一般不大于90 mm，厚度在15～20 mm之间，长度从450～4000 mm不等。板宽一般根据装修部位的面积、格调决定，厚度根据使用功能来选用，家庭中选用15 mm较为适宜，公共场所选用18 mm以上为好。

10.3.8 复合地板

随着木材加工技术和高分子材料应用的快速发展，复合地板作为一种新型的地面装饰材料得到了广泛的开发和应用。复合地板是以一层或多层专用纸浸渍热固性氨基树脂，铺装在刨花板、高密度纤维板等人造板基材表面，背面加平衡层、正面加耐磨层，经热压、成型的地板。复合地板具有耐磨、款式丰富、抗冲击、抗变形、耐污染、阻燃、防潮、环保、不褪色、安装简便、易打理等优势。复合地板可以分为两种类型：实木复合地板和耐磨塑料贴面复合地板。

实木复合地板一般分三层结构，表层4～7 mm，选用珍贵树种（如榉木、橡木、樱桃木等）的锯切板；中间层7～12 mm，选用一般木材如松木、杉木、杨木等；底层（防潮层）2～4 mm，选用各种木材旋切单板。该地板既可以直接铺设在平整的地坪上，又可以像实木长条企口地板一样，铺设在毛地板上。

耐磨塑料贴面复合地板用防潮薄膜作为平衡层，硬质纤维板、中密度纤维板、刨花板作为基层，木纹图案浸渍纸作为装饰层，耐磨高分子材料作为面层复合而成。复合地板的品种、花样很多，色彩丰富。复合地板避免了木材受气候变化而产生的变形、虫蛀，以及防潮和经常性的保养等问题，而且还具有耐磨、阻燃、防潮、防静电、防滑、耐压花纹整齐等优点。复合地板除了适用于铺设实木地板的场所外，还可以用于具有洁净要求的车间、实验室、游乐场所的健身房及医院等。如果用于湿度较大的场所，应先做防潮处理。

10.4 木材的防护

10.4.1 木材的防腐

木材作为一种生物材料，具有可再生性、纹理美观、密度小、可加工性强等优点，但也存在干缩湿胀、容易腐朽等缺点。在木材使用的过程中，由于通风不良或者处于温暖、潮湿的气候环境下，沉积在木材表面的繁殖真菌会快速生长，引起木材的腐朽。腐朽主要是真菌在木材中寄生所引起，单纯的霉变对木材质量的影响不大，但是在真菌浸染木材之后，液体对木材的渗透进一步加剧，从而造成了木材的腐朽。在受到真菌的侵害之后，木材会逐渐变松、变脆、强度下降，其吸水性增大，同时其传热性和导电性也升高，导致木材的耐久性降低。

除了真菌的侵害之外，木材还会受到一些昆虫（比如天牛、白蚁等）的蛀蚀，使木材形成多孔眼、沟道等缺陷，其强度和完整性遭到破坏。

对木材进行防腐处理，延长木制品的使用年限，是节约木材、保护森林资源的重要途径之一。木材的防腐技术发展已经有了很悠久的历史，在 18 世纪，就已经开始采用 AgCl 和 $CuSO_4$ 作为木材的防腐剂，后来又有煤杂酚油以及满细胞等方法对木材进行防腐处理，促进了木材防腐的工业化发展。随着社会的发展，木材防腐技术也从最初的单一化向多元化方向发展。

要对木材进行防腐的处理，必须破坏真菌及虫类生存和繁殖的环境。比如用水浸泡木材就是断绝微生物的氧气来源；用干燥方法干燥木材，是消除微生物生存必备的水源；用装饰涂料保护木材的表面防止暴露，就是阻止木材与外界环境直接接触。因此，防止木材腐朽的方法主要有两种，一是在低温的季节伐木，将木材干燥至含水率 20%以下，或者在高含水率或者干燥状态下保管，干燥的木材在干燥的环境下使用，应保证木材的通风、防潮，对木材表面采用涂刷涂料等措施；二是采用化学防腐处理的方法，使真菌和虫类无法生存，甚至直接被杀死。目前使用的防腐剂主要有四种类型，分别是油类防腐剂、油载防腐剂、水载防腐剂和气体防腐剂。

油类防腐剂主要是煤杂酚油、煤焦油、蒽油等，这一类防腐剂在我国习惯上称为防腐油，主要是烟煤经过高温（1350 ℃左右）或者低温（450～650 ℃）热解之后得到的焦油中 200～400 ℃之间的馏分，主要是黄绿色的油质流体，有特殊的刺激性气味，对木材的防腐主要是可以杀死木材中的真菌、昆虫、白蚁等。美国在 1889 年就已经开始使用油类防腐剂，其优点是耐久性好、不易流失，对金属的腐蚀性低，防腐处理时可以采用铁制处理设备和容器，价格便宜。但这一类防腐剂具有辛辣气味，对皮肤有刺激，会对人畜和周围的环境造成影响；木材在经过处理之后呈现黑色，不便于和油漆进行胶合；在燃烧后会产生大量的浓烟；另外经过此防腐剂处理之后木材的表面会有渗出现象。因此主要用来处理工业用木材，比如铁路枕木、电杆、海港桩木等生物败坏严重而对颜色和气味要求不高的环境中所使用的木材，不能用于露台等民用木材。这类防腐剂处理木材时一般进行压力处理，可以使防腐剂渗入木材，提高木材的处理质量。

油载防腐剂是指一类能溶于有机溶剂中具有防腐能力的化合物，又称为有机溶剂防腐剂。比如五氯苯酚、环烷酸铜、8-羟基喹啉铜、三丁基氧化锡等。此类防腐剂本身不需要溶剂，毒杀性强，使用过程中容易被木材所吸收，不易流失，耐久性能好，木材在经过处理之后表明干净整洁，不会腐蚀金属，木材不需要重新干燥。缺点是处理的过程成本较高，对防火的要求较高。此类防腐剂使用较为广泛，最适合用于细木工的处理，其最大特点是颜色浅，处理的木材不变形。

水载防腐剂是目前世界上应用最广泛，品种最多的一类防腐剂。如硼化物，铜铬砷（CCA）、季铵铜（ACQ）、铜唑（CuAz）等，此类防腐剂中铜可以抵制腐朽菌的侵入，砷可以抵挡虫蚁和耐铜性腐朽菌的侵入，铬可以增强处理木材的耐光性和疏水性。其优点是来源丰富，价格低廉，木材在处理之后干净，效果好，不会提高木材的可燃性，一般无刺激性气味。但缺点是木材在经过处理之后会发生膨胀，抗流失性能较差。

气体防腐剂主要是硼酸三甲酯，在空气中发烟，处理木材较为简单，但是缺点是不能长久地保留在木材内。

木材防腐常用的处理方法有表面处理法、加压渗透法等。表面处理法主要用于对木材表面或者浅层的有害物质进行防腐，可以采用喷雾法、喷射法、涂抹法及浸泡法等。由于采用表面处理法时容易造成药剂的流失，导致药效降低、防腐效果不持久，因此这只是一种对木材的暂时性防护方法，在一些特殊场合使用。

加压渗透法可以使木材达到持久防腐的效果，主要是采用抽真空和加压的方式，促使防腐剂进入木材的组织细胞，使真菌和昆虫无法生存，同时达到和木材紧密结合的目的，处理之后木材对人体基本无害，因此目前使用最为广泛。

10.4.2　木材的防火

木材属于一种易燃材料，在使用时应进行防火处理，以提高其耐火性，使木材着火之后不致沿表面蔓延，或当火源移开后，材面上的火焰能立即熄灭。常用的防火处理是在木材表面涂刷、浸注或覆盖难燃材料，或用防火剂浸渍木材。常用的防火涂料有石膏、硅酸盐类、四氯苯酐醇树脂、丙烯酸乳胶防火涂料等。浸渍用防火剂有磷氮系列、硼化物系列、卤素系列防火剂等。

本章小结

木材属于一种重要的建筑材料，但生长周期较长，大量的砍伐会造成生态平衡的破坏，而且也存在易燃、易腐以及各向异性等缺点，所以在工程中应尽量减少木材的使用。

木材树种不同、取材的位置不同会造成木材材质的不均匀，导致其各项性能差异较大。在同一木材中，不同方向的抗拉、抗压、抗剪强度也各不相同，因此，掌握木材的各项工程性能，可以在选材、制材和工程施工中扬长避短，做到物尽其用，杜绝浪费。

除了直接使用木材的构件和制品之外，还应将采伐、制材和加工中的剩余物质或废弃物加以充分利用，发展人造板材。各类人造板材还具有幅面大、不翘曲、不易开裂等优点，也是解决我国木材供应不足问题的重要途径之一。

思考题与习题

1. 木材按树种可以分为几类？其特点和用途如何？
2. 木材从宏观构造观察有哪些主要组成部分？
3. 什么是木材的纤维饱和点、平衡含水率？各有什么意义？
4. 木材含水率的变化对木材的性能有哪些影响？
5. 按照木材的受力状态可以把木材的强度分为哪几种？影响木材强度的主要因素有哪些？
6. 简述木材的腐蚀原因及防腐方法。
7. 木材常用的防火处理有哪些？

11 合成高分子材料

本章提要

本章主要介绍建筑上常用的塑料、建筑涂料及胶黏剂，并说明了其性能和用途。

本章应掌握塑料的基本组成、主要性能及其应用，了解涂料、胶黏剂的一些基本知识。

以不饱和低分子碳氢化合物(单体)为主要成分，经过人工加聚或缩聚而合成的相对分子质量很大的物质，叫作合成高分子材料，又称高分子聚合物。从1907年世界上第一个合成高分子材料——酚醛塑料的诞生，到20世纪三四十年代又先后产生了塑料、合成纤维和合成橡胶等，它们弥补了大多数金属制件笨重、钢铁锈蚀、木材腐烂、陶瓷性脆、玻璃易碎及棉麻不耐磨的缺点，已成为各个领域不可缺少的材料。

合成高分子材料具有密度小的特点，平均密度为1.45 g/cm^3，不到钢材密度的1/5；导热系数小，比如泡沫塑料的导热系数只有0.02～0.046 W/(m·K)，约为金属的1/1500，是一种理想的绝热材料；强度高，耐水性及耐化学腐蚀性强，对一般的酸、碱、盐和油脂都有较好的耐腐蚀性；还具有防水性、抗渗性好，绝缘、易加工等优点。但是也有容易老化、会燃烧等缺陷，部分高分子材料在燃烧时还会放出有毒气体。

合成高分子材料按合成方法可以分为加聚聚合物和缩聚聚合物两类，根据性质和用途的不同又可分为塑料、合成纤维、合成橡胶、油漆涂料、高分子黏合剂等。

11.1 建筑工程上常用塑料

合成树脂为高分子化合物，是由低分子原料——单体(如乙烯、丙烯、氯乙烯等)通过聚合反应结合成大分子而产生，属于类高分子聚合物。主要表现为黏稠液体或加热可软化的固体，受热时通常有熔融或软化的温度范围。在外力作用下可呈塑性流动状态，是兼备或优于天然树脂固有特性的一种树脂。合成树脂分为两类，一类是性能类似天然树脂的高相对分子质量聚合物，另一类为无定型、半固体或者固体的有机物。

合成树脂种类繁多，按主链结构分为碳链、杂链和非碳链合成树脂；按合成反应特征分为加聚型和缩聚型合成树脂。实际应用中，常按其热行为分为热塑性树脂和热固性树脂。热塑性树脂主要是线性高分子，受热之后可以软化或者熔化，具有一定的可塑性，因此可以制成一定的形状，冷却之后可以变硬，这个过程可以反复进行。热塑性树脂的优点是加工成型简便，具有较高的机械能，缺点是刚性、耐热性和尺寸稳定性较差；热固性树脂主要是一些体型结构的聚合物，其优点是耐热性高，受压不易变形，力学强度一般都比较大，所以也经常采用一些填料来增强，缺点是机械性能较差。热塑性树脂有聚乙烯、聚丙烯、聚苯乙烯、聚氯乙烯等；热固性树脂有酚醛、环氧、氨基、不饱和聚酯以及硅醚树脂等。

在合成树脂中加入适量的添加剂，比如增塑剂、稳定剂，然后在一定的温度和压力下加工而成的高分子化合物，称为塑料。塑料的组分主要有聚合物、填料和增强材料、增塑剂、固化剂、发泡剂、润滑剂、着色剂等。聚合物是塑料的主要成分，占总质量的90%～100%，因此塑料的主要性能取决于聚合物；填料和增强材料加入之后可以改进塑料的力学性能、电性能、热性能、加工性能等，同时还可以降低塑料的成本；增塑剂加入之后可以减小高分子间的作用力，增强塑料的可塑性，降低刚性和脆性；固化剂的加入可以使热塑性的预聚体在室温或者加热的情况下直接转变为体型树脂；发泡剂可以使塑料具有无数微小的微孔；润滑剂可以使塑料在成型时不粘模具；着色剂可以改变塑料的颜色。

塑料可以分为热塑性塑料和热固性塑料。热塑性塑料受热之后可以软化，冷却之后再次变硬，其性质不会发生明显变化，所以热塑性塑料和制品可以重复使用，比如聚乙烯、聚苯乙烯、聚丙烯等。热固性塑料在受热之后会转变成黏稠状态，最终固化，即使再加热也不会发生形状的改变，因此只能塑制一次。此类材料包括大部分的缩合树脂，比如环氧树脂、尿醛树脂、酚醛树脂等。随着全球经济的快速发展，塑料建材已经成为我国塑料行业的第二大支柱产业，年均增速超过15%。

随着工业的不断发展，合成树脂和塑料的品种在不断增多，生产成本在不断下降，在建筑工程上也得到了很多的应用，常用的合成树脂和塑料有以下品种。

11.1.1 聚乙烯(PE)

聚乙烯是以乙烯为单体聚合而制成的聚合物，也是通用合成树脂中产量最大、应用最广的品种，大约占到世界塑料总量的1/3。根据聚合方法、相对分子质量高低、链结构的不同，聚乙烯可以分为低密度聚乙烯(LDPE)、线型低密度聚乙烯(LLDPE)、高密度聚乙烯(HDPE)及一些具有特殊性能的产品。

低密度聚乙烯又称为高压聚乙烯，结晶度小，密度较低，硬度较差，具有良好的热熔连接性能，柔软性好，耐冲击和透明性也较好，可以作为农用薄膜、器皿、医用品来使用。

线型低密度聚乙烯透明度较差，低温下韧性和抗冲击强度较好，弹性模量高，可以制成薄膜，制造软管。

高密度聚乙烯又称为低压聚乙烯，密度较高，力学强度、拉伸模量、弯曲模量、硬度、拉伸强度等均高于低密度聚乙烯，具有较好的耐磨性和化学稳定性，耐腐性强，可以作为压力管道、安全帽、贮罐、运输箱来使用。

高密度聚乙烯中空壁缠绕管(PE管)，属于结构壁管类A型管材，具有强度高，耐环境应力开裂性能优良，抗蠕变性能好，抗低温冲击性能好，韧性、挠性好，对基础不均和错位的适应能力强，耐候性和长期稳定性良好等特点。由于只含碳和氢两种元素，因此属于绿色环保材料，广泛应用于给排水和燃气管道系统，是以塑代钢、节约能源的理想管材。超高分子量聚乙烯(UHMWPE)相对分子质量可以达到100万～500万，与众多聚合物材料相比，具有摩擦系数小、磨耗低、抗应力开裂性能好等突出优势，抗磨性能居塑料之首，是塑料的5～7倍、钢管的7～10倍，抗应力开裂能力是普通高密度聚乙烯的200倍，作为输送管材具有能耗低、不结垢、寿命长的特点，可以在电厂粉煤灰输送管道、河道和海湾清淤输砂管和水煤浆输送领域应用。

将聚乙烯塑料芯材与涂装铝板用高分子黏结膜经热压复合可以制备新型的金属塑料复合材料，该材料具有外观高雅美观、质轻、施工方便的优点，在建筑上得到了大量的应用。

聚乙烯塑料还可以用于制作地面辐射管、防渗薄膜，作为防水材料、沥青材料的性能改良剂，用作家居材料，用于配制涂料、油漆等。

11.1.2 聚氯乙烯(PVC)

聚氯乙烯(PVC)是由氯乙烯在引发剂作用下聚合而成的热塑性树脂，为世界上第二大通用塑料，也是世界上最早实现工业化生产的塑料品种，广泛应用于各个领域，是一种全能塑料。聚氯乙烯(PVC)本色为微黄色半透明状，有光泽。透明度胜于聚乙烯、聚丙烯，差于聚苯乙烯，随助剂用量不同，分为软、硬聚氯乙烯。软制品柔而韧，手感黏；硬制品的硬度高于低密度聚乙烯，而低于聚丙烯，在曲折处会出现白化现象。根据生产方法的不同，聚氯乙烯(PVC)可分为：通用型PVC树脂、高聚合度PVC树脂、交联PVC树脂。为了改善聚氯乙烯(PVC)的性能,目前也采取纳米技术对塑料管材进行强化。在未来的二十年间,国内聚氯乙烯(PVC)的需求将保持15%的增长速度。

聚氯乙烯塑料也是继钢材、水泥、木材之后出现的新兴建筑材料,在四大建筑材料中占据了重要的地位。它的优势明显,比如节约资源,消耗的石油等资源较少,具有较高的节能效率,环保配方有益于人体健康以及可再生利用等。聚氯乙烯管道是各种塑料管道中消费量最大的品种,管道性能优良,使用范围广,在市场上占有重要地位。在聚氯乙烯(PVC)中混入大量的碳酸钙可以做成钙塑料,塑料的硬度可以得到大幅度的提升,可以代替木材或者钢铁,用于制作塑料门窗、楼梯扶手、地板、天花板和电线套管等。聚氯乙烯门窗也是继门窗、钢门窗、铝合金门窗之后的第四代门窗,在建筑上的使用量逐年增长。在发达国家中,近年来塑料门窗的市场占有率高居首位,比如德国为50%,法国为56%,美国为45%,比居第二位的木窗占有率高出十个百分点。我国塑料门窗占有率也达到30%以上。另外聚氯乙烯(PVC)也可以作为护墙板、地板、黏合剂,涂层织物和片材表面涂饰。聚氯乙烯(PVC)经过轻度发泡之后,可以制成塑料地毯和塑料墙纸等。

常见制品有板材、管材、鞋底、玩具、门窗、地板、电线外皮、文具等。聚氯乙烯(PVC)冷热水管道系统是一种性能优良的产品,有刚性高、耐腐蚀、阻燃性能好、导热性能低、热膨胀系数小、安装方便等特点。

与传统的金属和水泥管材相比,聚氯乙烯(PVC)管材质量轻,一般只有金属管材的1/10～1/6,有较好的耐腐蚀性、抗冲击性和拉伸强度高等优点。管材内部表面和铸铁管相比更为光滑、摩擦系数较小,因此水流通过时水流阻力小,可以降低输水能耗5%以上。同时具有运输方便、安装简单等优势。

聚氯乙烯塑料最致命的缺陷是高温或者燃烧时会分解,放出有毒的氯化氢气体,对环境和生命造成威胁。因此新的消防条例规定,非阻燃型的聚氯乙烯(PVC)不得在建筑中使用。

11.1.3 聚酯树脂(MP)

聚酯树脂是二元醇或二元酸或多元醇和多元酸缩聚而成的高分子化合物的总称,分为饱和聚酯树脂和不饱和聚酯树脂。可以用来制备聚酯砂浆和聚酯混凝土。其硬度较高,耐磨性较好,可以用作水工建筑物的护面材料,也可以与玻璃纤维一起制备成玻璃钢作为结构材料。

11.1.4 聚苯乙烯(PS)

聚苯乙烯是指由苯乙烯单体经自由基加聚反应合成的聚合物,也是世界上较早实现工业化的塑料之一。通常的聚苯乙烯为非晶态无规聚合物,具有优良的绝热、绝缘性能和透明性,性质较脆,低温易开裂。

聚苯乙烯(PS)包括普通聚苯乙烯、发泡聚苯乙烯(EPS)、高抗冲聚苯乙烯(HIPS)及间规聚苯乙烯(SPS)。普通聚苯乙烯树脂属无定形高分子聚合物,其透明度高、刚度大、玻璃化温度高、性质较脆。发泡聚苯乙烯是在普通聚苯乙烯中浸渍低沸点的物理发泡剂制成,加工过程中受热发泡,专用于制作泡沫塑料产品,广泛用作中空楼板隔音隔热材料。高抗冲聚苯乙烯为苯乙烯和丁二烯的共聚物,抗冲击强度高,不透明。间规聚苯乙烯为间同结构,是近年来发展的聚苯乙烯新品种,性能好,属于工程塑料。

聚苯乙烯经常被用作制造泡沫塑料制品,是一种性能优良的隔热和防震材料,常用作商品的包装和建筑保温材料,比如发泡的PS夹心金属墙板,密度较小,保温性能良好,在建筑保温上已经得到了大量的使用。聚苯乙烯最主要的缺点是性脆、耐热性低。在对聚苯乙烯进行改性之后,可以有不同的产品,应用最为广泛的是ABS塑料,具有高热阻、低线性膨胀率的优势,导热系数只有0.028 W/(m·K),常用作保温材料。

11.1.5 环氧树脂(EP)

环氧树脂泛指分子中含有两个或两个以上环氧基,以脂环族或芳香族等有机化合物为骨架并能通过环氧基团反应形成热固性产物的高分子低聚体,是一类重要的热固性树脂品种。固化后的环氧树脂具有良好的物理化学性能，它对金属和非金属材料的表面具有优异的黏接强度，介电性能良好，收缩率小，制品尺寸稳定性好，硬度高，柔韧性较好，对碱及大部分溶剂稳定，耐热性较好，具有优异的抗疲劳性和力学性能，因而广泛被国防、国民经济各部门，作浇注、浸渍、层压料、黏合剂、涂料等用途。环氧树脂沥青混合料用作钢桥面铺装层的综合路用性能比较优越，在美国应用最为广泛。

11.1.6 呋喃树脂(FR)

呋喃树脂是以具有呋喃环的糠醇和糠醛作原料生产的树脂类化合物的总称。其在强酸作用下固化为不溶的固形物，种类有糠醇树脂、糠醛树脂、糠酮树脂等。固化后的呋喃树脂具有强的耐腐蚀性、耐热性、阻燃性能，优良的力学性能等特性；缺点是固化物脆性大，缺乏柔韧性，冲击强度不高。呋喃树脂胶泥可以用来做砌筑耐腐蚀块材，比如耐酸砖、铸石板等，可以用作耐腐蚀池槽的内衬、防腐车间的设备基础等；将防腐蚀纤维、呋喃树脂、呋喃树脂钢粉按一定比例固化，可以用作整体玻璃钢槽罐、设备基础的整体面层和块状面层的隔离层等；呋喃树脂混凝土可以用作地面踢脚板、墙裙、池槽、地坑等部位的防腐及砌筑材料。

11.1.7 有机硅树脂(SI)

有机硅树脂是指高度交联的网状结构的聚有机硅氧烷，兼具无机材料和有机材料的性能，具有低表面能，高疏水性，良好的耐候性、防潮性、透气性和较高的玻璃化转化温度等特性，因此经常被用作疏水或防污涂料的基料树脂。有机硅树脂可以用于防水及防潮涂层，在许多防水材料中作为憎水剂，广泛地应用于远洋船舶、混凝土表面、建筑外墙面、汽车表面，大型 LED 液晶屏及密封材料等的表面保护层；因为有机硅树脂具有良好的电绝缘性能，可以作为绝缘涂层；有良好的耐候性使其可以作为耐大气涂层来使用。但是纯有机硅树脂存在重涂性差、固化时间长、附着力及混溶性差等缺点，一般采用改性的方法来提高有机硅树脂的性能，比如可以用玻璃纤维、石棉、云母或者二氧化硅等增强其黏结力。

11.1.8 聚丙烯酸酯(PP)

聚丙烯酸酯是丙烯酸酯的聚合物，共聚合物黏合强度很高，可用作金属、木材、玻璃、皮革等的胶黏剂。聚丙烯酸乳液水泥砂浆具有良好的黏结性、抗裂性、防渗性、防老化性和耐蚀性，可以作为混凝土修补砂浆，也可以作为防腐包装材料来使用。

11.1.9 酚醛树脂(PF)

酚醛树脂主要是以苯酚和甲醛为主要原料经过缩聚而形成。可以作为酚醛模压塑料，具有较高的力学性能和突出的耐磨性、耐热性，可以用来制造管材、板材；酚醛层压塑料可以用来制作绝缘电板管材等；酚醛泡沫塑料可以用来制作建材中的隔热材料等。

11.1.10 玻璃纤维增强塑料(GFRP)

玻璃纤维增强塑料是由合成树脂胶结玻璃纤维制品而制成的一种轻质高强的塑料。可以制成各种结构形式的构件。其轻质高强，可以大大减轻建筑物的自重，且具有良好的耐化学腐蚀性，但刚度不如金属，变形较大。

11.2 建筑涂料

涂料是应用于物体表面而能结成坚韧保护膜的物料的总称。建筑涂料是涂料中的一个重要类别，在我国，一般将用于建筑物内墙、外墙、顶棚、地面、卫生间的涂料称为建筑涂料。建筑涂料施工方便、易于维修更新、造价低、适合各种复杂墙面作业，是一种很有发展前景的装饰材料。

各种涂料的组成不同，但基本是由成膜物质、次要成膜物质和辅助成膜物质三部分组成。成膜物质又称为基料、胶黏剂或者固着剂，它是涂料中的基础物质，具有独立的成膜能力，对涂料的性能起决定性作用，可以决定涂膜的坚韧性、耐水性、耐磨性、耐候性以及化学稳定性，常用的有酚醛树脂、有机硅等；次要成膜物质主要是涂料中使用的填料和颜料等，它可以使涂料具有一定的色彩，并起到遮盖作用，减小涂料的收缩，提高薄膜的耐久性能，所用的填料有碳酸钙、滑石粉等，颜料有有机的、无机的等类型；辅助成膜物质对涂料起一定的辅助作用，比如增韧、固化、稳定、分散作用等。

11.2.1 建筑涂料的分类

按建筑的使用部位可以分为内墙、外墙、地面及屋面涂料；

按主要成膜的物质可以分为有机和无机系涂料，如有机系丙烯酸外墙涂料、无机系外墙涂料、有机无机复合系涂料；

按涂料的状态可以分为溶剂型、水溶型、乳液型和粉末涂料等；

按建筑的特殊性可以分为防水、防火、防霉和防结露涂料等。

按涂料中是否有颜料成分或者按涂料中是否放入颜料成分，可以将涂料分为清漆、色漆。

11.2.2 建筑上常用涂料

11.2.2.1 内墙涂料

内墙涂料主要用于室内墙壁，一般颜色较浅、淡雅、明亮，具有一定的耐水性及耐刷洗性，还需要具有一定的安全健康性，透气性要好，便于涂刷施工。常用的内墙涂料有以下几种类型：

(1) 水溶性内墙涂料

水溶性内墙涂料主要是聚乙烯醇溶解在水中，再在其中加入颜料等其他助剂而成。其价格便宜、无毒、无臭、施工方便，但耐久性不好，易泛黄变色，多为中低档居室或临时居室室内墙装饰选用。

(2) 乳胶漆

乳胶漆是一种以水为介质，以丙烯酸酯类、苯乙烯-丙烯酸酯共聚物、醋酸乙烯酯类聚合物的水溶液为成膜物质，加入多种辅助成分制成的涂料。其成膜物是不溶于水的，涂膜的耐水性和耐久性与水溶性内墙涂料相比大大提高，湿擦洗后不留痕迹，并有平光、高光等不同装饰类型，施工时有无机溶剂析出，可防止火灾。目前常用的乳胶漆有苯丙乳胶漆、聚酯酸乙烯乳胶漆等。乳胶漆在国外用得十分普遍，是一种很有前途的内墙装饰涂料。

合成树脂乳液内墙涂料的主要技术性能应符合《合成树脂乳液内墙涂料》(GB/T 9756—2018)的规定，见表 11.1 和表 11.2。

表 11.1 合成树脂乳液内墙涂料的要求(GB/T 9756—2018)

项目	指标
容器中状态	无硬块，搅拌后呈均匀状态
施工性	刷涂无障碍
低温稳定性(3 次循环)	不变质
低温成膜性	5 ℃成膜无异常

续表11.1

项目	指标
涂膜外观	正常
干燥时间(表干),h ≤	2
耐碱性(24 h)	无异常
抗泛碱性(48 h)	无异常

表 11.2 合成树脂乳液内墙面漆的要求(GB/T 9756—2018)

项目	指标		
	合格品	一等品	优等品
容器中状态	无硬块,搅拌后呈均匀状态		
施工性	涂刷二道无障碍		
低温稳定性(3 次循环)	不变质		
低温成膜性	5 ℃成膜无异常		
涂膜外观	正常		
干燥时间(表干),h ≤	2		
对比率(白色和浅色①) ≥	0.90	0.93	0.95
耐碱性(24 h)	无异常		
耐洗刷性,次 ≥	350	1500	6000

注:① 浅色是指以白色涂料为主要成分,添加适量色浆后配制成的浅色涂料形成的涂膜所呈现出的浅颜色,按《中国颜色体系》(GB/T 15608—2006)规定明度值为 6～9(三刺激值中的 $Y_{D65}\geqslant31.26$)。

(3) 新型粉末涂料

新型粉末涂料直接兑水,配合模具施工,主要包括矽藻泥、海藻泥、活性炭墙材等。

(4) 水性仿瓷涂料

仿瓷涂料又称瓷釉涂料,其装饰效果细腻、光洁、淡雅,价格不高,但施工工艺繁杂,耐湿擦性差。

(5) 多彩涂料

多彩涂料的成膜物质是硝基纤维素,以水包油形式分散在水相中,由水、油两相组成,一次喷涂可以形成多种颜色花纹,立体感强,耐水、耐油、耐久性好。

11.2.2.2 外墙涂料

外墙涂料主要用于建筑外立面,一般色彩丰富、耐久性好,可以长期保持良好的装饰性能,因此要求涂料有良好的耐水性、耐候性、耐沾污性和抗冻融性,更为重要是要求有抗紫外线照射的性能,能够长时间太阳照射不变色,外墙一般较大,因此涂料的使用要便于施工。

外墙涂料按其装饰质感可以分为薄质外墙涂料、复层花纹涂料、彩砂涂料和厚质涂料等。

常用的外墙涂料有以下几种类型:

(1) 溶剂型外墙涂料

目前使用较多的溶剂型外墙涂料是丙烯酸酯外墙涂料、聚氨酯外墙涂料等,传统的聚氨酯涂料附着力较强,耐磨性较好,耐酸、耐碱性好,弹性可调,得到了广泛的应用,但其以甲苯、二甲苯等有机溶剂为稀释剂，对环境和人身安全有很大的危害，经过改性之后的，水性的聚氨酯涂料逐渐代替了有机溶剂，具有无毒、不燃、不污染环境、节省能源等优势。

溶剂型外墙涂料的主要技术性能应符合《溶剂型外墙涂料》(GB/T 9757—2001)的规定，见表 11.3。

表 11.3 溶剂型外墙涂料的技术指标(GB/T 9757—2001)

项目		指标		
		优等品	一等品	合格品
容器中状态		无硬块，搅拌后呈均匀状态		
施工性		涂刷二道无障碍		
干燥时间(表干)，h	≤	2		
涂膜外观		正常		
对比率(白色和浅色)	≥	0.93	0.90	0.87
耐水性		168 h 无异常		
耐碱性		48 h 无异常		
耐洗刷性，次	≥	5000	3000	2000
耐人工气候老化性(白色和浅色)		1000 h 不起泡、不剥落、无裂纹	500 h 不起泡、不剥落、无裂纹	300 h 不起泡、不剥落、无裂纹
粉化，级	≤	1		
变色，级	≤	2		
其他色		商定		
耐沾污性(白色和浅色)，%	≤	10	10	15
涂层耐温变性(5 次循环)		无异常		

(2) 合成树脂乳液外墙涂料

合成树脂乳液外墙涂料是以合成树脂乳液为基料，与颜料、体质颜料及各种助剂配制而成的外墙涂料，涂料以水为分散介质，因此不会对环境造成污染，常用的有聚丙烯酸酯乳液涂料、乙丙乳液涂料等。

合成树脂乳液外墙涂料的主要技术性能应符合《合成树脂乳液外墙涂料》(GB/T 9755—2014)的规定，见表 11.4。

表 11.4 合成树脂乳液外墙涂料面漆的要求(GB/T 9755—2014)

项目		指标		
		合格品	一等品	优等品
容器中状态		无硬块，搅拌后呈均匀状态		
施工性		涂刷二道无障碍		
低温稳定性		不变质		
涂膜外观		正常		
干燥时间(表干)，h	≤	2		

续表11.4

项目		指标		
		合格品	一等品	优等品
对比率(白色和浅色①)	≥	0.87	0.90	0.93
耐沾污性(白色和浅色①),%	≤	20	15	15
耐洗刷性(2000 次)		漆膜未损坏		
耐碱性②(48 h)		无异常		
耐水性②(96 h)		无异常		
涂层耐温变性②(3 次循环)		无异常		
透水性,mL	≤	1.4	1.0	0.6
耐人工气候老化性②		25 h 不起泡、不剥落、无裂缝	400 h 不起泡、不剥落、无裂缝	400 h 不起泡、不剥落、无裂缝
粉化,级	≤	1	1	1
变色(白色或灰色①),级	≤	2	2	2
变色(其他色),级		商定	商定	商定

注:① 浅色是指以白色涂料为主要成分,添加适量色浆后配制成的浅色涂料形成的涂膜所呈现的浅颜色,按《中国颜色体系》(GB/T 15608—2006)规定明度值为 6～9(三刺激值中的 $Y_{D65} \geqslant 31.26$);

② 也可根据有关方商量测试与底漆配套后或与底漆和中涂漆配套后的性能。

(3) 无机外墙涂料

无机外墙涂料是以碱金属硅酸盐及硅溶胶为主要黏结剂,采用涂刷、喷涂或滚涂的方法,在建筑物上形成薄质装饰涂层的一种外墙涂料,具有工艺简单、原料丰富、成本低廉的特点,广泛应用于各类外墙装饰。

(4) 复层外墙涂料

复层外墙涂料是由封底涂料、主层涂料及罩面涂料组成。复层涂料也称凹凸花纹涂料或浮雕涂料,是应用较广的建筑物内外墙涂料,主要有合成树脂乳液系复层涂料、硅酸盐系复层涂料、聚合物水泥系复层涂料等。

未来应发展集装饰、防裂、防水等多功能于一体的弹性防水墙面涂料,发展具有高耐候性、耐沾污性和保色性能好的高性能外墙涂料。

11.2.2.3 地面涂料

地面涂料主要用来装饰和保护室内地面,应具有健康、涂刷方便、耐酸碱、耐磨、抗冲击等特点。

11.3 胶 黏 剂

胶黏剂是通过界面的黏附和内聚等作用,使两种或两种以上的制件或材料连接在一起的天然的或合成的、有机的或无机的一类物质,又叫黏合剂。胶黏剂主要由黏结物质、固化剂、增韧剂、稀释剂、填料、改性剂等组成。胶黏剂可以在室温下或者通过加热、加溶剂或水之后有适宜使用的黏度,可以充分浸润被黏结物的表面,并且有较好的强度。

胶黏剂按化学性质可以分为无机胶黏剂和有机胶黏剂两类,无机胶黏剂包括水玻璃、水泥等,有机胶黏剂主要是高分子类胶黏剂;按分子结构可以分为热塑性树脂、热固型树脂、橡胶胶黏剂等;按胶黏剂的物理状态可以分为固态胶黏剂、液态胶黏剂和糊状胶黏剂。

常用的胶黏剂有如下几种。

11.3.1 聚酯酸乙烯系胶黏剂

聚酯酸乙烯酯乳胶是以醋酸乙烯酯为主要单体的一种乳状胶，又称为白乳胶。应用较为广泛，常温下固化速度较快，可以单独使用，也可以掺入水泥、羧甲基纤维素等作为复合胶黏剂来使用，具有使用方便、无毒无害、固化速度快、黏结强度高、耐久性好及无污染的优点。可以用来黏结墙纸、木材。但也存在耐火性、耐寒性、耐水性和耐热性较差的缺点，因此常作为室温下使用的非结构胶，多采用对其进行改性的方法来提高性能。

11.3.2 聚氨酯系胶黏剂

聚氨酯胶黏剂是指在分子链中含有氨基甲酸酯基团或异氰酸酯基的胶黏剂。有良好的韧性和可调节性、黏合工艺简便、极佳的耐低温性能以及优良的稳定性等特性，与含有活泼氢的材料，如泡沫塑料、木材、皮革、织物、纸张、陶瓷等多孔材料，以及金属、玻璃、橡胶、塑料等表面光洁的材料都有着优良的化学黏合力。

11.3.3 环氧树脂系胶结剂

环氧树脂是一种重要的热固性树脂品种，与固化剂反应后可以形成三维网状的热固性树脂，具有良好的加工和施工性能，优良的物理机械性能、电绝缘性能、耐化学腐蚀性、耐热和黏结性能，几乎对所有的建材都具有很强的黏结力，因此有“万能胶”的称谓。随着现代建筑向质轻、高强和高功能化方向发展，环氧树脂胶黏剂在建筑工程中的应用也越来越广，可用于植筋、黏结、灌注、混凝土裂缝补强加固或防渗堵漏灌浆等，也可以用于金属、塑料、木材、陶瓷等材料的黏结。常用的有双酚 A 环氧树脂。

11.3.4 不饱和聚酯树脂系胶黏剂

不饱和聚酯树脂系胶黏剂主要是由二元或多元羧酸和二元或多元醇静缩聚反应而生成，可以分为饱和聚酯和不饱和聚酯两大类。该类胶黏剂黏度小、耐酸碱性好，价格较低，缺点是收缩性大，有一定的脆性，主要用于制造玻璃钢，家具涂料及人造板材的表面装饰。

11.3.5 橡胶系胶黏剂

橡胶系胶黏剂采用的橡胶可以分为固体和液体两种类型，固体橡胶增韧适合制备胶膜，液体橡胶一般采用活性端基类型，容易与环氧树脂混合，加工性能好，适合配制无溶剂型或流动性能好的低黏度环氧胶黏剂。橡胶系胶黏剂固化速度较快，黏聚力较大。

11.3.6 聚丙烯酸胶黏剂

聚丙烯酸胶黏剂的基体是由丙烯酸酯类单体和其他功能单体共聚而形成，原料来源广泛、容易制备、黏结性能良好，耐水性和耐候性较好，无毒无害，广泛应用于建筑行业中，可用于胶结木材、玻璃、陶瓷、金属等，常见的有 501、502 胶等。

11.3.7 聚乙烯醇缩甲醛黏结剂

聚乙烯醇缩甲醛黏结剂(107 胶)是以聚乙烯醇与甲醛在酸性介质中进行缩合反应而得到的一种透明的水溶性胶体，无臭、无味、无毒。其应用较为广泛，在工程上可以用来黏结墙布、玻璃、木材、水泥制品。也可以用来贴瓷砖、马赛克等。

11.3.8 酚醛树脂类黏结剂

酚醛树脂类黏结剂有着很高的黏结能力，但存在硬化之后变脆的缺陷，因此经常将其改性之后再进行使用，可以黏结各种金属、塑料及其他的非金属材料。

本章小结

合成高分子材料是一种广泛应用的材料，作为建筑材料来使用时间并不长，但是发展速度很快，在建筑上的使用不仅限于非结构性材料，而且已经涉足结构材料领域，逐渐成为一种重要的新型建筑材料。通过对建筑塑料、涂料和胶黏剂的了解，可以合理选择和使用常用的建筑塑料、涂料和胶黏剂。

思考题与习题

1. 什么是热塑性塑料和热固性塑料？
2. 塑料有哪几种主要成分？各有何作用？
3. 建筑涂料的分类有哪些？

12 防水材料

本章提要

本章主要讲述了以改性石油沥青和合成高分子材料为基料制成的各品种防水卷材、防水涂料和密封材料，通过学习应了解各种防水材料的技术特性及其适用性。

12.1 防水卷材

防水卷材是一种可卷曲的片状防水材料，是土木工程防水材料中的重要品种之一。根据其主要防水组成材料可分为沥青防水卷材、高聚物改性沥青防水卷材和合成高分子防水卷材三大类。沥青防水卷材是传统的防水材料（俗称油毡），但因其性能远不及改性沥青卷材，因此逐渐被改性沥青卷材所代替。沥青防水卷材属于传统的防水卷材，使用寿命较短，已趋于淘汰，但沥青防水卷材价格低廉、生产门槛低，对胎体材料进行改进后性能有所改善，故在防水工程中仍有一定的使用量。高聚物改性沥青防水卷材和合成高分子防水卷材性能优异，应用范围广，是防水卷材的发展方向。

各类防水卷材均应有良好的耐水性、温度稳定性和大气稳定性（抗老化性），并应具备必要的机械强度、延伸性、柔韧性和抗断裂的能力。

12.1.1 沥青防水卷材

沥青防水卷材是在基胎（如原纸、纤维织物等）上浸涂沥青后，再在表面撒布粉状或片状的隔离材料而制成的可卷曲的片状防水材料。它品种较多，产量较大。

12.1.1.1 石油沥青纸胎油毡

石油沥青纸胎油毡系用低软化点石油沥青浸渍原纸，然后用高软化点石油沥青涂喷油纸两面，再涂或撒隔离材料所制成的一种纸胎防水卷材。按《石油沥青纸胎油毡》(GB 326—2007)的规定：油毡按卷重和物理性能分为Ⅰ型、Ⅱ型、Ⅲ型，其中，Ⅰ型、Ⅱ型油毡适用于辅助防水、保护隔离层、临时性建筑防水、防潮及包装等，Ⅲ型油毡适用于屋面工程的多层防水。油毡幅宽为 1000 mm，其他规格可由供需双方商定。油毡的物理性能应符合表 12.1 的规定。

表 12.1 油毡的物理性能

项目			指标		
			Ⅰ型	Ⅱ型	Ⅲ型
单位面积浸涂材料总量，g/m^2		≥	600	750	1000
不透水性	压力，MPa	≥	0.02	0.02	0.10
	保持时间，min	≥	20	30	30

续表12.1

项 目		指标		
		Ⅰ型	Ⅱ型	Ⅲ型
吸水率,%	≤	3.0	2.0	1.0
耐热度		(85±2)℃,2 h涂盖层无滑动、流淌和集中性气泡		
柔度		(18±2)℃,绕ϕ20 mm棒或弯板无裂纹		
拉力(纵向),N/(50 mm)	≥	240	270	340

注:Ⅲ型产品物理性能要求为强制性的,其余为推荐性的。

12.1.1.2 石油沥青玻璃布胎油毡

石油沥青玻璃布胎油毡(简称玻璃布油毡)是采用玻璃布为胎基,浸涂石油沥青并在两面撒隔离材料所制成的一种防水卷材。油毡幅宽为1000 mm,玻璃布油毡每卷重应不小于15 kg(包括不大于0.5 kg的硬质卷芯),每卷油毡面积为(200±0.3) m^2。按物理性能分为一等品(B)和合格品(C)。

玻璃布油毡的柔度大大优于纸胎油毡,且耐真菌腐蚀,适合用于地下防水、防腐层,屋面防水层及金属管道(热管道除外)的防腐保护层。

12.1.1.3 石油沥青玻璃纤维胎油毡

石油沥青玻璃纤维胎油毡(简称玻纤胎油毡)是采用玻璃纤维薄毡为胎基,浸涂石油沥青,在其表面涂撒矿物材料或覆盖聚乙烯膜等隔离材料所制成的一种防水卷材。油毡幅宽为1000 mm,玻纤胎油毡按上表面材料分为膜面、粉面和砂面三个品种;根据油毡每10 m^2 标称质量分为15号、25号、35号三个标号,按物理性能分为优等品(A)、一等品(B)和合格品(C)三个等级,各等级的质量要求应符合《石油沥青玻璃纤维胎防水卷材毡》(GB/T 14686—2008)的规定。

15号玻纤胎油毡用于一般工业与民用建筑的多层防水,并用于包扎管道(热管道除外),作防腐保护层。25号、35号玻纤胎油毡适用于屋面、地下、水利等工程多层防水,其中35号可用于采用热熔法施工的多层(或单层)防水,彩砂面玻纤胎油毡适用于防水层面层和不再作表面处理的斜屋面。

12.1.1.4 铝箔面油毡

该油毡是采用玻纤毡为胎基,浸涂氧化沥青,在其表面用压纹铝箔贴面,底面撒以细颗粒矿物材料或覆盖聚乙烯(PE)膜,所制成的一种具有热反射和装饰功能的防水卷材。油毡幅宽为1000 mm,按每卷标称质量(kg)分为30、40两种标号,30号油毡厚度不小于2.4 mm,40号厚度不小于3.2 mm,按物理性能分为优等品(A)、一等品(B)、合格品(C)三个等级,各等级的质量要求应符合《铝箔面石油沥青防水卷材》(JC/T 504—2007)的规定。30号油毡适用于多层防水工程的面层。40号油毡适用于单层或多层防水工程的面层。

12.1.2 改性沥青防水卷材

利用改性沥青作防水卷材已是全世界普遍的趋势,也是我国近期发展的主要防水卷材品种。改性沥青与传统的氧化沥青等相比,其使用温度区间大为扩展,做成的卷材光洁柔软,高温不流淌、低温不脆裂,且可做成4~5 mm的厚度。可以单层使用,具有10~20年可靠的防水效果,因此受到使用者欢迎。

12.1.2.1 弹性体改性沥青防水卷材(SBS卷材)

弹性体改性沥青防水卷材,是以聚酯毡、玻纤毡、玻纤增强聚酯毡为胎基,以苯乙烯-丁二烯-苯乙烯(SBS)热塑性弹性体作石油沥青改性剂,两面覆以隔离材料所制成的防水卷材,简称SBS防水卷材。

(1) 类型

SBS卷材按胎基分为聚酯毡(PY)、玻纤毡(G)和玻纤增强聚酯毡(PYG);按上表面隔离材料分为聚乙烯膜(PE)、细砂(S)、矿物粒料(M),下表面隔离材料为细砂(S)、聚乙烯膜(PE);按材料性能分为Ⅰ型和Ⅱ型。

(2) 用途

① 弹性体改性沥青防水卷材主要适用于工业与民用建筑的屋面和地下防水工程。

② 玻纤增强聚酯毡卷材可用于机械固定单层防水,但需通过抗风荷载试验。

③ 玻纤毡卷材适用于多层防水中的底层防水。

④ 外露使用时采用上表面隔离材料为不透明的矿物粒料的防水卷材。

⑤ 地下工程防水采用表面隔离材料为细砂的防水卷材。

(3) 材料性能

SBS卷材材料性能应符合表12.2的规定。

表12.2 SBS卷材材料性能(GB 18242—2008)

序号	项目		指标				
			Ⅰ		Ⅱ		
			PY	G	PY	G	PYG
1	可溶物含量,g/m^2,≥	3 mm	2100				—
		4 mm	2900				—
		5 mm	3500				
		试验现象	—	胎基不燃	—	胎基不燃	—
2	耐热性	℃	90		105		
		mm,≤	2				
		试验现象	无流淌、滴落				
3	低温柔性,℃		−20		−25		
			无裂缝				
4	不透水性,30 min		0.3 MPa	0.2 MPa	0.3 MPa		
5	拉力	最大峰拉力,N/(50 mm),≥	500	350	800	500	900
		次高峰拉力,N/(50 mm),≥	—	—	—	—	800
		试验现象	拉伸过程中,试件中部无沥青涂盖层开裂或与胎基分离现象				
6	延伸率	最大峰时延伸率,%,≥	30	—	40	—	—
		第二峰时延伸率,%,≥	—		—		15
7	浸水后质量增加,%,≤	PE、S	1.0				
		M	2.0				
8	热老化	拉力保持率,%,≥	90				
		延伸率保持率,%,≥	80				
		低温柔性,℃	−15		−20		
			无裂缝				
		尺寸变化率,%,≤	0.7	—	0.7	—	0.3
		质量损失,%,≤	1.0				

续表 12.2

序号	项目		指标				
			I		II		
			PY	G	PY	G	PYG
9	渗油性	张数，≤	2				
10	接缝剥离强度，N/mm		1.5				
11	钉杆撕裂强度①，N，≥		—				300
12	矿物粒料黏附性②，g		2.0				
13	卷材下表面沥青涂盖层厚度③，mm，≥		1.0				
14	人工气候加速老化	外观	无滑动、流淌、滴落				
		拉力保持率，%，≥	80				
		低温柔性，℃	−15		−20		
			无裂缝				

注：① 仅适用于单层机械固定施工方式的卷材。
② 仅适用于矿物里料表面的卷材。
③ 仅适用于热熔施工的卷材。

12.1.2.2 塑性体改性沥青防水卷材（APP 卷材）

塑性体改性沥青防水卷材，是以聚酯毡、玻纤毡、玻纤增强聚酯毡为胎基，以无规聚丙烯（APP）或聚烯烃类聚合物（APAO、APO 等）作石油沥青改性剂，两面覆以隔离材料所制成的防水卷材，统称 APP 卷材。

APP 卷材的品种、规格、用途与 SBS 卷材相同。其物理力学性能应符合表 12.3 规定。

APP 卷材还适用于道路、桥梁等建筑物的防水，尤其适用于较高气温环境的建筑防水。

表 12.3　APP 卷材物理力学性能（GB 18243—2008）

序号	胎基			PY		G	
	型号			I	II	I	II
1	可溶物含量，g/m²，≥		3 mm	2100			
			4 mm	2900			
			5 mm	3500			
2	不透水性	压力，MPa		0.3		0.2	0.3
		保持时间，min		30			
3	耐热度，℃			110	130	110	130
				无滑动、无流淌、无滴落			
4	拉力，N/(50 mm)，≥		最大峰	500	800	350	500
5	延伸率，%，≥		最大峰	25	40	—	
6	低温柔度，℃			−5	−15	−5	−15
				无裂纹			

续表 12.3

序号	胎基			PY		G	
	型号			Ⅰ	Ⅱ	Ⅰ	Ⅱ
7	撕裂强度,N,≥		纵向	250	350	250	350
			横向			170	200
8	人工气候加速老化	外观		1级			
				无滑动、无流淌、无滴落			
		拉力保持率,%	纵向	80			
		低温柔度,℃		3	−10	3	−10
				无裂纹			

12.1.2.3　改性沥青聚乙烯胎防水卷材

改性沥青聚乙烯防水卷材是以改性沥青为基料,以高密度聚乙烯膜为胎体,以聚乙烯膜或铝箔为上表面覆盖材料,经滚压、水冷、成型制成的防水材料。

目前改性沥青聚乙烯胎防水卷材按基料分主要有改性氧化沥青防水卷材、丁苯橡胶改性氧化沥青防水卷材、高聚物改性沥青防水卷材三类,按表面覆盖材料分为聚乙烯膜、铝箔两个品种。

改性沥青聚乙烯胎防水卷材适用于工业与民用建筑的防水工程。上表面覆盖聚乙烯膜的卷材适用于非外露防水工程;上表面覆盖铝箔的卷材适用于外露防水工程。

改性沥青聚乙烯胎防水卷材的物理力学性能应符合《改性沥青聚乙烯胎防水卷材》(GB 18967—2009)的规定。

12.1.3　合成高分子防水卷材

合成高分子防水卷材是以合成橡胶、合成树脂或两者的共混体为基料,加入适量的化学助剂和填充料等,经不同工序(混炼、压延或挤出等)加工而成的可卷曲的片状防水卷材。

目前品种有橡胶系列(聚氨酯、三元乙丙橡胶、丁基橡胶等)防水卷材、塑料系列(聚乙烯、聚氯乙烯等)防水卷材和橡胶塑料共混系列防水卷材三大类,其中又可分为加筋增强型与非加筋增强型两种。

合成高分子防水卷材具有拉伸强度和抗撕裂强度高、断裂伸长率大、耐热性和低温柔性好、耐腐蚀、耐老化等一系列优异的性能,是新型高档防水卷材。常见的合成高分子防水卷材有三元乙丙橡胶防水卷材、聚氯乙烯防水卷材、氯化聚乙烯防水卷材、氯化聚乙烯-橡胶共混防水卷材等。此类卷材按厚度分为1.0 mm、1.2 mm、1.5 mm、2.0 mm 等规格。

12.1.3.1　三元乙丙橡胶(EPDM)防水卷材

该卷材是以乙烯、丙烯和少量双环戊二烯三种单体共聚合成的三元乙丙橡胶为主要原料,掺入适量的丁基橡胶、硫化剂、促进剂、软化剂、补强剂和填充剂等,经密炼、拉片、过滤、挤出(或压延)成型、硫化等工序加工制成,是一种高弹性的新型防水材料。

由于三元乙丙橡胶分子结构中的主链上没有双键,当其受到臭氧、光、湿和热等作用时,主链不易断裂,因此三元乙丙橡胶的耐候性、耐老化性好,化学稳定性也佳,耐臭氧性、耐热性和低温柔性甚至超过氯丁橡胶与丁基橡胶,具有质量轻(1.2~2.0 kg/m^2)、抗拉强度高(>7.5 MPa)、延伸率大(450%以上)、耐酸碱腐蚀等特点,对基层材料的伸缩或开裂变形适应性强,使用寿命达 20 年以上,可广泛用于防水要求高、耐用年限要求长的防水工程中。

12.1.3.2 聚氯乙烯(PVC)防水卷材

该卷材是以聚氯乙烯树脂为主要原料，掺加填充料和适量的改性剂、增塑剂等，经混炼、压延或挤出成型、分卷包装而成的防水卷材。

PVC防水卷材根据基料的组分及其特性分为两种类型，即S型和P型。S型PVC防水卷材是以煤焦油与聚氯乙烯树脂混溶料为基料的柔性卷材，其厚度为1.50 mm、2.00 mm、2.50 mm等。P型PVC防水卷材是以增塑聚氯乙烯为基料的塑性卷材，其厚度为1.20 mm、1.50 mm、2.00 mm等。卷材的宽度为1000 mm、1200 mm、1500 mm等。

PVC防水卷材的物理力学性能应符合《聚氯乙烯(PVC)防水卷材》(GB 12952—2011)的规定。

12.1.3.3 氯化聚乙烯-橡胶共混防水卷材

该卷材是以氯化聚乙烯树脂和合成橡胶为主体，加入适量的硫化剂、促进剂、稳定剂、软化剂和填充剂等，经过塑炼、混炼、过滤、压延(或挤出)成型、硫化等工序加工制成的高弹性防水卷材。它不仅具有氯化聚乙烯所特有的高强度和优异的耐臭氧、耐老化性能，而且具有橡胶类材料所特有的高弹性、高延伸性和良好的低温柔性，拉伸强度在7.5 MPa以上，断裂伸长率在450%以上，脆性温度在−40 ℃以下，热老化保持率在80%以上。因此，该类卷材特别适用于寒冷地区或变形较大的建筑防水工程。

合成高分子防水卷材除以上三种典型品种外，还有多种其他产品。根据《屋面工程质量验收规范》(GB 50207—2012)的规定，合成高分子防水卷材适用于防水等级为Ⅰ级、Ⅱ级和Ⅲ级的屋面防水工程。常见的合成高分子防水卷材的特点和适用范围见表12.4，其物理性能要求见表12.5。

表12.4 常见合成高分子防水卷材的特点和适用范围

卷材名称	特点	适用范围	施工工艺
三元乙丙橡胶防水卷材	防水性能优异，耐候性好，耐臭氧性、耐化学腐蚀性好，弹性和抗拉强度大，对基层变形开裂的适应性强，质量轻，使用温度范围宽，寿命长，但价格高，黏结材料尚需配套完善	防水要求较高、防水层耐用年限要求长的工业与民用建筑，单层或复合使用	冷粘法或自粘法施工
丁基橡胶防水卷材	有较好的耐候性、耐油性、抗拉强度和延伸率，耐低温性能稍低于三元乙丙橡胶防水卷材	单层或复合使用，适用于要求较高的防水工程	冷粘法施工
氯化聚乙烯防水卷材	具有良好的耐候性、耐臭氧、耐热老化、耐油、耐化学腐蚀及抗撕裂的性能	单层或复合使用，适用于紫外线强的炎热地区	冷粘法施工
氯磺化聚乙烯防水卷材	延伸较大，弹性较好，对基层变形开裂的适应性较强，耐高温、低温性能好，耐腐蚀性能优良，难燃性好	适于有腐蚀介质影响及在寒冷地区的防水工程	冷粘法施工
聚氯乙烯防水卷材	具有较高的拉伸和抗裂强度，延伸较大，耐老化性能好，原材料丰富，价格便宜，容易黏结	单层或复合使用，适于外露或有保护层的防水工程	冷粘法或热风焊接法施工
氯化聚乙烯-橡胶共混防水卷材	不但具有氯化聚乙烯特有的高强度和优异的耐臭氧、耐老化性能，而且具有橡胶所特有的高弹性、高延伸性以及良好的低温柔性	单层或复合使用，尤宜用于寒冷地区或变形较大的防水工程	冷粘法施工

续表12.4

卷材名称	特点	适用范围	施工工艺
三元乙丙橡胶-聚乙烯共混防水卷材	是热塑性弹性材料，有良好的耐候和耐老化性能，使用寿命长，低温柔性，可在负温条件下施工	单层或复合外露防水层面，宜在寒冷地区使用	冷粘法施工

表 12.5　合成高分子防水卷材的物理性能

<table>
<tr><th colspan="2" rowspan="2">项　目</th><th colspan="3">性能要求</th></tr>
<tr><th>Ⅰ</th><th>Ⅱ</th><th>Ⅲ</th></tr>
<tr><td colspan="2">拉伸强度，MPa，></td><td>7</td><td>8</td><td>9</td></tr>
<tr><td colspan="2">断裂伸长率，%，></td><td>450</td><td>100</td><td>10</td></tr>
<tr><td colspan="2" rowspan="2">低温弯折性能，℃</td><td>−40</td><td>−20</td><td>−20</td></tr>
<tr><td colspan="3">无裂纹</td></tr>
<tr><td rowspan="2">不透水性</td><td>压力，MPa，≥</td><td>0.3</td><td>0.2</td><td>0.3</td></tr>
<tr><td>保持时间，min，≥</td><td colspan="3">30</td></tr>
<tr><td rowspan="2">热老化保持率(80 ℃±2 ℃，168 h)</td><td>拉伸强度，%，≥</td><td colspan="3">80</td></tr>
<tr><td>断裂伸长率，%，≥</td><td colspan="3">70</td></tr>
</table>

注：Ⅰ类指弹性体卷材，Ⅱ类指塑性体卷材，Ⅲ类指加合成纤维的卷材。

12.2　防 水 涂 料

防水涂料(胶黏剂)是以高分子合成材料、沥青等为主体，在常温下呈无定型流态或半流态，经涂布能在结构物表面结成坚韧防水膜的物料的总称。而且，涂布的防水涂料又起黏结作用。因此，施工时既能在水平面，也能在立面、阴阳角及各种复杂表面，形成无接缝的完整的防水膜。防水涂料使用时无须加热，既减少环境污染，又便于操作，改善劳动条件；形成的防水层自重小，适用于轻型屋面防水；形成的防水膜有较大的延伸性、耐水性和耐候性，能适应基层裂缝等微小变形。涂布的防水涂料，既是防水层的主体材料，又是胶黏剂，故黏结质量容易保证，维修也比较简便，尤其是对于基层裂缝、施工缝、雨水斗及贯穿管周围等一些容易造成渗漏的部位，易进行增强涂刷、贴布等作业。

防水涂料按液态类型可分为溶剂型、水乳型和反应型三种，按成膜物质的主要成分分为沥青类、高聚物改性沥青类和合成高分子类。

12.2.1　沥青类防水涂料

沥青类防水卷材使用时常用沥青胶粘贴，为了提高与基层的黏结力常在基层表面涂刷一层冷底子油。

12.2.1.1　冷底子油

冷底子油是用建筑石油沥青加入汽油、煤油、轻柴油，或者用软化点50～70 ℃的煤沥青加入苯，配制成的沥青溶液。冷底子油黏度小，具有较好的流动性，能渗入到混凝土、砂浆、木材等材料的毛细孔隙中，待溶剂挥发后，便与基面具有一定的憎水性，为黏结同类防水材料创造了有利条件。若在这种冷底子油层上面铺热沥青胶粘贴卷材，可使防水层与基层粘贴牢固。因它多在常温下用于防水工程的基层，故名冷底子油。该油应涂刷在干燥的基面上，通常要求水泥砂浆找平层的含水率不大于10%。

冷底子油常随配随用，通常使用30%～40%的石油沥青和60%～70%的溶剂(汽油或煤油)，首先将沥青加热至180～200 ℃，并加入溶剂10%的煤油，待温度降至约70 ℃时，再加入余下的溶剂搅拌均匀，储存时应使用密闭容器，以防溶剂挥发。

12.2.1.2 沥青胶

沥青胶又称玛瑞脂，是用沥青材料加填料均匀混合制成。

填料有粉状的(如滑石粉、石灰石粉、白云石粉等)，纤维状的(如木纤维等)或者两者的混合物。填料的作用是提高其耐热性，增强韧性，降低低温下的脆性，也减少沥青的消耗量，加入量通常为10%～30%，由试验决定。

沥青胶标号以耐热度表示，分为S-60、S-65、S-70、S-75、S-80、S-85等六个标号。对沥青胶质量要求有耐热性、柔韧性、黏结力等，如表12.6所示。

表12.6 石油沥青胶的质量要求

指标名称	标号					
	S-60	S-65	S-70	S-75	S-80	S-85
耐热度	用2 mm厚的沥青玛瑞脂黏合两张沥青油纸，于不低于下列温度(℃)，在1∶1坡度上停放5 h的沥青玛瑞脂不应流淌，油纸不应滑动					
	60	65	70	75	80	85
柔韧性	涂在沥青油纸上的2 mm厚的沥青玛瑞脂层，在(18±2)℃时，围绕下列直径(mm)的圆棒，用2 s的时间以均衡速度弯成半周，沥青玛瑞脂不应有裂痕					
	10	15	15	20	25	30
黏结力	用手将两张用沥青胶黏结在一起的油纸慢慢地撕开，油纸和沥青玛瑞脂黏结面的任意一面的撕开部分，其沥青胶之间的撕裂面积应不大于黏结面积的1/2					

沥青胶的配制和使用方法，分为热用和冷用两种。热用沥青胶即热沥青玛瑞脂，是将70%～90%的沥青加热至180～200 ℃，使其脱水后，与10%～30%的干燥填料(纤维状填料不超过5%)热拌混合均匀后，热用施工。冷沥青玛瑞脂是将40%～50%的沥青熔化脱水后，缓慢加入25%～30%的溶剂(如汽油、柴油、蒽油等)，再掺入10%～30%的填料，混合拌匀而制得，在常温下使用。冷用沥青胶比热用沥青胶施工方便，涂层薄，节省沥青，但耗费溶剂。

沥青胶的性质主要取决于沥青的性质，其耐热度和沥青的软化点、用量有关，还与填料种类、用量及催化剂有关。在屋面防水工程中，沥青胶标号，应根据屋面的使用条件、屋面坡度及当地历年极端最高气温，按《屋面工程质量验收规范》(GB 50207—2012)有关规定选用。若采用一种沥青不能满足配置沥青胶所要求的软化点，可采用两种或三种沥青进行掺配。

12.2.1.3 水乳型沥青防水涂料

水乳型沥青防水涂料即水性沥青防水涂料，系以乳化沥青为基料的防水涂料。它是借助于乳化剂作用，在机械强力搅拌下，将熔化的沥青微粒(<10 μm)均匀地分散于溶剂中，使其形成稳定的悬浮体。沥青基本未改性或改性作用不大。

制作乳化沥青的乳化剂是表面活性剂，种类很多。可分为离子型（阳离子型、阴离子型及两性离子型）和非离子型两类。目前使用较多的为阴离子型和非离子型，前者有肥皂、洗衣粉、松香皂、十二烷基硫酸钠等；后者有石灰乳、辛基酚聚氧乙烯醚、脂肪聚氧乙烯醚等。

水乳型沥青基涂料分两大类，厚质防水涂料和薄质防水涂料，可以统称为水性沥青基防水涂料。厚质防水涂料常温时为膏体或黏稠液体，不具有自流平性能，一次施工厚度可以在 3 mm 以上。薄质防水涂料常温时为液体，具有自流平性能，一次施工不能达到很大厚度（其厚度在 1 mm 以下），需要施工多层才能满足涂膜防水的厚度要求。

水性沥青基薄质防水涂料是以有机乳化剂配制的，加以各种高分子聚合物改性材料的沥青乳液，不加改性材料的薄质乳化沥青在防水材料领域已经基本上不使用。目前，国内市场上用量最大的薄质乳化沥青防水涂料是氯丁胶乳沥青防水涂料，其次还有丁苯胶乳薄质沥青防水涂料、丁腈胶乳薄质沥青防水涂料、SBS 改性乳化沥青薄质沥青防水涂料、再生胶乳化沥青薄质防水涂料等。

建筑上使用的乳化沥青是一种棕黑色的水包油型（O/W）乳状液体，主要为防水用，温度在零度以上可以流动。乳化沥青与其他类型的涂料相比，其主要特点是可以在潮湿的基础上使用，而且还有相当大的黏结力。乳化沥青的主要优点就是可以冷施工，不需要加热，避免了采用热沥青施工可能造成的烫伤、中毒事故等，有利于消防和安全，可以减轻施工人员的劳动强度，提高工作效率，加快施工进度。而且，这一类材料价格便宜，施工机具容易清洗，因此在沥青基涂料中占有 60%以上的市场。乳化沥青的另一优点是与一般的橡胶乳液、树脂乳液具有良好的相溶性，而且混溶以后的性能比较稳定，能显著地改善乳化沥青的耐高温性能和低温柔性，因此乳化的改性沥青技术近年来发展很快。

但是，乳化沥青材料的稳定性总是不如溶剂型涂料和热熔型涂料。乳化沥青的储存时间一般不超过半年，储存时间过长容易分层变质，变质以后的乳化沥青不能使用。一般不能在 0 ℃以下储存和运输，也不能在 0 ℃以下施工和使用。乳化沥青中添加抗冻剂后虽然可以在低温下储存和运输，但这样会使乳化沥青价格提高。

12.2.2 高聚物改性沥青防水涂料

高聚物改性沥青防水涂料是指以沥青为基料，用合成高分子聚合物进行改性，制成的水乳型或溶剂型防水涂料。这类涂料在柔韧性、抗裂性、拉伸强度、耐高低温性能、使用寿命等方面比沥青基涂料有很大改善。品种有再生橡胶改性沥青防水涂料、水乳型氯丁橡胶沥青基涂料、SBS 橡胶改性沥青防水涂料等。适用于Ⅱ、Ⅲ、Ⅳ级防水等级的屋面、地面、混凝土地下室和卫生间等。

12.2.2.1 氯丁橡胶沥青防水涂料

氯丁橡胶沥青防水涂料可分为溶剂型和水乳型两种。

溶剂型氯丁橡胶沥青防水涂料，是氯丁橡胶和石油沥青溶化于甲基苯（或二甲苯）而形成的一种混合胶体溶液，其主要成膜物质是氯丁橡胶和石油沥青。其技术性能见表 12.7。

水乳型氯丁橡胶沥青防水涂料，是以阳离子型氯丁乳胶与阳离子型沥青乳液相混合而成。它的成膜物质也是氯丁橡胶和石油沥青，但与溶剂型涂料不同的是以水代替了甲苯等有机溶剂，使其成本降低并无毒。其技术性能见表 12.8。

表 12.7 溶剂型氯丁橡胶沥青防水涂料技术性能

项　次	项　目	性能指标
1	外观	黑色黏稠液体
2	耐热性(85 ℃,5 h)	无变化

续表12.7

项　次	项　目	性能指标
3	黏结力,MPa	>0.25
4	低温柔韧性(−40 ℃,1 h,绕 ϕ5 mm 圆棒弯曲)	无裂纹
5	不透水性(动水压 0.2 MPa,3 h)	不透水
6	抗裂性(基层裂缝≤0.8 mm)	涂膜不裂

表 12.8　水乳型氯丁橡胶沥青防水涂料技术性能

项　次	项　目		性能指标
1	外观		深棕色乳状液
2	黏度,Pa・s		0.1～0.25
3	含固量,% ≥		43
4	耐热性(80 ℃,5 h)		无变化
5	黏结力,MPa ≥		0.2
6	低温柔韧性(−10 ℃,2 h)		ϕ2 mm,不断裂
7	不透水性(动水压 0.1～0.2 MPa,0.5 h)		不透水
8	耐碱性[在饱和 $Ca(OH)^2$ 溶液中浸 15 d]		表面无变化
9	抗裂性(基层裂缝宽度≤2 mm)		涂膜不裂
10	涂膜干燥时间,h ≤	表干	4
		实干	24

12.2.2.2　水乳型再生橡胶防水涂料

水乳型再生橡胶防水涂料(简称 JG-2 防水冷胶料)是水乳型双组分(A 液、B 液)防水冷胶结料。A 液为乳化橡胶,B 液为阴离子型乳化沥青,两液分别包装,现场配制使用。涂料呈黑色,为无光泽黏稠液体,略有橡胶味,无毒。经涂刷或喷涂后形成防水薄膜,涂膜具有橡胶弹性,温度稳定性好,耐老化性能及其他各项技术性能均比纯沥青和玛𤤨脂好。可以冷操作,加碱玻璃丝布或无纺布作防水层,抗裂性好。适用于屋面、墙体、地面、地下室、冷库的防水防潮,也可用于嵌缝及防腐工程等。

12.2.2.3　聚氨酯防水涂料

聚氨酯防水涂料(又称聚氨酯涂膜防水材料)属双组分反应型涂料。甲组分是含有异氰酸基的预聚体,乙组分含有多羟基的固化剂与增塑剂、稀释剂等。甲、乙两组分混合后,经固化反应,形成均匀而富有弹性的防水涂膜。

聚氨酯涂膜防水材料有透明、彩色、黑色等品种,并兼有耐磨、装饰及阻燃等性能。由于它的防水、延伸及温度适应性能优异,施工简便,故在中高级公用建筑卫生间、水池等防水工程及地下室和有保护层的屋面防水工程中得到广泛应用。

按《聚氨酯防水涂料》(GB/T 19250—2013)的规定,其主要技术性能应满足表 12.9 的要求。

表 12.9 聚氨酯防水涂料的主要技术性能

项目名称			等级		
			Ⅰ	Ⅱ	Ⅲ
拉伸强度，MPa		≥	2.00	6.00	12.00
断裂伸长率，%		≥	500	450	250
拉伸时的老化	加热老化		无裂缝及变形		
	紫外老化		无裂缝及变形		
低温弯折性			−35 ℃，无裂纹		
不透水性			0.3 MPa，120 min，不透水		
固体含量，% ≥	单组分		85.0		
	多组分		92.0		
干燥时间，h		≤	表干 12，实干 24		

12.2.3 用于屋面防水工程的材料选择

根据建筑物的性质、重要程度、使用功能要求、建筑结构特点以及防水耐用年限等，将屋面防水分成四个等级，并按《屋面工程质量验收规范》(GB 50207—2012)的规定选用防水材料，见表 12.10。

表 12.10 屋面防水等级和材料选择(GB 50207—2012)

项目	屋面防水等级			
	Ⅰ	Ⅱ	Ⅲ	Ⅳ
建筑物类别	特别重要的民用建筑和对防水有特殊要求的工业建筑	重要的民用建筑，如博物馆、图书馆、医院、宾馆、影剧院；重要工业建筑、仓库等	一般民用建筑，如住宅、学校、办公楼、旅馆；一般工业建筑、仓库等	非永久性的建筑，如简易宿舍、简易车间等
防水耐用年限	20 年以上	15 年以上	10 年以上	5 年以上
选用材料	应选用合成高分子防水卷材、高聚物改性沥青防水卷材、合成高分子防水涂料、细石防水混凝土、金属板等材料	应选用高聚物改性沥青防水卷材、合成高分子防水卷材、合成高分子防水涂料、高聚物改性沥青防水涂料、细石防水混凝土、金属板等材料	应选用三毡四油沥青基防水卷材、高聚物改性沥青防水卷材、合成高分子防水卷材、高聚物改性沥青防水涂料、合成高分子防水涂料、刚性防水层、平瓦、油毡瓦等材料	可选用二毡三油沥青基防水卷材、高聚物改性沥青防水涂料、沥青基防水涂料、波形瓦等材料
设防要求	三道或三道以上防水设防，其中必须有一道合成高分子防水卷材，且只能有一道 2 mm 以上厚的合成高分子涂膜	两道防水设防，其中必须有一道卷材，也可采用压型钢板进行一道设防	一道防水设防，或两种防水材料复合使用	一道防水设防

12.3 建筑密封材料

密封材料是嵌入建筑物缝隙中，能承受位移且能达到气密、水密目的的材料，又称嵌缝材料。

密封材料有良好的黏结性，耐老化性和对高、低温度的适应性，能长期承受被黏构件的收缩与振动而不破坏。

密封材料分为定型密封材料(密封条和压条等)和非定型密封材料(密封膏和嵌缝膏等)两大类。

12.3.1 密封材料的分类

非定型密封材料按原材料及其性能可分为三大类。

(1) 塑性密封膏　是以改善沥青和煤焦油为主要原料制成的。其价格低，具有一定的弹塑性和耐久性，但弹性差，延伸性也较差。

(2) 弹塑性密封膏　有聚氯乙烯胶泥及各种塑料油膏。它们的弹性较低，塑性较大，延伸性和黏结性较好。

(3) 弹性密封膏　是由聚硫橡胶、有机硅橡胶、氯丁橡胶、聚氨酯和丙烯酸萘为主要原料制成。这类材料的综合性能好。

12.3.2 工程中常用的密封材料

12.3.2.1 沥青嵌缝油膏

沥青嵌缝油膏是以石油沥青为基料，加入改性材料、稀释剂及填充料混合制成的密封膏。改性材料有废橡胶粉和硫化鱼油，稀释剂有松节重油和机油等，填充料有石棉绒和滑石粉等。沥青嵌缝油膏主要作为屋面、墙面、沟和槽的防水嵌缝材料。

12.3.2.2 聚氨酯建筑密封胶

聚氨酯建筑密封胶是以聚氨基甲酸酯聚合物为主要成分的双组分反应固化型建筑密封材料。

聚氨酯建筑密封胶按流变性分为两种类型：N 型(非下垂型)和 L 型(自流平型)。聚氨酯建筑密封胶的主要性能应符合《聚氨酯建筑密封胶》(JC/T 482—2022)的规定，见表 12.11。

表 12.11　聚氨酯建筑密封胶物理力学性能表

试验项目		技术指标							
		50LM	50HM	35LM	35HM	25LM	25HM	20LM	20HM
密度，g/cm^3		规定值±0.1							
流动性	下垂度(N 型)，mm	≤3							
	流平性(L 型)	光滑平整							
表干时间，h		≤24							
挤出性①，mL/min		≥150							
适用期②，h		≥0.5							
弹性恢复率，%		≥70							
定伸黏结性		无破坏							

续表 12.11

试验项目		技术指标							
		50LM	50HM	35LM	35HM	25LM	25HM	20LM	20HM
拉伸模量，MPa	23 ℃	≤0.4 和 ≤0.6	>0.4 或 >0.6	≤0.4 和 ≤0.6	>0.4 或 >0.6	≤0.4 和 ≤0.6	>0.4 或 >0.6	≤0.4 和 ≤0.6	>0.4 或 >0.6
	−20 ℃								
浸水后定伸黏结性		无破坏							
冷拉-热压后的黏结性		无破坏							
质量损失率，%		≤5							

注：① 此项仅适用于单组分产品；

② 此项仅适用于多组分产品，允许采用供需双方商定的其他指标值。

聚氨酯建筑密封胶具有延伸率大、弹性高、黏结性好、耐低温、耐油、耐酸碱及使用年限长等优点，被广泛应用于各种装配式建筑屋面板、楼面、楼地面、阳台、窗框、卫生间等部位的接缝、施工缝的密封，给排水管道、贮水池等工程的接缝密封，混凝土裂缝的修补，也可用于玻璃及金属材料的嵌缝。

12.3.2.3 聚氯乙烯建筑防水接缝材料

聚氯乙烯建筑防水接缝材料是以煤焦油和聚氯乙烯（PVC）树脂粉为基料，按一定比例加入增塑剂（邻苯二甲酸二丁酯、邻苯二甲酸二辛酯）、稳定剂（三盐基硫酸铅、硬脂酸钙）及填充粉（滑石粉、石英粉）等，在140 ℃温度下塑化而成的膏状密封材料，简称 PVC 接缝材料。也可用废旧聚氯乙烯塑料代替聚氯乙烯树脂粉，其他原料和生产方法相同。

PVC 接缝材料按施工工艺分为 J 型和 G 型两种类型。J 型 PVC 接缝材料是指用热塑法施工的产品，俗称聚氯乙烯胶泥，G 型 PVC 接缝材料是指用热熔法施工的产品，俗称塑料油膏。PVC 接缝材料具有良好的黏结性，防水性，弹塑性，耐寒、耐热、耐腐蚀和抗老化性能。其技术性能要求列于表 12.12。

表 12.12 聚氯乙烯建筑防水接缝材料技术指标（JC/T 798—1997）

序号	项目		技术要求	
			801	802
1	密度，g/cm^3		规定值±0.1 ①	
2	下垂度，mm，80 ℃，不大于		4	
3	低温柔性	温度，℃	−10	−20
		柔性	无裂缝	
4	拉伸黏结性	最大抗拉强度，MPa	0.02～0.05	
		最大延伸率，%，不小于	300	
5	浸水拉伸	最大抗拉强度，MPa	0.02～0.15	
		最大延伸率，%，不小于	250	
6	恢复率，%，不小于		80	
7	挥发率②，%，不大于		3	

注：① 规定值是指企业标准或产品说明书所规定的密度值；

② 挥发率仅限于 G 型 PVC 接缝材料。

这种密封材料可以热用,也可以冷用。热用时,将聚氯乙烯建筑防水接缝材料用文火加热,加热温度不得超过 140 ℃,达塑化状态后,应立即浇灌于清洁干燥的缝隙或接头等部位。冷用时,加溶剂稀释。适用于各种屋面嵌缝或表面涂布作为防水层,也可用于水渠、管道等接缝。用于工业厂房自防水屋面嵌缝、大型墙板嵌缝等的效果也好。

12.3.2.4 丙烯酸酯建筑密封胶

丙烯酸酯建筑密封胶是以丙烯酸酯乳液为基料,掺入增塑剂、分散剂、碳酸钙等配制而成的建筑密封膏。这种密封膏弹性好,能满足一般基层伸缩变形的需要。耐候性能优异,其使用年限在 15 年以上。耐高温性能好,在 $-20 \sim +100$ ℃情况下,长期保持柔韧性。黏结强度高,耐水、耐酸碱性好,并有良好的着色性。适用于混凝土、金属、木材、天然石料、砖、瓦、玻璃之间的密封防水。其主要技术性质应符合《丙烯酸酯建筑密封胶》(JC/T 484—2006)的规定,见表 12.13。

表 12.13 丙烯酸酯建筑密封胶技术性质要求

序号	项目		技术指标		
			12.5E	12.5P	7.5P
1	密度,g/cm^3		规定值±0.1		
2	下垂度,mm	≤	3		
3	表干时间,h	≤	1		
4	挤出性,mL/min	≥	100		
5	弹性恢复率,%	≥	40	见表注	
6	定伸黏结性		无破坏	—	
7	浸水后定伸黏结性		无破坏	—	
8	冷拉-热压后黏结性	≥	无破坏	—	
9	断裂伸长率,%	≥	—	100	
10	浸水后断裂伸长率,%	≥	—	100	
11	同一温度下拉伸-压缩循环后黏结性		—	无破坏	
12	低温柔性,℃		−20	−5	
13	体积变化率,%	≤	30	—	—

注:报告实测值。

12.3.2.5 硅酮建筑密封胶

硅酮建筑密封胶是以聚硅氧烷聚合物为主体,加入硫化剂、硫化促进剂以及增强填料组成的室温固化型密封材料。它具有良好的耐热、耐寒和耐候性,与各种材料都有较好的黏结性能,耐水性好,耐拉伸压缩疲劳性强。

根据《硅酮和改性硅酮建筑密封胶》(GB/T 14683—2017)的规定,硅酮建筑密封胶按用途可分为 F 类、G 类和 R 类。其中,F 类为建筑接缝用密封膏,适用于预制混凝土墙板、水泥板、大理石板的外墙接缝,混凝土和金属框架的黏结,卫生间和公路接缝的防水密封等;G 类为镶装玻璃用密封膏,主要用于镶嵌玻璃和建筑门、窗的密封。R 类为干缩位移接缝用密封膏,常见于装配式预制混凝土外挂墙板接缝。硅酮建筑密封胶的理化性能应符合表 12.14 的要求。

表 12.14　硅酮建筑密封胶理化性能

序号	项目		技术指标							
			50LM	50HM	35LM	35HM	25LM	25HM	20LM	20HM
1	密度，g/cm^3		规定值±0.1							
2	下垂度，mm		≤3							
3	表干时间，h		≤3[①]							
4	挤出性，mL/min		≥150							
5	弹性恢复率，%		≥80							
6	拉伸模量，MPa	23 ℃	≤0.4 和	>0.4 或	≤0.4 和	>0.4 或	≤0.4 和	>0.4 或	≤0.4 和	>0.4 或
		−20 ℃	≤0.6	>0.6	≤0.6	>0.6	≤0.6	>0.6	≤0.6	>0.6
7	定伸黏结性		无破坏							
8	紫外线辐照后黏结性[②]		无破坏							
9	冷拉-热压后黏结性		无破坏							
10	浸水后定伸黏结性		无破坏							
11	质量损失率，%		≤8							

注：① 允许采用供需双方商定的其他指标值。
② 此项仅适用于 G 类产品。

本章小结

防水材料是建筑工程中重要的功能材料之一。沥青材料及其制品是传统的建筑防水材料，通常适用于防水等级不高的防水工程；高聚物改性沥青、合成高分子材料及其制品是目前建筑工程中推广使用的新型防水材料，一般用于防水要求较高的工程中。防水材料按形态可分为防水卷材、防水涂料、密封材料等。

沥青基防水制品主要有：沥青防水卷材（如石油沥青纸胎油毡、石油沥青玻璃布胎油毡、石油沥青玻璃纤维胎油毡等）、沥青防水涂料（如冷底子油、沥青胶、水乳型沥青防水涂料等）。

聚合物改性沥青防水材料、合成高分子防水材料具有较高的低温弹性和塑性、高温稳定性和抗老化性，综合防水性能好。建筑工程中常用的高聚物改性沥青防水材料主要有：SBS 改性沥青防水卷材、APP 改性沥青防水卷材、改性沥青聚乙烯防水卷材、氯丁橡胶沥青防水涂料等；合成高分子防水材料主要有：三元乙丙橡胶防水卷材、聚氯乙烯防水卷材、氯化聚乙烯-橡胶共混防水卷材等。

建筑密封材料的合理选用能够使工程中的施工缝、构件连接缝、变形缝等各种接缝保持水密、气密，保证建筑物的整体抗渗性、防水性能。

建筑防水材料应严格按有关规范进行选择，根据具体工程的结构特点、使用部位及环境条件要求，依技术可行、经济合理的原则合理选用各种防水材料。

思考题与习题

1. 与传统的沥青防水卷材相比较，改性沥青防水卷材和合成高分子防水卷材有什么突出的优点？
2. 为满足防水要求，防水卷材应具有哪些技术性能？
3. 试述密封膏的性能要求和使用特点。

13 绝热、吸声及装饰材料

本章提要

绝热材料、吸声材料和装饰材料都是重要的建筑功能材料，它们对建筑物使用功能有重要作用。绝热材料对建筑物的能源消耗有较大影响；有效运用吸声材料，可减少噪声对人体和环境的危害；装饰材料除了起装饰作用，满足人们的美感需要以外，还起着保护建筑物主体结构和改善建筑物使用功能的作用，使建筑物耐久性提高，并改善其保温隔热、吸声隔声、采光等居住功能。本章主要介绍常见的绝热材料、吸声材料和装饰材料。

13.1 绝热材料

用于控制建筑室内热量外流的材料叫作保温材料，防止室外热量进入室内的材料叫作隔热材料。保温、隔热材料统称为绝热材料，是用于减少结构物与环境热交换的一种功能材料。建筑工程中使用的绝热材料，一般要求其导热系数不大于 0.175 W/(m·K)，表观密度不大于 600 kg/m^3，抗压强度不小于 0.3 MPa。在具体选用时，除应考虑上述基本要求外，还应了解材料在耐久性、耐火性、耐侵蚀性等方面是否符合要求。

13.1.1 常用绝热材料

绝热材料按其传热方式分为多孔型、纤维型和反射型三类。多孔材料的传热方式较为复杂，不过，由于在常温下对流和辐射换热在总的传热中所占比例很小，故以气孔中气体导热为主，但由于空气的导热系数远远小于固体的导热系数，所有热量通过气孔传递的阻力较大，从而使传热速度大大减慢。纤维型材料与多孔材料类似，顺纤维方向的传热量大于垂直于纤维方向的传热量。具有反射性的材料，由于大量热辐射在表面被反射掉，通过材料的热量大大减少，从而达到了绝热目的，其反射率大，则材料绝热性好。

常用的绝热材料按其成分可分为有机和无机两大类。无机绝热材料是用矿物质原料做成的呈松散状、纤维状或多孔状的材料，可加工成板、卷材或套管等形式。有机绝热材料是用有机原料(如各种树脂、软木、木丝、刨花等)制成。有机绝热材料的密度一般小于无机绝热材料。无机绝热材料不腐烂、不燃，有些材料还能抵抗高温，但其堆积密度较大。有机绝热材料吸湿性大，易受潮、腐烂，高温下易分解变质或燃烧，一般温度高于 120 ℃时就不宜使用，但其堆积密度小，原料来源广，成本较低。

13.1.2 无机绝热材料

(1) 无机纤维状绝热材料

无机纤维状绝热材料是由连续的气相与无机纤维状固相组成的材料。常用的无机纤维有矿棉、玻璃棉等，可制成板或筒状制品。由于无机纤维状绝热材料不燃、吸声、耐久、价格便宜、施工简便，因而广泛用于住宅建筑和热工设备的表面。

玻璃棉是用玻璃原料或碎玻璃经熔融后制成的一种纤维状材料，其堆积密度为 40～150 kg/m³，导热系数小，价格与矿棉制品相近，可制成沥青玻璃棉毡、板及酚醛玻璃棉毡和板，使用方便，因此广泛用在温度较低的热力设备和房屋建筑中。矿棉一般包括矿渣棉和岩棉。矿渣棉所用原料有高炉硬矿渣、铜矿渣和其他矿渣等，另加一些调整原料（含氧化钙、氧化硅的原料）。岩棉是将天然岩石经熔融后吹制而成的纤维状（棉状）产品；矿棉具有轻质、不燃、绝热和电绝缘等性能，且原料来源丰富，成本较低，可制成矿棉板、矿棉防水毡及管套等，可用于建筑物的墙壁、屋顶、顶棚等处的保温隔热和吸声。

（2）无机散粒状绝热材料

无机散粒状绝热材料是由连续的气相与无机颗粒状固相组成的材料。常用的固相材料有膨胀蛭石和膨胀珍珠岩等。

蛭石是一种天然矿物，在 850～1000 ℃的温度下煅烧时，体积急剧膨胀，单个颗粒的体积能膨胀约 20 倍。其表观密度为 80～900 kg/m³，导热系数为 0.046～0.070 W/(m·K)，可在 1000～1100 ℃温度下使用，不蛀、不腐，但吸水性较大。膨胀蛭石可以呈松散状铺设于墙壁、楼板、屋面等夹层中，作为绝热、隔声之用。使用时应注意防潮，以免吸水后影响绝热效果。可与水泥、水玻璃等胶凝材料配合，浇制成板，用于墙、楼板和屋面板等构件的绝热。

膨胀珍珠岩是由天然珍珠岩煅烧而成的，呈蜂窝泡沫状的白色或灰白色颗粒，是一种高效能的绝热材料。其堆积密度为 40～500 kg/m³，导热系数为 0.047～0.070 W/(m·K)，最高使用温度可达 800 ℃，最低使用温度为 −200 ℃，具有吸湿小、无毒、不燃、抗菌、耐腐、施工方便等特点。建筑上广泛用作围护结构、低温及超低温保冷设备、热工设备等处的隔热保温材料，也可用于制作吸声制品。膨胀珍珠岩制品是以膨胀珍珠岩为主，配合适量胶凝材料（水泥、水玻璃、磷酸盐、沥青等），经拌和、成型、养护（或干燥，或固化）而制成的具有一定形状的板、块、管壳等制品。

（3）无机多孔类绝热材料

多孔类材料是由固相和孔隙良好的分散材料组成的，其体积内含有大量均匀分布的气孔（开口气孔、封闭气孔或两者皆有），主要有泡沫混凝土、加气混凝土等泡沫类和发气类产品。

泡沫混凝土是由水泥、水、松香泡沫剂混合后经搅拌、成型、养护而成的一种多孔、轻质、保温、隔热、吸声材料。也可用粉煤灰、石灰、石膏和泡沫剂制成粉煤灰泡沫混凝土。泡沫混凝土的表观密度为 300～500 kg/m³，导热系数为 0.082～0.186 W/(m·K)。

加气混凝土是由水泥、石灰、粉煤灰和发气剂（铝粉）配制而成的一种保温隔热性能良好的轻质材料。由于加气混凝土的表观密度小（500～700 kg/m³），导热系数[0.093～0.164 W/(m·K)]比黏土砖小，因而 24 cm厚的加气混凝土墙体，其保温隔热效果优于 37 cm 厚的砖墙。此外，加气混凝土的耐火性能良好。

硅藻土由水生硅藻类生物的残骸堆积而成。其孔隙率为 50%～80%，导热系数约为 0.060 W/(m·K)，因此具有很好的绝热性能。硅藻土最高使用温度可达 900 ℃，可用作填充料或制成制品。

微孔硅酸钙由硅藻土或硅石与石灰等经配料、拌和、成型及水热处理制成。以托贝莫来石为主要水化产物的微孔硅酸钙，表观密度约为 200 kg/m³，导热系数约为 0.047 W/(m·K)，最高使用温度约 650 ℃。以硬硅钙石为主要水化产物的微孔硅酸钙，其表观密度约为 230 kg/m³，导热系数约为 0.056 W/(m·K)，最高使用温度可达 1000 ℃。

泡沫玻璃由玻璃粉和发泡剂等经配料、烧制而成。气孔率达 80%～95%，气孔直径为 0.1～5 mm，且大量为封闭而孤立的小气泡。其表观密度为 150～600 kg/m³，导热系数为 0.058～0.128 W/(m·K)，抗压强度为 0.8～15 MPa。采用普通玻璃粉制成的泡沫玻璃最高使用温度为 300～400 ℃，若用无碱玻璃粉生产，则最高使用温度可达 800～1000 ℃。泡沫玻璃耐久性好，易加工，可满足多种绝热需要。

13.1.3 有机绝热材料

(1) 泡沫塑料

泡沫塑料是以各种树脂为基料，加入一定剂量的发泡剂、催化剂、稳定剂等辅助材料，经加热发泡而制成的一种轻质且具有绝热、吸声、防震性能的材料。目前我国生产的聚苯乙烯泡沫塑料表观密度为 20～50 kg/m^3，导热系数为 0.038～0.047 W/(m·K)，最高使用温度约 70 ℃；聚氯乙烯泡沫塑料表观密度为 12～75 kg/m^3，导热系数为 0.031～0.045 W/(m·K)，最高使用温度为 70 ℃，遇火能自行熄灭；聚氨酯泡沫塑料表观密度为 30～65 kg/m^3，导热系数为 0.035～0.042 W/(m·K)，最高使用温度可达 120 ℃，最低使用温度为 −60 ℃。此外，还有脲醛泡沫塑料及制品等。该类绝热材料可用作复合墙板及屋面板的夹心层及满足冷藏和包装等绝热需要。

(2) 植物纤维类绝热板

该类绝热材料可用稻草、木质纤维、麦秸、甘蔗渣等为原料经加工而成。其表观密度为 200～1200 kg/m^3，导热系数为 0.058～0.307 W/(m·K)，可用于墙体、地板、顶棚等，也可用于冷藏库、包装箱等。

(3) 窗用绝热薄膜（又名新型防热片）

其厚度为 12～50 μm，用于建筑物窗户的绝热，可以遮蔽阳光，防止室内陈设物褪色，减少冬季热量损失，节约能源，增强美感。使用时，将特制的防热片（薄膜）贴在玻璃上，其功能是将透过玻璃的大部分阳光反射出去，反射率高达 80%。防热片能减小紫外线的透过率，减弱紫外线对室内家具和织物的有害作用，减小室内的温度变化程度，还可避免玻璃碎片伤人。

13.1.4 常用绝热材料的技术性质及用途

在建筑中合理地采用绝热材料，能提高建筑物的使用效能，保证正常的生产、工作和生活。在需采暖、空调、冷藏的建筑物中采用必要的绝热材料，能减少热损失，节约能源，降低成本。据统计，绝热良好的建筑，其能源消耗可减少 25%～50%，因此，在建筑工程中，合理地使用绝热材料具有重要意义。

常用绝热材料的表观密度、强度、导热系数等技术性质及用途如表 13.1 所示。

表 13.1 常用绝热材料技术性能及用途

材料名称	表观密度，kg/m^3	强度，MPa	导热系数，W/(m·K)	最高使用温度，℃	用途
超细玻璃棉毡 沥青玻纤制品	30～80 100～150	—	0.035 0.041	300～400 250～300	墙体、屋面、冷藏库等
矿渣棉纤维	110～130	—	0.044	600	填充材料
岩棉纤维	80～150	f_t>0.012	0.044	250～600	填充墙体、屋面、热力管道等
岩棉制品	80～160	—	0.04～0.052	600	
膨胀珍珠岩	40～300	—	常温 0.02～0.044 高温 0.06～0.17 低温 0.02～0.038	800	高效能保温隔热填充材料
水泥膨胀珍珠岩制品	300～400	f_c:0.5～1.0	常温 0.05～0.081 低温 0.081～0.12	600	保温隔热用
水玻璃膨胀珍珠岩制品	200～300	f_c:0.6～1.7	常温 0.056～0.093	650	保温隔热用

续表13.1

材料名称	表观密度，kg/m^3	强度，MPa	导热系数，W/(m·K)	最高使用温度，℃	用途
沥青膨胀珍珠岩制品	200～500	f_c:0.2～1.2	0.093～0.12	—	用于常温及负温部位的绝热
膨胀蛭石	80～900	—	0.046～0.070	1000～1100	填充材料
水泥膨胀蛭石制品	300～550	f_c:0.2～1.15	0.076～0.105	600	保温隔热用
微孔硅酸钙制品	250	f_c>0.5 f_t>0.3	0.041～0.056	650	围护结构及管道保温
轻质钙塑板	100～150	f_c:0.1～0.3 f_t:0.11～0.7	0.047	650	具有保温隔热兼防水性能，并具有装饰性能
泡沫玻璃	150～600	f_c:0.55～15	0.058～0.128	300～400	砌筑墙体及冷藏库绝热
泡沫混凝土	300～500	f_c:≥0.4	0.081～0.19	—	围护结构
加气混凝土	400～700	f_c:≥0.4	0.093～0.16	—	围护结构
木丝板	300～600	f_v:0.4～0.5	0.11～0.26	—	顶棚、隔墙板、护墙板
软质纤维板	150～400	—	0.047～0.093	—	顶棚、隔墙板、护墙板
芦苇板	250～400	—	0.093～0.13	—	顶棚、隔墙板
软木板	105～437	f_v:0.15～2.5	0.044～0.079	130	绝热结构
聚苯乙烯泡沫塑料	20～50	f_v≥0.15	0.031～0.04	70	屋面、墙体保温隔热等
硬质聚氨酯泡沫塑料	30～40	f_c:0.25～0.5	0.022～0.055	−60～120	屋面、墙体保温，冷藏库隔热
聚氯乙烯泡沫塑料	12～72	f_c:0.31～1.2	0.022～0.035	−196～70	屋面、墙体保温，冷藏库隔热

13.2 吸声与隔声材料

13.2.1 吸声材料

在规定频率下平均吸声系数大于0.2的材料，称为吸声材料。吸声材料可较大程度地吸收由空气传递的声波能量，改善声波在室内的传播质量，保持良好的音响效果和舒适感，因此广泛应用于播音室、音乐厅、影剧院等的墙面、地面、天棚等部位。

13.2.1.1 材料的吸声性

声源的振动迫使邻近的空气跟着振动而形成声波，并在空气介质中向四周传播。声音在传播过程中，一部分声音在声能作用下随着距离的增大而扩散，另一部分声音则因空气分子的吸收而减弱。当声波遇到材料表面时，被吸收声能(E)与入射声能(E_0)之比，称为吸声系数α，即

$$\alpha=\frac{E}{E_0} \tag{13.1}$$

吸声系数 α 是评定材料吸声性能好坏的主要指标，它除与材料本身性质、厚度及材料表面的条件（有无空气层及空气层的厚度）有关外，还与声波的入射角及频率有关。一般而言，材料内部的开放的、连通的气孔越多，吸声性能越好。同一材料，对于高、中、低不同频率声波的吸声系数不同。为了全面反映材料的吸声性能，规定取 125 Hz、250 Hz、500 Hz、1000 Hz、2000 Hz、4000 Hz 共六个频率声波的吸声系数来表示材料吸声的频率特性。一般材料的吸声系数在 0～1 之间。凡六个频率声波的平均吸声系数大于 0.2 的材料称为吸声材料。

13.2.1.2 吸声材料的构造

(1) 多孔吸声材料。当声波进入材料内部互相贯通的孔隙，空气分子受到摩擦和黏滞阻力，产生振动，从而使声能转化为机械能，最后因摩擦而转变为热能被吸收。这类多孔材料的吸声系数，一般从低频到高频逐渐增大，故对中频和高频的声音吸收效果较好。材料中开放的、互相连通的、细致的气孔越多，其吸声性能越好。

(2) 柔性吸声材料。具有密闭气孔和一定弹性的材料，如泡沫塑料，声波引起的空气振动不易传递至其内部，只能相应地产生振动，在振动过程中由于克服材料内部的摩擦而消耗了声能，引起声波衰减。这种材料的吸声特性是在一定的频率范围内出现一个或多个吸收频率。

(3) 帘幕吸声体。帘幕吸声体是用具有通气性能的纺织品，安装在离墙面或窗洞一定距离处，背后设置空气层。这种吸声体对中、高频都有一定的吸声效果。

(4) 悬挂空间吸声体。悬挂于空间的吸声体，增加了有效的吸声面积，加上声波的衍射作用，大大提高了实际的吸声效果。空间吸声体可设计成多种形式悬挂在顶棚下面。

(5) 薄板振动吸声结构。胶合板、薄木板、纤维板、石膏板等的周边钉在墙或顶棚的龙骨上，并在背后留有空气层，即成薄板振动吸声结构。该吸声结构主要吸收低频率的声波。

(6) 穿孔板组合共振吸声结构。穿孔的各种材质薄板周边固定在龙骨上，并在背后设置空气层即成穿孔板组合共振吸声结构。这种吸声结构具有适合中频的吸声特性，使用普遍。

(7) 空腔共振吸声结构。空腔共振吸声结构由封闭的空腔和较小的开口所组成。它有很强的频率选择性，在其共振频率附近，吸声系数较大，而对离共振频率较远的声波吸收系数很小。

13.2.1.3 常用材料的吸声系数

建筑上常用的吸声材料及其吸声系数如表 13.2 所示。

表 13.2 建筑上常用的吸声材料

分类及名称		厚度，cm	表观密度，kg/m^3	各种频率下的吸声系数						装置情况
				125	250	500	1000	2000	4000	
无机材料	吸声泥砖	6.5	—	0.05	0.07	0.10	0.12	0.16	—	贴实
	石膏板（有花纹）	—	—	0.03	0.05	0.06	0.09	0.04	0.06	
	水泥蛭石板	4.0	—	—	0.14	0.46	0.78	0.50	0.60	
	石膏砂浆（掺水泥、玻璃纤维）	2.2	—	0.24	0.12	0.09	0.30	0.32	0.83	粉刷在墙上
	水泥膨胀珍珠岩板	5	350	0.16	0.46	0.64	0.48	0.56	0.56	贴实
	水泥砂浆	1.7	—	0.21	0.16	0.25	0.40	0.42	0.48	粉刷在墙上
	砖（清水墙面）	—	—	0.02	0.03	0.04	0.04	0.05	0.05	贴实

续表13.2

分类及名称		厚度，cm	表观密度，kg/m^3	各种频率下的吸声系数						装置情况
				125	250	500	1000	2000	4000	
木质材料	软木板	2.5	260	0.05	0.11	0.25	0.63	0.70	0.70	贴实
	木丝板	3.0	—	0.10	0.36	0.62	0.53	0.71	0.90	钉在木龙骨上，后面留10 cm空气层和留5 cm空气层两种
	三夹板	0.3	—	0.21	0.73	0.21	0.19	0.08	0.12	
	穿孔五夹板	0.5	—	0.01	0.25	0.55	0.30	0.16	0.19	
	木花板	0.8	—	0.03	0.02	0.03	0.03	0.04	—	
	木质纤维板	1.1	—	0.06	0.15	0.28	0.30	0.33	0.31	
多孔材料	泡沫玻璃	4.4	1260	0.11	0.32	0.52	0.44	0.52	0.33	贴实
	脲醛泡沫塑料	5.0	20	0.22	0.29	0.40	0.68	0.95	0.94	
	泡沫水泥(外粉刷)	2.0	—	0.18	0.05	0.22	0.48	0.22	0.32	紧靠粉刷
	吸声蜂窝板	—	—	0.27	0.12	0.42	0.86	0.48	0.30	贴实
	泡沫塑料	1.0	—	0.03	0.06	0.12	0.41	0.85	0.67	
纤维材料	矿渣棉	3.13	210	0.10	0.21	0.60	0.95	0.85	0.72	贴实
	玻璃棉	5.0	80	0.06	0.08	0.18	0.44	0.72	0.82	
	酚醛玻璃纤维板	8.0	100	0.25	0.55	0.80	0.92	0.98	0.95	
	工业毛毡	3.0	—	0.10	0.28	0.55	0.60	0.60	0.56	紧靠墙面

13.2.2 隔声材料

建筑上将能起到减弱或隔绝声音作用的材料称为隔声材料，隔声材料主要用于外墙、门窗、隔墙、隔断等。分为隔绝空气声(通过空气传播的声音)和隔绝固体声(通过撞击或振动传播的声音)两种原理不同的隔声方式。

对空气声的隔绝，主要服从声学中的“质量定律”，即材料的密度越大，越不易受声波作用而产生振动，声波通过材料传递的速度迅速减弱，其隔声效果越好。所以，应选用密度大的材料(如钢筋混凝土、实心砖、钢板等)作为隔绝空气声的材料。对固体声隔绝的最有效措施是断绝其声波继续传递的途径，即在产生和传递固体声波的结构(如梁、框架与楼板、隔墙，以及它们的交接处等)中加入具有一定弹性的衬垫材料(如软木、橡胶、毛毡、地毯)，或设置空气隔离层等，以阻止或减弱固体声波的继续传播。

材料的隔声原理与材料的吸声(吸收或消耗转化声能)原理不同，因此，吸声效果好的疏松多孔材料(有开口连通而不穿透或穿透的孔型)隔声效果不一定好。

13.3 装饰材料

在建筑工程中，通常把铺设、粘贴或涂刷在建筑内外表面、起装饰作用的材料称为装饰材料。除了起装饰作用，满足人们的美感需要以外，还起着保护建筑物主体结构和改善建筑物使用功能的作用，提高建筑物耐久性，并改善其保温隔热、吸声隔声、采光等居住功能。

建筑装饰材料种类繁多，主要有天然石材、建筑陶瓷、建筑玻璃和建筑涂料。天然石材的品种及特性的详细介绍见第 8 章，本节不再赘述。

13.3.1 建筑陶瓷

凡以黏土、长石、石英为基本原料，经配料、制坯、干燥、熔烧而制得的成品，统称为陶瓷制品。用于建筑工程的陶瓷制品，称为建筑陶瓷，主要包括釉面砖、外墙面砖、地面砖、陶瓷锦砖、玻璃制品、卫生陶瓷等。

13.3.1.1 陶瓷制品的分类

陶瓷制品质地按其致密程度（吸水率大小）分为三类：陶质、瓷质和炻质。

陶质制品结构多孔，吸水率大（>10%），断面粗糙，不透明，敲击声粗哑。通常陶质制品又可分为粗陶和精陶。建筑上常用的烧结黏土砖、瓦属粗陶制品。建筑饰面用的各种釉面砖均属精陶。

瓷质制品结构致密，吸水率小（<1%），有一定透明性，建筑上用于外墙饰面和铺地，陶瓷锦砖以及日用餐茶具均属瓷质。

炻质制品介于陶和瓷之间，也称半瓷，结构较致密，吸水率为 1%～10%。炻器还可分为粗炻器和细炻器。建筑用的外墙面砖和地面砖属粗炻器，而日用炻器（如紫砂壶等）属细炻器。

13.3.1.2 陶瓷制品的表面装饰方法

（1）施釉

釉是以石英、长石、高岭土等为主要原料，再配以多种其他成分，研制成浆体，喷涂于陶瓷坯体的表面，经高温焙烧后，在坯体表面形成的一层连续玻璃质层。施釉的陶瓷表面平滑、光亮、不吸湿、不透气。另外，釉层保护了画面，能防止彩釉中有毒元素的溶出。

（2）彩绘

在陶瓷坯体的表面绘以彩色图案花纹，以大大提高陶瓷制品的装饰性。陶瓷彩绘分釉下彩绘和釉上彩绘两种。釉下彩绘是在陶瓷生坯或经素烧过的坯体上进行彩绘，然后施一层透明釉料，再经釉烧而成。釉上彩绘是在已经釉烧的陶瓷釉面上，采用低温彩料进行彩绘，然后再在较低温度下经彩烧而成。

（3）贵金属装饰

对于高级细陶瓷制品，通常采用金、银等贵金属在陶瓷釉上进行装饰，其中最常见的是饰金，如金边、图画、描金等。

13.3.1.3 建筑陶瓷制品的技术性质

（1）外观质量。外观质量是装饰用建筑陶瓷制品最主要的质量指标，往往根据外观质量对产品进行分等和分类。

（2）吸水率。建筑陶瓷制品的重要物理性质之一。它与弯曲强度、耐急冷急热性密切相关，是控制产品质量的重要指标。吸水率大的建筑陶瓷制品不宜用于室外。

（3）耐急冷急热性。陶瓷制品的内部和表面釉层热膨胀系数不同，温度急剧变化可能会使釉层开裂。

（4）弯曲强度。陶瓷材料质脆易碎，因此对弯曲强度有一定的要求。

（5）耐磨性。只对铺地的彩釉砖进行耐磨试验。

（6）抗冻性能。室外陶瓷制品有此要求。

（7）抗化学腐蚀性。室外陶瓷制品和化工陶瓷有此要求。

13.3.1.4 常用建筑陶瓷制品

（1）陶瓷砖

陶瓷砖也称内墙砖、釉面砖、瓷砖、瓷片，是由黏土、长石和石英石为主要原料制造的用于覆盖墙面和地面的板状或块状建筑陶瓷制品，属精陶制品，主要用作建筑物内部（如厨房、卫生间、浴室、墙裙等部位）墙面的装饰与保护。其花色很多，除白色釉面砖外，还有彩色、图案、浮雕、斑点釉面砖。陶瓷砖的装饰效果主要取决于釉面的颜色、图案和质感。

陶瓷砖的质量应符合《陶瓷砖》(GB/T 4100—2015)的规定。不同用途陶瓷砖的产品性能要求包括：尺寸和表面质量、物理性能、化学性能等。

彩色釉面陶瓷墙地砖与陶瓷砖原材料基本相同，但生产工艺为二次烧成，为炻器质。彩色釉面陶瓷墙地砖吸水率小，强度高，耐磨，抗冻性好，化学性能稳定，主要用于外墙铺贴，有时也用于铺地。其质量指标应符合《陶瓷砖》(GB/T 4100—2015)的规定。

(2) 陶瓷马赛克

陶瓷马赛克，是可拼贴成联的或单独铺贴的小规格陶瓷砖。其特点一是吸水率低，为瓷质；二是每块砖的尺寸很小，需用一定数量的砖按规定的图案贴在一张规定尺寸的牛皮纸上，成联使用。

陶瓷马赛克按表面性质分为有釉、无釉锦砖，按颜色分为单色、混色和拼花三种。单块砖的边长不大于50 mm，常用规格为18.5 mm×18.5 mm×5 mm。砖联为正方形或长方形，常用规格为305 mm×305 mm。按外观质量分优等品和合格品。

陶瓷马赛克吸水率低（应不大于1.0%），易清洗、耐磨、抗滑、耐酸碱，主要用于室内地面铺贴和建筑物外墙装饰。

陶瓷锦砖质量应符合《陶瓷马赛克》(JC/T 456—2015)的规定。

(3) 无釉陶瓷地砖

无釉陶瓷地砖是由陶瓷坯体不施釉一次烧成的片砖。该产品吸水率较低（3%～6%），强度高（弯曲平均值不小于25 MPa），耐磨性好（磨损量平均值不大于345 mm^3），主要用于室内地面铺设。

(4) 陶瓷劈离砖

陶瓷劈离砖是以黏土为原料，经配料、真空挤压成型，烘干、焙烧、劈离（将一块双联砖分为两块砖）等工序制成。产品独特，富于个性、古朴高雅，适用于墙面装饰。

(5) 建筑琉璃制品

琉璃制品是以难熔黏土作原料，经配料、成型、干燥、素烧，表面涂以琉璃釉料后，再经烧制而成。属精陶质制品，颜色有金、黄、绿、蓝、青等。品种分为三类：瓦类（取瓦、滴水瓦、筒瓦、沟头）、脊类、饰件类。琉璃制品表面光滑、色彩绚丽、造型古朴、坚实耐用、富有民族特色，主要用于具有民族风格的房屋以及建筑园林中的亭台、楼阁。

(6) 卫生陶瓷

卫生陶瓷是由瓷土烧制的细炻质制品，如洗面器、大小便器、水箱水槽等，主要用于浴室、洗盥室、厕所等处。

13.3.2 建筑玻璃

13.3.2.1 玻璃的基本知识

玻璃是一种透明的无定形硅酸盐固体物质。熔制玻璃的原材料主要有石英砂、纯碱、长石、石灰石等。建筑玻璃的化学组成主要为SiO_2、Na_2O、CaO、Al_2O_3、MgO、K_2O等。

玻璃的制造包括熔化、成型、退火三个工序。熔化是玻璃配合料在玻璃熔窑里被加热至1550～1600 ℃，熔融成为黏稠状的玻璃液。然后通过引上法或浮法等工艺成型。为消除或减小其内部应力至允许值，玻璃成型后应进行退火。

普通玻璃具有透明、易碎、热稳定性差（急冷急热时易破裂）、化学稳定性好（抗盐和酸侵蚀的能力强）、表观密度较大（约为2450～2550 kg/m^3）、导热系数较大[为0.75 W/(m·K)]等特点。

13.3.2.2 玻璃制品

(1) 普通平板玻璃

普通平板玻璃，指由浮法或引上法熔制的经热处理消除或减小其内部应力至允许值的平板玻璃。平板玻璃是建筑玻璃中用量最大的一种，厚 2～12 mm，其中以 3 mm 厚的使用量最大，广泛用作窗户玻璃。普通窗用玻璃对太阳光近红外线的透过率高，易引起温室效应，使室内空调能耗增加，一般不宜用于幕墙玻璃。

(2) 安全玻璃

安全玻璃指具有良好安全性能的玻璃。其主要特性是力学强度较高，抗冲击能力较好。被击碎时，碎块不会飞溅伤人，并兼有防火的功能。常用的安全玻璃有钢化玻璃、夹层玻璃和夹丝玻璃等三种。

(3) 保温绝热玻璃

保温绝热玻璃包括吸热玻璃、热反射玻璃、中空玻璃等。它们既具有良好的装饰效果，同时具有特殊的保温绝热功能，除用于一般门窗之外，常作为幕墙玻璃。

(4) 压花玻璃、磨砂玻璃和喷花玻璃

压花玻璃是在玻璃硬化之前，经刻有花纹的滚筒，在玻璃的单面或两面压出浅深不同的各种花纹图案而成的玻璃。

磨砂玻璃是采用机械喷砂、手工研磨或氢氟酸溶蚀等方法把普通玻璃表面处理成均匀毛面而成的玻璃。

喷花玻璃则是在平板玻璃表面贴上花纹图案，抹以护面层，并经喷砂处理而成的玻璃。

这三种玻璃的主要特点是表面粗糙，光线产生漫反射，透光不透视。适宜用于卫生间、浴室、办公室的门窗。

(5) 玻璃空心砖

玻璃空心砖一般是由两块压铸成凹形的玻璃经熔接或胶接成整块的空心砖。砖面可为平光，也可在内、外压铸多种花纹。砖内腔可为空气，也可填充玻璃棉等。玻璃空心砖绝热、隔声、光线柔和优美，可用来砌筑透光墙壁、隔断、门厅、通道等。

(6) 玻璃马赛克

玻璃马赛克也叫玻璃锦砖，它与陶瓷锦砖的区别主要在于：陶瓷锦砖系由瓷土制成的不透明陶瓷材料，而玻璃锦砖为半透明的玻璃质材料，呈乳浊或半乳浊状，内含少量气泡和未熔颗粒。玻璃马赛克花色多，价格较低，主要用于外墙装饰。

13.3.3 建筑装饰涂料

建筑装饰涂料指涂敷于物体表面，能与基体材料很好黏结并形成完整而坚韧保护膜的物料，一般由成膜基料、分散介质、颜料和填料以及辅助材料组成。

成膜基料主要由油料或树脂组成，是使涂料牢固附着于被涂物体表面后能与基体材料很好黏结并形成完整薄膜的主要物质，是构成涂料的基础，决定着涂料的基本性质；分散介质即挥发性有机溶剂或水，主要作用在于使成膜基料分散而形成黏稠液体，它本身不构成涂层，但在涂料制造和施工过程中都不可缺少；颜料和填料它们本身不能单独成膜，主要用于着色和改善涂膜性能，增强涂膜的装饰和保护作用，亦可降低涂料成本；辅助材料能帮助成膜物质形成一定性能的涂膜，对涂料的施工性、储存性和功能均有作用，也称助剂。辅助材料种类很多，作用各异，如增塑剂、增稠剂、稀释剂和防霉剂等。

涂料种类繁多，按主要成膜物质的性质可分为有机涂料、无机涂料和有机无机复合涂料三大类；按使用部位分有外墙涂料、内墙涂料和地面涂料等；按分散介质种类分有溶剂型和水性两类。

本章小结

绝热材料、吸声和隔声材料及装饰材料是改善建筑物使用功能和改善人们生活环境所必需的建筑材料。随着人们对生产环境及生活质量要求的提高，这类材料将会得到更广泛的应用和更好的发展。

思考题与习题

1. 何谓绝热材料？建筑物中使用绝热材料有何意义？
2. 用什么技术指标来评定材料导热性能的好坏？
3. 何谓吸声材料？材料的吸声性能用什么指标表示？
4. 影响吸声材料吸声效果的因素有哪些？
5. 建筑陶瓷的表面装饰方法有哪些？
6. 常用的建筑玻璃有哪些？它们有何特性？

14 建筑材料试验

本章提要

建筑材料试验是本课程重要的实践性教学环节，试验既是建筑材料课程的重要组成部分，同时也是学习和研究建筑材料的重要方法。工程中检验材料质量、确定设计施工依据、改善材料性能、研制和使用新材料及选择代用材料等，都需要进行建筑材料试验。因此，作为土木工程技术人员，为了能正确评价材料的质量，合理而经济地选择、使用材料，具备一定的建筑材料试验知识和技能是完全必要的。

14.1 建筑材料基本性质试验

建筑材料基本性质的试验项目较多，对于各种不同材料，测试的项目也不相同，本试验包括材料的密度、表观密度、吸水率和抗压强度等基本性质测试。

14.1.1 密度试验

14.1.1.1 试验目的

密度是指材料在绝对密实状态下单位体积的质量，以 g/cm^3 表示。密度可以用来计算材料的孔隙率和密实度，材料的很多性质都与孔隙率的大小及孔隙特征有关。

14.1.1.2 方法原理

将一定质量的水泥倒入装有足够量液体介质的李氏瓶内，液体的体积应可以充分浸润水泥颗粒。根据阿基米德定律，水泥颗粒的体积等于它所排开的液体体积，从而算出水泥单位体积的质量即为密度。试验中，液体介质采用无水煤油或不与水泥发生反应的其他液体。

14.1.1.3 仪器及材料

(1) 李氏瓶：

李氏瓶由优质玻璃制成，透明无条纹，具有抗化学侵蚀性且热滞后性小，要有足够的厚度以确保良好的耐裂性。李氏瓶横截面形状为圆形，外形尺寸如图 14.1 所示。

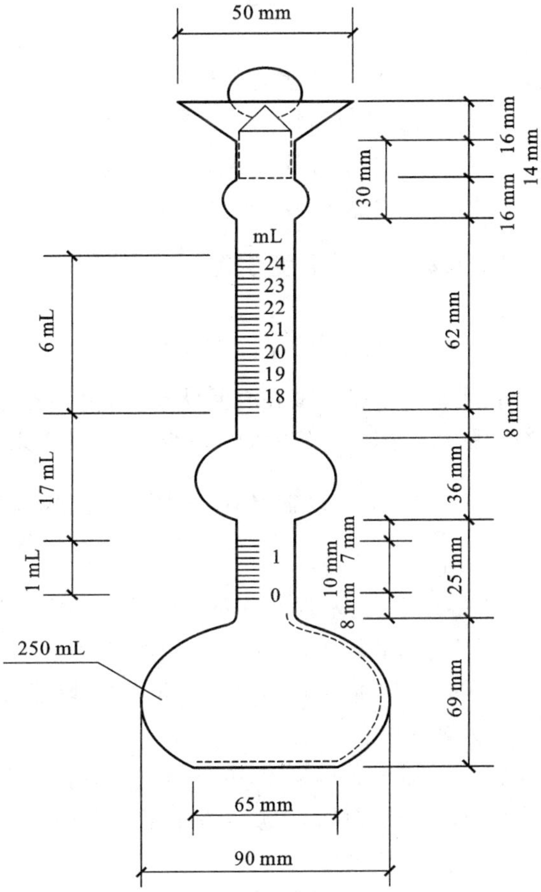

图 14.1 李氏瓶示意图

瓶颈刻度由 0～1 mL 和 18～24 mL 两段刻度组成，且

0～1 mL 和 18～24 mL 以 0.1 mL 为分度值，任何标期的容量误差都不大于 0.05 mL。

(2) 无水煤油：符合《煤油》(GB 253—2008) 的要求。

(3) 恒温水箱：应有足够大的容积，使水温可以稳定控制在(20±1)℃。

(4) 天平：量程不小于 100 g，分度值不大于 0.01 g。

(5) 温度计：量程包含 0～50 ℃，分度值不大于 0.1 ℃。

14.1.1.4 测定步骤

(1) 水泥试样应预先通过 0.90 mm 方孔筛，在(110±5)℃温度下烘干 1 h，并在干燥器内冷却至室温[室温应控制在(20±1)℃]。

(2) 称取水泥 60 g(m)，精确至 0.01 g。在测试其他材料密度时，可按实际情况增减称量材料质量，以便读取刻度值。

(3) 将无水煤油注入李氏瓶中至“0 mL”到“1 mL”之间刻度线后(选用磁力搅拌时应加入磁力棒)，盖上瓶塞放入恒温水槽内，使刻度部分浸入水中[水温应控制在(20±1)℃]，恒温至少 30 min，记下无水煤油的初始(第一次)读数(V_1)。

(4) 从恒温水槽中取出李氏瓶，用滤纸将李氏瓶细长颈内没有煤油的部分仔细擦干净。

(5) 用小匙将水泥样品一点点地装入李氏瓶中，反复摇动(亦可用超声波震动或磁力搅拌等)，直至没有气泡排出，再次将李氏瓶静置于恒温水槽，使刻度部分浸入水中，恒温至少 30 min，记下第二次读数(V_2)

(6) 第一次读数和第二次读数时，恒温水槽的温度差不大于 0.2 ℃。

14.1.1.5 试验结果处理

按式(14.1)计算材料密度值(精确至 0.01 g/cm³)：

$$\rho = m/(V_2 - V_1) \tag{14.1}$$

式中 ρ——材料的密度，g/cm³；

m——水泥质量，g；

V_2——李氏瓶第二次读数，mL；

V_1——李氏瓶第一次读数，mL。

14.1.2 表观密度试验

14.1.2.1 试验目的

表观密度是指材料在自然状态下(包含孔隙)单位体积的质量，以 kg/m³ 表示。通过表观密度可以计算材料的强度、导热性及吸水性等性质，亦可用来计算材料的孔隙率、体积及结构物自重等。

14.1.2.2 形状规则材料(如砖、石块、砌块等)

(1) 主要仪器设备

① 游标卡尺：量程 200 mm，最小分度值 0.02 mm。

② 天平：称量大于 500 g，最小分度值 0.01 g。

③ 钻石机、锯石机、磨石机、烘箱、干燥器等。

(2) 试件制备

将石样加工成圆柱体、方柱体或立方体，其尺寸应大于组成岩石最大矿物颗粒直径的 10 倍。将试件置于 105～110 ℃的烘箱内烘至恒量，置于干燥器内冷却至室温备用。

(3) 试验步骤

① 用游标卡尺量测试件两端和中间三个断面上互相垂直的两个直径或边长，精确至 0.02 mm，按平均

值计算截面面积。

② 用游标卡尺量测两端面周边对称四点和中心点共五个高度，计算高度平均值。

③ 称量干试件质量 m_0，精确至 0.01 g。

(4) 试验结果处理

① 按式(14.2)计算石料干表观密度值 $\gamma_干$：

$$\gamma_{干}=\frac{m_0}{AH} \tag{14.2}$$

式中 $\gamma_干$——石料干表观密度，g/cm³；

m_0——烘干试件质量，g；

A——试件截面面积，cm²；

H——试件高度，cm。

② 以 3 个试件测值的算术平均值作为试验结果，计算值精确至 0.01。

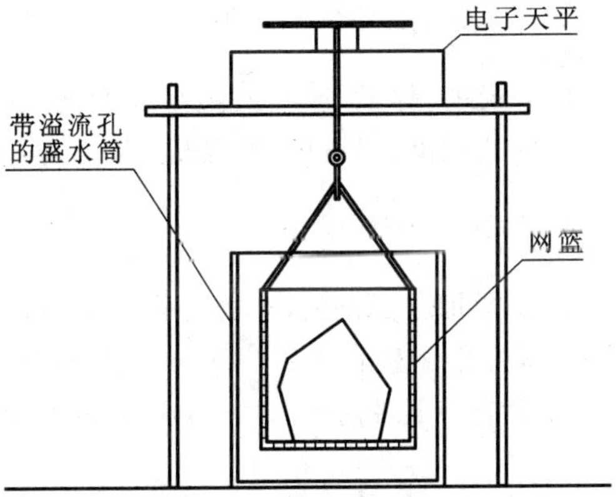

图 14.2 液体静力天平

14.1.2.3 形状不规则材料(蜡封法)

(1) 主要仪器设备

① 液体静力天平，称量不小于 1000 g，最小分度值 0.01 g (图 14.2)；

② 烘箱、干燥器和熔蜡设备等。

(2) 试件制备

将石样加工成边长 40～60 mm 的浑圆形或近似立方体的试件，至少制备 3 个。将试件置于 105～110 ℃的烘箱内烘至恒量，置于干燥器内冷却至室温备用。

(3) 试验步骤

① 称出烘干试件在空气中的质量 m，精确至 0.01 g。

② 将试件置于熔融的石蜡中，1～2 s 后取出，使试件表面均匀涂上一层蜡膜(膜厚不超过 1 mm)。如蜡膜上有气泡，应用烧红的细针将其刺破，然后再用热针带蜡封住气泡口，以防水分渗入试件。

③ 蜡层冷却后，准确称出蜡封试件在空气中的质量 m_1，精确至 0.01 g。

④ 用液体静力天平准确称出蜡封试件在水中的质量 m_2，精确至 0.01 g。

(4) 试验结果处理

① 按式(14.3)计算石料干表观密度 $\gamma_干$：

$$\gamma_{干}=\frac{m}{\dfrac{m_1-m_2}{\rho_{水}}-\dfrac{m_1-m}{\rho_{蜡}}}\times 1000 \tag{14.3}$$

式中 $\gamma_干$——石料干表观密度，g/cm³；

m——烘干试件在空气中的质量，g；

m_1——蜡封试件在空气中的质量，g；

m_2——蜡封试件在水中的质量，g；

$\rho_水$——水的密度，一般取 1.0 g/cm³；

$\rho_蜡$——石蜡的密度，一般取 0.93 g/cm³。

② 试件测值的处理同“形状规则试件”。

14.1.3 吸水率试验

14.1.3.1 试验目的

材料的吸水率通常是指它在常温[(20±2)℃]、常压条件下,材料试件最大的(浸水至饱和状态时)吸水质量占烘干试件质量的百分率。材料吸水率的大小对其强度、抗冻性、导热性等性能影响很大,测定材料吸水率,可估计其各项性能。

14.1.3.2 主要仪器设备

(1) 天平:称量 1000 g,最小分度值 0.01 g。
(2) 钻石机、切石机、磨石机、水槽、烘箱、真空抽气设备及干燥器等。

14.1.3.3 试样制备

将石样加工成圆柱体、方柱体或立方体,其尺寸应大于组成岩石最大矿物颗粒直径的 10 倍;如采用不规则试件,宜采用边长为 40~50 mm 的浑圆或近似立方体岩块。每组试件的数量为 3 个。

试验前将试件置于 105~110 ℃的烘箱内烘至恒量,置于干燥器内冷却至室温备用。

14.1.3.4 试验步骤

(1) 从干燥器中取出试样,称其质量 m,精确至 0.01 g。
(2) 将试件置于水槽中,试件之间应留 10~20 mm 间隔,底部用玻璃棒垫起,避免与槽底直接接触。
(3) 注水入槽中,使水面至试件高度的 1/4 处。自注水起,2 h 后加水至试件高的 1/2 处;4 h 后再加水至试件高度的 3/4 处;6 h 后将水加至高出试件 20 mm 以上(逐步加水以利于试件内空气逸出)。试件全部被淹没后,再自由吸水 48 h 后,即为水饱和试件。试件强制饱水,可采用煮沸法或真空抽气法。
(4) 取出试件,用拧干的湿纱布轻按试件表面,吸去试件表面的水分(不得来回擦拭),随即称得试件质量为 m_1,精确至 0.01 g。

14.1.3.5 试验结果处理

(1) 按式(14.4)计算石料吸水率 w:

$$w=\frac{m_1-m}{m}\times 100\% \tag{14.4}$$

式中 w——石料吸水率,%;
m——干燥试件的质量,g;
m_1——水饱和试件的质量,g;

(2) 以 3 个试件测值的算术平均值作为试验结果,计算值精确至 0.01。

14.1.4 抗压强度试验

14.1.4.1 试验目的

材料的抗压强度以饱和试件受压破坏时单位面积上所承受的最大荷载表示。它是评定材料质量的重要指标,主要用于材料的强度分级,并为工程设计提供基本资料。

14.1.4.2 主要仪器设备

(1) 压力试验机:预计破坏荷载应在试验机全量程的 20%~80%之内,示值相对误差不大于±1%,并在检验合格的1年期间内。

(2) 游标卡尺:量程200 mm,最小分度值0.02 mm。

(3) 钻石机、切石机、磨石机、车床、烘箱和干燥器等。

14.1.4.3 试件制备

将石样加工成直径为48～54 mm的圆柱体(试件高度与直径之比宜为2.0～2.5)试件,3个为一组,试件受力的两端面要磨平,并保持平行(不平行度应小于0.05 mm),且与试件轴线垂直(最大偏差不应超过0.25°)。对于含大颗粒的岩石,试件的直径应大于岩石中最大颗粒直径的10倍。对于各向异性的岩石,应按要求的方向制取试件。

制备水饱和试件的方法与吸水率试验相同。

14.1.4.4 试验步骤

(1) 检验试件形状是否正确,有无缺陷及层理,将检查的结果连同加力方向等,一并记入记录表格中。

(2) 用游标卡尺量取试件尺寸(精确至0.1 mm)。在顶面和底面上分别量取两个相互垂直的直径,并以其各自的算术平均值分别计算顶面和底面的面积,取其顶面和底面面积的算术平均值作为计算抗压强度所用的截面面积。

(3) 按照要求的受力方向(平行或垂直于试件的层理或片理),将试件置于压力试验机承压板的中央,对正上下承压板,不得偏心。开动机器,注意承压板与试件受压面的接触情况,如不密合而又无法纠正,应记录下来。为了防止试件在破坏时石渣飞溅,试件四周应加防护罩。

(4) 以0.5～1.0 MPa/s的速率均匀加荷,直到破坏为止。记录破坏荷载及加载过程中出现的现象。

14.1.4.5 试验结果处理

(1) 按式(14.5)计算石料的抗压强度$f_{压}$:

$$f_{压}=\frac{F}{A} \tag{14.5}$$

式中 $f_{压}$——石料的抗压强度,MPa;

F——破坏荷载,N;

A——试件截面面积,mm^2。

(2) 取3个试件测值的算术平均值(取3位有效数字)作为试验结果,并注明试件的含水状态等。

14.2 钢筋力学与工艺性能试验

钢筋力学与工艺性能试验根据《钢筋混凝土用钢 第一部分:热轧光圆钢筋》(GB/T 1499.1—2017)、《钢筋混凝土用钢 第2部分:热轧带肋钢筋》(GB/T 1499.2—2018)、《金属材料 拉伸试验 第1部分:室温试验方法》(GB/T 228.1—2021)、《金属材料 弯曲试验方法》(GB/T 232—2024)、《钢筋混凝土用钢材试验方法》(GB/T 28900—2022)。选编了钢筋拉伸试验、钢筋弯曲试验等。

14.2.1 拉伸试验

14.2.1.1 试验目的

测定钢筋的屈服强度、抗拉强度及伸长率,注意观察拉力与变形之间的关系,为检验和评定钢材的力学性能提供依据。

14.2.1.2　主要仪器

(1) 试验机的测力系统应满足《金属材料 静力单轴试验机的检验与校准 第1部分：拉力和(或)压力试验机 测力系统的检验与校准》(GB/T 16825.1—2022)要求，并按照《拉力、压力和万能试验机检定规程》(JJG 139—2014)、《电子式万能试验机检定规程》(JJG 475—2008)或《电液伺服万能试验机》(JJG 1063—2010)进行校准，并且其准确度应为1级或优于1级。

(2) 引伸计的准确度级别应符合《金属材料 单轴试验用引伸计系统的标定》(GB/T 12160—2019)的要求并按照《引伸计检定规程》(JJG 762—2007)进行校准。测定上屈服强度、下屈服强度、屈服点延伸率、规定塑性延伸强度、规定总延伸强度、规定残余延伸强度，以及规定残余延伸强度的验证试验，应使用1级或优于1级准确度的引伸计；测定其他具有较大延伸率(延伸大于5%)的性能，例如抗拉强度、最大力总延伸率、最大力塑性延伸率、断裂总延伸率，以及断后伸长率，可使用2级或优于2级准确度的引伸计。

(3) 计算机控制拉伸试验机应满足《精力单轴试验试验机用计算机数据采集系统的评定》(GB/T 22066—2008)的要求，附录C的建议可供参考。注：合适的拉伸试验机根据试验机力值校准范围和试样尺寸选取。

14.2.1.3　试件制备

(1) 形状与尺寸取决于被试验金属产品的形状与尺寸。

(2) 通常从产品、压制坯或铸件切取样坯经机加工制成试样，但具有等横截面的产品(型材、棒材、线材等)和铸造试样(铸铁和铸造非铁合金)可不经机加工而进行试验。

(3) 试样横截面可为圆形、矩形、多边形、环形，特殊情况下可为某些等截面形状。

14.2.1.4　试验步骤

(1) 在待测钢筋试件上打上原始标距。比例试样原始标距(L_0)与原始截面面积(S_0)有以下关系：

$$L_0 = k\sqrt{S_0} \tag{14.6}$$

式中　k——取5.65；

　　S_0——钢筋原始截面面积。

圆形横截面比例试样的原始标距计算见表14.1(相关产品可以规定其他尺寸)。

表14.1　圆形横截面比例试样的原始标距

d,mm	$k=5.65$			$k=11.3$		
	L_0,mm	L_c,mm	试样编号	L_0,mm	L_c,mm	试样编号
25	$5d$	$L_c \geqslant L_0 + d/2$ 仲裁试验：$L_0 + 2d$	R1	$10d$	$L_c \geqslant L_0 + d/2$ 仲裁试验：$L_0 + 2d$	R01
20			R2			R02
15			R3			R03
10			R4			R04
8			R5			R05
6			R6			R06
5			R7			R07
3			R8			R08

(2) 将试件固定在试验机夹头内,按《金属材料 拉伸试验 第1部分:室温试验方法》(GB/T 228.1—2021)中规定的测屈服强度和抗拉强度的加荷速度进行加荷。

(3) 记录试件的屈服荷载和断裂最大荷载。

(4) 将拉断的试件在断裂处对齐,并保持在同一轴线,测量断后试件标距的长度。

14.2.1.5 试验结果

(1) 屈服强度

$$R_{eL}=\frac{F_S}{S_0} \tag{14.7}$$

式中 R_{eL}——屈服强度,MPa;

F_S——屈服荷载,N;

S_0——公称截面面积,mm。

(2) 抗拉强度

$$R_m=\frac{F_m}{S_0} \tag{14.8}$$

式中 R_m——抗拉强度,MPa;

F_m——最大力,N;

S_0——公称截面面积,mm。

(3) 断后伸长率

$$A=\frac{L_U-L_0}{L_0}\times 100\% \tag{14.9}$$

式中 A——断后伸长率,%;

L_U——断后标距,mm;

L_0——原始标距,mm。

原则上只有断裂处与最接近的标距标记的距离不小于原始标距的三分之一的情况下测量才有效,但断裂伸长率大于或等于规定值,不管断裂位置在何处测量均有效。

断裂处与最接近的标距标记的距离小于原始标距的三分之一,可用移位法测断后伸长率,如图14.3所示。

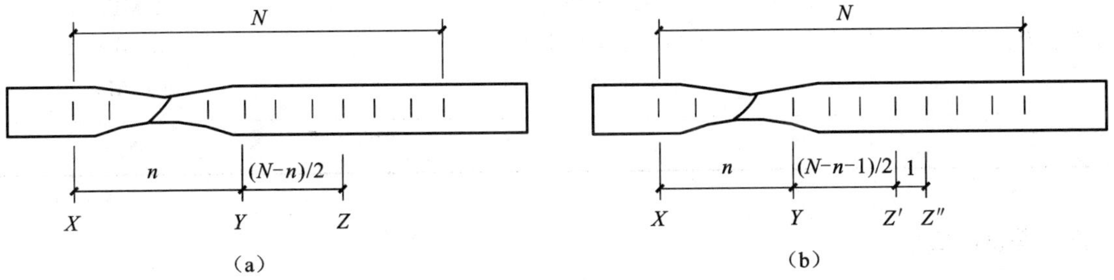

图 14.3 移位法图示说明

试验前,将原始标距细分为 N 等份。试验后,以符号 X 表示断裂后试样短段的标距标记,以符号 Y 表示断裂试样长段的等分标记,此标记与断裂处的距离最接近于断裂处至标距标记 X 的距离。如果 X 与 Y 之间的分格数为 n,则断后伸长率计算:

当 $N-n$ 为偶数[图14.3(a)],测量 X 与 Y 之间的距离及从 Y 至距离为 $(N-n)/2$ 个分格的 Z 标记之间的距离,按下式计算断后伸长率:

$$A=\frac{XY+2YZ-L_0}{L_0}\times 100\% \tag{14.10}$$

当 $N-n$ 为奇数[图 14.3(b)],测量 X 与 Y 之间的距离和从 Y 至距离分别为 $(N-n-1)/2$ 和 $(N-n+1)/2$ 个分格的 Z' 和 Z'' 标距之间的距离,按下式计算断后伸长率:

$$A=\frac{XY+YZ'+YZ''-L_0}{L_0}\times 100\% \tag{14.11}$$

(4) 最大力总伸长率

最大力总伸长率按图 14.4 测试计算。

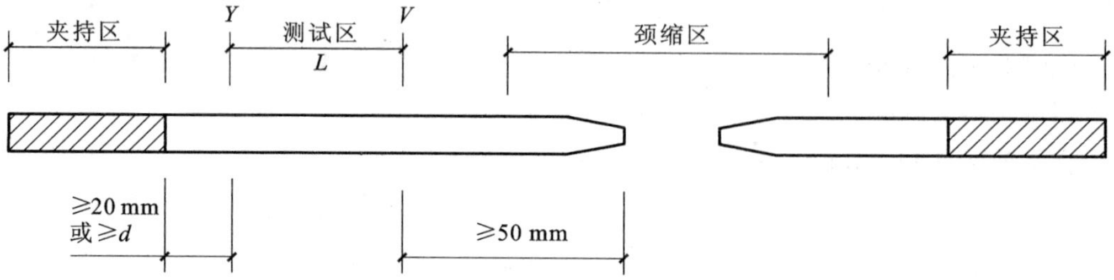

图 14.4 最大力总伸长率测试计算图

$$A_{gt}=\left(\frac{L-L_0}{L_0}+\frac{R_m^0}{E}\right)\times 100\% \tag{14.12}$$

式中 A_{gt}——最大力总伸长率,%;

L——图所示断裂后的距离,mm;

L_0——实验前同样标记间的距离,mm;

R_m^0——抗拉强度实测值,MPa;

E——弹性模量,其值可取 2×10^5 MPa。

(5) 数据修约

计算结果按表 14.2 进行数据修约。

表 14.2 数据修约

性能	范围	修约间隔
R_{eL},R_m	≤200 MPa >200~1000 MPa >1000 MPa	1 MPa 5 MPa 10 MPa
A,A_{gt}	—	0.5%

14.2.2 弯曲试验

14.2.2.1 试验目的

检验钢筋承受规定弯曲程度的弯曲变形的性能,从而评定其加工性能。

14.2.2.2 主要仪器

可用支辊式弯曲装置、V 型模具式弯曲装置、虎钳式弯曲装置、翻版式弯曲装置的任意一种。

压力机试验机,万能试验机,特殊试验机等。

14.2.2.3 试件制备

任选两根钢筋切取两根试样，长度应满足试验机弯折规定角度的要求。如支辊式弯曲装置和翻版式弯曲装置试件长度按下式计算：

$$L_{压}=0.5\pi(d+a)+140\ \text{mm} \tag{14.13}$$

式中 π——取 3.1；

d——弯心直径，mm；

a——钢筋直径，mm。

14.2.2.4 试验步骤

(1) 根据钢筋类别选择好弯心压头和弯曲角度。

(2) 调整好所选弯曲试验装置，钢筋试样在弯曲试验装置上就位。

(3) 缓慢施加弯曲力，直至钢筋试样弯曲到 180°。支辊式弯曲试验装置如图 14.5 所示。

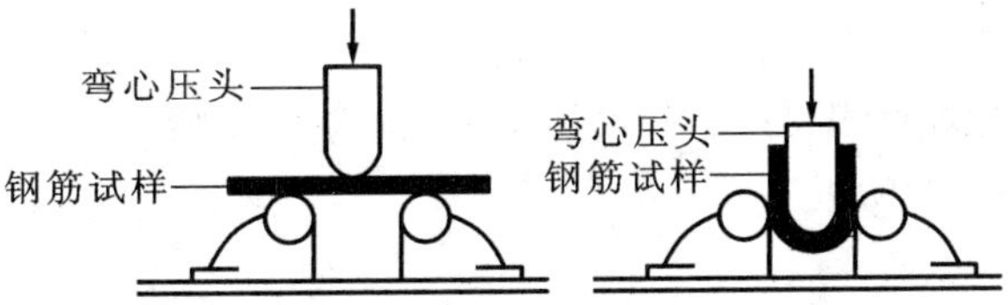

图 14.5 钢筋弯曲试验

14.2.2.5 试验结果

钢筋试样按规定的弯心弯曲到 180°后，受弯部位表面不产生裂纹为弯曲合格。

14.2.3 反向弯曲试验

14.2.3.1 试样

(1) 制取：除非另有协议，试样应从符合交货状态的钢筋产品上制取。

(2) 矫直：对于从盘卷上制取的试样，在任何试验前应进行简单的弯曲矫直，并确保最小的塑性变形。

注：对于拉伸试验和弯曲试验，试样必须是平直的，为了获得满意的平直度，建议对试样进行手工矫直或机械矫直。

试样的矫直方式(手工、机械)应记录在试验报告中。对于由钢筋产品生产商提供的常规试验，包括试样条件和校直方法在内的试验信息应记录在内部文档中。

(3) 人工时效：测定拉伸试验和疲劳试验的性能指标时，可根据需要对试样进行人工时效(对于需要矫直的试样应在矫直后进行人工时效)。

14.2.3.2 试验设备

(1) 弯曲装置：应采用图 14.6 规定的弯曲装置。

(2) 反向弯曲装置：反向弯曲可在图 14.6 所示的弯曲装置上进行，另一种可选用的反向弯曲装置如图 14.7所示。

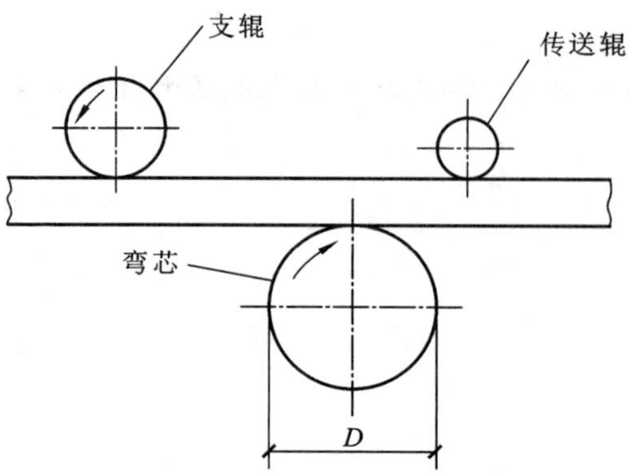

图 14.6　弯曲装置的原理

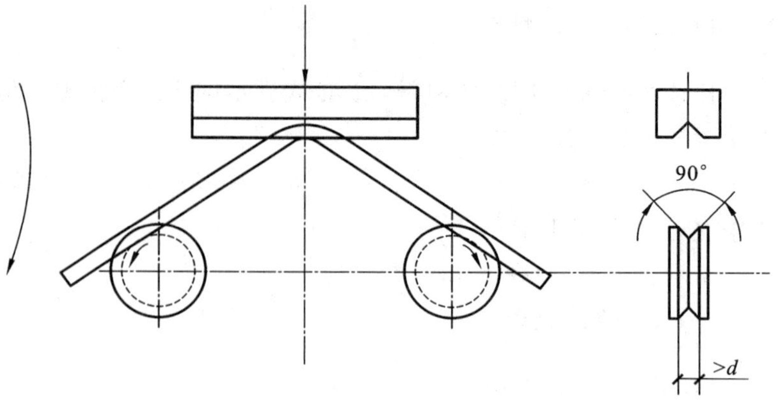

图 14.7　反向弯曲装置的图例

14.2.3.3　试验程序

(1) 概要

① 试验程序由三步组成:弯曲步骤,人工时效步骤,反向弯曲步骤。

② 试验程序通过图 14.8 举例说明。

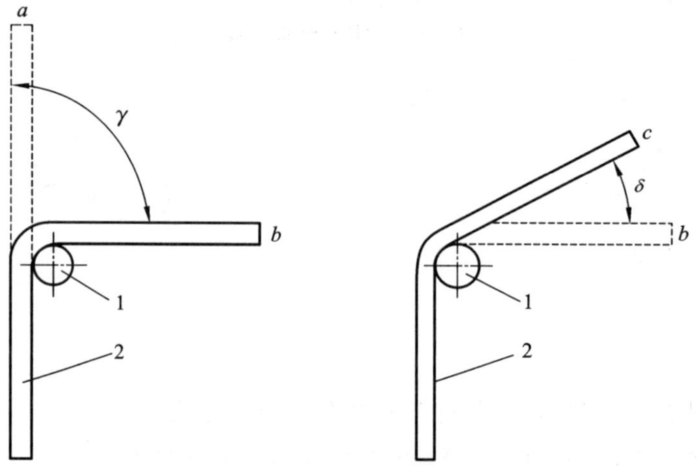

图 14.8　反向弯曲试验程序的图例

1—弯芯;2—试样;a—初始位置;b—在弯曲步骤中描述的操作后的位置;c—在反向弯曲步骤中描述的操作后的位置

(2) 弯曲步骤

① 弯曲步骤应在 10～35 ℃的温度下进行,试样应在弯芯上弯曲。

② 弯曲角度(γ)和弯芯直径(D)应符合相关产品标准的规定。

③ 试样应由目视仔细检查裂纹和裂缝。

(3) 人工时效步骤

① 人工时效的温度和时间应满足相关产品标准的要求。

② 当产品标准没有规定任何时效的处理办法时,可采用下列工艺条件:加热试样到 100 ℃,在(100±10)℃下保温 60～75 min,然后在静止的空气中自然冷却到室温。

③ 当对试样进行人工时效时,时效的工艺条件应记录在试验报告中。

(4) 反向弯曲步骤

在静止空气中自然冷却到10～35 ℃后，确保在弯曲原点（最大曲率半径圆弧段的中间点）将试样按相关产品标准规定的角度(δ)向回弯曲。

14.2.3.4 试验结果的判定

反向弯曲试验应根据相关产品标准的规定来判定。

当产品标准没有规定时，若反向弯曲试样无目视可见的裂纹，则判定该试样为合格。

14.3 水泥试验

水泥试验包括水泥物理及力学试验和化学分析三个方面，根据《通用硅酸盐水泥》(GB 175—2023)，《水泥细度检验方法 筛析法》(GB/T 1345—2005)，《水泥比表面积测定方法 勃氏法》(GB/T 8074—2008)，《水泥标准稠度用水量、凝结时间、安定性检验方法》(GB/T 1346—2011)，《水泥胶砂强度检验方法(ISO 法)》(GB/T 17671—2021)。试验项目有细度、标准稠度用水量、凝结时间、体积安定性及强度等的测定，其中体积安定性和强度为工程中的必检项目。

14.3.1 水泥试验的一般规定

(1) 取样方法。按同一水泥厂相同品种、强度等级及编号的水泥为一取样单位；取样应具有代表性，可连续取样，亦可从20个以上不同部位取等量样品，总量不少于12 kg。

(2) 样品制备。将样品缩分成试验样和封存样。对试验样试验前将其通过0.9 mm方孔筛，并充分拌匀，记录筛余情况。必要时可将试样在(105±5)℃烘箱内烘至恒量，置于干燥器内冷却至室温备用。封存样则应置于专用的水泥筒内，并蜡封保存。

(3) 试验用水。常规试验用饮用水，仲裁试验或重要试验须用蒸馏水。

(4) 试验的环境条件。试件成型室气温为(20±2)℃，相对湿度不低于50%（水泥细度试验可不按此规定)；试件带模养护的湿气养护箱或雾室温度为(20±1)℃，相对湿度不低于90%；试件养护池温度为(20±1)℃。

(5) 水泥试样、标准砂、拌和水及试模等的温度应与室温相同。

14.3.2 水泥细度试验

水泥的细度，直接影响水泥的凝结时间、强度、水化热等技术性质，因此水泥细度是否达到规范要求，对工程具有重要实用意义。

硅酸盐水泥和普通硅酸盐水泥的细度以比表面积表示，规定不小于300 m^2/kg；矿渣硅酸盐水泥、火山灰质硅酸盐水泥、粉煤灰硅酸盐水泥和复合硅酸盐水泥的细度以筛余表示，规定80 μm方孔筛上筛余不大于10%或45 μm方孔筛上筛余不大于30%。

14.3.2.1 筛析法

(1) 主要仪器设备

① 负压筛析仪：由筛座、负压筛、负压源及吸尘器组成。

② 天平：最小分度值不大于0.01 g。

(2) 试验步骤

① 筛析试验前，将负压筛放在筛座上，盖上筛盖，接通电源，检查控制系统，调节负压至4000～6000 Pa

范围内。

② 称取试样(80 μm 筛析试验称取试样 25 g,45 μm 筛析试验称取试样 10 g),精确至 0.01 g,置于洁净的负压筛中,盖上筛盖,放在筛座上,开动筛析仪连续筛析 2 min(筛析期间如有试样附着在筛盖上,可轻轻地敲击筛盖,使试样落下)。

③ 筛毕,用天平称量筛余物,精确至 0.01 g。

(3) 试验结果处理

① 水泥试样筛余百分数 F 按式(14.15)计算:

$$F=\frac{R_1}{W}\times 100\% \tag{14.14}$$

式中 F——水泥试样筛余百分数;

R_1——水泥筛余物的质量,g;

W——水泥试样的质量,g。

② 以两次筛余平均值作为筛析结果,精确至 0.1%。若两次筛余结果绝对误差大于 0.5%(筛余值大于 5.0%时可以放宽至 1.0%),应重做一次试验,取两次相近结果的算术平均值作为试验结果。

③ 最终试验结果应乘以试验筛修正系数[①]修正计算结果。

14.3.2.2 比表面积试验(勃氏法)

水泥比表面积是指单位质量的水泥粉末所具有的表面积,以 m^2/kg 来表示。比表面积试验基本原理是根据一定量的空气通过具有一定空隙率和固定厚度的水泥层时,所受阻力不同而引起流速的变化来测定水泥的比表面积。在一定空隙率的水泥层中,空隙的大小和数量是颗粒尺寸的函数,同时也决定了通过料层的气流速度。

(1) 主要仪器设备和实验室条件

① 透气仪:应符合《勃氏透气仪》(JC/T 956—2014)的要求,图 14.9 为 U 型压力计示意图。

② 烘箱:控制温度灵敏度±1 ℃。

③ 分析天平:分度值为 0.001 g。

④ 秒表:精确至 0.5 s。

⑤ 实验室条件:相对湿度不大于 50%。

(2) 试验步骤

① 试验前应先按《勃氏透气仪》(JC/T 956—2014)进行仪器的校准。

② 按《水泥密度测定方法》(GB/T 208—2014)测定水泥密度。

③ 漏气检查。将透气圆筒上口用橡皮塞塞紧,接到压力计上。用抽气装置从压力计一臂中抽出部分气体,然后关闭阀门,观察是否漏气。如发现漏气,可用活塞油脂加以密封。

④ 空隙率(ε)确定。P·Ⅰ、P·Ⅱ型水泥的空隙率采用 0.500±0.005,其他水泥或粉料的空隙率选用 0.530±0.005。当按上述空隙率不能将试样压至步骤⑥规定的位置时,则允许改变空隙率。空隙率的调整以 2000 g 砝码将试样压实至步骤⑥规定的位置为准。

⑤ 确定试样量。试样量 m 按式(14.15)计算:

$$m=\rho V(1-\varepsilon) \tag{14.15}$$

式中 m——需要的试样量,g;

① 试验筛修正系数 $k=m_0/m$,式中,m_0 为标准样品筛余标准值,%;m 为标准样品筛余实测值,%。

ρ——试样密度，g/cm^3；

V——试料层体积，cm^3；

ε——试料层空隙率。

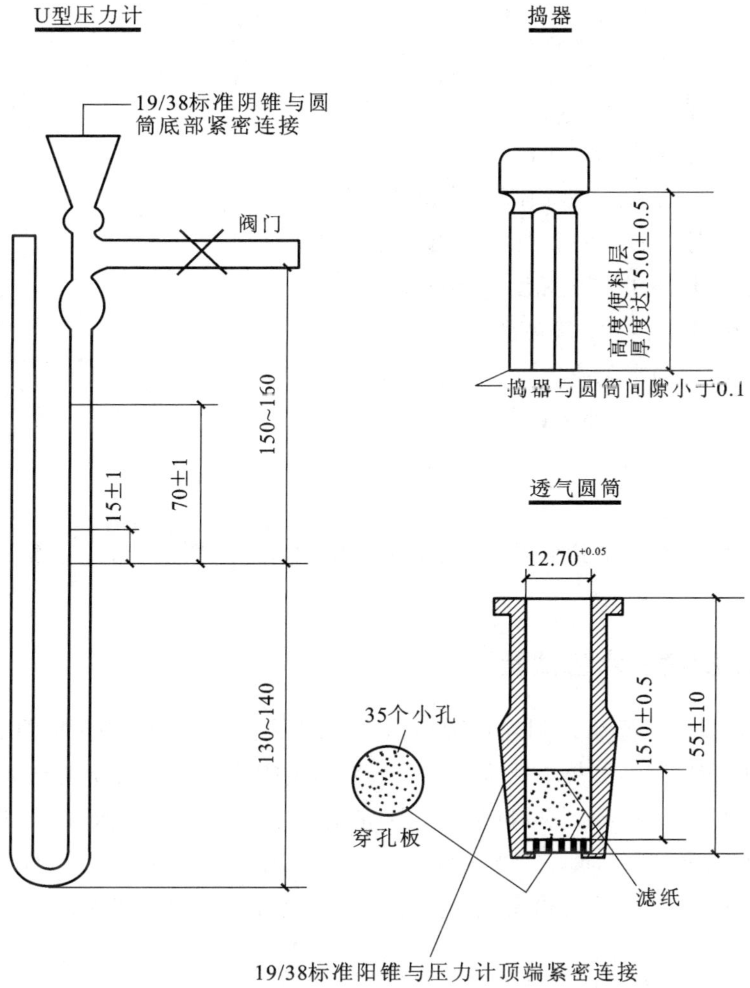

图 14.9 比表面积 U 型压力计示意图(单位：mm)

⑥ 试料层制备。将穿孔板放入透气圆筒的突缘上，用捣棒把一片滤纸放到穿孔板上，边缘放平并压紧。称取烘干试样量 m，精确至 0.001 g，装入圆筒。轻敲圆筒边缘，使试料层表面平坦。再放入一片滤纸，用捣器均匀捣实试料直至捣器的支持环与圆筒顶边接触(捣实后的体积恰等于圆筒中试样层的体积)，并旋转1～2 圈，慢慢取出捣器。

穿孔板上的滤纸为 ϕ12.7 mm 边缘光滑的圆形滤纸片。每次测定需用新的滤纸片。

⑦ 透气试验。把装有试料层的透气圆筒下锥面涂一层活塞油脂，然后把它插入压力计顶端锥形磨口处，旋转 1～2 圈。要保证紧密连接不致漏气，并不振动所制备的试料层。

⑧ 打开微型电磁泵，慢慢从压力计一臂中抽出空气，直到压力计内液面上升到扩大部下端时关闭阀门。当压力计内液体凹液面下降到第一条刻度线时开始计时，当液体的凹液面下降到第二条刻度线时停止计时，记录液面从第一条刻度线到第二条刻度线所需的时间。以秒记录，并记录下试验时的温度(℃)。每次透气试验应重新制备试料层。

(3) 试验结果处理

① 试验时的温度与校准温度之差≤3 ℃时，按式(14.16)计算：

$$S=\frac{S_S\rho_S\sqrt{T}(1-\varepsilon_S)\sqrt{\varepsilon^3}}{\rho\sqrt{T_S}(1-\varepsilon)\sqrt{\varepsilon_S^3}} \tag{14.16}$$

试验时的温度与校准温度之差>3 ℃时，则按式(14.17)计算：

$$S=\frac{S_S\rho_S\sqrt{\eta_S}\sqrt{T}(1-\varepsilon_S)\sqrt{\varepsilon^3}}{\rho\sqrt{\eta}\sqrt{T_S}(1-\varepsilon)\sqrt{\varepsilon_S^3}} \tag{14.17}$$

式中 S——被测样的比表面积，cm^2/g；

S_S——标准样的比表面积，cm^2/g；

T——被测样试验时压力计中液面降落测得的时间，s；

T_S——标准样试验时压力计中液面降落测得的时间，s；

η——被测样试验温度下的空气黏度，μPa·s；

η_S——标准样试验温度下的空气黏度，μPa·s；

ε——被测样试料层中的空隙率；

ε_S——标准样试料层中的空隙率；

ρ——被测样的密度，g/cm^3；

ρ_S——标准样的密度，g/cm^3。

② 以两次测值的平均值作为试验结果，如两次试验结果相差2%以上，应重新试验。计算结果保留至10 cm^2/g。

14.3.3 水泥标准稠度用水量试验

水泥标准稠度用水量以水泥净浆达到规定稀稠程度时的用水量占水泥用量的百分数表示。水泥浆的稀稠，对水泥的凝结时间、体积安定性等技术性质的试验结果影响很大。为了便于对试验结果进行分析比较，必须在相同的稠度下进行试验。所以水泥标准稠度用水量的测定，是水泥凝结时间、体积安定性试验的基础。

按《水泥标准稠度用水量、凝结时间、安定性检验方法》(GB/T 1346—2011)，标准稠度用水量可用标准法或代用法，代用法中又有调整水量法和固定水量法两种。当发生争议时以标准法为准。

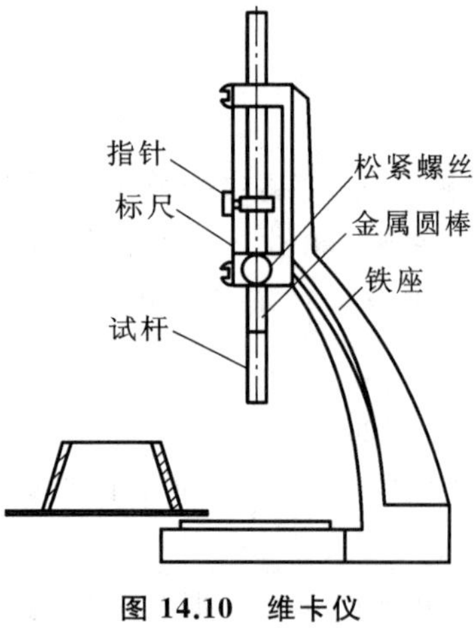

图 14.10 维卡仪

14.3.3.1 标准法

(1) 主要仪器设备

① 维卡仪：如图14.10所示，标准稠度试杆由有效长度为(50±1)mm，直径为 ϕ(10±0.05)mm的圆柱形耐腐蚀金属制成；滑动部分的总质量为(300±1)g。试模为深(40±0.2)mm、顶内径 ϕ(65±0.5)mm、底内径 ϕ(75±0.5)mm的截顶圆锥体。每个试模配备一块边长为100 mm、厚度为4～5 mm的平板玻璃。

② 水泥净浆搅拌机：由搅拌叶片和搅拌锅组成，符合《水泥净浆搅拌机》(JC/T 729—2005)的要求。

③ 天平：称量大于1000 g，分度值不大于1 g。

④ 量筒：精度±0.5 mL。

(2) 试验步骤

① 试验前需进行仪器检查。维卡仪的金属圆棒应能自由滑动；将试模及玻璃板一起放在维卡仪上，调整至试杆接触玻璃板时指针对准标尺零点。

② 拌和加水量。可按经验初步确定加水量。

③ 水泥净浆的拌制。先用湿布擦拭搅拌机叶片和搅拌锅，并立即将量好的拌和水倒入锅中，然后在5～10 s内小心将称好的500 g水泥加入水中(防止水和水泥溅出)。

将搅拌锅放入搅拌机座，升至搅拌位置，开动搅拌机，低速搅拌120 s、停机15 s，此时将叶片及锅壁上的水泥浆刮入锅中，接着高速搅拌120 s，停机。

④ 取出搅拌锅，立即取适量水泥浆一次装入垫有玻璃板的试模内，浆体超过试模上端，用宽约25 mm的直边刀轻轻拍打超出试模部分的浆体5次以排除浆体中的孔隙，然后在试模表面约1/3处，略倾斜于试模分别向外轻轻锯掉多余净浆，再从试模边沿轻抹顶部一次，使净浆表面光滑。在锯掉多余净浆和抹平的过程中，注意不要压实净浆；抹平后迅速将试模及玻璃板一起放在维卡仪上，轻轻放下试杆，使试杆与净浆表面中心恰好接触，拧紧止动螺丝。1～2 s后突然放松螺丝，试杆垂直自由沉入水泥净浆中，在试杆停止下沉(或下沉时间为30 s)时，拧紧止动螺丝，记录试杆至玻璃板之间的距离。升起试杆后，立即擦净；整个操作应在搅拌后1.5 min内完成。

(3) 试验结果处理

以试杆沉入净浆并距玻璃板(6±1)mm的水泥净浆为标准稠度净浆，其拌和水量与水泥试样质量之比即为该水泥的标准稠度用水量 P(以百分数计)。

如试杆至玻璃板距离不在上述范围，须另称试样、改变加水量、重新试验，直至达到(6±1)mm时为止。

14.3.3.2 代用法

(1) 主要仪器设备

① 维卡仪:代用法与标准法不同的是用空心金属锥代替标准金属试杆，金属锥模代替截顶圆锥体试模，如图14.11所示。其仪器滑动部分的总质量仍为(300±1)g。

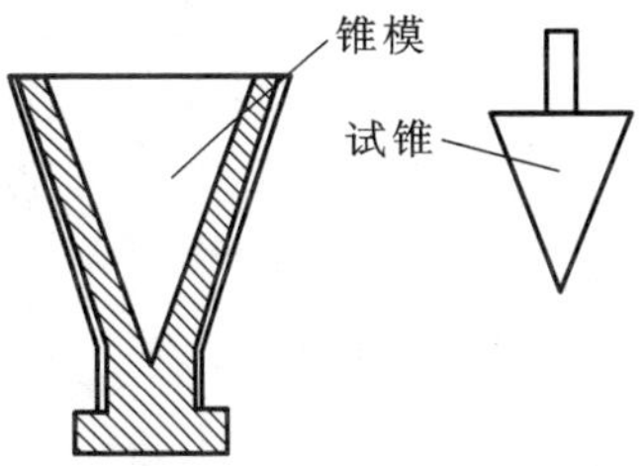

图 14.11 试锥及锥模(代用法)

② 水泥净浆搅拌机、天平、量筒等，与标准法相同。

(2) 试验步骤

① 试验前仪器检查。维卡仪的金属圆棒应能自由滑动；试锥尖降至锥模顶面时，指针应对准标尺零点。对其他仪器设备的检查与标准法相同。

② 拌和加水量。采用固定水量法时，加水量为142.5 mL；采用调整水量法时，与标准法相同。

③ 水泥净浆的拌制与标准法相同。

④ 搅拌完毕后，立即将净浆一次装入锥模内，用宽约25 mm的直边刀在浆体表面轻轻插捣5次，再轻振5次，刮去多余净浆，抹平后迅速放入维卡仪定位槽内。将试锥尖降至与净浆表面接触，拧紧螺丝，指针对零，1～2 s后，突然放松螺丝，让试锥自由地沉入水泥净浆中，试锥停止下沉(或下沉时间为30 s)，记录试锥下沉深度。整个操作应在搅拌后1.5 min内完成。

(3) 试验结果处理

① 用调整水量法测定时，以试锥下沉深度为(30±1)mm时的净浆为标准稠度净浆，其拌和水量与水泥试样质量之比即为该水泥的标准稠度用水量 P(以百分数计)。

如试锥下沉深度超出上述范围，须另称试样，调整水量，重新进行试验，直至达到(30±1)mm时为止。

② 用固定水量法测定时，根据测得的试锥下沉深度 S(mm)，按式(14.18)计算标准稠度用水量 P(%)(也可从仪器对应标尺上读出 P 值)：

$$P=33.4-0.185S \tag{14.18}$$

当试锥下沉深度小于 13 mm 时,应用调整水量法测定。

14.3.4 水泥凝结时间试验

水泥凝结时间有初凝与终凝之分。初凝时间是指从加水到水泥净浆开始失去塑性的时间;终凝时间是指从加水到完全失去塑性的时间。凝结时间以 min 来表示。

凝结时间的长短对施工方法和工程进度有很大的影响。进行凝结时间的测定,以检验水泥是否满足国家标准的要求。

14.3.4.1 主要仪器设备

(1) 凝结时间测定仪。将维卡仪中金属圆棒下端换为测定初凝用的试针[图 14.12(a)]或测定终凝用的带附件试针[图 14.12(b)]。

(2) 湿气养护箱、计时装置等。

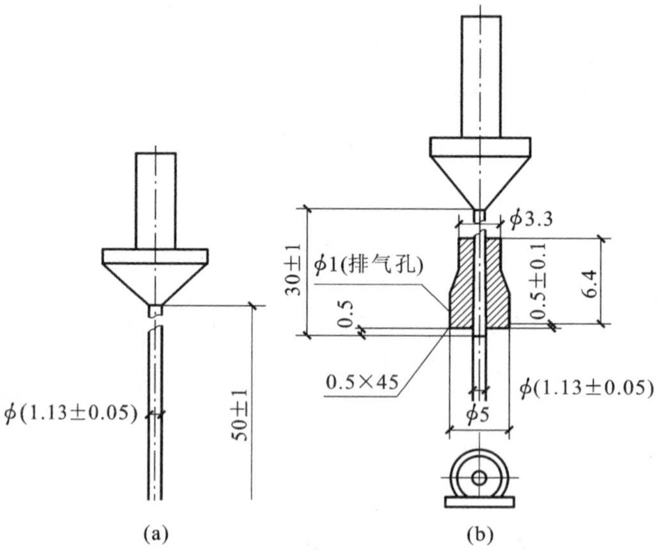

图 14.12 试针(单位:mm)

14.3.4.2 试验步骤

(1) 测定前,将试模和玻璃板一起放到凝结时间测定仪上(在圆模内侧及玻璃板上稍稍涂上一薄层机油),调整指针,使初凝试针接触玻璃板时指针对准标尺零点。

(2) 水泥净浆的拌制和装模与“标准稠度用水量试验”方法相同,装模后立即放入湿气养护箱内。记录水泥加入水中的时刻作为凝结时间的起始时刻。

(3) 初凝时间测定。从湿气养护箱取出盛有净浆的试模,置于初凝试针下,使初凝试针与净浆表面刚好接触,拧紧螺丝。1～2 s 后,突然放松螺丝,试针垂直自由沉入水泥净浆。试针停止下沉(或下沉时间为 30 s)时,观测指针读数。

第一次(一般为自加水 30 min)测试时,应轻轻挟持金属圆棒,使其徐徐下降,以防试针撞弯。到达初凝时,则必须以自由沉入试体的结果为准。临近初凝时,每隔 5 min(或更短时间)测试 1 次,到达初凝状态时应立即复测一次,且两次结果必须相同。

测试过程中,试模应不受振动,每次测试不得让试针落入原针孔内,且试针沉入试体的位置至少要距圆模内壁 10 mm。每次测试完毕,须将盛有净浆的试模放回养护箱,并将试针擦净。

在完成初凝时间测定后，立即将试模连同浆体以平移的方法从玻璃板上取下，并翻转180°，底面朝上，放在玻璃板上。再放入湿气养护箱内养护，以供测定终凝时间。

(4) 终凝时间测定。从湿气养护箱取出试模，置于终凝试针下，使终凝试针针尖与净浆表面刚好接触，拧紧螺丝。1～2 s后，突然放松螺丝，让试针垂直自由沉入净浆试体中，在试针停止沉入试体(或下沉时间为30 s)后，提起金属圆棒，观察试样表面痕迹。

临近终凝时，每隔15 min测试1次。到达终凝状态时应立即复测一次，且两次结果必须相同。

14.3.4.3 试验结果处理

(1) 当初凝试针沉至距玻璃底板(4±1)mm时，水泥净浆达到初凝状态。自水泥完全加入水中至初凝状态所经历的时间为该水泥的初凝时间。

(2) 当终凝试针沉入净浆的深度为0.5 mm时，即环形附件开始不能在试体上留下痕迹时，为水泥净浆达到终凝状态。自水泥完全加入水中至终凝状态所经历的时间为该水泥的终凝时间。

14.3.5 水泥体积安定性试验

水泥体积安定性是指水泥在凝结硬化过程中体积变化的均匀性。水泥中如果含有较多的f-CaO、MgO或SO_3，可能导致安定性不良。

根据《水泥标准稠度用水量、凝结时间、安定性检验方法》(GB/T 1346—2011)的规定，检验f-CaO危害性的方法是沸煮法，它可以用雷氏法(标准法)或试饼法(代用法)，有争议时以雷氏法为准。雷氏法是用装有水泥净浆的雷氏夹沸煮后的膨胀值来评定其安定性，试饼法是以试饼沸煮后的外形变化来评定其安定性。

14.3.5.1 主要仪器设备

(1) 沸煮箱：符合《水泥安定性试验用沸煮箱》(JC/T 955—2005)的要求。

(2) 雷氏夹如图14.13所示。当一根指针的根部先悬挂在一根金属丝或尼龙丝上，另一根指针的根部再挂上300 g质量的砝码时，两根指针针尖的距离增加应在(17.5±2.5)mm范围内，当去掉砝码后针尖的距离能恢复至挂砝码前的状态。

(3) 雷氏夹膨胀值测量仪如图14.14所示，标尺最小刻度为0.5 mm。

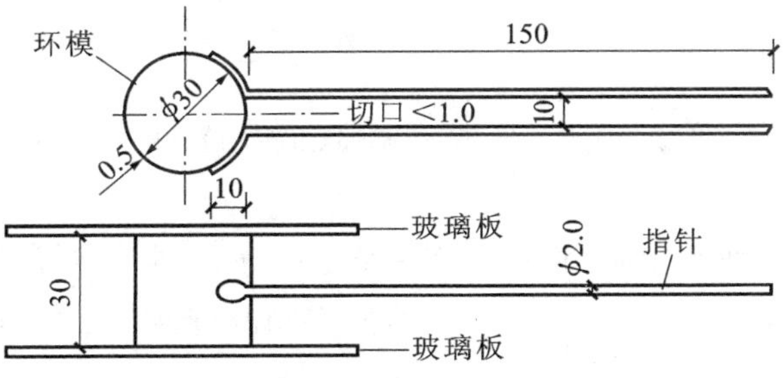

图 14.13 雷氏夹(单位：mm)

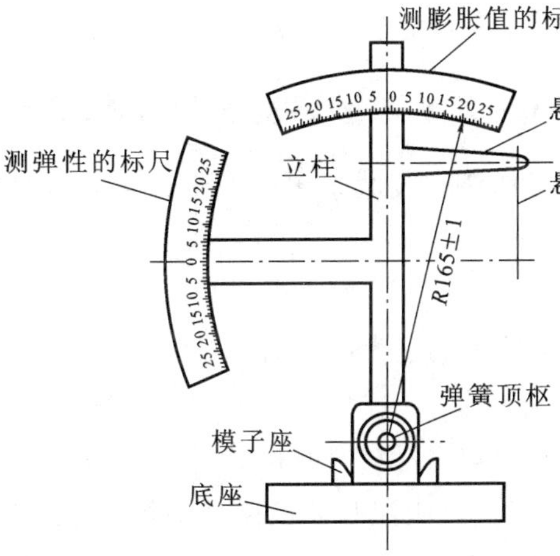

图 14.14 雷氏夹膨胀值测定仪(单位：mm)

(4) 其他仪器设备与“水泥标准稠度用水量试验”相同。

14.3.5.2　雷氏法试验步骤

(1) 将雷氏夹置于专用玻璃板上，与水泥浆接触的表面均须涂上一薄层机油，每个试样成型 2 个试件。

(2) 将拌制好的标准稠度净浆装满雷氏夹圆环，一只手轻扶雷氏夹，另一只手用约 25 mm 宽的直边刀在浆体表面轻轻插捣 3 次，然后抹平，顶面盖一涂油的玻璃板，立即将上、下盖有玻璃板的雷氏夹移到养护箱内，养护(24±2)h。

(3) 脱去玻璃板，用雷氏夹膨胀值测定仪测量试件指针尖端间的距离(A)，精确到 0.5 mm。

(4) 将试件放在沸煮箱内水中的试件架上，然后在(30±5)min 内加热至沸，并恒沸(180±5)min。在整个沸煮过程中，应使水面高出试件，且不能中途加水。

14.3.5.3　试饼法试验步骤

(1) 从拌制好的标准稠度净浆中取出一部分分成两等份，使之呈球形，放在涂少许机油的玻璃板上，轻轻振动玻璃板，使水泥浆球扩展成试饼。

(2) 用湿布擦过的小刀，从试饼的四周边缘向中心轻抹，试饼随着修抹略做转动即做成直径为 70～80 mm、中心厚约 10 mm、边缘渐薄、表面光滑的试饼。

(3) 立即将制好的试饼，连同玻璃板放入湿气养护箱内养护(24±2)h。

(4) 将养护好的试饼，从玻璃板上取下。在试饼无缺陷的情况下将试饼放在沸煮箱内水中的箅板上，然后在(30±5)min 内加热至沸，并恒沸(180±5)min。

14.3.5.4　试验结果评定

(1) 煮毕，将热水放掉，打开箱盖，使箱体冷却至室温。

(2) 对于雷氏法，取出煮后雷氏夹试件，测量试件指针尖端的距离(C)，精确至 0.5 mm，计算雷氏夹膨胀值($C-A$)。当两个试件煮后膨胀值($C-A$)的平均值不大于 5.0 mm 时，即认为该水泥安定性合格，大于 5.0 mm 时，应用同一样品立即重做一次试验。以复检结果为准。

(3) 对于试饼法，取出煮后试饼，目测试饼未发现裂缝，用钢直尺检查也没有发现弯曲(使钢直尺和试饼底部紧靠，以两者间不透光为不弯曲)的试饼为安定性合格，反之为不合格。当两个试饼的判断结果有矛盾时，该水泥的安定性为不合格。

14.3.6　水泥胶砂强度检测方法(ISO 法)

水泥胶砂强度反映了水泥硬化到一定龄期后胶结能力的大小，是确定水泥强度等级的依据。

14.3.6.1　实验室

(1) 实验室的温度应保持在(20±2)℃，相对湿度不应低于 50%。实验室温度和相对湿度在工作期间每天至少记录 1 次。

(2) 养护箱：带模养护试体养护箱的温度应保持在(20±1)℃，相对湿度不低于 90%。养护箱的使用性能和结构应符合《水泥胶砂试体养护箱》(JC/T 959—2005)的要求。养护箱的温度和湿度在工作期间至少每 4 h 记录 1 次。在自动控制的情况下记录次数可以酌减至每天 2 次。

(3) 养护水池：水养用养护水池(带箅子)的材料不应与水泥发生反应。试体养护池水温度应保持在(20±1)℃。试体养护池的水温度在工作期间每天至少记录 1 次。

（4）试验用水泥：中国 ISO 标准砂和水应与实验室温度相同。

（5）金属丝网试验筛：应符合《试验筛 技术要求和检验 第 1 部分：金属丝编织网试验筛》（GB/T 6003.1—2022）的要求，其筛网孔尺寸见表 14.3（R20 系列）。

表 14.3 试验筛尺寸 单位：mm

方孔筛尺寸					
2.00	1.60	1.00	0.50	0.16	0.08

14.3.6.2 设备

（1）总体要求：用于制备和测试用的设备应该与实验室温度相同。在给定温度范围内，控制系统所设定的温度应为给定温度范围的中值。设备公差，试验时对设备的正确操作很重要。图 14.15 至图 14.21 中给出的近似尺寸供生产者或使用者参考，带有公差的尺寸为强制尺寸。当定期计量检测或校准发现公差不符时，应替换该设备或及时进行调整和修理。计量检测或校准记录应予保存。对新设备的接收检验应按照相关标准的要求进行。在某些情况下设备材质会影响试验结果，这些材质也应符合要求。

（2）搅拌机：行星式搅拌机（图 14.15）应符合《行星式水泥胶砂搅拌机》（JC/T 681—2022）的要求。

（3）试模：试模（图 14.16）应符合《水泥胶砂试模》（JC/T 726—2005）的要求。成型操作时，应在试模上面加有一个壁高 20 mm 的金属模套，当从上往下看时，模套壁与试模内壁应该重叠，超出内壁不应大于 1 mm。为了控制料层厚度和刮平，应备有图 14.17 所示的两个布料器和刮平金属直边尺。

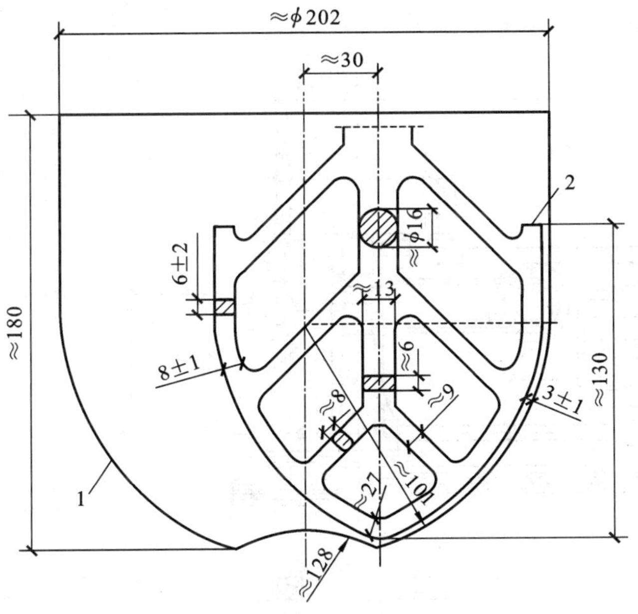

图 14.15 行星式搅拌机的典型锅和叶片

1—搅拌锅；2—搅拌叶片

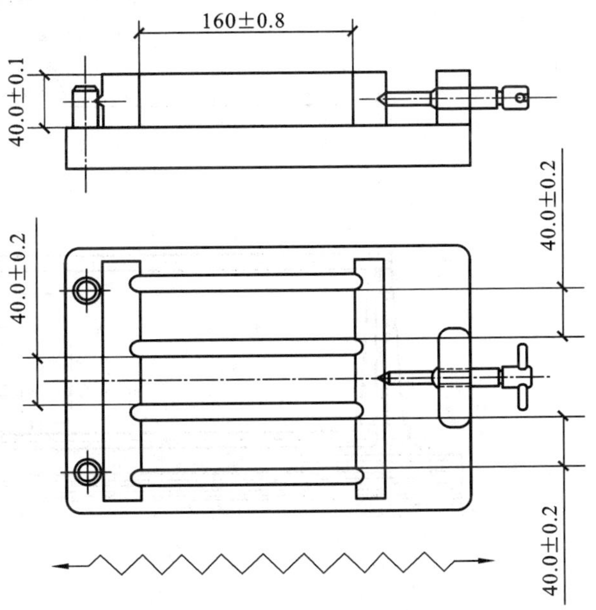

图 14.16 典型的试模

* 以锯割方式刮平

（4）振实台：振实台（图 14.18）为基准成型设备，应符合《水泥胶砂试体成型振实台》（JC/T 682—2022）的要求。振实台应安装在高度约 400 mm 的混凝土基座上。混凝土基座体积应大于 0.25 m^3，质量应大于 600 kg。将振实台用地脚螺栓固定在基座上，安装后台盘呈水平状态，振实台底座与基座之间要铺一层胶砂以保证它们完全接触。

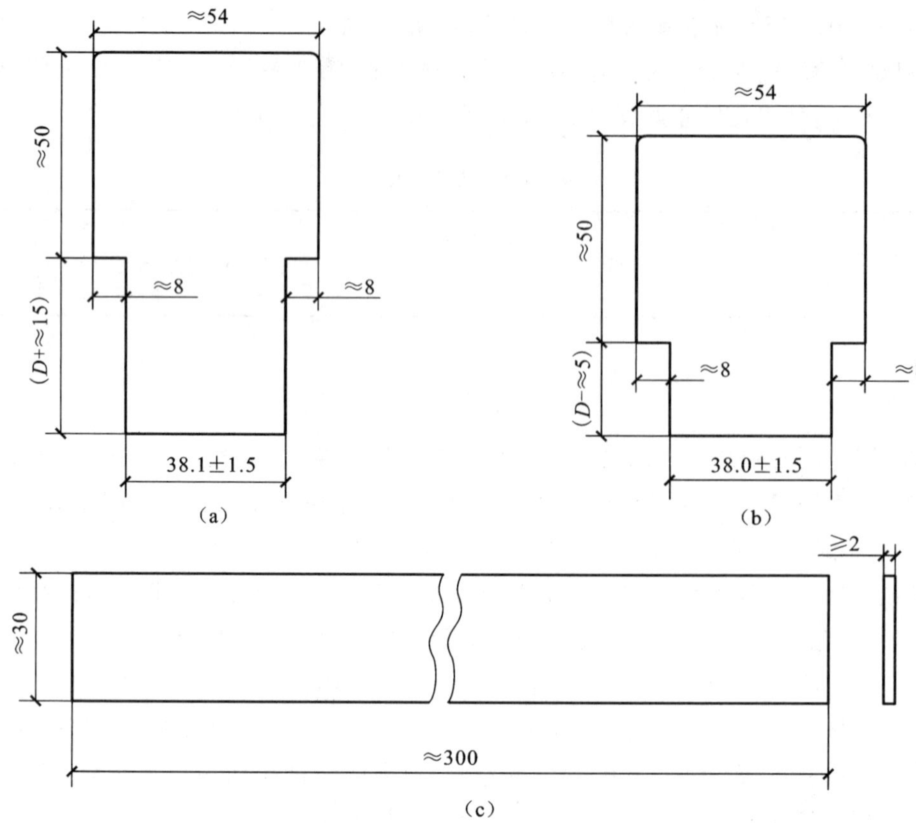

图 14.17　典型的布料器和直边尺

(a)大布料器;(b)小布料器;(c)直边尺

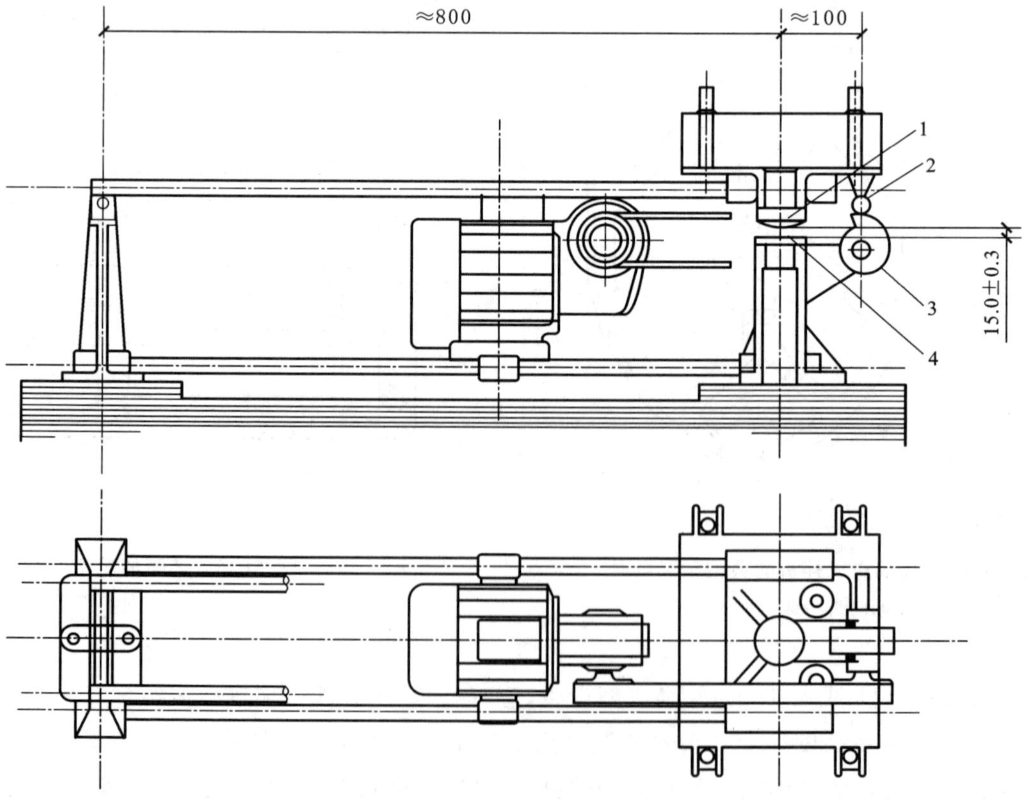

图 14.18　典型的振实台

1—突头;2—随动轮;3—凸轮;4—止动器

(5) 代用成型设备:代用成型设备为全波振幅(0.75+0.02)mm,频率为 2800～3000 次/min 的振动台,其结构和配套漏斗见图 14.19 和图 14.20。振动台应符合《水泥胶砂振动台》(JC/T 723—2005)的要求。

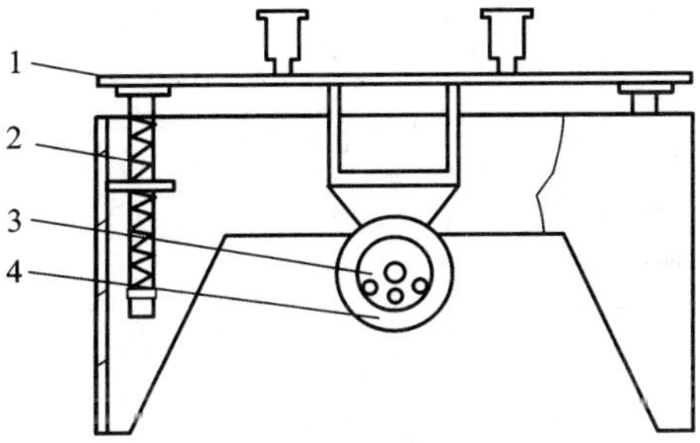

图 14.19　胶砂振动台示意图

1—台板;2—弹簧;3—偏重轮;4—电机

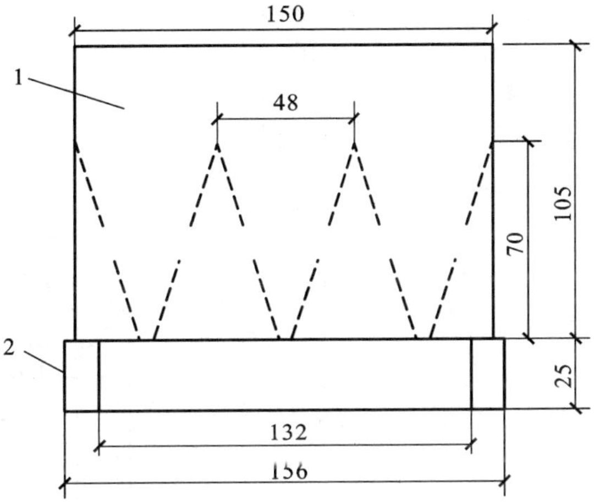

图 14.20　下料漏斗

1—漏斗;2—模套

(6) 抗折强度试验机:抗折强度试验机应符合《水泥胶砂电动抗折试验机》(JC/T 724—2005)的要求。试体在夹具中受力状态如图 14.21 所示。抗折强度也可用液压式试验机来测定。此时,示值精度、加荷速度和抗折夹具应符合《水泥胶砂电动抗折试验机》(JC/T 724—2005)的规定。

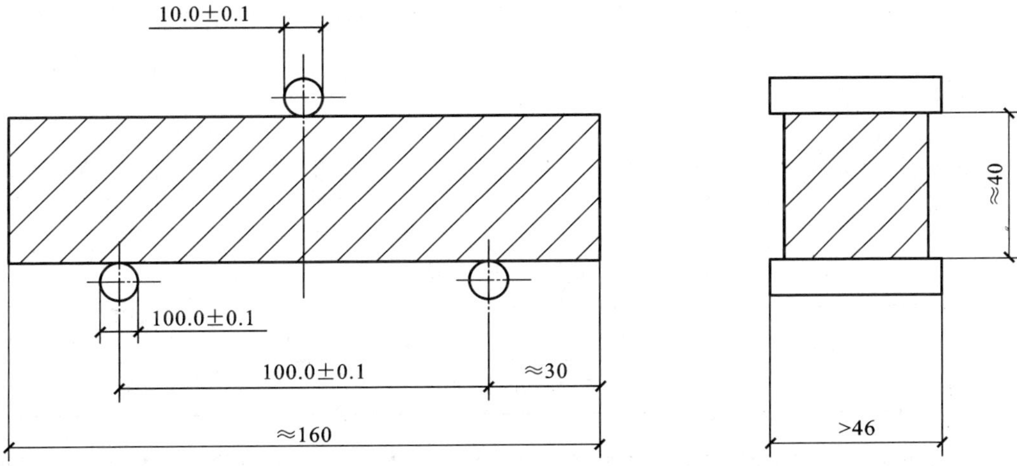

图 14.21　抗折强度测定加荷示意图

(7) 抗压强度试验机:抗压强度试验机应符合《水泥胶砂强度自动压力试验机》(JC/T 960—2022)的要求。

(8) 抗压夹具:当需要使用抗压夹具时,应把它放在压力机的上下压板之间并与压力机处于同一轴线,以便将压力机的荷载传递至胶砂试体表面。抗压夹具应符合《40 mm×40 mm 水泥抗压夹具》(JC/T 683—2005)的要求。典型的抗压夹具如图 14.22所示。

(9) 天平:分度值不大于±1 g。

(10) 计时器:分度值不大于±1 s。

(11) 加水器:分度值不大于±1 mL。

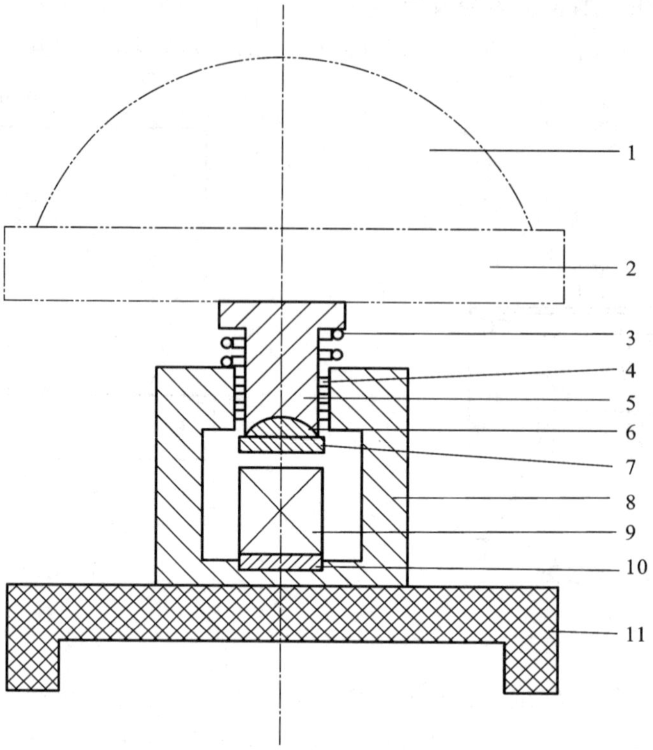

图 14.22 典型的抗压夹具

1—压力机球座；2—压力机上压板；3—复位弹簧；4—滚珠轴承；5—滑块；6—夹具球座；
7—夹具上压板；8—夹具框架；9—试体；10—夹具下压板；11—压力机下压板

14.3.6.3 *砂*

（1）ISO 基准砂：ISO 基准砂是由 SiO_2 含量不低于 98%、天然的圆形硅质砂组成，其颗粒分布在表 14.4 规定的范围内。

表 14.4 ISO 基准砂的颗粒分布

方孔筛孔径，mm	2.00	1.60	1.00	0.50	0.16	0.08
累计筛余，%	0	7±5	33±5	67±5	87±5	99±1

（2）中国 ISO 标准砂：中国 ISO 标准砂应完全符合表 14.4 颗粒分布的规定，通过对有代表性样品的筛析来测定。每个筛子的筛析试验应进行至每分钟通过量小于 0.5 g 为止。中国 ISO 标准砂的湿含量小于 0.2%，通过代表性样品在 105～110 ℃下烘干至恒重后的质量损失来测定，以干基的质量分数表示。生产期间这种测定每天应至少进行 1 次。这些要求不足以保证中国 ISO 标准砂与 ISO 基准砂等同。这种等效性是通过中国 ISO 标准砂和 ISO 基准砂的比对检验程序来保持。中国 ISO 标准砂以(1350±5)g 容量的塑料袋包装。所用塑料袋不应影响强度试验结果，且每袋标准砂应符合表 14.4 规定的颗粒分布以及规定的湿含量要求。使用前，中国 ISO 标准砂应妥善存放，避免破损、污染、受潮。

（3）水泥：水泥样品应贮存在气密的容器里，该容器不应与水泥发生反应。试验前混合均匀。

（4）水：验收试验或有争议时应使用符合《分析实验室用水规格和试验方法》(GB/T 6682—2008)规定的三级水，其他试验可用饮用水。

14.3.6.4 胶砂的制备

(1) 配合比：胶砂的质量配合比为一份水泥、三份中国 ISO 标准砂和半份水(水灰比为 0.50)。每锅材料需(450±2)g 水泥、(1350±5)g 砂子和(225±1)mL 或(225±1)g 水。一锅胶砂成型三条试体。

(2) 搅拌：胶砂用搅拌机按以下程序进行搅拌，可以采用自动控制，也可以采用手动控制：

① 把水加入锅里，再加入水泥，把锅固定在固定架上，上升至工作位置；

② 立即开动机器，先低速搅拌(30±1)s 后，在第二个(30±1)s 开始的同时均匀地将砂子加入。把搅拌机调至高速再搅拌(30±1)s；

③ 停拌 90 s，在停拌开始的(15±1)s 内，将搅拌锅放下，用刮刀将叶片、锅壁和锅底上的胶砂刮入锅中；

④ 再在高速下继续搅拌(60±1)s。

14.3.6.5 试体的制备

(1) 尺寸和形状：试体为 40 mm×40 mm×160 mm 的棱柱体。

(2) 成型：

① 用振实台成型：胶砂制备后立即进行成型。将空试模和模套固定在振实台上，用料勺将锅壁上的胶砂清理到锅内并翻转搅拌胶砂使其更加均匀，成型时将胶砂分两层装入试模。装第一层时，每个槽里放约 300 g 胶砂，先用料勺沿试模长度方向划动胶砂以布满模槽，再用大布料器(图 14.17)垂直架在模套顶部沿每个模槽来回一次将料层布平，接着振实 60 次。再装入第二层胶砂，用料勺沿试模长度方向划动胶砂以布满模槽，但不能接触已振实胶砂，再用小布料器(图 14.17)布平，振实 60 次。每次振实时可将一块用水浸湿过拧干、比模套尺寸稍大的棉纱布盖在模套上以防止振实时胶砂飞溅。移走模套，从振实台上取下试模，用一金属直边尺(图 14.17)以近似 90°的角度(但向刮平方向稍斜)架在试模模顶的一端，然后沿试模长度方向以横向锯割动作慢慢向另一端移动(图 14.16)，将超过试模部分的胶砂刮去。锯割动作的多少和直尺角度的大小取决于胶砂的稀稠程度，较稠的胶砂需要多次锯割，且锯割动作要慢，以防止拉动已振实的胶砂。用拧干的湿毛巾将试模端板顶部的胶砂擦拭干净，再用同一直边尺以近乎水平的角度将试体表面抹平。抹平的次数要尽量少，总次数不应超过 3 次。最后将试模周边的胶砂擦除干净。用毛笔或其他方法对试体进行编号。两个龄期以上的试体，在编号时应将同一试模中的 3 条试体分在两个以上龄期内。

② 用振动台成型：在搅拌胶砂的同时将试模和下料漏斗卡紧在振动台的中心。将搅拌好的全部胶砂均匀地装入下料漏斗中，开动振动台，胶砂通过漏斗流入试模。振动(120±5)s 停止振动。振动完毕，取下试模，用刮平尺以①规定的刮平手法刮去其高出试模的胶砂并抹平、编号。

14.3.6.6 试体的养护

(1) 脱模前的处理与养护。在试模上盖一块玻璃板，也可用相似尺寸的钢板或不渗水的、和水泥没有反应的材料制成的板。盖板不应与水泥胶砂接触，盖板与试模之间的距离应控制在 2～3 mm 之间。为了安全，玻璃板应有磨边。立即将做好标记的试模放入养护室或湿箱的水平架子上养护，湿空气应能与试模各边接触。养护时不应将试模放在其他试模上。一直养护到规定的脱模时间时取出脱模。

(2) 脱模。脱模应非常小心，脱模时可以用橡皮锤或脱模器。对于 24 h 龄期的，应在破型试验前 20 min 内脱模。对于 24 h 以上龄期的，应在成型后 20～24 h 之间脱模。当经 24 h 养护，会因脱模对强度造成损害时，可以延迟至 24 h 以后脱模，但在试验报告中应予说明。已确定作为 24 h 龄期试验(或其他不下水直接做试验)的已脱模试体，应用湿布覆盖至做试验时为止。对于胶砂搅拌或振实台的对比，建议称量每个模型中试体的总量。

(3) 水中养护。将做好标记的试体立即水平或竖直放在(20±1)℃水中养护,水平放置时刮平面应朝上。试体放在不易腐烂的箅子上,并彼此间保持一定间距,让水与试体的六个面接触。养护期间试体之间间隔或试体上表面的水深不应小于5 mm。注:不宜用未经防腐处理的木箅子。每个养护池只养护同类型的水泥试体。最初用自来水装满养护池(或容器),随后随时加水保持适当的水位。在养护期间,可以更换不超过50%的水。

(4) 强度试验试体的龄期:除24 h龄期或延迟至48 h脱模的试体外,任何到龄期的试体应在试验(破型)前提前从水中取出。揩去试体表面沉积物,并用湿布覆盖至试验为止。试体龄期是从水泥加水搅拌开始试验时算起。不同龄期强度试验在下列时间里进行:24 h±15 min;48 h±30 min;72 h±45 min;7 d±2 h;28 d±8 h。

14.3.6.7 试验程序

(1) 抗折强度的测定:用抗折强度试验机测定抗折强度。

将试体一个侧面放在试验机支撑圆柱上,试体长轴垂直于支撑圆柱,通过加荷圆柱以(50±10)N/s的速率均匀地将荷载垂直地加在棱柱体相对侧面上,直至折断。保持两个半截棱柱体处于潮湿状态直至抗压试验。

抗折强度按式(14.19)进行计算:

$$R_f=\frac{1.5F_fL}{b^3} \tag{14.19}$$

式中 R_f——抗折强度,MPa;

F_f——折断时施加于棱柱体中部的荷载,N;

L——支撑圆柱之间的距离,mm;

b——棱柱体正方形截面的边长,mm。

(2) 抗压强度测定:抗折强度试验完成后,取出两个半截试体,进行抗压强度试验。抗压强度试验通过规定的仪器,在半截棱柱体的侧面上进行。半截棱柱体中心与压力机压板受压中心差应在±0.5 mm内,棱柱体露在压板外的部分约有10 mm。

在整个加荷过程中以(2400±200)N/s的速率均匀地加荷直至破坏。

抗压强度按式(14.20)进行计算,受压面积计为1600 mm^2:

$$R_c=\frac{F_c}{A} \tag{14.20}$$

式中 R_c——抗压强度,MPa;

F_c——破坏时的最大荷载,N;

A——受压面积,mm^2。

14.3.6.8 试验结果

(1) 抗折强度

以一组三个棱柱体抗折结果的平均值作为试验结果。当三个强度值中有一个超出平均值的±10%时,应剔除后再取平均值作为抗折强度试验结果;当三个强度值中有两个超出平均值的±10%时,则以剩余一个作为抗折强度结果。

(2) 抗压强度

以一组三个棱柱体上得到的六个抗压强度测定值的平均值为试验结果。当六个测定值中有一个超出平均值的±10%时,剔除这个结果,再以剩下五个测定值的平均值为结果。当五个测定值中再有超过它们平均值的±10%时，则此组结果作废。当六个测定值中同时有两个或两个以上超出平均值的±10%时，则此组结果作废。

单个抗折强度结果精确至0.1 MPa，算术平均值精确至0.1 MPa。

14.4 混凝土用骨料性能试验

混凝土骨料试验的目的是评定骨料的品质，并为混凝土配合比设计提供资料。为了获得骨料品质的可靠资料，必须选取具有代表性的试样，根据《水工混凝土试验规程》(SL/T 352—2020)、《建设用砂》(GB/T 14684—2022)和《建设用卵石、碎石》(GB/T 14685—2022)的检验规则进行检验。

(1) 检验项目。骨料的检验分为出厂检验与型式检验。出厂检验项目为标准规定的部分项目，型式检验项目为标准规定的全部项目。

(2) 批量。按同分类、规格、类别及日产量每600 t为一批，不足600 t亦为一批；日产量超过2000 t，按1000 t为一批，不足1000 t亦为一批。

(3) 抽样方法。当从料堆上抽样时，砂料可从料堆自上而下的不同方向均匀选取8点抽样(石料选取15个点)。

(4) 试样缩分。将所抽试样倒在平板上，细骨料在潮湿状态下拌和均匀(粗骨料在自然状态下拌和均匀)，铺成适宜厚度的圆饼(细骨料)或锥体(粗骨料)，在铺好的圆饼(或锥体)上，用铲沿两相互垂直方向切一“十”字，将试样四等分，取其对角的两份，重新拌匀，再铺成圆饼或锥体，重复上述过程。直至缩分后的试样略多于试验所需的数量为止。

(5) 等级判定。经检验后，试验结果均符合本标准的相应类别规定时，可判为该批产品合格。若有一项指标不符合标准规定，则应从同一批产品中加倍取样，对该项进行复验。复验后，若试验结果符合标准规定，可判为该批产品合格；若仍然不符合本标准要求，则判为不合格。若有两项及以上试验结果不符合标准规定，则判该批产品不合格。

(6) 一般要求：

① 试样烘至恒量。通常是指相邻二次称量间隔时间不小于3 h的情况下，前后两次称量之差小于该项试验所要求的称量精度。

② 试验环境温度。骨料试验允许在室温[(20±5)℃]下进行。

14.4.1 细骨料颗粒级配试验

14.4.1.1 试验目的

细骨料颗粒级配试验的目的，是通过筛分析来检验细骨料的级配及其粗细程度是否符合规范要求。

14.4.1.2 主要仪器设备

(1) 试验筛：规格为0.15 mm、0.30 mm、0.60 mm、1.18 mm、2.36 mm、4.75 mm及9.50 mm的筛，并附有筛底和筛盖，且应符合相关标准中方孔试验筛的规定。

(2) 天平：量程不小于1000 g，分度值不大于1 g。

(3) 烘箱：温度控制在(105±5)℃。

(4) 摇筛机。

14.4.1.3　试验步骤

(1) 按规定取样，筛除大于 9.50 mm 的颗粒，算出其筛余百分率，并将试样缩分至约 1100 g，放在烘箱中于(105±5)℃下烘干至恒重，待冷却至室温后，平均分为 2 份备用。

注：恒重系指在相邻两次称量间隔不小于 3 h 的情况下，前后两次质量之差不大于该项试验所要求的称量精度(下同)。

(2) 称取试样 500 g，精确至 1 g。将试样倒入按孔径大小从上到下组合的套筛(附筛底)上，然后进行筛分。

(3) 将套筛置于摇筛机上，摇筛 10 min；取下套筛，按筛孔大小顺序再逐个用手筛，筛至每分钟通过量小于试样总量 0.1%为止。通过的试样并入下一号筛中，并和下一号筛中的试样一起过筛，这样顺序进行，直至各号筛全部筛完为止。称出各号筛的筛余量，精确至 1 g。

(4) 试样在各号筛上的筛余量(m_a)不应超过按式(14.21)计算出的值。

$$m_a=\frac{A\times\sqrt{d}}{200} \tag{14.21}$$

式中　m_a——在一个筛上的筛余量，g；

A——筛面面积，mm^2；

d——筛孔尺寸，mm；

200——换算系数。

当超过按式(14.21)计算出的值时，应按下列方法之一处理：

① 将该粒级试样分成少于按公式(14.21)计算出的量，分别筛分，并以筛余量之和作为该号筛的筛余量。

② 将该粒级及以下各粒级的筛余混合均匀，称出其质量，精确至 1 g。再用四分法缩分为 2 份，取其中 1 份，称出其质量，精确至 1 g，继续筛分。计算该粒级及以下各粒级的分计筛余量时应根据缩分比例进行修正。

14.4.1.4　结果计算

(1) 计算分计筛余百分率：各号筛的筛余量与试样总量之比，计算精确至 0.1%。

(2) 计算累计筛余百分率，该号筛的分计筛余百分率加上该号筛以上各分计筛余百分率之和，精确至 0.1%。筛分后，当每号筛的筛余量与筛底的剩余量之和同原试样质量之差超过 1%时，应重新试验。

(3) 砂的细度模数按照式(14.22)计算。

$$M_x=\frac{(A_2+A_3+A_4+A_5+A_6)-5A_1}{100-A_1} \tag{14.22}$$

式中　M_x——细度模数；

$A_1,\cdots,A_6$——为各筛的累计筛余百分率。

(4) 细度模数以两次测值的平均值作为试验结果(修约间隔 0.1)。当各筛筛余量和底盘中粉料质量的总和与试样原质量相差超过试样量的 1%时，或两次测试的细度模数相差超过 0.2 时，应重做试验。

14.4.2　细骨料表观密度及吸水率试验

14.4.2.1　试验目的

细骨料视密度是包括内部封闭孔隙在内的颗粒的单位体积质量，以 g/cm^3 来表示。按照颗粒含水状态的不同，有干视密度与饱和面干视密度之分。前者是细骨料在完全干燥状态下测得的，后者是细骨料颗粒内部孔隙吸水饱和而外表干燥状态下测得的。测定细骨料的视密度和吸水率，主要供混凝土配合比设计和评定细骨料质量用，在应用时须注意两种不同含水状态的区别。

14.4.2.2 仪器设备

(1) 天平：分度值不大于 0.1 g。

(2) 容量瓶：1000 mL。

(3) 烘箱：可控制温度在(105±5)℃。

(4) 5 mm 方孔试验筛。

(5) 饱和面干试模和捣棒：钢制，尺寸见图 14.23，捣棒质量 340 g。

(6) 温度计：分度值不大于 0.2 ℃。

(7) 辅助器具：手提吹风机、金属托盘、小钢铲、毛刷、喷水壶、毛巾等。

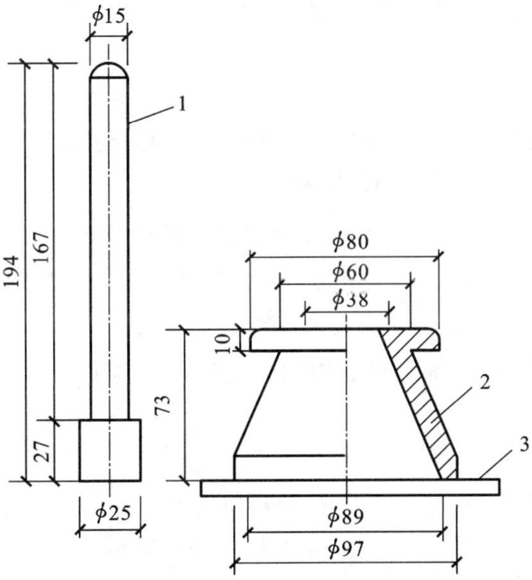

图 14.23 细骨料饱和面干试模和捣棒(单位：mm)

1—捣棒；2—试模；3—玻璃板

14.4.2.3 试验步骤

(1) 取适量有代表性细骨料，过 5 mm 筛后用四分法取样约 3000 g。

(2) 将试样装入金属托盘中，注入清水，使水面高出试样 20 mm 左右，用玻璃棒轻轻搅拌，排出气泡，静置 24 h。

(3) 将上层清水倒出，在托盘中摊开试样，用手提吹风机吹入暖风，并用小钢铲不断翻拌试样，使试样表面的水分均匀蒸发。调整好手提吹风机的风速和吹风口与试样的距离，以免吹走粉料。可随时用手将适量试样抓团，观察含水状态，根据经验含水合适时立即停止加热。

(4) 迅速将试样分两层装入饱和面干试模中捣实。第一层装入试模高度的一半，然后一手按住试模不应错动，一手用捣棒自试样表面高约 10 mm 处自由落下，从周围到中心均匀捣实 13 次，第二层装满试模，再捣实 13 次(如为特细砂，分两层各捣实 5 次；多棱角的山砂、风化砂，分两层各捣实 10 次)。刮平模口后，垂直将试模轻轻提起，与图 14.24 中试样坍落的形状比对判断其含水情况。

① 如试样坍落呈图 14.24(a)的形状，说明试样表面含水较多。将试样倒回托盘混匀，继续吹干再进行坍落试验，直至试样坍落呈图 14.24(b)的形状即为饱和面干状态，用湿布覆盖调好的试样备用；

② 如试样坍落呈图 14.24(c)的形状，说明试样已过分干燥。将试样倒回托盘，喷适量水，将试样充分拌匀后用湿布覆盖静置 30 min，再按上述方法进行试验，直至达到要求为止；

③ 如试样第一次坍落就呈图 14.24(b)的形状，则试样已稍偏干。将试样倒回托盘，洒少量水，将试样充分拌匀用湿布覆盖静置片刻，再按上述方法进行试验。

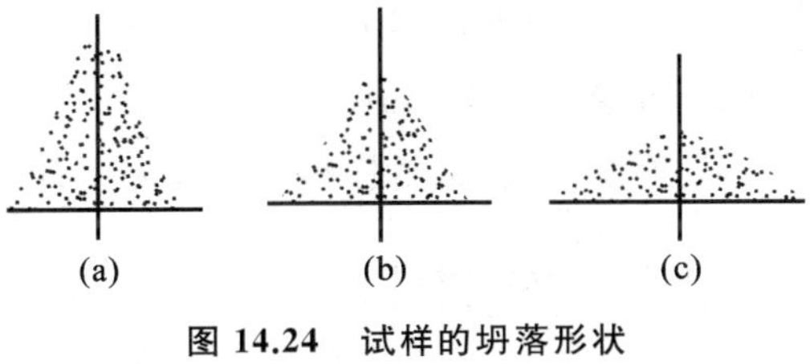

图 14.24 试样的坍落形状

(a)偏湿状态；(b)饱和面干状态；(c)偏干状态

(5) 迅速称取饱和面干试样约 600 g(G_0)两份，分别装入两个盛有半满水的容量瓶内，用手旋转摇动容量瓶，排除气泡后，静置 30 min，测瓶内水温，然后加水至容量瓶颈刻度线处，塞紧瓶盖，擦干瓶外水分，称出总质量(G_1)。在操作过程中，前后两次加入容量瓶中的水的温差不应超过 2 ℃。

(6) 将瓶内的水和试样全部倒出，洗净容量瓶，再向瓶内注水至瓶颈刻度线处，擦干瓶外水分，称其质量(G_2)。

(7) 称取饱和面干试样约 500 g(G_0')两份，烘至恒量，冷却至室温后称出干燥状态试样质量(G')。

14.4.2.4 试验结果处理

(1) 细骨料的饱和面干表观密度按照式(14.23)计算：

$$\rho_s = \frac{G_0}{G_0 + G_2 - G_1} \times \rho_w \tag{14.23}$$

式中 ρ_s——细骨料饱和面干表观密度，kg/m^3；

ρ_w——水的密度，kg/m^3；

G_0——饱和面干状态试样质量，g；

G_1——饱和面干状态试样、水及容量瓶总质量，g；

G_2——水及容量瓶总质量，g。

(2) 细骨料的饱和面干吸水率按照式(14.24)计算：

$$a_s = \frac{G_0' - G'}{G_0'} \times 100\% \tag{14.24}$$

式中 a_s——细骨料饱和面干吸水率，%；

G_0'——饱和面干状态试样质量，g；

G'——干燥状态试样质量，g。

(3) 以两次测值的平均值作为试验结果(表观密度修约间隔 10 kg/m^3，吸水率修约间隔 0.1%)。当两次表观密度测值相差大于 20 kg/m^3，或两次吸水率测值相差大于 0.2%时，应重做试验。

14.4.3 细骨料表面含水率试验

14.4.3.1 试验目的

潮湿状态细骨料的含水率和表面含水率，是现场拌制混凝土时修正用水量及细骨料用量需要的资料。含水率与表面含水率的区别是：含水率是潮湿状态细骨料烘至完全干燥状态时所测得的含水百分率；表面含水率是潮湿状态细骨料烘至饱和面干状态时，所测得的含水百分率。

14.4.3.2 主要仪器设备

(1) 天平：分度值不大于 0.1 g。

(2) 容量瓶：1000 mL。

(3) 辅助工具：金属托盘、漏斗、温度计、干毛巾等。

14.4.3.3 试验步骤

(1) 称取潮湿状态试样 400 g(G_1)两份，分别进行试验。

(2) 将潮湿状态试样通过漏斗倒入盛水半满的容量瓶内，用手旋转摇动容量瓶，排除气泡。

(3) 加水至容量瓶颈刻度线处，静置片刻，塞紧瓶盖，擦干瓶外水分，称其质量(G_2)。

(4) 倒出瓶中水和试样，将瓶洗净，再注水至瓶颈刻度线处，擦干瓶外水分，塞紧瓶盖，称其质量 G_3。两次注入容量瓶中的水，温度相差应不超过 2 ℃。

14.4.3.4 试验结果处理

(1) 按式(14.25)计算表面含水率 $m_{表}$(精确至0.1%):

$$m_{表}=\frac{(\rho_{饱}-\rho_{水})\dfrac{G_1}{\rho_{饱}}-(G_2-G_3)}{G_2-G_3}\times 100\% \tag{14.25}$$

式中 $m_{表}$——表面含水率,%;

$\rho_{饱}$——细骨料饱和面干表观密度,kg/m^3;

$\rho_{水}$——水在试验温度下的密度,一般取1000 kg/m^3;

G_1——潮湿状态试样的质量,g;

G_2——潮湿状态试样、水及容量瓶的总质量,g;

G_3——水及容量瓶的总质量,g。

(2) 以两次测值的算术平均值作为试验结果(修约间隔0.1%)。如两次测值之差超过0.2%,应重新取样进行试验。

14.4.4 细骨料堆积密度与空隙率试验

14.4.4.1 试验目的

测定细骨料松散状态下的堆积密度,可供混凝土配合比设计用,也可用以估计运输工具的数量或堆场的面积等。根据细骨料的堆积密度和表观密度还可以计算其空隙率。

14.4.4.2 主要仪器设备

(1) 漏斗:如图14.25所示。

(2) 容量筒:容积为1 L的金属圆筒,内径108 mm,内深109 mm,壁厚不小于2 mm,底厚约5 mm。

(3) 天平:分度值不大于0.1 g。

(4) 烘箱:可控制温度在(105±5)℃。

(5) 容量瓶:1000 mL。

(6) 辅助器具:温度计、钢直尺或金属直杆、金属托盘等。

14.4.4.3 准备工作

(1) 称取10 kg试样在(105±5)℃烘箱中烘至恒量,冷却至室温备用。

(2) 容量筒容积的校正:称取容量筒和玻璃板的总质量 g_1。将(20±2)℃的水装满容量筒,用玻璃板沿筒口推移使紧贴水面,盖住筒口(玻璃板和水面间不得带有气泡),擦干筒外壁的水,称其质量 g_2。g_2 与 g_1 之差除以水的密度(一般取1 kg/L),即得容量筒的容积 V(精确至0.01 L)。

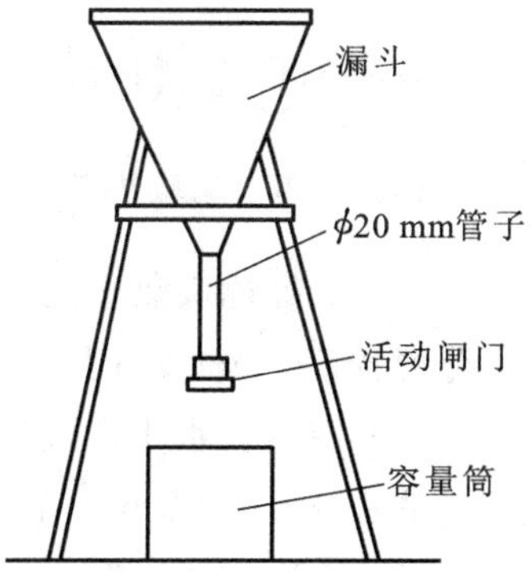

图14.25 漏斗示意图

14.4.4.4 试验步骤

(1) 取约5 kg左右的烘干试样两份,分别进行试验。

(2) 称出空容量筒的质量 G_1。

(3) 将试样装入漏斗中。将容量筒置于漏斗下,打开漏斗的活动闸门,使试样从离容量筒上口50 mm的高度处落入容量筒中,直至试样装满容量筒并超出筒口时为止。

(4) 将容量筒顶部多余的试样用直尺沿筒中心线向两侧方向轻轻刮平(注意不得振动或移动容量筒),然后称其质量 G_2。

14.4.4.5 试验结果处理

(1) 按式(14.26)计算细骨料的堆积密度 $\gamma_{干}$(精确至 10 kg/m^3):

$$\gamma_{干}=\frac{G_2-G_1}{V}\times 1000 \tag{14.26}$$

式中 $\gamma_{干}$——细骨料的堆积密度,kg/m^3;

G_1——容量筒的质量,kg;

G_2——容量筒和细骨料的总质量,kg;

V——容量筒的容积,L。

(2) 按式(14.27)计算空隙率 P_0(%)(精确至 1%):

$$P_0=\left(1-\frac{\gamma_{干}}{\rho_{干}}\right)\times 100\% \tag{14.27}$$

式中 P_0——空隙率,%;

$\gamma_{干}$——试样的堆积密度,kg/m^3;

$\rho_{干}$——试样的干表观密度,kg/m^3。

(3) 以两次测值的算术平均值作为试验结果。

14.4.5 细骨料黏土、淤泥及细屑含量试验

14.4.5.1 试验目的

黏土、淤泥及细屑含量是细骨料出厂检验的一个质量指标,通常采用淘洗法。

14.4.5.2 主要仪器设备

(1) 天平:称量 1 kg,分度值 0.1 g。

(2) 烘箱。

(3) 筛:孔径为 0.08 mm 及 1.25 mm 筛各一只。

(4) 洗砂筒(要求深度大于 250 mm)、搅棒、搪瓷盘等。

14.4.5.3 试样制备

将约 1500 g 试样放在(105±5)℃烘箱中烘至恒量,冷却至室温备用。

14.4.5.4 试验步骤

(1) 准确称取烘干试样 500 g(G)两份,精确至 0.1 g。放入洗砂筒,注入清水,使水面高出试样 150 mm,充分搅拌后,浸泡 2 h。

(2) 用手在水中淘洗试样,把浑水慢慢倒入孔径为 1.25 mm 及 0.08 mm 的套筛上(1.25 mm 筛放在上面),滤去小于 0.08 mm 的颗粒,在整个过程中应防止试样流失。

(3) 再次向洗砂筒中注入清水,重复上述操作,直至洗砂筒内的水目测清澈为止。

(4) 用水淋洗剩余在筛上颗粒,并将 0.08 mm 筛放在水中来回摇动,以充分洗掉小于 0.08 mm 的颗粒。

然后将洗砂筒内及两只筛上剩余的颗粒一并倒入搪瓷盘中，置于(105±5)℃烘箱中烘至恒量，待冷到室温后，称取剩余砂样的质量 G_1，精确至 0.1 g。

14.4.5.5 试验结果处理

黏土、淤泥及细屑含量 Q 按式(14.28)计算(精确至 0.1%)：

$$Q=\frac{G-G_1}{G}\times 100\% \tag{14.28}$$

式中 Q——黏土、淤泥及细屑含量，%；

G——实验前烘干试样的质量，g；

G_1——试验后烘干试样的质量，g。

以两次试验测值的算术平均值作为试验结果。

14.4.6 粗骨料表观密度试验

14.4.6.1 试验目的

粗骨料表观密度是其颗粒(包括内部封闭孔隙)的单位体积质量。它可以反映骨料的坚实、耐久程度，是一项评价骨料品质的技术指标。

14.4.6.2 主要仪器设备

(1) 天平：分度值不大于 1 g；
(2) 网篮：网孔尺寸小于 5 mm，直径和高均约 200 mm；
(3) 盛水筒：直径约 400 mm，高约 600 mm；
(4) 烘箱：可控制温度在(105±5)℃；
(5) 辅助器具：盛水容器、金属托盘、毛巾等。

14.4.6.3 试验步骤

(1) 取适量有代表性的单粒级粗骨料，冲洗干净，面干后按照表 14.5 中规定的质量称取两份试样，按下述步骤分别进行测试。

(2) 将试样装入盛水的容器中，水面至少高出试样 50 mm，浸泡 24 h。

(3) 将网篮全部浸入盛水筒中，称出网篮在水中的质量(G_1 精确到 1 g，下同)。再将浸泡后的试样装入网篮内，放入盛水筒中，用上下升降网篮的方法排除气泡(试样不应露出水面)。称出试样和网篮在水中的总质量(G_2)。两者之差即为试样在水中的质量。试验应在恒温室内进行，两次称量时，水的温度相差不应大于 2 ℃。

表 14.5 粗骨料表观密度试验取样质量表

骨料最大粒径，mm	20	40	80	150(120)
最少取样质量，kg	2	2	4	6

(4) 将试样从网篮中取出，用拧干后的湿毛巾吸干试样表面多余水至饱和面干状态(即粗骨料表面潮湿且亚光无亮色)，并立即称出饱和面干试样的质量(G_3)。

(5) 将试样放入金属托盘，置于温度为(105±5)℃烘箱中烘至恒量，冷却至室温后称出烘干试样的质量(G_4)。

14.4.6.4 试验结果处理

按下式计算表观密度(精确至 10 kg/m³)：

$$\rho_s=\frac{G_3}{G_3+G_1-G_2}\times\rho_w \tag{14.29}$$

式中 ρ_s——粗骨料饱和面干表观密度,kg/m³；

ρ_w——水的密度,kg/m³；

G_1——网篮在水中的质量,g；

G_2——饱水试样和网篮在水中的总质量,g；

G_3——饱和面干试样质量,g。

以两次测定结果的算术平均值为试验结果,如两次测定结果相差大于 20 kg/m³,应重新取样进行试验。对于颗粒材质不均匀的试样,如两次测定结果相差大于 20 kg/m³,可取四次测定结果的算术平均值为试验结果。

14.4.7 粗骨料堆积密度试验

14.4.7.1 试验目的

粗骨料的堆积密度有松散堆积密度和紧密堆积密度之分,供评定粗骨料品质、选择骨料级配参考,且是混凝土配合比设计的必要资料。此外,还可根据它计算粗骨料的松散状态下的质量和体积,或用以估计运输工具的数量及堆场面积等。

14.4.7.2 主要仪器设备

(1) 振动台:频率(50±3)Hz,空载时台面中心振幅(0.5±0.1)mm,额定荷载不小于 200 kg,附有固定容量筒；

(1) 秤:分度值不大于 0.1 kg；

(2) 容量筒:规格见表 14.6；

(3) 辅助器具:平头铁锹、钢直尺或金属直杆等。

14.4.7.3 试验步骤

(1) 预先进行取样试验,并按照式(14.30)计算干燥状态粗骨料的表观密度(ρ_d)。

(2) 根据粗骨料最大粒径,按照表 14.6 的规定选用相应容积的容量筒,称出空容量筒质量(G_1,小于 10 kg 精确到 0.01 kg,不小于 10 kg 精确到 0.1 kg,下同),并按照《容量筒校验方法》(SL 127—2017)校准实际容积(V,修约间隔 0.01 L)。

(3) 根据容量筒容积及适当的富余量估算试样质量,对级配骨料,需根据级配比例估算各粒级骨料的质量。按照估算质量取有代表性的风干粗骨料,堆放在干燥洁净的平面上,用铁铲将试样翻拌均匀。

(4) 松散堆积密度的测定。用平头铁铲将试样从离容量筒口 50 mm 高处自由落入筒中,直至试样高出筒口。用钢直尺或金属直杆沿筒口边缘刮去高出筒口的颗粒,用适当的颗粒填平凹处,使表面稍凸起部分和凹陷部分的体积大致相等,称出容量筒和试样的总质量(G_2)。

(5) 紧密堆积密度的测定。将测完松散堆积密度的装满试样的容量筒放在振动台上,振动 2～3 min。不具备振实条件时亦可采用人工颠实的方法:将容量筒置于坚实的平地上,在筒底垫放一根直径为 25 mm

的钢筋，将试样分三层距容量筒上口 50 mm 高处装入筒中，每装完一层后，将筒按住，左右交替颠击地面各 25 次。

表 14.6 粗骨料最大粒径与容量筒容积对应表

骨料最大粒径，mm	20	40	80	150(120)
容量筒容积，L	10	20	30	80
内径，mm	234±1.5	294±2	337±2	467±2.5
内深，mm	234±1.5	294±2	337±2	467±2.5
壁厚，mm	≥2	≥3	≥4	≥5
底厚，mm	≥5	≥5	≥6	≥6

(6) 在试样密实后，补充试样直至超出筒口，按步骤(4)方法平整表面，称出试样和容量筒总质量(G_3)。

(7) 将试样倒出，与剩余试样一起翻拌均匀，按上述步骤再测一次松散堆积密度和紧密堆积密度。

14.4.7.4 试验结果处理

试验结果按下式计算：

(1) 干燥状态粗骨料的表观密度按照式(14.30)计算。

$$\rho_d = \frac{G_4}{G_4 + G_1 - G_2} \times \rho_w \times 1000 \tag{14.30}$$

式中 ρ_d——干燥状态粗骨料表观密度，kg/m^3；

ρ_w——水的密度，kg/m^3；

G_1——网篮在水中的质量，g；

G_2——饱水试样和网篮在水中的总质量，g；

G_4——干燥状态试样质量，g。

(2) 粗骨料的松散堆积密度和紧密堆积密度按照式(14.31)、式(14.32)计算。

$$\rho_1 = \frac{G_2 - G_1}{V} \times 1000 \tag{14.31}$$

$$\rho_2 = \frac{G_3 - G_1}{V} \times 1000 \tag{14.32}$$

式中 ρ_1，ρ_2——松散堆积密度和紧密堆积密度，kg/m^3；

G_1——容量筒质量，kg；

G_2——容量筒和松散试样总质量，kg；

G_3——容量筒和密实试样总质量，kg；

V——容量筒容积，L。

以两次试验结果的算术平均值作为测定值。

14.4.8 粗骨料颗粒级配试验

14.4.8.1 试验目的

本试验测定卵石或碎石的颗粒级配，供混凝土配合比设计时选择骨料级配。

14.4.8.2 主要仪器设备

(1) 试验筛：与各粒级上下限对应的筛孔尺寸分别为150(或120) mm、80 mm、40 mm、20 mm、5 mm的方孔试验筛[在此简称为粒级筛，按筛孔尺寸由大到小编号为0～4号筛。按照《建设用卵石、碎石》(GB/T 14685—2022)生产的粗骨料，宜使用对应的粒级筛进行颗粒级配试验。试验筛应符合《砂石料试验检验方法》(SL 126—2011)的规定]。

(2) 秤：分度值不大于0.01 kg一台，分度值不大于0.1 kg一台。

(3) 辅助器具：平头铁锹、铁盘或其他容器等。

14.4.8.3 试验步骤

(1)取有代表性的风干状态的粗骨料混合料，按表14.7规定的质量称取两份试样(G_0，小于10 kg精确到0.02 kg，不小于10 kg精确到0.1 kg，下同)，按下述步骤分别进行测试。为方便操作，大于50 kg的骨料宜分多次称量。

表14.7 粗骨料颗粒级配试验取样质量表

骨料最大粒径，mm	20	40	80	150(120)
最少取样质量，kg	10	20	50	200

(2) 在干燥洁净的平面上，使用粒级筛，按筛孔尺寸由大到小的顺序分别过筛，直至通过量不超过试样总量的0.1%为止。但在每号筛上筛余试样的层厚不应大于试样的最大粒径值，否则应将该号筛上的筛余试样分成两份，再次进行筛分。

(3) 称出各粒级筛筛余量(G_i)和底板上的通过量(G)。

14.4.8.4 试验结果处理

(1) 各筛的分计筛余百分率按照式(14.33)计算：

$$P_i=\frac{G_i}{G_0}\times 100\% \tag{14.33}$$

式中 P_i——i号粒级筛的分计筛余百分率，$i=0\sim4$；

G_i——i号粒级筛上的筛余量，g；

G_0——试样总量，g。

(2) 各筛的累计筛余百分率按照式(14.34)计算：

$$A_i=P_0+\cdots+P_i \tag{14.34}$$

式中 A_i——i号筛的累计筛余百分率，$i=0\sim4$。

(3) 以两次测值的平均值作为试验结果(修约间隔1%)。

14.4.9 卵石或碎石的含水率试验

14.4.9.1 主要仪器

(1) 秤——称量20 kg，感量20 g；

(2) 烘箱，浅盘。

14.4.9.2 试样制备

按表 14.8 制备试样。

表 14.8 不同粒径骨料含水率测定所需试样质量

单位:kg

试验项目	骨料最大粒径,mm							
	10	16	20	25	31.5	40	63	80
所需试样质量	2	2	2	2	3	3	4	6

14.4.9.3 试验步骤

(1) 称取试样和容器总质量(m_1),并在(105±5)℃的烘箱中烘至恒重。

(2) 取出试样,冷却后称取试样与容器总质量(m_2)。

(3) 称取容器质量(m_3)。

14.4.9.4 实验结果

含水率按下式计算,精确至 0.1%:

$$w_{wc}=\frac{m_1-m_2}{m_2-m_3}\times 100\% \tag{14.35}$$

式中 w_{wc}——含水率,%;

m_1——烘干前试样与容器的总质量,g;

m_2——烘干后试样与容器的总质量,g;

m_3——容器的质量,g。

以两次试验结果的算术平均值作为测定结果。

14.5 普通混凝土基本性能试验

混凝土试验是确定混凝土配合比、控制混凝土质量的重要手段。主要包括混凝土拌合物的性能、混凝土的力学性能、热学性质及耐久性试验等。本试验根据《普通混凝土拌合物性能试验方法》(GB/T 50080—2016)、《混凝土物理力学性能试验方法》(GB/T 50081—2019)、《水工混凝土试验规程》(SL/T 352—2020),选编了混凝土拌合物和易性、表观密度、含气量及凝结时间试验,混凝土抗压强度、劈裂抗拉强度等试验。

14.5.1 混凝土拌合物的拌制

14.5.1.1 拌制混凝土拌合物的一般规定

(1) 在实验室制备混凝土拌合物时,室内温度应保持在(20±5)℃,所用材料的温度应与室温相同。

(2) 拌和混凝土用的各种用具(搅拌机、钢板和铁铲等),应事先清洗干净并保持表面润湿。

(3) 材料的用量以质量计。称量的精度要求:骨料为±0.5%,水及水泥(及掺合料)和外加剂为±0.3%。

(4) 粗细骨料用量以饱和面干状态为准(或以干燥状态为准)。

14.5.1.2 拌制混凝土拌合物的方法

(1) 人工拌和

人工拌和在钢板上进行，一般用于拌制数量较少的混凝土。

① 将称好的细骨料、胶凝材料(水泥和掺合料预先拌均匀)按顺序倒在钢板上，用铁铲翻拌至颜色均匀，再放入称好的粗骨料与其拌和，至少翻拌 3 次，然后堆成锥形。

② 在锥形中间扒成凹坑，加入拌和用水(外加剂一般先溶于水)，小心拌和，至少翻拌 6 次。每翻拌一次后，用铁铲将全部混凝土拌合物铲切一遍。拌和时间从加水完毕时算起，应在 10 min 内完成拌和。

(2) 机械拌和

机械拌和在混凝土搅拌机(容量 50～100 L，转速 18～22 r/min)中进行，一次拌和量不宜少于搅拌机容量的 20%，也不宜大于搅拌机容量的 80%。

① 拌和前，应先预拌少量同种混凝土拌合物(或与所拌混凝土水灰比相同的砂浆)，使搅拌机内壁挂浆后将剩余料卸出。

② 将称好的粗骨料、胶凝材料、细骨料和水(外加剂一般先溶于水中)依次加入搅拌机内，立即开动搅拌机，拌和 2～3 min。

③ 将拌好的混凝土拌合物倒在钢板上，刮出黏附在搅拌机内的拌合物，再人工翻拌 2～3 次，使之均匀。

14.5.2 混凝土拌合物和易性试验

混凝土拌合物和易性试验的目的是检验混凝土拌合物是否满足施工所要求的流动性、黏聚性和保水性。混凝土拌合物和易性试验常用的方法有：坍落度、维勃稠度(工作度)和扩散度试验。碾压混凝土拌合物用工作度(*VC* 值)表示其干硬程度。

14.5.2.1 坍落度试验

(1) 试验目的

坍落度试验是以标准截圆锥形混凝土拌合物在自重作用下的坍陷值，来确定拌合物的流动性，并通过试验过程中的观察判定其黏聚性和保水性的好坏。这种方法适用于骨料最大粒径不超过 40 mm、坍落度值为 10～230 mm 的塑性和流动性混凝土拌合物。当骨料最大粒径超过 40 mm 时，应用湿筛法① 将大于 40 mm的颗粒剔除再进行试验(并作记录)。

(2) 主要仪器设备

① 坍落度筒：用 2～3 mm 厚的铁皮制成。筒内壁光滑，筒的上下面相互平行，并垂直于轴线。上口直径 100 mm、下口直径 200 mm、高 300 mm。筒外壁上部焊有两只手柄，下部焊有两片踏脚板。

② 弹头捣棒：直径 16 mm、长 650 mm 的金属棒，一端为弹头形。

③ 300 mm 钢尺两把、40 mm 孔径筛、装料漏斗、镘刀、小铁铲、温度计等。

(3) 试验步骤

① 润湿坍落度筒的内壁及拌和钢板的表面，并将筒放在钢板上，用双脚踏紧踏脚板。

② 将拌好的混凝土拌合物用小铁铲通过装料漏斗分三层装入筒内，每层体积大致相等(底层厚约 70 mm，中层厚约 90 mm)，装入的试样必须均匀并具有代表性。

③ 每装一层，用弹头捣棒在筒内全部面积上，由边缘到中心，按螺旋方向均匀插捣 25 次(底层插捣到

①湿筛法：系将混凝土拌合物用某指定筛孔尺寸的筛子过筛，将大于指定粒径的骨料筛除后，再用人工将筛下的混凝土拌合物翻拌均匀。

底,中、顶层应插到下一层表面以下 10～20 mm)。

④ 顶层插捣时,如混凝土沉落到低于筒口,则应随时添加(也不可添加过多,使砂浆溢出)。捣完后,取下装料漏斗,用镘刀将混凝土拌合物沿筒口抹平,并清除筒外周围的混凝土。

⑤ 在 5～10 s 内将坍落度筒垂直平稳地提起,不得歪斜。将坍落度筒轻放于试样旁边,当试样不再继续坍落时,用钢尺量出坍落度筒高度与试样顶部中心点之差,即为坍落度值,精确至 1 mm。

⑥ 整个坍落度试验应连续进行,并在 2～3 min 内完成。

⑦ 提起坍落度筒后,若混凝土试体发生崩坍或剪坏,则应取其余部分试样再做试验。如第二次试验仍出现上述现象,则表示该混凝土黏聚性及保水性不良,应予记录备查。黏聚性及保水性不良的混凝土,所测得的坍落度值不能作为混凝土拌合物和易性的评定指标。

(4) 试验结果处理

① 混凝土拌合物的坍落度以 mm 计,取整数。

② 测量坍落度的同时,应目测混凝土拌合物的下列性质:

a. 棍度:根据坍落度试验时插捣混凝土的难易程度分为上、中、下三级。上,表示容易插捣;中,表示插捣时稍有阻滞感觉;下,表示很难插捣。

b. 黏聚性:用捣棒在已坍落的混凝土锥体一侧轻打,如锥体渐渐下沉,表示黏聚性良好;如锥体突然倒坍、部分崩裂或发生粗骨料离析,即表示黏聚性不好。

c. 含砂情况:根据用镘刀抹平的难易程度分为多、中、少三级。多,用镘刀抹混凝土拌合物表面时,抹1～2次就可使混凝土表面平整无蜂窝;中,抹 4～5 次可使混凝土表面平整无蜂窝;少,抹面困难,抹 8～9 次后混凝土表面仍不能消除蜂窝。

d. 析水情况:根据稀浆从混凝土拌合物中析出的情况分大量、少量、无三级。大量,表示在坍落度试验插捣时及提起坍落度筒后有很多稀浆从底部析出;少量,表示有少量稀浆析出;无,表示没有明显的稀浆析出。

14.5.2.2 维勃稠度试验

(1) 试验目的

维勃稠度是指按标准方法成型的截头圆锥形混凝土拌合物,经振动至摊平状态时所需的时间(s)。维勃稠度值小者,流动性较好。本试验适用于测定骨料最大粒径不超过 40 mm、维勃稠度在 5～30 s 之间的混凝土拌合物的稠度。当骨料最大料径超过 40 mm 时,应用湿筛法剔除粒径大于 40 mm 的颗粒(并作记录),然后进行试验。

(2) 主要仪器设备

维勃稠度测定仪(图 14.26):由振动台[频率(50±3.3)Hz,空载振幅(0.5±0.1)mm]、容量筒、无踏脚板的坍落度筒、透明圆盘及旋转架等组成。

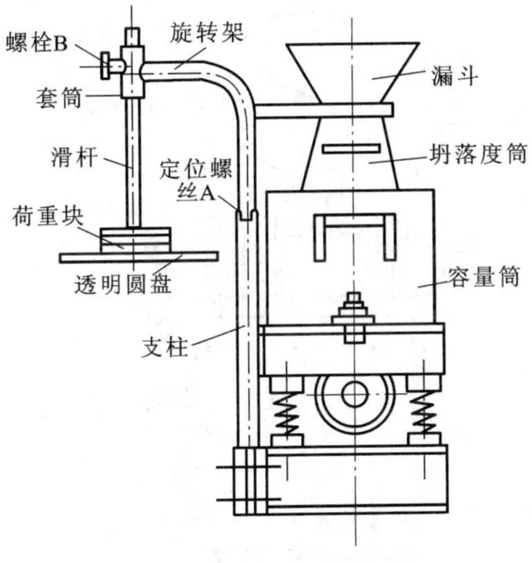

图 14.26 混凝土拌合物维勃稠度测定仪

(3) 试验步骤

① 润湿一切与混凝土拌合物接触的工具。

② 将容量筒用螺母固定于振动台台面上。把坍落度筒安放在容量筒内并对中,将旋转架旋转至使漏斗位于筒顶位置,并把它坐落在坍落度筒的顶上,拧紧螺丝 A,以保证坍落度筒不能离开容量筒底部。

③ 将拌好的混凝土拌合物分三层装入坍落度筒,装料及捣实方法与“坍落度试验”相同。顶层插捣完毕后,松开螺丝

A,将旋转架旋转 90°,再拧紧螺丝 A,用镘刀刮平顶面。

④ 将坍落度筒小心缓慢地垂直提起,混凝土拌合物慢慢坍陷。然后,放松螺丝 A、螺栓 B,把透明圆盘转到混凝土锥体上部,小心降下圆盘直至与混凝土的顶面接触,拧紧螺栓 B(此时可从滑杆上的刻度读出坍落度数值)。

⑤ 重新拧紧螺丝 A,放松螺栓 B,开动振动台,同时用秒表计时,当透明圆盘的整个底面都与水泥浆接触(允许存在少量闭合气泡)时,立即卡停秒表。秒表读数(精确至 0.5 s)即为混凝土拌合物的维勃稠度值。

14.5.2.3 扩散度试验

(1) 试验目的

混凝土拌合物的扩散度是指混凝土拌合物坍落度圆锥体在自重作用下逐渐扩散后的直径,用来评定拌合物的流动性。本试验适用于骨料最大粒径不超过 30 mm、坍落度值大于 150 mm 的流态混凝土。

(2) 主要仪器设备

① 钢直尺:标称长度 1 m,分度值不大于 1 mm;

② 其他仪器设备同坍落度试验。

(3) 试验步骤

① 按坍落度试验步骤①～④进行试验操作。

② 将坍落度筒垂直提起,拌合物在自重作用下逐渐扩散,当拌合物不再扩散或扩散时间达到 60 s 时,用钢尺在不同方向量取拌合物扩散后的直径 2～4 个,精确至 1 mm。

③ 整个扩散度试验应连续进行,并在 4～5 min 内完成。

(4) 试验结果处理

混凝土拌合物的扩散度以拌合物扩散后的 2～4 个直径测值的算术平均值作试验结果,以 mm 计,取整数。

14.5.3 混凝土拌合物含气量试验

14.5.3.1 试验目的

混凝土含气量的多少,对其和易性、强度及耐久性均有很大的影响,是控制混凝土质量的重要指标之一。本方法适用于骨料最大料径不大于 40 mm 的混凝土拌合物。当骨料最大粒径超过 40 mm 时,应用湿筛法剔除粒径大于 40 mm 的颗粒,此时测出的结果不是原级配混凝土的含气量,需要时可根据配合比进行换算。

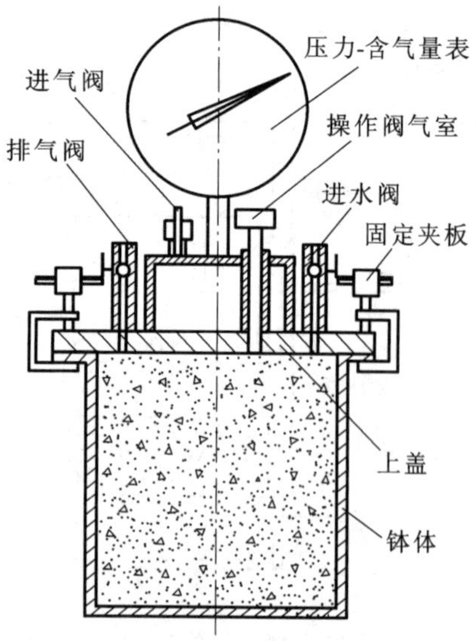

图 14.27 气压式含气量测定仪

14.5.3.2 主要仪器设备

(1) 气压式含气量测定仪(图 14.27)或注水直读式气压含气量测定仪。

(2) 秤:分度值不大于 0.01 kg。

(3) 振动台:频率(50±3)Hz,空载时台面中心振幅(0.5±0.1)mm,应符合《混凝土试验用振动台校验方法》(SL 129—2017)的规定。

(4) 辅助器具:捣棒、打气筒、木槌、水杯、抹刀等。

14.5.3.3 试验步骤

(1) 按说明书率定含气量测定仪。

(2) 用水润湿含气量测定仪内壁，将拌好的混凝土拌合物均匀适量地装入钵内。当坍落度不大于70 mm时，用振动台振实，装料方法与表观密度试验相同，振动时间以15～30 s为宜；当坍落度大于70 mm时，用人工捣实，将拌合物分3层装入，每层用捣棒插捣25次。

(3) 刮去表面多余的混凝土拌合物，用镘刀仔细抹平，使表面光滑无气泡。

(4) 擦净容器边缘，垫好橡皮圈，盖严钵体。

(5) 关好操作阀，用打气筒往气室内打气加压。按含气量测定仪说明书的规定测定混凝土拌合物的含气量。

14.5.3.4 试验结果处理

(1) 按式(14.36)计算混凝土拌合物的含气量 A(精确至0.1%)：

$$A=A_1-C \tag{14.36}$$

式中 A——混凝土拌合物的含气量，%；

A_1——仪器测得的混凝土拌合物的含气量，%；

C——骨料校正因素①，%。

(2) 以两次测值的算术平均值为试验结果。如两次测值之差超过0.5%，需找出原因，重做试验。

14.5.4 混凝土拌合物凝结时间试验(贯入阻力法)

14.5.4.1 试验目的

测定不同原材料、不同配合比以及不同气温条件下混凝土拌合物的凝结时间，对施工现场控制生产流程具有重要意义。

14.5.4.2 主要仪器设备

(1) 贯入阻力仪：额定荷载1 kN，精度±1%，最小示值0.1 N。测针长100 mm，在距尖端25 mm处刻有明显标记，测针的承压面积有100 mm^2、50 mm^2、20 mm^2三种。

(2) 砂浆筒：用钢板制成，上口内径160 mm、下口内径150 mm、净高150 mm。测定碾压混凝土凝结时间时可采用边长150 mm不漏浆的立方体试模(要求不漏浆，试模内可加薄塑料袋)，且附有套模。

(3) 孔径5 mm的方孔筛及混凝土振动台、捣棒、吸液管、温度计、钟表和压重块等。

14.5.4.3 试验步骤

(1) 按混凝土拌合物室内拌和方法，拌制混凝土拌合物，加水完毕即开始计时。

(2) 用5 mm筛从混凝土拌合物中筛取砂浆，拌和均匀后，分别装入3只砂浆筒内，经振实或插捣35次，使其密实。砂浆表面应低于筒口约10 mm。编号加盖后，置于温度为(20±3)℃的环境中，以待试验。

(3) 从混凝土拌和加水完毕起经2 h开始贯入阻力测试。在测试前5 min将砂浆筒底一侧垫高约

① 骨料校正因素 C 的测定：先根据混凝土配合比计算出装入钵体内的混凝土拌合物中所含粗骨料和细骨料的质量。称取此数量的粗骨料和细骨料，将其装入已盛水的钵体中，边加料边搅拌以排除气泡，加料过程中水面要始终淹没骨料，骨料全部加完后，最后排除表面泡沫并加水至满。再按拌合物含气量测定方法测出骨料的含气量，即为骨料校正因素。

20 mm，使筒倾斜，用吸液管吸出表面泌水。

(4) 初凝时间的测试：将盛有试样的筒置于承压面积为 100 mm^2 的测针之下，使测针端部与试样表面接触，按动手柄，徐徐加压，经 10 s 使测针贯入砂浆深度为 25 mm 时，读记显示的最大阻力值(精度 0.1 MPa)。此后，每隔 1 h 测 1 次，或根据需要规定测试的间隔时间。临近初凝时，应适当缩短间隔时间。以不在同一试模中的 3 个测点贯入阻力的平均值作为该时刻的贯入阻力值，直至贯入阻力大于 3.5 MPa 为止。

每个试样每次测 1～2 个点，测点间距应大于 15 mm，测针与筒边缘的距离不小于 25 mm。

(5) 终凝时间的测试：初凝时间测试完毕后将盛有试样的筒置于承压面积为 20 mm^2 的测针之下，采用与测试初凝时间相同的方法读记贯入阻力值，直至贯入阻力大于 28 MPa 为止。

14.5.4.4 试验结果处理

(1) 按式(14.37)计算贯入阻力 R：

$$R=P/A \tag{14.37}$$

式中 R——贯入阻力值，MPa；

P——贯入深度达 25 mm 时所需的净压力，N；

A——贯入仪测针截面面积，mm^2。

(2) 以贯入阻力为纵坐标，以砂浆拌和加水至测定贯入阻力时所经历的时间为横坐标，将测试结果点绘于图上。

常态混凝土凝结时间的确定：以 3.5 MPa 及 28 MPa 画两条平行于横坐标的直线，直线与曲线交点的横坐标值，即分别为初凝时间和终凝时间。

凝结时间用 h：min 表示，并修约至 5 min。

14.5.5 混凝土试件成型与养护方法的一般规定

(1) 试模要求拼装牢固，不漏浆，振捣时不变形。边长误差不超过边长的 1/150，角度误差不超过 0.5°，平整度误差不超过边长的 0.05%。使用前应在拼装好的试模内壁刷一薄层矿物油。

(2) 如混凝土拌合物的骨料最大粒径超过试模最小边长的 1/3，应将大骨料用湿筛法剔除，并作记录。

(3) 试件的成型方法应根据混凝土拌合物的坍落度而定。当混凝土拌合物坍落度大于 70 mm① 时，宜采用人工捣实。每层装料厚度不应大于 100 mm，用弹头捣棒由边缘到中心，按螺旋方向均匀进行插捣。每 100 cm^2 面积上插捣次数不少于 12 次(以捣实为准)。插捣底层时，捣棒插捣到底；插捣上层时，捣棒要插入下层 20～30 mm。当混凝土拌合物坍落度不大于 70 mm 时，宜采用振动台振实[振动台频率为(50±3)Hz，空载时振幅为(0.5±0.1)mm]，此时装料可一次装满试模，装料时应用抹刀沿试模内壁略加插捣，并使混凝土拌合物高出试模，振至表面泛浆为止(一般振动时间约 20 s)。

(4) 试件成型后，在混凝土初凝前 1～2 h，需进行抹面，要求沿模口抹平。

(5) 成型后的带模试件宜用湿布或塑料薄膜覆盖表面，并在(20±5)℃的室内静置 24～48 h，然后拆模并编号。

(6) 采用标准养护的试件，拆模后立即送入标准养护室[室温(20±2)℃、相对湿度 95%以上，《水工混凝土试验规程》(SL/T 352—2020)规定的标准养护室温度为(20±5)℃]中养护，在标准养护室内试件应放在架上，试件之间保持 10～20 mm 的距离，并应避免用水直接冲淋试件。当无标准养护室时，混凝土试件可在温度为(20±2)℃的不流动的饱和石灰水中养护。

①《水工混凝土试验规程》(SL/T 352—2020)规定，当混凝土拌合物坍落度大于 90 mm 时，宜采用人工捣实。

(7) 对于与构件同条件养护的试件，成型后应覆盖表面，试件的拆模时间应与构件的拆模时间相同。同条件养护的试件拆模后仍需同条件养护。

(8) 每一龄期力学性能试验的试件，除特殊规定外，一般以三个为一组。

14.5.6 混凝土立方体抗压强度试验

14.5.6.1 试验目的

测定混凝土抗压强度的目的是检验混凝土的抗压强度是否满足设计要求。以边长 150 mm 的立方体试件为标准试件。

14.5.6.2 主要仪器设备

(1) 试验机：压力或万能试验机，试件的预计破坏荷载宜在试验机全量程的 20%～80%。应符合《液压式万能试验机》(GB/T 3159—2008)及《试验机 通用技术要求》(GB/T 2611—2022)的规定，且级别不应低于 1 级。

(2) 钢制垫板：垫板应大于试件的承压面积，厚度不小于 25 mm。垫板表面应平整光滑，平面度偏差不大于边长的 0.02%，表面粗糙度 *Ra* 不大于 0.80 μm，表面硬度不小于 55 HRC，硬化层厚度不小于 5 mm。

(3) 钢质球座：球面及球窝粗糙度 *Ra* 不大于 0.32 μm，转动灵活。其他要求同钢质垫板。当压力机的上压板不带球座，或压板尺寸相对于试件尺寸过大时，应在试件与上压板间加一个合适尺寸的球座。对小试件不应使用大球座。

(4) 卡尺：分度值不大于 0.1 mm。

(5) 钢直尺：分度值不大于 1 mm。

(6) 辅助器具：万能角度尺、刀口形直尺、塞尺等。

14.5.6.3 试验步骤

(1) 按规定制作和养护试件，每组三个试件。抗压强度试验采用边长 150 mm 的立方体试件，在成型前用湿筛法筛除粒径大于 40 mm 的骨料。

(2) 到达规定试验龄期时，从养护室取出试件，用湿布覆盖试件，保持试件潮湿状态。

(3) 试验前将试件擦拭干净，检查外观，在上下承压面中部相垂直位置测量宽度(精确到 1 mm)。试件的外观及偏差等应满足规定。

(4) 将试验机上、下压板擦拭干净。将试件放在试验机下压板中部，以成型时侧面为承压面。如有必要，在试验机上、下压板与试件之间加入钢垫板，在上压板与试件之间正中位置夹放钢质球座。

(5) 设定试验机加载速度为(18～30) MPa/min。开动试验机，当上压板与垫板将接触时，调整球座使试件受压均匀。使试验机连续而均匀地加荷直至试件破坏，记录破坏荷载(P，精确到 0.01 kN)。

(6) 停机后取下试件，观察试件破坏后的形貌，如有明显的非均匀受压破坏的现象，应作记录。

14.5.6.4 试验结果处理

(1) 按式(14.38)计算混凝土立方体抗压强度 f_{cc}(精确至 0.1 MPa)：

$$f_{cc}=P/A \tag{14.38}$$

式中 f_{cc}——抗压强度，MPa；

P——破坏荷载，N；

A——试件承压面积，mm^2。

(2) 以 3 个试件测值的算术平均值作为该组试件的试验结果。当三个测值的最大值或最小值之一，与中间值的差超过中间值的 15%时，取中间值。如两个测值与中间值之差均超过中间值的 15%，则此组试验结果无效。

14.5.7 混凝土劈裂抗拉强度试验

14.5.7.1 试验目的

混凝土抗拉强度，分为劈裂抗拉强度和轴心抗拉强度两种。本小节仅介绍劈裂抗拉强度试验方法。

14.5.7.2 主要仪器设备

① 试模：边长为 150 mm×150 mm×150 mm 的立方体试模。制作标准试件所用混凝土骨料的最大粒径不应大于 40 mm。

② 钢垫条：截面为 5 mm×5 mm，长度不小于试件边长的钢垫条，要求平直。《混凝土物理力学性能试验方法标准》(GB/T 50081—2019)规定劈裂抗拉强度试验应采用半径为 75 mm 的钢制弧形垫块，垫块的长度与试件相同。垫条为三层胶合板制成，宽度为 20 mm，厚度为 3～4 mm，长度不小于试件长度，垫条不得重复使用。

③ 压力试验机：与抗压强度试验要求相同。

④ 劈裂试验垫条定位架。

14.5.7.3 试验步骤

① 试件养护至规定龄期从养护室取出后，应尽快进行试验。试验前，应用湿布覆盖试件。

② 测试前将试件擦拭干净，检查外观，测量尺寸(要求同混凝土抗压强度)。混凝土劈裂抗拉强度试验宜采用劈裂试验垫条定位架，或在试件成型时的顶面和底面中轴线处划出相互平行的直线，以准确定出劈裂面的位置。

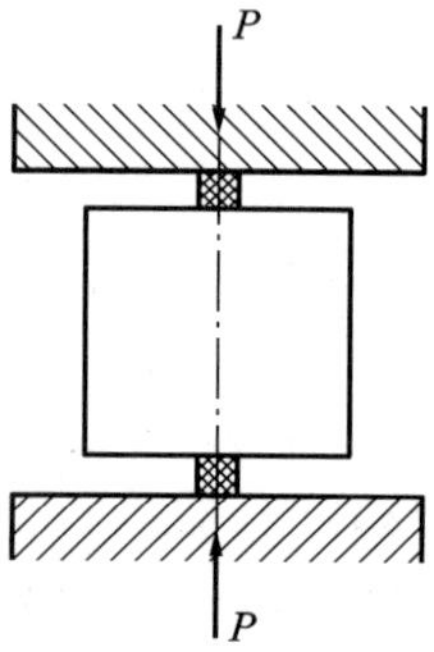

图 14.28 劈裂抗拉强度试验受力示意图

③ 将试件及钢垫条安放在压力机上、下承压板的正中央，如图 14.28 所示。

④ 开动试验机，连续而均匀地(不得冲击)加载。混凝土强度等级<C30 时，加荷速度为 0.02～0.05 MPa/s；混凝土强度等级≥C30 且<C60 时，加荷速度为 0.05～0.08 MPa/s；混凝土强度等级≥C60 时，加荷速度为 0.08～0.10 MPa/s，至试件接近破坏时，应停止调整试验机油门，直至试件破坏，然后记录破坏荷载。

14.5.7.4 试验结果处理

① 按式(14.39)计算劈裂抗拉强度 f_{ts}(精确至 0.1 MPa)：

$$f_{ts}=2P/\pi A=0.637P/A \tag{14.39}$$

式中 f_{ts}——劈裂抗拉强度，MPa；

P——破坏荷载，N；

A——试件劈裂面面积，mm^2。

② 以 3 个试件测值的算术平均值作为该组试件的试验结果。对异常测值的处理与抗压强度试验相同。

14.6 建筑砂浆性能试验

新拌砂浆的质量评定，必须测试其和易性，砂浆和易性包括砂浆的稠度和分层度等。根据《建筑砂浆基本性能试验方法标准》(JGJ/T 70—2009)，试验项目为建筑砂浆稠度和保水性测定试验、建筑砂浆立方体抗压强度试验等，如为水工砂浆，还须进行抗渗性、抗冻性等试验。

14.6.1 砂浆拌合物的试样制备

14.6.1.1 一般要求

(1) 拌制砂浆所用的原材料，应符合质量标准，并要求提前 24 h 运入实验室内，拌和时实验室温度应保持在(20±5)℃。

(2) 砂应以 4.75 mm 筛过筛。

(3) 拌制砂浆时，材料用量以质量计。称量精度：水泥、外加剂、掺和料等为±0.5%，砂为±1%。

(4) 在实验室搅拌砂浆时应采用机械搅拌，搅拌的用量宜为搅拌机容量的 30%～70%，搅拌时间不应少于 120 s。掺有掺合料和外加剂的砂浆，其搅拌时间不应少于 180 s。拌制前应将搅拌机、拌和铁板、拌铲、抹刀等工具表面用水润湿，拌和铁板上不得存积水。

14.6.1.2 主要仪器设备

(1) 砂浆搅拌机。搅拌机应符合《试验用砂浆搅拌机》(JG/T 3033—1996)的规定。

(2) 拌和铁板：约 1.5 m×2 m，厚度约 3 mm。

(3) 磅秤：称量 50 kg，分度值为 50 g。

(4) 台秤：称量 10 kg，分度值为 5 g。

(5) 拌铲、抹刀、量筒、盛器等。

14.6.1.3 试验步骤

(1) 先拌适量砂浆(与正式拌和的砂浆配合比相同)，使搅拌机内壁黏附一薄层水泥砂浆，使正式拌和时的砂浆配合比成分准确。

(2) 分别称出各项材料用量，将砂、水泥装入搅拌机内。

(3) 开动搅拌机，将水徐徐加入(混合砂浆需将石灰膏或黏土膏用水稀释至浆状随水加入)，搅拌约 3 min(搅拌的砂浆量不宜少于搅拌机容量的 30%，搅拌时间不宜少于 2 min)。

(4) 将砂浆拌合物倒至拌和铁板上，用拌铲翻拌约两次，使其均匀。

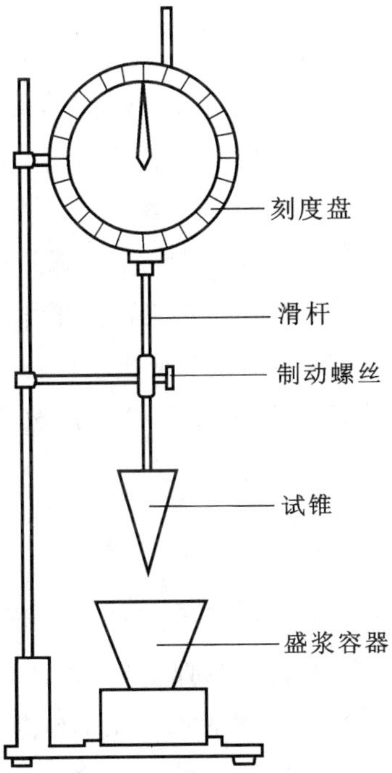

图 14.29 砂浆稠度测定仪

14.6.2 砂浆稠度试验

14.6.2.1 试验目的

通过测定砂浆的稠度，求得达到规定稠度所需的用水量。

14.6.2.2 主要仪器设备

(1) 砂浆稠度仪由试锥、容器和支座三部分组成，如图 14.29 所示。试锥高度为 145 mm,锥底直径为 75 mm,试锥连同滑杆的质量为(300±2)g;盛砂浆容器高为 180 mm、上口内径为 150 mm;支座分底座、支架及稠度显示盘三个部分。

(2) 捣棒(直径 10 mm、长 350 mm、一端呈半球形钢棒)、秒表等。

14.6.2.3 试验步骤

(1) 将盛浆容器和试锥表面用湿布擦干净,用少量润滑油轻擦滑杆,再将滑杆上多余的油用吸油纸擦净,使滑杆能自由滑动。

(2) 将砂浆拌合物一次装入容器,使砂浆表面低于容器口约 10 mm 左右,用捣棒自容器中心向边缘插捣 25 次,然后轻轻地将容器摇动或敲击 5～6 下,使砂浆表面平整,随后将容器置于稠度测定仪的底座上。

(3) 放松试锥滑杆的制动螺丝,使试锥尖端与砂浆表面刚接触时拧紧制动螺丝,使齿条测杆下端刚接触滑杆上端,并将指针对准零点上。

(4) 拧松制动螺丝,同时计时,10 s 时立即拧紧螺丝,将齿条测杆下端接触滑杆上端,从刻度盘上读出下沉深度(精确至 1 mm),即为砂浆的稠度值。

(5) 圆锥形容器内的砂浆,只允许测定一次稠度,重复测定时,应重新取样测定。

14.6.2.4 试验结果处理

取两次试验结果的算术平均值作为砂浆稠度的测定结果(精确至 1 mm)。若两次试验值之差大于 10 mm,应重新取样测定。

14.6.3 保水性试验

14.6.3.1 试验目的

通过测定砂浆保水性,以判定砂浆拌合物在运输及停放时内部组分的稳定性。

14.6.3.2 保水性试验所用仪器

(1) 金属或硬塑料圆环试模:内径为 100 mm、内部高度为 25 mm。

(2) 可密封的取样容器,应清洁、干燥。

(3) 2 kg 的重物。

(4) 金属滤网:网格尺寸为 45 μm,圆形,直径为(110±1)mm。

(5) 超白滤纸,符合《化学分析滤纸》(GB/T 1914—2017)规定的中速定性滤纸。直径 110 mm,200 g/m^2。

(6) 2 片金属或玻璃的方形或圆形不透水片,边长或直径大于 110 mm。

(7) 天平:量程 200 g,分度值 0.1 g;量程 2000 g,分度值 1 g。

(8) 烘箱。

14.6.3.3 试验步骤

(1) 称量下不透水片与干燥试模质量 m_1 和 15 片中速定性滤纸质量 m_2。

(2) 将砂浆拌合物一次性填入试模,并用抹刀插捣数次,当填充砂浆略高于试模边缘时,用抹刀以 45°角一次性将试模表面多余的砂浆刮去,然后再用抹刀以较平的角度在试模表面反方向将砂浆刮平。

(3) 抹掉试模边的砂浆,称量试模、下不透水片与砂浆总质量 m_3。

(4) 用金属滤网覆盖在砂浆表面,再在滤网表面放上 15 片滤纸,用不透水片盖在滤纸表面,以 2 kg 的重物把不透水片压住。

(5) 静止 2 min 后移走重物及不透水片，取出滤纸(不包括滤网)，迅速称量滤纸质量 m_4。

(6) 从砂浆的配合比及加水量计算砂浆的含水率，若无法计算，可按下面 14.6.3.5 节的规定测定砂浆的含水率。

14.6.3.4 试验结果处理

砂浆保水性应按式(14.40)计算：

$$W=\left[1-\frac{m_4-m_2}{\alpha\times(m_3-m_1)}\right]\times 100\% \tag{14.40}$$

式中 W——砂浆保水率；

m_1——下不透水片与干燥试模质量，g；

m_2——15 片滤纸吸水前的质量，g；

m_3——试模、下不透水片与砂浆总质量，g；

m_4——15 片滤纸吸水后的质量，g；

α——砂浆含水率，%。

取两次试验结果的平均值作为结果，精确至 0.1%，且第二次试验应重新取样测定。当两个测值之差超出平均值的 2%时，此组试验结果无效。

14.6.3.5 砂浆含水率测试方法

称取(100±10)g 砂浆拌合物试样，置于一干燥并已称重的盘中，在(105±5)℃的烘箱中烘干至恒量，砂浆含水率应按式(14.41)计算：

$$\alpha=\frac{m_6-m_5}{m_6}\times 100\% \tag{14.41}$$

式中 α——砂浆含水率；

m_5——烘干后砂浆样本的质量，g；

m_6——砂浆样本的总质量，g。

取两次试验结果的平均值作为结果，精确至 0.1%。当两个测值之差超出平均值的 2%时，则此组试验结果无效。

14.6.4 建筑砂浆立方体抗压强度试验

14.6.4.1 试验目的

测定砂浆的强度，确定砂浆是否达到设计要求的强度等级。

14.6.4.2 主要仪器设备

(1) 试模：尺寸为 70.7 mm×70.7 mm×70.7 mm 的带底试模，应具有足够的刚度并拆装方便。试模的内表面应机械加工，其不平度应为每 100 mm 不超过 0.05 mm，组装后各相邻面的不垂直度不应超过±0.5°。

(2) 压力试验机：对压力试验机的要求与混凝土抗压强度试验相同。

(3) 垫板：试验机上、下压板及试件之间可垫以钢垫板，垫板的尺寸应大于试件的承压面，其不平度应为每 100 mm 不超过 0.02 mm。

(4) 振动台：空载时台面的垂直振幅应为(0.5±0.05)mm，空载频率应为(50±3)Hz，空载台面振幅均匀度不大于 10%，一次试验至少能固定(或用磁力吸盘)三个试模。

(5) 钢制捣棒(直径为 10 mm，长为 350 mm，端部应磨圆)、刮刀等。

14.6.4.3 试件制作及养护

(1) 采用立方体试件，每组 3 个试件。

(2) 应用黄油等密封材料涂抹试模的外接缝，试模内涂刷薄层机油或脱模剂，将拌制好的砂浆一次性装满砂浆试模，成型方法根据稠度而定。当稠度大于 50 mm 时采用人工振捣成型，当稠度不大于 50 mm 时采用振动台振实成型。

① 人工插捣：用捣棒均匀地由边缘向中心按螺旋方式插捣 25 次，插捣过程中如砂浆沉落低于试模口，应随时添加砂浆，可用油灰刀插捣数次，并用手将试模一边抬高 5～10 mm 各振动 5 次，使砂浆高出试模顶面 6～8 mm。

② 机械振动：将砂浆一次装满试模，放置到振动台上，振动时试模不得跳动，振动 5～10 s 或持续到表面出浆为止，不得过振。

(3) 待表面水分稍干后，将高出试模部分的砂浆沿试模顶面刮去并抹平。

(4) 试件制作后应在室温为(20±5)℃的环境下静置(24±2)h，当气温较低时，可适当延长时间，但不应超过两昼夜，然后对试件进行编号、拆模。试件拆模后应立即放入温度为(20±2)℃，相对湿度为 90%以上的标准养护室中养护。养护期间，试件彼此间隔不小于 10 mm。

14.6.4.4 试验步骤

(1) 试件从养护地点取出后应及时进行试验。试验前将试件表面擦拭干净，测量尺寸，检查其外观，并据此计算试件的承压面积，如实测尺寸与公称尺寸之差不超过 1 mm，可按公称尺寸进行计算。

(2) 将试件安放在试验机的下压板(或下垫板)上，试件的承压面应与成型时的顶面垂直，试件中心应与试验机下压板(或下垫板)中心对准。开动试验机，当上压板与试件(或上垫板)接近时，调整球座，使接触面均衡受压。承压试验应连续而均匀地加荷，加荷速度应为 0.25～1.5 kN/s(砂浆强度不大于 2.5 MPa 时，宜取下限)。当试件接近破坏而开始迅速变形时，停止调整试验机油门，直至试件破坏，然后记录破坏荷载。

14.6.4.5 试验结果处理

(1) 砂浆立方体抗压强度应按式(14.42)计算(精确至 0.1 MPa)：

$$f_{m,cu}=K\frac{N_u}{A} \tag{14.42}$$

式中 $f_{m,cu}$——砂浆立方体抗压强度，MPa；

N_u——试件破坏荷载，N；

A——试件承压面积，mm^2；

K——换算系数，取 1.35。

(2) 以三个试件测值的算术平均值作为该组试件的砂浆立方体试件抗压强度平均值(精确至0.1 MPa)。当三个测值的最大值或最小值中有一个与中间值的差值超过中间值的 15%时，则把最大值及最小值一并舍去，取中间值作为该组试件的抗压强度值；当有两个测值与中间值的差值均超过中间值的 15%时，则该组试件的试验结果无效。

14.7 石油沥青及沥青卷材性能试验

常用的沥青材料有石油沥青及焦油沥青，根据《建筑石油沥青》(GB/T 494—2010)、《沥青软化点测定法 环球法》(GB/T 4507 —2014)、《沥青延度测定法》(GB/T 4508—2010)、《沥青针入度测定法》(GB/T 4509 —2010)、《建筑防水卷材试验方法 第 14 部分：沥青防水卷材 低温柔性》(GB/T 328.14—2007)，试验项目为石油沥青针入度、延度、软化点等。

14.7.1 针入度试验

沥青的针入度以标准针在一定的荷载、时间及温度条件下垂直穿入沥青试样的深度来表示，单位为1/10 mm。如未另行规定，标准针、针连杆与附加砝码的合重为(100±0.05)g，温度为(25±0.1)℃，时间为5 s。特定试验可采用的其他条件如表14.9所示。特定试验，报告中应注明试验条件。

表 14.9 针入度特定试验条件规定

温度,℃	荷载,g	时间,s
0	200	60
4	200	60
46	50	5

14.7.1.1 试验目的

测定石油沥青的针入度，以确定其黏滞性，同时它也是划分沥青牌号的主要指标。

14.7.1.2 主要仪器设备

(1) 针入度仪：常用的形式如图14.30(a)所示。标准针和针连杆能在无明显摩擦下垂直运动，由指针及刻度盘指示出的贯入深度准确至0.1 mm。针和针连杆组合总质量为(50±0.05)g，并附有(50±0.05)g和(100±0.05)g的砝码，以满足试验所需的荷载条件。

(2) 标准针：形状及尺寸见图14.30(b)，由硬化回火的不锈钢制成，洛氏硬度HRC54～60，表面粗糙度 Ra 为0.2～0.3 μm，针箍及其附件总质量为(2.50±0.05)g，针杆上打印有号码标志，针应设有固定用装置盒(筒)，以免碰撞针尖，每根针必须附有计量部门的检验单。

(3) 试样皿：金属或玻璃的圆柱形平底容器。针入度小于200时，用内径55 mm、深35 mm的小试样皿；针入度为200～350时，用内径70 mm、深45 mm的大试样皿。针入度大于350时，用深度不小于60 mm，试样体积不少于125 mL的特殊试样皿。

(4) 玻璃皿：平底，容量不小于1 L，深度不小于80 mm，内设一个不锈钢三腿支架，以保证试样皿的稳定。

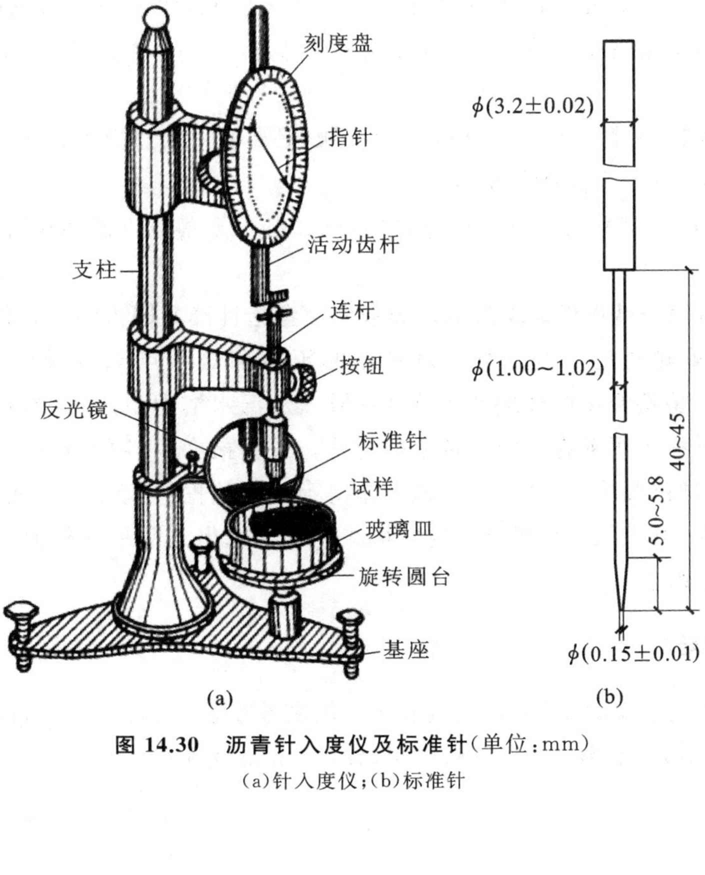

图 14.30 沥青针入度仪及标准针(单位：mm)

(a)针入度仪；(b)标准针

(5) 恒温水槽:容量不小于 10 L,能将温度控制在试验温度±0.1 ℃范围内的水浴。水浴中距水底部 50 mm 处有一个带孔的支架,这一支架离水面不少于 100 mm。如果针入度测定是在水浴中进行,支架应足够支撑针入度仪。在低温下测定针入度时,水浴中装入盐水。

(6) 温度计:液体玻璃温度计,刻度范围为−8～50 ℃,分度值为 0.1 ℃。满足此准确度、精度和灵敏度的测温装置均可用。温度计或测温装置应定期按检验方法进行校正。

(7) 计时器:刻度为 0.1 s 或小于 0.1 s,60 s 内的准确度达到±0.1 s 的任何计时装置均可。直接连到针入度仪上的任何计时设备应进行精确校正以提供±0.1 s 的时间间隔。

14.7.1.3 试件制备

(1) 小心加热样品,充分搅拌以防局部过热,加热到样品易于流动。石油沥青加热温度不超过预计石油沥青软化点 90 ℃;煤焦油沥青样品加热温度不超过煤焦油沥青预计软化点 60 ℃。样品的加热时间在不影响样品性质和保证样品充分流动的基础上尽量短。加热、搅拌过程中避免试样中进入气泡。

(2) 将试样注入预先选好的试样皿中,试样深度应至少是预计锥入深度的 120%。如果试样皿的直径小于 65 mm,而预期针入度高于 200,每个试验条件都要倒三个样品。如果样品足够,浇注的样品要达到试样皿边缘。

(3) 将试样皿松松地盖住以防落入灰尘。在 15～30 ℃室温下冷却,小试样皿中样品冷却 45 min～1.5 h,中等试样皿中样品冷却 1～1.5 h,大试样皿中样品冷却 1.5～2 h,冷却结束后将试样皿和平底玻璃皿一起放入测试温度下的水浴中,水面应没过试样表面 10 mm 以上。在规定的试验温度下恒温,恒温时间分别为 45 min～1.5 h(小试样皿)、1～1.5 h(中等试样皿)或 1.5～2 h(大试样皿)。

14.7.1.4 试验步骤

(1) 调整针入度仪的基座螺丝,使仪器水平。先用合适的溶剂将标准针擦干净,再用干净的布擦干,然后将针插入针连杆并固定。自恒温水槽中取出盛有沥青的试样皿,置于平底玻璃皿的三腿支架上,玻璃皿中的水温为(25±0.1)℃,水深应使试样表面的水层深度不小于 10 mm。再将平底玻璃皿置于针入度仪的旋转圆台上。

(2) 慢慢放下试针连杆,使针尖刚好与试样表面接触(必要时可通过反光镜观察)。拉下活动齿杆,使与针连杆顶端相接触,再调节刻度盘使指针指零。

(3) 开动秒表,当达到 5 s 时,用手紧压按钮,使标准针自由下落贯入沥青试样,到 10 s 时停压按钮,使标准指针停止移动。

(4) 按下刻度盘齿杆使与针连杆顶端接触。读取刻度盘指针读数即为该试样的针入度,精确至 0.5。

(5) 同一试样至少重复测定三次。每一试验点的距离和试验点与试样皿边缘的距离都不得小于 10 mm。每次试验前都应将盛有试样皿的平底玻璃皿放入恒温水浴中,每次试验都要用干净的标准针。当针入度小于 200 时可将针取下用蘸有三氯乙烯溶剂的棉花或布揩净,再用干棉花或布擦干后继续使用。当针入度大于 200 时,每个试样皿中扎一针,三个试样皿得到三个数据。或者每个试样至少用三根标准针,每次试验后将针留在试样中,直至三根标准针扎完时再将标准针取出。但是这样测得的针入度的最大值和最小值之差,不得超过相关规定。

14.7.1.5 试验结果处理

同一试样进行 3 次平行试验,结果的最大值和最小值之差在表 14.10 所示允许偏差范围内时,计算 3 次试验结果的平均值,取至整数,作为针入度试验结果,以 0.1 mm 为单位。

表 14.10 试验结果允许误差

针入度,0.1 mm	0～49	50～149	150～249	250～500
最大差值,0.1 mm	2	4	12	20

14.7.2 沥青延度试验

延度是用规定的沥青试件,在一定温度下,以一定的速度拉伸至断裂时的长度,以 cm 表示。非经特殊说明,试验温度为(25±0.5)℃,延伸速度为(50±2.5)mm/min。

14.7.2.1 试验目的

延度是沥青塑性的指标,是沥青成为柔性防水材料的重要性能之一。

14.7.2.2 主要仪器设备

(1) 延度仪。将试件浸没于水中,能保持规定的试验温度及按照规定拉伸速度拉伸试件且试验时无明显振动的延度仪均可使用,如图 14.31 所示。

(2) 模具。试件模具由黄铜制成,由两个端模和两个侧模组成,其形状及尺寸如图 14.32 所示。

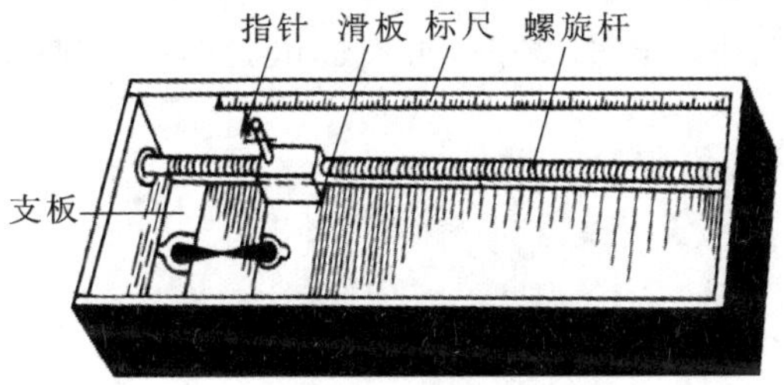

图 14.31 沥青延度仪图

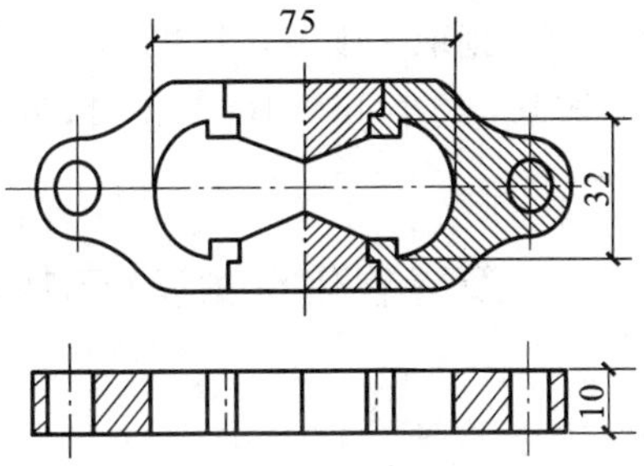

图 14.32 沥青“8”字形试模(单位:mm)

(3) 水浴。水浴应能保持试验温度变化不大于 0.1 ℃,容量不小于 10 L,试件浸入水中深度不小于 10 cm,水浴中设有带孔搁架以支撑试件,搁架距底不得小于 5 cm。

(4) 温度计。0～50 ℃,分度 0.1 ℃和 0.5 ℃各一支。

(5) 隔离剂。以质量计,由两份甘油和一份滑石粉调制而成。

(6) 支撑板。黄铜板,一面应磨光至表面粗糙度 Ra 为 0.63。

14.7.2.3 试件制备

(1) 将模具组装在支撑板上,将隔离剂涂于支撑板表面及侧模的内表面,以防沥青粘在模具上,板上的模具要水平放好,以便模具的底部能够充分与板接触。

(2) 小心加热样品,充分搅拌以防局部过热,直到样品容易倾倒。石油沥青加热温度不超过预计石油沥青软化点 90 ℃;煤焦油沥青样品加热温度不超过煤焦油沥青预计软化点 60 ℃。样品的加热时间在不影响样品性质和保证样品充分流动的基础上尽量短。将熔化后的样品充分搅拌之后倒入组装好模具中。在倒样时使试样呈细流状,自模的一端至另一端往返数次缓缓注入模中,最后略高出试模,灌模时应注意勿使气泡混入。将试件在空气中冷却 30～40 min,然后置于规定试验温度的恒温水浴中保持 30 min 后取出,用热刮刀刮除高出试模的沥青,使试样与模具齐平。

(3) 恒温:将支撑板、模具和试件一起放入水浴中,并在试验温度保持 85～95 min,然后从板上取下试件，拆掉侧模，立即进行拉伸试验。

14.7.2.4 试验步骤

(1) 检查延度仪的拉伸速度是否符合要求。拉伸速度的允许误差为±5%，调整与滑板相连的指针，使其正对标尺零点。调整并保持延度仪内水槽中的水温在规定温度±0.5 ℃。

(2) 将试件连同底板自恒温水槽取出，并将试件自金属底板上取下，移至延度仪水槽内，再将模具两端的孔分别套在滑板及槽端的金属柱上，最后去掉侧模。水面距试件表面应不小于 25 mm。

(3) 开动延度仪(此时避免仪器振动、水面晃动)，观察沥青试件的拉伸情况。如在测定时沥青细丝浮于水面或沉向槽底，则表明槽内水的密度与沥青的密度相差过大，应向水中加入乙醇或氯化钠，以调整水的密度，使与沥青密度相近，然后再进行测定。

(4) 试件拉断时指针所指标尺上的读数即为试件的延度，以 cm 计。在正常情况下，试件被拉伸成锥尖状或极细丝，在断裂时实际横断面为零。如不能得到上述结果，则应认为在此条件下无测定结果，应在报告中注明。

14.7.2.5 试验结果处理

(1) 同一样品平行试验三次，如 3 个测值均大于 100 cm，试验结果记作“>100 cm”，有特殊需要也可分别记录实测值。如 3 个测值中，有一个以上的测值小于 100 cm，若最大值或最小值与平均值之差满足重复性试验精密度要求，则取 3 个测定结果的平均值的整数作为延度试验结果，若平均值大于 100 cm，记作“>100 cm”。

(2) 当试验结果小于 100 cm 时，重复性试验的精密度为平均值的 20%，再现性试验的精密度为平均值的 30%。

14.7.3 沥青软化点试验(环球法)

14.7.3.1 试验目的

测定石油沥青的软化点，了解沥青的稳定性，并作为评定石油沥青牌号的依据。

14.7.3.2 主要仪器设备

(1) 沥青软化点测定仪：常用的形式参见图 14.33。支架有上、中、下三个承板，用长螺栓固定。用黄铜制成的试件环，可以水平地放在中承板的圆孔中；环的下缘距下承板为 25 mm。钢球直径为 9.5 mm，质量为(3.50±0.05)g，用钢球定位器使之定位于试件环中央。

(2) 温度计：测温范围在 30～180 ℃，最小分度值为 0.5 ℃的全浸式温度计。该温度计不允许使用其他温度计代替，可使用满足相同精度、数据显示最小温度和误差要求的其他测温设备代替。合适的温度计或合适的测温设备应按图 14.33(a)悬于支架上，使得水银球底部或测温点与环底部水平，其距离在 13 mm 以内，但不要接触环或支撑架。

(3) 筛、刮刀、磨光金属板、烧杯、秒表、隔离剂等。

14.7.3.3 试件制备及试验准备

(1) 样品的加热时间在不影响样品性质和保证样品充分流动的基础上尽量短。石油沥青、改性沥青、天然沥青及乳化沥青残留物加热温度不应超过预计软化点 110 ℃。煤焦油沥青样品加热温度不应超过煤焦油沥青预计软化点 55 ℃。

(2) 若预计试样软化点在 120～157 ℃之间，则应将黄铜环与支撑板均预热至 80～100 ℃，然后将铜环放到涂有甘油滑石粉隔离剂的支撑板上，否则会出现沥青试样从铜环中完全脱落的现象。

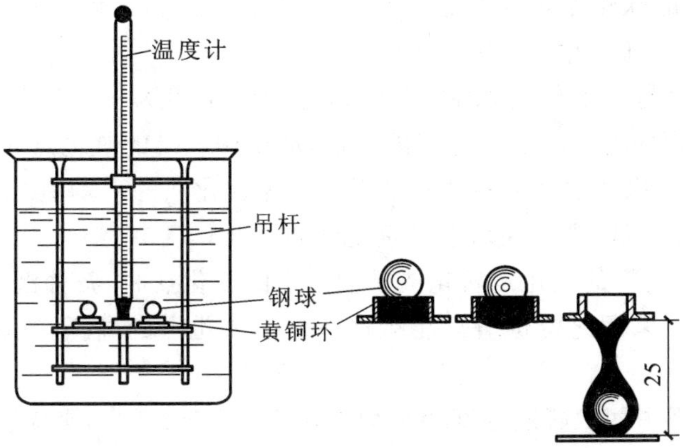

图 14.33 沥青软化点试验仪(单位:mm)

(a)仪器装置图;(b)沥青软化过程示意图

(3) 向每个环中倒入略过量的沥青试样,让试样在室温下至少冷却 30 min。对于在室温下较软的样品,应将试样在低于软化点 10 ℃以上的环境中冷却 30 min。从开始倒试样时起至完成试验的时间不得超过 240 min。

(4) 当试样冷却后,用稍加热的小刀或刮刀刮去多余的沥青,使得每一个圆片饱满且和环的顶部齐平。

14.7.3.4 试验步骤

(1) 选择下列一种加热介质和适合预计软化点的温度计或测温设备。

① 新煮沸过的蒸馏水适于软化点为 30~80 ℃的沥青,起始加热介质温度应为(5±1)℃。

② 甘油适于软化点为 80~157 ℃的沥青,起始加热介质温度应为(30±1)℃。

③ 为了进行仲裁,所有软化点低于 80 ℃的沥青应在水浴中测定,而软化点在 80~157 ℃的沥青材料在甘油浴中测定。仲裁时采用标准中规定的相应的温度计。

(2) 把仪器放在通风橱内并配置两个样品环、钢球定位器,并将温度计插入合适的位置,浴槽装满加热介质,并使各仪器处于适当位置。用镊子将钢球置于浴槽底部,使其同支架的其他部位达到相同的起始温度。

(3) 如果有必要,将浴槽置于冰水中,或小心加热并维持适当的起始浴温达 15 min,并使仪器处于适当位置,注意不要污染浴液。

(4) 再次用镊子从浴槽底部将钢球夹住并置于定位器中。

(5) 从浴槽底部加热,使温度以恒定的速率 5 ℃/min 上升。为防止通风的影响,有必要使用保护装置,试验期间不能取加热速率的平均值,但在 3 min 后,升温速度应达到(5±0.5)℃/min,若温度上升速率超过此限定范围,则此次试验失败。

(6) 当包着沥青的钢球触及下支撑板时,分别记录温度计所显示的温度。无须对温度计的浸没部分进行校正。取两个温度的平均值作为沥青材料的软化点。当软化点在 30~157 ℃时,如果两个温度的差值超过 1 ℃,则应重新试验。

14.7.3.5 试验结果处理

(1) 因为软化点的测定是条件性的试验方法,对于给定的沥青试样,当软化点略高于 80 ℃时,水浴中测定的软化点低于甘油浴中测定的软化点。

(2) 软化点高于 80 ℃时,从水浴变成甘油浴时的变化是不连续的。在甘油浴中所报告的沥青软化点可能为 84.5 ℃,而煤焦油沥青的软化点最低可能为 82 ℃。当甘油浴中软化点低于这些值时,应转变为水浴中的软化点为 80 ℃或更低,并在报告中注明。

① 将甘油浴软化点转化为水浴软化点时,石油沥青的校正值为－4.5 ℃,对煤焦油沥青的校正值为－2.0 ℃。采用此校正值只能粗略地表示软化点的高低,欲得到准确的软化点应在水浴中重复试验。

② 无论在任何情况下,如果甘油浴中所测得的石油沥青软化点的平均值为 80.0 ℃或更低,煤焦油沥青软化点的平均值为 77.5 ℃或更低,则应在水浴中重复试验。

(3) 在水浴中略高于 80.0 ℃的软化点转化成甘油浴中的软化点时,石油沥青的校正值为＋4.5 ℃,煤焦油沥青的校正值为＋2.0 ℃。采用此校正值只能粗略地表示软化点的高低,欲得到准确的软化点应在甘油浴中重复试验。

在任何情况下,如果水浴中两次测定温度的平均值为 85.0 ℃或更高,则应在甘油浴中重复试验。

(4) 同一试样平行试验两次,精度满足表 14.11 规定时,取其平均值作为软化点试验结果。报告试验结果时同时报告浴槽中所使用加热介质的种类。

表 14.11 精密度要求

加热介质	沥青材料类型	软化点范围,℃	重复性(最大绝对误差),℃	再现性(最大绝对误差),℃
水	石油沥青、乳化沥青残留物、焦油沥青	30～80	1.2	2.0
水	聚合物改性沥青、乳化改性沥青残留物	30～80	1.5	3.5
甘油	建筑石油沥青、特种沥青等石油沥青	80～157	1.5	5.5
甘油	聚合物改性沥青、乳化改性沥青残留物等改性沥青产品	80～157	1.5	5.5

14.7.4 沥青防水卷材耐热性的试验

14.7.4.1 试验目的

本试验用来检验沥青防水卷材耐热性要求,或测定沥青防水卷材的耐热极限,如测定老化后性能的变化结果。

14.7.4.2 主要仪器设备

(1) 鼓风烘箱(不提供新鲜空气)。在试验范围内最大温度波动±2 ℃。当门打开 30 s 后,恢复温度到工作温度的时间不超过 5 min。

(2) 热电偶。连接到外面的电子温度计,在规定范围内能测量到±1 ℃。

(3) 悬挂装置(如夹子)至少 100 mm 宽,能夹住试件的整个宽度在一条线,并悬挂在试验区域。

(4) 光学测量装置(如读书放大镜)刻度至少为 0.1 mm。

(5) 金属圆插销的插入装置,内径约 4 mm。

(6) 画线装置,画直的标记线。

(7) 墨水记号,线的宽度不超过 0.5 mm,白色耐水墨水。

(8) 硅纸。

14.7.4.3 试件制备

矩形试件尺寸为(100±1)mm×(50±1)mm。试件均匀地在试样宽度方向裁取,长边是卷材的纵向。

试件应距卷材边缘 150 mm 以上，试件从卷材的一边开始连续编号，卷材上表面和下表面应标记。

去除任何非持久保护层，适宜的方法是常温下用胶带粘在上面，冷却到接近假设的冷弯温度，然后从试件上撕去胶带，另一方法是用压缩空气吹[压力约 0.5 MPa(5 bar)，喷嘴直径约 0.5 mm]，假若上面的方法不能除去保护膜，用火焰烤，用最少的时间破坏膜而不损伤试件。

在试件纵向的横断面一边，将上表面和下表面的大约 15 mm 一条的涂盖层去除，直至胎体，若卷材有超过一层的胎体，去除涂盖料直到另外一层胎体。在试件的中间区域的涂盖层也从上表面和下表面的两个接近处去除，直至胎体。为此，可采用热挂刀或类似装置，小心地去除涂盖层而不损坏胎体。两个内径约 4 mm 的插销在裸露区域穿过胎体。任何表面浮着的矿物料或表面材料通过轻轻敲打试件去除。然后标记装置放在试件两边插入插销定位于中心位置，在试件表面整个宽度方向沿着直边用记号笔垂直划一条线(宽度约 0.5 mm)，操作时试件平放。

试件试验前至少放置在(23±2)℃的平面上 2 h，相互之间不要接触或粘住，有必要时，将试件分别放在硅纸上防止黏结。

14.7.4.4 试验步骤

(1) 试验准备

烘箱预热到规定试验温度，温度通过与试件中心同一位置的热电偶控制。整个试验期间，试验区域的温度波动不超过±2 ℃。

(2) 在规定温度下耐热性的测定

按《建筑防水卷材试验方法 第 1 部分：沥青和高分子防水卷材 抽样规则》(GB/T 328.1—2007)制备的一组三个试件露出的胎体处用悬挂装置夹住，涂盖层不要夹到。必要时，用如硅纸的不粘层包住两面，便于在试验结束时除去夹子。

制备好的试件垂直悬挂在烘箱的相同高度，间隔至少 30 mm。此时烘箱的温度不能下降太多，开关烘箱门放入试件的时间不超过 30 s。放入试件后加热时间为(120±2)min。

加热周期一结束，试件和悬挂装置一起从烘箱中取出，相互间不要接触，在(23±2)℃自由悬挂冷却至少 2 h。然后除去悬挂装置，在试件两面画第二个标记，用光学测量装置在每个试件的两面测量两个标记底部间最大距离 ΔL，精确至 0.1 mm。

(3) 耐热性极限测定

耐热性极限对应的涂盖层位移正好 2 mm，通过对卷材上表面和下表面在间隔 5 ℃的不同温度段的每个试件的初步处理试验平均值的测定，其温度段总是 5 ℃的倍数(如 100 ℃、105 ℃、110 ℃)。这样试验的目的是找到位移尺寸 $\Delta L=2$ mm 在其中的两个温度段 T 和($T+5$)℃。

卷材的两个面按(2)在规定温度下进行耐热性的测定，每个温度段应采用新的试件试验。

按(2)中一组三个试件初步测定耐热性能的两个温度段已测定后，上表面和下表面都要测定两个温度 T 和($T+5$)℃，在每个温度用一组新的试件。

卷材涂盖层在两个温度段间完全流动将产生的情况下，$\Delta L=2$ mm 时的精确耐热性不能测定，此时滑动不超过 2.0 mm 的最高温度 T 可作为耐热性极限。

14.7.4.5 试验结果处理

(1) 平均值计算

计算卷材每个面三个试件的滑动值的平均值，精确到 0.1 mm。

(2) 耐热性

耐热性按试验步骤(2)在规定温度下测定，在此温度卷材上表面和下表面的滑动平均值不超过 2.0 mm

认为合格。

(3) 耐热性极限

耐热性极限通过线性图或计算每个试件上表面和下表面的两个结果测定,每个面修约到 1 ℃。

14.7.5 沥青防水卷材不透水性的试验

14.7.5.1 试验目的

用于沥青和高分子屋面防水卷材按规定步骤测定不透水性,即产品耐积水或有限表面承受水压。

14.7.5.2 主要仪器设备

一个带法兰盘的金属圆柱体箱体,孔径 150 mm,并连接到开放管子末端或容器,其间高差不小于 1 m。

14.7.5.3 试件制备

(1) 制备

① 试件在卷材宽度方向均匀裁取,最外一个距卷材边缘 100 mm。试件的纵向与产品的纵向平行并标记。

② 在相关的产品标准中规定试件数量最少为三块。

(2) 试件尺寸

圆形试件,直径(200±2)mm。

(3) 试验条件

试验前试件在(23±5)℃放置至少 6 h。

14.7.5.4 试验步骤

(1) 试验条件

试验在温度(23±5)℃下进行,产生争议时,在温度(23±5)℃、相对湿度(50±5)%下进行。

(2) 步骤

将试件放在设备上,旋紧翼形螺母固定夹环。打开阀让水进入,同时打开阀排出空气,直至水出来关闭阀,说明设备已满水。

调整试件上表面所要求的压力,保持压力(24±1)h。检查试件,观察上面滤纸有无变色。

14.7.5.5 试验结果表示

试件有明显的水渗到上面的滤纸而产生变色,认为试验不符合。所有试件通过试验则认为卷材不透水。

14.7.6 沥青防水卷材低温柔性的试验

14.7.6.1 试验目的

用于测定产品的最低冷弯温度或测定产品规定的冷弯温度,例如测定产品在加速老化后性能的变化。

14.7.6.2 主要仪器设备

(1) 两个直径(20±0.1)mm 不旋转的圆筒。

(2) 一个直径(30±0.1)mm 的圆筒或半圆筒弯曲轴。

14.7.6.3 试件制备

矩形试件尺寸为(150±1)mm×(25±1)mm,试件从试样宽度方向上均匀裁取,长边在卷材的纵向,试件裁取时应距卷材边缘不少于 150 mm,试件应从卷材的一边开始做连续的记号,同时标记卷材的上表面和下表面。

去除表面的任何保护膜,适宜的方法是常温下用胶带粘在上面,冷却到接近假设的冷弯温度,然后从试件上撕去胶带,另一个方法是用压缩空气吹[压力约 0.5 MPa(5 bar),喷嘴直径约 0.5 mm],假如上面的方法不能除去保护膜,则用火焰烤,用最少的时间破坏膜而不损伤试件。

试件试验前应在(23±2)℃的平板上放置至少 4 h,并且相互之间不能接触,也不能粘在板上。可以用硅纸垫,表面的松散颗粒用手轻轻敲打除去。

14.7.6.4 试验步骤

(1) 仪器准备

在开始所有试验前,两个圆筒间的距离应按试件厚度调节,即弯曲轴直径+2 mm+两倍试件的厚度。然后将装置放入已冷却的液体中,并且圆筒的上端在冷冻液面下约 10 mm,弯曲轴在下面位置。

弯曲轴直径根据产品不同可以为 20 mm、30 mm、50 mm。

(2) 试件条件

冷冻液达到规定的试验温度,误差不超过 0.5 ℃,试件放于支撑装置上,且在圆筒的上端,保证冷冻液完全浸没试件。试件放入冷冻液达到规定温度后,开始保持在该温度 1 h±5 min。半导体温度计的位置靠近试件,检查冷冻液温度,然后开始试验。

(3) 低温柔性测定

两组各 5 个试件,全部试件按试验条件在规定温度处理后,一组做上表面试验,另一组做下表面试验,试验按下述进行。

试件放置在圆筒和弯曲轴之间,试验面朝上,然后设置弯曲轴以(360±40)mm/min 速度顶着试件向上移动,试件同时绕轴弯曲。轴移动的终点在圆筒上面(30±1)mm 处。试件的表面明显漏出冷冻液,同时液面也因此下降。

在完成弯曲过程 10 s 内,在适宜的光源下用肉眼检查试件有无裂纹,必要时,用辅助光学装置帮助。假若有一条或更多的裂纹从涂盖层深入胎体层,或完全贯穿无增强卷材,即存在裂缝。一组 5 个试件应分别试验检查。假若装置的尺寸满足,可以同时试验几组试件。

(4) 冷弯温度测定

冷弯温度的范围(未知)最初测定,从期望的冷弯温度开始,每隔 6 ℃试验每个试件,因此每个试验温度都是 6 ℃的倍数(如−12 ℃、−18 ℃、−24 ℃等)。从开始导致破坏的最低温度开始,每隔 2 ℃分别试验每组 5 个试件的上表面和下表面,连续每次改变温度 2 ℃,直到每组 5 个试件分别试验后至少有 4 个无裂缝,这个温度记录为试件的冷弯温度。

14.7.6.5 试验结果处理

(1) 规定温度的柔度结果

测低温柔性时,一个试验面 5 个试件在规定温度至少 4 个无裂缝为通过,上表面和下表面的试验结果要分别记录。

(2) 冷弯温度测定的结果

测定冷弯温度时,要求在试验得到的温度下 5 个试件中应至少有 4 个通过,此冷弯温度是该卷材试验面的,上表面和下表面的结果应分别记录(卷材的上表面和下表面可能有不同的冷弯温度)。

14.7.7 沥青防水卷材拉伸性能的试验

14.7.7.1 试验目的

用于测定沥青屋面防水卷材的拉伸性能。

14.7.7.2 主要仪器设备

(1) 拉伸试验机:有连续记录力和对应距离的装置,能按规定的速度均匀地移动夹具。拉伸试验机有足够的量程(至少 2000 N)和夹具移动速度[(100±10)mm/min],夹具宽度不小于 50 mm。力值测量至少应符合《拉力、压力和万能试验机检定规程》(JJG 139—2014)的 2 级(即±2%)

(2) 拉伸试验机的夹具:能随着试件拉力的增加而保持或增加夹具的夹持力,对于厚度不超过 3 mm 的产品,能夹住试件使其在夹具中的滑移不超过 1 mm,更厚的产品不超过 2 mm。这种夹持方法不应在夹具内外产生过早的破坏。为防止试件在夹具中的滑移超过极限值,允许用冷却的夹具,同时实际的试件伸长用引伸仪测量。

14.7.7.3 试件制备

整个拉伸试验应制备两组试件,一组纵向 5 个试件,一组横向 5 个试件。

试件在试样上距边缘 100 mm 以上任意裁取,用模板或裁刀进行裁取,矩形宽度为(50±0.5)mm,长度为(200 mm+2×夹持长度),长度方向为试验方向。

表面的非持久层应去除。

试验前试件在温度(23±2)℃和相对湿度(30~70)%的条件下至少放置 20 h。

14.7.7.4 试验步骤

(1) 将试件紧紧地夹在拉伸试验机的夹具中,注意试件长度方向的中线与试验机夹具中心在一条线上。夹具间距离为(200±2)mm,为防止试件从夹具中滑移应作标记。当用引伸计时,试验前应设置标距间距离为(180±2)mm。为防止试件产生任何松弛,推荐加载不超过 5 N 的力。

(2) 试验在温度(23±2)℃下进行,夹具移动的恒定速度为(100±10)mm/min。

(3) 连续记录拉力和对应的夹具(或引伸计)间距离。

14.7.7.5 试验结果处理

① 记录得到的拉力和距离,或记录的最大的拉力和对应的由夹具(或引伸计)间距离与起始距离的百分率计算延伸率。

② 去除任何在夹具 10 mm 以内断裂或在试验机夹具中滑移超过极限值的试件的试验结果,用备用件重测。

③ 最大拉力单位为 N/(50 mm),对应的延伸率用百分率表示,作为试件同一方向结果。

④ 分别记录每个方向 5 个试件的拉力值和延伸率,计算平均值。

⑤ 拉力的平均值修约到 5 N,延伸率的平均值修约到 1%。

⑥ 复合增强的卷材在应力-应变图上有两个或更多的峰值,拉力和延伸率应记录两个最大值。

14.8 砌墙砖及砌块性能试验

凡是由黏土、工业废料或其他地方资源为主要原料，以不同的工艺制成的在建筑物中用于承重墙和非承重墙的砖统称为砌墙砖。

砌块在此特指蒸压加气混凝土砌块。

根据《砌墙砖试验方法》(GB/T 2542—2012)和《蒸压加气混凝土性能试验方法》(GB/T 11969—2020)，试验项目为砌墙砖与砌块的抗压强度试验。

14.8.1 砌墙砖强度试验

14.8.1.1 试验目的

测定砌墙砖的抗压强度，以评定砌墙砖的强度等级。

14.8.1.2 主要仪器设备

(1) 压力试验机：要求与混凝土抗压强度试验相同。

(2) 钢直尺：分度值不应大于 1 mm。

(3) 锯砖机或切砖机、镘刀及试件制作平台等。

14.8.1.3 试样数量

试样数量为 10 块。

14.8.1.4 试样制备

(1) 一次成型制样

一次成型制样适用于采用样品中间部位切割，交错叠加灌浆制成强度试验试样的方式。

① 将试样锯成两个半截砖，两个半截砖用于叠合部分的长度不得小于 100 mm。如果不足 100 mm，应另取备用试样补足。

② 将已切割开的半截砖放入室温的净水中浸 20～30 min 后取出，在铁丝网架上滴水 20～30 min，以断口相反方向装入制样模具中。用插板控制两个半砖间距不应大于 5 mm，砖大面与模具间距不应大于 3 mm，砖断面、顶面与模具间垫以橡胶垫或其他密封材料，模具内表面涂油或脱膜剂。

③ 将净浆材料按照配制要求，置于搅拌机中搅拌均匀。

④ 将装好试样的模具置于振动台上，加入适量搅拌均匀的净浆材料，振动 0.5～1 min 后停止，静置至净浆材料达到初凝时间(约 15～19 min)后拆模。

(2) 二次成型制样

二次成型制样适用于采用整块样品上下表面灌浆制成强度试验试样的方式。

① 将整块试样放入室温的净水中浸 20～30 min 后取出，在铁丝网架上滴水 20～30 min。

② 将净浆材料按照配制要求，置于搅拌机中搅拌均匀。

③ 模具内表面涂油或脱膜剂，加入适量搅拌均匀的净浆材料，将整块试样的一个承压面与净浆接触，装入制样模具中，承压面找平层厚度不应大于 3 mm。接通振动台电源，振动 0.5～1 min，停止振动，静置至净浆材料初凝(约 15～19 min)后拆模。按同样方法完成整块试样另一承压面的找平。

(3) 非成型制样

非成型制样适用于试样无须进行表面找平处理制样的方式。

① 将试样锯成两个半截砖,两个半截砖用于叠合部分的长度不得小于 100 mm。如果不足 100 mm,应另取备用试样补足。

② 两半截砖切断口相反叠放,叠合部分不得小于 100 mm,即为抗压强度试样。

14.8.1.5 试样养护

一次成型制样、二次成型制样在不低于 10 ℃的不通风室内养护 4 h。非成型制样不需养护,试样气干状态直接进行试验。

14.8.1.6 试验步骤

(1) 测量每个试件连接面或受压面的长、宽尺寸各两个(精确至 1 mm),分别取其平均值。

(2) 将试件平放在压力机加压板的中央,垂直于受压面加荷,以 2～6 kN/s 的加荷速度均匀平稳加荷,不得发生冲击或振动,直至试件破坏,记录最大破坏荷载 P。

14.8.1.7 试验结果处理

每块试样的抗压强度测定值 f_i 按式(14.43)计算(精确至 0.1 MPa):

$$f_i=\frac{P}{ab} \tag{14.43}$$

式中 f_i——抗压强度,MPa;

P——最大破坏荷载,N;

a——受压面(连接面)的长度,mm;

b——受压面(连接面)的宽度,mm。

试验结果以试样抗压强度的算术平均值和标准值或单块最小值表示。

14.8.2 蒸压加气混凝土砌块强度试验

14.8.2.1 试验目的

测定蒸压加气混凝土砌块的抗压强度,以评定蒸压加气混凝土砌块的强度等级。

14.8.2.2 仪器设备

(1) 材料试验机:试验机的示值相对误差不应大于±2%,预期最大破坏荷载应在量程的 20%～80%之间。

(2) 钢板直尺:规格为 300 mm,分度值为 0.5 mm。

(3) 托盘天平或磅秤:称量 2000 g,感量 1 g。

(4) 电热鼓风干燥箱:最高温度 200 ℃。

14.8.2.3 试件

(1) 试件的制备

用机锯或刀锯,锯时不得将试件弄湿。

抗压强度试件应沿制品膨胀方向中心部分上、中、下顺序锯取一组,“上”块上表面距离制品顶面

30 mm,“中”块在制品正中央,“下”块下表面离制品底面 30 mm。制品的高度不同,试件间隔略有不同。

试件必须逐块加以编号,并标明锯取部位和膨胀方向。

(2) 试件尺寸和数量

抗压强度试验用试件尺寸为 100 mm×100 mm×100 mm,每组 3 块。

(3) 试件尺寸允许偏差

试件尺寸允许偏差为±2 mm。

(4) 外观要求

试件表面必须平整,不得有裂缝或明显缺陷。试件受力面必须锉平或磨平。试件承压面的不平度应为每 100 mm 不超过 0.1 mm,承压面与相邻面的不垂直度不应超过±1°。

(5) 试件含水状态

抗压强度试件在含水率为 8%～12%下进行试验。如果质量含水率超过上述规定范围,则在(60±5)℃下烘至所要求的含水率。其他情况下,可将试件浸水 6 h 后从水中取出,用干布抹去表面水分,在(60±5)℃下烘至所要求的含水率。

14.8.2.4 试验步骤

(1) 检查试件外观。

(2) 测量试件的尺寸,精确至 1 mm,并计算试件的受压面积(A)。

(3) 将试件放在材料试验机的下压板的中心位置,试件的受压方向应垂直制品的发气方向。

(4) 开动试验机,当上压板与试件接近时,调整球座,使接触均衡。

(5) 以(2.0±0.5)kN/s 的速度连续均匀地加载,直至试件破坏,记录破坏荷载(F)。

(6) 将试验后的试件全部或部分立即称质量,然后在(105±5)℃下烘至恒量,计算其含水率。

14.8.2.5 试验结果处理

抗压强度按下式计算:

$$f_{ce}=F/A \tag{14.44}$$

式中 f_{ce}——试件的抗压强度,MPa;

F——破坏荷载,N;

A——试件受压面积,mm^2。

14.8.2.6 结果评定

抗压强度计算精确至 0.1 MPa。

强度的试验结果,按 3 块试件试验值的算术平均值进行评定。

14.9 木材试验

木材试验主要是通过试验研究木材的性质及各种技术指标,根据《无疵小试样木材物理力学性质试验方法 第 2 部分:取样方法和一般要求》(GB/T 1927.2—2021)、《无疵小试样木材物理力学性质试验方法 第 4 部分:含水率测定》(GB/T 1927.4—2021)、《结构用锯材力学性能测试方法》(GB/T 28993—2012),试验内容有木材含水率试验、木材顺纹抗压强度试验、木材顺纹抗拉强度、木材顺纹抗剪强度、木材抗弯强度试验等。

14.9.1 试样的制备要求

试样各面加工均应平整，端部相对的两个边棱应与试样端面的生长年轮大致平行，并与其他两个边棱垂直，试样上不允许有明显的可见缺陷，每个试样需要清楚地写明编号。除试验方法有具体的规定外，试样各相邻面均应成直角。试样长度、宽度和厚度允许误差为±0.5 mm，整个试样各尺寸的相对偏差应不大于0.1 mm。试样毛坯含水率达到当地平衡含水率时，才可制作试件。

14.9.2 木材含水率试验

14.9.2.1 试验目的

了解木材的干燥程度，进行木材标准含水率测试时强度的换算。含水率是木材所含水的质量与木材干燥状态下质量的百分率。

14.9.2.2 试验仪器

(1) 天平：感量 0.001 g。
(2) 烘箱、干燥器、称量瓶等。

14.9.2.3 试验步骤

(1) 截取试样后对试样进行编号，应尽快称量，精确至 0.001 g。
(2) 将试样放入烘箱，在(103±2)℃温度下烘 8 h，从中选取 2～3 个试样进行一次试称，以后每隔 2 h 称量所选试样一次，至最后两次称量之差不超过试样质量的 0.2%时，即认为试样已经烘干。
(3) 用干燥的镊子将试样从烘箱中取出，放入装有干燥剂的玻璃干燥器内的称量瓶中，盖好称量瓶和干燥器盖。
(4) 试样冷却至室温后，用干燥的镊子将试样自称量瓶中取出称量。
(5) 如试样为含有较多挥发物质(树脂、树胶等)的木材，为避免用烘干法测定含水率产生过大误差，宜改用真空干燥法测定。

14.9.2.4 试验结果处理

试样的含水率按式(14.45)计算，准确至 0.1%。

$$W=\frac{m_1-m_0}{m_0}\times 100\% \tag{14.45}$$

式中 W——试样含水率，%；
m_1——试样试验时的质量，g；
m_2——试样全干时的质量，g。

14.9.3 木材顺纹抗压强度试验

14.9.3.1 试验目的

确定木材沿纹理方向承受压力荷载的最大能力。

14.9.3.2 试验仪器

(1) 加载装置：具有各向自由转动的功能，荷载均匀地分布在轴心上，并可控制加载速度和满足加载精度要求。

(2) 承块:荷载应均匀作用在试件横截面,而不产生偏心。采用球铰作为轴心抗压试验的支承装置时,球的半径宜小,有利于转动灵活和准确对中。球面半径宜为试件截面尺寸最大边(试件与球座之间的承压面)的 1～2 倍。

(3) 侧向支撑:当试件的 $b/d>3$ 时,利用侧向支撑防止试件在测试过程中产生扭曲,而侧向支撑在试件的宽侧面的压力应对称,同时不妨碍试件长度方向的压缩变形和加载。侧向支撑可是连续的,也可是间断的,但应对称布置,非连续测向支撑之间的间距应当小于横截面的回转半径的 17 倍。

14.9.3.3 试样制备

试件最大降低强度缺陷随机分布在测试区域内,试件长度应为 $8b+2000$ mm,如图 14.34 所示。沿试件长度方向施加压缩荷载 F,直到试件发生破坏。为了防止试件长度方向发生扭曲,侧向支撑滚柱之间的间距范围为 $10d\sim10b$。

也可采用短柱法测试顺纹抗压强度,应从每一个试件块中至少截取 2 块测试试件,其中一块包含最大降低强度缺陷,另一块包含次最大降低强度缺陷,试件的长度应不小于 $2.5b$,代替该锯材最薄弱的截面。

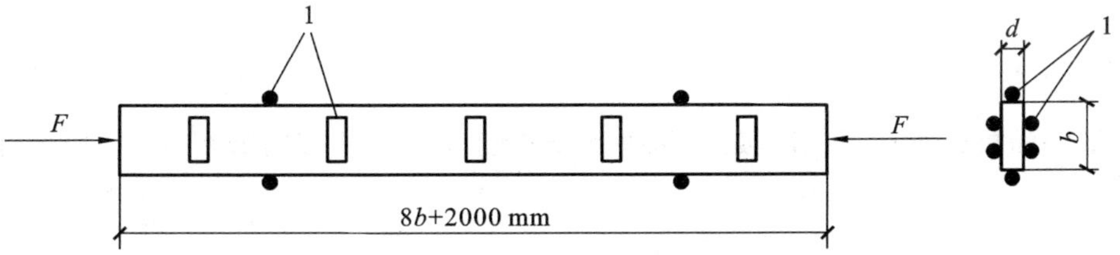

图 14.34 木材顺纹抗压强度测试示意图

1—侧向支撑;F—荷载;d—试件截面厚度;b—试件截面宽度

对于最大和次最大降低强度缺陷分别小于要求的长度,并且两个缺陷又彼此独立的试件,在两个试件中间截断。然后,将每一个测试试件截至需要的长度。如果两个缺陷非彼此独立,则在一个试件中包含两个缺陷(即使试件的长度超过要求的长度)。最后,参照上述方法,选择第二个测试横截面。注意锯截时锯口不经过主要缺陷。对于上述锯截后短试件施加柱向压缩荷载,为了使荷载均匀地分布在接触表面上,不产生偏心,应当至少采用一个圆球形的支撑块,其最大半径应便于支承板调整,最小半径应当提供足够大的接触面积。此半径一般为试件的最大横截尺寸的 1～2 倍。球心应当落在试件的接触平面上。

14.9.3.4 试验步骤

(1) 测量试件的横截面尺寸和长度。

(2) 将试件放在压缩夹具上,注意使试件的长柱与加载方向保持一致。

(3) 对短柱顺纹抗压强度试验,将两块短试件加载至破坏,选取其中的较小荷载为该锯材的最大荷载。

(4) 记录荷载-变形曲线和最大荷载,描述试件破坏特征。

14.9.3.5 结果计算

试样含水率为 W 时的顺纹抗压强度,应按式(14.46)计算(精确至 0.1 MPa)。

$$f_{c,0}=\frac{F_{max}}{db} \tag{14.46}$$

式中 $f_{c,0}$——顺纹抗压强度,MPa;

F_{max}——最大荷载,N;

b——试件截面宽度,mm;

d——试件截面厚度,mm。

14.9.4 木材顺纹抗拉强度试验

14.9.4.1 试验目的

测试木材沿纹理方向承受拉力荷载的最大能力。

14.9.4.2 试验仪器

(1) 夹紧装置:可将拉伸荷载从驱动夹头传递至固定夹紧端。在试件截面上不施加任何弯曲冲量,允许在拉伸荷载下产生滑移,避免造成试样在夹头内破坏或应力集中破坏。该设备可通过平板连接到试件上,或通过其他形式夹紧试件。

(2) 加载装置:应匀速加载,并满足荷载精度可移动的加载夹具。在加载过程中拉伸夹紧处木材破坏最小,滑移尽量小。根据试验要求,可调整移动和固定拉伸夹头之间的距离。

(3) 加载:可显示最大荷载,并且可进行校正以确保精度。

14.9.4.3 试件

大降低强度缺陷随机分布在测试区域内,试件测试长度应不小于12b,如图14.35所示,同时试件长度应包含夹具长度。

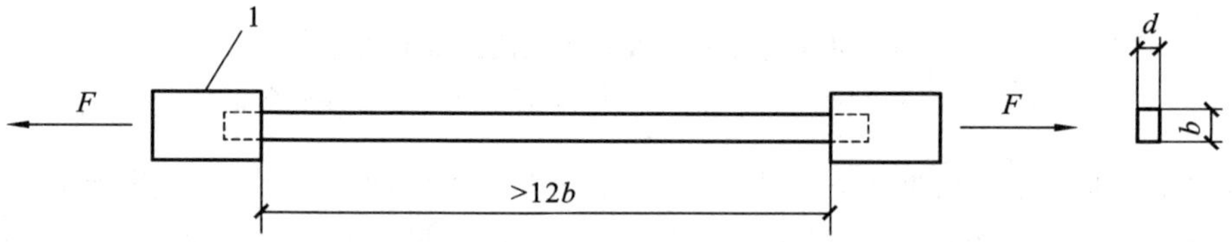

图14.35 木材顺纹抗拉强度测试示意图

1—拉伸夹具;F—荷载;d—试件截面厚度;b—试件截面宽度

14.9.4.4 试验步骤

(1) 测量试件截面尺寸和长度。

(2) 将试件放在两个拉伸夹具之间并使两者轴线对中。夹具通过螺栓或者是楔形钳夹来夹紧试件。如采用后者应当施加很小的预应力,以确保每个钳夹移动相等的量,保持试件和钳夹沿轴向对齐。如果采用螺栓或者是楔形钳夹,则需要稳定而有力地夹紧钳夹,防止滑移。

(3) 记录荷载-变形曲线和最大荷载,描述试件破坏的特征。

14.9.4.5 结果计算

试样含水率为W时的顺纹抗拉强度,应按式(14.47)计算,精确至0.1 MPa。

$$f_{t,0}=\frac{F_{max}}{db} \tag{14.47}$$

式中 $f_{t,0}$——顺纹抗拉强度,MPa;

F_{max}——最大荷载,N;

b——试件截面宽度,mm;

d——试件截面厚度,mm。

14.9.5 木材顺纹抗剪强度试验

14.9.5.1 试验目的

主要测试木材沿纹理方向抵抗剪应力的最大能力。

顺纹抗剪强度测试示意图如图 14.36 所示。加载至试件破坏为止。

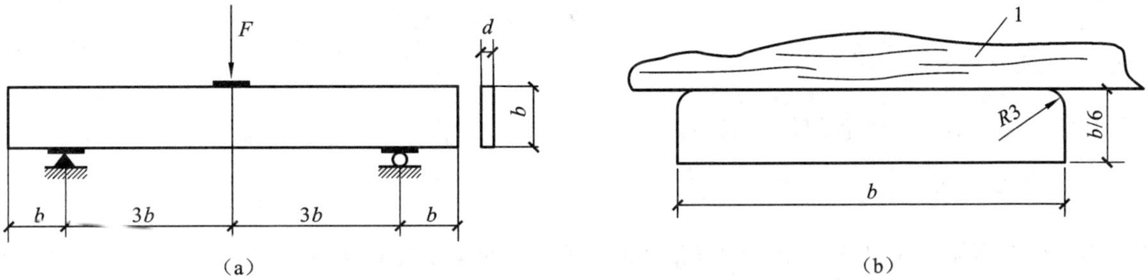

图 14.36 木材顺纹抗剪强度测试示意图

1—试件；F—荷载；d—试件截面厚度；b—试件截面宽度；R3—金属垫片倒角半径 3mm

14.9.5.2 结果计算

顺纹抗剪强度按式(14.48)计算，准确至 0.1 MPa。

$$f_v = 0.75 \frac{F_{max}}{db} \tag{14.48}$$

式中 f_v——顺纹抗拉强度，MPa；

F_{max}——最大荷载，N；

b——试件截面宽度，mm；

d——试件截面厚度，mm。

锯材可能由于如弯曲、横纹压缩等非剪切变形方式而发生破坏，但所有测试结果都应用于评估剪切强度性质。式(14.48)通过提供测试试件承载能力的标准化描述，可计算得到名义剪切强度。

此外，有另一种测试方法——双跨距加载方式，如图 14.37 所示，应建立双跨距与单跨距两种测试方法的对等关系。

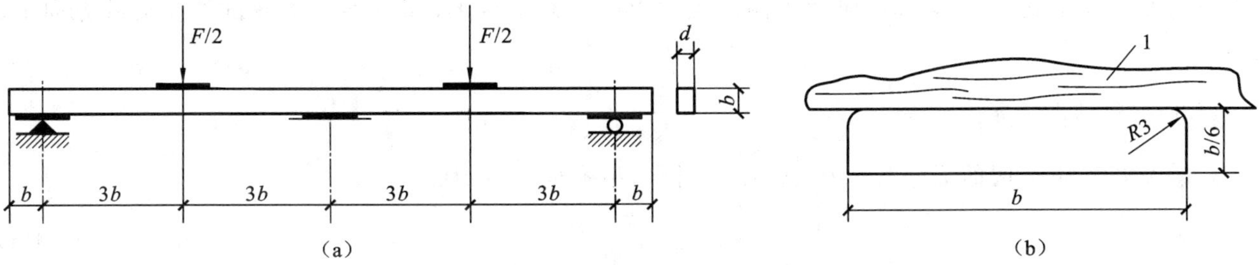

图 14.37 木材顺纹抗剪强度双跨测试示意图

1—拉伸夹具；F—荷载；d—试件截面厚度；b—试件截面宽度

作为测试顺纹抗剪强度的替代方法，双跨距法在加载之前应确定所有支撑点，然后加载至锯材被破坏，极限荷载为 F_{ult}，顺纹抗剪强度 f_v 按式(14.49)计算，准确至 0.1 MPa。

$$f_v = 0.516 \frac{F_{ult}}{db} \tag{14.49}$$

式中 f_v——顺纹抗拉强度，MPa；

F_{ult}——极限荷载，N；

b——试件截面宽度，mm；

d——试件截面厚度，mm。

双跨距测试的顺纹抗剪强度比单跨距的大，因而评估针叶材锯材顺纹抗剪强度时，顺纹抗剪强度与抗弯强度比值相对较高。

14.9.6 木材抗弯强度试验

14.9.6.1 试验目的

测定木材承受逐渐弯曲荷载的最大能力。

14.9.6.2 试样制备

试件最小长度不能小于试验跨距，试验时跨距与锯材截面宽度比（L/b）为 17∶1 至 21∶1，其比值宜采用 18∶1，如图 14.38 所示。在支承点以外，试件长度应小于 10 倍试件宽度，同时应大于 2 倍试件宽度。试件的尺寸以实际测量的尺寸为准。

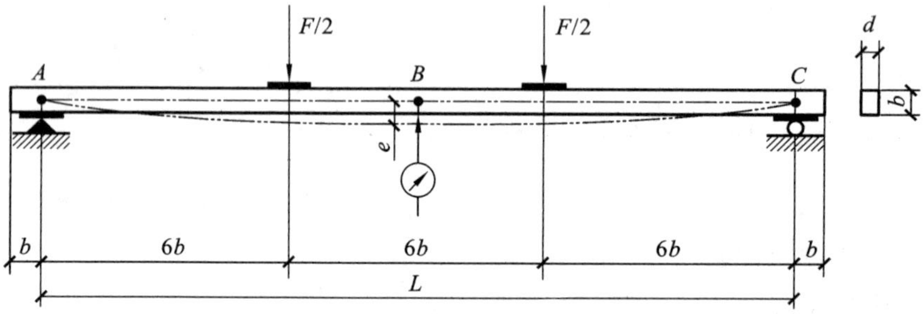

图 14.38 木材抗弯强度测试示意图

A—试件固定端；B—跨度内中点；C—试件移动端；F—荷载；L—跨度；

e—试件挠度；d—试件截面厚度；b—试件截面宽度

14.9.6.3 试验仪器

试件支承加载夹具：支承块宽度应大于试件厚度，长度应大于试件厚度的 1/2，通常不超过 200 mm。试件截面的宽度厚度比 $b/d \geqslant 3$ 时，应增加侧向支撑以防止侧向变形，而且不应阻碍试件在荷载方向上的变形。

14.9.6.4 结果计算

试样含水率为 W 时的抗弯强度按式(14.50)计算，精确至 0.1 MPa。

$$f_m = \frac{F_{max} L}{db^2} \tag{14.50}$$

式中 f_m——顺纹抗弯强度，MPa；

F_{max}——最大荷载，N；

L——试样跨度，mm；

b——试件截面宽度，mm；

d——试件截面厚度，mm。

参考文献

[1] 申爱琴.道路工程材料[M]. 北京:人民交通出版社,2010.

[2] 李亚杰,方坤河.建筑材料[M].6 版.北京:中国水利水电出版社,2009.

[3] 彭小芹.土木工程材料[M].重庆:重庆大学出版社,2002.

[4] 黄晓明,赵永利,高英.土木工程材料[M].3 版.南京:东南大学出版社,2013.

[5] 倪修全,殷和平,陈德鹏.土木工程材料[M].武汉:武汉大学出版社,2014.

[6] 尚建丽.土木工程材料[M].北京:中国建材工业出版社,2010.

[7] 陈志源,李启令.土木工程材料[M].3 版.武汉:武汉理工大学出版社,2012.

[8] 湖南大学.土木工程材料[M].北京:中国建筑工业出版社,2011.

[9] 高琼英,王春阳,张国强.建筑材料[M].4 版.武汉:武汉理工大学出版社,2012.

[10] 王秀华,宋岩丽,李伟华.建筑材料[M].北京:机械工业出版社,2012.

[11] 钱晓倩.土木工程材料[M].杭州:浙江大学出版社,2003.

[12] 吴科如,张雄.土木工程材料[M].上海:同济大学出版社,2003.

[13] 施惠生,郭晓璐.土木工程材料[M].重庆:重庆大学出版社,2011.

[14] 杨静.建筑材料[M].北京:中国水利水电出版社,2004.

[15] 赵方冉.土木工程材料[M].上海:同济大学出版社,2004.

[16] 葛勇.土木工程材料学[M].北京:中国建材工业出版社,2007.

[17] 蒋林华.混凝土材料学[M].南京:河海大学出版社,2006.

[18] 徐定华,徐敏. 混凝土材料学概论[M].北京:中国标准出版社,2002.

[19] 国家质量监督检验检疫总局,国家标准化管理委员会.钢筋混凝土用钢 第 1 部分:热轧光圆钢筋:GB/T 1499.1—2017[S].北京:中国标准出版社,2017.

[20] 国家质量监督检验检疫总局,国家标准化管理委员会.钢筋混凝土用钢 第 2 部分:热轧带肋钢筋:GB/T 1499.2—2018[S].北京:中国标准出版社,2018.

[21] 国家市场监督管理总局,国家标准化管理委员会.金属材料 拉伸试验 第 1 部分:室温试验方法:GB/T 228.1—2021[S]. 北京:中国标准出版社,2021.

[22] 国家市场监督管理总局,国家标准化管理委员会.通用硅酸盐水泥:GB 175—2023[S]. 北京:中国标准出版社,2023.

[23] 国家市场监督管理总局,国家标准化管理委员会.水泥胶砂强度检验方法(ISO 法):GB/T 17671—2021[S]. 北京:中国标准出版社,2021.

[24] 国家市场监督管理总局,国家标准化管理委员会.建设用卵石、碎石:GB/T 14685—2022[S]. 北京:中国标准出版社,2022.

[25]国家市场监督管理总局，国家标准化管理委员会.建设用砂:GB/T 14684—2022[S]. 北京:中国标准出版社，2022.

[26] 水利部.水工混凝土试验规程:SL/T 352—2020[S].北京:中国水利水电出版社，2020.

[27] 住房和城乡建设部. 普通混凝土拌合物性能试验方法标准:GB/T 50080—2016[S].北京:中国建筑工业出版社，2016.

[28] 住房和城乡建设部，国家市场监督管理总局. 混凝土物理力学性能试验方法标准:GB/T 50081—2019[S]. 北京:中国建筑工业出版社，2019.